자동차 섀시 일반

AUTOMOTIVE CHASSIS GENERAL

구민사

저자약력 | **임대성**

現 충북보건과학대학교 자동차과 교수

이정환

現 오산대학교 자동차과 교수

봉필준

現 서영대학교 자동차기계과 교수

자동차 섀시 일반

초판 인쇄 | 2024년 3월 15일
초판 발행 | 2024년 3월 25일

저 자 | 임대성·이정환·봉필준
발행인 | 조규백
발행처 | 도서출판 구민사
(07293) 서울특별시 영등포구 문래북로 116, 604호(문래동3가 46, 트리플렉스)
전화 | (02) 701-7421
팩스 | (02) 3273-9642
홈페이지 | www.kuhminsa.co.kr

신고번호 | 제2012-000055호 (1980년 2월 4일)
I S B N | 979-11-6875-370-9 93550

값 27,000원

PREFACE

머리말

양적 성장뿐만 아니라 세계적으로 명성 있는 좋은 자동차를 만들기 위한 연구가 활발한 우리나라의 자동차생산 현장과 생산된 자동차를 정비, 판매, 관리하는 등의 모든 자동차 분야에 걸쳐 최고수준에 올라야 자동차공업이 발전된다는 것은 당연한 사실이다. 생산만 앞서있고 정비에 종사하는 수준은 답보상태에 있다면 자동차공업의 발전은 요원할 것이다.

이러한 측면에서 자동차 섀시를 공부하는 학생과 자동차에 관심 있는 일반인들에게 나날이 발전하는 자동차 섀시를 체계적이고 능동적으로 대처할 수 있도록 집필하였다.

이 책은 현재 출시되어 운용되고 있는 자동차 섀시 기술을 중심으로 섀시 기술의 토대가되는 기본원리를 가급적 다양하게 전개하였다. 자동차 섀시의 구조와 원리, 기능 및 정비에 필요한 필수 사항 등을 전개하였다.

본 저자는 자동차 섀시를 전공하는 학생들과 현장에서 섀시를 정비 하고 있는 실무자 및 자동차 섀시에 관심이 있는 일반인들에게도 날로 발전하고 있는 자동차 섀시 시스템의 새로운 기술 정보를 제공하여 앞으로 기술 진보에 유연하게 대응할 수 있도록 다음 몇 가지에 중심을 두고 이 책을 집필하였다.

01 클러치, 듀얼클러치, 수동변속기의 구조를 설명하였다.

02 자동변속기, 하이백 자동변속기, 무단변속기(CVT)의 구조를 설명하였다.

03 TPMS, 4WD에 대하여 설명하였다.

04 전자제어 현가장치(ECS), 액티브 현가장치에 대하여 설명하였다.

05 전자제어 동력 조향장치(EPS), 전동형 동력조향장치, 4WS의 구조를 설명하였다.

06 일반 브레이크장치, 주차 브레이크, 전자 주차 브레이크, ABS, EBD, TCS, BAS, VDC 등의 구조 및 제동성능을 설명하였다.

07 자동차 섀시 안전장치인 에어백, 주차 보조 시스템, 주차 조향 보조 시스템, 차선 이탈 경보장치, 어라운드 뷰 모니터링, 후 측방 경보 시스템, 자동 긴급제동 시스템 등을 소개하였다.

독자 여러분은 이러한 의도를 충분히 이해하여 여기에서 제시하는 길을 따라 지속적인 학습으로 자동차 섀시부분에 폭넓은 이해와 안목을 가져 세계적자동차 공업 분야에 종사하는 기술인으로 자리 잡기를 바란다.

끝으로 이 책이 좀 더 충실한 지침서가 될 수 있도록 수정, 보완을 약속드리며, 잘못 제시된 부분을 관심을 갖고 지적해 주시기를 부탁드린다. 아울러 이 책의 출판을 위해 적극적으로 도움주신 도서출판 구민사 조규백 대표님과 직원 여러분께 깊은 감사를 드린다.

저자 씀

CONTENTS

차례

03 현가장치[suspension system]

04 조향장치[steering system]

05 제동장치[brake system]

06 전자제어 새시 안전장치

CHAPTER 01

자동차 섀시의 개요

자동차를 구성하고 있는 부분을 크게 나누면 차체(body)와 섀시(chassis)로 분리할 수 있고 먼저 차체는 운전자나 승객 및 화물을 실을 수 있는 부분으로 차의 용도와 성능에 따라 다양한 디자인으로 설계가 이루어지고 있다. 섀시는 차량의 차체를 탑재하지 않은 상태로 섀시만으로도 주행은 가능하다. 구성요소에는 동력발생장치, 동력전달장치, 현가장치, 제동장치, 조향장치 등으로 이루어진다.

그림 1. 자동차 섀시의 구성

1. 자동차의 분류

1.1. 자동차관리법에 의한 분류

1.1.1. 승용자동차

주로 승객운송의 목적으로 제작된 자동차를 말하며, 10인승 이하의 자동차를 말한다.

표 승용자동차의 구분

구 분	소 형	중 형	대 형
배기량 (디젤 제외)	1,500cc 미만	1,500cc 이상 2,000cc 미만	2,000cc 이상
크 기	길이 4.7m, 너비 1.7m, 높이 2.0m 이하	길이, 너비, 높이 중 어느 하나라도 소형을 초과	길이, 너비, 높이 모두 소형을 초과

1.1.2. 승합자동차

주로 11인 이상의 사람을 운송하기 위하여 적합하게 제작된 자동차를 말하며, 그 내부에 특수 설비를 갖춘 것은 승차정원에 불구하고 이에 포함한다.

표 승합자동차의 구분

구 분	소 형	중 형	대 형
승차 정원	15인승 이하	16인 이상 35인 이하	36인 이상
크기	길이 4.7m 너비 1.7m 높이 2.0m 이하	길이, 너비, 높이 중 어느 하나라도 소형을 초과하며 길이가 9m 미만인 것	길이, 너비, 높이 모두 소형을 초과하며 길이가 9m 이상의 것

1.1.3. 화물자동차

화물자동차의 구분은 주로 화물을 수송하기 위하여 제작된 자동차를 말하며 최대적재량과 총중량으로 소형, 중형, 대형으로 구분한다.

표 화물자동차의 구분

구 분	소 형	중 형	대 형
최대 적재량	1톤 이하	1톤 초과 5톤 미만	5톤 이상
총 중 량	3톤 이하	3톤 초과 10톤 미만	10톤 이상

1.1.4. 특수자동차

견인과 구조 활동 등 특수한 목적으로 제작된 자동차를 말한다. 이 자동차는 주로 견인 능력과 총중량으로 소형, 중형, 대형으로 구분한다.

표 특수자동차의 구분

구 분	소 형	중 형	대 형
견인 능력	5톤 이하	5톤 초과 10톤 미만	10톤 이상
총 중 량	3톤 이하	3톤 초과 10톤 미만	10톤 이상

1.1.5. 이륜자동차

이륜자동차는 배기량과 정격출력으로 소형, 중형, 대형으로 구분한다.

표 이륜자동차의 구분

구 분	소 형	중 형	대 형
배 기 량	100cc 이하	100～260cc	260cc 이상
정격 출력	1kW 미만	1kW 이상	1.5kW 이상

1.2. 구동방식에 의한 분류

1.2.1. 앞 엔진 앞바퀴 구동식(FF구동 : front engine front drive type)

엔진, 클러치, 트랜스액슬(변속기+종감속 기어 및 차동 기어) 등이 앞쪽에 설치된 형식으로서, 앞바퀴가 구동 및 조향바퀴가 된다. FF구동방식의 특징을 FR방식과 비교하면 다음과 같다.

[1] 장점

① 추진축이 필요 없으므로 바닥이 편평하게 되어 거주성이 좋다.

② 동력전달 거리가 단축된다.

③ 선회 및 미끄러운 노면에서 주행 안전성이 크다.

④ 적차시 앞뒤 차축의 하중분포가 비교적 균일하다.

⑤ 뒤차축이 간단하다.

그림 2. FF방식

[2] 단점

① 앞차축의 구조가 복잡하다.

② 기계식 조향일 경우 핸들의 조작에 큰 힘이 필요하다.

③ 브레이크 조작시 하중이 앞으로 쏠리므로 앞 타이어와 패드의 마모가 비교적 크다.

④ 고속 선회에서 언더 스티어링(U.S : under steering) 현상이 발생된다.

1.2.2. 앞 엔진 뒷바퀴 구동식(FR 구동 : front engine rear drive type)

자동차의 앞쪽에 엔진, 클러치, 변속기가 설치되고 뒤쪽에는 종감속 기어 및 차동 기어 장치, 차축, 구동바퀴를 두고 앞쪽과 뒤쪽사이에 드라이브라인으로 연결한 표준 구동방식으로서 FF방식과 비교한 주요 특징은 다음과 같다.

[1] 장점

① 앞 차축의 구조가 간단하다.

그림 3. FR방식

② 적차 상태에 따라 전·후 차축의 하중분포의 편차가 적다.
③ FF방식보다 앞 타이어와 패드의 마모가 적다.

[2] 단점
① 긴 추진축을 사용하므로 차실 내의 공간 이용도가 낮다.
② 공차상태에서 빙판길이나 등판 주행시 뒷바퀴가 미끄러지는 경향이 있다.
③ 긴 추진축을 사용하므로 진동발생(휠링 ; whirling)과 에너지 소비량이 FF방식에 비하여 많다.

1.2.3. 뒤 엔진 뒷바퀴 구동(RR구동 : rear engine rear drive type)

엔진과 동력전달장치가 뒤쪽에 설치된 형식으로서 뒷바퀴에 의해 구동되며 그 특징은 다음과 같다.

[1] 장점
① 앞차축의 구조가 간단하며 동력전달 경로가 짧다.
② 언덕길 및 미끄러운 노면에서의 발진성이 용이하다.

[2] 단점
① 변속 제어기구의 길이가 길어진다.
② 엔진 냉각이 불리하다.
③ 고속 선회시 오버 스티어링(OS : over steering)이 발생된다.
④ 미끄러운 노면에서 가이드 포스(guide force)가 약하다.

그림 4. RR방식

1.2.4. 뒤 엔진 앞 구동식(RF구동 : rear engine front drive type)

자동차의 뒷부분에 엔진을 장착하고 앞바퀴를 구동하는 방식으로 이 방식은 거의 채용하지 않는다.

1.2.5. 전륜 구동방식(4WD : four wheel drive type)

자동차의 앞부분에 엔진과 변속기를 장착하고 앞, 뒷바퀴를 구동시키는 방식으로 그 특징은 구동력이 커서 산악로, 진흙길, 험로 주행시 탁월한 효과를 발휘한다.

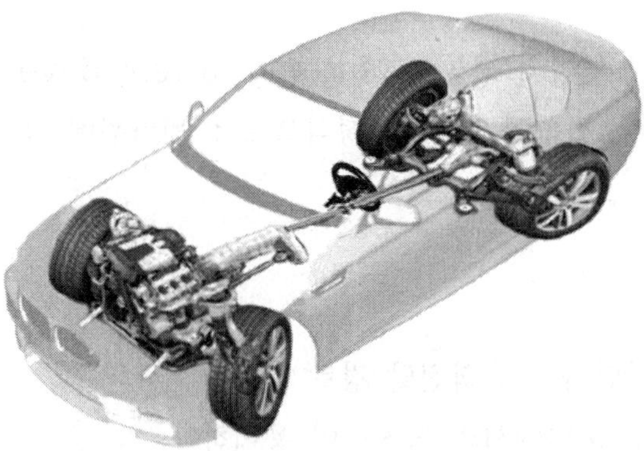

그림 5. 4WD방식

2. 차체(body)

차체의 형태는 자동차의 주행저항 중 공기저항에 큰 영향을 주고 있으며 그 형태에 따라 크게 구분하면 다음과 같다.

2.1. 승용차 차체 분류

2.1.1. 세단(sedan)

지붕이 있는 일반적인 승용차 형식으로 좌우에 문이 각 1개씩인 2도어와 각 2개씩인 4도어가 있으며, 어느 것이나 실내에는 2열의 좌석이 있어, 4~5명이 탈 수 있다. 차의 뒷부분에 트렁크가 있는 게 일반적이다. 세단은 가장 일반적인 승용차 형식으로서 가정용·업무용 이외에도 용도가 다양하기 때문에 가장 많이 생산되는 차량 형식이다.

그림 6. 세단

그림 7. 노치 백형

2.1.2. 노치 백형(notch back type : 3box)

3박스형이라고도 하며 중형 승용차 이상에 많이 사용한다. 트렁크부가 낮고 긴 것이 특징이고 자동차 뒷부분에 턱이 있다. 내부에는 엔진 룸(engine room), 승객 룸(passenger room), 트렁크 룸(trunk room)으로 크게 구분되어 있다.

2.1.3. 해치 백형(hatch back type : 2box car)

2박스형이라고도 하며, 소형승용차에 많이 사용된다. 트렁크 룸과 승객 룸이 일체로 되어 있어서 외관상 승객 룸과 트렁크 룸의 구분이 힘들다. 트렁크와 뒷 유리가 같이 열린다.

2.1.4. 리무진(limousine)

가장 호화로운 자동차로 전후 2열의 좌석과 보조좌석을 마련하여 6~8명이 탈 수 있고 운전석과 뒷좌석 부분을 칸막이로 하여 뒷좌석을 중요시한 상자용 승용차이다.

그림 8 해치 백형

그림 9. 리무진

2.1.5. 쿠페(coupe)

2도어 세단보다 지붕이 적고 차의 높이가 비교적 낮으며 앞좌석을 중시하는 상자형 승용차이다.

2.1.6. 하드톱(hard top)

본래 금속판이나 플라스틱으로 만든 지붕을 의미하는데 일반적으로 센터 필러(center pillar : 중앙기둥)가 없는 세단형 승용차를 말한다. 지붕을 임의로 탈착할 수 있는 것도 있다.

그림 10. 쿠페

그림 11. 하드톱

2.1.7. 컨버터블(convertible)

지붕을 접었다 폈다 할 수 있는 승용차를 이르는 말로, 쿠페(coupe)형 승용차를 기본으로 하여 지붕을 접으면 오픈카가 되고, 창유리를 올리고 지붕을 덮으면 쿠페형 승용차가 된다. 지붕이 천과 같이 부드러운 재질이면 "소프트톱", 반대로 딱딱한 재질이면 "하드톱"이라고 한다. 이 밖에도 사이드 유리창이 없는 것은 "로드스터"로 불린다.

2.1.8. 스테이션 왜건(station wagon)

세단의 지붕이 그대로 트렁크 위까지 이어져 뒷좌석 뒤의 차실 내에 화물을 실을 수 있으며 뒷문이 달려있는 화객 겸용차이다.

그림 12. 컨버터블

그림 13. 스테이션 왜건

2.2. 자동차의 제원

2.2.1. 전장(overall length)

① 자동차의 중심면 및 접지면에서 평행으로 측정했을 경우 부속물을 포함하는 자동차의 최전단에서 최후단까지 거리를 말한다.

② 자동차의 최전단과 최후단을 기준면에 투영시켜 차량중심선에 평행한 방향의 최대거리를 측정한다.

그림 14. 자동차의 전장

2.2.2. 전폭(overall width)

① 자동차의 중심면에서 직각으로 측정하였을 경우 부속물을 포함하여 제일 넓은 곳의 폭을 말한다.

② 자동차의 전면 또는 후면을 투영시켜서 차량 중심선에 직각인 방향의 최대거리를 측정한다.

그림 15. 자동차의 전폭 및 전고

2.2.3. 전고(overall height)

① 접지면에서 자동차 최고부까지의 높이를 말하며 타이어는 허용하중에 따라 최대 공기압 상태로 하고 안테나는 가장 낮은 상태로 한다.

② 자동차의 전면, 후면 또는 측면을 투영시켜 차량중심선에 수직인 방향의 최대거리를 측정한다.

2.2.4. 축거(wheel base)

① 전후 차축의 중심사이의 거리를 축거라 말한다.

② 전후 차축 중심간의 수평거리를 측정하며 3축 이상의 자동차는 앞쪽으로부터 제1, 제2축거 등으로 분리하여 측정한다.

③ 3축일 경우에는 전축과 중간축의 사이를 제1축거, 중간축과 후축과의 거리를 제2축거라 하고 4축일 경우에는 제3축과 제4축 사이를 제3축거라고 한다.

그림 16. 자동차의 축거

2.2.5. 윤거(tread)

① 좌우 타이어의 접지면 중심사이의 거리를 말한다.

② 좌우 타이어가 접하는 수평면에서 타이어의 중심선과 직각인 타이어 중심간의 거리를 측정하며 복륜의 경우에는 복륜 타이어의 중심에서의 거리이다.

③ 독립현가식은 윤거가 변화하므로 최대 총중량 상태에서 측정한 거리이다.

그림 17. 자동차의 윤거

2.2.6. 오버항(overhang)

오버항에는 앞, 뒤 오버항이 있으며 앞 오버항은 앞차축 중심에서 부속물인 범퍼, 훅 등을 포함한 자동차의 앞부분까지의 길이를 말하며, 뒤 오버항은 뒷차축 중심에서 부속물을 포함한 자동차의 뒷부분까지의 길이를 말한다.

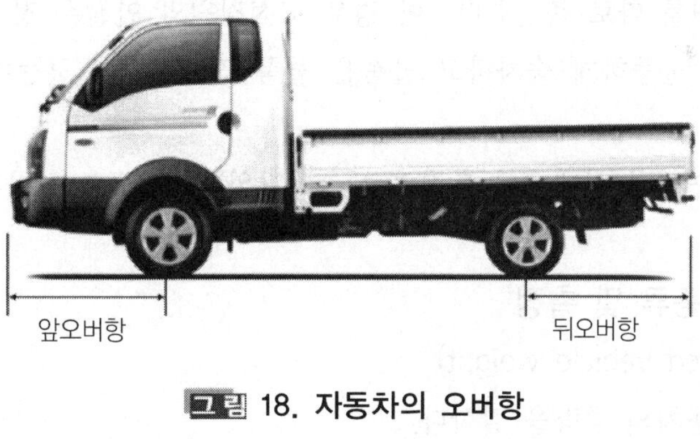

그림 18. 자동차의 오버항

2.2.7. 최저 지상고(ground clearance)

① 적차 상태에서 타이어 접지부분 이외의 가장 낮은 노면과의 거리를 말한다.

② 기준면과 자동차의 중앙부분의 최하부와의 거리를 측정한다. 중앙부분이란 차륜내측 너비의 80%를 포함하는 너비로서 차량 중심선에 좌우 대칭이 되는 너비를 말한다.

③ 자동차의 안전기준에서는 공차상태의 접지부분 이외의 부분은 지면과의 사이에 12cm 이상의 간격이 있어야 한다고 명시되어 있다.

(a)

(b)

그림 19. 최저 지상고

2.3. 자동차 중량 및 측정방법

2.3.1. 자동차 중량의 측정방법

① 자동차는 공차 또는 적재상태로 한다.

② 공차상태의 중량분포로서 적차 상태의 중량분포를 산출하기 어려울 경우에는 공차상태와 적차 상태를 따로 측정한다. 이 경우 좌석정원의 인원은 정 위치에 입석정원의 인원은 입석에 균등하게 승차하고 물품은 물품 적재장치에 균등하게 적재한 것으로 한다.

③ 연결자동차는 연결한 상태에서 측정하고 측정단위는 kgf으로 한다.

2.3.2. 차량중량의 종류 및 측정

[1] 차량중량(unloaded vehicle weight)

① 공차상태의 자동차의 중량을 말한다.

② 자동차를 수평상태로 하여 각 차축마다 중량을 측정하여 그 합계를 차량 중량으로 한다.

③ 차량중량 또는 공차중량이라 하고 자동차에 사람이 승차하지 아니하고 물품(예비 부분품 및 공구, 기타 휴대물품을 포함한다)을 적재하지 아니한 상태로서 연료, 냉각수 및 윤활유를 만재하고 예비타이어(예비타이어를 장착할 수 있는 자동차에 한한다)를 설치하여 운행할 수 있는 상태를 말한다.

[2] 축중(wheel weight)

① 자동차가 수평상태에 있을 경우에 1개의 차축에 연결된 모든 바퀴의 윤중을 합산한 것을 말한다.

② 공차시 축중 측정은 자동차를 수평상태로 하여 각 차축마다 중량을 측정하여 그 합을 차량중량으로 한다.

[3] 윤중(tread weight)

자동차가 수평상태에 있을 때 1개의 바퀴가 수직으로 누르는 중량을 말한다.

[4] 차량 총중량(G.V.W. : gross vehicle weight)

① 자동차를 수평한 상태로 하여 각 차축마다 중량을 측정하거나 차량중량 및 공차시 측정한 축중을 기초로 하여 다음과 같은 계산식에 의거하여 구한다.

- 차량 총중량 = 차량중량 + 최대 적재량 + 승차정원 × 65kgf(13세 미만 경우에는 1.5인을 승차정원 1인으로 한다).

② 2차축식일 경우의 계산식은 다음과 같이 구한다.

- 적차상태의 전축중 = 공차상태의 전축중 + 적차하중 × 적차하중의 무게중심으로부터 후축에 이르는 수평거리/축간거리
- 적차상태의 후축중 = 차량 총중량 - 적차상태의 전축중

2.4. 자동차 차체의 명칭

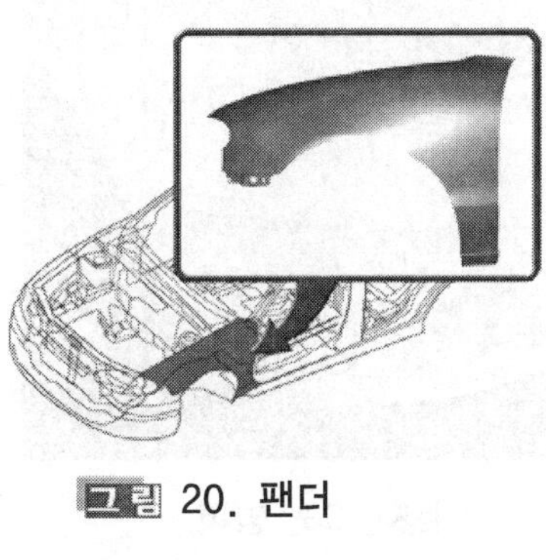

그림 20. 팬더

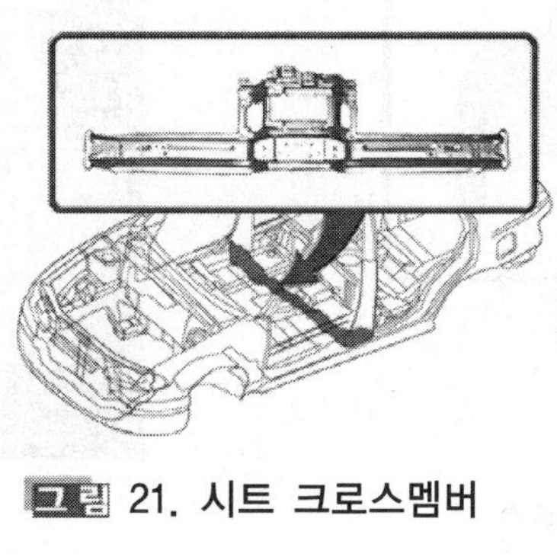

그림 21. 시트 크로스멤버

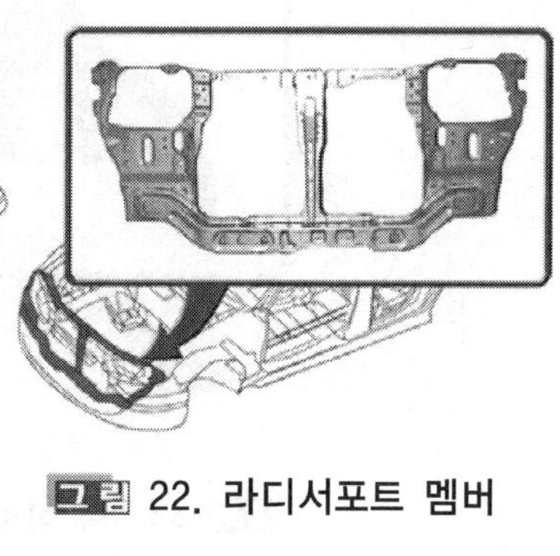

그림 22. 라디서포트 멤버

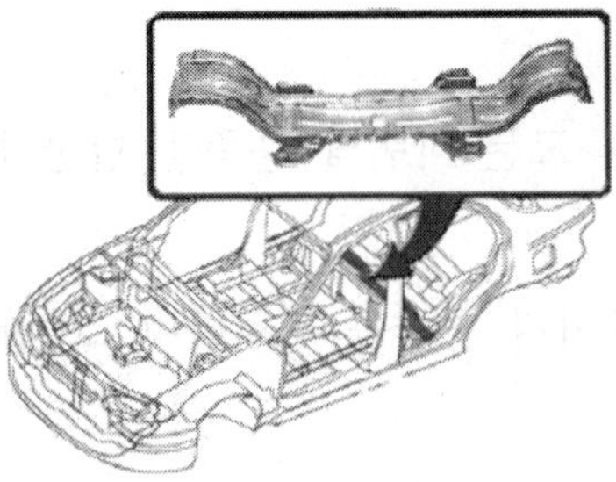

그림 23. 리어 크로스멤버

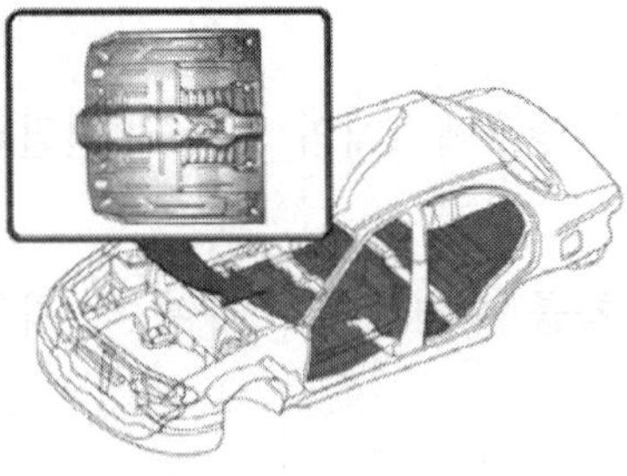

그림 24. 플로어패널

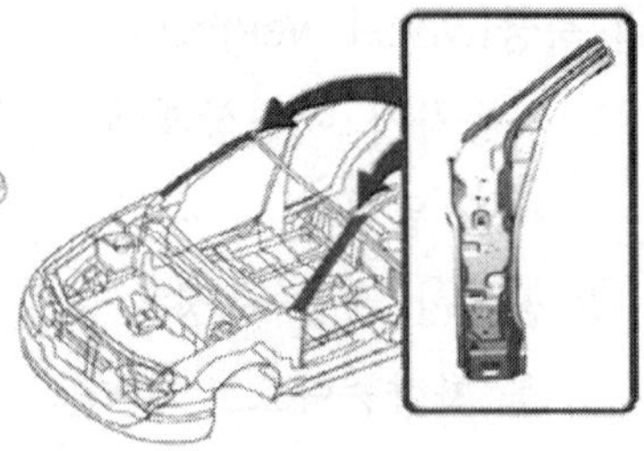

그림 25. 프런트필러(A필러)

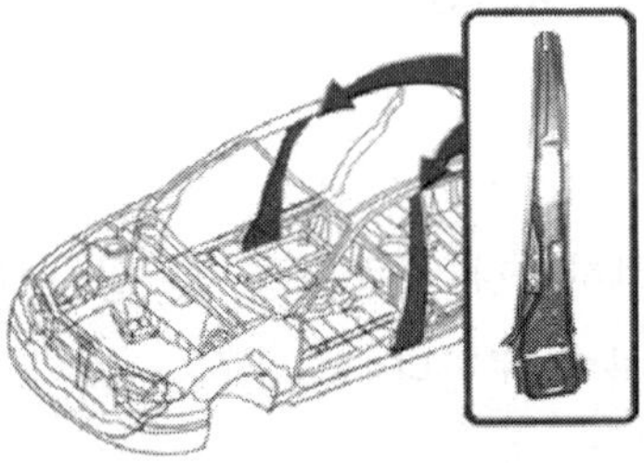

그림 26. 센터필러(B필러)

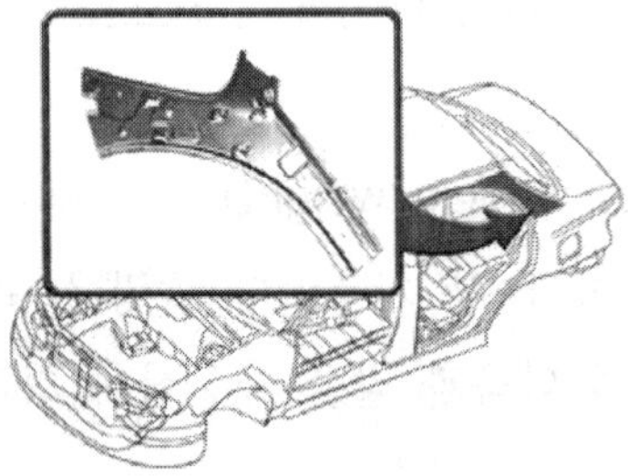

그림 27. 리어필러(C필러)

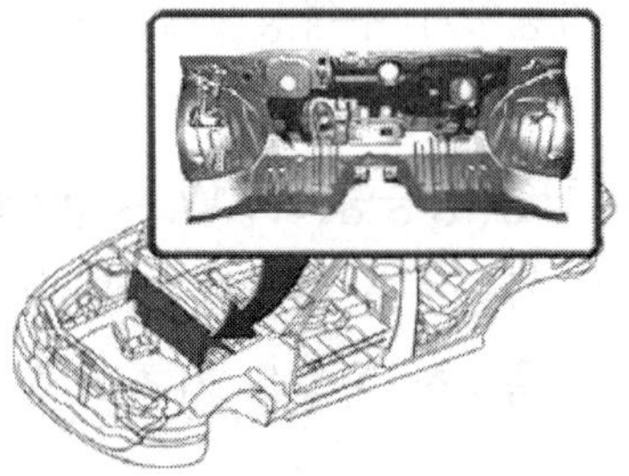

그림 28. 대쉬패널

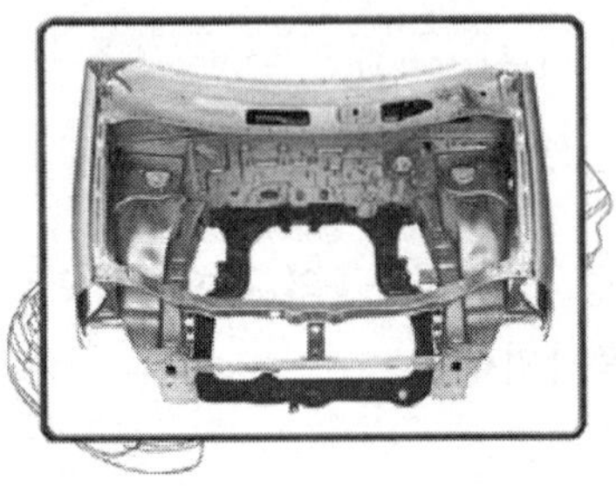

그림 29. 井자 프레임

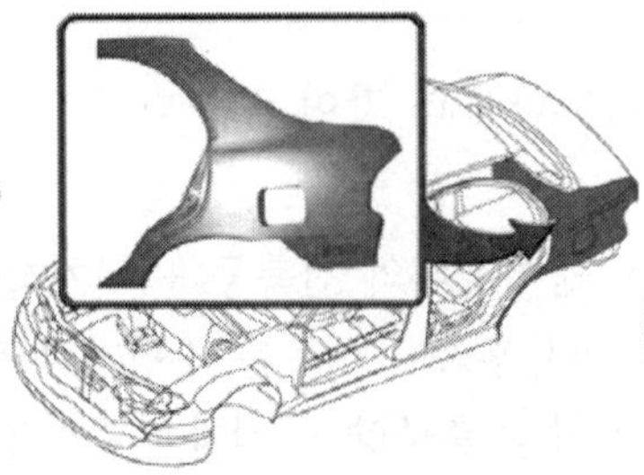

그림 30. 쿼터패널

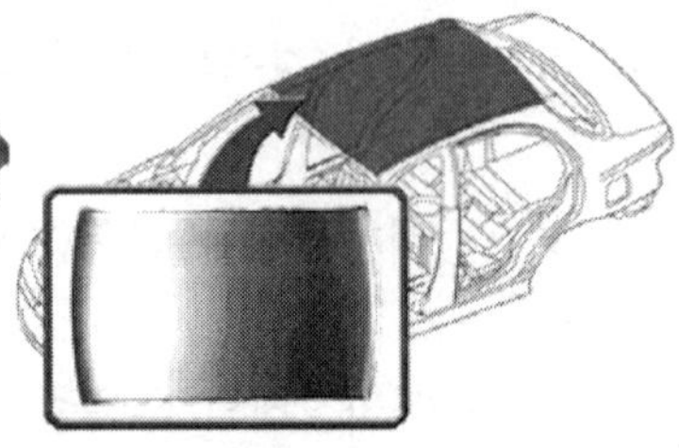

그림 31. 루프패널

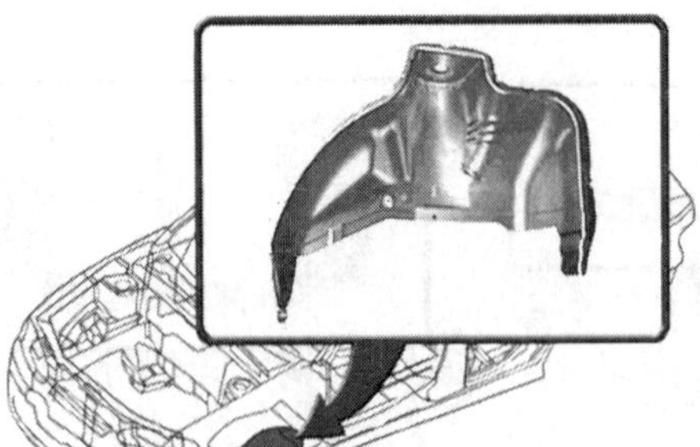

그림 32. 휠 하우스

그림 33. 범퍼

그림 34. 라디에이터 그릴

그림 35. 몰딩

3. 자동차 섀시의 구성 및 프레임

3.1. 섀시의 구성

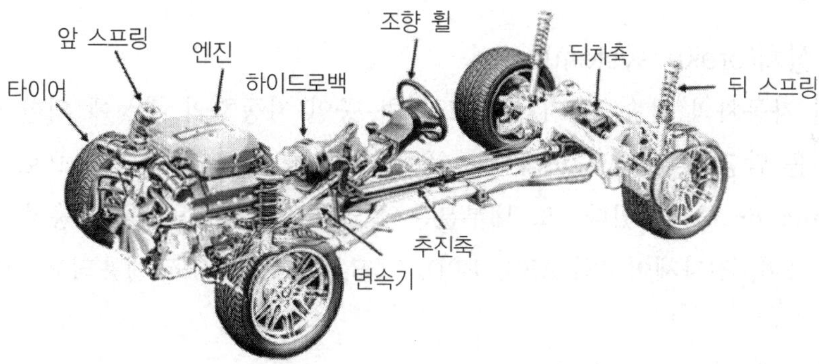

그림 36. 섀시의 구성

3.1.1. 동력발생장치(power unit 또는 engine)

자동차를 구동하기 위하여 동력을 발생시키는 장치로서 엔진 주요부, 연료장치, 윤활장치, 냉각장치, 점화장치, 흡·배기장치 등으로 구성되어 있다. 또한 최근에는 무공해 자동차를 지향하는 전기 자동차의 전기모터, 각종 대체연료를 사용하는 내연엔진 및 외연엔진 등의 차세대 자동차가 등장하고 있다.

3.1.2. 동력전달장치(power train)

동력발생장치에서 발생된 동력을 구동바퀴까지 전달하는 장치이며 클러치, 변속기, 종감속 기어 및 차동 기어장치, 차축, 구동바퀴 등으로 구성되어 있다.

3.1.3. 현가장치(suspension system)

현가장치는 노면에서의 충격을 완화하여 승차감을 좋게 하는 것이며, 현가스프링, 쇽업소버 등으로 구성되어 있다. 현가방식에는 일체 차축식과 독립 현가식, 전자제어 현가식(ECS : electronic controlled suspension) 등이 있다.

3.1.4. 조향장치(steering system)

조향장치는 자동차의 주행방향을 바꾸기 위한 장치이며, 자동차의 종류에 따라 다르나 조향핸들, 조향 기어박스, 피트먼 암, 센터 링크, 드래그 링크, 조향 너클 등으로 구성되어 있다. 조향장치의 조작방식에는 기계식과 동력식 및 전동방식이 있다.

3.1.5. 제동장치(brake system)

주행 중인 자동차의 감속, 정지 그리고 정차 중인 자동차의 관성에 의한 이동을 방지하는 주차기능을 담당하며, 발로 조작하는 풋 브레이크(foot brake)와 손으로 조작하는 핸드 브레이크(hand brake)가 있다. 또 대부분은 유압과 엔진의 동력을 이용하는 배력식 브레이크를 사용하며, 전자제어식의 ABS, EBD, TCS, BAS, VDC도 채용되고 있다.

3.1.6. 휠과 타이어(wheel & tire)

휠은 타이어가 설치되는 부분이며, 타이어는 노면과 직접 접촉되어 주행을 하는 부분이다. 타이어는 자동차의 하중부담, 완충, 구동력과 제동력 등을 발휘하는 기초 부품이라 할 수 있기 때문에 주행시 발생하는 응력에 견딜 수 있어야 한다.

3.1.7. 섀시 안전장치(chassis safety device)

자동차 섀시 안전장치는 에어백, 주차보조 시스템, 주차 조향 보조시스템, 차선이탈 경보장치, 어라운드 뷰 모니터링, 후 측방 경보 시스템, 자동 긴급제동 시스템 등이 있다.

3.2. 프레임(frame)

프레임은 자동차의 골격으로 엔진, 구동장치 및 그 밖의 부품을 부착하고 짐을 받치는 기본 틀로 그 하중을 현가장치에 전달하는 역할을 한다. 프레임의 종류로는 보디와 프레임이 일체화된 단일체 구조(monocoque body)로 된 것과 또 하나는 보디와 프레임이 나누어져 있는 프레임 분리 구조로 된 것이다. 그러므로 하중들을 고려하여 적절한 강도와 강성으로 설계하는 것이 중요하다. 주행 중에 프레임에 작용하는 하중은 다음과 같다.

① 수직하중에 의한 굽힘
② 세로의 중심축 회전에 의한 비틀림
③ 가로방향의 굽힘
④ 국부적인 비틀림

3.2.1. 프레임의 종류와 구조

[1] H형 프레임(사다리형 프레임 : ladder type frame)

2개의 사이드멤버사이에 여러 개의 크로스멤버, 보강판, 서스펜션, 범퍼 등을 사다리형으로 결합해 제작한 것이다. 구조가 비교적 간단하고 프레임 강도도 있고, 제작이 쉬워 트럭, 버스, 승용차등 일반적으로 널리 사용되고 있다.

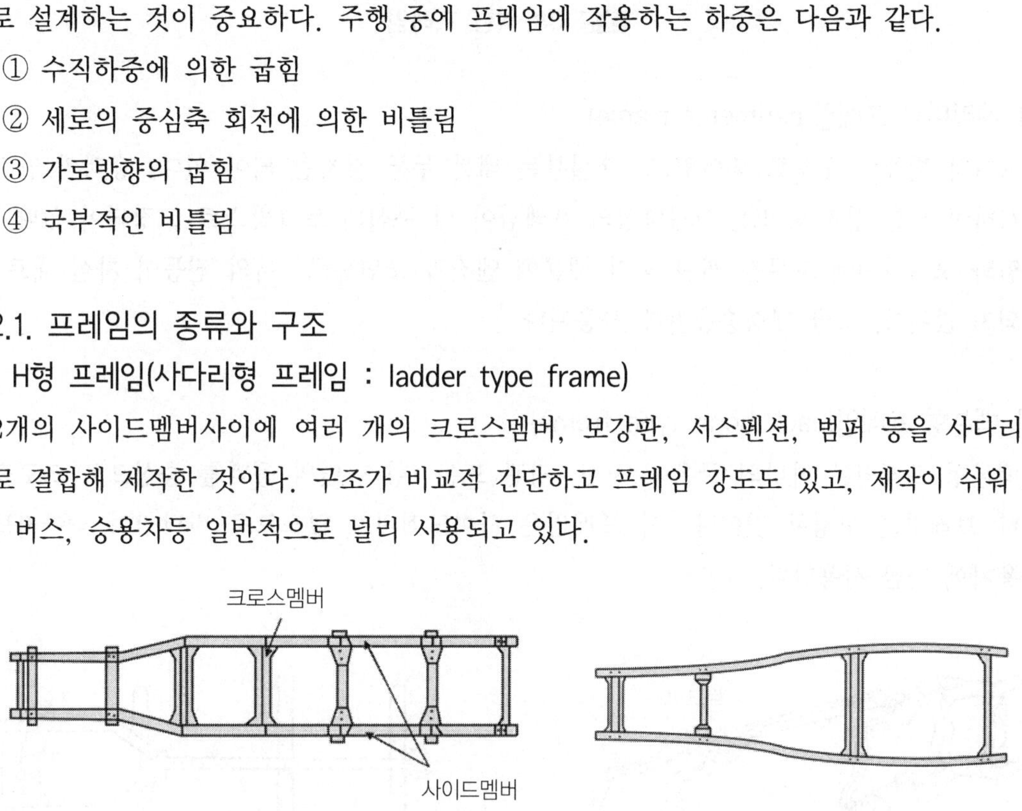

(a) 트럭 및 버스 프레임 (b) 승용차 및 소형트럭 프레임

그림 37. H형 프레임

[2] X형 프레임(X-type frame)

사이드멤버의 간격을 중앙으로 좁혀서 한 것과 크로스멤버를 X형으로 설치한 것이 있다. 이 프레임의 특징은 X형재(刑材)에 의해 프레임 전체의 휘어짐 강성이 높아져 롤링, 비틀림, 응력이 강하다.

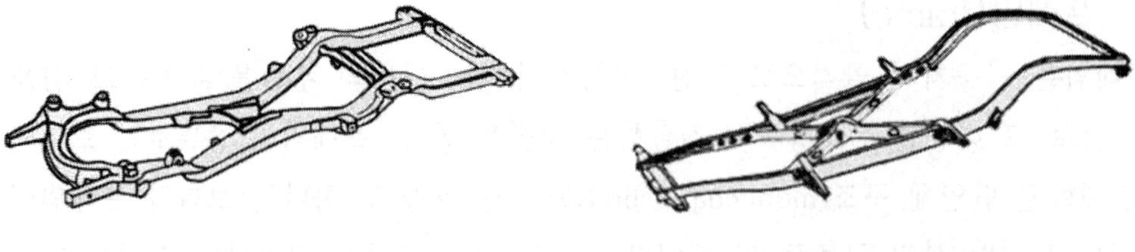

(a) 중앙 좁힌 것　　(b) 크로스멤버 X형

그림 38. X형 프레임

[3] 페리미터 프레임(perimeter frame)

보디와 별개의 구조로 되어있고, 객실부는 태를 두른 것처럼 되어 있다. 승객의 안전을 중시하여 보통 상자형 또는 U채널형의 프레임이 네 구석의 토크박스로 고정되어 있다. 프레임과 보디사이에 고무를 끼워 넣기 때문에 엔진과 노면으로부터의 진동이 차실 내로 전달되지 않는다. 고급 대형승용차에 사용된다.

[4] 백본형 프레임(back bone type frame)

백본형 프레임은 하나의 굵은 상자형, 강관 또는 I형 단면의 등뼈를 중심으로 크로스멤버나 브래킷을 고정한 것이다. 이 프레임은 사이드멤버가 없으므로 바닥면이 낮아지므로 승용차에 가끔 사용한다.

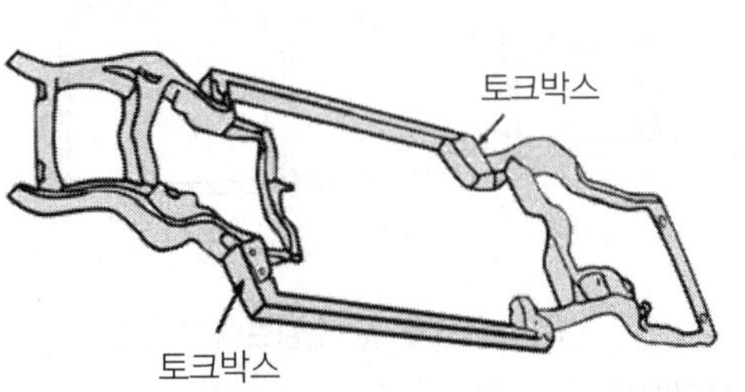

그림 39. 페리미터 프레임

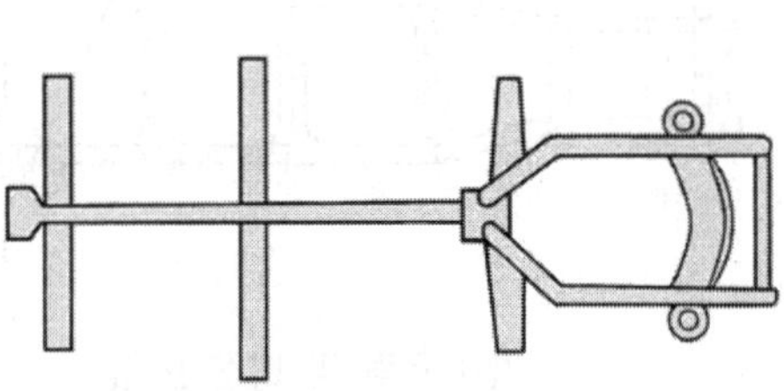

그림 40. 백본형 프레임

[5] 플랫폼형 프레임(platform type frame)

프레임과 보디 바닥면을 일체로 한 것이다. 보디 하부가 보강된 평편한 구조로 되어 있고 차체가 낮게 되어 있다. 휘어짐이나 구부림에 큰 강성을 가진다. 이것이 진보된 것이 모노코크 바디이다.

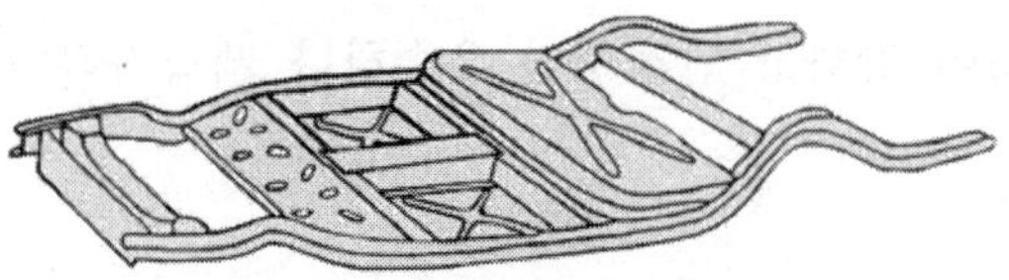

그림 41. 플랫폼형 프레임

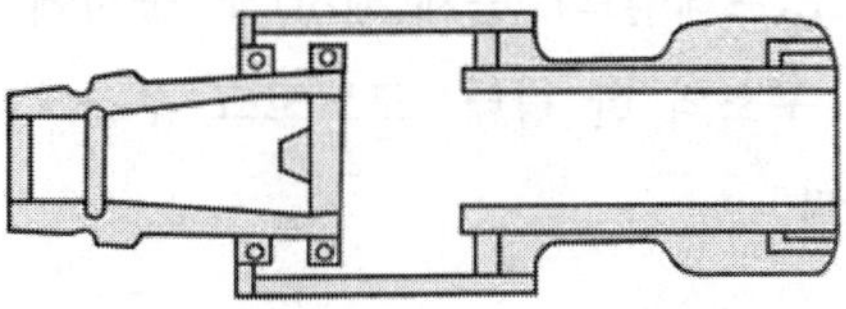

그림 42. 볼트 온 스택 프레임

[6] 볼트 온 스택 프레임(bolt on stack frame)

프런트 드라이브(경주용)차에서 일부 볼 수 있다. 튼튼하고 무거운 프레임이 사용되며 엔진등 기타를 지지하고 있다.

[7] 트러스형 프레임(truss type frame)

트러스형은 스페이스 프레임이라고도 하며 강관을 용접하여 트러스 구조를 만들어 프레임화한 것이다. 중량이 가볍고 강성이 좋지만 대량생산에는 적합하지 않기 때문에 스포츠카, 레이싱카 등의 소량 생산으로 고성능을 요구하는 자동차의 프레임으로 사용된다.

[8] 모노코크 보디 프레임(monocoque body frame)

모노코크 보디는 얇고 가벼운 고강도 철판으로 붙이기식 용접으로 형성된다. 모노코크 보디는 차체 외피 자체가 하나의 구조체로서 역할을 수행하는 방식으로 프레임 없이 차체 전체가 지지구조의 역할을 수행하기 때문에 공간 확보에 유리하며, 가볍고, 연비도 높아진다.

또한 프레임이 없기 때문에 제작원가도 절감할 수 있다. 공정은 조금 복잡하고 뼈대가 되는 프레임이 없다보니 차체 강성은 프레임 바디 차량들에 비해 떨어진다. 승용차 및 SUV차량에 사용되고 있다.

그림 43. 트러스형 프레임

그림 44. 모노코크 보디 프레임

[9] 세미 모노코크 프레임(semi monocoque frame)

골조(프레임)와 몸체(섀시)가 동시에 지탱하는 트러스 구조와 모노코크 구조의 장점을 살린 구조의 한 형태. 모노코크 구조보다 강성이 강하고 안정성이 우수하나 제작가격이 상승한다.

익힘문제

01. 자동차관리법에 의한 분류에서 승용차, 승합자동차, 화물자동차의 정의에 대하여 설명하시오.

02. 자동차 구동방식에 의한 분류에서 앞 엔진 앞바퀴 구동식의 장・단점에 대하여 설명하시오.

03. 자동차 구동방식에 의한 분류에서 앞 엔진 뒷바퀴 구동식의 장・단점에 대하여 설명하시오.

04. 승용차 차체 분류에서 세단에 대하여 설명하시오.

05. 자동차 제원에서 전장에 대하여 기록하시오.

06. 자동차 제원에서 전폭에 대하여 기록하시오.

07. 자동차 제원에서 축거 및 윤거에 대하여 기록하시오.

08. 자동차 제원에서 오버행에 대하여 설명하시오.

09. 자동차 제원에서 최저 지상고에 대하여 기록하시오.

10. 자동차의 축중 및 윤중에 대하여 기록하시오.

11. 프레임에 작용하는 하중에 대하여 설명하시오.

12. 프레임의 종류를 기록하시오.

13. 모노코크 보디 프레임에 대하여 기록하시오.

CHAPTER 02

동력전달장치

1. 클러치(clutch)

1.1. 클러치의 일반적인 사항

클러치(clutch)는 엔진 플라이휠과 변속기 입력축사이에 설치되며, 엔진의 동력을 변속기에 전달하거나 차단하는 역할을 한다. 엔진 시동을 걸때나 기어를 변속할 때는 동력을 끊고, 출발할 때에는 엔진의 동력을 서서히 연결하는 일을 하며, 그 조작은 운전석에서 페달을 사용하여 조작할 수 있도록 되어 있다.

[구조에 따른 분류]

- 클러치
  - 마찰 클러치
    - 단판 클러치 — 건식
      - 코일스프링 형식
      - 다이어프램 스프링 형식
    - 다판 클러치
      - 건식
      - 습식
  - 유체 클러치
  - 전기 클러치
    - 자성 분말식
    - 전자 디스크식

1.1.1. 클러치의 필요성

① 엔진은 자기기동(self starting)이 불가능하다. 따라서 시동할 때에는 엔진을 일단 무부하 상태로 하여야 한다.

② 변속할 때 변속기의 기어를 변환하려면 엔진의 회전력을 일시 차단하여야 한다.

③ 자동차를 관성운전을 하려면 엔진과의 연결을 차단하여야 한다.

1.1.2. 클러치의 구비조건

① 클러치 작용이 원활하며, 조작이 쉽고 확실하여야 한다.

② 냉각이 잘 되어 과열하지 않아야 한다.

③ 회전관성이 작어야 한다.

④ 동력을 전달할 때 서서히 전달되고, 전달된 후에는 미끄러지지 않아야 한다.

⑤ 회전부분의 평형이 좋아야 한다.

⑥ 구조가 간단하고, 다루기 쉬우며 고장이 적어야 한다.

1.2. 클러치의 종류

1.2.1. 코일스프링 클러치(coil spring clutch)

이 클러치는 몇 개의 코일스프링을 클러치 압력판과 커버사이에 설치한 것이며, 스프링의 크기와 수는 클러치 용량이나 설계에 따라서 다르나 약 6~12개로 되어 있다.

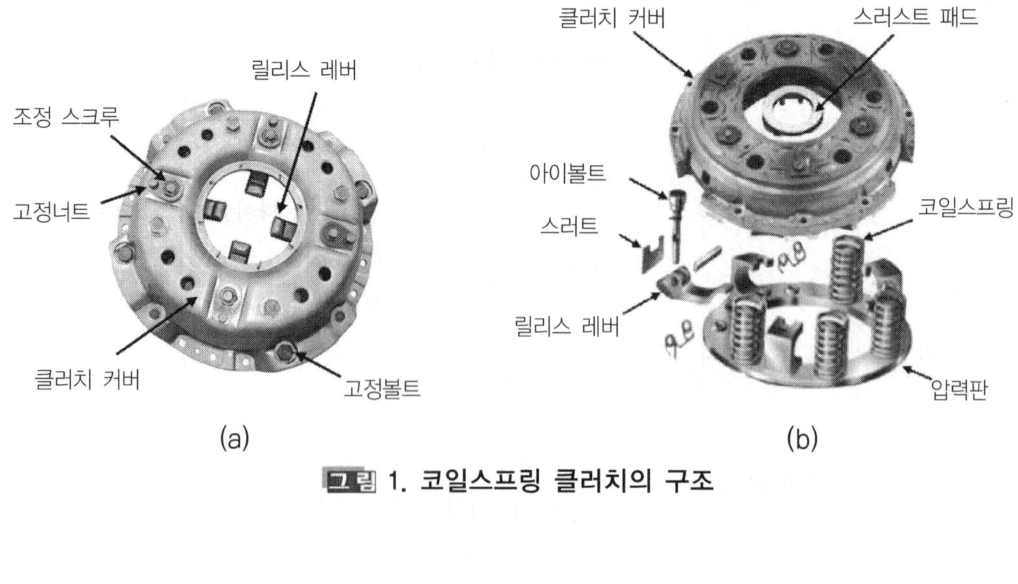

그림 1. 코일스프링 클러치의 구조

1.2.2. 다이어프램 스프링 클러치

이 클러치는 코일 스프링 클러치의 릴리스 레버와 클러치 스프링의 작용을 동시에 하는 접시모양의 다이어프램 스프링(diaphragm spring)을 사용하는 것이다. 다이어프램 스프링의 바깥 쪽 끝은 압력판과 접촉하며, 피벗 링에 의해 지지되고, 중앙부분의 핑거(finger)는 약간 볼록하게 되어 있으며, 바깥쪽 조금 떨어진 부분에서 피벗 링을 사이에 두고, 이 피벗 링을 지점으로 하여 압력판을 누른다.

작용은 릴리스 베어링에 의해 스프링 핑거부분에 압력이 가해지면 전체 다이어프램 스프링이 안쪽으로 구부러지며 압력판을 뒤쪽으로 잡아당긴다. 또 핑거부분의 압력이 제거되면 다이어프램 스프링이 본래의 위치로 복귀되어 클러치가 연결된다.

(a)

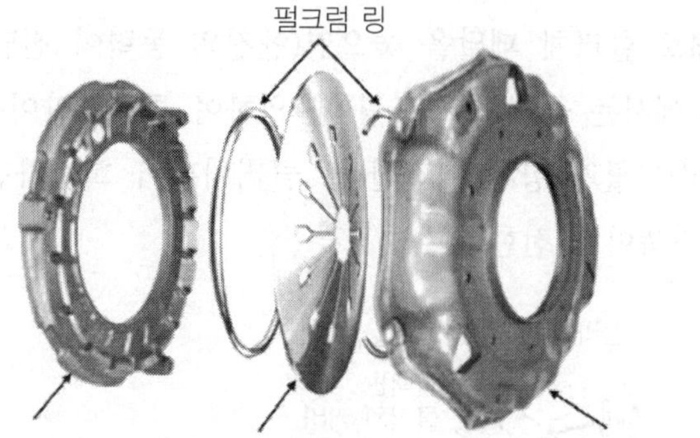

(b)

그림 2. 다이어프램 스프링 클러치의 구조

[1] 다이어프램 스프링 클러치의 특징

① 클러치를 구성하는 부품이 원판형이므로 평형을 잘 이룬다.
② 압력판에 작용하는 압력이 균일하다.
③ 고속회전에서 원심력을 받아도 스프링장력의 감소가 적다.
④ 클러치판이 어느 정도 마모되어도 압력판에 가해지는 압력변화가 적다.
⑤ 클러치 페달을 밟는 힘이 적어도 된다.
⑥ 클러치의 구조와 다루기가 간단하다.

1.2.3. 단판 클러치의 구조 및 작용

단판 클러치는 구조가 간단하고 작용도 확실하기 때문에 많이 사용되고 있으며, 클러치는 클러치판, 압력판, 다이어프램 스프링(코일스프링 클러치에서는 클러치 스프링, 릴리스 레버), 클러치 커버 등과 이들이 설치되는 엔진 플라이휠 및 변속기 입력축 등으로 구성되어 있다.

[1] 클러치의 작동

클러치 페달을 밟으면 릴리스 베어링이 다이어프램 스프링의 핑거(코일 스프링 클러치에서는 릴리스 레버)를 밀게 되므로 이에 따라 압력판이 뒤쪽으로 움직인다. 따라서 클러치판이 플라이휠과 접촉하지 않게 되어(마찰력이 약해짐) 동력전달이 차단된다.

반대로 클러치 페달을 놓으면(엔진의 동력이 전달될 때) 다이어프램 스프링(코일 스프링 클러치에서는 클러치 스프링)에 의하여 클러치판이 엔진 플라이휠과 압력판 사이에 압착되어 플라이휠과 함께 회전한다. 클러치판이 회전하면 이것과 스플라인을 거쳐 연결된 변속기 입력축이 회전한다.

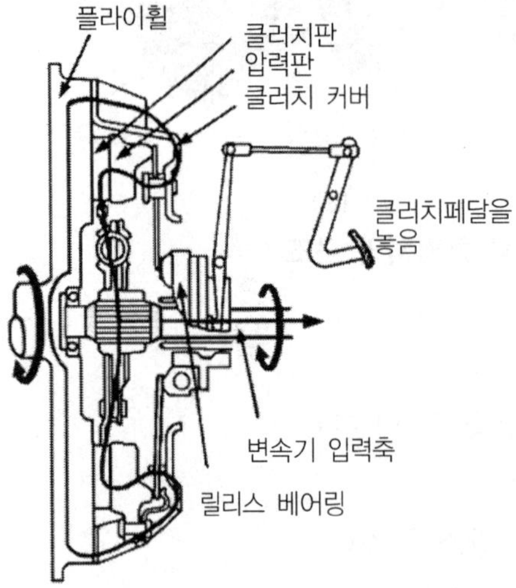

(a) 동력전달시

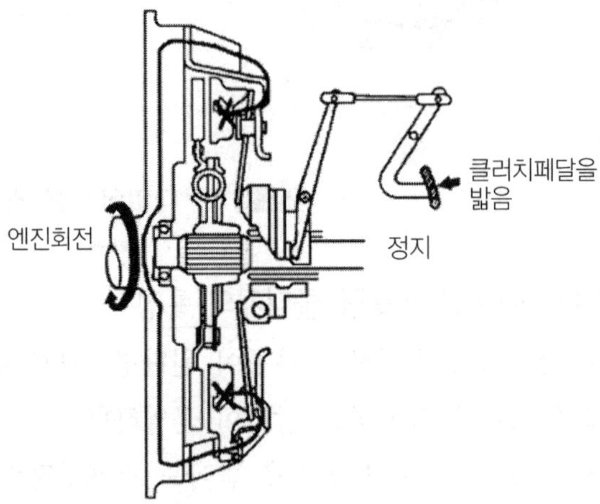

(b) 동력차단시

그림 3. 클러치의 작동

[2] 클러치판(clutch disc)

클러치판은 원형의 강철판으로 되어 있으며 그 가장자리에 마찰물질로 된 라이닝(lining or facing)이 리벳으로 설치되어 있다.

또 클러치판의 중심부분에는 허브(hub)가 있고, 그 내부에 변속기 입력축을 끼우기 위한 스플라인(spline)이 파져 있으며, 허브와 클러치 강철판사이에는 비틀림 코일스프링 댐퍼 스프링(damper spring))이 설치되어 있다. 이 비틀림 코일 스프링은 클러치판이 플라이휠에 접속되어 동력전달이 시작될 때의 회전충격을 흡수하는 작용을 한다. 또 클러치 강철판은 파도 모양의 스프링으로 되어 있어 클러치를 급격히 접촉시켰을 때에도 스프링이 변형되어 동력의 전달이 원활히 되도록 한다. 이 스프링을 쿠션 스프링(cushion spring)이라 한다.

쿠션 스프링은 클러치판의 변형, 편마모, 파손 등의 방지를 위해 둔다. 또 클러치 라이닝은 알맞은 마찰계수를 지녀야 하고, 내마모성 및 내열성이 크며 온도변화에 따른 마찰계수 변화가 없어야 하며, 제작방식에 따라 위빙 라이닝(weaving lining)과 몰드 라이닝(mould lining)이 있다. 라이닝의 마찰계수는 0.3~0.5 정도이다.

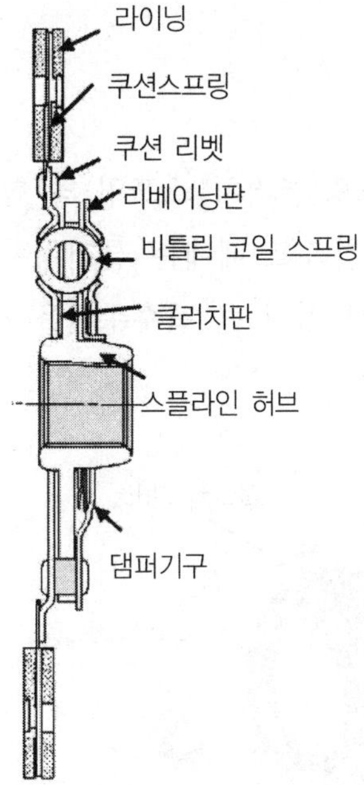

(a)

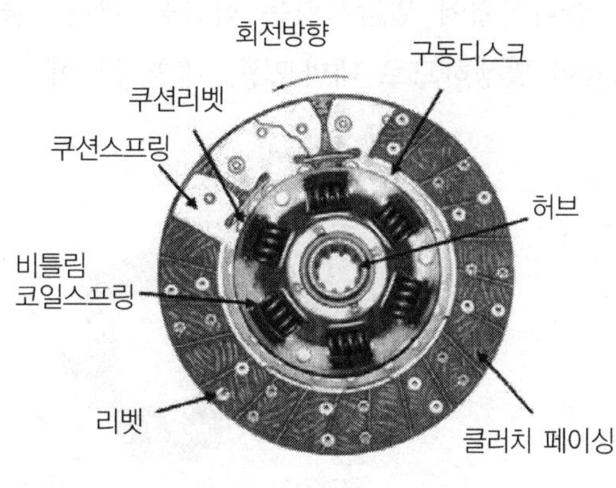

(b)

그림 4. 클러치판의 구조

[3] 변속기 입력축(transmission input shaft, 클러치 축)

변속기 입력축은 클러치판이 받은 동력을 변속기로 전달하는 작용을 하며, 선단 지지부분, 스플라인부분, 베어링 및 기어 등으로 구성되어 있다.

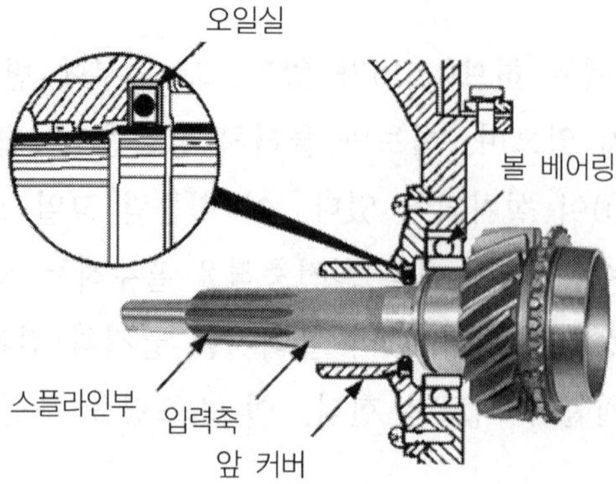

그림 5. 변속기 입력축의 구조

축의 스플라인부분에는 클러치판 허브의 스플라인이 끼워지고 클러치판은 변속기 입력축 위를 길이 방향으로 미끄럼운동을 한다. 앞 끝은 엔진의 플라이휠 중앙부분에 설치된 파일럿 베어링(pilot bearing)에 의해 지지되고, 뒤끝은 볼 베어링에 의해 변속기 케이스에 지지된다.

[4] 압력판(pressure plate)

압력판은 그림 6과 같은 모양이며, 다이어프램 스프링(클러치 스프링)의 힘으로 클러치판을 플라이휠에 밀착시키는 작용을 한다. 클러치를 접촉할 때에는 클러치판과의 사이에 미끄럼이 발생하므로 내마모성, 내열성능이 좋고, 열전도성이 큰 특수주철을 사용한다.

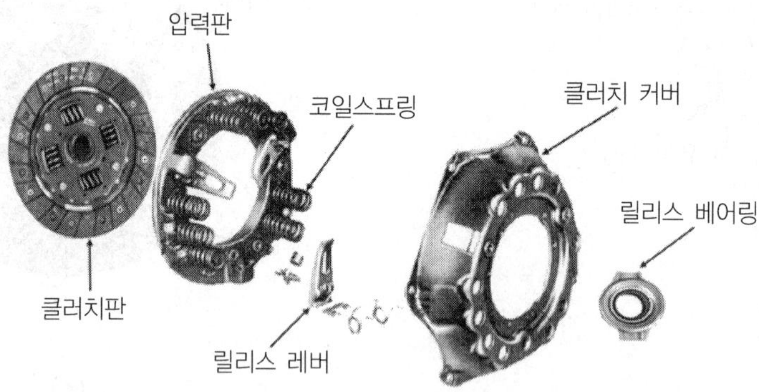

그림 6. 코일 스프링 클러치의 압력판 및 구성품

클러치판과의 접촉면은 정밀한 평면으로 가공되어 있고, 뒷면에는 코일 스프링 클러치에서는 스프링 시트와 릴리스 레버 설치부분이 마련되어 있다. 또 압력판과 플라이휠은 언제나 함께 회전하므로 동적으로 평형되어 있다.

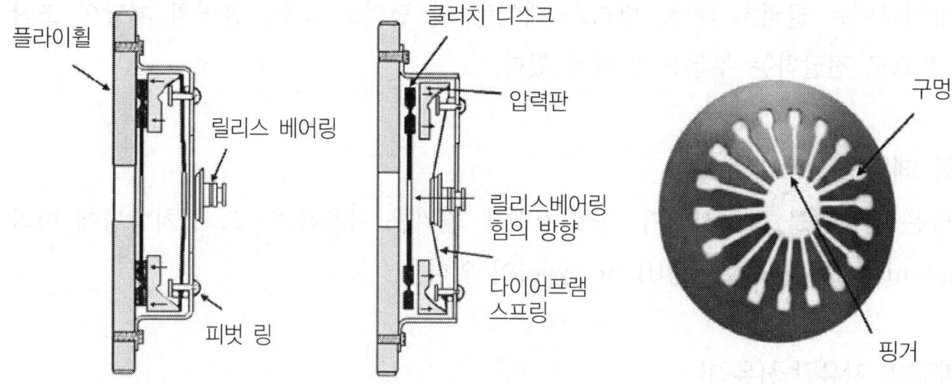

그림 7. 다이어프램 스프링 클러치의 압력판 작동

[5] 릴리스 레버(release lever)

릴리스레버는 강철판을 프레스 가공하여 제작하거나 특수주철로 되어 있으며, 코일 스프링 클러치에서 릴리스 베어링의 힘을 받아 압력판을 움직이는 작용을 한다. 릴리스레버에는 굽힘 작용이 반복되기 때문에 충분한 강도와 강성이 필요하며, 대형 자동차용에는 레버의 앞 끝 높이 조정용 나사가 있다. 또 고속회전에서 그 원심력을 이용하여 압력판을 눌러서 미끄럼을 방지하기 위한 원심추를 둔 것도 있다. 릴리스레버의 높이가 서로 다르면 자동차가 출발할 때 진동을 일으키는 원인이 된다.

[6] 클러치 스프링(clutch spring)

클러치 스프링은 코일 스프링 클러치에서 커버와 압력판사이에 설치되어(6~12개) 있으며, 압력판에 압력을 발생시키는 작용을 한다. 클러치 스프링은 동력전달에 큰 영향을 미치기 때문에 좋은 질의 스프링 강을 사용한다. 또 각 스프링의 자유길이, 설치길이 및 스프링 장력이 모두 같아야 한다.

[7] 클러치 커버(clutch cover)

클러치 커버는 강철판을 프레스 성형한 것이며, 플라이휠에 설치하기 위한 플랜지, 압력판, 다이어프램 스프링(코일스프링 클러치에서는 릴리스 레버와 클러치 스프링) 등으로 구성되어 있다. 그리고 코일스프링 클러치에는 릴리스 레버의 높이를 조정하는 나사가 있다.

1.3. 클러치의 조작기구

클러치 조작기구에는 클러치 페달, 릴리스 베어링 및 릴리스 포크, 클러치 페달의 조작력을 릴리스 포크로 전달하는 부분으로 되어 있다.

1.3.1. 클러치 페달(clutch pedal)

클러치 페달은 조작력을 감소시키기 위해 지렛대 원리를 이용하며, 그 설치방법에 따라 펜던트형(pendant type)과 플로어형(floor type)이 있다.

[1] 클러치 페달의 자유간극(유격)

자유간극(또는 유격)이란 클러치 페달을 밟은 후부터 릴리스 베어링이 다이어프램 스프링(또는 릴리스 레버)에 닿을 때까지 페달이 이동한 거리를 말하며, 클러치의 미끄러짐을 방지할 목적으로 둔다. 페달의 자유간극은 기계 조작방식의 경우는 20~30mm, 유압조작방식은 6~10mm 정도이며, 자유간극 조정은 케이블식은 케이블의 클러치 링키지에서, 유압식은 마스터 실린더 푸시로드에서 한다.

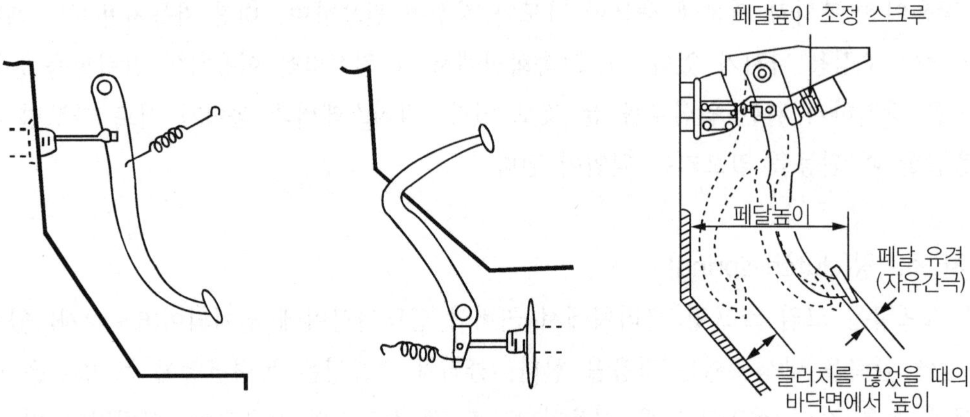

(a) 펜던트식 (b) 플로어식 (c) 클러치 페달의 자유간극

그림 8. 클러치 페달의 종류와 자유간극

[2] 자유간극이 너무 적을 때의 영향

자유간극이 규정 값보다 작으면 클러치가 미끄러지며, 이 미끄럼으로 인하여 클러치판이 과열되어 손상된다.

[3] 자유간극이 너무 클 때의 영향

자유간극이 규정 값보다 너무 크면 페달을 밟아 클러치를 차단할 때 차단이 불량하여 변속기의 기어를 변속할 때 소음이 발생하고 기어가 손상된다.

1.3.2. 릴리스 포크(release fork)

릴리스 포크는 주철이나 강철판의 프레스 제품이며, 릴리스 베어링 칼라가 끼워지는 요크(yoke)부분과 클러치 커버에 설치하기 위한 핀 구멍부분, 레버 등으로 되어 있다. 대형 차량용은 릴리스 포크와 축이 분리되어 있고, 소형 차량용은 클러치 페달의 조작력을 레버 비율에 의해 증대시키도록 되어 있으며, 이 경우 지지부분을 중심으로 하여 원호운동을 하기 때문에 릴리스 베어링 칼라에 접속되는 부분은 원호에 가까운 특수 곡선으로 가공한다.

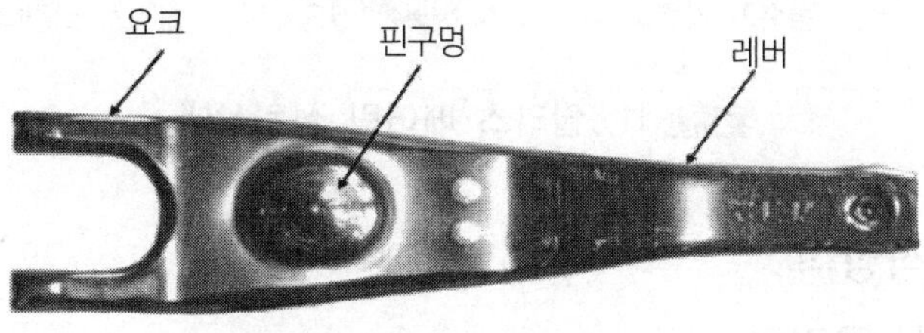

그림 9. 릴리스 포크의 구조

1.3.3. 릴리스 베어링(release bearing)

릴리스 베어링은 릴리스 포크에 의해 변속기 입력축의 길이 방향으로 작동하며, 회전 중인 릴리스 레버를 눌러 동력을 차단하는 작용을 한다. 이 베어링은 스러스트 볼 베어링(thrust ball bearing)이 들어 있는 케이스로 되어 있으며 베어링 칼럼에 끼워져 있다.

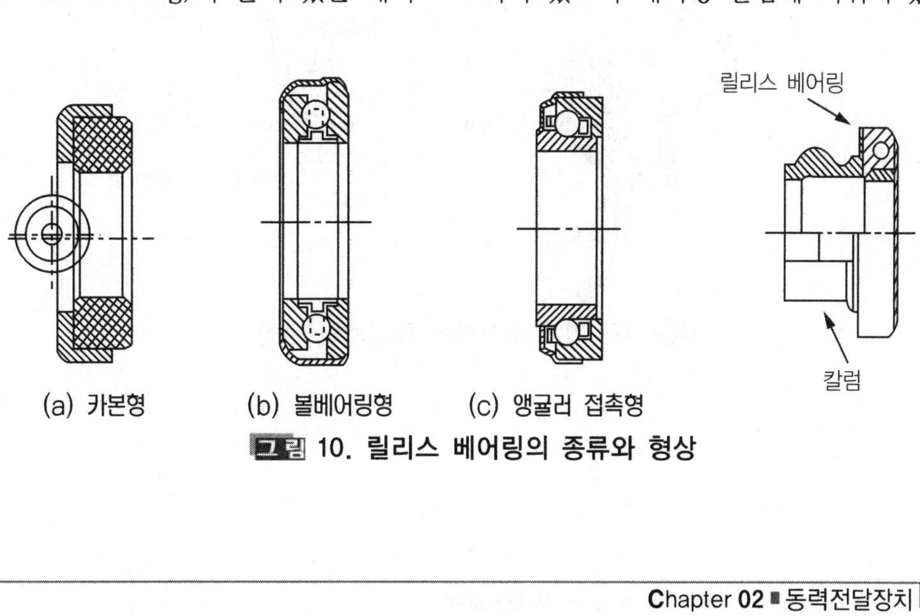

그림 10. 릴리스 베어링의 종류와 형상

릴리스 베어링의 종류에는 앵귤러 접촉형(angular contact type), 볼 베어링형(ball bearing type), 카본형(carbon type) 등이 있다. 카본형은 구리 또는 납을 포함한 특수한 흑연을 사용한다. 최근에는 영구 주유 베어링을 주로 사용하며 이러한 베어링은 주유를 하지 않는다. 따라서 솔벤트 등의 세척제 속에 넣고 세척해서는 안 된다.

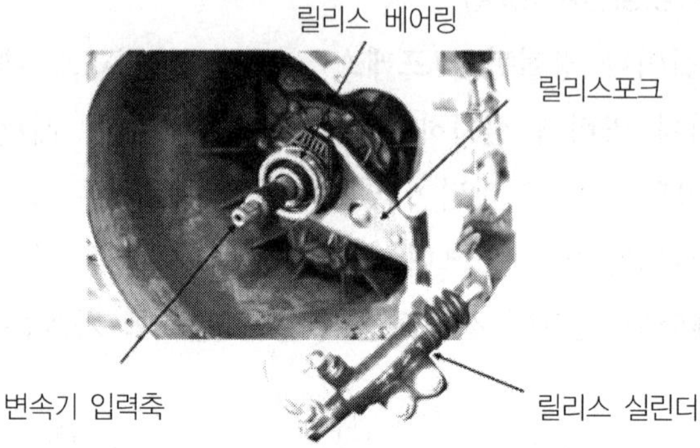

그림 11. 릴리스 베어링 설치상태

1.4. 클러치의 조작방식

1.4.1. 기계 조작방식 클러치

이 방식은 클러치 페달의 조작력을 케이블이나 로드를 통하여 릴리스 포크로 전달하여 릴리스 베어링을 작동시키는 것이며, 비교적 구조가 간단하지만 페달의 조작력이 커야하기 때문에 최근에는 거의 사용하지 않는다.

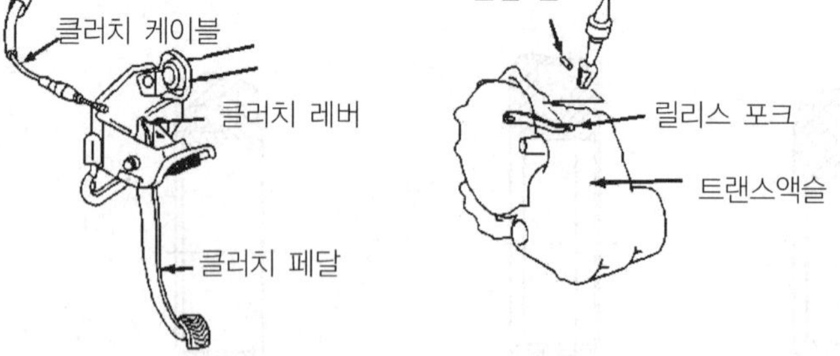

그림 12. 기계 조작방식 클러치의 구성

1.4.2. 유압 조작방식 클러치

이 방식은 클러치 페달을 밟는 것에 의해 유압이 발생되는 마스터실린더와 유압을 받아 릴리스 포크를 작동시키는 릴리스 실린더로 되어 있으며, 그 사이를 파이프로 연결한다.

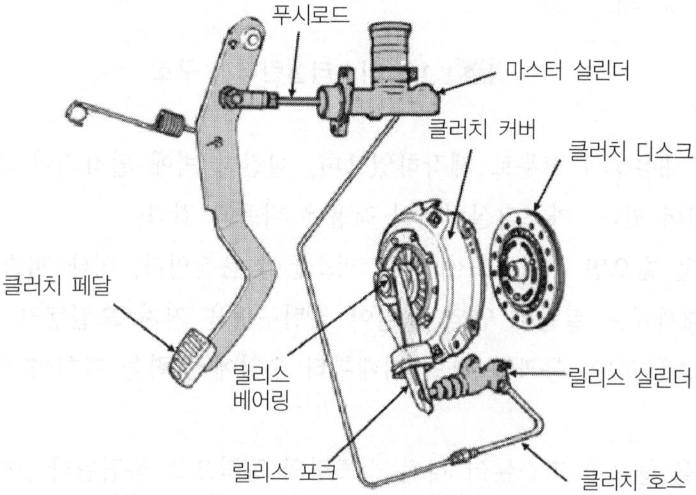

그림 13. 유압 조작방식 클러치의 구성

(1) 유압 조작방식 클러치의 장점

① 각 부분의 마찰이 작기 때문에 페달을 밟는 힘이 작아도 된다.

② 오일의 압력전달이 빠르기 때문에 클러치 조작이 신속하다.

③ 엔진과 클러치 페달의 설치위치를 자유롭게 정할 수 있다.

(2) 유압 조작방식 클러치의 단점

① 클러치의 구조가 복잡하다.

② 오일이 새거나 공기가 유입되면 조작이 어렵게 된다.

③ 가격이 비싸다.

[1] 마스터실린더(master cylinder)

그림 14에 마스터실린더의 구조를 나타내었다. 실린더는 주철이나 알루미늄합금이며, 안쪽 면은 원기둥 모양으로 다듬질되어 있고, 위쪽에는 오일을 공급하기 위한 오일탱크가 부착되어 있다. 실린더 내부에는 피스톤, 피스톤 컵, 리턴 스프링이 조립되어 있다.

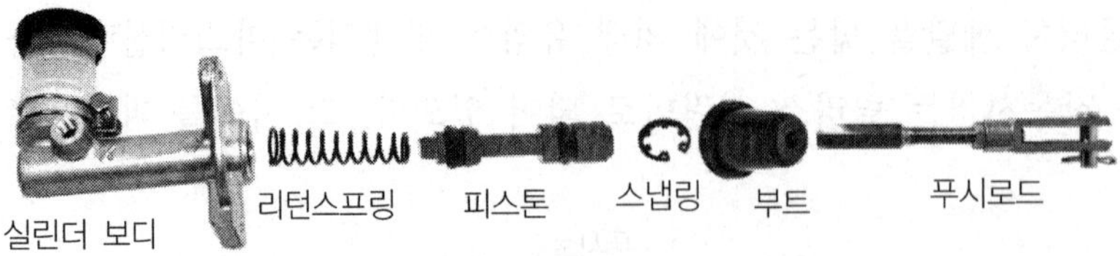

그림 14. 마스터실린더의 구조

피스톤 컵은 내유성의 고무로 제작하였으며, 실린더 벽에 밀착되어 오일이 누출되지 않는 모양으로 되어 있다. 마스터실린더의 작용은 다음과 같다.

클러치 페달을 밟으면 푸시로드에 의해 피스톤이 움직인다. 이때 피스톤 컵에 의해 리턴구멍이 닫힐 때까지는 실린더 안의 오일이 리턴구멍을 거쳐 오일탱크 안으로 들어가지만 리턴구멍을 피스톤 컵이 통과를 하면 이때부터 오일에 압력을 가하여 릴리스 실린더로 보낸다.

클러치 페달을 놓으면 피스톤이 리턴 스프링의 장력으로 복귀된다. 이때 파이프 안의 오일은 점성과 관성 때문에 피스톤의 복귀를 따르지 못한다. 따라서 실린더 내부의 유압이 낮아지므로 오일탱크 내의 오일이 피스톤이 제자리로 복귀하는 것을 도와준다. 피스톤이 완전히 제자리로 복귀하면 리턴구멍과 오일탱크가 통하게 되며 릴리스 실린더로 보내졌던 오일이 오일탱크로 되돌아온다.

[2] 릴리스 실린더(release cylinder)

릴리스 실린더는 슬레이브 실린더(slave cylinder) 또는 오퍼레이팅 실린더(opera ting cylinder)라고도 부르며, 마스터실린더에서 보내 진 유압을 피스톤과 푸시로드에 작용시켜 릴리스 포크를 미는 작용을 한다. 또 릴리스 실린더에는 오일 속에 유입된 공기를 빼기 위한 공기배출용 나사(air bleeder screw)와 릴리스 포크를 푸시로드에 항상 접촉시켜 두기 위한 리턴 스프링이 설치되어 있다. 그리고 클러치는 사용함에 따라 클러치판의 라이닝이 마모되어 페달의 자유간극이 작아진다. 따라서 알맞은 시기에 페달의 자유간극을 조정하여야 하지만 최근에는 페달의 자유간극을 조정하지 않아도 되는 비 조정방식 릴리스 실린더를 사용하고 있다.

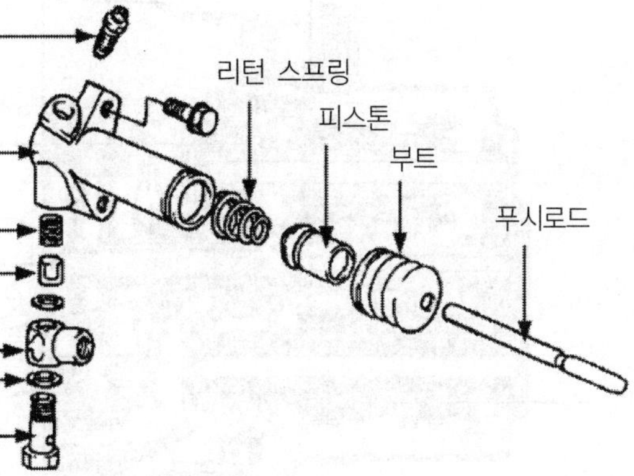

그림 15. 릴리스 실린더의 구조

[3] 이그니션 록 스위치

이그니션 록 스위치는 클러치 페달에 장착되어 있으며 클러치 페달을 밟지 않으면 통전이 되지 않아 시동이 걸리지 않는다.

1.5. 듀얼클러치 변속기(DCT : dual clutch transmission)

듀얼클러치 변속기 컨트롤시스템은 원하는 출력을 자동으로 얻기 위하여 필요한 정보를 측정하고 측정된 정보로부터 제어 대상의 상태를 파악하여 수정이 필요할 경우 적절한 보정값을 계산한다. 계산된 보정값에 따라 액추에이터를 작동하여 원하는 출력을 얻는다.

1.5.1. 듀얼클러치의 개요

DCT의 종류는 클러치 제어방식에 따라 크게 건식 듀얼클러치(dry DCT)와 습식 듀얼클러치(wet DCT)로 나눌 수 있다. 건식 DCT는 단판 클러치로 클러치가 작동할 때 오일이 개입하지 않는 방식으로 기존의 수동변속기와 비슷하기 때문에 작고 무게가 가볍다. 반면 클러치가 마찰에 노출되기 때문에 열이 많이 발생하고 내구성이 취약하다. 따라서 높은 토크를 내는 엔진에 사용하기 어렵고 변속충격이 강하여 승차감이 떨어진다.

습식 DCT는 클러치 작동에 있어 오일이 개입하는 방식으로 판이 여러 개인 다판 클러치 방식으로 부드러운 변속이 가능하다. 오일이 마찰면의 윤활제 역할을 하고 쿨러로 가열된 오일을 쿨링하는 방식으로 강한 내구성이 있어 따라서 높은 토크의 엔진에도 사용할 수 있어 고출력 차량에 주로 사용된다.

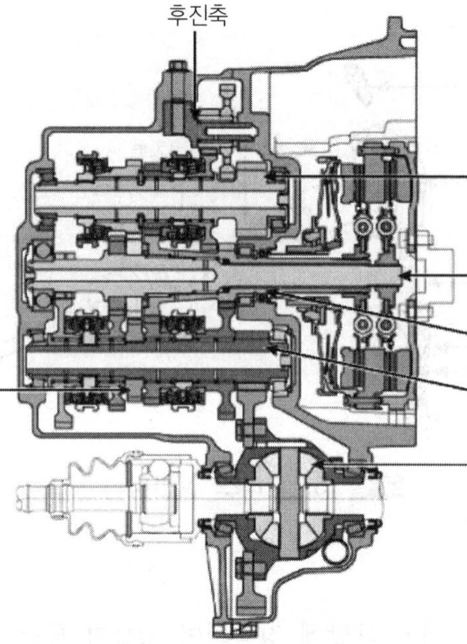

그림 16. 듀얼클러치 변속기

오일이 많이 사용되므로 미션 오일을 자주 교환해 주어야 하고, 오일을 제어할 오일펌프 및 솔레노이드밸브, 쿨러 등의 추가 부품이 들어가기 때문에 연비도 떨어진다.

듀얼클러치는 변속기 내부에 장착되어 있다. 듀얼 클러치는 홀수 클러치와 짝수 클러치로 구성된다. 홀수 클러치는 홀수단 변속시 엔진의 동력을 변속기에 전달 및 차단역할을 한다. 짝수 클러치는 짝수단 변속시 엔진의 동력을 변속기에 전달 및 차단역할을 한다.

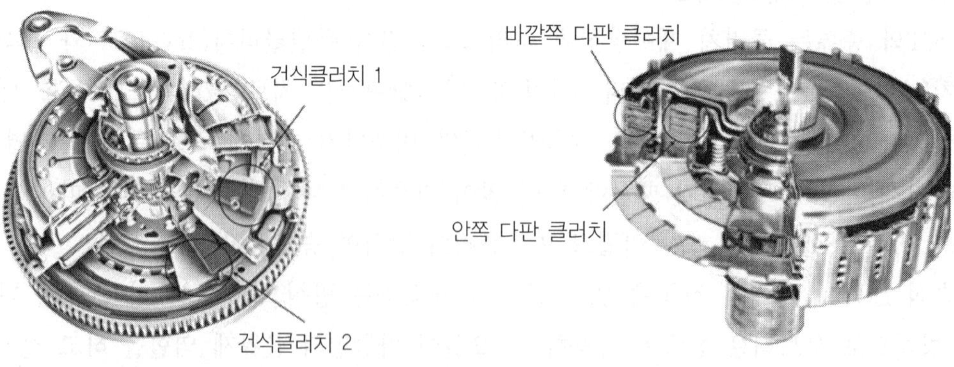

(a) 건식 (b) 습식

그림 17. 듀얼클러치

1.5.2. DCT의 장・단점

[1] 장점

① 매우 빠르고 부드러운 변속

② 동력손실이 매우 적고 자동변속기 대비 6~10% 이상 연비가 좋다.

③ 일반 자동변속기와 같이 편리하다.

[2] 단점

① 구조상 공간이 협소하여 클러치의 마찰 면을 싱글 클러치만큼 크게 할 수가 없다.

② 허용 토크값이 낮다.

③ 미션이 차지하는 공간과 무게가 크다.

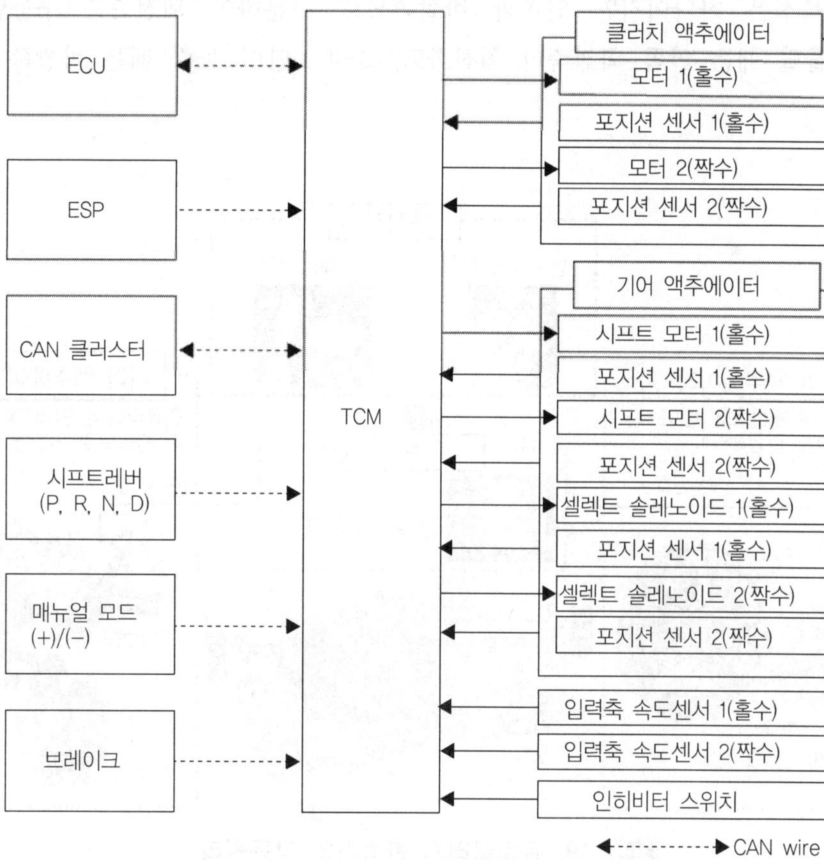

그림 18. 듀얼클러치 변속기시스템의 구성도

듀얼클러치는 구조상 싱글클러치 만큼 마찰 면을 크게 할 수 없으므로 싱글클러치 보다 작은 마찰 면으로 인하여 허용 토크값이 낮을 수밖에 없는 구조적인 불리한 점이 있다. 이를 보완하기 위하여 습식클러치를 사용하는데, 습식클러치는 클러치의 마찰열을 식혀줌으로써 마찰력을 높이는 원리이다.

1.5.3. 듀얼클러치 변속기의 작동

운전자가 가속 페달을 조작하면 컴퓨터가 최적의 변속시점을 판단하여 자동으로 변속된다. 듀얼클러치 변속기는 클러치가 2개이고, 톱니바퀴가 배열된 회전축이 2개이다. 즉, 듀얼클러치 변속기는 각 단을 2개의 축으로 구분하여 배열하고(1-3-5, 2- 4-6), 2개의 축을 각각 담당하는 클러치를 2개를 둠으로써 다음 변속을 최대한 빠르게 한 변속기이다.

하나의 회전축은 1-3-5단을 담당하고 다른 회전축은 2-4-6단을 담당하되, 클러치와 연결된 회전축선은 하나이지만 안쪽과 바깥쪽으로 구분하여 회전축을 구동한다. 즉, 1-3-5단이 물릴 때는 안쪽 회전축이 회전하고, 2-4-6단이 물릴 때는 바깥쪽 회전축이 회전한다.

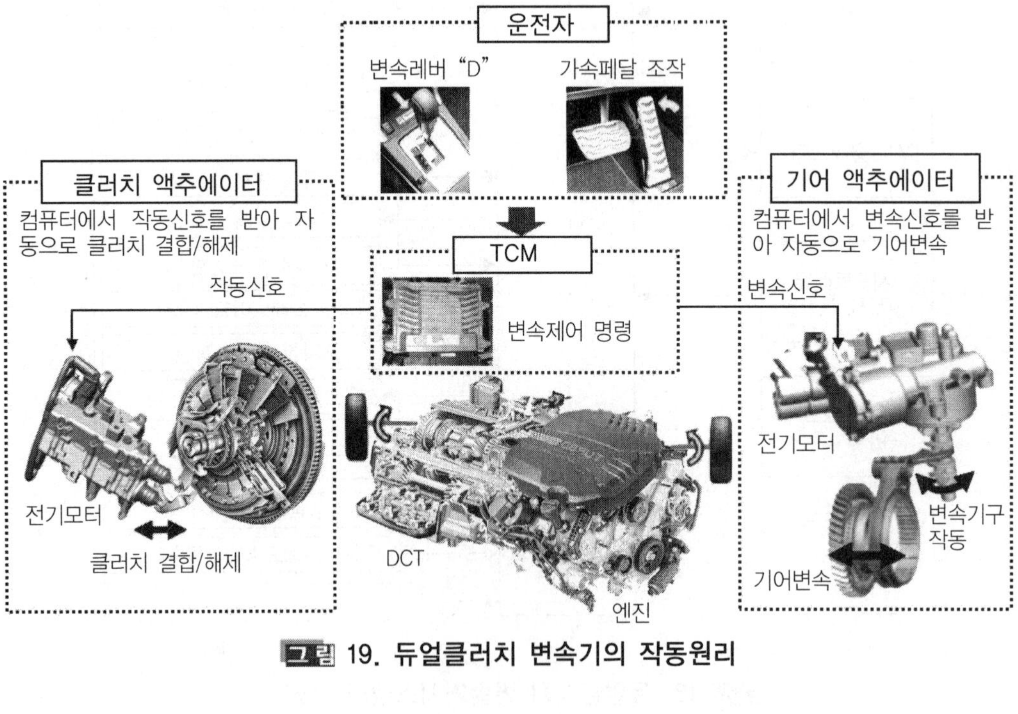

그림 19. 듀얼클러치 변속기의 작동원리

클러치는 클러치박스 내에 2개의 클러치가 있어서 클러치 1은 1-3-5단 회전축과 물려있고, 클러치 2는 2-4-6단 회전축과 물려있다. 즉, 밀면 1번 클러치가 물리고 당기면 2번 클러치가 물리는 것이다. 기어 셀렉터 포크는 유압 또는 모터를 이용하여 작동한다.

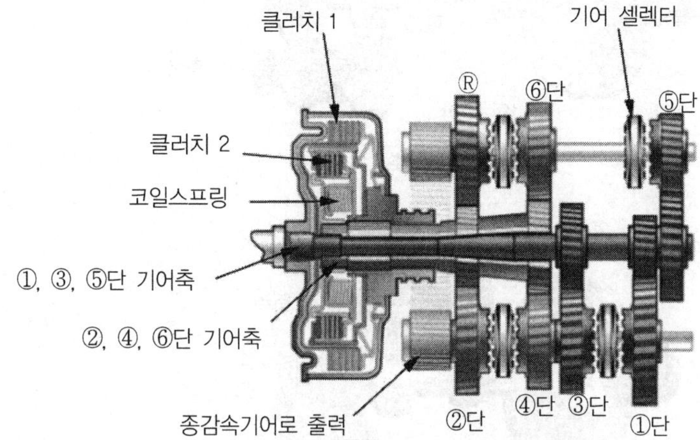

그림 20. DCT의 구조

1.5.4. 기어변속 과정

1단 기어로 자동차가 주행하고 있을 때 엔진으로부터 온 회전력이 클러치 1을 통해 1-3-5단 회전축에 회전력을 전달하고, 1단 기어가 기어비 만큼 엔진 회전수를 줄여 토크를 높여서 구동축에 회전력을 전달한다. 이때 클러치 2는 떨어져 있는 상태이므로 2-4-6단 회전축은 회전하지 않고 있는 상태이다. 2단으로 변속시점이 가까이 오면 2단 기어 옆에 있는 도그 기어가 2단 기어에 물리면서 회전할 준비를 한다.

TCU는 입력신호들을 평가하여 2단으로의 최적 변속시점에 도달하였음을 확인하면, 1단을 담당하는 클러치 1을 분리하고, 동시에 2단을 담당하는 클러치 2를 접속한다. 이때 클러치 1과 클러치 2의 분리와 접속과정은 서로 오버랩(overlap)된다. 그리고 전체 변속과정은 3/100~4/100초 범위 내에서 완료되므로 사실상 변속과정에서 엔진으로부터 변속기 출력축으로의 동력전달은 중단됨이 없이 계속된다. 다운시프트는 반대순서이지만 다운시프트 시 2개의 클러치와 회전축이 교대로 작동하기 때문에 6단에서 4단으로 바로 가지 못하고 6단에서 4단으로 가기 위해서는 5단을 거쳐 4단으로 순차적(6→5→4)으로 다운이 되어야 한다.

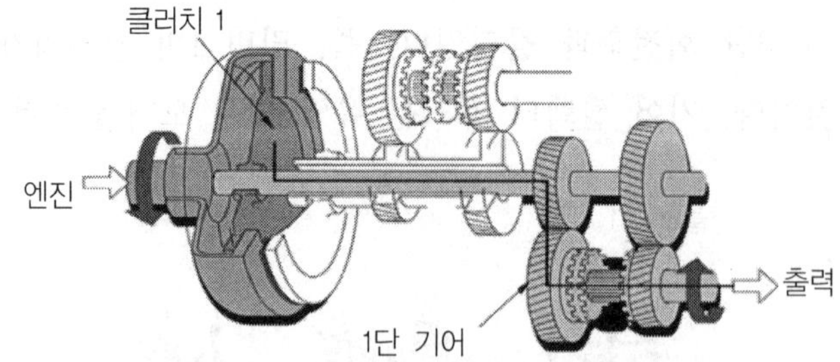

(a) 안쪽 회전축

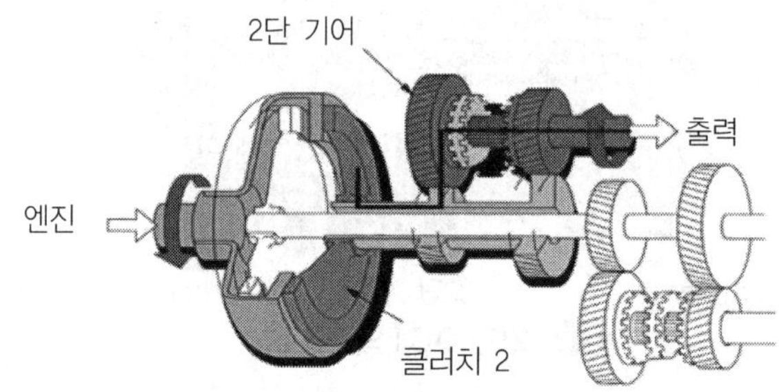

(b) 바깥쪽 회전축

그림 21. 기어변속 과정

1.5.5. 주요 구성부품

[1] 클러치 액추에이터 어셈블리

클러치 액추에이터는 트랜스미션 컨트롤 모듈(TCM)으로부터 신호를 받아, 클러치를 결합 및 해제하는 역할을 한다.

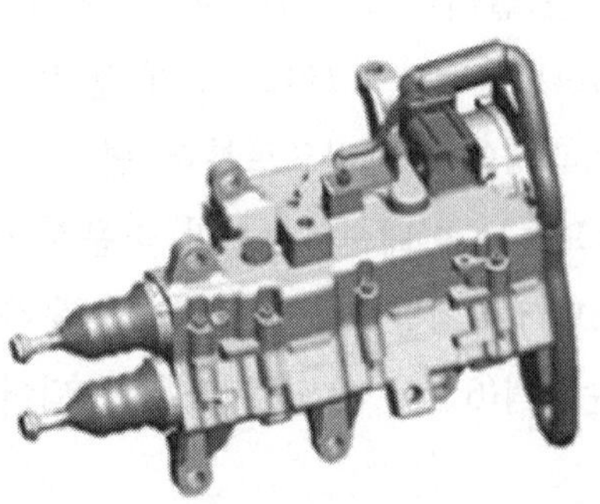

그림 22. 클러치 액추에이터 어셈블리

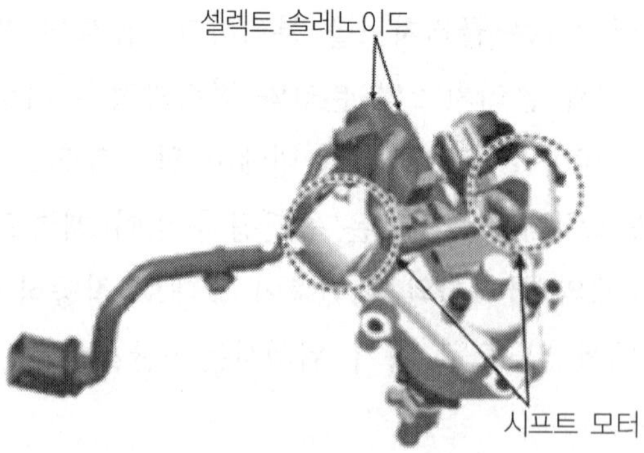

그림 23. 기어 액추에이터 어셈블리

[2] 기어 액추에이터 어셈블리

기어 액추에이터는 시프트 모터와 셀렉트 솔레노이드로 구성되어 있으며 TCM의 신호를 받아 시프트 모터와 셀렉트 솔레노이드를 제어한다.

[3] 입력축 속도센서 1, 2

입력축 속도센서는 변속기 입력축 회전수를 감지하여 TCM으로 전달하는 입력센서이며, 이 출력센서는 전자제어에 있어 중요한 입력 정보로 피드백 제어, 변속단 설정 제어 기타 센서 고장 판정기준 등 모든 작동 범위에서 필요한 정보이다.

[4] 인히비터 스위치

인히비터 스위치는 변속기 상단에 장착되어 시프트 레버와 연결되어 있으며 인히비터 스위치는 4개의 접점 포인트로 신호를 만들어 S1(P), S2(R), S3(N), S4(D)를 출력한다. 시프트 레버의 P, R, N, D 조작에 따라 인히비터 스위치의 S1(P), S2(R), S3(N), S4(D) 신호를 TCM에 전달하여 변속단을 제어한다.

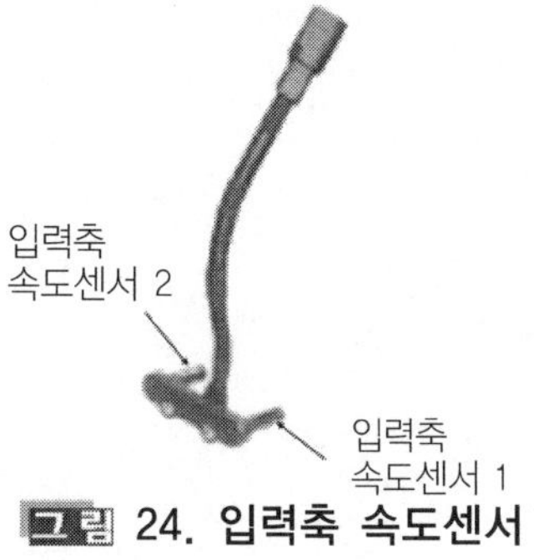

그림 24. 입력축 속도센서 1, 2

그림 25. 인히비터 스위치

1.6. 클러치의 성능

1.6.1. 클러치 용량

클러치는 엔진의 회전력을 단속하는 장치이므로 전달할 수 있는 회전력을 고려하여야 하며, 클러치 용량이란 클러치가 전달할 수 있는 회전력의 크기를 말한다. 클러치 용량은 사용하는 엔진의 최고 회전력보다 커야 하며 일반적으로 사용하는 엔진 회전력의 1.5~2.5배 정도이다. 클러치 용량이 너무 크면 접촉할 때 엔진의 작동이 정지되기 쉽고, 반대로 너무 작으면 클러치가 미끄러져 클러치판의 라이닝 마멸이 빨라진다.

1.6.2. 클러치가 미끄러지지 않을 조건

$P\mu r \geqq T$

P : 클러치 스프링 장력(kgf)　　μ : 클러치판과 압력판 사이의 마찰계수
r : 클러치판의 평균 반지름(m)　　T : 엔진 회전력(kgf · m)

1.6.3. 클러치의 전달효율

주행 중인 자동차의 주행저항은 도로조건에 따라서 달라진다. 클러치는 접속할 때 미끄럼이 일어나서는 안 된다. 또 엔진의 발생 회전력이나 주행저항이 과다해져서 미끄럼이 일어나면 동력이 손실될 뿐만 아니라 여러 가지 지장을 초래한다. 전달효율은 다음 공식으로 나타낸다.

$$\text{전달효율} = \frac{\text{클러치에서 나온 동력}}{\text{클러치로 들어간 동력}} \times 100[\%]$$

또, 회전동력은 회전속도의 곱에 비례하기 때문에 위 공식은 다음과 같이 된다.

$$\eta = \frac{T_2 \times N_2}{T_1 \times N_1}$$

T_1 : 엔진의 발생 회전력(kgf · m)
T_2 : 클러치의 출력 회전력(kgf · m)
N_1 : 엔진의 회전속도(rpm)
N_2 : 클러치의 출력 회전속도(rpm)

2. 수동변속기(manual transmission)

자동차에서 사용하고 있는 엔진의 회전력은 회전속도의 변화에 관계없이 거의 일정하고 그 출력은 회전속도에 비례하여 증가한다. 자동차는 출발할 때, 언덕길을 올라갈 때, 부하가 큰 경우 등에는 큰 구동력을 필요로 하며, 이때 주행속도는 비교적 저속이라도 관계없다.

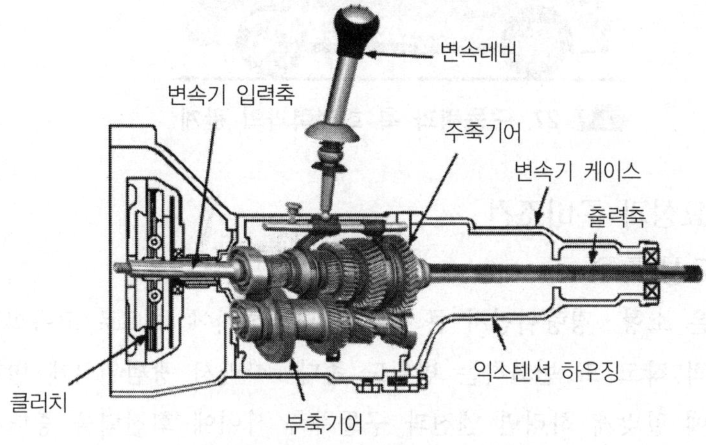

그림 26. 수동(FR용)변속기의 구조

그러나 평탄한 도로를 주행할 때에는 큰 구동력보다는 구동바퀴를 고속 회전시켜 고속으로 주행할 수 있어야 한다. 자동차에서 사용되는 엔진은 본래의 성능을 주행상태에 알맞게 구동력을 변화시키고, 클러치를 조작하지 않아도 엔진의 동력을 무부하 상태로 공전운전 할 수 있도록 하며 또 자동차를 후진할 때에는 회전방향을 역으로 하기 위하여 변속기가 필요하다. 또 수동변속기는 선택 기어방식 변속기라고도 부르며, 그 종류에는 FR구동방식의 자동차에 사용되는 변속기(transmission)와 FF구동방식의 자동차에서 사용하는 트랜스액슬(trance axle)이 있다.

Guide 구동력

자동차의 구동력(tractive force)은 그림 27에서와 같이 구동바퀴가 자동차를 미는 힘이며, 다음 공식으로 나타낸다.

$$F=\frac{T}{R}$$

F : 자동차의 구동력(kgf)　　T : 축의 회전력(kgf · m)
R : 구동바퀴의 반지름(m)

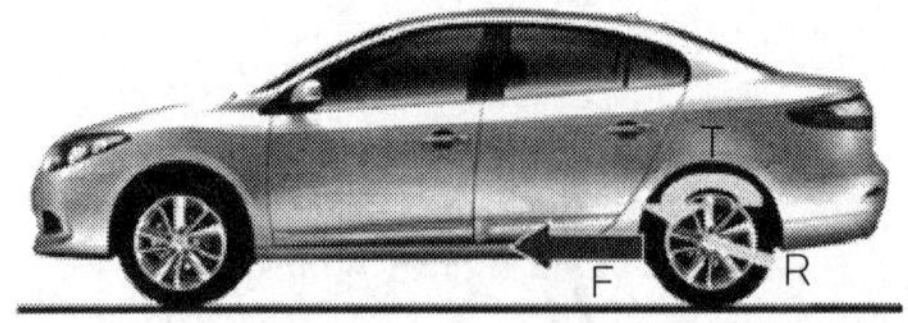

그림 27. 구동력과 축 회전력과의 관계

2.1. 변속기의 필요성과 구비조건

2.1.1. 변속기의 필요성

① 자동차용 엔진은 소형·경량이면서 큰 출력을 발생하여야 하므로 고속회전은 하지만 회전력이 비교적 작고 또 변화하는 범위도 좁다. 따라서 광범위하게 변화하는 자동차의 주행저항에 알맞게 하려면 엔진과 구동차축 사이에 회전력을 증대시키는 장치를 두어야 한다.

② 엔진은 자기기동이 불가능하기 때문에 엔진을 시동할 때에는 일단 무부하 상태로 두어야 한다. 변속레버를 중립위치에 두면 클러치의 작용 없이도 시동을 할 수 있고 공전운전도 할 수 있다.

③ 자동차용 엔진은 고속으로 회전하기 때문에 역회전이 어렵다. 따라서 역회전용 기어장치를 두어 자동차가 후진할 수 있도록 하여야 한다.

2.1.2. 변속기의 구비조건

① 동력 전달효율이 좋을 것

② 단계가 없이 연속적으로 변속될 것

③ 조작이 쉽고, 신속, 확실, 정숙하게 행해 질 것

④ 소형·경량이고, 고장이 없으며 다루기 쉬울 것

2.2. 변속기의 분류

[1] 일정 기어비율 변속기(finite gear ratio transmission)

① 점진 기어형식(progressive gear type)

② 선택 기어형식(selective gear type) : 활동(섭동) 기어형식(sliding-mesh type), 상시 물림형식(constant-mesh type), 동기 물림형식(syncro-mesh type)

③ 유성 기어형식(planetary gear type)

[2] 무한 기어비율 변속기(infinite gear ratio transmission)

① 마찰 바퀴형식(friction ring type)

② 자동변속기(automatic transmission)

㉮ 유체클러치(fluid clutch)

㉯ 토크컨버터(torque converter)

③ 무단변속기(continuously variable transmission)

2.2.1. 점진 기어형식 변속기

점진 기어형식의 변속기는 전진 3단, 후진 1단으로 되어 있으며, 선택 기어형식과는 다르게 운전 중 제1속에서 직접 최고속 기어(top gear)로 또는 최고속 기어에서 제1속으로 변속할 수 없다.

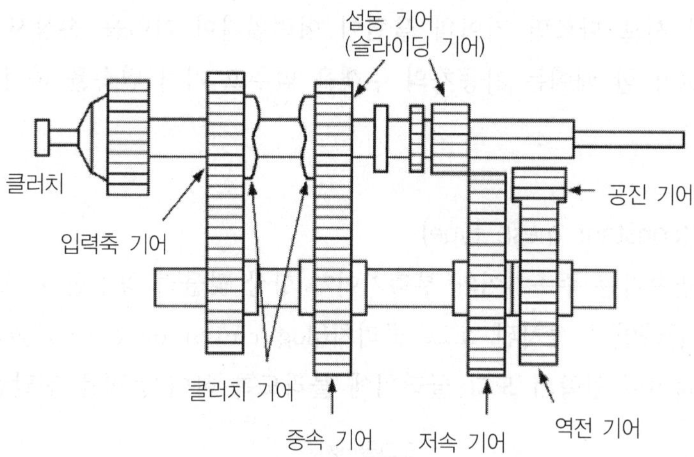

그림 28. 점진 기어형식 변속기

2.2.2. 선택 기어형식 변속기

[1] 섭동 기어형식(sliding gear type)

섭동 기어형식 변속기는 주축(main shaft)과 부축(count shaft)이 평행을 이루며, 주축의 각 기어는 스플라인에 끼워져 축 방향으로 이동하는 섭동기어(sliding gear)가 설치되어 있다. 부축의 각 기어는 축에 고정되어 있고 구동기어에 의해 항상 회전한다. 변속작동은 변속레버로 주축의 기어를 선택하여 축 방향으로 밀면 부축의 기어와 물려 주축이 회전한다.

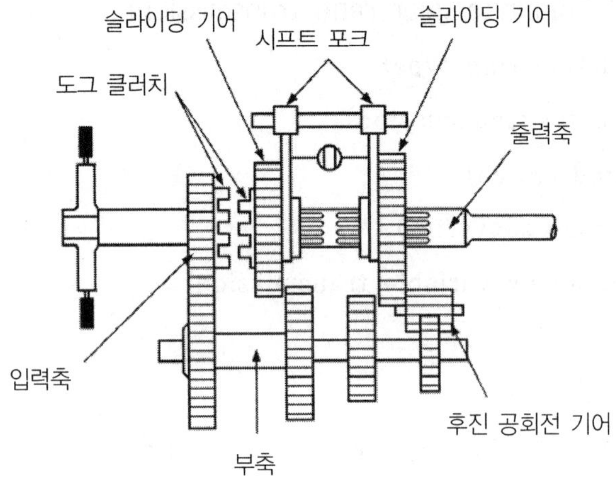

그림 29. 섭동 기어형식 변속기

이 변속기는 구조가 간단하고 정비가 쉬운 장점이 있으나 주행 중의 기어변속시 주축과 부축의 회전속도가 서로 다르면 기어의 물림이 어려워지며 기어를 손상시키는 결점이 있다. 또 후진을 하고자 할 때에는 자동차의 주행을 멈추고 기어 변속을 하여야 손상을 방지할 수 있다.

[2] 상시 물림형식(constant mesh type)

상시 물림형식 변속기는 주축기어와 부축기어가 항상 맞물려 공전한다. 변속작동은 변속레버로 주축의 스플라인에 설치된 도그 클러치(dog clutch or clutch gear)를 이동시켜 공전하고 있는 주축기어 안쪽의 도그 클러치에 물리도록 하여 동력을 전달한다.

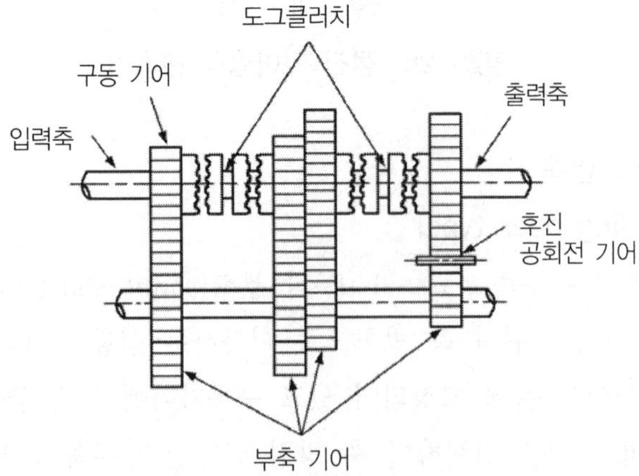

그림 30. 상시 물림형식 변속기

이 변속기는 기어를 이동시켜서 변속하지 않기 때문에 기어의 파손, 마모, 소음 등이 비교적 적다. 또 도그 클러치의 물림 폭이 좁아 변속레버의 조작각도가 작으므로 변속조작이 쉽고 구조도 비교적 간단하다.

[3] 동기 물림형식(synchro mesh type)

섭동 기어형식이나 상시 물림형식 변속기에서는 기어나 도그 클러치가 물릴 때 물리는 기어의 회전속도가 일치되지 않은 상태에서 물리게 되면 소음이 발생하고 심한 경우에는 기어가 파손된다. 따라서 고속기어에서 저속기어로 변속할 때에는 기어사이의 회전속도 차이가 크기 때문에 반드시 더블 클러치(double clutch)를 조작하여야 한다.

이와 같은 결점을 보완하기 위하여 상시 물림형식 변속기의 도그 클러치를 개량하여 기어가 서로 맞물리기 쉽도록 주축에서 항상 공전하고 있는 변속기어와 주축에 스플라인으로 결합된 싱크로나이저 허브사이에 원뿔모양의 마찰 면을 지닌 싱크로나이저 링을 설치하며, 도그 클러치 대신 싱크로나이저 슬리브를 사용한다. 이 변속기는 변속을 할 때 더블 클러치의 조작이 필요 없어 원활한 기어 물림이 가능하고 변속조작이 신속하고 쉬운 장점이 있다.

동기 물림기구는 그림 31과 같이 싱크로나이저 허브(synchronizer hub), 싱크로나이저 슬리브(synchronizer sleeve), 싱크로나이저 링(synchronizer ring), 키 및 스프링으로 되어있다. 또 동기물림형식 변속기의 종류에는 변속조작을 급하게 하여 완전히 동기 되지 않은 상태에서도 기어를 물릴 수 있는 일정 부하형과 동기작용이 완전히 완료되지 않으면 기어물림이 되지 않는 관성 고정형이 있다.

그림 31. 동기 물림장치의 구성

① 싱크로나이저 허브는 주축 스플라인에 설치되며, 그 바깥둘레에 싱크로나이저 슬리브가 끼워져 동력을 전달하며 허브의 3곳(120° 간격)에는 싱크로나이저 키가 들어갈 수 있는 홈이 있다.

② 싱크로나이저 슬리브는 안쪽의 스플라인과 싱크로나이저 허브가 서로 맞물려서 이동하며, 바깥둘레에는 시프트 포크가 끼워지는 홈이 파져 있어서 변속레버 조작에 따라 시프트 포크에 의해 앞뒤로 움직여 싱크로나이저 링의 동기작용에 의해 변속기어의 클러치 기어에 물린다.

③ 싱크로나이저 링은 각 클러치 기어에 마련된 원뿔부분(경사각도 7°)에 물려 변속할 때 클러치 기어의 원뿔부분과 접촉하여 클러치 작용을 하여 주축에 물려있는 싱크로나이저 허브와 변속기어를 동기시킨다.

④ 싱크로나이저 키는 윗면이 3각형 모양의 돌기부분이 있어 싱크로나이저 허브의 파진 3개의 홈에 들어가며 스프링에 의해 슬리브 안쪽 면에 항상 눌려 있다. 또 양쪽 끝은 싱크로나이저 링의 홈에 일정한 틈새를 두고 끼어져 있다.

(1) 동기물림 기구의 작동

① 제1단계 : 클러치 페달을 밟아 엔진의 동력을 차단시키고 싱크로나이저 슬리브를 그림 32의 화살표방향으로 이동시키면 싱크로나이저 키가 슬리브와 함께 이동하여 싱크로나이저 링을 클러치 기어의 원뿔부분을 누른다. 이 힘에 의하여 주축기어는 천천히 슬리브의 회전속도와 같아진다.

② 제2단계 : 싱크로나이지 슬리브를 더욱더 이동시키면 슬리브의 단면이 직접 싱크로나이저 링을 눌러 원뿔부분의 마찰력이 커지며 슬리브와 주축기어의 회전속도가 같아지는데 이것을 동기작용이라 한다.

③ 제3단계 : 싱크로나이저 슬리브와 주축기어의 회전속도가 동기 되면 싱크로나이저 링은 자유로운 상태가 되며, 슬리브는 원활하게 주축기어와 맞물려 변속을 완료한다.

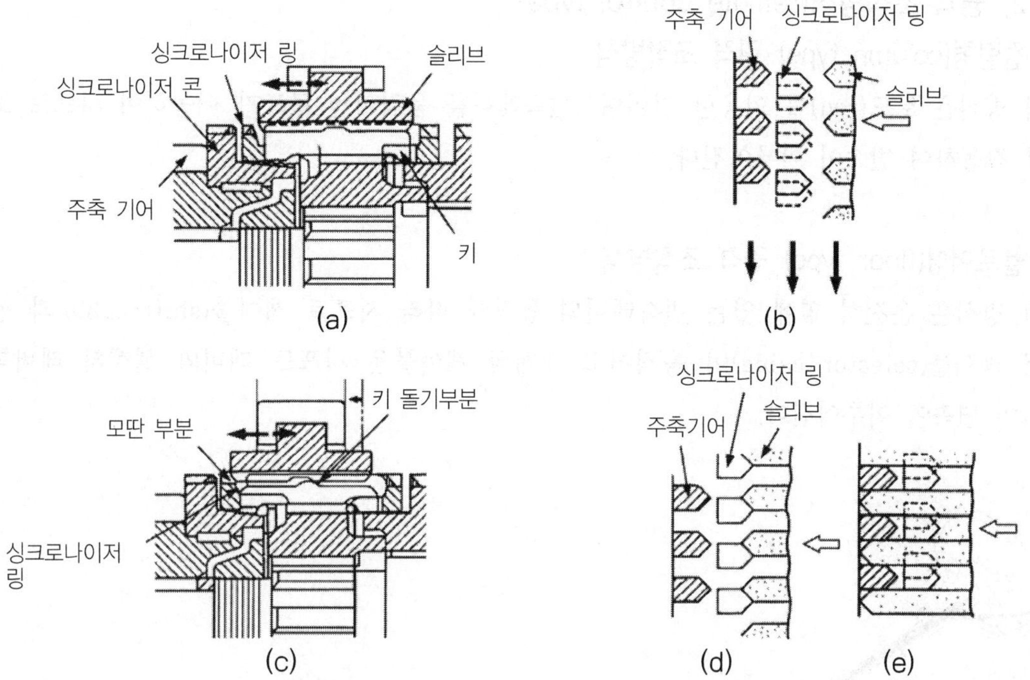

그림 32. 동기물림 장치(키 형식)의 작동

2.3. 변속 조작기구

2.3.1. 직접 조작방식(direct control type)

이 방식은 그림 33과 같이 변속레버가 변속기 뒤쪽의 익스텐션 하우징에 설치되어 있어 변속레버에 의해 시프트 포크가 선택되고, 각 시프트 포크는 시프트 레일과 함께 앞뒤로 작동하므로 비교적 짧은 거리에서 시프트 포크의 조작이 가능하다.

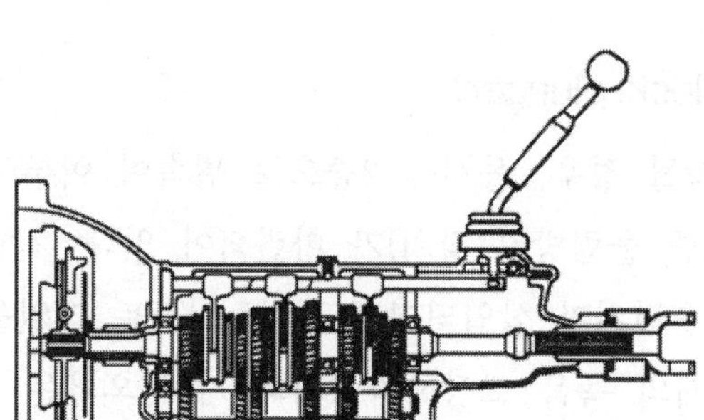

그림 33. 직접 조작방식 변속기

2.3.2. 원격 조작방식(remote control type)

[1] 컬럼형(column type) 원격 조작방식

이 방식은 로드(rod)를 이용한 것이며, 변속레버를 움직이면 로드가 이동하여 시프트 포크가 작동하여 변속이 이루어진다.

[2] 플로어형(floor type) 원격 조작방식

이 방식은 운전석 옆에 있는 변속레버의 동작에 따라 시프트 케이블(shift cable)과 셀렉터 케이블(selector cable)이 움직이고, 2개의 케이블은 시프트 레버와 셀렉터 레버를 움직여 변속이 이루어진다.

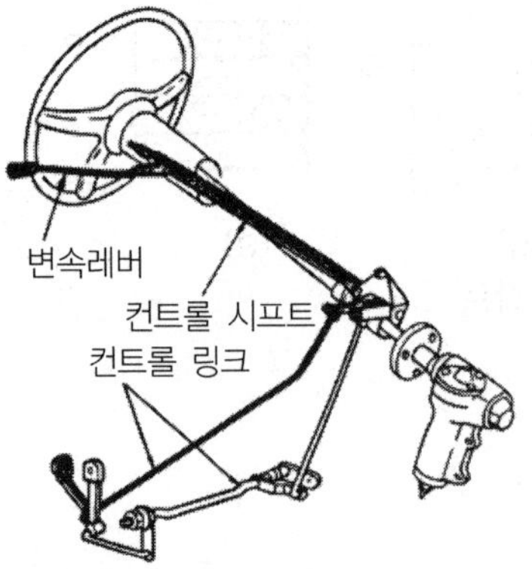

그림 34. 컬럼형 원격 조작방식

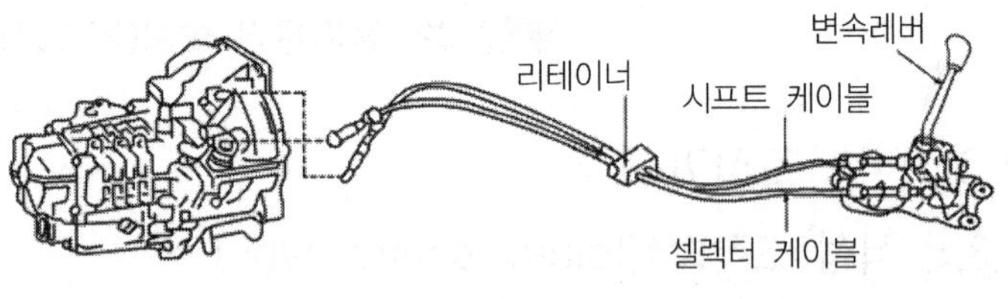

그림 35. 플로어형 원격 조작방식

2.3.3. 오조작 방지기구

[1] 2중 물림 방지기구

(1) 인터록 플런저(inter-lock plunger)

변속기에는 기어가 변속될 경우, 동시에 2중으로 변속이 이루어지지 않도록 아래 그림과 같이 인터록 플런저(2중 물림방지 장치)가 마련되어 있다. 각 시프트 레일(바)에는 홈이 있고, 홈에는 인터록 플런저가 삽입되어 있으며, 시프트 레일을 움직이면 인터록 플런저가 밀려나면서 다른 2개의 축을 고정하여 1개의 기어 외에는 변속되지 못하도록 되어 있다.

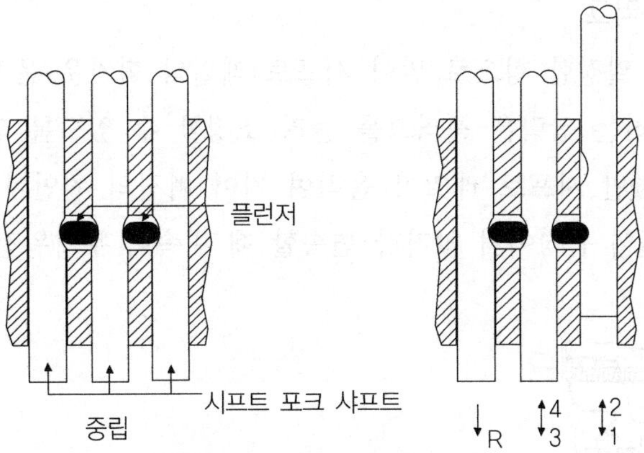

그림 36. 인터록 플런저

(2) 인터록 플레이트(inter lock plate)

트랜스 액슬에는 2중 물림 방지기구로 그림 37(a)과 같이 인터록 플레이트가 사용되고 있으며, 컨트롤 핑거가 3개의 시프트 러그중 하나를 선택하게 되면 다른 시프트 러그는 인터록 플레이트에 의해 고정되어 시프트 포크를 움직이지 못하게 하여 기어가 2중으로 선택되는 것을 방지하고 있다.

컨트롤 핑거가 중립 위치에서는 그림 37과 같이 3, 4단 기어로 변속할 수 있는 곳에 위치한다. 이 위치에서는 인터록 플레이트에 의해 3, 4단을 제외한 다른 기어로는 변속이 이루어 질 수 없다. 그림 37(b)에서 인터록 플레이트는 볼트에 의해 위아래로만 움직이는 구조로 되어 있다. 만약 그림처럼 1, 2단 쪽을 선택하게 되면 3, 4단의 변속레일과 5단, 후진의 레일은 인터록 플레이트에 의해 고정되어 진다. 따라서 이 위치에서는 1단과 2단만 선택할 수 있게 된다.

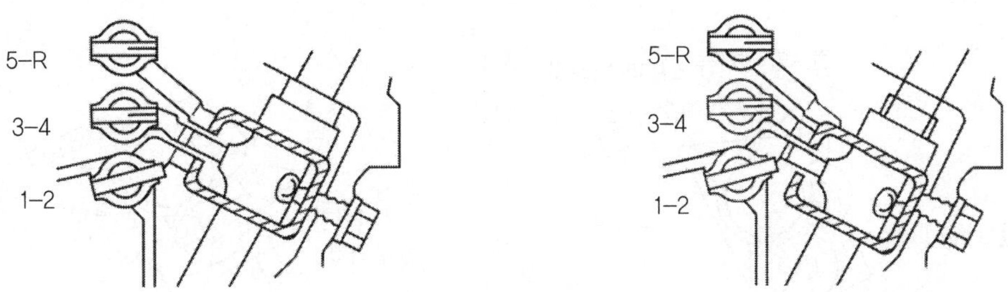

(a) 중립위치 (b) 1-2단 위치

그림 37. 인터록 플레이트

[2] 포핏 스프링 및 플러그

포핏 스프링은 볼을 일정한 힘으로 밀어 시프트 레일의 헐거운 움직임을 제한하는 역할을 하며, 스프링에 가하는 장력은 플러그를 돌려 조정할 수 있도록 되어 있다. 만약 스프링의 장력이 너무 약하면 시프트 레일이 움직여 기어 빠짐의 원인이 될 수 있고, 장력이 너무 세면 시프트 레일이 움직이지 않거나 변속할 때 변속이 무거워진다.

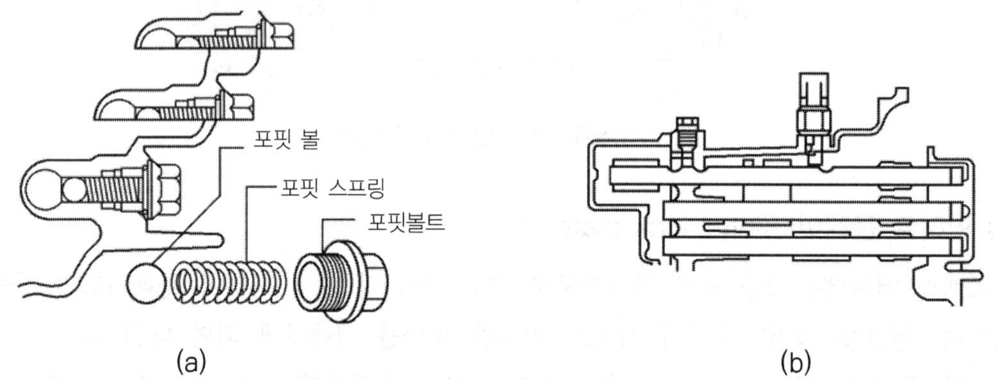

그림 38. 포핏 스프링 및 플러그

[3] 후진 오작동 방지기구

5단용 트랜스액슬이 탑재된 자동차에서는 5단에서 중립으로 변속할 때 오버 시프트(over shift)에 의해 후진기어와 공전기어의 잇면(齒面)이 크게 손상될 염려가 있기 때문에 후진 오작동을 방지할 목적으로 컨트롤 샤프트에 스토퍼가 장착되어 있어 5단에서 후진으로의 변속이 되지 않도록 하고 있다.

① 3-4단 변속을 할 때 : 컨트롤 샤프트에 있는 스토퍼의 위치는 스토퍼 브래킷과 떨어져 있다.

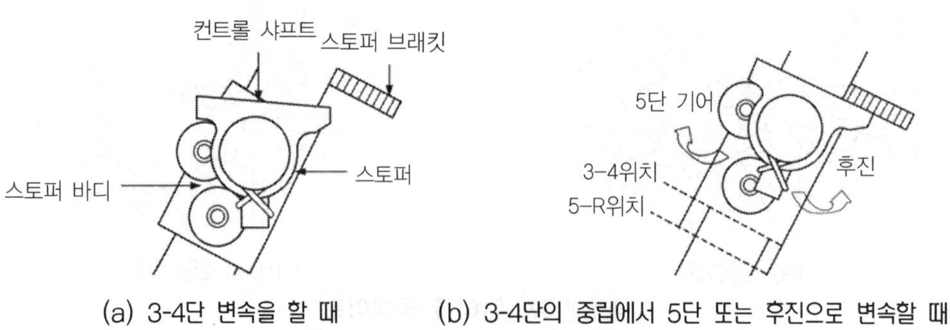

(a) 3-4단 변속을 할 때　　(b) 3-4단의 중립에서 5단 또는 후진으로 변속할 때

그림 39. 후진 오작동 방지기구

② 3-4단의 중립에서 5단 또는 후진으로 변속할 때 : 스토퍼의 위치는 그림과 같이 스토퍼 브래킷과 접촉되면서 쉽게 변속이 이루어진다.

③ 5단 변속 후 중립으로 변속될 때 : 스토퍼가 스토퍼 브래킷과 간섭이 되어 후진으로의 변속이 불가능하게 된다.

2.4. 트랜스액슬(trans axle)

트랜스액슬은 변속기와 종감속 기어 및 차동 기어장치를 일체로 제작한 것이며 FF 구동방식 자동차에서 사용한다. 조작방법, 구조 및 작동은 FR구동방식 변속기와 비슷하며 특징은 다음과 같다.

① 앞바퀴로 엔진의 동력이 전달되므로 실내 유효공간이 넓다.

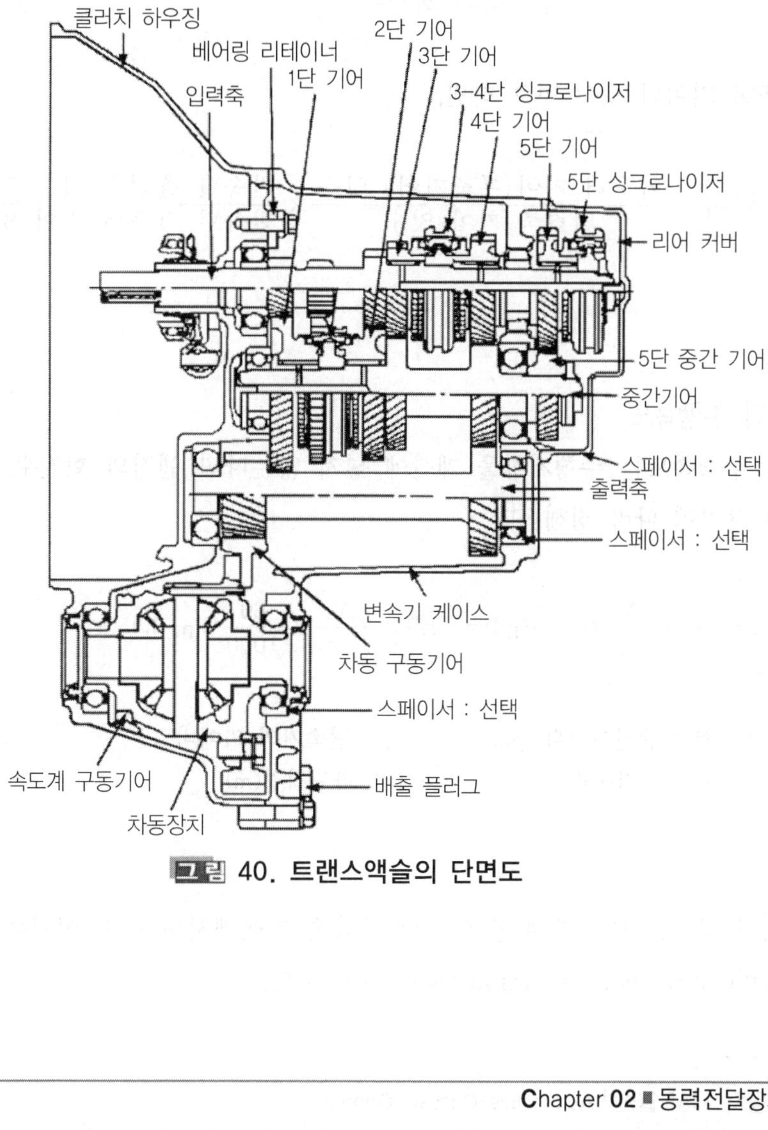

그림 40. 트랜스액슬의 단면도

② 별도의 케이스를 사용하여 종감속 기어와 차동 기어장치를 설치하지 않아도 되기 때문에 경량화로 인해 연료 소비율이 감소한다.
③ 방향 안전성과 험한 도로를 주행할 때 안전성이 좋다.
④ 제동할 때 안전성이 우수하다.

2.4.1. 변속비와 주행속도

[1] 변속비

변속비(또는 기어비)는 엔진의 회전수(또는 입력축 구동 기어의 회전수)와 추진축(또는 변속기 주축)의 회전수와의 비를 말한다.

$$\text{변속비(기어비)} = \frac{\text{엔진의 회전수}}{\text{추진축의 회전수}}$$

가 된다. 또한 기어의 잇수 비로 하면,

$$\text{기어비} = \frac{\text{카운터 기어(부축기어) 잇수}}{\text{입력축 기어 잇수}} \times \frac{\text{변속단 출력축 기어 잇수}}{\text{변속단 카운터 기어 잇수}}$$

이다.

[2] 자동차의 주행속도

자동차의 주행속도는 주행저항을 계산에 넣지 않는다면 엔진의 회전수, 변속비, 종감속비 및 바퀴 크기에 따라 정해진다.

$$V_1 = \pi D \frac{N}{r_t \ r_f} (\text{m/min}) = \pi D \times \frac{N}{r_t \ r_f} \times \frac{60}{1000} (\text{km/h})$$

N : 엔진회전수(rpm)　　r_t : 변속기의 기어비
r_f : 종감속비　　D : 바퀴직경(m)

[3] 감속비

자동차에서 감속은 변속비 뿐만 아니라 종감속 기어에서도 하며 이것들을 모두 합한 것을 총 감속비(total gear reduction ratio)라고 한다.

총 감속비 = 변속기의 감속비 × 종감속 기어의 감속비

구동바퀴에 생기는 구동 토크는 엔진의 축 토크에 총 감속비를 곱한 값이며 다음 식으로 나타낸다.

구동토크 = 엔진의 축 토크 × 총 감속비 × 전달효율

2.5. 수동변속기 센서, 스위치, 동력 인출장치

2.5.1. 차량속도 센서

차량속도 센서는 홀 센서 방식으로 변속기에 설치되어 있는 디퍼렌셜 기어의 회전속도를 감지하여, 차량 속도를 검출한다. ECM(ECU)에 입력된 차속 정보는 현재 엔진 회전수와 차량 속도를 비교하여 주행 변속단을 연산, 최적의 연료량 계산을 위한 보정 신호로 사용된다. 또한 차량의 계기판(속도계) 신호와, 에어컨 컨트롤 모듈, 내비게이션, 파워 슬라이딩 도어 모듈 등에 차속정보가 사용된다.

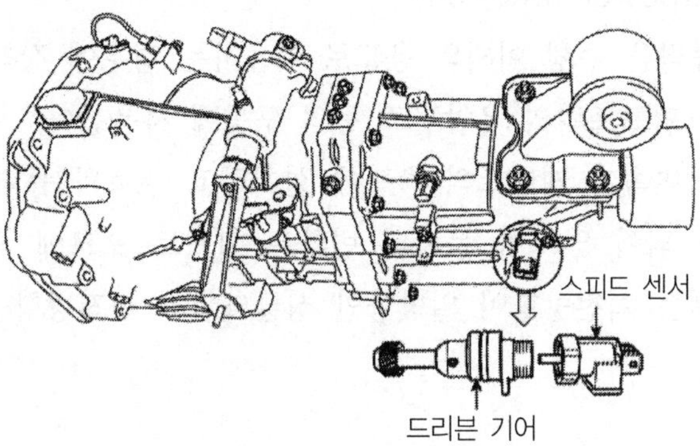

그림 41. 차량속도 센서

2.5.2. 중립 스위치

중립 스위치는 수동변속기에 장착되어 있으며, 중립 스위치는 기어가 중립에 위치해 있을 때 작동해서 ECM(ECU)로 신호를 보낸다.

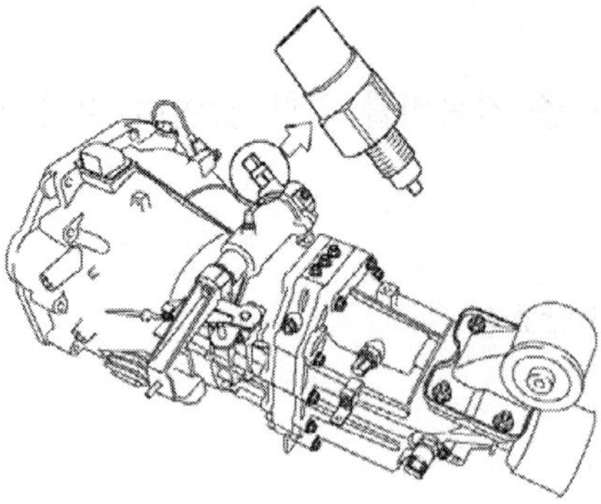

그림42. 중립 스위치

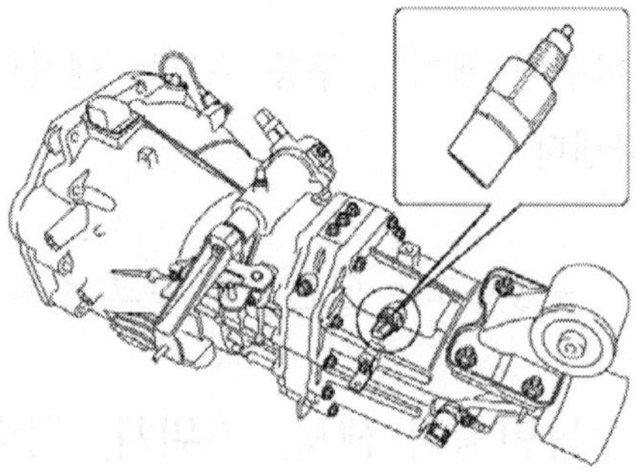

그림 43. 후진등 스위치

2.5.3. 후진등 스위치

후진단 러그의 이동으로 후진 스위치가 눌러져 작동되며, 후진 등을 점등하는 역할을 한다.

2.5.4. 동력 인출장치(power take-off)

① 자동차 엔진의 동력을 주행 이외의 용도로 이용하는 경우에 장착하는 장치이며, 소방 자동차의 펌프나 덤프트럭의 유압펌프 등의 구동에 사용한다.

② 동력 인출장치는 변속기 케이스의 측면에 설치하고 부축의 동력인출 구동기어로부터 동력을 인출하게 되어 있으며 동력의 변환은 시프트 포크에 의해서 아이들 기어를 섭동한다. 이것에는 회전방향이 일방향인 싱글타입과 회전방향을 바꿀 수 있는 듀얼(dual)식이 있다.

3. 자동변속기(automatic transmission)

3.1. 자동변속기의 개요

자동변속기는 클러치 조작 기구를 조작하지 않아도 쉽게 운전할 수 있는 장치로 운전자의 가속페달에 의해 엔진에서 발생한 동력을 자동으로 회전속도와 회전력을 변화시켜 바퀴를 구동하는 장치로 구조는 토크 컨버터, 변속제어 기구(유압제어, 전자제어), 유성기어 장치, 작동기구(클러치, 브레이크)가 있다.

그림 44. 자동변속기의 구조

하이백(HIVEC : hyundai intelligent vehicle electronic control) 4단, 5단 자동변속기는 신경망 제어와 인공지능 제어를 실현하여 운전자의 습관과 도로 운행조건에 따라 ECU가 최적의 변속단수를 선택하여 원활한 주행이 가능하도록 하였다. 또 스포츠모드(sport mode)를 사용하여 자동변속기이면서 수동변속기의 이점을 동시에 만족시켜 다이내믹한 운전을 실현하고 있다.

[1] 하이백 자동변속기의 주요 특징

① 자동변속기의 경량화가 가능하다.
② 자동변속기의 정비성능이 향상된다.
③ 변속감각이 향상되고, 운전자 성향에 맞는 제어를 실현할 수 있다.
④ 수동 변속기능인 스포츠모드 적용으로 다이내믹한 운전을 실현할 수 있다.

3.1.1. 자동변속기의 장점

① 주행 중 빈번하게 변속레버를 조작하지 않아도 되므로 운전이 편리하다.
② 클러치 페달을 조작하지 않아도 되므로 운전 피로를 줄일 수 있다.
③ 조작 실수로 인한 엔진의 가동정지가 없다.

④ 동력전달을 오일로 하기 때문에 진동과 충격을 흡수하여 부드러운 출발과 감속을 할 수 있어 엔진과 동력전달장치를 보호할 수 있다.

⑤ 출발할 때 토크컨버터의 회전력 증대작용으로 가속성능이 우수하다.

3.1.2. 자동변속기의 단점

① 구조가 복잡하고, 값이 비싸며, 연료소비율이 크다.

② 밀거나 끌어서 엔진을 시동할 수 없다.

③ 다이내믹한 운전이 어렵다.

3. 2. 자동변속기의 구성품

3.2.1. 토크컨버터(torque converter)

[1] 토크컨버터의 구성품

① 펌프 : 엔진의 기계적 에너지를 유체의 유동 에너지로 바꾼다.

② 터빈 : 유체의 유동에너지를 기계적 에너지로 바꾼다.

③ 스테이터 : 유체의 유동방향을 변환시켜 터빈 출력토크를 증대시키며, 유체의 유동방향 변환시에는 토크컨버터 영역이고 스테이터가 회전을 하면 유체커플링 영역이다.

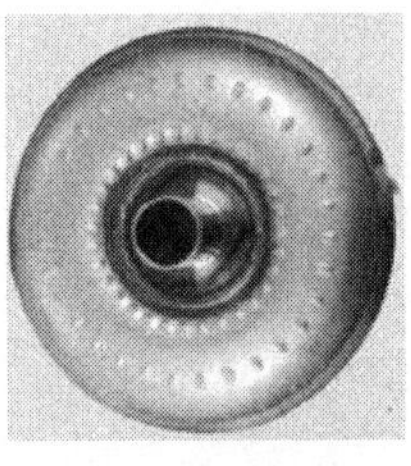

(a) 토크컨버터

(b) 펌프 임펠라

(c) 스테이터

(d) 터빈 런너

(e) 댐퍼 클러치

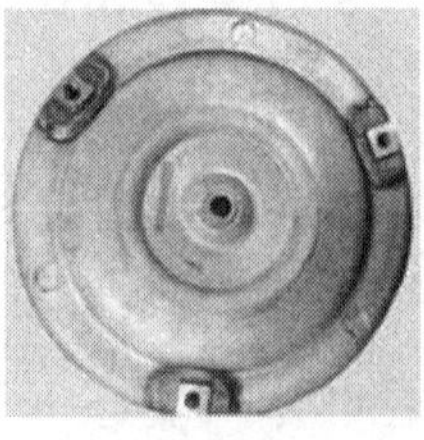

(f) 프런트 커버

그림 45. 토크컨버터의 구성품

④ 토크컨버터 베인 형상 : 유체 운동에너지를 이용하여 토크로 변환하며 3요소(펌프, 터빈, 스테이터) 1단(터빈의 수) 2상형(토크컨버터 영역, 유체 커플링 영역)이다.

[2] 토크컨버터의 성능

토크컨버터의 터빈과 펌프와의 회전속도 비율[$\frac{\text{터빈의 회전속도}}{\text{펌프의 회전속도}}$]에 대하여 그 회전력 변환비율[$\frac{\text{터빈의 회전력}}{\text{펌프의 회전력}}$] 및 동력 전달효율[회전속도 비율×회전력 변환비율]을 표시한다. 회전력은 회전속도 비율 0 에서 최대가 되며, 이 점을 스톨 포인트(stall point)라 한다. 또 회전력 변환비율은 회전속도 비율이 높아짐에 따라 감소하며 어떤 회전속도 비율에서는 회전력 변환비율이 1 이 된다. 이 점을 클러치 점(clutch point)이라 한다. 그 이상의 회전속도 비율에서는 회전력 변환비율이 1 이하가 된다.

동력 전달효율은 스톨 포인트에서는 0이 되고 회전속도 비율이 높아짐에 따라 증가하는데 일반적으로 클러치 점보다 낮은 회전속도 비율에서 최대가 되고 이후에는 급격히 낮아진다. 그 이상에서는 토크컨버터의 일반적인 특성으로 회전력 변환비율 1의 클러치 점에서는 유체클러치로 변환한다. 따라서 스테이터와 프레임사이에 원웨이 클러치(one way clutch, 일방향 클러치)를 설치하고 있는데 이 원웨이 클러치에 의하여 클러치 점에 도달하면 지금까지 작동을 멈추고 있던 스테이터 날개의 뒷면에 오일이 작용하기 때문에 스테이터가 회전하기 시작하여 유체클러치와 같은 작용(동력만 전달)을 한다.

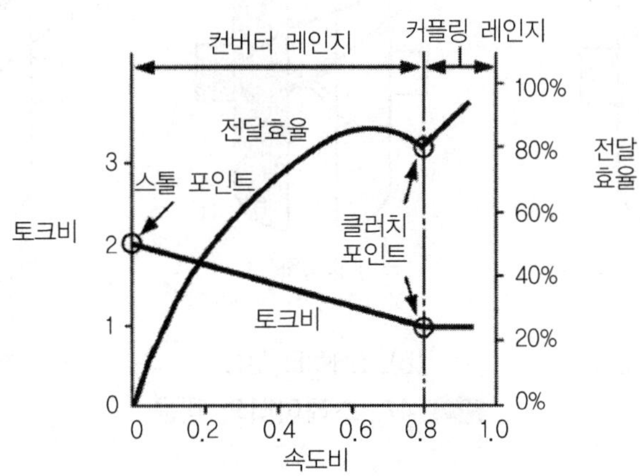

그림 46. 토크컨버터의 성능곡선

따라서 그림 46에서 실선으로 나타낸 것과 같이 회전력 변환비율 1의 상태가 지속되고 동력 전달효율도 이 점보다 크게 높아진다. 이 클러치 점까지의 범위를 토크컨버터 레인지라 하며 그 이후의 범위를 유체커플링 레인지라 한다. 그리고 유체커플링 레인지에서는 유체클러치(토크 변환율 1 : 1)와 같은 성능곡선으로 된다. 1세트의 토크컨버터로 얻을 수 있는 토크 변환비율은 약 2~3 : 1 정도이다.

그러나 이 정도의 회전력 변환비율로는 수동변속기만큼의 큰 회전력 변환비율(수동변속기의 감속비율)을 얻을 수 없고 또 후진을 하기 위해서는 후진용 기어장치가 필요하다. 이상의 이유로 인하여 토크컨버터를 사용하는 자동변속기에서는 토크컨버터만을 사용할 수 없고 반드시 기어장치를 포함하는 보조 변속기를 사용하여 회전력 변환비율의 증대와 회전방향을 변환시킨다.

[3] 스테이터의 작용

스테이터(stator)는 터빈에서 나온 오일의 흐름방향을 바꾸어 그림 47에 표시한 방향으로 펌프로 들어간다. 이때 오일은 스테이터 곡면의 방향으로 변환되어 펌프의 회전을 돕는 에너지로 작용하기 때문에 터빈을 회전시키는 회전력이 증대된다.

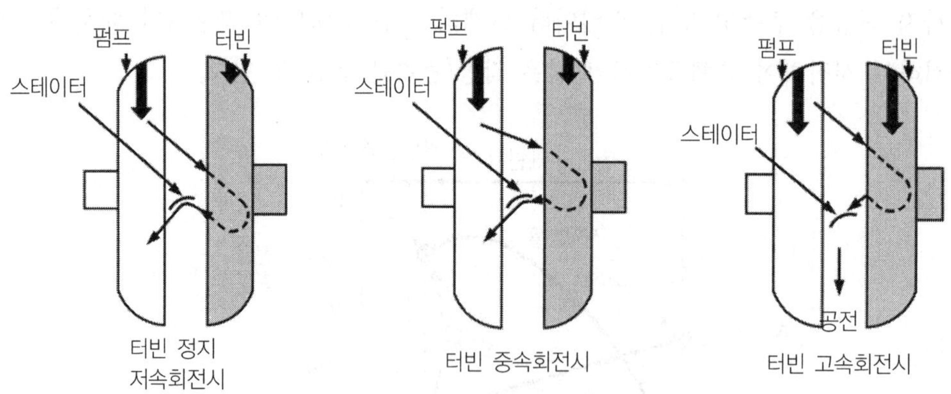

(a) 스테이터 고정 (b) 스테이터 고정 (c) 스테이터 회전

그림 47. 스테이터의 작용

(1) 터빈이 정지되어 있을 때(스톨(stall)일 때)

터빈의 회전속도가 0인 경우 오일의 잔류 에너지는 최대가 되며, 터빈에서 나온 오일의 흐름방향도 스테이터 날개의 곡면을 따라서 펌프가 회전하는 방향으로 들어가므로 펌프로 들어오는 오일은 날개 뒷면을 미는 에너지로 작용하기 때문에 펌프에서 나오는 오일은 스테이터에서 들어온 오일과 합류하여 터빈을 회전시키는 에너지로 작용하여 회전력 변환비율은 최대가 된다.

(2) 터빈이 펌프의 1/2회전을 할 때(회전속도가 증가될 때)

터빈이 회전을 시작하면 펌프에서 들어오는 오일이 터빈의 반발력에 의해 터빈에서 나가는 오일의 흐름방향은 터빈의 회전속도가 형성되는 방향으로 흐른다. 또 터빈의 회전속도가 상승함에 따라 스테이터로 들어가는 오일의 흐름방향도 변화한다. 이에 따라 오일은 스테이터에서 흐름방향을 바꿀 수 없게 되므로 스테이터가 받는 반발력은 감소된 상태로 펌프로 들어가기 때문에 터빈을 회전시키기 위한 회전력 변환비율이 감소된다.

(3) 터빈과 펌프의 회전속도가 같아 졌을 때

터빈의 회전속도가 더욱더 상승하면 스테이터의 뒷면에 오일이 닿게 되기 때문에 원웨이 클러치(one way clutch)가 작동하여 스테이터를 터빈과 같은 방향으로 회전시킨다. 따라서 오일의 흐름방향은 펌프가 회전하는 방향으로 변환되어 들어가기 때문에 동력전달효율이 낮아지는 것을 방지한다.

[4] 댐퍼 클러치(록업 클러치 : damper clutch or lockup clutch)

고속에서 토크컨버터의 슬립 손실을 감소하기 위해 토크컨버터에 기계식 마찰 클러치를 설치하며, 터빈 회전수와 스로틀 개도에 따라 작동여부가 결정된다. 댐퍼 클러치가 작동하지 않는 범위는 다음과 같다.

① 제1속 및 후진할 때 : 출발 또는 가속성능 확보하기 위해 작동하지 않는다(제2속에서부터 작동을 시작한다).

② 엔진 브레이크가 작동할 때 : 감속할 때 발생하는 충격을 방지하기 위해 작동하지 않는다.

③ 변속할 때 : 변속이 원활하게 되도록 하기 위하여 작동하지 않는다.

④ 엔진 냉각수온도 50℃, 자동변속기 오일온도 60℃ 이하일 때 : 작동의 안정화를 위해 작동하지 않는다.
⑤ 엔진이 공전(800rpm 이하)할 때
⑥ 브레이크 스위치가 ON상태일 때
⑦ 엔진 회전속도 2000rpm 이하에서 스로틀밸브의 열림이 클 때

3.2.2. 유성 기어장치(planetary gear system)

자동차가 언덕길 또는 도로 면의 상태가 좋지 못한 곳을 주행할 때에는 토크컨버터만으로는 불충분하며, 또 후진을 할 수 없으므로 토크컨버터의 보조 변속기로 유성 기어장치를 사용한다. 유성 기어장치는 토크컨버터 뒤쪽에 설치되어 있으며, 유압 제어장치에 의해 자동차의 주행상태에 따라 자동적으로 변속이 된다.

[1] 유성 기어장치의 형식

자동변속기에서 사용하고 있는 기어 트레인 형식에는 심프슨방식(simpson type), 라비뉴방식(ravigneaux type)이 있다. 심프슨방식은 2세트의 단일 유성기어의 각각에 선 기어를 결합시키고 다시 한쪽의 링 기어와 다른 한쪽의 유성기어 캐리어를 결합시킨 기어 트레인이다. 이 방식의 특징은 링 기어의 입력으로 인하여 강도 상 유리하고, 구성요소의 회전속도 낮고 동력 전달효율이 높다.

라비뉴방식은 1세트의 단일 유성기어와 다른 1세트의 더블 유성 기어장치를 조합시킨 기어 트레인이다. 이 방식의 특징은 구성요소가 적으며, 축방향의 치수가 짧고 구성요소의 회전속도가 낮다.

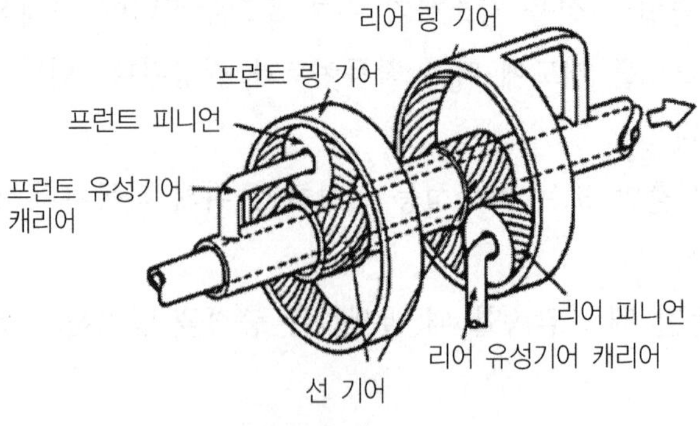

그림 48. 심프슨방식의 구조

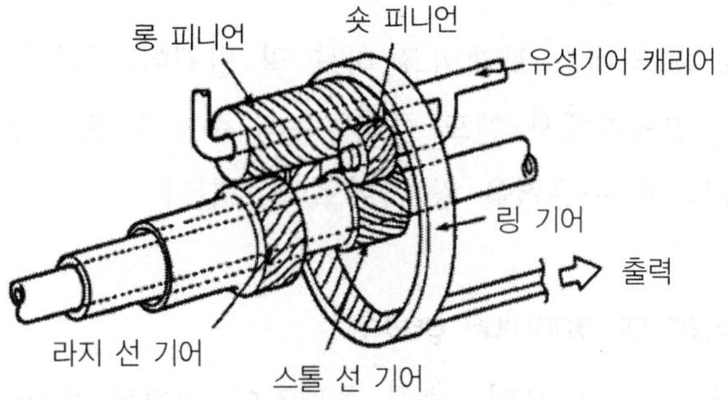

그림 49. 라비뉴방식의 구조

[2] 유성기어장치의 구성요소

유성 기어장치의 구성요소는 선 기어(sun gear), 링 기어(ring gear), 유성기어(또는 유성 피니언 : planetary gear or planetary pinion), 유성기어 캐리어(planetary gear carrier)로 되어 있으며 입력 및 출력요소로 선 기어, 링 기어, 유성기어 캐리어를 이용한다. 유성 기어장치는 3요소 중 2요소가 작동하면 일체로 작동된다.

그림 50. 유성기어의 구성

(1) 포워드 선 기어(forward sun gear)

전진용 선 기어이며, 리어 클러치 허브를 통하여 구동력이 전달되면 포워드 선 기어는 숏 피니언을 구동한다.

(2) 리버스 선 기어(reverse sun gear)

후진용 선 기어이며, 프론트 클러치 리테이너에 설치되어 프론트 클러치가 작동할 때 킥 다운 드럼의 중계로 구동력이 리버스 선 기어에 전달되어 롱 피니언을 구동한다.

(3) 유성 캐리어(planetary carrier)

유성 캐리어는 로 & 리버스 브레이크 허브 및 원웨이 클러치 아웃 레이스와 일체로 되어 있으며, 4단 자동변속기에서 엔드 클러치축의 중계로 엔드 클러치와 연결되어 있으며, 엔드 클러치가 작동될 때 구동력을 링 기어로 전달한다.

(4) 링 기어(ring gear or annulus gear)

출력 플랜지와 연결되어 있으며, 출력 플랜지에 설치된 트랜스퍼 구동기어로 구동력을 전달한다.

[3] 유성 기어장치의 작용

유성 기어장치는 유압 제어장치에 의한 변속 제어장치에 의해 자동차의 주행속도에 따라 자동변속이 이루어진다. 이것에 의하여 토크컨버터의 회전력 변환능력 부족 분량을 보충하여 자동차의 구동력을 증대시키고 또 후진할 때 회전방향을 변환하여 자동변속기의 기능이 충분히 발휘되도록 한다.

(1) 증속시킬 때

유성기어 캐리어를 입력, 링 기어를 출력으로 하였을 때 선 기어를 고정시키고, 유성기어를 구동하면 링 기어가 증속되며, 선 기어를 증속시킬 때에는 링 기어를 고정시키고, 유성기어 캐리어를 구동하면 증속된다. 링 기어의 증속은 다음 공식으로 산출된다.

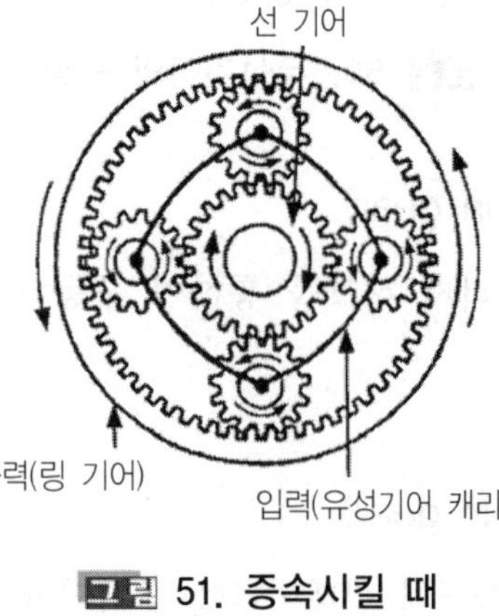

그림 51. 증속시킬 때

$$N = \frac{A + D}{D} \times n$$

N : 링 기어의 회전수, A : 선 기어 잇수
D : 링 기어 잇수, n : 유성기어 캐리어의 회전수

(2) 감속시킬 때

링 기어를 입력, 유성기어 캐리어를 출력으로 하였을 때 선 기어를 고정시키고 링 기어를 구동하면 유성기어 캐리어가 감속한다. 또 링 기어를 고정시키고 선 기어를 구동하여도 유성기어 캐리어가 감속된다.

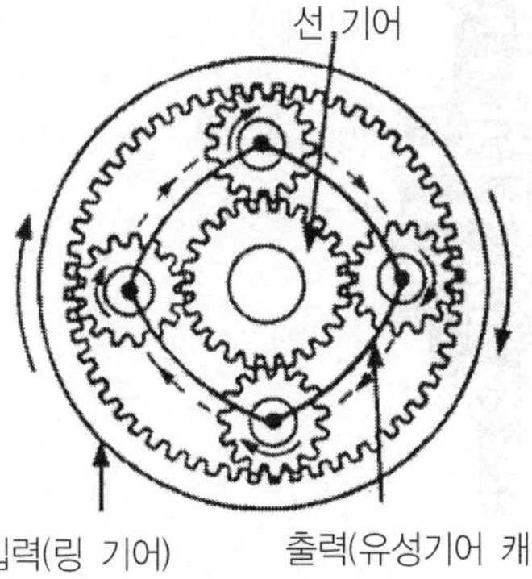

그림 52. 감속시킬 때

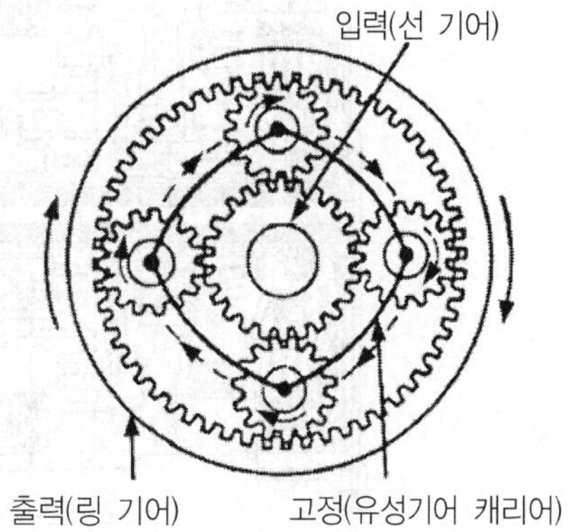

그림 53. 후진시킬 때

(3) 후진시키고자 할 때

선 기어를 입력, 링 기어를 출력으로 하였을 때 유성기어 캐리어를 고정하고 선 기어를 회전시키면 링 기어가 역전 증속한다. 또 유성기어 캐리어를 고정하고 링 기어를 회전시키면 선 기어가 역전 감속한다.

(4) 직결시킬 경우

선 기어, 유성기어 캐리어, 링 기어의 3요소 중에서 2요소를 고정하면 엔진의 동력은 직결(top gear)된다.

3.2.3. 유성 기어장치의 변속장치

[1] 프런트 클러치(front clutch)

프런트 클러치가 작동하면 변속기 입력축의 동력을 유성 기어장치의 리버스 선 기어(revers sun gear)로 전달되며 제3속 또는 후진을 할 때 작동한다.

동력전달 경로는 변속기 입력축 → 리어 클러치 리테이너 → 프런트 클러치 작동 → 킥다운 드럼 → 리버스 선 기어 구동 → 긴(long)피니언 → 링 기어 → 트랜스퍼 구동기어 → 공전 기어 → 트랜스퍼 피동기어 → 트랜스퍼 축 → 차동 기어장치 → 등속도(CV)자재이음 → 바퀴이다.

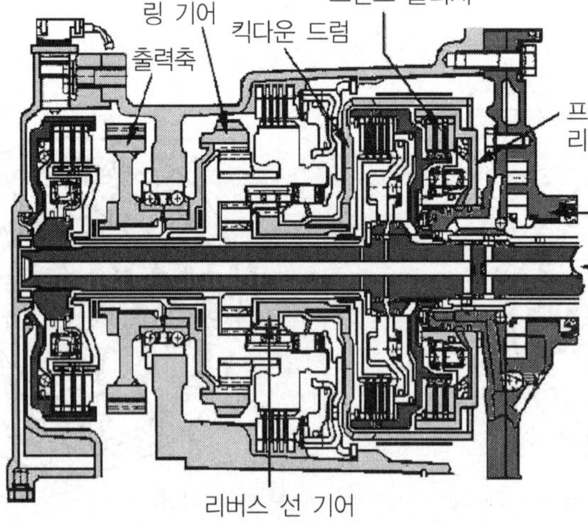

그림 54. 프런트 클러치의 구조

[2] 리어 클러치(rear clutch)

리어 클러치가 작동하면 변속기 입력축의 동력을 유성 기어장치의 전진 선 기어(forward sun gear)로 전달하며 제1속 → 제3속(L레인지 제1속 포함)일 때 작동한다.

동력전달 경로는 변속기 입력축 → 리어 클러치 리테이너 → 리어 클러치 작동 → 리어 클러치 허브 → 전진 선 기어 구동 → 짧은(short)피니언 → 링 기어 → 트랜스퍼 구동기어 → 공전기어 → 트랜스퍼 피동기어 → 트랜스퍼 축 → 차동 기어장치 → 등속도(CV)자재이음 → 바퀴이다.

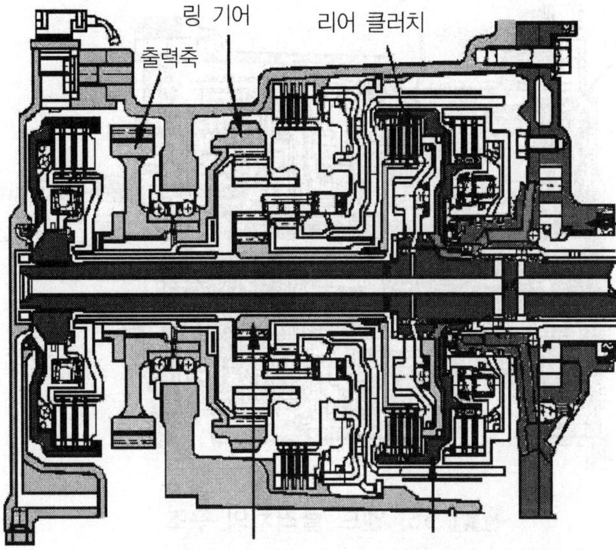

그림 55. 리어 클러치의 구조

[3] 엔드 클러치(end clutch)

엔드 클러치가 작동하면 변속기 입력축의 동력을 유성 기어장치의 유성기어 캐리어로 전달하며, 제4속 오버 드라이브(over drive)일 때 작동된다. 실제로는 제3속에서도 작동하나 이것은 제4속으로의 변속을 원활하게 하기 위함이다. 프런트 클러치와 리어 클러치는 작동할 때 미끄럼이 발생하지만 엔드 클러치는 디스크와 클러치판 사이에서 미끄럼 없이 작동한다. 즉 제2속에서 제3속으로 변속될 때 밸브 보디의 엔드 클러치 밸브 작동에 의해 작동은 리어 클러치 → 프런트 클러치 → 엔드 클러치 순서로 먼저 리어 클러치와 프런트 클러치가 작동하여 유성기어 캐리어의 회전속도와 변속기 입력축의 회전속도가 같아지므로 엔드 클러치의 디스크와 클러치판은 미끄럼 없이 밀착된다.

동력전달 경로는 변속기 입력축 → 엔드 클러치 리테이너 → 엔드 클러치 작동 → 엔드 클러치 허브 → 엔드 클러치 축 → 유성기어 캐리어 구동 → 링 기어 → 트랜스퍼 구동기어 → 공전기어 → 트랜스퍼 피동기어 → 트랜스퍼 축 → 차동 기어장치 → 등속도(CV) 자재이음 → 바퀴이다.

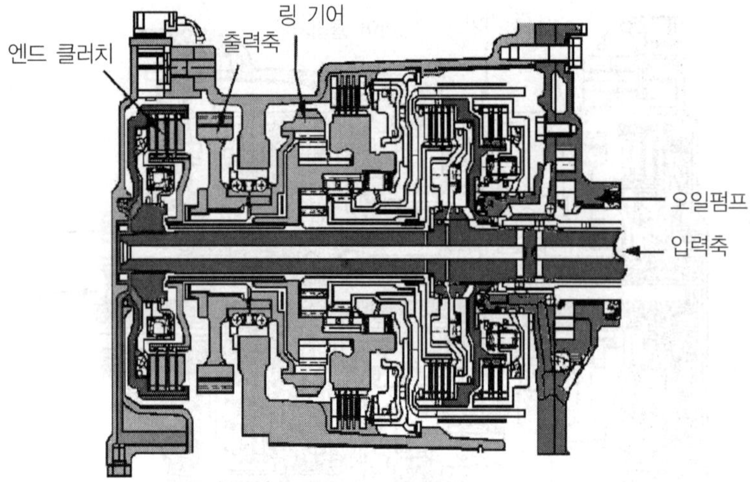

그림 56. 엔드 클러치의 구조

[4] 로 & 리버스 브레이크(low & reverse brake)

로 & 리버스 브레이크는 L레인지의 제1속 및 후진에서 작동하여 유성 기어장치의 유성 기어 캐리어 즉 긴(long)피니언과 짧은(short)피니언의 축을 고정하여 피니언이 전진 선 기어(forward sun gear) 둘레를 회전하지 못하도록 한다. 동력전달 경로는 로 & 리버스 브레이크 작동 → 유성 기어장치의 유성기어 캐리어 고정이다.

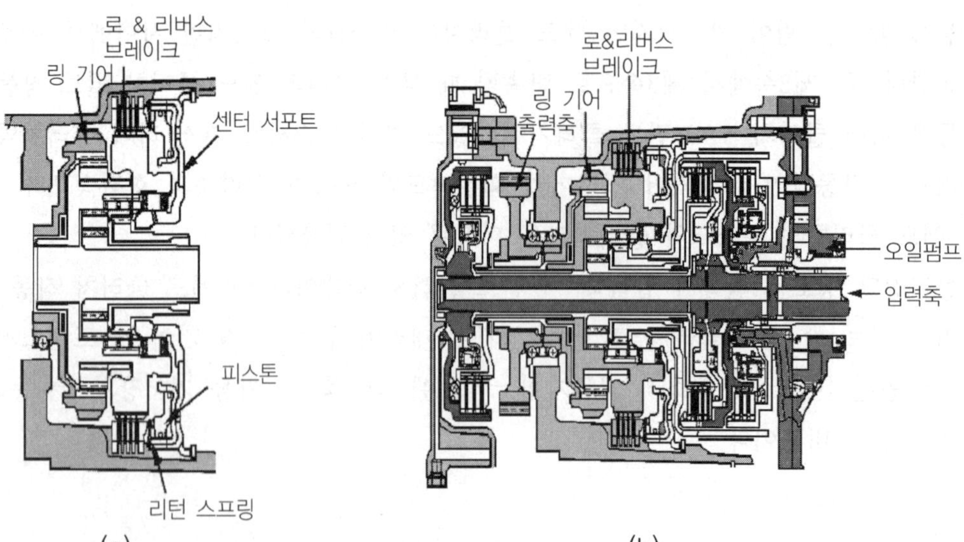

(a) (b)

그림 57. 로 & 리버스 브레이크의 구조

[5] 킥다운 브레이크(kick down brake)

킥다운 브레이크는 제2속 및 제4속에서 작동하며, 작동할 때에는 킥다운 브레이크 밴드가 드럼을 고정하여 킥다운 드럼에 연결된 유성 기어장치의 리버스 선 기어(reverse sun gear)를 고정한다. 동력전달 경로는 킥다운 브레이크 작동 → 킥다운 브레이크 드럼 고정 → 유성 기어장치의 리버스 선 기어 고정이다.

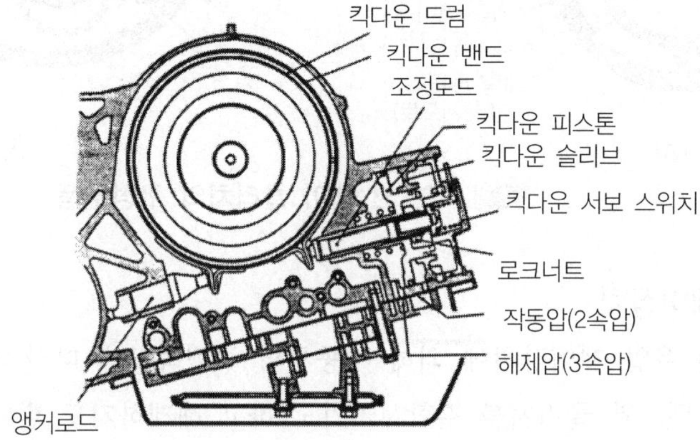

그림 58. 킥다운 브레이크의 구성부품

[6] 원 웨이 클러치(OWC : one way clutch)

원 웨이 클러치는 스프래그 방식(sprag type)으로 2개가 설치되어 있다. 1개는 유성 기어장치의 유성기어 캐리어와 중앙지지대 사이에 조립되어 있으며, 또 다른 1개는 토크 컨버터의 스테이터에 설치되어 있다.

유성 기어장치에 설치된 원 웨이 클러치는 D레인지 또는 2 레인지의 제1속의 경우 긴 피니언이 시계방향으로 회전하기 때문에 유성기어 캐리어가 그림 59의 화살표 방향에서 볼 때 시계 반대방향으로 회전하려고 하는 것을 방지하여 동력을 긴 피니언으로부터 유성 기어장치의 링 기어로 전달한다. 따라서 원 웨이 클러치의 아웃 레이스와 결합된 유성기어 캐리어는 시계방향으로만 회전이 가능하며 D레인지 또는 2레인지 제1속일 때 링 기어 쪽으로부터 회전 또는 엔진 브레이크가 작동할 때 유성기어 캐리어가 시계방향으로 공전하여 엔진 브레이크가 작동되지 않도록 하고 제1속과 제2속 사이의 변속이 원활하게 되도록 한다.

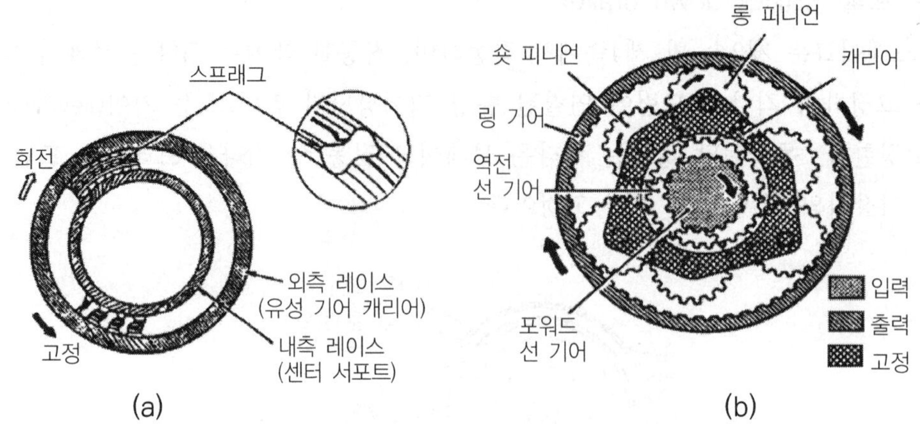

그림 59. 원 웨이 클러치의 구성부품

3.2.4. 유압 제어장치

자동변속기는 유압 제어장치에 의해 자동차의 주행속도에 따라 자동적으로 유성 기어장치의 브레이크 밴드와 클러치를 결합시키기도 하고 해제하기도 한다.

[1] 시프트 레버 위치와 기능

① P(parking-주차) : 엔진 시동이 되며 출력축은 기계적으로 파킹기구에 완전 고정된다.

② R(reverse-후진) : 엔진 시동 불가능하다.

③ N(neutral-중립) : 엔진 시동이 되며 엔진 출력이 출력축으로 전달되지 않는다.

그림 60. 시프트 레버

④ D(drive-주행) : 스로틀 개도 및 차속에 따라서 자동적으로 변속이 되며 킥 다운은 4-3-2로 주행 중 가속페달을 약 85% 이상 밟을 때 된다. 1속에서 엔진 브레이크가 작동되지 않는다.

⑥ sport mode(+, -) : manual AT처럼 운전할 수 있도록 자유도를 높여 변속을 실현시키고 Select lever가 D에서 오른 쪽으로 이동하면 Sport mode로 인식한다.

[2] 자동변속기용 오일

(1) 색깔에 의한 점검

① 붉은색 : 정상
② 갈색 : 가혹한 상태의 사용
③ 검은색 : 오손
④ 백색 : 수분혼입(오일냉각기 설치 형식)

(2) 자동변속기 오일의 기능

① 동력을 전달한다.
② 윤활 및 냉각작용을 한다.
③ 클러치, 브레이크, 각종 밸브를 작동시킨다.
④ 충격을 흡수한다.

(3) 자동변속기용 오일의 구비조건

1) 기어오일로서의 고착 방지성능 및 내마모성 특성

기어가 작동할 때 기어사이에서 높은 압력에 의해 오일 막이 끊어진다면 금속사이의 마찰로 높은 열에 의한 고착현상이 발생하거나 마모가 촉진된다. 이에 따라 오일은 높은 압력이 발생하여도 오일 막이 계속 유지되어야 한다.

2) 작동유로서의 점도 특성과 저온 유동성

자동변속기용 오일의 점도는 유압밸브들의 작동에 많은 영향을 미친다. 고온에서 점도가 너무 낮아지면 제어밸브(control valve), 클러치 피스톤, 오일실 등에서 오일이 새는 것이 많아져 유압 저하가 일어난다.

반대로 저온에서 점도가 너무 높아지면 밸브의 작동이 원활하지 못하여 변속불량 등이 발생한다. 따라서 자동변속기용 오일은 저온에서는 낮은 점도가 요구되며, 온도 변화에 대하여 점도변화가 가능한 적은(점도지수가 큰)것이 좋다.

3) 클러치판 재질에 적합한 마찰특성

자동변속기용 오일의 마찰특성은 자동변속기의 변속 느낌(shift feeling)과 밀접한 관계가 있으며, 마찰계수에는 정마찰 계수(구동축과 피동축의 회전수 차이가 1rpm일 때의 마찰계수 : μs), 동마찰계수(구동축과 피동축의 회전수 차이가 30rpm일 때의 마찰계수 : μd)가 있다.

만약, 동마찰계수(μd)가 작으면 변속시간(클러치 접속시간)이 길어져 미끄럼에 의한 발열 때문에 클러치판의 표면 온도가 상승하여 클러치가 타는 경우가 일어나며, 정마찰계수(μs)가 크면 변속 마지막 단계에서 급격한 회전력 변화가 일어나 충격이나 이상한 소리가 발생한다.

4) 청정 분산성과 산화 안정성

동력손실에 의한 발열 및 습식 클러치 작동에 의한 온도상승을 분산시키는 청정 분산성이 있어야 하며, 장시간 사용하여도 자동변속기용 오일의 기본 특성변화가 작은 산화 안정성이 필요하다.

5) 실(seal)재료 및 냉각계통 재료에 대한 안정성

자동변속기 내의 각종 실(seal) 재료, 클러치 라이닝 재료 등이 오일에 의해 화학적 변화를 일으키거나 경화, 수축, 팽창 등이 일어나지 않아야 한다.

6) 기포가 발생하기 어려울 것

자동변속기용 오일에 기포가 발생하면 오일펌프의 송출능력 저하 및 유압이 저하되어 마모나 고착현상이 발생할 수 있다. 일반적으로 점도가 낮을수록, 온도가 높을수록 기포 발생이 감소한다.

7) 내부식성이 있어야 한다.

[3] 오일펌프(oil pump)

오일펌프는 내접 기어펌프를 주로 사용한다. 구조는 구동기어와 피동기어로 되어있으며, 크레센트(crescent)를 사이에 두고 서로 맞물려 있으며 엔진 가동과 동시에 유압을 발생한다. 오일펌프에서 나온 오일은 압력 조정밸브로 들어가 적당한 유압으로 조정된다. 이 때 조정된 유압을 메인 라인압력(main line pressure)이라 하며, 이 압력이 클러치, 브레이크 밴드 등의 각 요소를 작동시키는 데 사용된다.

(a)

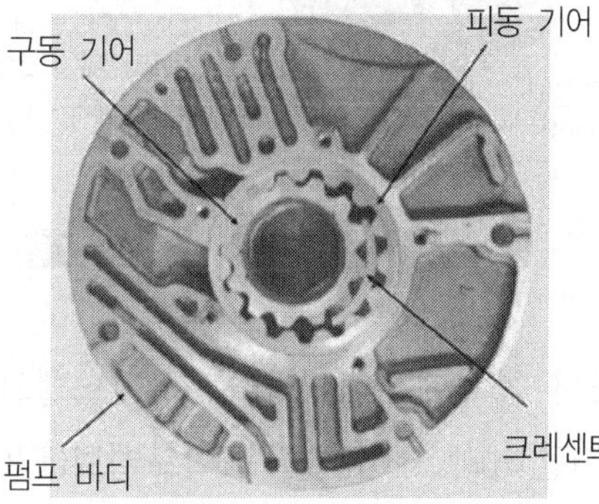

(b)

그림 61. 오일펌프의 구조

[4] 거버너밸브(governor valve)

거버너밸브는 유성 기어장치의 변속이 그 때의 주행속도에 적응되도록 하는 작용을 하며, 작동은 오일펌프의 유압으로 주행속도에 비례하는 유압(이것을 거버너 압력이라 함)으로 조정하여 밸브 보디 내의 시프트밸브(shift valve)의 끝 부분에 작용시킨다. 이때 시프트밸브에 의해 유압회로가 열려 메인 라인압력이 클러치, 브레이크 밴드로 공급되어 클러치 또는 브레이크 밴드가 작용하여 유성 기어장치가 변속된다. 즉 거버너밸브에 의해 시프트 업(shift up)이나 시프트다운(shift down)이 자동적으로 이루어진다.

[5] 밸브바디(valve body)

밸브바디는 변속기 내부에 장착되어 있고, 밸브바디는 자동변속기 제어의 중추적인 구성품으로 오일펌프에서 공급되는 유체를 제어하는 각종 밸브가 내장되어 있다. 압력을 조절하는 레귤레이터밸브, 오일의 방향을 바꿔주는 변환밸브, 변속을 실행하는 시프트밸브, 변속레버와 연결된 매뉴얼밸브 등이 있다.

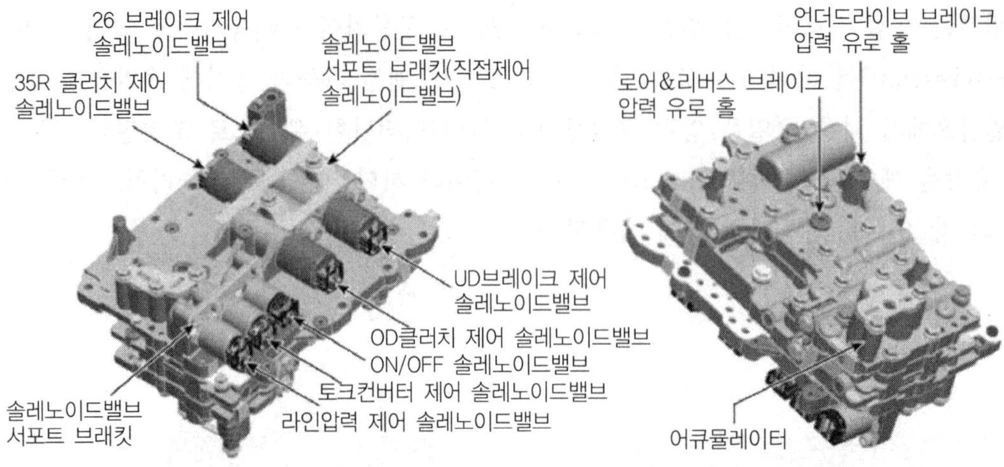

그림 62. 밸브바디

밸브바디 몸체에는 전자 솔레노이드밸브가 장착되어 있어 최상의 변속 감을 실행시킨다.

① 토크컨버터 제어 솔레노이드밸브(T/CON_VFS) : 밸브바디에 장착되어 있으며 토크컨버터의 유압을 간접제어 하는 VFS(variable force solenoid) 가변 압 솔레노이드식 밸브이다.

② 26 브레이크 제어 솔레노이드밸브(26/B_VFS) : 밸브바디에 장착되어 있으며 26 브레이크의 유압을 직접제어 하는 VFS(variable force solenoid) 가변 압 솔레노이드식 밸브이다.

③ 라인 압력제어 솔레노이드밸브 : 밸브바디에 장착되어 있으며, 엔진부하 감소를 위해 TCM은 라인압력 솔레노이드밸브를 통하여 주행조건에 맞게 라인압력을 조절한다. 라인압력제어 솔레노이드밸브는 VFS(variable force solenoid) 가변압 솔레노이드식 밸브이다.

④ 35R 클러치 제어 솔레노이드밸브(35R/C_VFS) : 밸브바디에 장착되어 있으며 35R 클러치의 유압을 직접제어 하는 VFS(variable force solenoid) 가변 압 솔레노이드식 밸브이다.

⑤ 언더 드라이브 제어 솔레노이드밸브(UD/B) : 밸브바디에 장착되어 있으며 언더 드라이브 브레이크의 유압을 직접제어하는 VFS(variable force solenoid) 가변 압 솔레노이드식 밸브이다.

⑥ 오버 드라이브 클러치 솔레노이드밸브(OD/C_VFS) : 밸브바디에 장착되어 있으며 오버 드라이브 클러치의 유압을 직접제어하는 VFS(variable force solenoid) 가변 압 솔레노이드식 밸브이다.

⑦ SS-A 솔레노이드밸브 : 밸브바디에 장착되어 있으며 변속을 실행하는 ON/OFF식 솔레노이드밸브이다.

⑧ 어큐뮬레이터(accumulates) : 브레이크나 클러치가 작동할 때 변속충격을 흡수하는 일을 한다.

3.2.5. 자동변속기의 전자제어장치

[1] 각종 센서와 액추에이터 기능

① 입력축 속도센서 : 입력축 회전속도(터빈의 회전속도)를 언더 드라이브 클러치(UD : under drive clutch) 리테이너 부분에서 검출한다.

② 출력축 속도센서 : 출력축 회전속도(트랜스퍼 구동기어 회전속도)를 4단 자동변속기에서는 트랜스퍼 구동기어 부분에서, 5단 자동변속기는 다이렉트 유성기어 캐리어 부분에서 각각 검출한다.

③ 크랭크각 센서 : 엔진의 회전속도를 크랭크축에서 검출하여 ECU와 TCU가 통신한다.

④ 스로틀 위치센서(TPS) : 가속페달 밟은 정도를 포텐셔미터(potentio meter)로 검출하여 ECU와 TCU가 통신한다.

⑤ 가속페달 위치센서(APS) : 가속페달 밟은 정도를 포텐셔미터로 검출하여 ECU와 TCU가 통신한다.

⑥ 오일온도(유온)센서 : 자동변속기 오일(ATF)온도를 서미스터로 검출한다.

⑦ 인히비터 스위치 : 변속레버의 위치를 접점형 스위치로 검출한다.

⑧ 브레이크 스위치 : 브레이크의 작동 여부를 브레이크 페달 부분에서 접점형 스위치로 검출한다.

⑨ 차속센서 : 차량의 주행속도를 속도계 기어부분에서 검출한다.

⑩ 에어컨 부하 스위치 : 에어컨 압축기의 작동 여부를 압력스위치로 검출한다.

⑪ 스포츠모드 선택 스위치 : 스포츠모드의 선택을 변속레버 부분의 접점형 스위치로 검출한다.

⑫ 스포츠모드 업 시프트(up shift) 스위치 : 스포츠모드에서의 업 시프트(상향 변속)요구를 변속레버 부분의 접점형 스위치로 검출한다.

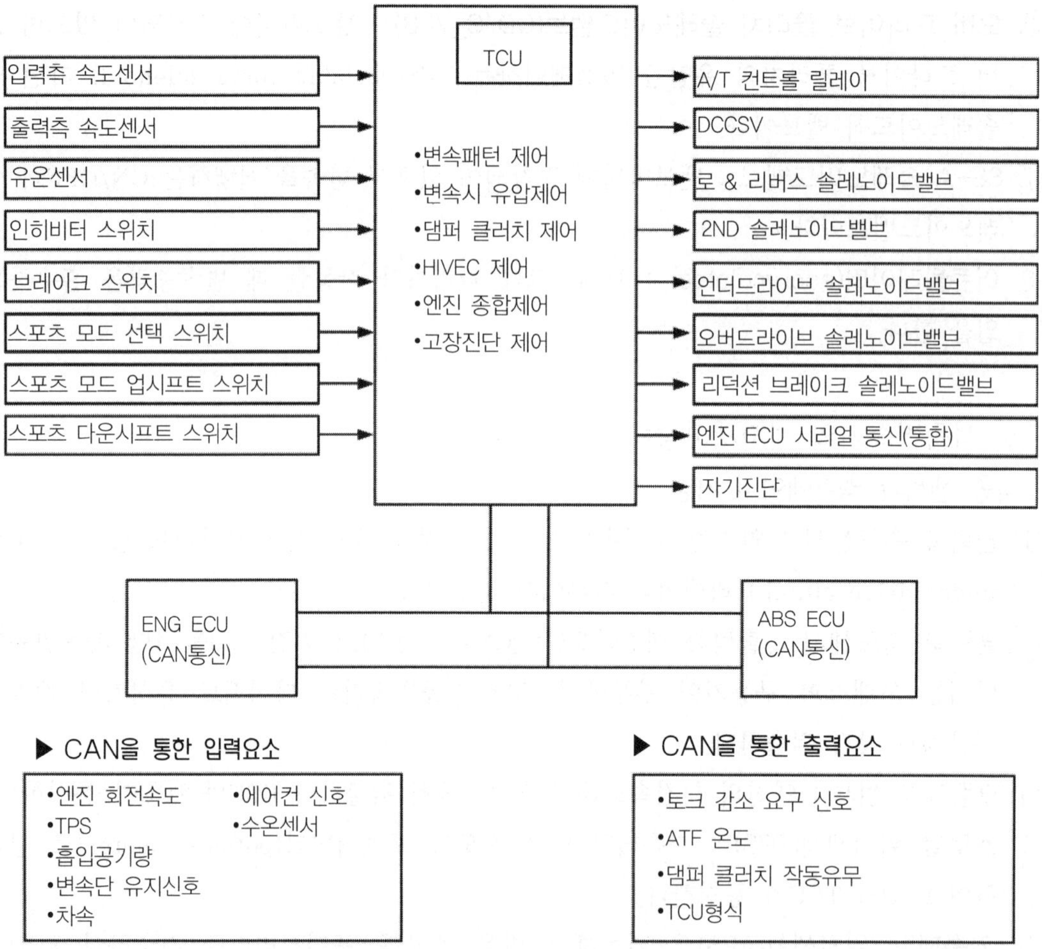

그림 63. 전자제어장치의 구성도

⑬ 스포츠모드 다운 시프트(down shift) 스위치 : 스포츠모드에서의 다운 시프트(하향 변속)요구를 변속레버 부분의 접점형 스위치로 검출한다.

⑭ A/T TCU제어 릴레이 : 솔레노이드밸브로 전원을 공급한다.

⑮ 댐퍼 클러치 조절(DCC) 솔레노이드밸브 : 댐퍼 클러치 제어를 위한 댐퍼 클러치제어 밸브로의 유압을 조절한다.

⑯ 로 & 리버스 클러치(LR) 솔레노이드밸브 : 변속제어를 위한 압력제어 밸브로의 유압을 조절한다.

⑰ 2ND 솔레노이드밸브 : 변속제어를 위한 압력 제어밸브로의 유압을 조절한다.

⑱ 오버 드라이브(OD) 솔레노이드밸브 : 변속제어를 위한 압력 제어밸브로의 유압을 조절한다.

⑲ 리덕션 브레이크(RED : reduction brake) 솔레노이드밸브 : 변속제어를 위한 압력제어 밸브로의 유압을 조절한다.

⑳ 언더 드라이브 클러치(UD) 솔레노이드밸브 : 변속제어를 위한 압력제어 밸브로의 유압을 조절한다.

㉑ 클러스터 : 현재의 변속단(D레인지/스포츠 모드)을 계기판의 램프의 점등으로 표시한다.

㉒ 회전력감소 요구신호 : 회전력 감소요구를 엔진 ECU에 신호를 송신한다(ECU→TCU).

㉓ TCL-ECU : TCU와의 통신으로 제어상 필요한 정보를 접수한다.

㉔ 엔진 ECU : TCU와의 통신으로 제어상 필요한 정보를 접수한다.

[2] 시리얼(serial)통신 및 CAN통신

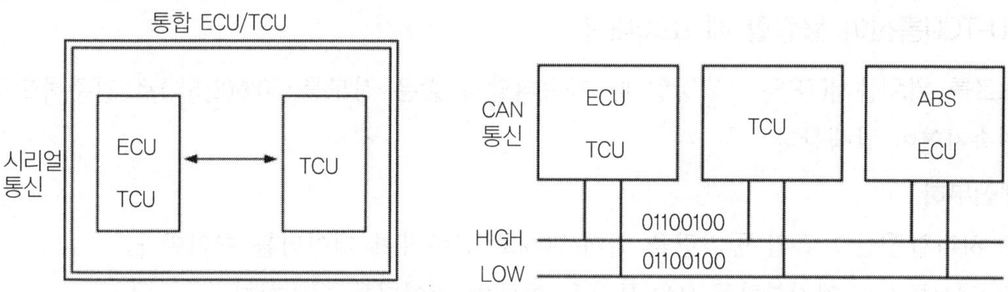

(a) 시리우스 - II엔진(1.8 & 2.0)　　(b) 델타(2.5 V(6)

그림 64. 시리얼(serial)통신과 CAN통신의 구성도

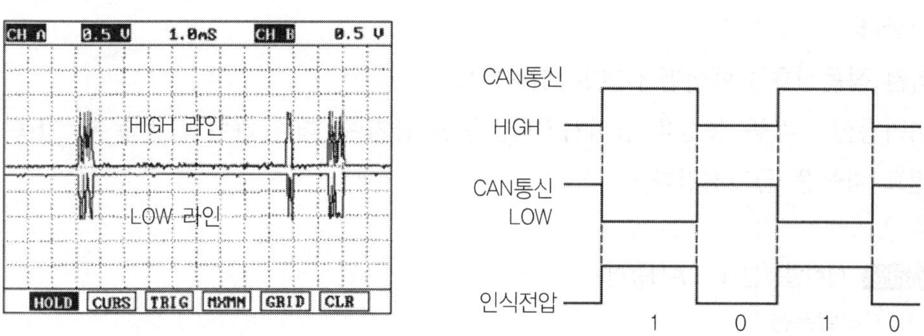

(a) 파형측정　　(b) 전압인식

그림 65. CAN통신

[3] 통신내용과 불량일 경우의 조치

(1) ECU-TCU통신 내용

① 스로틀 위치센서(TPS) : 변속단계 설정 및 실행, 급가속을 제어(차량의 주행상태 및 부하를 간접 연산 함)한다.

② 엔진부하

㉮ 시리얼통신 : 엔진 회전속도(흡입 공기량)와 함께 데이터 처리한다.

㉯ CAN통신 : 엔진부하를 CAN통신을 통하여 데이터를 처리한다.

③ 엔진 회전속도 : 댐퍼 클러치 제어 및 엔진부하를 연산한다.

④ 주행속도 신호 : 변속기에 설치된 차속센서(VSS : vehicle speed sensor)에서 엔진 ECU로 입력 통신을 통한 TCU로 입력한다. 입력축 및 출력축 속도센서의 고장을 판정할 때 참조 신호로 이용된다.

⑤ 냉각수 온도 신호 : 초기 변속단계 및 유압 설정신호로 사용한다.

(2) ECU-TCU통신이 불량할 때 조치내용

① 스로틀 위치센서(TPS) : 고장일 때 가속페달의 밟은 정도를 50%(2.5V)로 간주하므로 변속지연이 발생한다.

② 엔진부하

㉮ 시리얼통신 : 흡입 공기량을 최대 70%로 간주하여 데이터를 처리한다.

㉯ CAN통신 : 엔진부하를 CAN통신을 통하여 데이터를 처리한다.

③ 엔진 회전속도 : 3000rpm으로 간주한다.

④ 차속센서 : 입력이 없는(0km/h) 것으로 인식하며, 입・출력 속도센서의 고장 판정을 금지한다.

⑤ 에어컨 작동신호 : 에어컨 OFF로 인식한다.

⑥ 데이터통신 : 각종 통신을 금지시킨다. 통신 금지에 따른 하이백 변속 및 각종 인텔리전트 기능을 금지시킨다.

Guide 시리얼통신과 CAN통신

1. 시리얼통신

연속적인 데이터 처리방법 중의 하나이며, 차량에서 대표적인 방법이 자기진단 시험기와 진단 케이블을 연결한 데이터 처리 방법이라 생각하면 된다.

즉, 자기진단 시험기와 TCU가 1개의 케이블을 이용하여 고장코드, 서비스 데이터를 서로 교환하는 것처럼 일반적인 통신방식에는 1개의 배선을 사용한다.
통신을 하고자 하는 개체가 통신 의사를 밝히는 행위인 통신 언어를 먼저 전송하고 그 전송 데이터를 수신한 개체는 해당하는 시스템과 맞는지를 인식한 후 맞으면 통신을 시작한다.

2 CAN(controller area network)통신
좁은 범위의 지역 내에서 서로 네트워크를 형성한 각각의 개체가 통일된 통신 언어를 구사하는 것이다. CAN통신은 우선(지배)적인 컨트롤러(ECU)가 입출력과 관련된 신호 값을 먼저 측정하고 인식하여 다른 컨트롤러로 하여금 인식하기 편리한 통신 언어를 사용하여 매우 빠른 속도로 전송한다.
현재 차량에서 사용하는 CAN통신 라인은 HIGH라인과 LOW라인으로 구성되어 있으며 LOW라인이 지배적인 방식을 사용하며 두 라인의 전압을 상호 비교, 인식하여 데이터 프레임으로 인식한다. CAN통신 데이터 프레임으로 측정하여 판독 및 해석하는 것은 불가능 하다.

3.2.6. 자동변속기의 제어

[1] 변속패턴(shift pattern) 제어

(1) 변속패턴 제어

TCU는 변속레버 위치, 스로틀밸브의 열림 정도, 파워/이코노미(P/E : power/economic) 스위치, 펄스 제너레이터 B(PG-B), 가속스위치, 오일온도센서의 정보를 수집하여 운전상황에 따른 최적의 변속을 하도록 변속패턴을 선택하고, 변속제어 솔레노이드밸브-A(SCSV : shift control solenoid valve) 및 변속제어 솔레노이드밸브-B에 변속신호를 보낸다. 변속제어 솔레노이드밸브는 ON/OFF 구동으로 변속제어밸브(SCV)에 작용하는 유압을 변화시켜 각각의 변속단수가 되도록 한다.

(2) 변속패턴 제어 관련 센서들의 기능

① 인히비터 스위치는 변속패턴을 선택하기 위해 변속레버 위치를 검출한다.
② 펄스 제너레이터-B는 변속패턴에 의한 변속명령을 위해 트랜스퍼 피동기어의 회전속도를 검출한다.
③ 파워/이코노미 스위치는 운전자의 요구에 가까운 변속특성을 얻기 위해 파워/이코노미 스위치의 ON/OFF를 검출한다.
④ 가속 스위치는 클립영역 판정을 위해 가속페달의 ON/OFF를 검출한다.

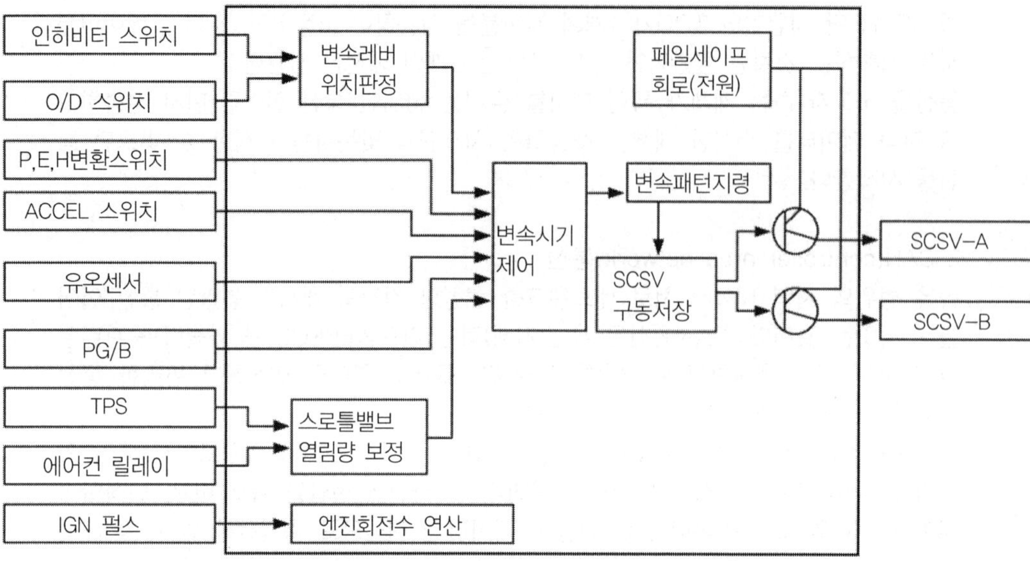

그림 66. 변속패턴 제어 다이어그램

⑤ 오일온도 센서는 냉각되었을 때의 변속패턴을 보정하기 위해 자동변속기 오일의 온도를 검출한다.

⑥ 스로틀 위치센서는 변속패턴에 의한 변속 명령을 위해 스로틀밸브의 열림 정도를 검출한다.

⑦ 에어컨 릴레이 스위치는 스로틀밸브의 열림 정도 보정을 위해 에어컨 릴레이 스위치의 ON/OFF를 검출한다.

⑧ 점화펄스는 스로틀밸브의 열림 정도 보정을 위해 공전할 때의 엔진 회전속도를 검출한다.

[3] 자동변속기의 유압 제어장치

유압 제어장치는 오일펌프, 압력조절밸브, 각종 솔레노이드밸브 등과 각종 밸브를 내장하는 밸브보디로 구성되어 있으며 변속할 때 작동 유압을 각 요소마다 설정되어 있는 솔레노이드밸브에 의해 독립 제어가 가능하며 부드럽고 응답성이 높은 변속을 실행한다. 또, 전자제어 계통에서 고장이 발생하여도 스위치밸브, 페일 세이프밸브의 작동에 의해 3단 및 후진주행이 가능하다.

(1) 변속할 때의 유압 제어

1) 클러치 대 클러치 변속(clutch to clutch shift)

기존의 자동변속기에서는 변속할 때 2개의 솔레노이드밸브(변속제어 솔레노이드밸브 : SCSV)를 이용하여 증속제어를 하므로 정밀한 변속이 어려웠으며, 또 1개의 솔레노이드밸브(압력제어 솔레노이드밸브 : PCSV)로 유압을 제어하기 때문에 변속할 때 정밀한 유압제어가 실현되지 못하였다.

그러나 클러치 대 클러치 변속방식에서는 TCU가 입·출력축 속도센서의 신호를 받아 필요 유압을 산출하고 4개의 솔레노이드밸브로 출력신호를 보내어 해제 쪽 클러치(또는 브레이크)와 결합 쪽 클러치(또는 브레이크)를 동시에 제어하여 변속을 실행한다.

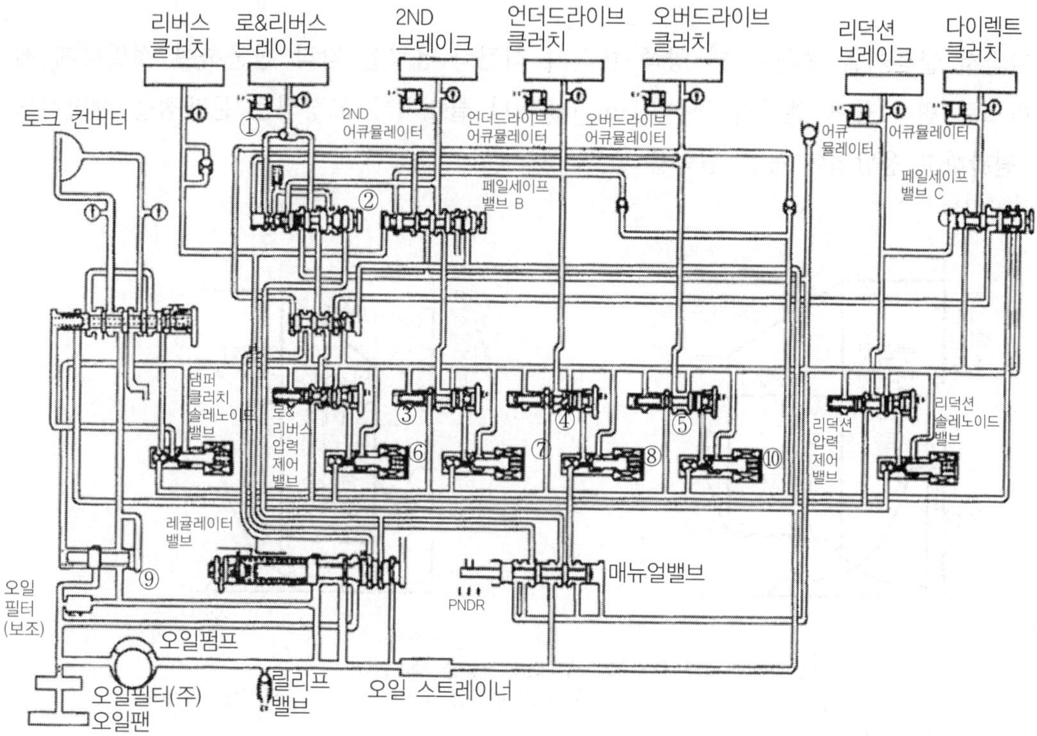

① 로&리버스 어큐뮬레이터, ② 페일 세이브밸브 A ③ 2ND 압력제어밸브
④ 언더 드라이브 압력제어밸브 ⑤ 오버 드라이브 압력제어밸브 ⑥ 로&리버스 솔레노이드밸브
⑦ 2ND 솔레노이드밸브, ⑧ 언더 드라이브 솔레노이드밸브 ⑨ 토크 컨버터 압력제어밸브
⑩ 오버드라이브 솔레노이드밸브

그림 67. 하이백 5단 자동변속기의 유압 회로도

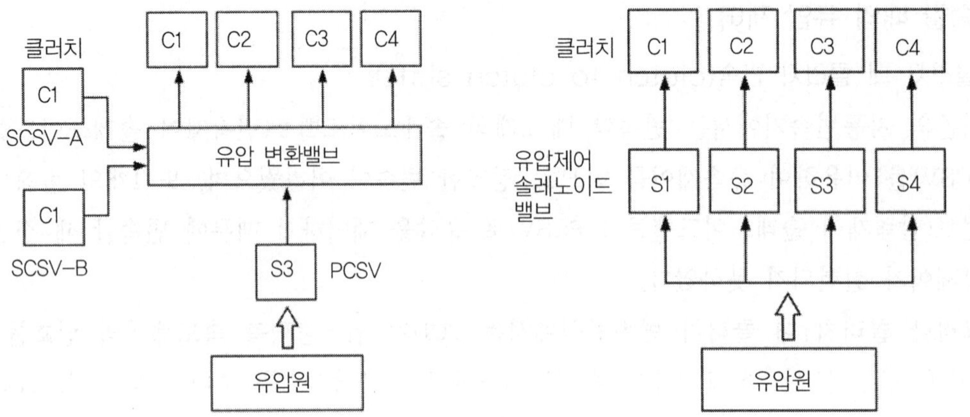

(a) 솔레노이드밸브 유압을 공통제어 (b) 각 클러치 전용의 솔레노이드밸브로 간접 독립제어

그림 68. 솔레노이드밸브의 제어구성

따라서 클러치를 변환할 때 양쪽 클러치 회전력 용량을 각각 산출하여 정밀하게 제어하므로 변속 중에 엔진의 런 업(run up)이나 클러치가 고정되는 문제점을 예방하므로 원활하고 응답성이 높은 변속을 할 수 있다.

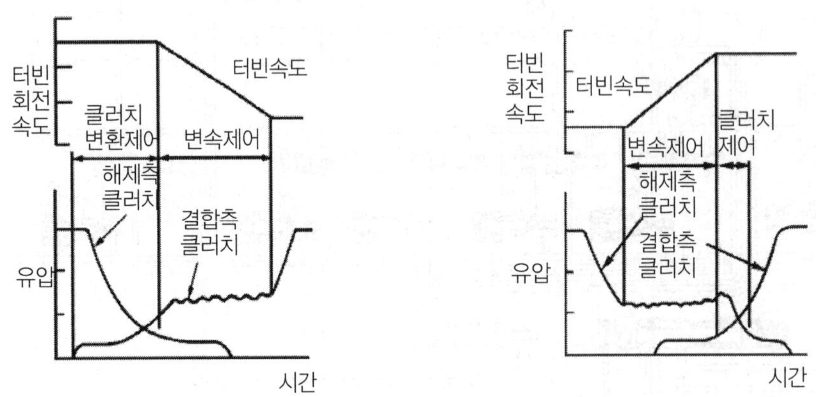

※ 터빈런너 회전속도 변화에 따라 공급측과 해제측의 유압을 제어한다.
※ 주의 : 저온시(–20℃ 이하)는 ATF 유동이 늦기 때문에 솔레노이드밸브 듀티율을 61.3㎐ → 31 ㎐로 낮춘다.

(a) 업 시프트 (b) 다운 시프트

그림 69. 클러치 대 클러치 제어 선도

① 스킵 변속제어(skip shift control) : 각종 클러치 솔레노이드밸브를 사용하므로 킥 다운이 될 때 또는 하이백제어에 의한 스킵 변속제어가 가능하다. 따라서 응답성이 빠른 변속을 실행할 수 있다.

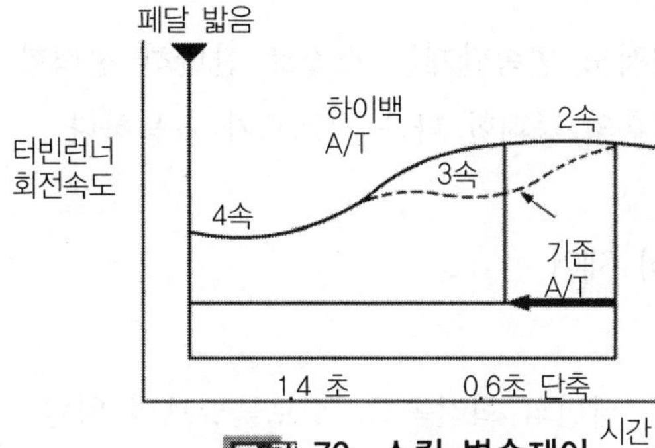

그림 70. 스킵 변속제어

2) 피드백 변속제어(feed back shift control)

각 변속단계로 변속을 할 때 입력축의 회전속도 변화를 미리 설정된 목표 변화율에 일치하도록 솔레노이드밸브의 듀티비율을 피드백제어를 한다. 따라서 변속 중에 회전력의 변화를 이상적으로 제어하는 것이 가능하므로 변속감각이 향상되며, 엔진이나 변속기의 노화에 따른 성능변화에 대해서도 자동적으로 보정하므로 변속감각이 좋아진다.

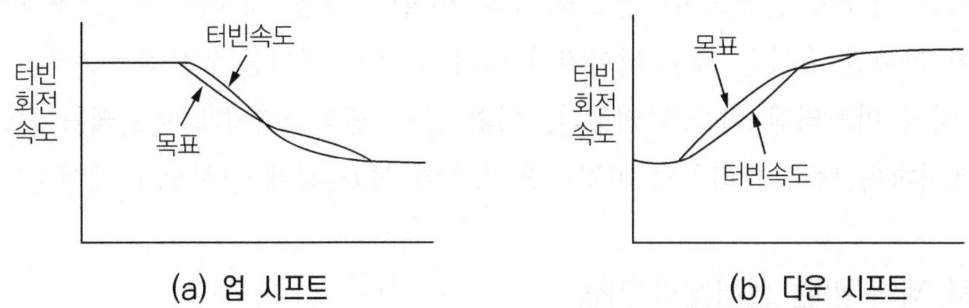

그림 71. 피드백 변속제어

[4] 스포츠모드 제어

하이백제어에 의해 쉬운 운전의 실현이 가능하지만 운전을 즐기는 방법으로 쉬운 운전과는 별도인 "fun to drive(운전을 즐김)" 을 원하는 운전자에게 대응하기 위해 자동 변속기이면서 수동변속기 감각을 운전을 가능하게 한 기능이 스포츠모드 제어이다.

(1) 스포츠모드의 특성

① 변속레버를 앞뒤로 움직이는 것만으로 상향 및 하향 변속이 가능하다.

② 가속페달을 밟은 상태에서도 기어변속이 가능하다. 따라서 출력감소 없이 운전을 즐길 수 있다.

③ 굴곡도로, 산악도로 등에서도 변속단계를 스스로 간단히 선택할 수 있어 코너 진입 직전이나 경사진 도로 직후의 경쾌한 다운 시프트가 가능하다.

[5] 댐퍼클러치(damper clutch) 제어

(1) 댐퍼클러치 제어

토크컨버터의 펌프 회전속도, 터빈의 회전속도, 스로틀밸브의 열림정도 보정이 이루어지면, 이 결과를 댐퍼 클러치의 제어영역에 입력하여 댐퍼클러치의 작동, 비작동 및 목표 미끄러짐 비율을 결정하고 댐퍼클러치제어 솔레노이드밸브(DCCSV)에 구동신호를 보낸다.

댐퍼클러치제어 솔레노이드밸브는 듀티(duty)제어로 작동하며, 솔레노이드밸브의 응답성능을 높이기 위하여 각각의 펄스 발생초기에 수 ms의 여자(勵磁)가 발생한다. 댐퍼클러치는 댐퍼클러치제어 솔레노이드밸브의 듀티 비율이 크면 댐퍼 클러치제어 솔레노이드밸브에 가해진 유압이 낮아지기 때문에 댐퍼클러치 유압회로를 크게 열어 댐퍼클러치는 큰 힘으로 작동하여 미끄러짐 비율을 낮게 한다.

반대로 댐퍼클러치제어 솔레노이드밸브의 듀티 비율이 작을 때에는 댐퍼클러치제어 솔레노이드밸브에 가해진 유압은 별로 낮아지지 않기 때문에 댐퍼클러치 작동유압이 낮아지므로 댐퍼클러치의 미끄러짐 비율은 커진다. 이와 같이 댐퍼클러치제어 솔레노이드밸브의 듀티 비율을 제어하여 댐퍼 클러치의 미끄러짐 비율이 목표 값에 근사하게 제어된다.

(2) 댐퍼클러치 제어 관련 센서들의 기능

① 오일온도(유온)센서는 댐퍼클러치 비 작동영역 판정을 위해 자동변속기 오일(ATF)온도를 검출한다.

② 스로틀 위치센서는 댐퍼클러치 비 작동영역 판정을 위해 스로틀밸브의 열림 정도를 검출한다.

③ 에어컨(A/C) 릴레이 스위치는 댐퍼클러치 작동영역 판정을 위해 에어컨 릴레이의 ON, OFF를 검출한다.

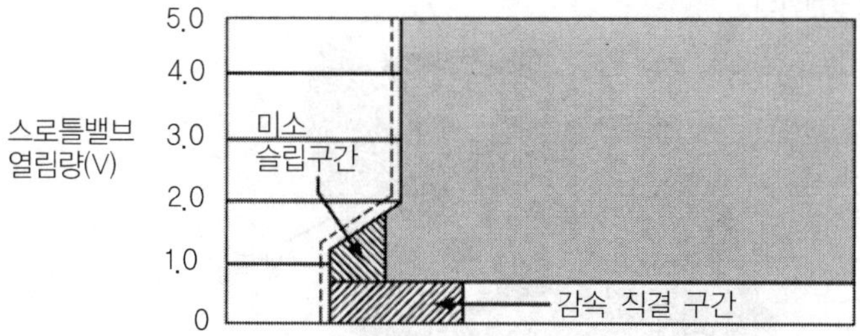

그림 72. 댐퍼클러치 제어

④ 점화펄스는 스로틀밸브 열림 정도 보정과 댐퍼클러치 작동영역 판정을 위해 엔진 회전속도를 검출한다.

⑤ 펄스 제너레이터-B는 댐퍼클러치 작동영역 판정을 위해 변속 단수 정보와 함께 트랜스퍼 피동기어 회전속도를 검출한다.

(3) 댐퍼클러치가 작동하지 않는 범위

① 제1속 및 후진할 때 : 발진 가속성능 확보하기 위해(제2속에서부터 작동 시작)

② 엔진 브레이크가 작동할 때 : 감속 충격을 방지하기 위함

③ 변속할 때 : 변속 감각을 좋게 하기 위해서

④ 냉각수온도 50℃, 오일온도 60℃ 이하일 때 : 작동의 안정화를 위해서

⑤ 엔진이 공전할 때

⑥ 브레이크 스위치가 ON 상태일 때

4. 무단변속기(CVT : continuously variable transmission)

4.1. 무단변속기의 개요

무단변속기란 연속적으로 변속시키는 장치를 말한다. 무단변속기는 크게 변속방식에 따른 분류와 동력전달 방식에 따라 분류할 수 있다. 또 변속방식에는 벨트 구동방식과 트로이드 구동방식이 있으며, 현재는 주로 벨트 구동방식을 사용한다. 또 벨트 구동방식에서도 전동기(motor)로 제어하는 건식과 유압으로 제어하는 습식이 있으며, 유압으로 제어하는 습식이 주로 사용된다. 동력 전달장치에는 전자 분말방식과 토크컨버터방식이 있다.

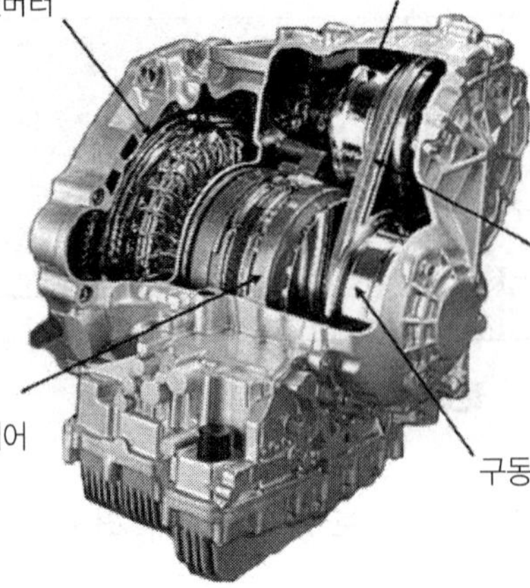

그림 73. 무단변속기의 구조

무단변속기는 엔진을 항상 최적의 운전 상태로 유지할 수 있어 효율이 10~20% 정도 높일 수 있으며 특징은 다음과 같다.

① 가속성능을 향상시킬 수 있다.

② 연료소비율이 향상된다.

③ 변속충격을 감소시킬 수 있다.

④ 자동차의 중량을 감소시킬 수 있다.

4.2. 무단변속기의 구성별 분류

4.2.1. 기본형식에 의한 분류

무단변속기는 벨트 구동방식, 트랙션 구동방식, 유압모터/펌프의 조합방식으로 분류 할 수 있다.

[1] 벨트 구동방식

(1) 고무 벨트방식

2륜 차량에서 주로 사용되며, 자동차에 사용하려면 고무벨트의 회전력 전달용량이 작아서 풀리 지름을 대형화해야 하므로 적합하지 않다.

(2) 금속 벨트방식

풀리의 최소 반지름을 작게 할 수 있으므로 변속비율을 크게 할 수 있는 장점이 있다. 출발용 클러치로는 전자 클러치나 습식 다판 클러치를 사용하며, 전·후진 변환을 위해서는 싱크로메시 기구가 사용된다.

(a) 고무벨트 (b) 스틸벨트 (c) 체인벨트

그림 74. CVT벨트

(3) 금속 체인방식

금속벨트와 비슷한 구조이다.

[2] 트랙션(traction) 구동방식

트랙션 구동전용으로 개발된 전단 저항이 큰 오일에 의해 금속 면사이에 유막을 형성시켜 동력을 전달하는 방식이다. 변속 응답성이 좋고, 출발용 클러치가 필요 없는 장점이 있으나, 접촉압력이 높아 접촉면의 금속 피로방지와 전단 저항이 큰 오일의 개발이 과제이다.

[3] 유압모터·펌프의 조합방식

유압펌프와 유압모터로 이루어져 있으며, 펌프에서 만들어진 유체동력을 기계적인 동력으로 바뀌는 유압 변속기이며, 내구성능, 유연한 변속 등의 장점에도 불구하고 부피가 크고 무거워서 승용차에 사용하는데 에는 어려움이 있어 농기계나 상업 장비에서 이용된다.

4.2.2. 동력 전달방식에 의한 분류

동력 전달방식에 의한 무단변속기의 종류에는 토크컨버터방식과 전자 분말방식이 있다.

[1] 토크컨버터 방식

무단변속기의 토크컨버터는 자동변속기에서 사용하는 토크컨버터와 같다. 그러나 무단변속기 특성상 록 업(lock up)구간(댐퍼 클러치 제어영역)을 자동변속기에 비해 작동영역을 크게 할 수 있어 연료소비율 개선에 큰 효과가 있다.

[2] 전자클러치 방식(electronic clutch type)

전자클러치 방식은 구동판(drive plate)에 볼트로 고정되어 있으며 변속기 입력축과 연결된 로터, 구동판과 연결된 클러치 하우징의 요크 및 코일 등으로 구성되어 있다.

컨트롤러에서 브러시(brush)에 전류를 공급하면 미끄러짐 링(slip ring)을 통해 코일이 자화되어 요크와 로터사이에 있는 자석성분의 분말이 연속적으로 연결된다. 이 결합력에 의해 요크와 변속기 입력축과 연결된 로터가 연결되어 동력을 전달한다. 이 결합력은 전류의 세기에 비례하며 컨트롤러에서 전류를 차단하면 분말의 연결 상태가 해제되어 클러치가 분리되므로 동력이 차단된다.

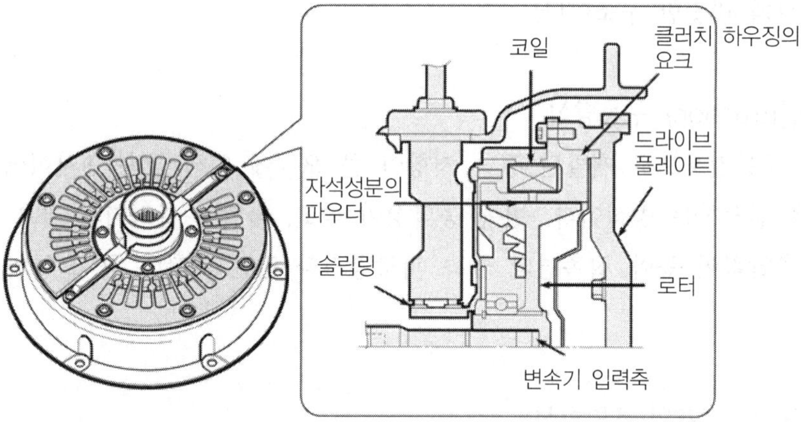

그림 75. 전자 분말 클러치방식의 구조

4.2.3. 변속방식에 의한 분류

[1] 벨트방식

V-벨트는 자동차 산업초기부터 그 응용이 시도되었으나 내구성, 마찰에 의한 동력전달에 대한 신뢰성, 적절한 변속비율의 유지를 위한 제어성능 등 여러 면에서 기어형 변속기보다 뒤처지므로 실제 사용이 미루어져 왔다.

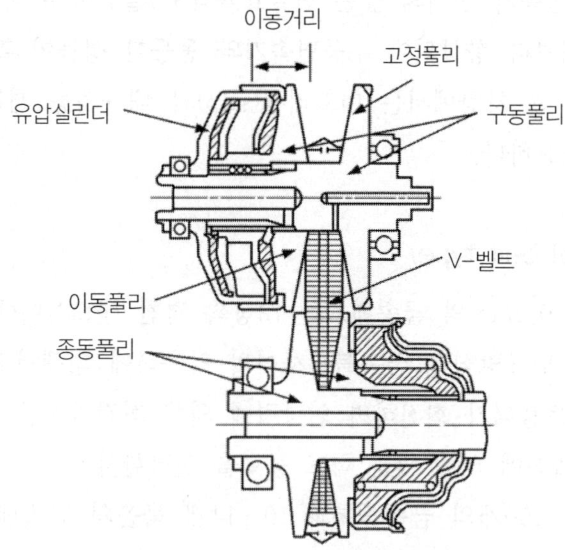

그림 76. V-벨트 무단변속기의 구조

그러나 최근에 이르러 복합 고무벨트, 금속벨트, 체인 등 무단변속기용 벨트 강도의 획기적인 개선과 제어기술의 발달로 인하여 다시 사용되기 시작하고 있다. V-벨트 무단변속기의 변속은 구동 및 피동 풀리에서 벨트의 회전 반지름을 연속적으로 변화시켜 얻는다. 구동 풀리와 피동 풀리는 각각 축에 고정된 고정 풀리와 축 방향으로 이동이 가능한 이동 풀리로 구성되며 벨트 회전 피치 반지름의 변화 즉, 고정 풀리와 이동 풀리 사이의 간극조정은 구동 및 피동 풀리의 이동 풀리 면에 가해지는 축력에 의해 제어된다.

한편 벨트의 동력전달은 V-벨트와 풀리 사이의 마찰에 의해 이루어지며 적절한 마찰을 유지하기 위해서는 풀리에 가해지는 축력을 제어하여야 한다. 따라서 주어진 변속비율과 부하 회전력에 해당하는 적절한 축력 제어는 V-벨트 무단변속기의 핵심이라 할 수 있다.

(1) 고무 벨트방식(rubber belt type)

고무벨트는 알루미늄합금 블록의 측면 즉, 변속기 풀리와의 접촉면이 내열수지로 성형되어 있다. 이렇게 제작된 고무벨트는 높은 마찰계수를 유지하는 효과를 얻을 수 있고 벨트를 누르는 힘(grip force)을 작게 할 수 있다. 이 고무 벨트방식은 주로 2륜 자동차 등과 같은 배기량이 작은 차량에서 주로 사용된다. 고무 벨트방식은 알루미늄합금 블록에 내열수지가 있어 변속제어 즉, 풀리 가변이 직류 전동기로 실행할 수밖에 없는 단점이 있다.

높은 마찰계수는 무단변속기 전체의 높은 전달효율과도 밀접한 관계가 있다. 이에 따라 연료소비율은 자동변속기보다 향상되어 수동변속기와 동등한 성능이 확보된다. 그러나 고무 벨트방식은 배기량이 큰 차량에서는 미끄러짐(slip)과 내구성능 때문에 사용하기 어려우며 주기적인 교환이 필요하다.

(2) 금속 벨트방식(metal belt type)

금속 벨트방식은 두께 0.2mm의 금속밴드를 12장씩 겹친 밴드사이에 끼워 넣은 상태의 금속 V-벨트이다. 금속 벨트방식은 금속블록사이의 압축력에 의해서도 동력을 전달한다. 즉, 고무 벨트방식은 벨트풀리가 회전하면 인장력에 의해 회전하지만 금속 벨트방식은 당기는 힘(인장력)과 금속블록에 의해 미는 힘도 동력을 전달한다.

금속벨트의 구조는 약 450개의 금속블록과 10~14개 묶음의 금속밴드 2개로 구성되어 있으며 금속블록이 동력을 전달할 때 풀리의 경사 면사이에 마찰력이 필요하다. 그림 78은 금속 V-벨트의 단면 및 조립된 상태를 나타낸 것이다. 금속 V-벨트는 강철 밴드 상에 금속블록을 배열한 형상으로 되어 있다.

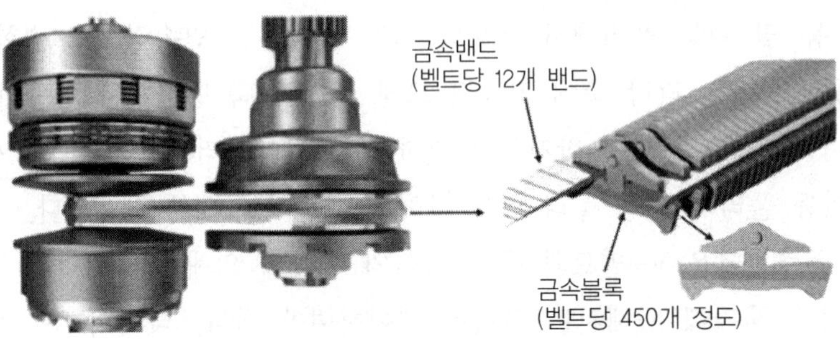

그림 77. 금속벨트의 구조 및 형상

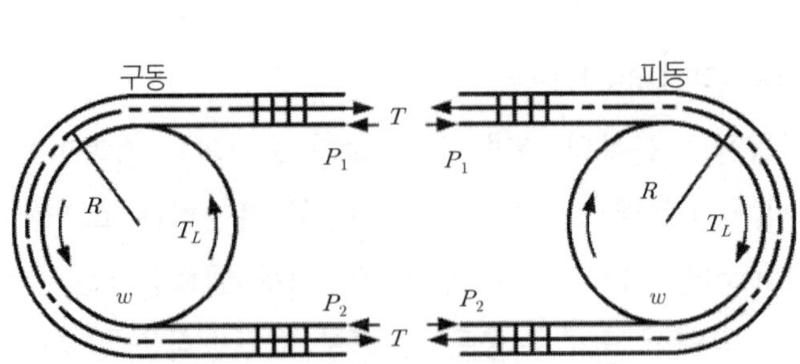

그림 78. 금속 V-벨트의 동력전달

강철 밴드는 서로 원둘레 길이가 조금씩 다른 두께 0.2mm의 밴드를 10~14개 겹쳐 인장강도를 지니면서 유연성이 크도록 되어있다. 평균 두께 3mm의 금속블록은 핀과 구멍을 가진 구조로 밴드 위에서 서로 힌지(hinge)점을 갖고 밴드와 함께 굽혀지도록 되어 있다.

[2] 익스트로이드방식

익스트로이드방식의 작동원리는 입력축과 출력축 원판에 하중을 작용시키고 롤러가 회전함에 따라 접촉 반지름이 변화하여 이것의 반지름 비율에 의해 변속이 된다.

익스트로이드방식은 구동 원리상 뒷바퀴 구동 차량에 사용할 수 있는 구조를 지녔으며 현재 뒷바퀴 구동 차량에 설치되고 있다. 그리고 익스트로이드 방식은 넓은 변속범위와 높은 효율성, 정숙성을 지닌 장점이 있으나 큰 출력 및 회전력의 높은 강성을 요구하며, 변속기의 무게가 커지고 또는 미끄러짐 방지를 위해 특수오일을 사용하여야 하는 결점이 있다.

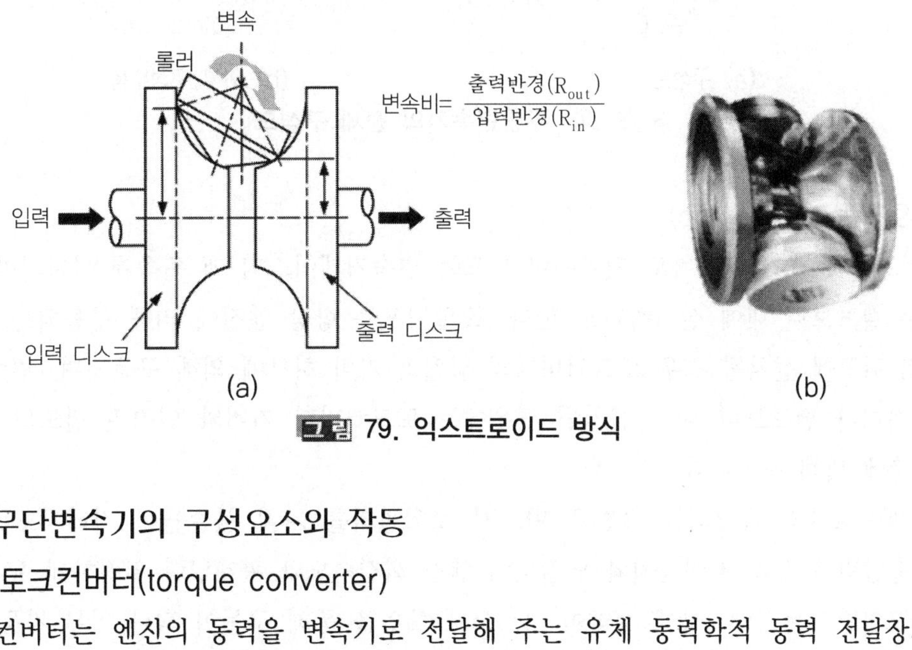

그림 79. 익스트로이드 방식

4.3. 무단변속기의 구성요소와 작동

4.3.1. 토크컨버터(torque converter)

토크컨버터는 엔진의 동력을 변속기로 전달해 주는 유체 동력학적 동력 전달장치이며, 현재 거의 모든 자동변속기에 사용되고 있는 매우 중요한 장치이다. 특히, 무단변속기용 토크컨버터는 자동변속기의 주요 구성부품을 공용하고 있으며 록업(lock up)클러치의 강성증대 및 정숙성 확보, 록업 영역의 확대로 연료소비율 향상 및 출발성능 등이 향상되었다.

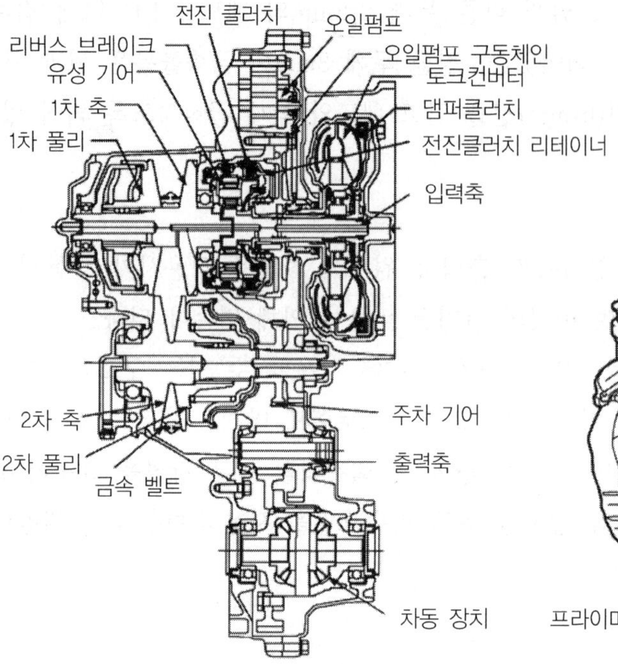

(a) 구성도

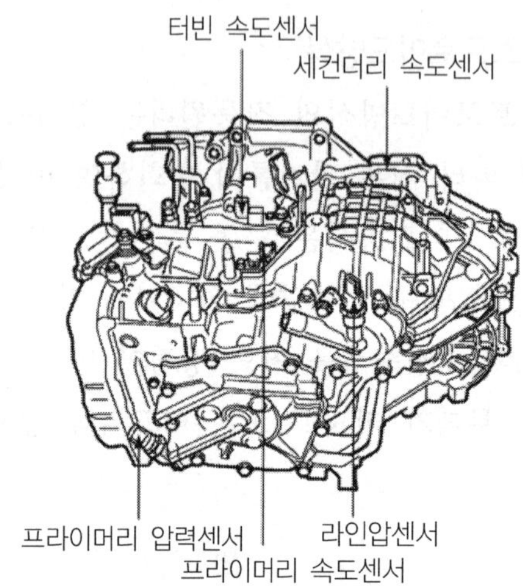

(b) 외부 구성부품

그림 80. 무단변속기의 전체 구성도

4.3.2. 오일펌프(oil pump)

오일펌프는 토크컨버터 바로 뒷부분이나 또는 변속기케이스의 맨 뒤쪽에 설치되며, 어떤 경우에는 밸브보디 내에 설치하기도 한다. 오일펌프는 항상 엔진에 의해 구동되는데 토크컨버터의 뒤쪽에 설치될 경우 토크컨버터의 임펠러 커버 허브에 의해 구동되며, 변속기 케이스 뒤쪽이나 밸브보디 내에 설치될 경우에는 토크컨버터 커버와 연결된 별도의 오일펌프 구동축에 의해 구동된다.

오일 팬으로부터 흡입되는 오일은 반드시 오일필터를 거쳐 불순물이 걸러지도록 되어 있고 배출압력은 유압 제어장치와 연결되어 엔진 회전속도와 관계없이 일정하게 유지된다. 그리고 오일펌프는 설치 상에 제약이 따르므로 체인을 통해 구동이 되나 일부 자동변속기에서는 밸브 보디 내에 설치된 것도 있다. 그리고 외접 기어펌프의 특징은 흡입구멍과 토출구멍 사이에 거리가 짧은데 비해 실(seal)면이 길기 때문에 효율이 가장 좋다. 또 다른 오일펌프에 비해 소음도 낮으나 구조상 다른 오일펌프에 비해 많은 공간을 차지하는 결점이 있다. 그림 81은 외접 기어펌프의 구조이다.

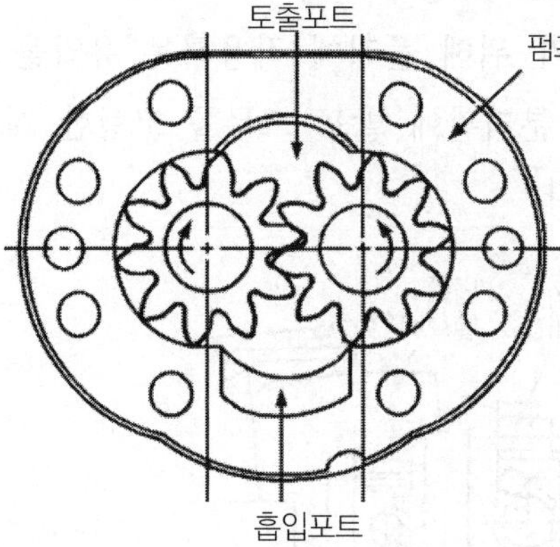

그림 81. 외접 기어펌프의 구조

4.3.3. 무단변속기용 오일

오일은 점도가 낮아지면(온도가 높을 때) 제어밸브, 클러치나 브레이크의 피스톤 실(seal) 등으로부터 오일의 누출이 증대되어 유압이 저하하는 원인이 되므로 정밀제어가 어렵다. 또 유성이 저하되므로 마모가 증대되고 오일의 온도가 상승한다. 이에 따라 오일펌프의 효율도 저하된다. 반대로 점도가 높아지면(온도가 낮을 때) 내부마찰, 관로 저항 등에 의한 온도상승과 동력손실을 피할 수 없다. 그리고 제어밸브 등의 작동이 원활하지 못하여 변속 불량을 유발하는 경우도 있을 수 있다. 따라서 무단변속기용 오일은 점도지수가 커 온도 변화에 대하여 점도변화가 적어야 한다.

4.3.4. 오일필터(oil filter)

기존의 자동변속기용 오일필터에 비해 높은 밀도의 부직포를 사용하였으며, 오일 흡입구멍 주위에 자석을 설치하여 오일의 청정도를 향상시키고 벨트작동의 신속성을 향상시켰다.

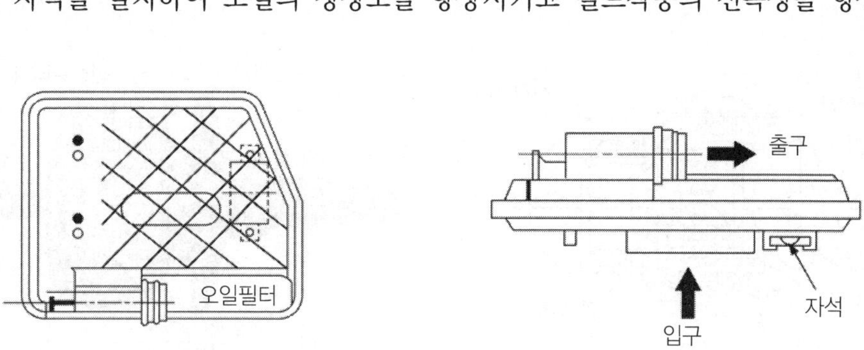

(a) (b)

그림 82. 오일필터의 구조

4.3.5. 밸브바디 분리판(separating plate)

무단변속기에는 벨트를 잡기 위해 풀리에 작용하는 유압을 기존 자동변속기에 비해 고압으로 제어되므로 밸브바디 분리판에 발포 고무를 코팅한 개스킷을 사용하여 기밀성능을 높이고 유압손실을 감소시킨다.

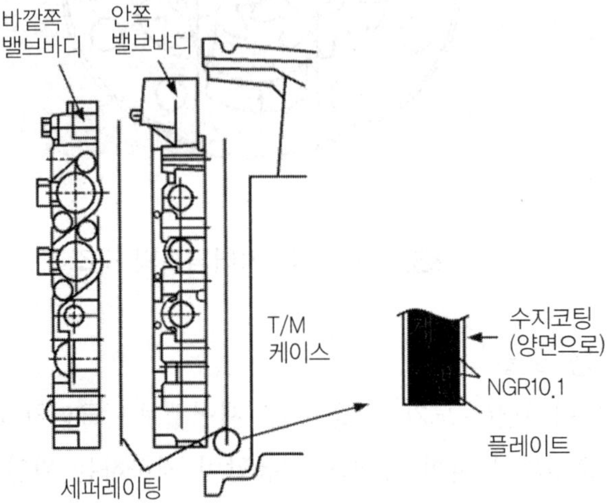

그림 83. 밸브바디 분리판

4.3.6. 전 · 후진장치

무단변속기의 변속은 가변 풀리에 의하므로 별도의 변속장치가 필요 없다. 그러나 무단변속기를 설치한 차량도 후진을 하여야 한다. 이를 위해 전 · 후진장치를 두고 있다. 전 · 후진장치의 작동은 유성기어 세트를 사용하며, 유성기어 세트의 구성은 링 기어, 유성기어 캐리어, 선 기어, 더블 피니언(double pinion) 등이다. 이것은 전진에서 후진으로의 동력 전달방향을 변환할 때 회전방향을 바꾸기 위한 기구이다.

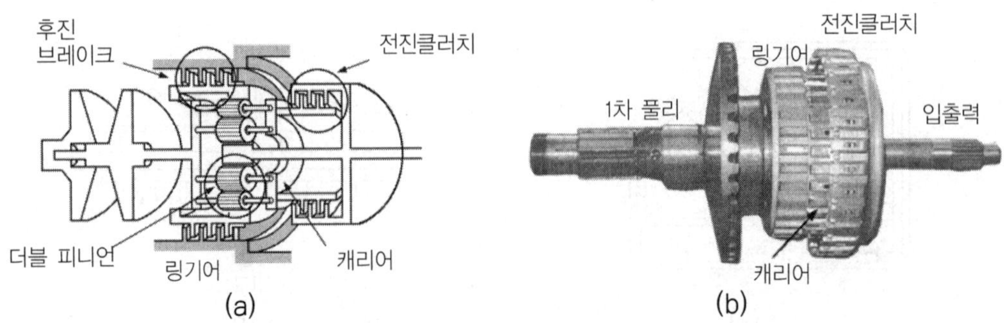

그림 84. 전 · 후진장치의 구성

그리고 유성기어 장치를 제어하기 위한 클러치 및 브레이크가 있으며, 전진할 때 유성기어 캐리어를 직접 구동하기 위한 전진 클러치 1세트와 후진에서 링 기어를 케이스에 고정하기 위한 후진 브레이크 1세트가 마련되어 있다.

4.3.7. 가변 풀리

무단변속기에서 변속비율이 제어되는 것은 가변 풀리에서 이다. 즉 지름이 다른 풀리 2개가 벨트를 통하여 연결되어 있으며, 각 풀리는 벨트가 설치되어 지름을 변경할 수 있도록 되어 있다. 풀리의 지름변경은 1차 풀리 피스톤과 2차 풀리 피스톤에 의한다. 각 풀리장치 즉, 구동과 피동 풀리는 고정 및 이동 시브(sheave)로 구성되어 있다.

고정시브와 이동시브 사이에는 볼 스플라인(ball spline)을 사용하여 축방향 이동은 자유스럽지만 회전운동은 제한을 받는다. 이렇게 이동시브가 축방향으로 이동함에 따라 벨트의 접촉 반지름이 바뀌게 되어 풀리 비율이 변화한다. 벨트의 접촉력을 발생시키는 유압실은 피스톤, 이동 풀리 및 풀리 커버로 구성되어 있다.

유압 실에 작용하는 유압은 유압장치에 의해 제어되는데 정압요소와 피스톤 회전에 의해 발생되는 원심 유압요소로 구분된다. 특히 피동 풀리가 고속으로 회전하는 경우 원심유압은 벨트 제어성능에 영향을 줄 정도로 크기 때문에 원심 유압을 상쇄시키기 위해 반대방향의 원심 유압을 발생시키는 유압실을 설치하고 있다.

[1] 1차 풀리

1차 풀리 즉, 구동 풀리는 더블 피스톤을 사용한다. 이것은 1차 풀리의 역할이 구동 중 변속비율 제어와 관련이 있음을 의미한다. 저속단계로 운행 중인 자동차를 고속단계로 변속을 하기 위해서는 1차 풀리의 유압 실에 유압을 가하게 되는데 이때 벨트는 가장 안쪽에 위치하고 있다가 바깥쪽으로 이동을 한다. 이때 벨트가 위치해 있는 풀리의 지름 비율이 곧 변속비율이 된다.

구성을 보면 고정 풀리의 끝부분은 유성기어의 캐리어와 물리도록 스플라인이 가공되어 있으며, 이동 풀리는 축방향의 이동을 원활히 하면서 회전방향의 움직임을 제한하기 위한 볼 스플라인(ball spline)이 3개씩 120°의 간격으로 3군데에 총 9개가 설치되어 있다. 특히 이 볼은 매우 정밀성을 요구하므로 함부로 분해해서는 안 되며 분해하였을 경우 재사용할 때에는 유압계통에 문제를 일으킬 수 있으므로 신중을 기해야 한다.

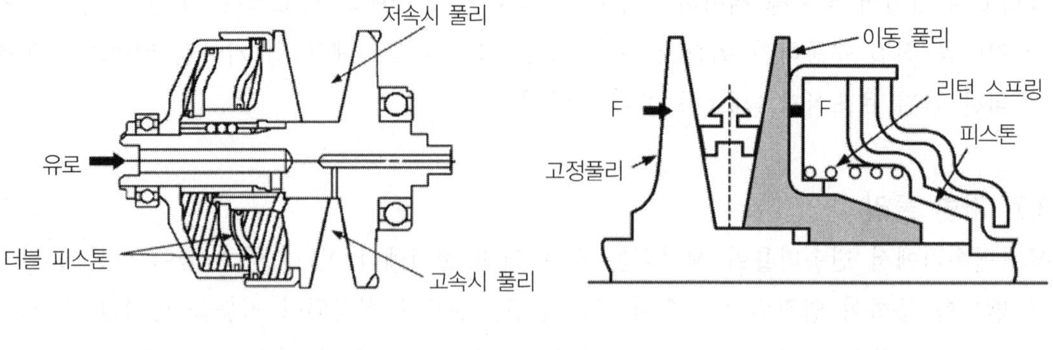

그림 85. 가변 풀리의 구성

[2] 2차 풀리

2차 풀리의 내부구조 및 원리는 1차 풀리와 거의 비슷하다. 그러나 역할이 다르므로 일부 구조는 차이가 있다. 1차 풀리가 변속비율 제어가 주 역할이었다면 2차 풀리는 벨트의 장력제어가 주 역할이다. 즉, 1차 풀리와 항상 연동하여 움직이지만 벨트의 장력상태에 따라 유압을 적절히 제어하도록 되어있다.

그리고 피스톤 유압실 내부에는 리턴 스프링이 설치되어 있으며, 이것은 엔진의 가동을 정지하여 유압이 작용하지 않을 때 벨트의 긴장감을 항상 유지하기 위한 안전장치이다. 그밖에 고정시브 및 이동시브로 구성되어 있으며, 이동시브의 원활한 축방향 이동 및 회전방향의 회전을 억제하기 위한 볼 스플라인이 3개씩 120°의 간격으로 3군데 설치되어 있다.

4.4. 무단변속기의 전자제어

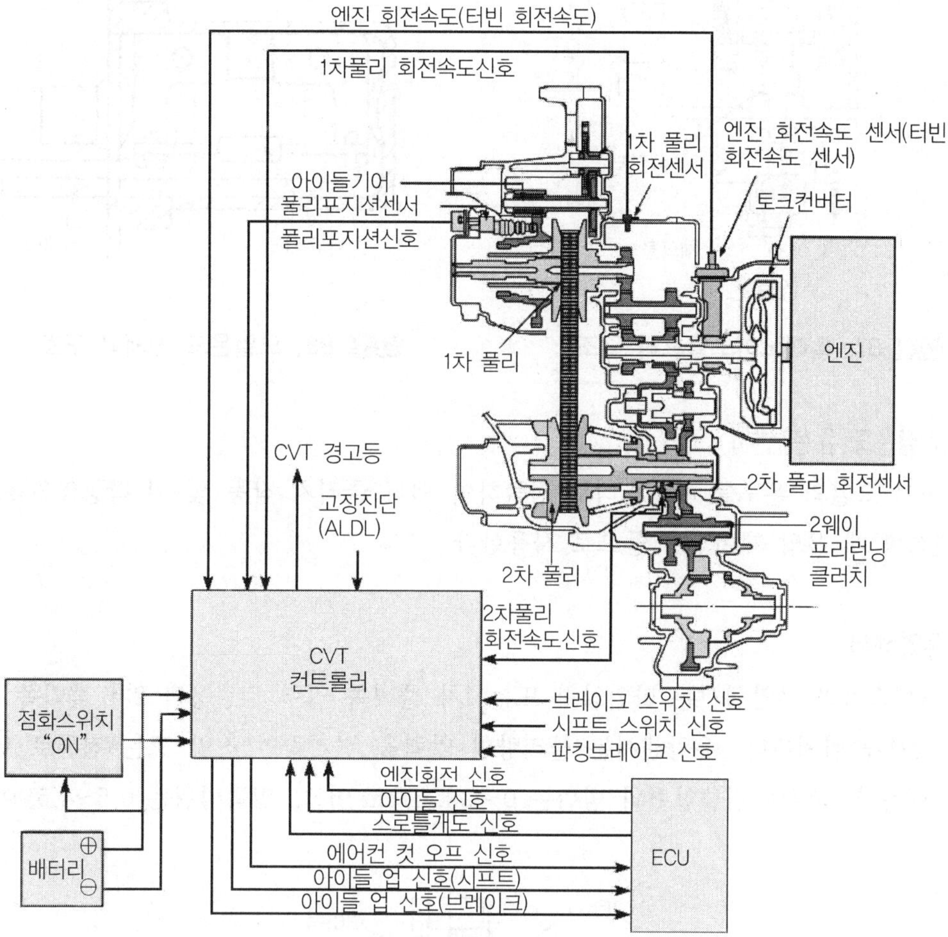

그림 86. 전자제어의 구성도

4.4.1. 각종 액추에이터와 센서의 구성 및 작동원리

[1] 솔레노이드밸브

솔레노이드밸브의 기준 유압을 낮추는 것은 기존의 자동변속기에 비해 소형화하고 비용절감, 소음저하를 실현하였으며, 소형화에 의해 작동부분의 질량이 가볍게 되므로 작동부분에 작동하는 전자력, 스프링장력도 작게 되므로 작동할 때 에너지를 낮게 하고 내구성능도 대폭 향상되었다. 이것에 의해 주행 중에는 항상 작동되는 무단변속기의 솔레노이드밸브는 가혹한 운전조건에서도 문제가 없는 내구성능과 신속 성능을 확보하고 있다.

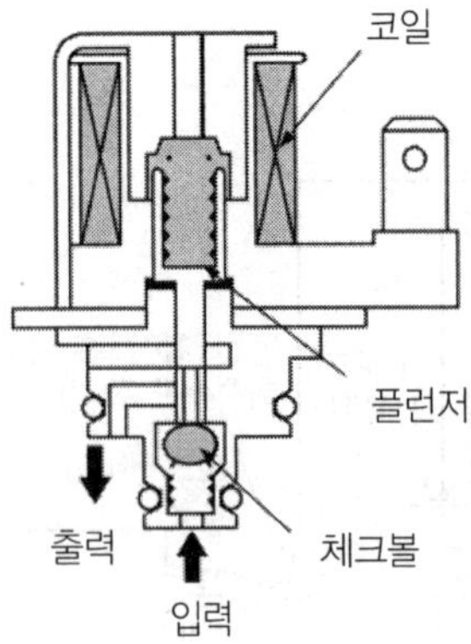

그림 87. 솔레노이드밸브의 구조

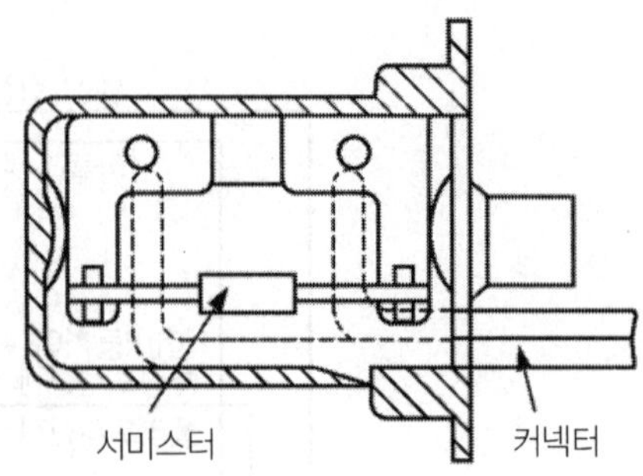

그림 88. 오일온도 센서의 구조

[2] 오일온도(유온)센서

변속기 오일의 온도를 서미스터로 검출하여 댐퍼 클러치 작동 및 미 작동영역을 검출하고 변속할 때 유압 제어정보 등으로 사용한다.

[3] 유압센서

무단변속기의 유압센서는 라인압력 또는 1차 풀리쪽 압력 검출용과 2차 풀리쪽 압력 검출용 2개가 설치된다. 유압센서는 물리량인 압력을 전기량인 전압 또는 전류로 변화하는 것을 이용한 것이며 검출압력의 범위는 0~80kgf/cm^{2}이고, 입력범위는 0.5~4.5V이다.

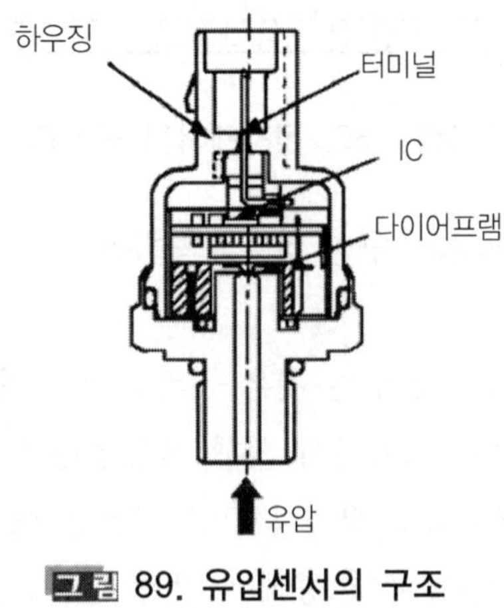

그림 89. 유압센서의 구조

[4] 1차 풀리 회전센서

변속기 케이스에 장착된 1차 풀리 회전센서는 1차 풀리의 회전수를 검출하며, 전자픽업 자석의 무접점 센서로서 영구자석과 코일로 구성되어 있다. 1차 풀리가 회전하면 센서에 조립된 기어가 동시에 회전하여 기어 치형부와 회전센서의 간극변화에 따라 자력이 변화하여 전자유도작용을 한다. 전자유도작용으로부터 코일에 발생하는 교류전압은 1차 풀리 회전수에 비례해서 주파수를 변화시키기 때문에 이 주파수로부터 1차 풀리 회전수를 검출하게 된다.

[5] 2차 풀리 회전센서

변속기 케이스에 장착된 2차 풀리 회전센서는 2차 풀리의 회전수를 검출하며, 전자픽업 자석의 무접점 센서로서 영구자석과 코일로 구성되어 있다. 2차 풀리가 회전하면 2차 풀리측에 붙은 회전검출용 플레이트가 회전하여 플레이트에 새겨진 센서용 요철과 회전센서의 간극변화에 따른 자력이 변화하여 전자유도작용을 한다. 이로부터 코일에 발생하는 교류전압은 2차 풀리 회전수에 비례하여 주파수를 변화시키기 때문에 2차 풀리 회전수를 검출하게 된다. 2차 풀리의 회전신호는 연산 처리되어 차속신호로 사용된다.

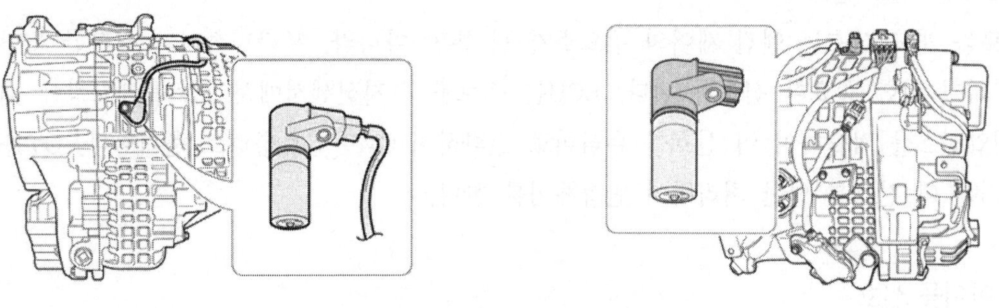

(a) 1차 풀리 (b) 2차 풀리

그림 90. 1, 2차 풀리 회전센서

[6] 풀리 포지션 센서

풀리 포지션 센서는 1차 풀리의 가동 풀리 측면에 설치되어 있으며 가동 풀리의 이동량을 감지하여 신호를 CVT 컨트롤러로 전송한다. CVT 컨트롤러에서 DC모터를 제어함에 따라 액추에이터 기어가 구동하면 가동 풀리가 축 방향으로 이동되며, 이 이동값은 풀리포지션 센서 내부의 로드가 움직임으로서 변화된 저항값을 CVT 컨트롤러로 전송되어 변속비를 검출한다.

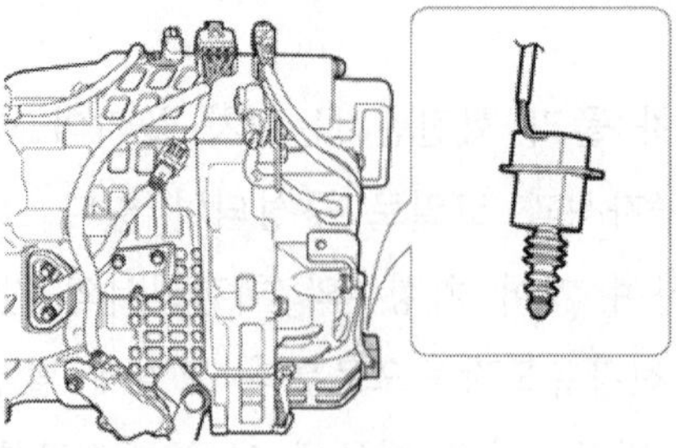

그림 91. 풀리 포지션 센서

[7] 브레이크 스위치

주 브레이크 신호를 CVT 컨트롤러에 전송하며 CVT 컨트롤러는 크리프 상태와 같이 클러치를 제어하는 신호로 사용한다.

[8] 파킹브레이크 스위치

파킹브레이크 신호를 CVT 컨트롤러에 전송한다. 파킹브레이크 신호는 무단변속기 결함코드를 소거하는 기능을 한다.

[9] 스로틀 개도 신호

스로틀 개도 신호는 엔진 제어의 주요소가 될 뿐만 아니라, 무단변속기가 원활한 무단변속을 하기 위한 중요한 신호가 된다. ECU는 스로틀 포지션센서에서 스로틀개도량에 대응한 전압신호를 검출하여 이 신호를 듀티비로 전환하여 CVT 컨트롤러로 출력한다. CVT 컨트롤러는 이 신호를 연산 처리하여 변속제어를 한다.

[10] 아이들 신호

엔진 ECU는 스로틀 포지션센서에서 스로틀 개도에 대응한 전압신호를 검출하여 이 신호로부터 액셀페달을 밟고 있는지 또는 밟고 있지 않는지를 ON/OFF 신호로 변환하여 CVT 컨트롤러로 출력하고 있다.

[11] 에어컨 컷오프 신호

아이들 신호가 "ON" 이고 차속이 약10km/h 이상이며 셀렉터버를 D에서 Ds로 전환하거나 또는 차속이 20km/h 이하이고 스로틀개도가 40° 이상인 상태에서 CVT 컨트롤러는 에어컨 컷오프 신호를 ECU로 보내면 ECU는 4초간 에어컨 작동을 차단한다.

[12] CVT 컨트롤러

무단변속기를 제어하는 CVT 컨트롤러는 각종 센서 및 스위치로부터 차량상태를 감지하여 무단변속을 위한 액추에이터 및 DC모터를 작동시킨다. 또 자기진단 기능과 고장시 페일세이프 기능을 가지고 있어 정비성과 안전성을 향상시켰다.

4.4.2. 유압제어 계통

유압 제어장치는 유압을 발생시키는 오일펌프, CVT ECU의 전기신호를 받아 유압을 조절하는 솔레노이드밸브, 솔레노이드밸브에서의 제어압력을 기초로 작동하는 컨트롤밸브 및 라인압력을 일정한 압력으로 조정하는 레귤레이터밸브 그리고 이들을 구성하는 밸브보디 등으로 구성되어 있다.

CVT ECU는 각종 센서 정보에서 신호를 받아 4개의 솔레노이드밸브를 구동하고 주행조건에 대한 제어를 실행한다. 유압제어에는 라인압력 제어, 변속비율 제어, 출발제어, 클러치 압력제어 등이 있다.

5. 드라이브라인 · 종감속 기어와 차동 기어장치 및 바퀴

5.1. 드라이브라인(drive line)

드라이브라인은 FR차량에서 변속기의 출력을 종감속 기어로 전달하는 부분이며, 추진축과 미끄러짐 이음(슬립이음), 자재이음 등으로 되어 있다. 추진축은 변속기와 구동축사이에 설치되어 변속기의 출력을 구동축으로 전달하는 일을 한다. 또 스프링을 사이에 두고 프레임에 설치된 구동축은 노면으로부터의 충격이나 화물의 크기에 따른 스프링의 변형으로 상하운동을 한다. 이에 따라 드라이브라인은 일정한 길이와 각도로 설치할 수 있다. 따라서 각도변화에 대해서는 자재이음을, 길이의 변화에 대해서는 슬립이음을 사용한다.

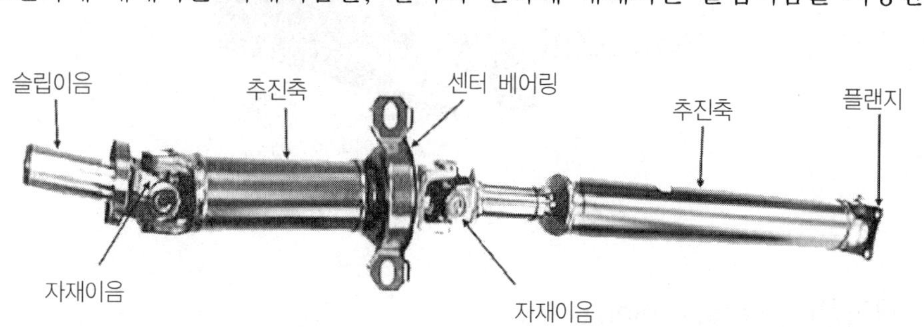

그림 92. 드라이브라인의 구성

5.1.1. 추진축(propeller shaft)

추진축은 끊임없이 변화하는 엔진의 동력을 받으면서 고속회전하고 강한 비틀림을 받으므로 비틀림 진동을 일으키거나 축이 구부러지거나 기하학적인 중심과 질량 중심이 일치하지 않으면 휠링(whirling)이라는 굽음 진동을 일으킨다. 이에 견딜 수 있도록 속이 빈 강관(steel pipe)을 사용한다. 회전평형을 유지하기 위해 평형추(밸런스 웨이트)가 부착되어 있으며 또 그 양쪽에는 자재이음의 요크가 있다.

축간거리(軸間距離)가 긴 자동차에서는 추진축을 2~3개로 분할하고, 각 축의 뒷부분을 센터 베어링으로 프레임에 지지하고, 또 대형 자동차의 추진축에는 비틀림 진동을 방지하기 위한 토션 댐퍼(torsional damper)를 두고 있다.

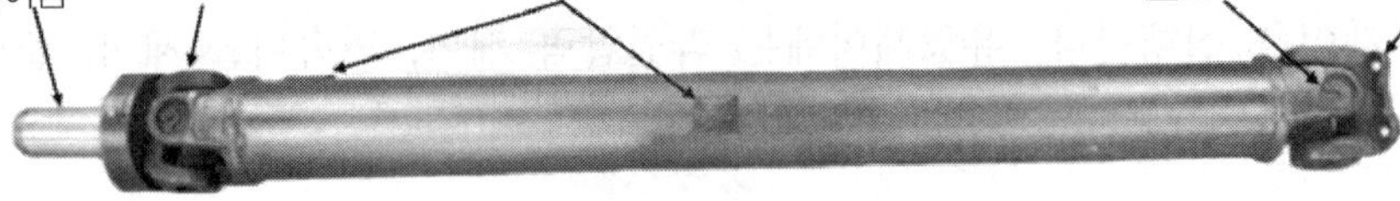

그림 93. 추진축

5.1.2. 슬립이음(slip joint)

슬립이음은 변속기 주축 뒤끝에 스플라인을 통하여 설치되며, 차축의 상하운동에 따라 변속기와 종감속 기어사이에서 길이 변화를 수반하게 되는데 이때 추진축의 길이 변화를 가능하도록 하기 위해 두고 있다.

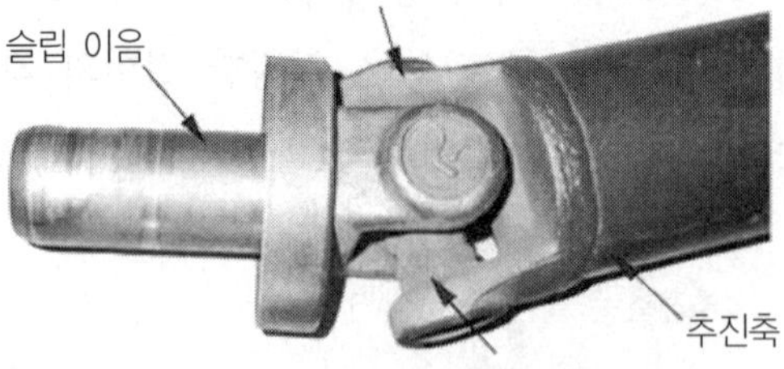

그림 94. 슬립이음, 자재이음

5.1.3. 자재이음(universal joint)

자재이음은 각도를 지닌 2개의 축 사이에 동력을 전달할 때 사용한다.

[1] 십자형 자재이음(훅 조인트)

이 형식은 중심부의 십자축과 2개의 요크(yoke)로 구성되어 있으며 십자축과 요크는 니들 롤러 베어링을 사이에 두고 연결되어 있다. 그리고 이 형식은 변속기 주축이 1회전하면 추진축도 1회전하지만 그 요크의 각속도는 변속기 주축이 등속도(等速度)회전하여도 추진축은 90°마다 변동하여 진동을 일으킨다. 이 진동을 감소시키려면 각도를 12~18° 이하로 하여야 하며 추진축의 앞·뒤에 자재이음을 두어 회전속도 변화를 상쇄시켜야 한다.

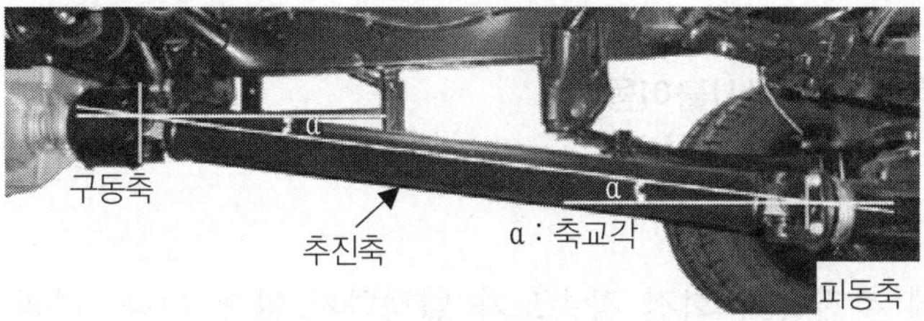

(a) 조립상태

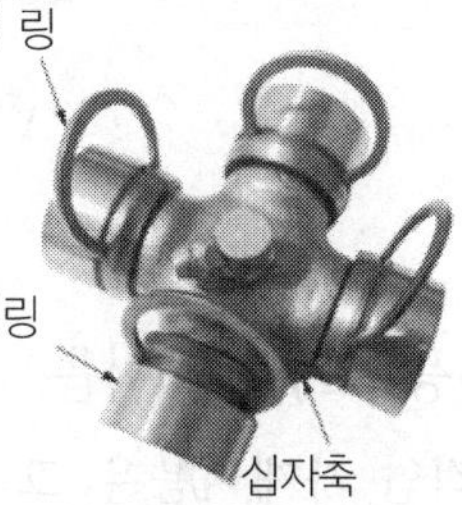

(b) 십자형 자재이음

그림 95. 십자형 자재이음

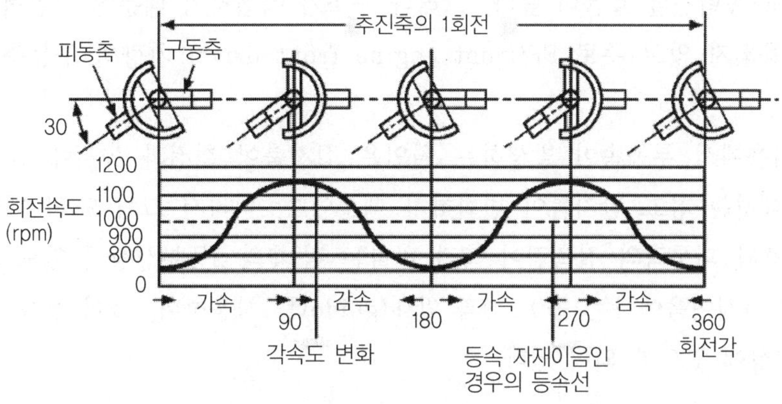

그림 96. 추진축의 각속도의 변화

[2] 플렉시블이음(flexible joint)

플렉시블이음은 3갈래의 요크사이에 경질고무로 제작한 커플링(coupling)을 끼우고 볼트로 조인 것이다. 이 자재이음은 마찰부분이 없어 주유하지 않아도 되며 회전도 정숙하다. 그러나 양 축의 경사각이 3~5° 이상 되면 진동을 일으켜 동력 전달효율이 저하한다.

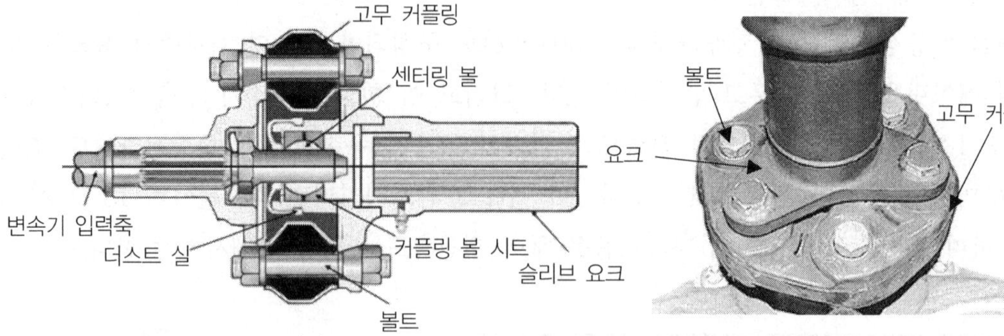

(a) (b)

그림 97. 플렉시블이음

[3] CV(등속도) 자재이음

일반적인 자재이음은 그 각도 때문에 추진축의 회전 각속도가 일정하지 않게 된다. 따라서 진동을 수반한다. 이것을 방지하기 위해 만들어 진 것이 CV 자재이음이며, 트랙터 자재이음, 벤딕스 와이스 자재이음, 제파 자재이음, 등이 있으며, 드라이브라인의 각도가 크게 변화할 때에도 동력전달 효율이 높다. 그러나 구조가 복잡하기 때문에 일반적인 드라이브 라인에는 사용되지 않고 주로 FF(front engine front drive) 차량의 구동축에 사용된다.

십자형 자재이음에서 부등속이 발생하는 원인은 십자축이 회전과 동시에 요동 운동을 하고 피동축에 대하는 유효 반지름이 변화하기 때문이다. 따라서 그림 98의 베벨 기어에서와 같이 구동축과 피동축의 접촉점이 축과 만나는 각 Φ의 2등분선상에 있도록 하면 등속도가 된다. CV자재이음에서는 볼(ball)과 안내(guide)를 사용하며, 볼이 항상 축의 만나는 각의 2등분선상에 있도록 되어 있다.

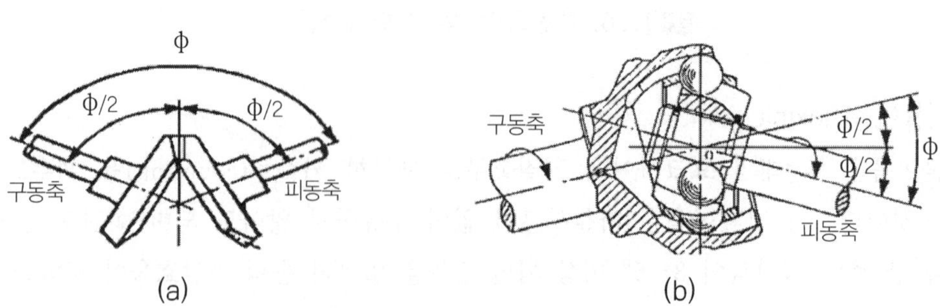

(a) (b)

그림 98. 등속도 자재이음의 원리

(1) 트랙터형(tractor type)

양쪽 요크사이에 2개의 미끄럼 운동부분이 있으며, 십자형 자재이음을 2개 합친 것과 같다.

(2) 벤딕스 와이스형(bendix weiss type)

동력 전달용으로 4개의 볼(ball)을 사용하며, 그 중심에 볼(ball)을 1개두고 중심을 잡도록 하고 있으며, 동력 전달용 볼이 안내 홈을 따라 움직여 그 중심은 축이 형성하는 각도의 2등분 선상에 있게 되어 있다. 이 형식은 볼의 수가 적어 용량이 작기 때문에 중심 지지용 베어링이 2개가 필요하다.

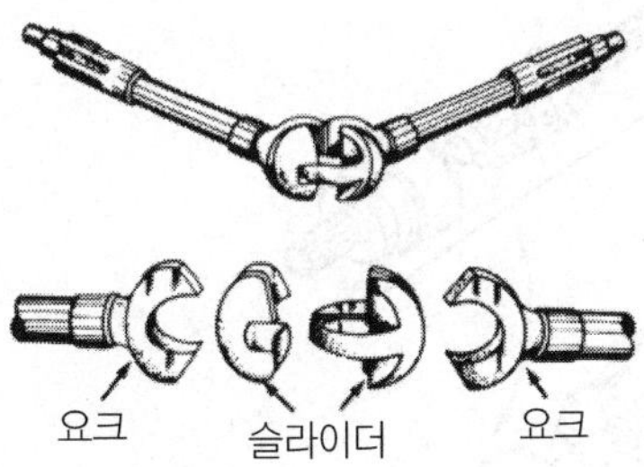

그림 99. 트랙터형

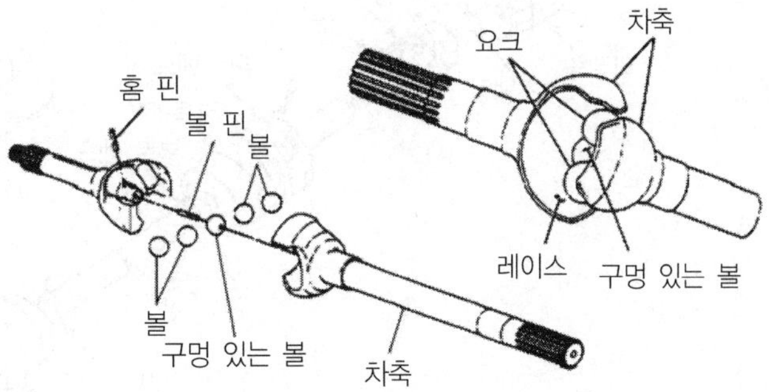

그림 100. 벤딕스 와이스형

(3) 제파형(rezeppa type)

안내 홈과 볼을 이용하는 점은 벤딕스 와이스형과 비슷하나 축이 만나는 각도에 따라 볼 리테이너(ball retainer)가 움직여 볼의 위치를 바른 곳에 유지시키게 되어 있다.

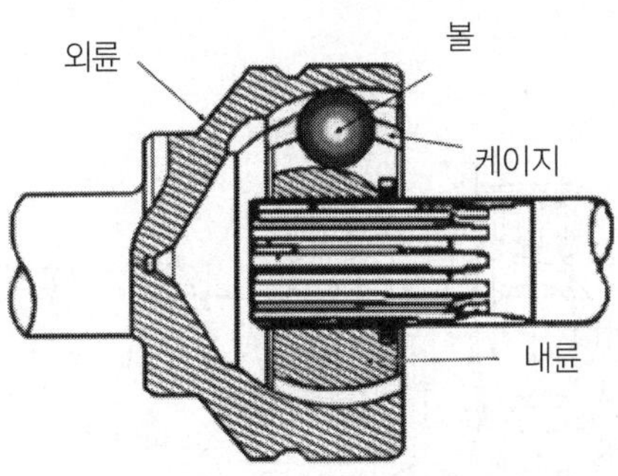

그림 101. 제파형

(4) 파르빌레형(parville type)

제파형을 개량한 것으로 아우터 레이스의 안쪽 면과 인너 레이스의 바깥쪽 면이 같은 중심을 갖는 둥근 모양이며, 리테이너를 사이에 두고 조립되어 있다. 이에 따라 각도를 이룰 때에는 아우터 레이스와 인너 레이스가 리테이너(retainer)를 사이에 두고 미끄럼운동을 하여 소정의 각도를 이루도록 한다. 또 볼 홈은 각도를 이룰 때 홈의 모양과 리테이너에 의해 볼을 소정의 위치에 유지시킨다. 구조가 간단하고 용량이 커 FF구동방식 차량에서 사용한다. 또 변속기 쪽에 있는 것을 더블 오프셋 이음(double off-set joint), 바퀴쪽에 있는 것을 버필드 이음(birfield joint)이라 부른다.

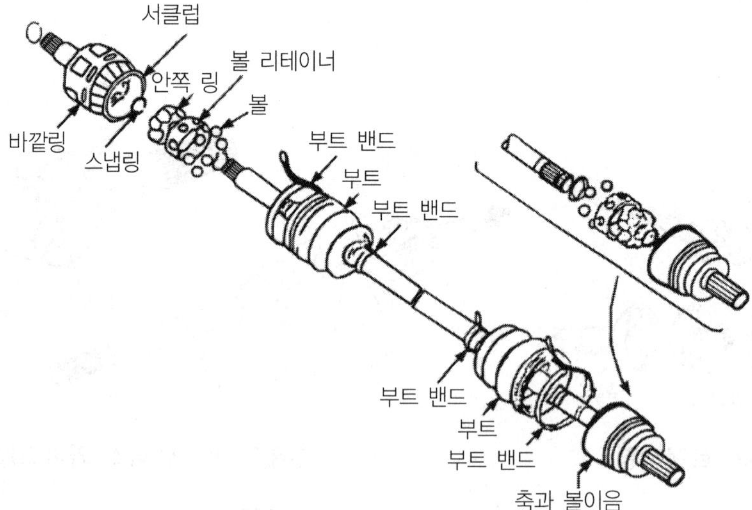

그림 102. 더블 오프셋 이음

(5) 2중 십자이음

십자형 자재이음 2개를 마주 대고 중심 요크로 결합한 것이며, 중심 지지용 볼을 설치한다.

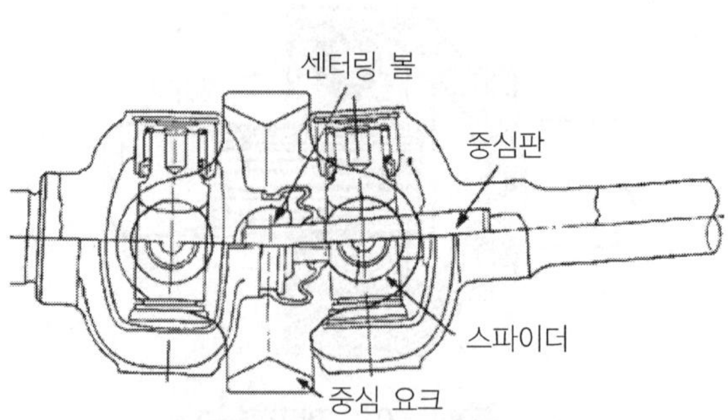

그림 103. 2중 십자이음

5.1.4. 토션 댐퍼(torsional damper)

추진축에서 진동이 발생하면 주행 중 소음이 발생하며 진동이 심한 경우에는 자재이음이 파손되므로 추진축의 진동을 방지하기 위해 비틀림 댐퍼가 추진축 끝부분에 설치되어 있으며, 댐퍼 휠, 댐퍼 고무 등으로 구성되어 있다.

5.1.5. 구동축(drive shaft)

① FF자동차에서 차동기어(differential gear)로부터 구동바퀴로 동력을 전달하는 축이며, 동력을 보다 원활하게 전달하기 위해 좌우축의 길이가 같은 형과 트랜스 액슬의 위치에 따라 보조축을 사용하는 형이 있다(대부분 양축 길이가 상이하다).

② 등속이음은 바퀴의 상하운동에 의한 구동축의 각도와 길이의 변화를 흡수하기 위해 바퀴측(내측)에는 버필드형 이음을 차동 기어측(외측)에는 트리포드형 또는 더블 오프셋형 이음을 사용하고 있다.

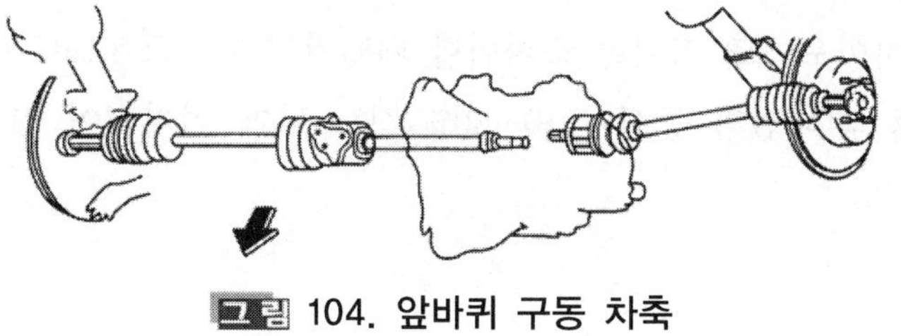

그림 104. 앞바퀴 구동 차축

5.2. 종감속 기어와 차동 기어장치

5.2.1. 종감속 기어(final reduction gear)

종감속 기어는 추진축의 회전력을 직각 또는 직각에 가까운 각도로 바꾸어 전달하고 동시에 감속하는 작용을 한다. 종감속 기어의 구조는 구동 피니언(drive pinion)과 링 기어(ring gear)로 되어 있으며, 링 기어는 차동기어와 함께 차동기어 케이스에 조립되어 있고, 케이스는 2개의 테이퍼 롤러 베어링에 의해 차동기어 캐리어(differential carrier)에 지지되어 있다.

차동기어 캐리어는 차축 하우징의 형식에 따라 다르며, 가단주철을 사용한다. 어떤 형식에서는 주행 중 과대한 하중이 걸렸을 때 링 기어가 바깥쪽으로 움직여 흔들리지 않도록 스러스트 플러그(thrust plug)를 둔 것도 있다.

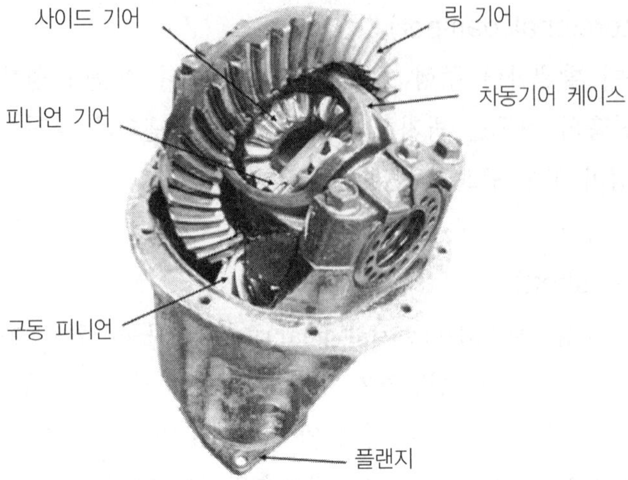

그림 105. 종감속 기어의 구조

종감속의 종류에는 웜과 웜 기어, 스퍼베벨 기어, 스파이럴 베벨기어, 하이포이드 기어(hypoid gear)가 있다. 현재는 주로 하이포이드 기어를 사용하므로 이 기어에 대해서만 설명하도록 한다. 하이포이드 기어는 스파이럴 베벨기어의 오프셋(off set)기어이며, 링 기어의 중심보다 구동 피니언의 중심이 10~20% 정도 낮게 설치되어 있으며, 장점 및 단점은 다음과 같다.

(a) 웜과 웜기어 (b) 스퍼 베벨기어 (c) 스파이럴 베벨기어 (d) 하이포이드 기어

그림 106. 종감속 기어의 종류

[1] 하이포이드 기어의 장점

① 구동 피니언의 오프셋에 의해 추진축 높이를 낮게 할 수 있다. 따라서 바닥이 낮게 되어 거주성이 향상된다. 또 자동차의 전체 높이가 낮게 되므로 중심이 낮아져 안전성이 증대된다.

② 동일 감속비, 동일 치수의 링 기어인 경우에 스파이럴 베벨 기어에 비해 구동 피니언을 크게 할 수 있어 강도가 증대된다.

③ 기어 물림률이 크기 때문에 회전이 정숙하다.

[2] 하이포이드 기어의 단점

① 기어 이의 폭 방향으로 미끄럼 접촉을 하고 압력이 크기 때문에 특별한 윤활유를 사용하여야 한다.

② 제작하기가 비교적 어렵다.

[3] 종감속비

종감속비는 링 기어의 잇수와 구동 피니언의 이의 수의 비율로 표시된다.

$$종감속비 = \frac{링기어의\ 잇수}{구동피니언의\ 잇수}$$

종감속비는 엔진의 출력, 차량중량, 가속성능, 등판능력 등에 의해 정해지며, 일반적으로 승용차는 4~6, 버스나 트럭 등은 5~8로 되어 있다. 또 종감속비는 나누어서 떨어지지 않는 값으로 하는데 그 이유는 특정의 이가 항상 물리는 것을 방지하여 이의 편 마멸을 방지하기 위함이다. 종감속비를 크게 하면 가속성능과 등판능력은 향상되나 고속성능이 저하한다.

5.2.2. 차동 기어장치(differential gear system)

자동차의 양쪽 바퀴가 미끄러지지 않고 커브 길을 원활하게 돌려면 바깥쪽 바퀴가 안쪽 바퀴보다 더 많이 회전하여야 하며, 또 울퉁불퉁한 도로를 주행할 때에도 양쪽 바퀴의 회전수가 달라져야 한다. 이러한 작용을 가능하게 하는 것이 차동 기어장치이며, 차동 사이드 기어, 차동 피니언, 차동 피니언축 및 케이스 등으로 되어 있다.

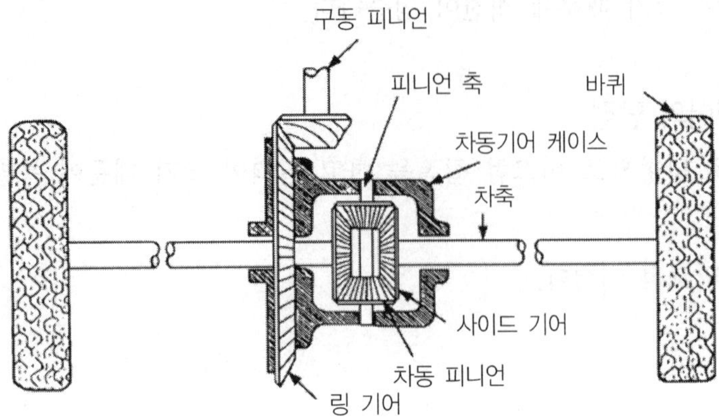

그림 107. 차동 기어장치의 구성도

[1] 차동 기어장치의 원리

그림 108과 같이 상하로 미끄럼운동을 하는 래크 A, B사이에 피니언을 설치한 장치에서 피니언을 위쪽으로 잡아 당겼을 때를 생각해 보기로 하자.

그림 108(a)에서와 같이 양쪽 래크 위에 똑같은 무게를 올려놓았을 때에는 피니언에 걸리는 저항이 일정하기 때문에 피니언이 자전을 하지 못하고 래크 A, B와 함께 들어 올려진다. 그러나 그림 108(b)과 같이 B의 무게를 가볍게 하고 피니언을 들어 올리면 양쪽의 저항이 다르기 때문에 피니언은 가벼운 쪽의 래크 B를 들어 올리는 방향으로 자전하여 양쪽 래크가 올라간 거리의 합이 피니언을 들어 올린 거리의 2배가 된다.

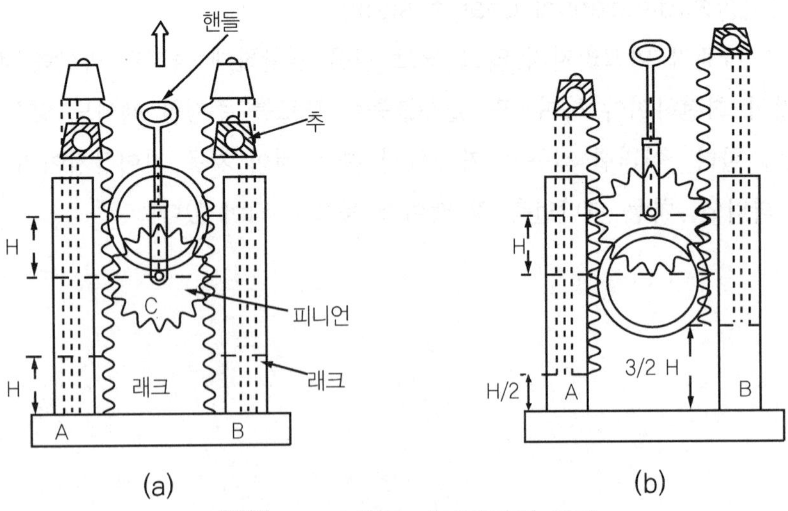

그림 108. 차동 기어장치의 원리

이 래크와 피니언 원리를 이용한 것이 차동 기어장치이며 양쪽의 래크를 베벨기어로 바꾸고 이것에 좌우 양쪽의 차축을 연결한 후 피니언을 종감속 기어로 돌리게 한 것이다.

[2] 차동 기어장치의 작용

차동 피니언이 종감속 기어의 링 기어에 의해 공전하면 좌우의 사이드 기어가 회전한다. 자동차가 평탄한 도로를 직진할 때에는 좌우 구동바퀴의 회전저항이 똑같기 때문에 좌우 사이드 기어는 똑같은 회전속도로 차동 피니언의 공전에 따라 움직여 전체가 1개의 덩어리가 되어 회전한다.

그러나 한쪽의 사이드 기어가 고정된 경우(그림 109(a), 오른쪽 구동바퀴가 도랑에 빠진 경우)에는 차동 피니언이 공전하려면 고정되어 있는 오른쪽 사이드 기어 위를 굴러가지 않으면 안 되기 때문에 자전을 시작하여 오른쪽 사이드 기어를 구동한다. 그리고 그림 109(b)은 양쪽 구동바퀴를 잭(jack)으로 들고 한쪽 바퀴를 손으로 돌렸을 때이며, 차동 피니언이 공전하지 않기 때문에 다른 쪽 바퀴가 반대방향으로 회전한다. 차동작용은 좌우 구동바퀴의 회전저항의 차이에 의해 일어나는 것이고, 바퀴는 통과하는 노면의 길이에 따라 회전하기 때문에 커브를 돌 때 안쪽바퀴는 바깥쪽 바퀴보다도 저항이 커져 회전속도가 감소되며, 그 분량만큼 반대쪽 바퀴를 가속한다.

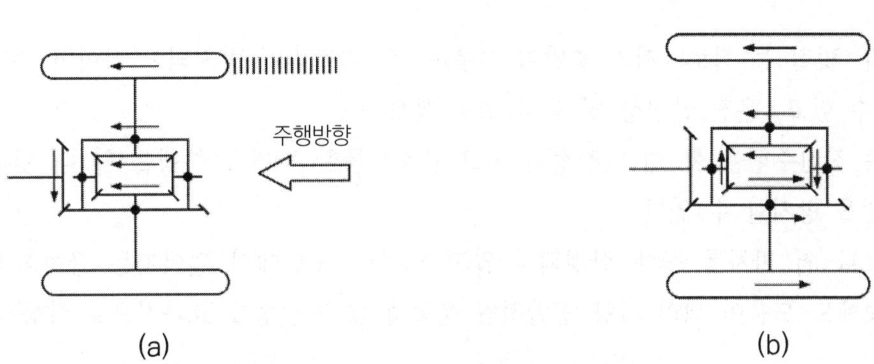

그림 109. 차동 기어장치의 작용

5.2.3. 자동제한 차동 기어장치(LSD : limited slip differential)

일반적인 차동 기어장치는 도로 면이 양호한 곳을 주행할 때에는 좌우 구동바퀴에 같은 크기의 동력이 분배되지만, 커브 길을 선회하거나 미끄럼이 생기기 쉬운 도로에서는 노면의 저항이 작은 쪽 바퀴가 공전하여 구동력이 감소되고, 반대쪽 구동바퀴는 저항이 증가되어 회전하지 못한다.

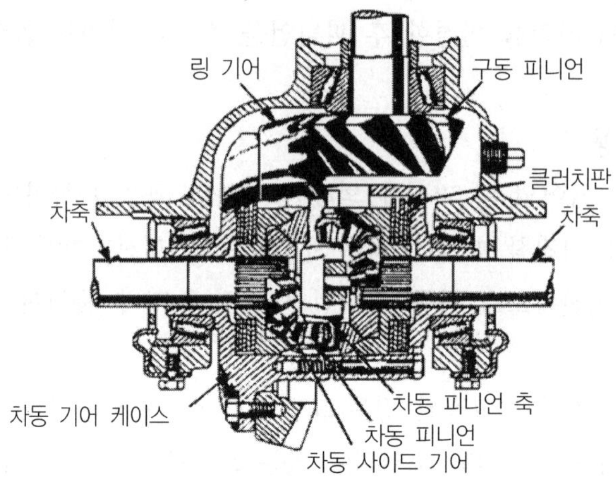

그림 110. 자동 제한 차동 기어장치의 단면도

이것을 방지하기 위해 미끄럼으로 공전하고 있는 바퀴의 구동력을 감소시키고 반대쪽 저항이 큰 구동바퀴에 공전하고 있는 바퀴의 감소된 분량만큼의 동력을 더 전달시켜 미끄럼에 따른 공회전 없이 주행할 수 있도록 하는 장치이다.

[1] 장점

① 눈길, 빗길 등 험로에서의 출발이 쉬우며, 또 미끄럼이 방지되어 타이어 수명을 연장할 수 있고, 운전 안전성 및 동격 성능 향상

② 고속 직진주행을 할 때 안전성이 좋고 울퉁불퉁한 노면을 주행을 할 때 뒷부분의 흔들림을 방지할 수 있다.

③ 험로나 저 마차롤 등에 한정되지 않고 내륜이 노면에서 떨어지는 급선회의 구동력 확보에도 도움이 되어 차량 전반적인 운동성 및 안전성을 효과적으로 향상시킨다.

[2] 다판 클러치사용 자동제한 차동 기어장치의 작동

이 장치는 자동차가 직진할 때에는 양 피니언축이 각각 클러치를 작용시키는 위치에 있어 차동 기어장치의 작용을 하지 않고 전체가 1개의 덩어리로 되어 구동한다. 그러나 한쪽 바퀴의 저항이 감소하여 반대쪽 바퀴보다 회전속도가 증가하면 저항이 작아진 뒷차축의 회전이 빠르게 되고 차동기어 케이스가 다음을 따르고 저항이 큰 뒷차축의 회전은 가장 느리게 된다.

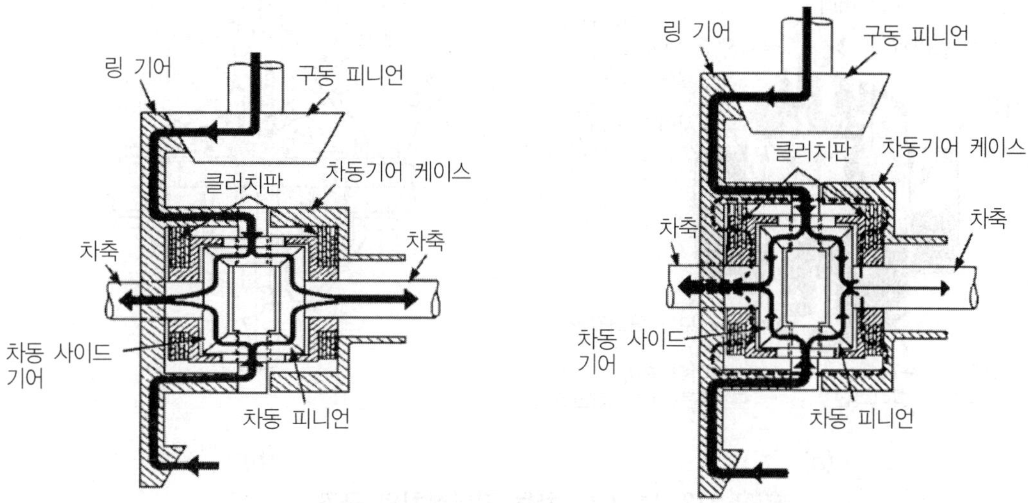

(a) 직진시 (b) 선회시

그림 111. 자동제한 차동기어장치의 작동

이런 경우 일반적인 차동 기어장치에서는 링 기어의 회전력이 양쪽의 뒷차축에 동일하게 분배되지만 이 장치에서는 양쪽의 클러치가 피니언 축에 의하여 발생하는 압착력 하에서 미끄러지면서 회전하게 되어 회전속도가 빠른 쪽의 뒷차축이 클러치를 거쳐 차동기어 케이스를 구동하기 때문에 그 회전력을 저항이 큰 뒷차축에 더하게 된다. 따라서 한쪽 바퀴가 진흙탕 길에 빠져 타이어와 노면의 점착력이 감소되면 공전하는 바퀴 저항과 비슷한 회전력이 반대쪽 바퀴에 더해지므로 쉽게 빠져 나올 수 있다.

[3] 넌 스핀(non-spin) 차동 기어장치의 작동

이 장치는 차동기어 케이스가 구동되면 직진상태에서는 차동기어 케이스 → 스파이더 → 클러치 → 사이드 기어 → 뒷차축 순서로 동력이 전달된다. 그러나 자동차가 선회를 시작하면 바깥쪽 바퀴가 안쪽 바퀴보다 더 빨리 회전하기 때문에 뒷차축과 직결된 클러치가 기어 이의 백래시(back lash) 범위에서 회전방향으로 나아가게 된다.

이때 중심 캠도 회전하려고 하나 키(key)에 의해 움직임이 제한되어 있고, 또 상태 편의 클러치와도 물려있어 움직일 수 없다. 이에 따라 바깥쪽 클러치가 중심 캠의 이에 의해 밀어 올려져 스파이더와 클러치의 물림이 풀린다. 스파이더와 클러치의 물림이 풀리면 바깥쪽 클러치가 양쪽 바퀴의 회전속도 차이로 회전방향으로 나가 클러치의 이가 분리되며, 클러치 이가 분리되면 스프링의 장력으로 다음의 이와 물리게 된다.

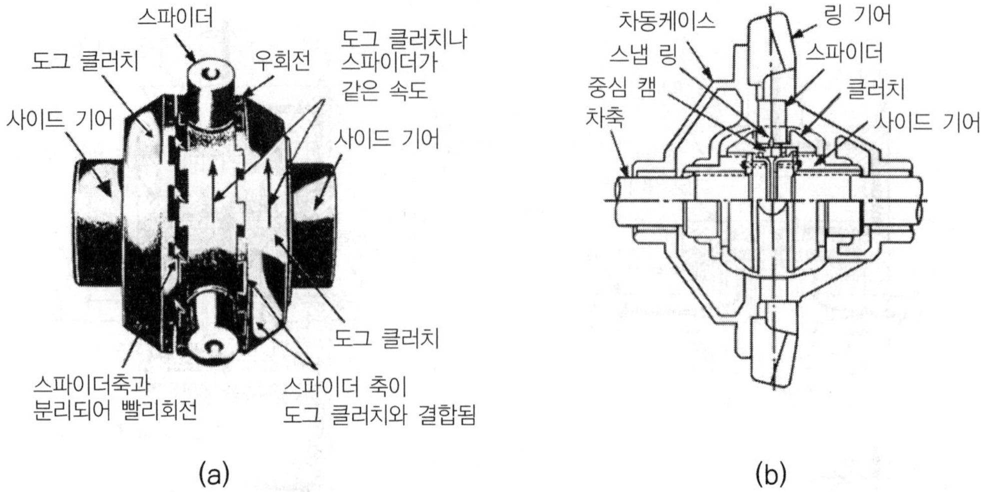

그림 112. 넌 스핀 차동 기어장치의 구조

이와 같은 작용을 반복하여 차동 작용을 하며 선회할 때에는 바깥쪽 바퀴가 프리 휠링(free wheeling)되어 안쪽 바퀴만 구동된다. 따라서 한쪽 바퀴가 진흙탕에 빠졌을 경우에는 양쪽의 뒷차축이 직결된 것과 같이 되어 점착력이 작아진 쪽의 바퀴에 관계없이 주행할 수 있다.

5.3. 차축(axle shaft)

차축은 바퀴를 통하여 차량의 중량을 지지하는 축이며, 구동축과 유동축이 있다. 구동축은 종감속 기어에서 전달된 동력을 바퀴로 전달하고 노면에서 받는 힘을 지지하는 작용을 하지만 유동축은 차량의 중량만 지지하므로 구조가 간단하다. 여기에서는 구동축에 대해서만 설명하기로 한다.

5.3.1. FF 구동방식 및 4WD방식의 앞차축

CV자재이음을 설치 한 구동축과 조향너클, 차축 허브, 허브베어링 등으로 구성되어 있다. 동력전달은 FF구동방식은 트랜스액슬에서 직접 앞차축으로 보내지며, 4WD에서는 트랜스퍼 케이스 → 앞 추진축 → 앞 종감속 기어를 통하여 양끝에 CV자재이음이 설치된 앞차축과 차축 허브를 거쳐 앞바퀴로 보내진다. 그리고 차량의 하중은 바퀴에서 차축허브를 거쳐 허브 베어링에 전달된 반발력 및 조향너클과 현가 스프링을 통하여 차체에 전달되면서 지지된다.

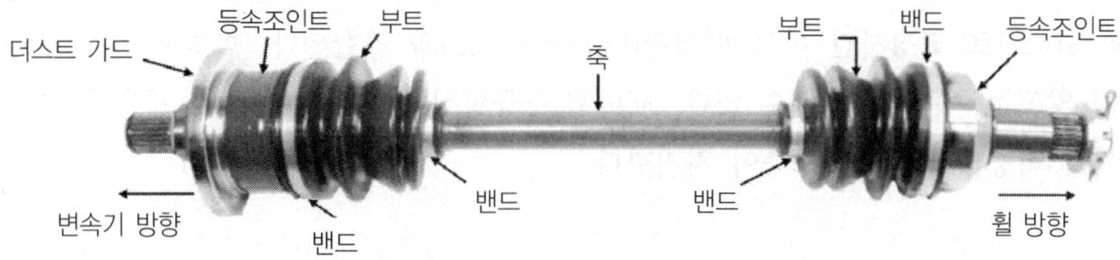

그림 113. FF 구동방식의 앞차축

5.3.2. FR 구동방식의 뒷차축

FR 구동방식의 뒷차축은 종감속 기어와 차동 기어장치를 거쳐 전달된 동력을 뒷바퀴로 전달하며, 그 안쪽 끝은 스플라인을 통하여 차동 기어장치의 사이드 기어에 끼워지고, 바깥쪽 끝에는 구동바퀴와 연결된다. 뒷차축의 지지방식에는 전부동식, 반부동식, 3/4부동식 등 3가지가 있다.

[1] 전부동식

전부동식은 차축 하우징의 끝 부분에 휠(wheel)전체가 베어링을 사이에 두고 설치되고, 차축은 허브에 볼트로 설치되어 있다. 또 수직 및 수평 하중을 비롯하여 충격, 휠에 가해지는 옆방향의 작용력 등 모두를 하우징이 받고 차축은 동력 전달의 작용만 한다. 따라서 바퀴를 빼지 않고도 뒷차축을 빼낼 수 있다. 하중이 크고 전달 회전력이 큰 대형 트럭이나 버스 등에서 사용한다.

[2] 반부동식

반부동식은 구동바퀴가 직접 뒷차축 바깥에 설치되며, 뒷차축은 베어링을 사이에 두고 차축 하우징에 설치되어 있다. 이 방식에서 차축은 구동 회전력에 의한 비틀림을 비롯하여 수직하중, 수평하중, 충격 등 거의 모든 힘을 받는다.

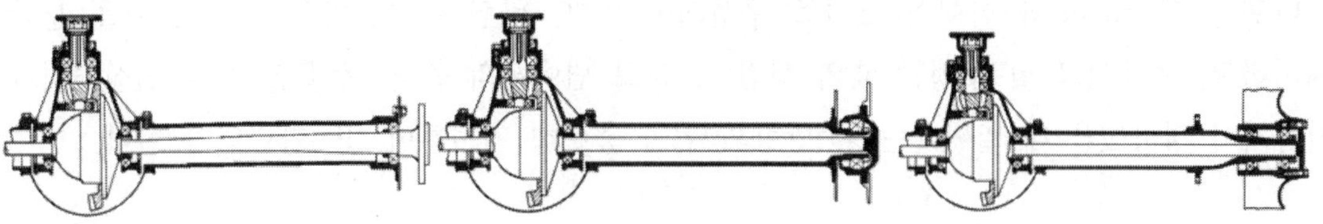

(a) 반 부동식　(b) 3/4 부동식　(c) 전 부동식

그림 114. FR구동방식의 뒷차축 지지방식

구조는 차축의 안쪽은 차동 기어장치의 사이드 기어와 스플라인으로 결합되고 바깥쪽은 리테이너(retainer)로 고정시킨 허브 베어링(hub bearing)과 결합된다. 따라서 내부 고정 장치를 풀지 않고는 차축을 빼낼 수 없다. 뒷바퀴 구동방식 승용차에서 주로 사용된다. 반부동식은 차량 하중의 1/2을 뒤차축이 지지한다.

[3] 3/4부동식

3/4부동식은 반부동식과 전부동식의 중간이 되는 구조이며, 뒷차축 바깥 끝에 바퀴 허브를 설치하고, 차축 하우징에 1개의 베어링을 두고 허브를 지지한다. 이 방식에서는 수직과 수평하중의 대부분을 차축 하우징이 받으며, 차축은 거의 힘을 받지 않는다. 그러나 차체가 경사졌을 때에는 충격 등에 의한 하중의 일부가 차축에 가해진다. 또 차축을 그냥 떼어낼 수도 없다. 3/4 부동식은 뒤차축이 차량 하중의 1/3을 지지한다.

5.3.3. 차축 하우징(axle housing)

차축 하우징은 종감속 기어, 차동 기어장치 및 뒷차축을 포함하는 튜브 모양의 고정 축이며, 중앙부분에는 종감속 기어와 차동 기어장치의 지지를 위해 둥글게 되어 있고, 양끝에는 플랜지 판이나 현가 스프링 지지부분이 마련되어 있다. 차축 하우징의 종류에는 벤조형, 스플릿형, 빌드업형 등 3가지가 있다.

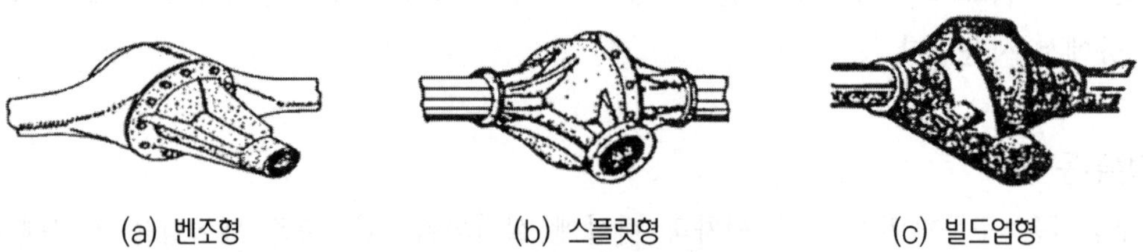

(a) 벤조형 (b) 스플릿형 (c) 빌드업형

그림 115. 차축 하우징의 종류

5.4. 바퀴

바퀴는 휠(wheel)과 타이어(tire)로 구성되어 있다. 바퀴는 자동차의 전체 중량을 분담 지지하고, 브레이크 및 주행할 때의 회전력, 도로 면에서의 충격, 선회할 때의 원심력이나 자동차가 경사졌을 때 일어나는 옆 방향의 힘을 충분히 지지하며, 또 가벼워야 한다.

그림 116. 휠(wheel)과 타이어(tire)

5.4.1. 휠의 종류와 구조

휠은 타이어를 지지하는 부분(림, rim)과 휠을 허브에 지지하는 부분(디스크, disc)으로 되어 있으며, 타이어는 림 베이스(rim base)에 끼워진다.

[1] 디스크 휠(disc wheel)

연강판을 프레스로 성형한 디스크를 리벳이나 용접으로 접합한 것이다. 강도가 좋고 구조가 간단하며, 대량 생산성이 좋으며, 비교적 값이 싸서 널리 이용된다. 중량이 무거워 가볍게 할 목적으로 구멍이 많이 뚫려있다.

[2] 스포크타입 휠(spoke type wheel)

링과 허브를 강철선의 스포크로 연결한 것으로 자전거의 휠과 같은 구조로 되어 있다. 경량이며, 탄성이 좋고 냉각성능도 우수하다. 그러나 구조가 복잡하고 변형되었을 시 정비의 어려움이 있다.

[3] 디쉬타입 휠(dish type wheel)

디스크를 완전히 막아 놓은 휠을 말한다. 접시처럼 생겨서 디쉬(dish) 휠이라 부른다. 휠 스포크에서 발생할 수 있는 공기의 와류현상을 차단하기 때문에 공기저항에 유리하나 브레이크 냉각에 도움이 되지 않고 무게도 무거워 현재는 잘 사용하지 않는다.

[4] 메쉬 타입 휠(mesh type wheel)

스포크 휠에서 좀 더 복잡하고 정교하게 변형된 디자인으로 5~6개의 스포크 휠 보다 스포크의 숫자가 훨씬 많아서 휠 자체의 내구성이 뛰어나다.

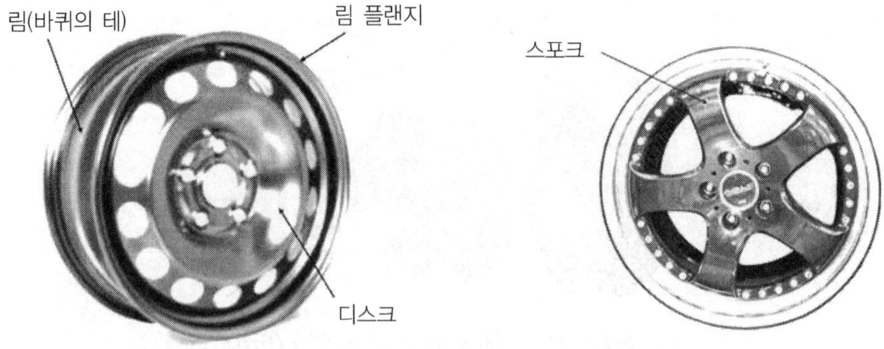

(a) 디스크 휠　　(b) 스포크 휠

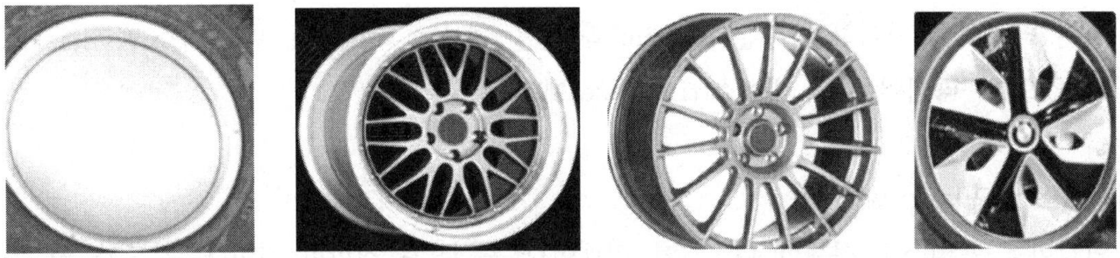

(c) 디쉬타입 휠　　(d) 메쉬타입 휠　　(e) 핀타입 휠　　(f) 에어로타입 휠

그림 117. 휠의 종류

[5] 핀타입 휠(pin type wheel)

핀타입은 스포크타입보다 가느다란 스포크를 가지고 있으며 개수가 약간 더 추가된 형태로 휠 자체의 소재나 제작 기법이 완벽하지 않으면 내구성이 문제가 있을 수 있다.

[6] 에어로타입 휠(aero type wheel)

바람개비의 형상을 닮은 디자인을 하고 있는 타입으로 에너지 효율성을 높이기 위한 방법으로 휠에서 발생하는 저항을 줄이기 위해 에어로 타입의 휠을 많이 사용하고 있다.

5.4.2. 림의 분류

[1] 2분할 림(two splat rim)

지름이 250mm 이하의 것은 림과 디스크를 같은 강철판으로 제작하는 것이 편리하고 경제적이므로 좌우 같은 형상의 것을 프레스로 제작하여 3~4개의 볼트로 결합한 것이다.

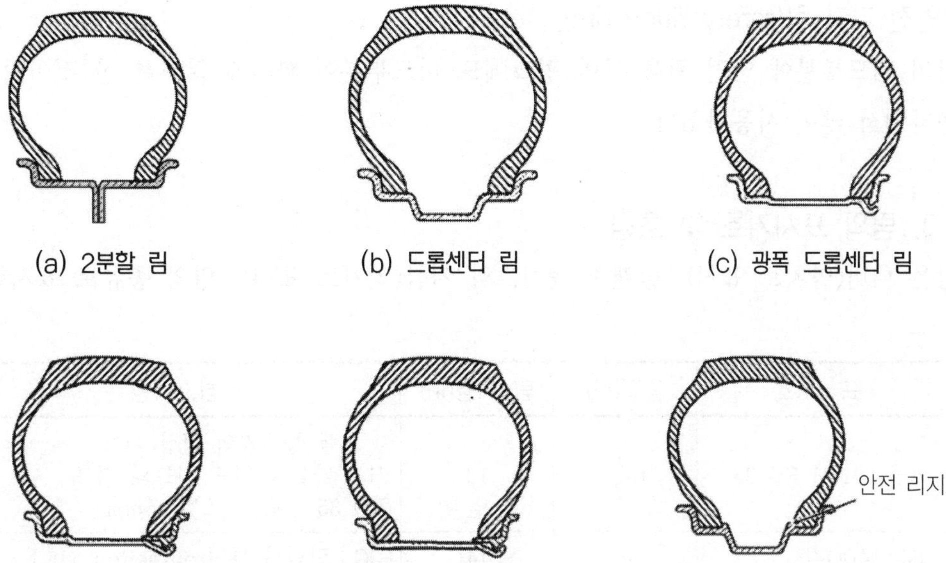

그림 118. 림의 종류

[2] 드롭센터 림(drop center rim)

림 중앙부분을 깊게 하여 타이어의 밀착을 쉽게 하기 위한 것이다. 즉 타이어를 탈착할 때 타이어 비드부분을 중앙에 넣고 반대쪽에 생기는 여유를 이용한다.

[3] 광폭 드롭센터 림(wide base drop center rim)

드롭 센터 림과 거의 비슷하며, 다만 타이어 공기체적을 증가시킬 수 있도록 림의 폭이 넓게 되어 있다. 이 형식은 초저압 타이어용으로 사용되며, 드롭 센터 림 형식에 비해 플랜지 높이가 낮고 비트 시트부분이 넓게 되어 있다.

[4] 세미 드롭센터 림(semi drop center rim)

림 중앙부분이 조금 드롭된 것이며, 림지름 400mm 이하의 소형 트럭용으로 사용된다.

[5] 인터 림(inter rim)

비드 시트(bead seat)를 넓게 하고 사이드 링(side ring)의 모양을 바꾸어 림에 타이어가 확실히 붙도록 되어 있다. 림의 폭이 넓기 때문에 타이어 체적이 크게 되어 버스나 트럭용으로 사용된다.

[6] 안전 리지 림(safety ridge rim)

림의 비드부분에 안전 턱을 두어 펑크에도 비드부분이 빠지지 않도록 한 것이며, 예전의 승용차에서 많이 사용하였다.

5.4.3. 림의 표시기호 및 호칭

림은 너비(인치로 표시), 플랜지 형상, 림 지름(인치로 표시), 림의 종류로 표시한다.

표시기호	림폭(in)	림 직경(in)	참고사항
$6\frac{1}{2}$J×13H RO 35	$6\frac{1}{2}$	13	J : 램 플랜지의 형상 기호 H : 바깥쪽 비드 시트의 험프 RO 35 : 림 오프셋 35mm
6J×14DC	6	14	DC : 림의 종류(drop center rim)
7J×16 H2	7	16	H2 : 림 어깨 당 각 1개씩 2개의 험프
9.00×22.5	9.00	22.5	.5는 15° 깊은 홈 림을 의미함.(15° DC)
9.00-20	9.00	20	SDC : Semi-Drop Center(얕은 홈 림)
W9×28	9	28	W : Wide width Rim(광폭 림)
3.75-13	3.75	13	P : 플랜지 형상 기호
6.50H-16SDC	6.50	16	H : 플랜지 형상 기호 SDC : Semi-Drop Center

× : 일체식 깊은 홈 림, 15° 깊은 홈 림 또는 광폭의 깊은 홈 림
- : 얕은 홈 림, 광폭의 얕은 홈 림
이 외에도 림의 형상 호칭기호에는 FH : 바깥쪽에 Flat Hump, FH2 : 양쪽에 Flat Hump, CH : Combination Hump, EH : 확장된 험프(Extended Hump), TD 등이 사용된다.
TD는 타이어의 승차감을 향상시키기 위해 플랜지 높이를 낮춘 특수한 림을 말한다. 비드 시트용 그루브(groove)는 타이어의 공기압이 손실되어도 비드가 밀려나지 않도록 비드의 형상에 맞추어져 있다. TD휠의 경우, 림의 폭과 직경을 mm 단위로 표시한다.

① 림 폭 : 휠의 양쪽 림 가장 자리의 타이어 접촉 표면사이의 거리
② 림 직경 : 반대편 타이어 솔더의 타이어 접촉 표면사이의 거리
③ 플랜지 : 타이어 측면 비드 스톱
④ 오프셋 : 휠 림의 중심선으로부터 디스크 휠의 안쪽 접촉면(휠 설치 평면)까지의 거리
⑤ 중앙구멍 : 중심지점에 사용

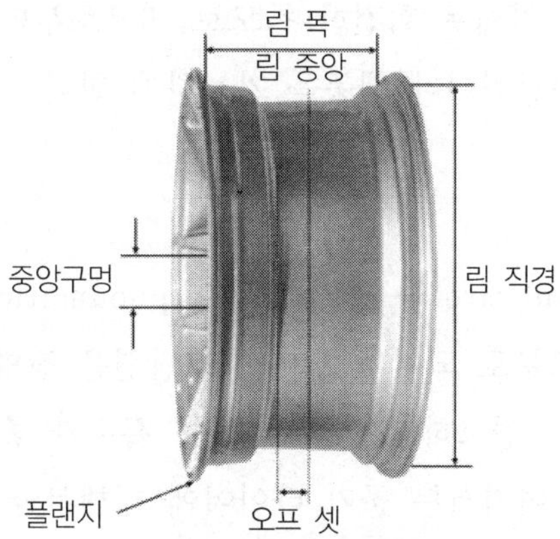

그림 119. 림의 표시

5.4.4. 휠의 소재

[1] 스틸

가장 기본적인 강판을 소재로 제작비용이 저렴하나 무게가 무겁다.

[2] 알루미늄

가벼우면서도 주조, 단조 기술의 향상과 더불어 합금 기술의 향상으로 높은 강도까지 갖추고 있다. 특유의 은빛이 나고, 녹이 스는 일이 없으며 알로이 휠은 알루미늄에 강도를 보강하기 위해 마그네슘과 같은 부재료를 섞어 합금을 한다.

[3] 티타늄

티타늄은 알루미늄보다 조금 더 가벼우면서도 성질의 변형이 적고 안정성이 높으나 가공상의 까다로움과 원재료 가격의 차이로 인해 알루미늄 보다는 비싸다.

[4] 마그네슘

알루미늄보다 월등히 가벼운 소재로 엄청난 무게와 충격에도 견디지만 강한 충격에 불꽃이 튈 때도 있고 가격이 비싸며 주조의 경우 마그네슘 소재 자체가 가지고 있는 산화하는 성질 때문에 제작방식도 상당히 까다로워 합금의 부재료로 사용되며 100% 마그네슘 휠의 경우는 대부분 단조방식으로 제작을 하며 레이싱 카에서 사용되곤 한다.

5.4.5. 타이어(tire)

타이어는 휠의 림에 끼워져 일체로 회전하며 도로 면으로부터의 충격을 흡수하고 또 도로 면과 점착하여 자동차의 구동력이나 제동을 가능하게 한다.

[1] 타이어의 종류

타이어는 솔리드 타이어(solid tire)와 공기 타이어(pneumatic tire)로 나누어진다. 솔리드 타이어는 타이어 전체가 고무로 되어 있으며, 그 단면은 장방형에 가깝다. 솔리드 타이어는 공기 타이어에 비해 조금 견고하기는 하나 진동 흡수가 좋지 않기 때문에 일부 특수 차량에서만 사용된다. 따라서 여기서는 공기 타이어에 대해서만 설명하도록 한다.

(1) 사용압력에 따른 분류

타이어는 사용 공기압력에 따라 고압 타이어(high pressure tire), 저압 타이어(low pressure balloon tire), 초저압 타이어(extra low pressure balloon tire) 등이 있다.

(2) 튜브유무에 따른 분류

1) 튜브 타이어(tube tire)

타이어 내부에 끼워져 압축공기를 유지하기 위한 얇은 고무 튜브로서, 내열성과 탄력성이 큰 고무로 되어 있으며, 타이어 내·외부와의 공기 출입 시 사용되는 스냅인 밸브(snap-in valve)가 설치되어 있다.

2) 튜브리스 타이어(tubeless tire)

튜브를 사용하지 않고 공기 누출을 방지하기 위해 통기성이 낮은 특수 고무를 타이어의 안쪽에 입히는데 인너 라이너라 불리며 기밀성을 잘 유지하는 고무층을 갖고 비드부를 림 플랜지에 압착하여 공기가 새어나가지 않게 한 것이다.

① 튜브리스 타이어의 장점

㉮ 공기압의 유지가 좋다.

㉯ 못 등에 찔려도 급속한 공기누출이 없다.

㉰ 타이어 내부의 공기가 직접 림에 접촉되고 있기 때문에 주행 중의 열발산이 좋다.

㉱ 튜브 불림 등의 튜브에 인한 고장이 없다.

㉲ 튜브조립이 없으므로 작업성이 향상된다.

② 튜브리스 타이어의 단점

㉮ 타이어의 내측, 비드부에 흠이 생기면 분리 현상이 일어난다.

㉯ 타이어와 림의 조립이 불완전하거나, 림 플랜지 부위에 변형이 있으면 공기누출을 일으키는 일이 있다.

㉰ 포장도로를 주행시 노면의 돌 등에 의해 림 플랜지 부분이 손상을 입어 공기누출을 일으킬 경우를 주의할 필요가 있다.

(3) 형상에 따른 분류

1) 바이어스 타이어(bias tire)

바이어스 타이어의 카커스는 플라이(PLY)가 서로 번갈아 코드의 각도가 다른 방향으로 엇갈려 있다. 따라서 코드가 교체하는 각도는 지면에 닿는 부분에서 원주방향에 대해 40°전후로 되어 있다. 안정된 성능은 바이어스 타이어의 강점이다. 보통 트레드는 타이어 회전 방향으로 직선적인 패턴을 띄고 있으며 대형 트럭이나 버스 등에 주로 이용된다.

2) 레이디얼 타이어(radial tire)

타이어를 옆에서 보았을 때 카커스 코드가 방사형으로 배열된 타이어이다. 따라서 바이어스 타이어에 비해 편평비를 자유롭게 설정할 수 있다. 타이어를 편평화 함으로써 접지면을 크게 하여 내 슬립성을 향상시킬 수 있고, 횡 방향에 대한 강성이 우수하여 조종성과 안정성이 좋다. 고속 주행용으로 적합하여 승용차에 많이 이용된다. 그러나 타이어의 옆 부분(side wall)이 약한 단점이 있다.

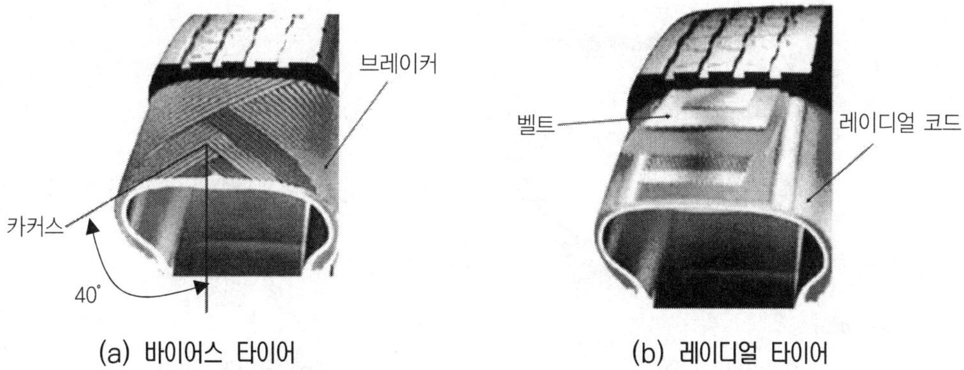

(a) 바이어스 타이어   (b) 레이디얼 타이어

그림 120. 타이어의 형상에 의한 분류

3) 편평 타이어

이 타이어 단면의 세로 가로비율을 일반적인 타이어보다 적게 한 것이며, 타이어 단면을 편평하게 하면 접지면적이 크게 되어 옆방향 변형에 대한 강도가 커지기 때문에 정지·출발 및 가속을 할 때 등에서 내 미끄럼 성능과 선회성능 등이 향상된다.

승용차용 타이어 편평 비율 = $\frac{\text{타이어 높이}}{\text{타이어 폭}}$로 나타내며 0.96 → 0.86 → 0.82 순서로 내려갈수록 타이어 폭이 점차 넓어진다. 편평 비율의 측정은 타이어를 휠에 조립한 후 공기를 주입하고 하중을 가하지 않은 상태에서 트레드 패턴, 문자 등을 포함하지 않은 상태에서 한다. 편평 비율이 0.7일 때 이것을 70시리즈라 하며 이것은 타이어 폭이 100일 때 높이가 70인 타이어를 말한다.

4) 스노우 타이어(snow tire)

스노우 타이어는 눈길이나 빙판길 등에서 접지력을 높인 타이어이다. 따라서 트레드부에 핀을 박은 스파이크 타이어나 고무 핀이 온도의 저하로 경화되어 접지력을 높인 타이어 등, 여러 형태의 타이어가 개발되고 있다.

[2] 타이어의 구조

타이어의 구조는 그 종류에 따라 조금씩 다르기는 하지만 기본이 되는 것은 그림 121과 같다. 타이어는 레이욘(rayon), 나일론(nylon) 등의 코드(cord)와 양질의 고무를 겹친 것을 주체로 하고 가류(加硫) 성형한 것이며, 구조는 트레드, 브레이커, 카커스, 비드부분 등으로 되어 있다.

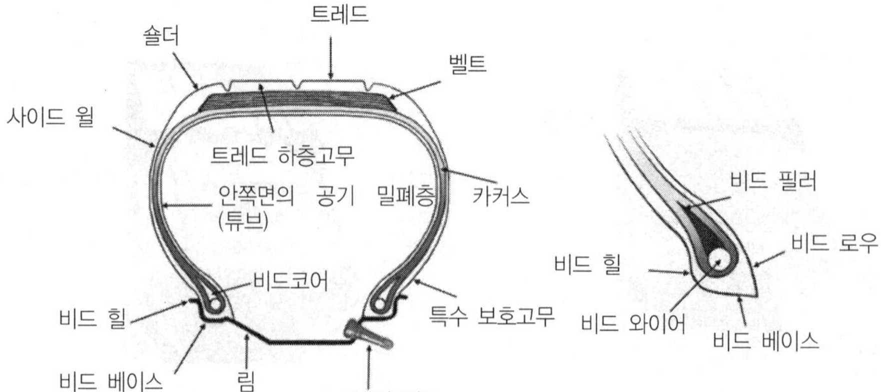

(a) 타이어 구조 (b) 타이어 단면도

그림 121. 타이어의 구조

(1) 트레드(tread)

트레드는 노면과 직접 접촉하는 고무 부분이며, 카커스와 브레이커를 보호하는 부분이다. 트레드 패턴의 필요성은 다음과 같다.

① 타이어의 사이드슬립이나 전진방향의 미끄럼을 방지한다.
② 타이어 내부에서 발생한 열을 방산(放散)한다.
③ 트레드에서 발생한 절상(切傷)의 확산을 방지한다.
④ 구동력이나 선회성능을 향상시킨다.

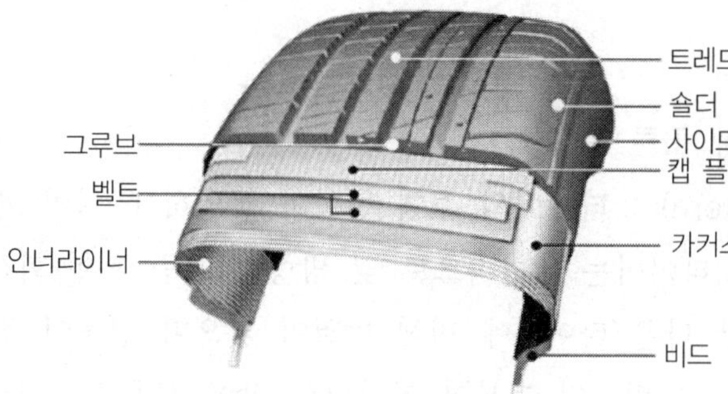

그림 122. 타이어 각부명칭

(2) 그루부와 커프, 패턴

타이어는 커프와 그루브, 그루브와 커프가 모여 비로소 타이어의 패턴을 이루게 된다.

그림 123. 그루부, 커브, 패턴

1) 커프(kerf)

타이어의 트레드 면에 얇은 홈을 말한다. 커프는 타이어 제작 시 사용하는 틀(몰드, 가류용 금형)에 칼 모양의 것을 장치하여 새겨지는데 커프를 새기는 이유는 제동 성능을 좋게 하거나 옆 미끄럼 방지의 효과를 높이기 위해이다.

2) 그루브(groove)

타이어에 파진 큰 홈을 말한다. 자동차의 제동에 큰 영향을 끼치며 마른 노면에서 좁은 그루브는 제동력을 높여주며 젖은 노면에서 넓은 그루브는 배수력 및 제동력을 높여주는 역할을 한다.

3) 패턴(pattern)

그루브가 모여 만들어지는 무늬를 말한다. 고속용 타이어에는 주로 V형과 Y형 패턴의 형태를 띄며 패턴에는 리브 패턴, 러그 패턴, 리브 러그 패턴 등 다양한 형태가 있다.

(3) 타이어 패턴의 종류

1) 타이어의 회전방향에 따른 홈 분류

① 리브 패턴(rib pattern) : 타이어의 주행 방향과 동일하게 여러 개의 홈이 만들어진 형태의 리브 패턴 타이어는 일반적으로 옆 방향 미끄럼 저항(회전 저항)이 커서 조향성이 좋다. 또한 다른 타이어에 비해 발열이 낮으며 진동이 적고 승차감이 좋기 때문에 승용 차량 및 버스의 기본형 타이어로 많이 사용되고 있다. 최근에는 일부 소형 트럭용으로도 많이 사용되고 있으며 주로 포장도로 및 고속용으로 사용되고 있다.

② 러그 패턴(lug pattern) : 리브 패턴과 달리 타이어의 회전 방향과 직각에 가까운 홈을 파 놓은 패턴을 말한다. 일반도로와 비포장도로에서 구동력과 제동력이 좋기 때문에 트럭 및 버스 등 대부분의 상업용 차량에서 주로 사용된다. 하지만 회전방향과 반대의 패턴 때문에 회전저항이 크다는 단점이 있어 연료비가 상대적으로 많이 들고 저압 고속주행 시에는 타이어의 편마모를 일으킬 염려가 있다. 또한 옆 미끄럼 저항이 적고 비교적 소음이 큰 단점이 있다.

③ 리브-러그 패턴(rib-lug pattern) : 리브 패턴과 러그 패턴의 장점을 결합한 타이어로 타이어의 숄더에는 러그형 패턴을, 중앙부에는 리브형 패턴을 새겨 조종성 및 안정성이 뛰어난 타이어이다. 포장 및 비포장도로를 동시에 주행하는 차량에 적합하기 때문에 트럭 또는 버스에서 주로 사용하고 있다. 하지만 리그 끝부분과 홈 부분에 마모와 균열이 발생하기 쉬우며 제동력과 구동력 또한 러그 패턴 보다 떨어진다는 단점이 있다.

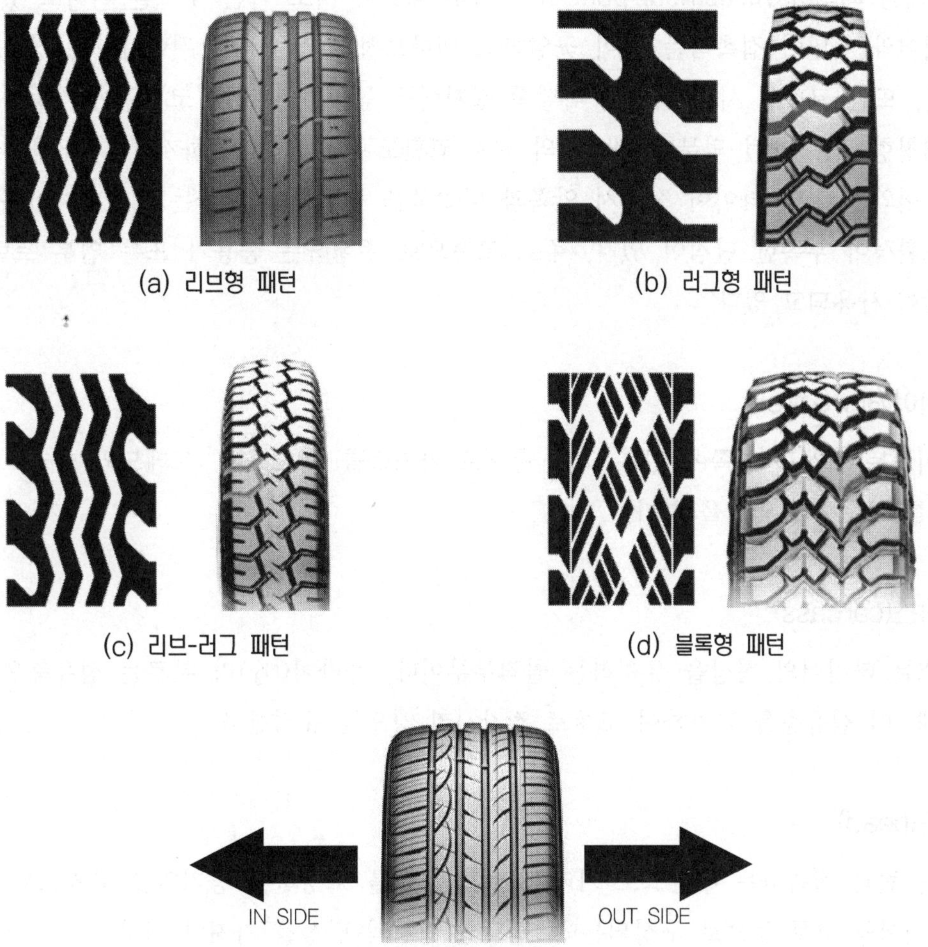

(a) 리브형 패턴 (b) 러그형 패턴

(c) 리브-러그 패턴 (d) 블록형 패턴

(e) 비대칭 패턴

그림 124. 트레드 패턴의 종류

2) 지면과의 접착부분에 따른 홈 분류

① 블록패턴(block pattern) : 타이어의 트레드가 독립된 블록으로 이루어 진 것을 말한다. 블록의 형태는 사각형, 육각형, 마름모형 등으로 다양하며 블록 패턴을 장착한 차량의 경우 구동력과 제동력, 견인력 등이 뛰어나다는 장점이 있다.

또한 미끄럼이 적게 발생하기 때문에 눈길 및 진흙에서 제동성, 조종성, 안전성이 좋아 주로 스노우 타이어에 사용되고 있다. 하지만 다른 패턴의 타이어에 비해 타이어의 홈이 지지하는 면적이 넓기 때문에 타이어의 마모가 빠르게 나타날 수 있으며 회전저항이 크다는 단점이 있다.

② 비대칭 패턴(asymmetrical pattern) : 좌우 패턴이 서로 다른 구조를 지니고 있어 타이어와 지면이 접촉하는 힘이 균일하고 내마모성과 제동성이 뛰어나다는 장점이 있다. 또한 코너링 시 타이어의 바깥쪽 접지력을 높여주어 고속 코너링이 가능하며 비대칭형 좌우 패턴 덕분에 타이어의 위치 교환도 불필요하다. 하지만 다른 대칭형 타이어와는 달리 타이어 장착시 안쪽과 바깥쪽을 구별해야 한다는 점, 타이어 규격간 호환성이 부족한 단점이 있다. 주로 고속으로 주행하는 승용차 또는 일부 트럭에서 많이 사용되고 있다.

(4) 브레이커(breaker)

브레이커는 트레드 안쪽에 있는 코드 층으로 카커스를 보호하며, 트레드와 카커스의 강성의 차를 완충하는 역할을 한다.

(5) 카커스(carcass)

카커스는 타이어의 형상을 유지하는 골격부분이다. 플라이(fly)라 부르는 섬유층으로 구성되는데, 이 섬유층을 교차하여 고무로 접착시켜 강도를 유지한다.

(6) 비드(bead)

비드는 림과 접촉하는 부분으로 카커스 코드의 끝을 고정하여 공기압을 유지토록 한다. 비드 와이어와 고무 등으로 구성되는데, 적당한 강도와 탄성을 가져야 한다.

(7) 사이드 월(side wall)

트레드에서 비드부까지의 카커스를 보호하기 위한 고무 층이며, 노면과는 직접 접촉하지 않는다. 그러나 하중이나 노면으로부터의 충격에 의하여 계속적인 굴곡운동을 하게 되므로 굴곡성 및 내 피로성이 높은 고무이어야 하며, 규격, 하중, 공기압 등 타이어의 기본 정보가 문자로 각인된 부위이다.

(8) 숄더(shoulder)

트레드와 사이드 월 사이에 자리 잡고 있다. 타이어에서 가장 두꺼운 고무층으로 숄더가 손상이 되면 타이어를 수리하기는 불가능하다. 때문에 필히 타이어를 교체하여야 한다. 가장 두꺼운 고무 층으로 열이 모이기 쉬워 쉽게 열을 발산시킬 수도 있어야 한다.

(9) 벨트(belt)

스틸와이어 또는 섬유로 구성되어 있다. 트레드와 카커스사이에서 주행시 노면 충격을 감소시키는 역할과 동시에 트레드 노면에 닿는 부위를 넓게 유지시켜 주행 안정성을 우수하게 한다. 트레드가 마모되면 가장먼저 보이는 부분이다.

(10) 인너 라이너(inner liner)

튜브리스 타이어에서만 볼 수 있으며 튜브를 대신하여 공기 밀폐성이 우수한 고무층으로 이루어져 있다.

(11) 캡 플라이(capply)

벨트 위쪽에 부착되는 특수 코드지로 주행시 성능을 향상시켜준다.

[3] 타이어의 호칭치수

타이어의 호칭치수는 타이어의 폭, 타이어의 안지름 또는 바깥지름 및 플라이 수로 표시한다. 즉 고압 타이어는 [타이어 바깥지름(inch)] × [타이어 폭(inch)] - [플라이 수(ply rating)]로 표시된다. 예를 들어 치수가 32×6이면, 타이어 바깥지름이 32inch이고, 타이어의 폭이 6inch임을 뜻한다. 또 저압 타이어는 [타이어 폭(inch)] - [타이어 안지름(inch)] - [플라이 수]로 표시된다.

예를 들어 치수가 7.50-20이면 타이어의 폭이 7.50inch이고, 타이어의 안지름이 20inch임을 의미한다. 그리고 레이디얼 타이어는 예를 들어 165/70 SR 13인 타이어는 폭이 165mm, 편평 비율이 70%, 안지름이 13inch이며, 허용 최고속도가 180km/h 이내에서 사용되는 타이어란 뜻이다.

여기서 S는 허용 최고 속도표시 기호(F : 80km/h, G : 90km/h, J : 100km/ h, K : 110km/h, L : 120km/h, M : 130km/h, N : 140km/h, P : 150km/ h, Q : 160 km/h, R : 170km/h, S : 180km/h, T : 190km/h, U : 200km/h, H : 210km/h, V : 238 km/h, Z : 238km/h 이상)이며 R은 레이디얼의 약자이다.

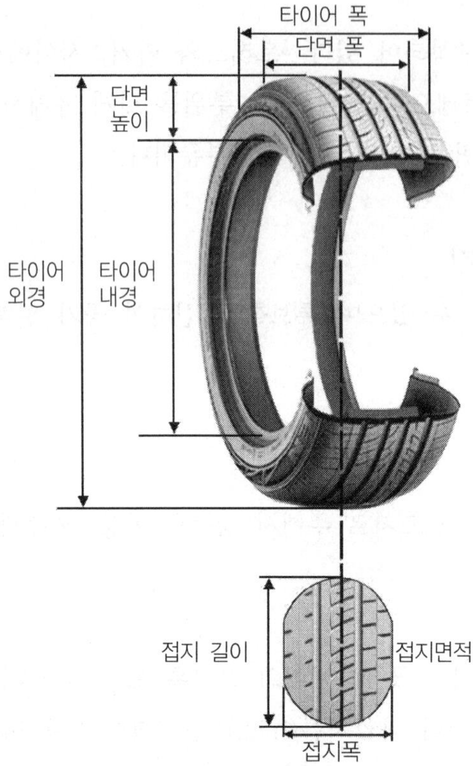

그림 125. 타이어 치수

[4] 타이어에서 발생하는 이상 현상

(1) 스탠딩웨이브(standing wave)

타이어 접지 면에서의 찌그러짐이 생기는데 이 찌그러짐은 공기압력에 의해 곧 회복이 된다. 이 회복되는 힘은 저속에서는 공기압력에 의해 지배되지만, 고속에서는 트레드가 받는 원심력 때문에 큰 영향을 준다. 또 타이어 내부의 높은 열로 인해 트레드가 원심력을 견디지 못하고 분리되어 파손된다.

스탠딩 웨이브의 방지방법은 타이어 공기압력을 표준보다 15~20% 높여 주거나 강성이 큰 타이어를 사용하면 된다. 타이어의 임계온도는 120~130℃이다.

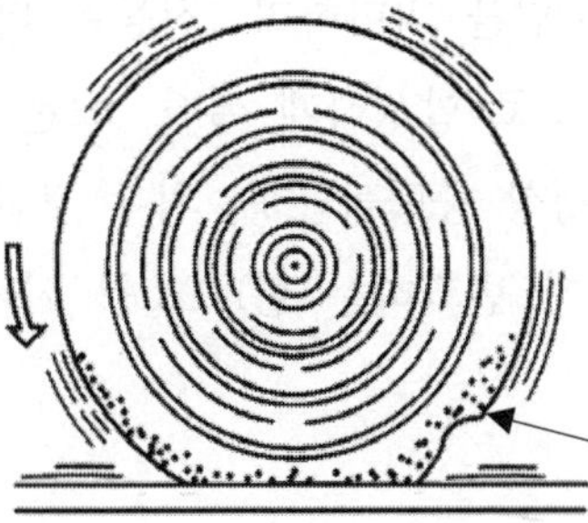

(a)

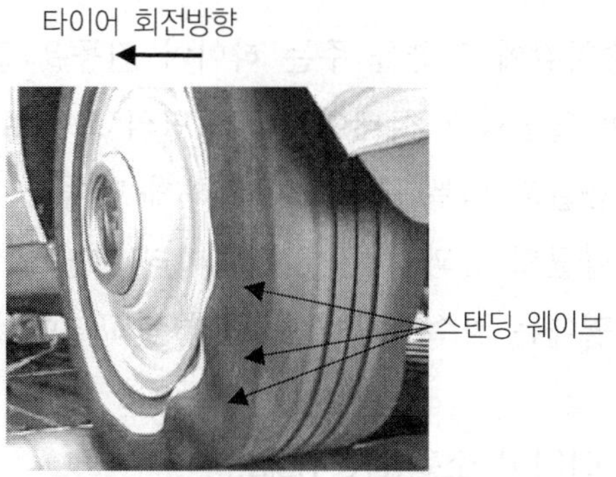

(b)

그림 126. 스탠딩웨이브현상

(2) 하이드로 플래닝(hydro planing : 수막현상)

물이 고인 도로를 고속으로 주행할 때 일정 주행속도 이상이 되면 타이어의 트레드가 노면의 물을 완전히 밀어내지 못하고 타이어는 얇은 수막(水膜)에 의해 노면으로부터 떨어져 제동력 및 조향조작력을 상실하는 현상을 말한다. 이를 방지하는 방법은 다음과 같다.

① 트레드 마멸이 적은 타이어를 사용한다.

② 타이어 공기압력을 높이고, 주행속도를 낮춘다.

③ 리브 패턴의 타이어를 사용한다. 러그 패턴의 경우는 하이드로 플래닝을 일으키기 쉽다.

④ 트레드 패턴을 카프(calf)형으로 세이빙(shaving)가공한 것을 사용한다.

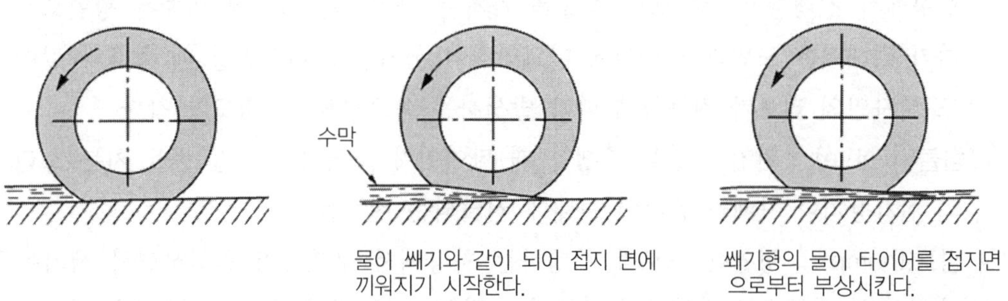

(a) 전면 접지(60km/h) (b) 유체쐐기(70~80km/h) (c) 하이드로플레이닝(80km/h)

그림 127. 하이드로 플래닝 현상

(3) 타이어 진동(tire vibration)

승차감에 영향을 주는 타이어 진동은 짧은 단파의 흔들림을 의미하며, 진동은 타이어와 휠이 불균형한 상태이거나 노면의 요철로부터 받은 충격으로 발생하게 된다. 모든 타이어는 둥글고 내부 구조가 균일하게 만들어 지지만 제조 과정상 중량불균형, 치수 불균일, 강성 불균일 등과 같은 유니포미티(지면과 접촉 시 타이어가 변화하는 힘)요소를 가지게 되며 휠에는 치수 불균일과 중량 불균일이 존재한다.

(4) 타이어 소음(tire noise)

자동차가 주행할 때 발생하는 소음 중 타이어와 관계가 있는 것은 타이어 자체로부터 소음이 직접발생하는 것과 타이어가 간접발생 원인이 되어 소음을 발생시키는 것으로 일반적으로 아래와 같이 분류할 수 있다.

① 패턴 소음(pattern noise) : 패턴소음은 타이어가 접지했을 때 트레드 홈 안의 공기가 압축되어 방출될 때 발생하는 소음이며, 손을 두드리는 것과 같은 원리로 나는 소리

② 스퀼음(squeal moise) : 급격한 가속, 제동, 선회시에 타이어와 노면과의 사이에 미끄러짐이 발생하면서 나오는 소음이 스퀼음이다. 타이어의 급속한 마모를 동반하기 때문에 될 수 있는 한 나오지 않게 운전하는 것이 바람직하다.

③ 험(hum) : 직진 주행시 발생되는 소음으로 트레드 디자인에 같은 간격으로 배열된 피치가 노면을 규칙적으로 치는 데서 발생되는 소음

④ 스퀼치(squelch) : 평활한 노면을 직진 주행할 때 발생하는 소음의 하나이다. 단면방향에서 진행방향으로 모두 곡율을 가지는 타이어는 접지에 의해서 평면으로 변형하기 위해서는 노면과의 사이에 미끄러짐이 생기는데 미끄러질 때 스퀼과 같이 트레드 디자인의 리브가 진동함에 따라 발생하는 음으로써 그 정도가 작다.

⑤ 럼블(rumble) : 거친 노면을 주행할 때 타이어가 노면이나 자갈 등을 치는 소리 차량의 현가장치나 차체를 통하여 차내에 전달되는 진동음

⑥ 썸프(thump) : 평활한 도로를 주행하는 차량에서 구동축이 회전하면서 생기는 타이어 소음의 일종으로 차량안의 바닥이나 좌석, 핸들을 통하여 느끼는 진동음

[5] 바퀴평형(wheel balance)

(1) 정적평형(static balance)

타이어가 정지된 상태의 평형이며, 정적 불평형에서는 바퀴가 상하로 진동하는 트램핑(tramping, 바퀴의 상하 진동)현상을 일으킨다.

(2) 동적평형(dynamic balance)

회전 중심축을 옆에서 보았을 때의 평형, 즉, 회전하고 있는 상태의 평형이다. 동적 불평형이 있으면 바퀴가 좌우로 흔들리는 시미(shimmy, 바퀴의 좌우 진동)현상이 발생한다.

[6] 바퀴 로테이션(wheel rotation)

바퀴는 설치된 위치마다 마멸이 동일하지 않으며 도로 조건, 앞바퀴 얼라인먼트, 하중의 분포, 운전방법 등에 따라 그 마모상태가 변화한다. 따라서 정기적으로 점검하고, 각각의 마멸을 보완할 수 있도록 6,000~8,000km 주행마다 그 위치를 교환하여야 한다.

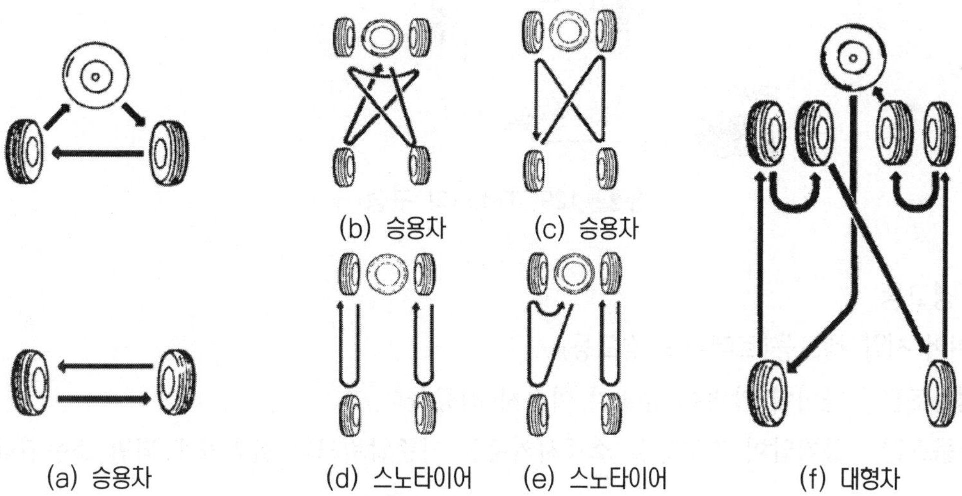

그림 128. 바퀴 로테이션

5.5. 타이어 공기압 경보장치

5.5.1. TPMS(tire pressure monitoring system)의 개요

타이어 공기압 경보장치 TPMS(tire pressure monitoring system)는 안전운행에 영향을 줄 수 있는 타이어 압력 변화를 경고하기 위해 타이어 내부의 휠에 탑재된 개별 센서로부터 타이어 내부압력을 측정하여 이를 실시간 무선송신하고 수신모듈에서 압력저하 감지 시 이를 클러스터에 표시하여 운전자에게 경고해주는 시스템이다.

그림 129. TPMS의 구성

5.5.2. 경고등

[1] 타이어 저압 경고등(트레이드 경고등)

① 점등조건 : 타이어 압력이 규정치 이하시 점등한다.

② 소등조건 : 공기압이 경고등을 소등시켜주는 기준압력보다 올라가게 되면 소등된다.

그림 130. 타이어 저압 경고등

[2] TPMS 경고조건 및 표시방법

① 시스템이 ECU, 센서의 외부에서 결함을 감지했을 때 약 1분 정도 점멸 후 점등한다.

② 시스템이 ECU의 결함을 감지했을 때 약 1분 정도 점멸 후 점등한다.

③ 시스템이 센서의 결함을 감지했을 때 약 1분 정도 점멸 후 점등한다.

[3] TPMS 경고등 소등조건

① DTC(고장코드)가 해결되었을 경우 경고등은 소등되며, DTC(고장코드)는 과거 고장으로 저장된다.

② 운행 중에 이와 같은 현상이 발생하면, DTC(고장코드)가 해결되었을 지라도 다시 점검해야 한다(점화스위치를 OFF에서 ON후 재 점검).

5.5.3. TPMS 센서

① 주행상태 : 센서는 주행 시 매 1분마다 타이어 정보를 송신하고 타이어 압력을 매 15초 주기로 측정한다.

② 정행상태 : 센서는 정차 시 타이어 정보를 송신하지 않으며, 60초 간격으로 타이어 압력을 측정한다.

③ 자동 학습상태 : 센서는 15분 이상 정차 후 주행 시 33초 주기로 정보를 송신하고 10.8초 주기로 타이어 압력을 측정한다.

④ 오프(OFF)상태 : 제품의 입고시 센서의 활동이 없는 상태로 타이어 압력, 온도, 배터리 상태를 측정하지 않는다.

그림 131. TPMS

⑤ 경고상태 : 이전 송신한 타이어 압력과 현재 측정된 타이어 압력이 2psi 이상 변환시 즉시 타이어 정보를 송산하며, 2초 간격으로 타이어 압력을 측정한다.

5.5.4. 리시버(receiver, TPMS ECU)

[1] 리시버의 개요

TPMS는 운전 조건들에 영향을 미칠 수도 있는 압력 변화를 경고하기 위해 자동차 타이어의 압력과 온도를 모니터 한다. 처리된 데이터로부터 산출된 메시지들은 1개의 경고 램프를 통하여 클러스터에 보여진다. 병행으로 리시버는 입력과 출력 신호들에 대한 ERROR로 평가를 수행한다. 주차하는 동안에 모니터를 한 압력도 제공 받는다. ECU는 센서로부터 받은 데이터를 처리하고 타이어들의 상태를 결정하며, 운전자에게 리시버라인 또는 하드 와이어 컨트롤 라인을 통해 요구된 경고 메시지를 전달한다.

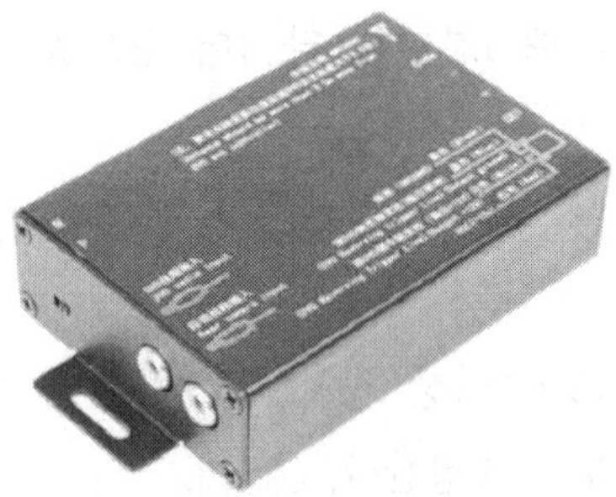

그림 132. 리시버

[2] 작동원리

(1) 일반적인 작동

① 자동학습은 각 주행시에 한번만 발생한다.

② 자동학습 과정이 성공적으로 끝나면 4개의 센서 ID 기억 장치에 입력된다.

③ 자동학습이 끝날 때까지, 공기압 저하 및 공기누출이 있을 경우 이전에 학습된 센서 및 각각의 휠 위치가 감지된다.

④ 예비 타이어 팽창 및 DTC상태는 표시되지 않는다.

(2) 새로운 센서를 학습하기 위한 일반적인 조건

① 자동학습은 속도가 20kph 이상 일 때만 작동한다.

② 리시버는 센서가 일시적인 것이 않는 것을 확정해야 한다.

③ 새로운 센서를 학습하기 위해 걸리는 일반적인 시간은 20kph 이상 속도에서 최대 10분까지이다.

(3) 탈거된 센서에 대한 학습을 지우는 일반적인 조건

① 20~30kph 속도에서 10분 미만을 주행한다.

② 차량의 속도 및 리시버에 입력된 센서의 수에 달려있다.

6. 4WD(4wheel drive)

6.1. 4WD의 개요

4WD는 앞뒤 4바퀴에 모두 엔진의 동력을 전달하는 방식이다. 2WD(2바퀴 구동방식)에 비해 추진력이 매우 크기 때문에 험한 도로, 경사가 매우 가파른 도로 및 도로면이 미끄러운 곳을 주행할 때 효과적이다. 현재 우리나라에서 사용하고 있는 4WD는 파트타임방식, 풀타임(TOD)방식, AWD(all wheel drive)방식 등이 있다.

파트타임 4WD는 2H(2바퀴 구동), 4H(4바퀴 고속구동), 4L(4바퀴 저속구동)로 구성되어 있으며, 평상시에는 2WD로 운행을 하다가 눈길이나 오프로드 같이 필요할 때 수동으로 4WD로 전환한다. 파트타임 4WD는 평상시에는 2WD로 구동하기 때문에 연료소비율 면에서는 유리하지만, 운전자 판단에 의해 직접 조작해야 하므로 편의성이 떨어진다.

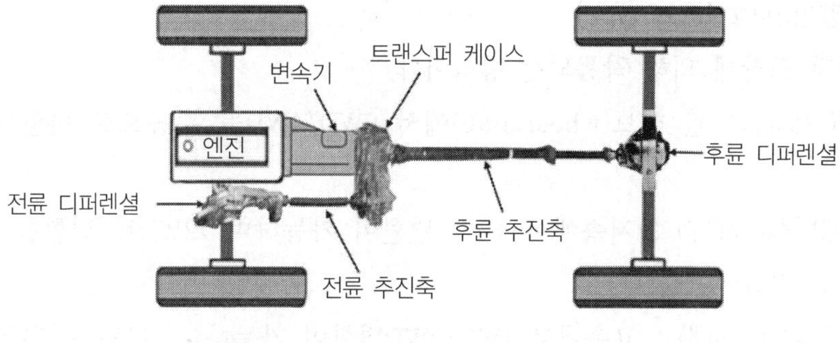

그림 133. 4바퀴 구동장치의 구성

풀타임 4WD는 4H(4바퀴 고속구동)와 4L(4바퀴 저속구동) 구성의 상시(常時) 4WD이며, 평상시에는 4H 모드로 2WD와 같이 운행하다가 도로조건에 따라 앞・뒷바퀴로 구동력이 자동적으로 분배된다. 상시 4WD이므로 우수한 접지력을 확보할 수 있지만 2WD에 비해 연료소비율이 다소 크다. AWD는 풀타임 4WD와는 달리 항상 앞・뒷바퀴로 4 : 6의 엔진 동력이 분배된다. 예전의 상시 4WD는 항상 4바퀴를 구동하므로 연료소비율이 컸다.

그러나 AWD는 최적의 기어비율과 구동계통의 저항 최소화, 그리고 밀집된(compact) 디자인과 무게 감소 등을 통해 연료소비율 문제를 상당부분 해결하였다. 또 VDC(vehicle dynamic control system, 차량자세 제어장치)와 연계하여 최적의 주행안정성을 확보할 수 있는 장점이 있다.

6.1.1. 4WD의 장점

① 험한 도로를 주행할 때 한쪽 바퀴가 구동력을 상실하더라도 동력전달이 가능하다.
② 눈길이나 모래 길에서도 부드러운 주행이 가능하다.
③ 경사가 심한 언덕길이나 내리막길을 주행할 때 차량무게 중심변동에 따른 대응능력을 향상시킨다.
④ 4바퀴 구동력 배분으로 미끄러운 도로면에서의 타이어 점착력을 향상시켜 직진성능이 향상된다.
⑤ 4바퀴 구동력 배분으로 큰 사이드 포스(side force)를 발생시켜 선회할 때에 유리하다.

6.1.2. 4WD의 종류

[1] 파트타임 방식(part time type)

4WD를 운전자 조작에 의해 작동되는 방식이다.

① 수동방식(1세대) : 휠 허브(wheel hub)에서 2WD/4WD를 수동으로 변환시키는 방식이다.
② 자동-기계방식(2세대) : 저속에서 4WD 변환이 가능하며, 2WD로 변환할 때에는 1~2m 정도 후진하여야 한다.
③ 자동-진공방식(3세대) : 고속에서 4WD/2WD변환이 가능하며, 구조가 간단하다.
④ CADS(center axle disconnect system : 비중앙축 장치)방식 : 4WD를 구동할 때 슬리브(sleeve)에 의해 앞차축과 뒤차축이 연결되어 동력을 전달하는 방식이다.

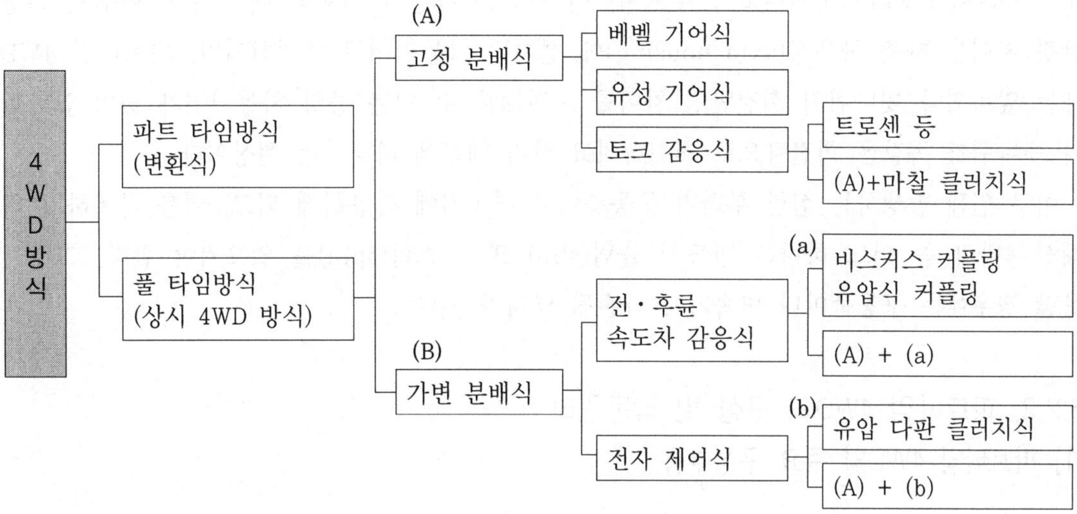

[2] 풀타임 방식(full time type, 상시 4WD)

운전자의 의지와 관계없이 비스코스 커플링(viscose coupling) 등에 의해 자동적으로 작동되는 방식과 앞·뒷바퀴 사이의 회전속도 차이를 다판 클러치(multi plate clutch)를 전자제어 하여 동력전달 및 차단을 도로면의 조건에 따라 자동적으로 제어하는 방식이 있다.

종류에는 동력분배 고정방식과 동력분배 변환방식이 있다. 동력분배 변환방식은 주로 포장도로 형이며, 주행성능 향상에 적합하므로 승용차에서 많이 사용된다.

6.2. 파트타임(part time) 전자제어 4WD

6.2.1. 파트타임 전자제어 4WD의 개요

파트타임 4WD는 평상시에는 2WD(뒷바퀴)로만 주행하다가 운전자의 필요에 따라 4WD로 전환하는 방식이다. 이 파트타임 4WD는 풀타임 4WD와 거의 비슷하나, 앞차축과 뒤차축 사이에 중앙 차동기어(center differential gear)가 없는 점이 다르다. 따라서 4WD모드에서 구동력을 항상 앞바퀴와 뒷바퀴에 50 : 50으로 분배해 주고, 중앙 차동기어가 없어 선회할 때 앞바퀴와 뒷바퀴의 회전반경 차이를 보정하지 못하기 때문에 "타이트 코너 브레이킹(tight corner braking)" 현상이 발생한다.

타이트 코너 브레이킹은 차축 와인드업(axle windup) 또는 변속기 와인드업(transmission windup)이라고도 부르며. 이 현상은 차량이 선회할 때 좌우의 바퀴의 회전반경 차이를 차축 하우징(axle housing)에 설치된 차동기어로 해결하지만, 파트타임 4WD에는 앞바퀴와 뒷바퀴의 회전반경 차이를 보정해줄 수 있는 중앙 차동기어가 없어 앞바퀴와 뒷바퀴가 똑같은 회전량으로 회전하려고 하기 때문에 나타나는 현상이다.

이로 인해 발생하는 심한 부하가 구동축이나 변속기에 작용하게 되고, 이를 극복하기 위해선 4바퀴 중 어느 하나는 반드시 슬립(slip) 또는 스핀(spin)을 일으켜야 한다. 그렇지 못할 경우에는 구동축이나 변속기가 파손될 염려가 있다.

6.2.2. 파트타임 4WD의 구성 및 작동원리

[1] 파트타임 4WD의 주요 구성부품

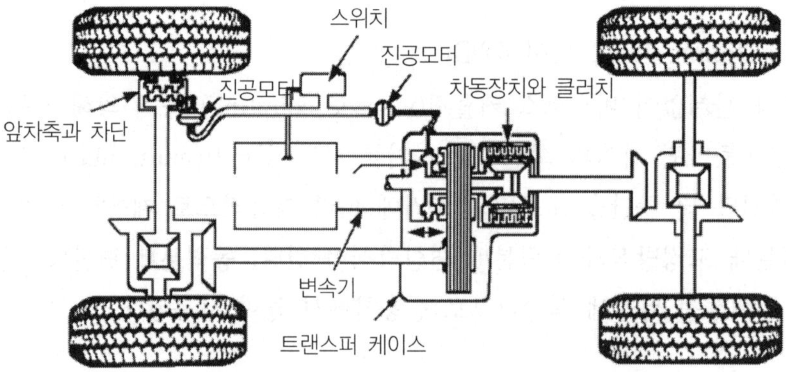

그림 134. 파트타임 4WD의 구성부품

[2] 4WD CADS(center axle disconnect system)

(1) CADS의 개요

CADS는 2WD로 주행을 하다가 4WD로 변환할 때 마지막으로 구동력을 단속하는 장치이다. 2WD로 주행을 하다가 4WD로 전환이 가능하도록 하는 장치이다. 이때 2WD로 주행할 때 차량의 주행속도에 의해 앞 차축은 무부하 상태로 회전한다. 이로 인해 피니언 축과 링 기어에서 발생하는 소음과 진동을 억제하여 차량을 최적으로 주행하도록 한다. 즉 파트타임 4WD의 불완전한 구동을 방지하기 위해 차축에 CADS을 사용하여 완전한 2WD 주행이 가능하도록 하는 장치이다.

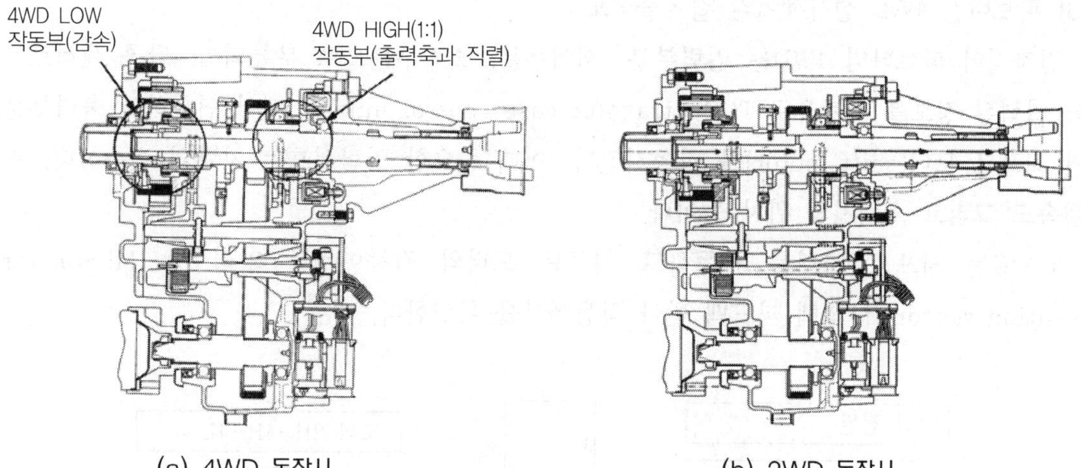

(a) 4WD 동작시 (b) 2WD 동작시

그림 135. 4WD 및 2WD의 작동

(2) CADS의 작동원리

4WD로 구동할 때에는 슬리브에 의해 앞차축과 뒤차축이 연결되어 구동축으로 동력을 전달한다. 그러나 2WD모드로 전환이 되면 액추에이터의 스프링 장력과 솔레노이드밸브의 압력차이로 인하여 연결되어 있던 앞차축과 뒤차축의 연결이 차단된다. 이와 같이 2WD로 주행할 때 구동하지 않는 바퀴의 구동축을 차단하여 차량의 연료소비율을 향상시킨 방식이다. 그리고 솔레노이드밸브는 TCCU(transfer case control unit)에서 제어한다.

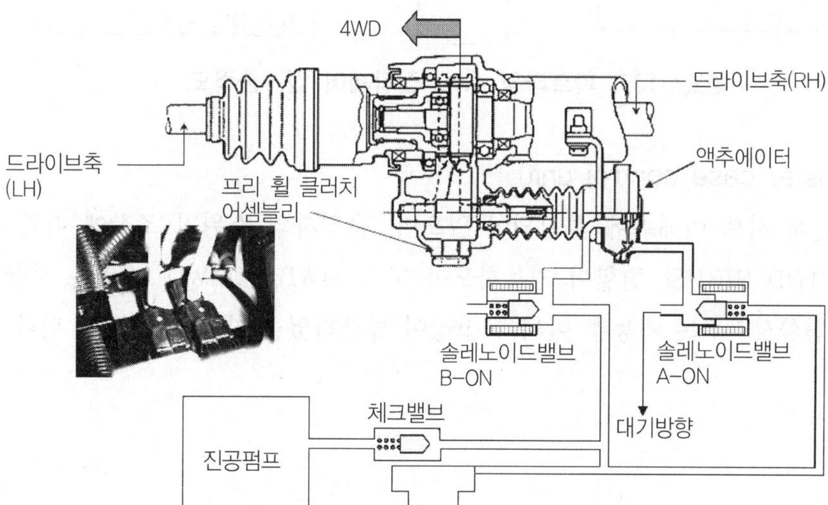

그림 136. CADS의 구성

[3] 파트타임 4WD 전자제어의 입·출력도

전자제어 파트타임 4WD는 입력부분, 제어부분, 출력부분으로 분류되며, 각종 센서로부터 입력된 정보를 바탕으로 TCCU(transfer case control unit)가 제어 연산하여 출력부분인 시프트 모터(shift motor)를 작동시킨다. 이때 중요한 입력신호는 차량의 변속상태, 주행속도 그리고 스위치의 위치 등이다.

TCCU는 시프트 모터를 구동하고 시프트 모터의 작동여부를 알려주는 MPS(motor position sensor)에 의해 피드백 받아 작동여부를 확인한다.

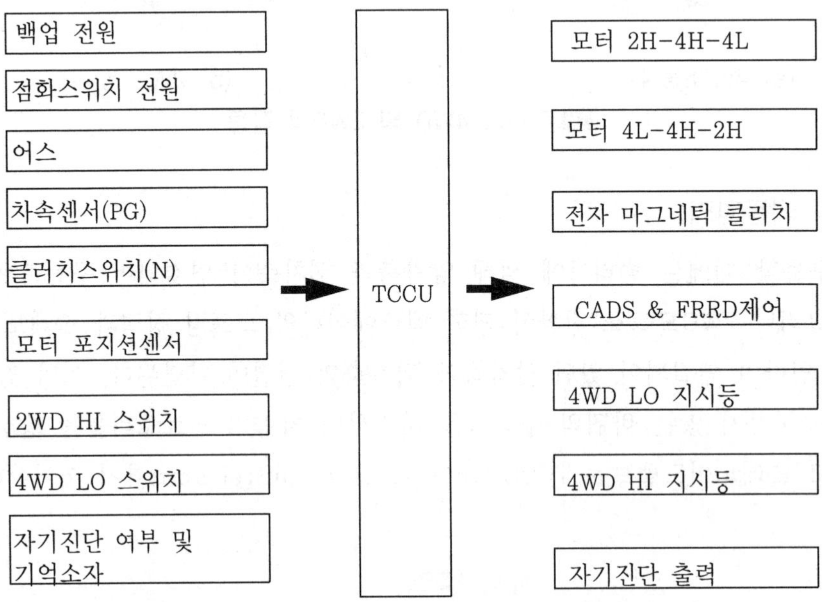

그림 137. 파트타임 4WD 전자제어 입·출력도

(1) TCCU(transfer case control unit)

TCCU는 운전석 시트 아래쪽에 설치되어 있으며, 운전자의 스위치 조작에 따라 주행 중에도 2WD → 4WD HIGH로 변환이 가능하도록 하고, 4WD → 4WD LOW은 차량을 일단 정지 시킨 후 변환시켜주는 기능뿐 아니라 고장이 발생하였을 때 진단기능도 한다.

1) 2WD에서 4WD로 선택할 때

크래시 패드에 설치된 선택스위치를 2WD(2H)에서 4WD HIGH(4H)선택할 경우에는 차량의 주행속도가 60~80km/h 이하일 때만 가능하며, 변환이 완료되면 계기판에 있는 4WD HIGH램프가 점등된다.

2) 4WD에서 2WD로 선택할 때

크래시 패드에 설치된 선택스위치를 4H-2H 선택하면 차량의 주행상태에서도 변환가능하며, 변환이 완료되면 계기판에 4WD HIGH램프가 소등된다.

3) 4WD HIGH에서 4WD LOW로 선택할 때

① 차량의 주행속도가 0~3km/h 이하에서만 작동되므로 차량을 일단 정지시킨다.
② 클러치 페달을 밟는다(클러치 인터 록 스위치 ON상태).
③ 크래시 패드에 설치된 선택스위치 4H/4L로 선택한다.
④ 변환이 끝나면 해당 램프가 점등된다(4WD LOW시 4WD LOW램프 점등).

(2) 시프트 모터(shift motor)

이 모터는 직류(DC)모터이며, TCCU에 의해 제어된다. 2H-4H-4L모드로 변환할 때 시프트 모터를 회전시키면 모터와 연결된 전자 축(electronic shaft)과 축의 캠(shaft cam)이 회전하여 감속 시프트 포크(reduction shift fork)와 록업 포크(lock up fork)를 제어하여 4WD로 변환시키는 역할을 한다.

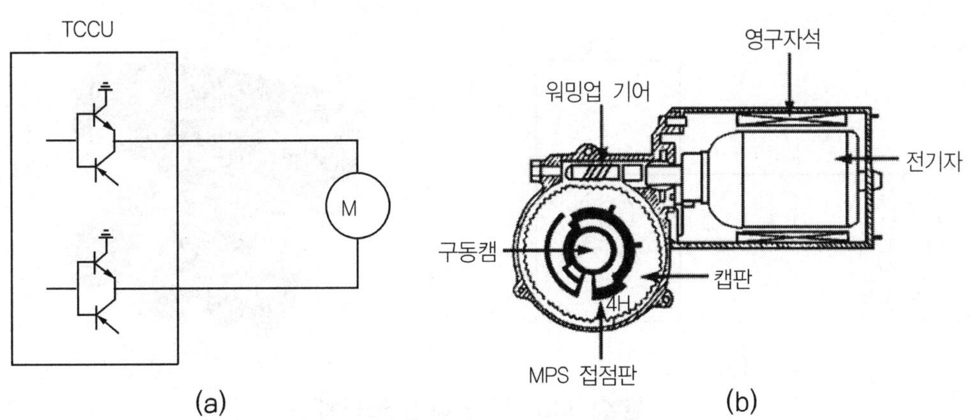

그림 138. 시프트 모터 회로구성

(3) MPS(motor position sensor or position encoder)

MPS는 시프트 모터의 회전방향과 위치를 인코더(encoder)를 이용한 4개의 스위치 신호를 시프트 모터의 작동을 TCCU로 전달하는 센서이다.

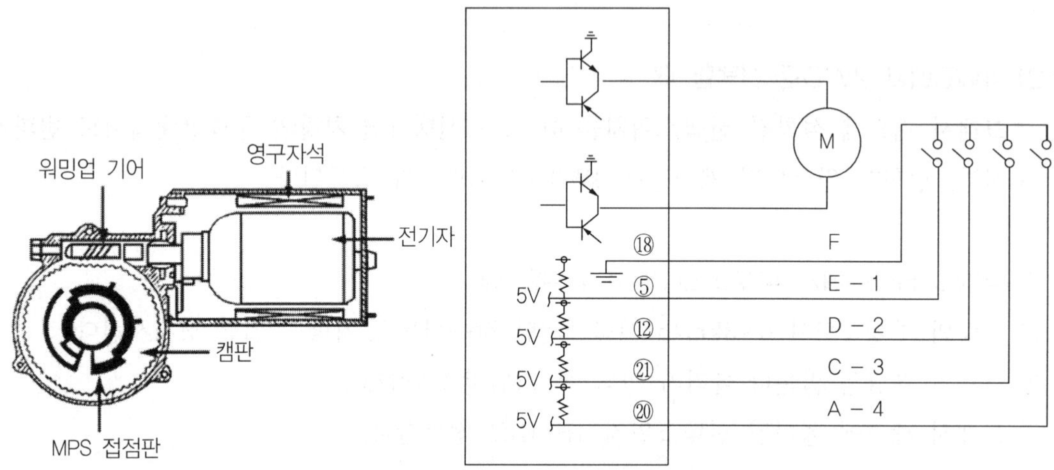

그림 139. MPS 회로구성

(4) 전자 다판 클러치(magnetic clutch)

전자 다판 클러치는 4WD HIGH모드에서 시프트 모터에 의해 작동된 록업 포크(lock up fork)가 록업장치를 일정한 위치까지 이동시키면 이때부터 출력축의 구동기어와 록업장치의 피동기어를 연결시킬 때 작동되어 기어를 물림시킨다. 전자 다판 클러치는 TCCU에 의해 작동된다(4WD HIGH, LOW모드에서 작동).

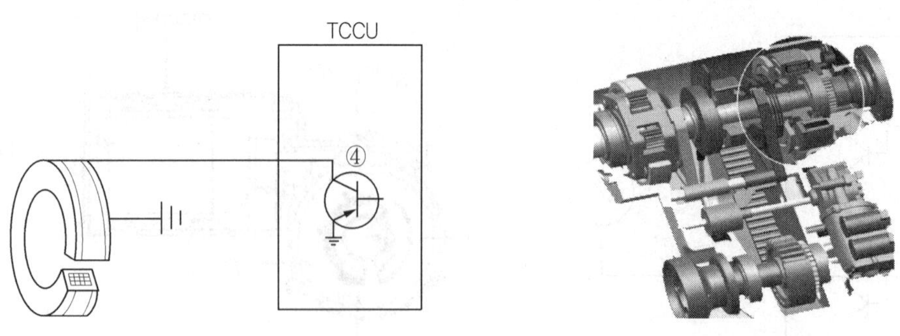

그림 140. 전자 다판 클러치

(5) 차속센서(vehicle speed sensor)

차속센서는 ABS(anti lock brake system)의 휠 스피드 센서(wheel speed sensor)나 자동변속기의 펄스제너레이터(pulse generator) A & B와 같이 코일이 감긴 영구자석 양극사이에서 전자 다판 클러치가 회전하면 철심에 인가되었던 영구자석의 자속에 변화가 생기고 이 자속의 변화에 의해 교류전압이 발생된다.

이 교류전압은 전자 다판 클러치의 회전속도에 비례하여 주파수가 변화하기 때문에 TCCU가 센서로부터 시간당 주파수를 검출하여 차량의 주행속도를 검출한다. 트랜스퍼 케이스 하우징에 설치되어 있으며 TCCU는 이 센서를 이용하여 주행속도를 검출하여 4WD LOW모드로 변환할 때 0~3km/h 이하에서만 작동여부를 결정한다.

(6) 지시등(4WD HIGH, 4WD LOW)

지시등은 4WD HIGH와 4WD LOW 지시등이 계기판에 설치되어 있으며, 운전자의 선택스위치 선택에 따라 점등 및 소등된다. 또 4WD에 고장이 발생하면 4WD HIGH와 4WD LOW지시등을 동시에 점등시켜 장치이상 여부를 알려준다.

TCCU는 6초 동안에 장치자체를 점검하여 이상이 없으면 4WD HIGH, LOW지시등을 트랜지스터 베이스의 전원을 차단하여 소등시키고, 고장이 발생하면 트랜지스터 베이스를 계속 작동시켜 2개의 램프를 지속적으로 점등시킨다. 또 이 지시등은 운전자가 4WD HIGH, LOW 지시등이 점멸되면 선택스위치는 작동시켰으나 장치가 아직 작동되지 않는다는 표시이다.

그림 141. 4WD 지시등

(7) 4WD 선택스위치

이 스위치는 운전자의 의지에 따라 4WD HIGH, 4WD LOW, 2WD HIGH 모드 선택여부를 TCCU로 입력시킨다.

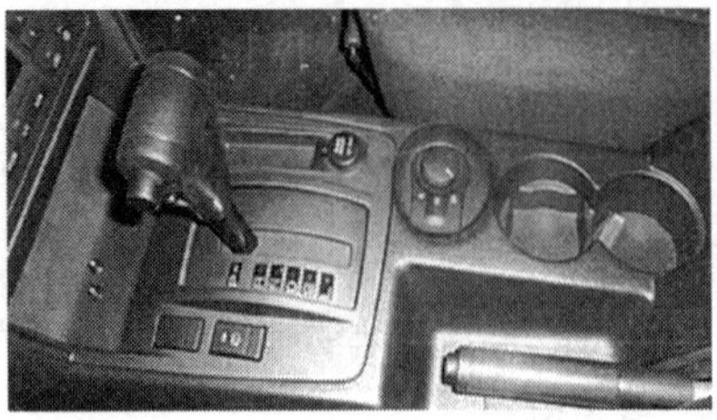

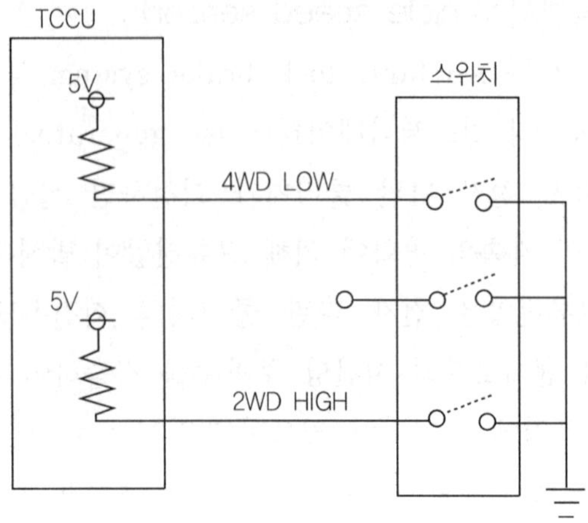

(a) (b)

그림 142. 4WD 선택스위치

6.3. 풀타임 전자제어 4WD

풀타임방식은 상시 4WD를 의미하며, 뒷바퀴 구동(FR)차량의 TOD(torque on demand) 방식과 앞바퀴 구동(FF)차량의 ITM(interactive torque management system)방식으로 나누어진다.

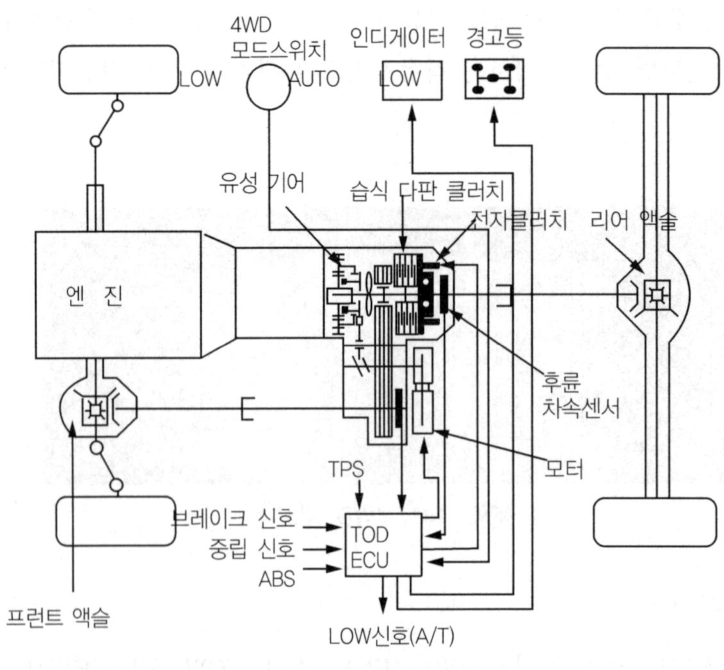

그림 143. 풀타임 4WD의 구성도

6.3.1. TOD(torque on demand)방식

TOD방식은 보그 워너(brog warner)사의 등록상표이다. 기존의 풀타임 4WD는 엔진과 변속기를 통해 트랜스퍼 케이스로 전달되는 동력을 오일과 기계장치를 이용하여 앞바퀴와 뒷바퀴로 분배하는 것이 주목적이었다. 반면 TOD 트랜스퍼 케이스는 전자제어에 의해 앞바퀴와 뒷바퀴로 동력을 분배한다. 즉, 일률적으로 앞바퀴와 뒷바퀴로 동력을 분배하는 것이 아니라, 도로조건이나 차량 주행상태에 따라서 앞바퀴와 뒷바퀴로의 동력분배가 0 : 100~50 : 50까지 자동으로 수시로 변경된다.

기본적으로 포장도로에서 저·중속으로 주행할 때는 "뒷바퀴 구동" 상태(이론상 뒷바퀴로는 100%의 동력이 전달되고, 앞바퀴로는 동력이 전달되지 않음)로 주행하다가 뒷바퀴의 미끄럼이 검출되면, 적당한 양의 동력이 앞바퀴로도 전달된다. 컨트롤 유닛은 트랜스퍼 케이스의 스피드 센서로부터 앞·뒷바퀴의 회전속도를 신호를 받고, 엔진 컨트롤 유닛으로부터 엔진의 출력상태에 대한 정보를 받아 분석하고, 그 값에 따라 전자 다판 클러치(electro magnetic clutch)의 압착력을 변화시킨다.

전자 다판 클러치의 압착력이 변화되면 앞 추진축이 제어되고, 컨트롤 유닛으로 보내지는 입력 값에 따라 앞바퀴로의 동력이 변화한다. 컨트롤 유닛으로 보내지고 분석된 차량 주행속도, 엔진 출력상태, 바퀴의 미끄러짐 비율 등의 정보에 따라 전자 다판 클러치의 압착력이 조절되며, 압착력이 변화될 때 압착력이 크면 동력이 많이 전달되고, 압착력이 작으면 클러치의 미끄러짐 비율이 커지기 때문에 작은 동력이 전달되므로 입력신호에 따라 적절한 동력이 앞바퀴로 분배된다.

[1] 도로조건에 따른 앞·뒷바퀴 동력분배

(1) 포장도로에서 저·중속으로 주행할 때

기존의 파트타임 트랜스퍼 케이스를 사용하는 차량에서는 정지된 상태에서 조향핸들을 좌측 또는 우측으로 돌린 후 출발하면, 차량이 멈칫멈칫하며 걸리는 타이트 코너 브레이킹(tight corner braking)이 발생하는데, TOD장치에서는 이 현상이 일어나지 않고, 뒷바퀴 구동 주행이 가능하다.

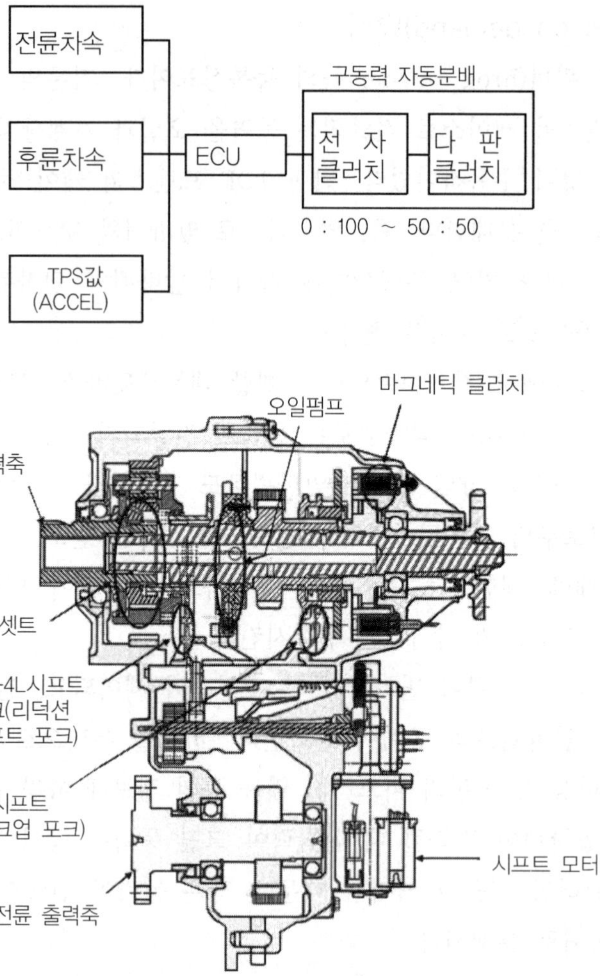

그림 144. TOD의 구동력 자동분배

(2) 포장도로에서 고속으로 주행을 할 때

포장도로에서 고속주행을 할 때는 뒷바퀴가 주 구동바퀴가 되며(약 85%), 측면에서 부는 바람 또는 우천(雨天)에서도 안전한 접지를 유지하도록 앞바퀴로도 동력(약 15%)이 분배된다.

(3) 마찰계수가 낮은 도로에서 선회할 때

비포장도로, 눈길, 빙판길, 진흙길 등에서 선회할 때 필요한 동력을 앞바퀴에도 분배한다. 앞바퀴에 동력(약 30%)이 분배되면 도로면 접지력이 상대적으로 높아지고, 자연스러운 조향이 가능하다.

(4) 마찰계수가 낮은 도로에서 등판주행 또는 출발할 때

비포장도로, 눈길, 빙판길, 진흙길 등에서 등판주행 또는 출발을 할 때에는 필요에 따라 50 : 50의 동력을 앞·뒷바퀴에 분배하여 4WD 최대 접지력과 구동력을 발휘할 수 있다.

[2] 기존 풀타임 4WD 대비 TOD장치의 장점

① 동력이 앞바퀴와 뒷바퀴로 분배되어 4WD구동상태에서 연료소비율이 향상된다.
② 동력이 앞바퀴와 뒷바퀴로 조건에 따라 적절히 분배되므로 각 바퀴가 최적의 접지력을 발휘한다. 이것은 최적의 주행성능 유지, 선회할 때 안정성유지, 브레이크를 작동할 때 효율향상 등의 효과가 있음을 의미한다.
③ 도로면 변화에 따른 반응이 신속하다.
④ 기존의 장치보다 경량화가 가능하다.
⑤ 내부 구조가 간단하다.
⑥ 컨트롤 유닛에 의해 자동 제어되므로 작동이 쉽고, 편리하다.
⑦ 비포장도로 및 포장도로에서의 직진안정성 및 주행성능이 우수하다.
⑧ 주행 중 차량 조향핸들의 조작이 편리하다.
⑨ ABS와 연계 및 조화가 쉬워, ABS 작동이 효과적이다.

[3] TOD 전자제어장치의 기능 및 작동

(1) TOD 선택모드

TOD는 AUTO 및 LOW 2가지 모드가 있다. AUTO는 일반적으로 사용되는 모드이며, 기어비율은 1 : 1로 되어있으며, LOW는 기존의 풀타임 트랜스퍼 케이스와 동일하고, 앞·뒷바퀴 쪽에 50 : 50의 동력을 분배시켜 4WD상태에서 최대의 구동력을 발휘하도록 한다. 이때 기어비율은 2.48 : 1이다.

(2) AUTO모드를 선택할 때의 기능

TOD는 클러치의 메커니즘을 전자제어하여 앞뒤 추진축의 출력 회전속도를 검출하고, 그 차이가 설정된 값 이상일 경우 초과된 속도를 미리 계산한 후 그에 상응하는 동력을 전자 다판클러치(EMC)를 통해 앞바퀴로 전달한다. 이러한 앞뒤 추진축의 회전속도는 홀 센서를 통해 검출하며, 검출된 신호는 TOD 컨트롤유닛으로 보내진다. 앞뒤 추진축의 초과된 회전속도 차이에 따른 다양한 전류량에 의해 트랜스퍼케이스 클러치코일이 활성화된다.

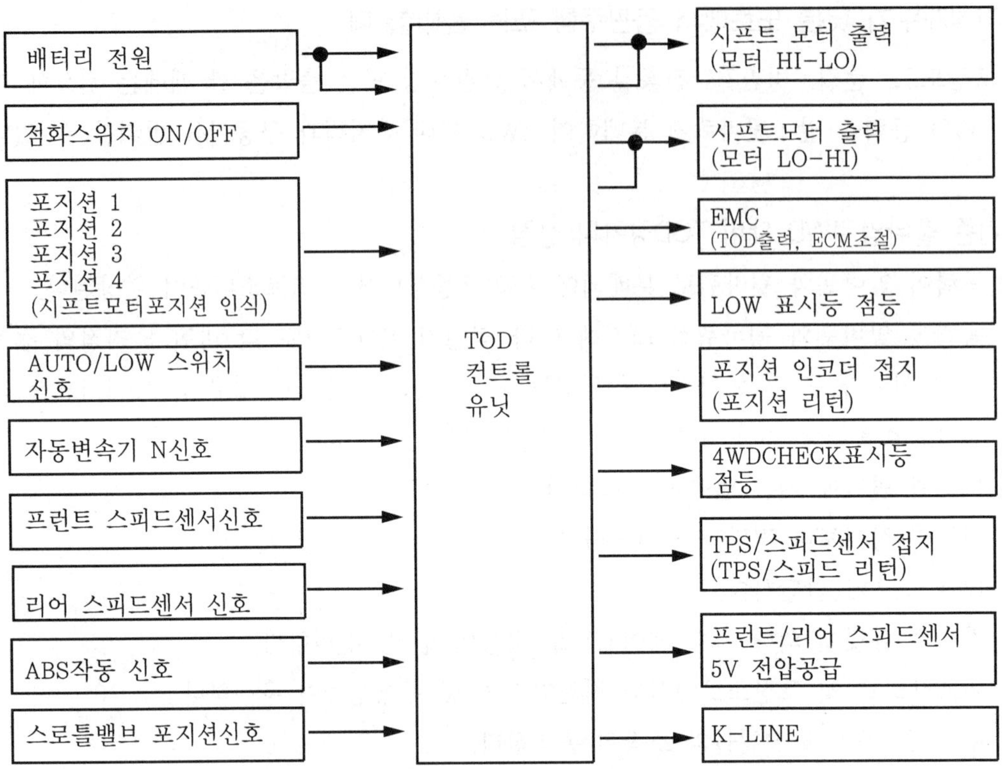

그림 145. TOD 전자제어 입·출력 회로도

(3) LOW모드를 선택하였을 때의 기능

모드 스위치(mode switch)를 “LOW” 로 선택하면, 4WD 저속상태로 선택된다. 추진축의 동력비율은 1 : 1에서 2.48 : 1로 변환된다.

(a) (b)

그림 146. TOD 선택 스위치 설치위치

(4) 시프트 모터(shift motor)

트랜스퍼 케이스의 시프트 모터는 트랜스퍼 케이스 뒤쪽에 설치되어 있다. 시프트 모터는 로터리 헬리컬 캠을 구동한다. 모드 선택스위치에서 구동위치를 "LOW" 로 선택하면, 헬리컬 캠이 "AUTO" 에서 "LOW" 위치로 회전하면서 시프트 포크가 2.48 : 1의 감속위치로 된다.

(5) 트랜스퍼 케이스(trance case)

TOD 트랜스퍼 케이스는 "AUTO" / "LOW" 스위치조작과 시프트 모터의 전기적 작동에 의해 변속기로부터의 동력을 뒤차축 및 앞차축으로 분배한다. 뒷바퀴 구동모드에서 변속기로부터의 동력은 트랜스퍼 케이스의 입력축(input shaft)을 통해 뒤쪽의 출력축(output shaft)으로 전달이 된다.

이렇게 전달된 동력은 추진축을 뒤차축으로 전달되고, "AUTO" / "LOW" 로의 변속은 HI-LO칼라(collar)가 감소되는 방향으로 시프트 포크가 출력축(output Shaft)과 앞차축 유성기어를 물림시켜 실행된다. 이에 따라 입력축으로부터 전달된 동력은 선 기어를 통해 앞차축 유성기어를 회전시키고, 앞차축 유성기어는 출력축과 물려 LOW상태로 구동하게 된다.

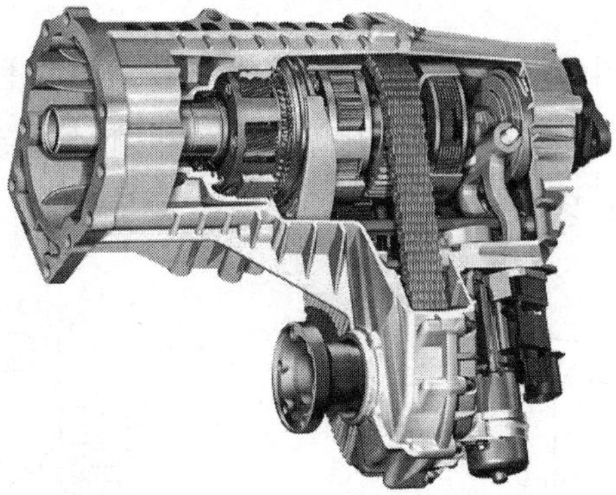

그림 147. 트랜스퍼케이스의 구조

(6) 뒤 스피드센서(rear speed sensor)

뒤 스피드센서는 홀 효과를 이용한 센서(hall effect sensor)이며, 30개의 이(tooth)를 가진 휠의 회전에 따라 0~5Vdc의 사각파형(square wave)을 발생시킨다.

이의 수가 30개인 휠은 트랜스퍼 케이스 내부에 설치되어, 뒤 추진축과 결합되어 있으며, 뒤 추진축이 회전하면 1회전 당 휠의 잇수 만큼의 스피드 센서 펄스신호가 발생한다. 즉, 추진축이 1회전하면 30개의 스피드센서 펄스신호가 발생하게 된다.

(7) 앞 스피드센서(front speed sensor)

앞 스피드센서는 뒤 스피드센서와 동일하며, 앞 추진축과 결합되어 있다.

(8) 전자 다판 클러치(EMC : electromagnetic clutch)

전자 다판 클러치는 도로조건 및 차량의 주행상태에 따라 요구되는 양 만큼의 동력을 앞 추진축에 적용하기 위해 사용된다.

6.3.2. ITM(interactive torque management)방식

ITM방식의 4WD는 주로 앞바퀴 구동형 즉 온 로드(on road)용 자동차에서 사용하는 상시 4WD TOD와 함께 풀타임 방식이라 부른다. 앞에서 설명한 트랜스퍼 케이스 형식과 달리 매우 간단한 장치로 구성되어 있다. ITM는 견인력을 향상시키며, 선회 주행에서의 안정성, 그 밖의 주행안정성에 효과가 우수하다.

[1] ITM방식의 작동 개요

앞바퀴 구동형 자동변속기에서 뒷바퀴 쪽으로 동력을 인출하는 트랜스퍼 케이스를 거친 동력은 추진축으로 전달되고 추진축과 종감속기어 사이에 설치된 ITM에서 전기적으로 동력을 전달하면 4WD가 되고 동력을 차단하면 2WD로 작동한다.

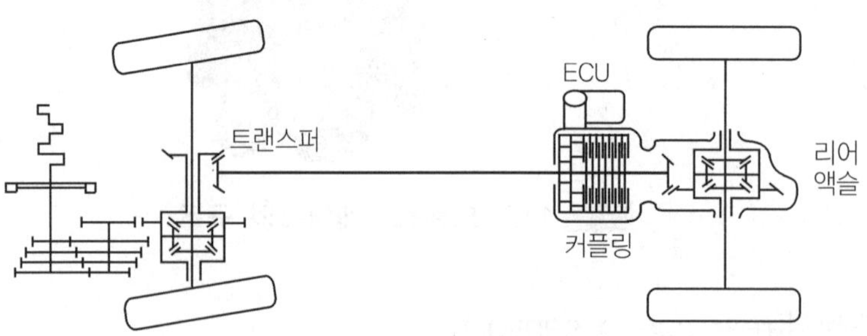

그림 148. ITM 작동 계통도

[2] ITM의 작동원리

ITM 컨트롤 유닛이 4WD 작동영역을 판단하면 ITM에 설치된 전자 다판 클러치(EMC) 코일을 작동시켜 ITM 내의 클러치판을 압착시킨다. 이에 따라 추진축으로부터 전달된 동력이 뒤 종감속기어를 거쳐 뒷바퀴로 전달된다.

[3] ITM 전자제어 입·출력 구성도

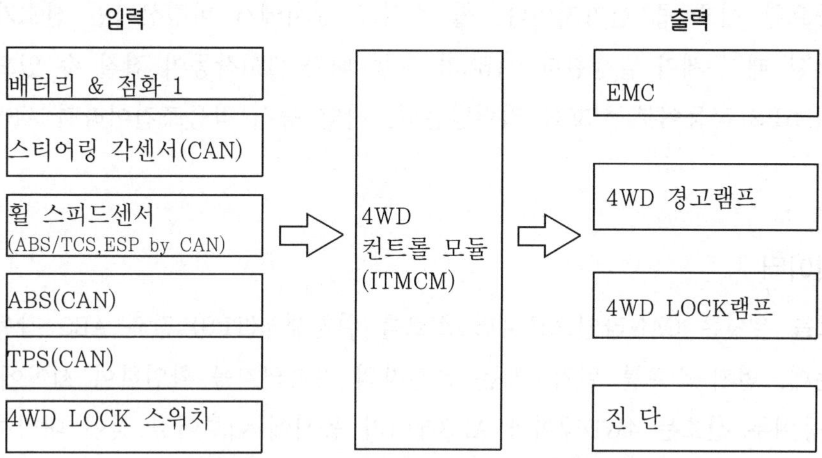

그림 149. ITM 전자제어 입·출력도

(1) 조향핸들 각속도 센서

조향핸들 각속도 센서는 조향핸들의 조향정도를 파악하여 선회주행을 할 때 4WD 구동력을 조절하여 안정된 선회가 가능하도록 유도한다. 또 선회할 때 발생하는 타이트 코너 브레이크 현상(선회주행을 할 때 바퀴가 끌리며 일어나는 제동현상)을 방지한다.

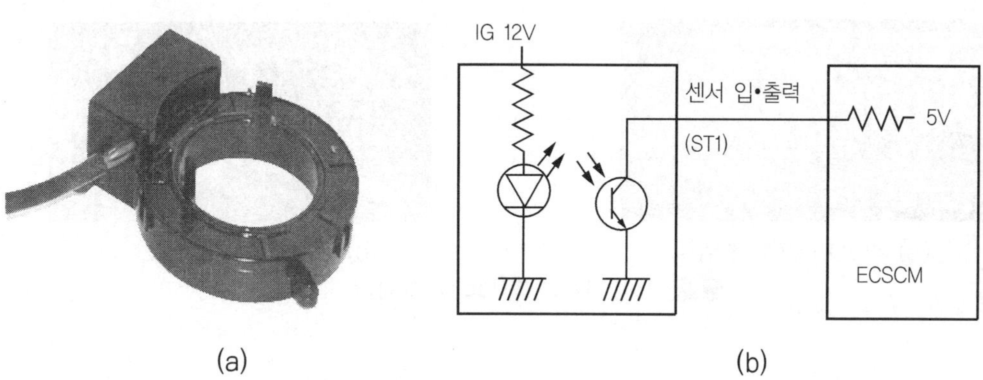

그림 150. 조향핸들 각속도 센서

배선은 총 5선으로 전원, 접지, 중립점, 조향 1, 2로 각각 구성되어 있으며, ITM 컨트롤 유닛으로 신호가 입력된다. 조향각도와 조향속도를 판단하여 제어에 활용한다. 전압은 하이(high) 신호가 약 4.0V이고 로우(low) 신호가 약 1.5V를 나타낸다.

(2) 휠 스피드 센서

휠 스피드 센서는 각 바퀴의 회전속도를 판단하여 ITM 컨트롤유닛으로 보내준다. 4WD 제어에서 중요한 신호 중 한가지이다. 휠 스피드 센서에서 비정상적인 신호가 출력되면 4WD를 제어할 때 문제가 발생한다. ABS가 작동 때와 ITM작동이 겹칠 수 있으므로 CAN 라인을 통해 ABS 작동여부 신호를 입력받는다. 만약 동시 작동조건이라면 ABS제어가 우선한다.

(3) CAN 데이터

ITM 컨트롤 유닛은 CAN라인으로부터 스로틀 위치센서(TPS) 값과 ABS 작동여부 신호를 입력받는데, 먼저 스로틀 위치센서는 운전자의 가속의지를 확인하여 제어에 활용한다. 또 ABS 작동여부 신호는 4WD제어와 ABS제어가 동시에 이루어질 것에 대비하여 신호를 입력받는다(우선 신호는 ABS).

(4) 4WD 록(LOCK) 스위치

차량이 습지대에 빠졌거나 그밖에 상시 4WD가 필요할 경우 이용하는 스위치이며, 이 스위치를 ON하면 상시 4WD로 동작한다. 4WD LOCK스위치를 ON한 상태로 고속으로 주행하면 자동으로 록이 해제된다.

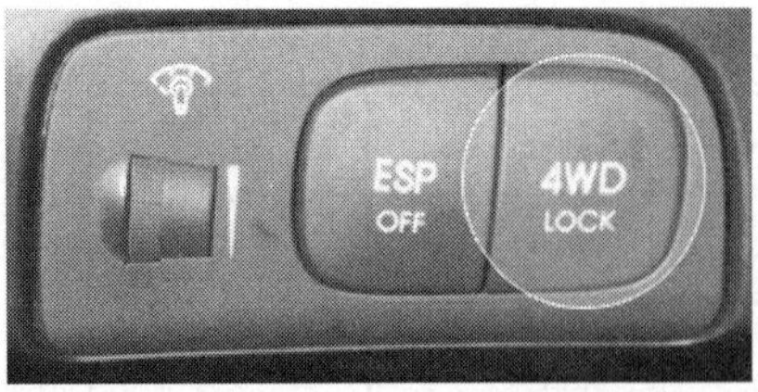

(a) 4WD LOCK 스위치

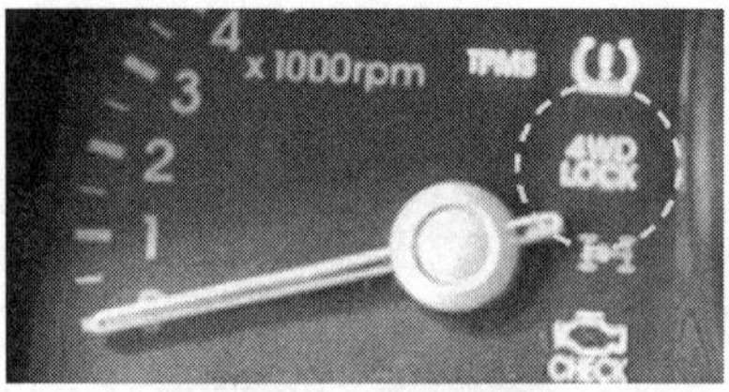

(b) 4WD LOCK 램프

그림 151. 4WD 록(lock) 스위치

(5) 전자 다판 클러치(EMC)코일 출력제어

ITM 컨트롤유닛은 ITM 작동조건이 각종 센서로부터 입력되면 EMC 코일을 듀티제어하여 4바퀴를 제어한다. 듀티비율이 증가하면 구동력 분배율도 커지고 듀티비율이 낮아지면 동력 분배비율도 같이 작아진다.

익힘문제

01. 클러치의 사용목적에 대하여 설명하시오.

02. 클러치판의 토션 스프링의 역할에 대하여 설명하시오.

03. 클러치 커버의 종류를 나열하시오.

04. 클러치 페달 자유간극을 설명하시오.

05. 클러치의 용량에 대하여 설명하시오.

06. 듀얼클러치 변속기(DCT : dual clutch transmission) 작동에 대하여 설명하시오.

07. 기어식 변속기의 종류를 쓰시오.

08. 변속기에서 2중 물림방지 장치는 무엇인가 ?

09. 자동차의 구동력에 대하여 설명하시오.

10. 유체 클러치의 스톨 포인트에 대하여 설명하시오.

11. 자동변속기에서 히스테리시스에 대하여 설명하시오.

12. 자동변속기에서 일방향 클러치의 목적은 무엇인가 ?

13. 유체 클러치의 구성부품을 쓰시오.

14. 토크컨버터에서 유체 클러치의 가이드 링 및 스테이터의 역할에 대하여 설명하시오.

15. 댐퍼 클러치의 역할에 대하여 서술하시오.

16. 자동변속기에서 유성기어 장치는 어떤 구조로 되어있는지 설명하시오.

17. 전자제어 작동변속기에서 토크컨버터 내의 댐퍼 클러치가 작동되지 않는 구간을 기록하시오.

18. 자동변속기에서 압력 제어밸브의 종류를 설명하시오.

19. 자동변속기에서 타임래그에 대하여 설명하시오.

20. 무단변속장치(CVT)의 특성에 대하여 설명하시오.

21. 무단변속장치(CVT)의 변속방식에 의한 분류에 대하여 서술하시오.

22. 무단변속장치(CVT)의 1차 풀리와 2차 풀리의 작동에 대하여 설명하시오.

23. 자재이음의 종류 및 특징에 대하여 설명하시오.

24. 드라이브라인의 슬립이음의 필요성에 대하여 설명하시오.

25. 종감속 장치에 가장 많이 사용되는 기어는 ?

26. 종감속비에 대하여 설명하시오.

27. 액슬 하우징의 형식에 대하여 서술하시오.

28. 주행중 자재이음 및 추진축에서 소음(진동)이 발생하는 원인은 ?

29. 차동 기어장치의 원리에 대하여 설명하시오.

30. 자동제한 차동 기어장치(LSD)에 대하여 간단하게 설명하시오.

31. 휠의 종류와 특성에 대하여 기록하시오.

32. 튜브리스 타이어의 장단점에 대하여 기록하시오.

33. 레이디얼 타이어 특징에 대하여 설명하시오.

34. 편평 타이어 특징에 대하여 설명하시오.

35. 타이어 구조에서 사이드 월(Side Wall)에 대하여 설명하시오.

36. 타이어에서 발생하는 이상현상 중 스탠팅 웨이브(standing wave)현상에 대하여 설명하시오.

37. 타이어 공기압 경보장치 TPMS에 대하여 설명하시오.

38. 4WD(4wheel drive)의 장점에 대하여 기록하시오.

39. 풀타임 전자제어 4WD특징에 대하여 기록하시오.

40. 4WD(4wheel drive) 종류에서 ITM(interactive torque management)방식에 특징에 대하여 설명하시오.

CHAPTER 03

현가장치 [suspension system]

1. 현가장치의 개요

현가장치(suspension system)는 주행 중 도로노면으로부터 오는 끊임없는 충격을 타이어가 1차적으로 받고 현가장치를 통해 차체로 전달된다. 이때 현가장치는 진동이나 충격을 흡수하여 차체 각부의 파손을 방지하며 승차감각과 자동차의 안전성을 향상시키는 중요한 장치이다. 현가장치는 자동차의 움직이는 부위(차축, 암)와 움직이지 않는 부위(차체 또는 프레임)사이에 설치되며 완충장치를 포함하여 프레임(또는 보디)과 차축사이를 연결하고 있는 기구를 말한다.

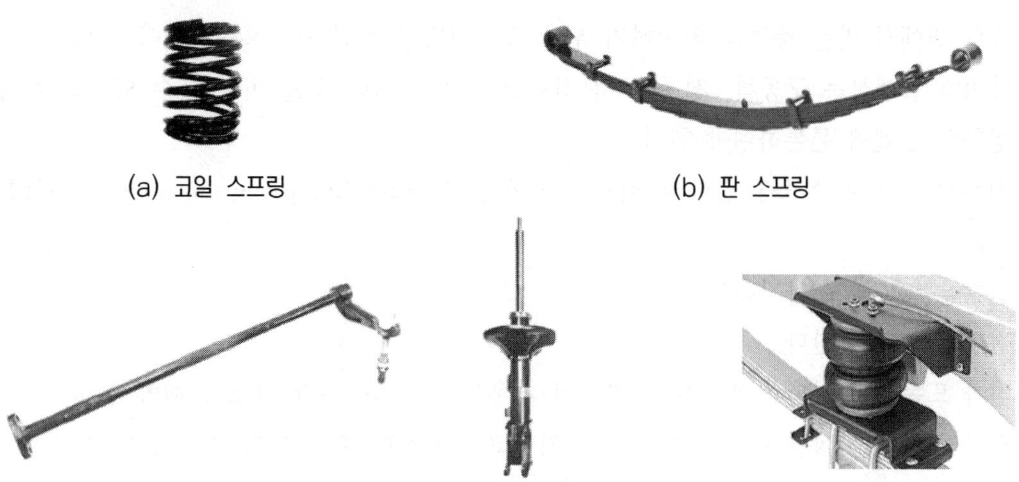

(a) 코일 스프링 (b) 판 스프링

(c) 토션바 스프링 (d) 쇽업소버 (e) 에어스프링

그림 1. 스프링의 종류

주로 사용되고 있는 현가장치는 코일스프링(coil spring), 판스프링(leaf spring), 쇽업소버(shock absorber), 토션바 스프링(torsion bar spring), 에어스프링(air spring) 등이 있으며, 현재는 마이크로컴퓨터를 이용한 전자제어 현가장치(ECS : electronic control suspension)도 실용화되어 사용되고 있다. 어떤 종류의 현가장치를 사용하든지 노면이 볼록하게 튀어 올라오면 현가장치는 압축되고 노면이 움푹 들어가면 현가장치는 신장 되면서 충격을 흡수한다.

현가장치는 구동바퀴의 구동력, 제동할 때의 제동력 등을 차체(또는 프레임)에 전달하고 또 선회할 때의 원심력을 이겨내 바퀴가 차체에 대해 바른 위치를 갖게 하는 작용도 한다.

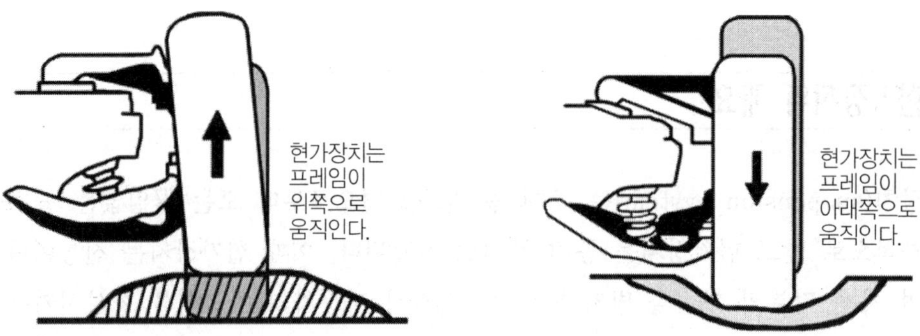

(a) 압축 (b) 신장

그림 2. 현가장치의 압축과 신장

1.1. 현가장치의 구비조건

① 도로 면에서 받는 충격을 완화하기 위해 상·하방향의 연결이 유연하여야 한다.

② 바퀴에 발생하는 구동력, 제동력 및 선회할 때의 원심력 등을 이겨낼 수 있도록 수평방향의 연결이 튼튼하여야 한다.

③ 가벼워야 한다(스프링 질량의 절반은 스프링 아래질량(unspring mass)으로 취급한다).

④ 설치공간을 적게 차지해야 한다.

⑤ 정비가 쉬워야 한다.

⑥ 적차 또는 공차상태를 막론하고 가능한 차체의 고유진동수가 같도록 해야 한다.

⑦ 적차 또는 공차상태에도 차체의 최저 지상고는 가능한 한 변화가 적어야 한다.

2. 현가방식의 종류

2.1. 현가장치의 종류

현가장치는 차체(또는 프레임)와 차축사이에 설치되어 자동차의 무게를 지지하고, 바퀴의 진동을 흡수하며, 또 조향장치의 일부를 설치하기도 한다. 또 앞 현가장치는 앞차축의 형식에 따라 일체 차축 현가방식과 독립 현가방식으로 나누어지며, 승차감이나 조종성능을 중요시하는 승용차에서는 독립 현가방식을 주로 사용하고 요즘은 버스에서도 사용을 하고 있다. 화물차에서는 일체 차축 현가방식을 사용한다.

뒤 현가장치는 화물차에서는 일체 차축현가방식을 많이 사용하고 있으나 승용차에서는 승차 감각이나 안정 성능을 높이기 위해 독립 현가방식을 사용한다.

2.1.1. 일체 차축 현가방식(solid axle suspension)

일체 차축 현가방식은 일체로 된 차축에 양쪽 바퀴가 설치되고 다시 이것이 스프링을 거쳐 차체에 설치된 방식으로 트럭의 앞·뒤 차축에서 사용된다. 스프링으로는 판스프링이 주로 사용되며, 그 배치에 따라 평행 판스프링 형식과 옆 방향 판스프링 형식이 있다.

[1] 평행 판스프링 형식

이 형식은 판스프링의 한 끝은 직접 프레임에 핀으로 설치하고, 다른 한 끝은 스프링 스팬의 변화가 가능하도록 섀클(shackle)을 통해 설치되어 있다. 차축과 스프링은 스프링 중앙부근에 U-볼트로 설치되어 있으며 차축이 스프링 위쪽에 설치되는 언더형 방식(under hung type)과 차축을 스프링 아래쪽에 설치하는 오버형 방식(over hung type)이 있다.

그림 3. 평행 판스프링형식

또 이 형식은 스프링 자체가 차축을 지지하기 때문에 특별히 차축 지지용 암(arm) 등을 설치하지 않아도 되므로 현가장치가 간단해지는 장점이 있다. 그러나 바퀴의 구동력, 제동력, 선회할 때의 옆 방향 작용력 등이 모두 스프링을 거쳐 차체에 전달되기 때문에 스프링 정수가 작은 스프링을 사용할 수 없는 결점이 있다.

그림 4. 오버헝 방식

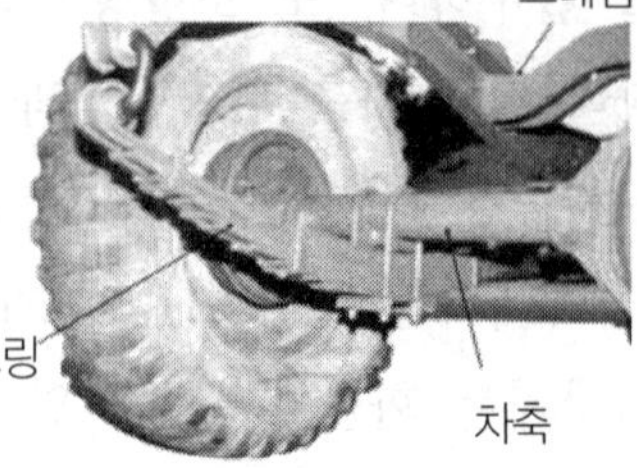

그림 5. 언더헝 방식

[2] 옆 방향 판스프링 형식

이 형식은 스프링 중앙부분을 프레임에 고정하고, 양끝은 섀클을 통해 차축에 설치한 형식이다. 옆 방향 판스프링 형식은 파나르 로드(panhard rod : 래터럴 로드)를 설치하여 좌·우방향의 움직임을 잡아주며, 레디어스 로드를 설치하여 앞뒤 방향의 작용력, 제동 또는 구동할 때 발생하는 반동 회전력을 받도록 하고 있다.

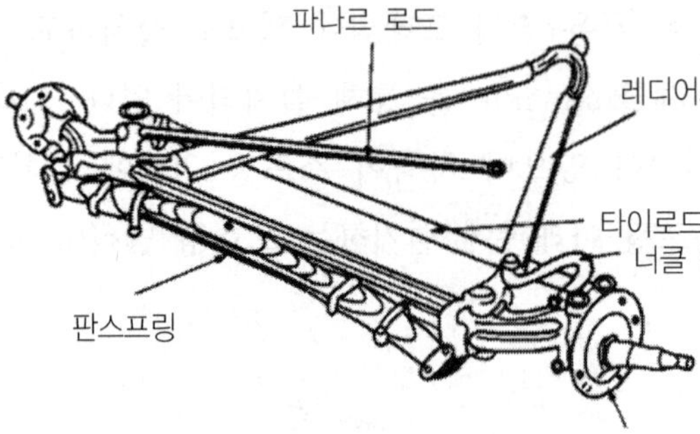

그림 6. 옆 방향 판스프링 형식

[3] 일체 차축 현가방식의 장점 및 단점

(1) 일체 차축 현가장치의 장점

부품 수가 적고 구조가 간단하다. 특히 평행 판스프링 형식에서는 차축의 위치를 정하는 링크나 로드가 필요하지 않으며 선회할 때 차체의 기울기가 작다.

(2) 일체 차축 현가장치의 단점

① 스프링 아래질량(unspring mass)이 크기 때문에 승차 감각이 좋지 않다.

② 앞바퀴에 시미(shimmy : 바퀴의 좌우 진동)가 일어나기 쉽다.

③ 스프링 정수가 너무 작은 것은 사용하기 어렵다.

Guide 시미가 발생하는 원인

① 쇽업소버의 작동이 불량하거나 앞 현가 스프링이 쇠약하다.
② 타이어 공기압력이 낮거나 바퀴의 평형이 불량하다.
③ 스프링 정수가 작거나 링키지 연결부분이 헐겁다.

2.1.2. 독립 현가방식(independent suspension)

독립 현가방식은 차축을 분할하여 양쪽 바퀴가 액슬에 의해 구속받지 않고 서로 관계없이 위 아래로 작동하도록 하여 승차감이나 안정성을 향상시킬 수 있도록 한 것이며 맥퍼슨 스트럿식 서스펜션은 엔진을 가로 배치할 수 있고 조종안정성과 승차감이 좋은 더블 위시본과 멀티링크식이 쓰이고 있다.

그림 7. 독립 현가방식

[1] 독립 현가방식의 장점

① 스프링 아래질량이 작기 때문에 승차감이 좋다.

② 바퀴의 시미를 잘 일으키지 않으며, 로드 홀딩(road holding)이 우수하다.

③ 스프링 정수가 작은 것을 사용할 수 있다.

④ 차체 요동이 적어 차체의 움직임이 안정적이다.

[2] 독립 현가방식의 단점

① 구조가 복잡하고 가격이나 취급 및 정비 면에서 불리하다.

② 볼 이음이 많기 때문에 그 마멸에 의해 앞바퀴 얼라인먼트가 틀어지기 쉽다.

③ 바퀴의 상하운동에 따라 윤거(tread)나 앞바퀴 얼라인먼트가 변화하기 쉬워 타이어가 빨리 마모된다.

2.2. 현가방식의 종류

2.2.1. 일체 차축 현가방식의 종류

일체 차축 현가방식은 그 결합방법 및 구성요소에 따라 다음과 분류된다.

[1] 평행 링크방식(parallel link type)

이 방식은 2개의 판스프링을 평행으로 배치하여 뒤 차축을 지지하는 것으로 대형 화물차나 승합차에서 주로 사용한다. 평행 링크방식은 구조가 간단해 값이 싸며, 신뢰성이 높고 바닥(floor)을 낮게 할 수 있으며, 무게 변화가 큰 차량에서는 승차감각을 크게 떨어뜨리지 않으면서 차량의 높이 변화를 적게 할 수 있는 장점이 있다.

그러나 판스프링 자체 무게가 무겁기 때문에 접지성능이 떨어지고 구조상 설계(layout)의 자유도가 작아 조정 안정성능이 나쁘며, 스프링의 정수가 낮은 것을 사용할 수 없어 승차 감각이 떨어지는 결점이 있다.

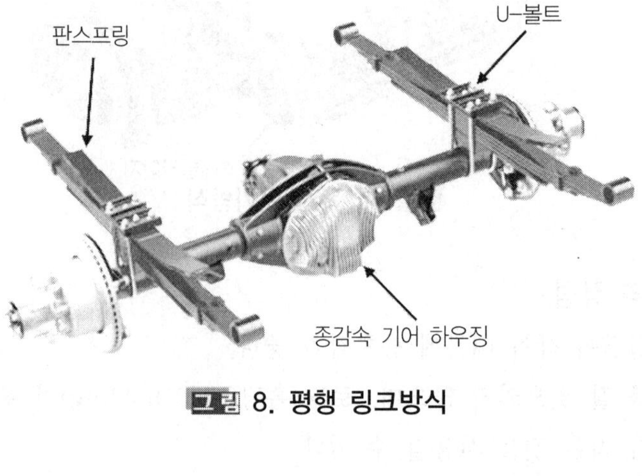

그림 8. 평행 링크방식

[2] 링크(link)방식

링크식은 판 스프링의 결점인 와인드업 진동, 횡방향의 강성 부족 등을 보완하기 위해 판 스프링을 코일 스프링으로 대체한 것이다. 차축과 차체의 결합은 두 개 이상의 링크로 하고 스프링과 댐퍼는 완충작용만 하는 형식이다. 이 방식은 차축과 차체의 위치 결정을 여러 개의 링크로 하고 쇽업소버와 스프링은 충격 완화작용만 하는 것으로 무게가 가볍고, 타이어의 접지성능이 좋고, 설계의 자유도가 있어 조정 안정성능이 양호하며, 스프링정수를 작게 할 수 있어 불쾌한 소리나 진동(harshness)억제가 가능해 승차감이 뛰어난 장점이 있다.

그러나 부품수가 많아 값이 비싸며, 각 링크의 움직임, 공진, 고무 부싱 등에 세심한 주의가 필요하다. 일반 승용차의 뒷바퀴에 많이 썼지만 요즘은 승합차와 4WD차의 뒷바퀴 또는 크로스컨트리용 4WD의 앞바퀴에 주로 쓰인다.

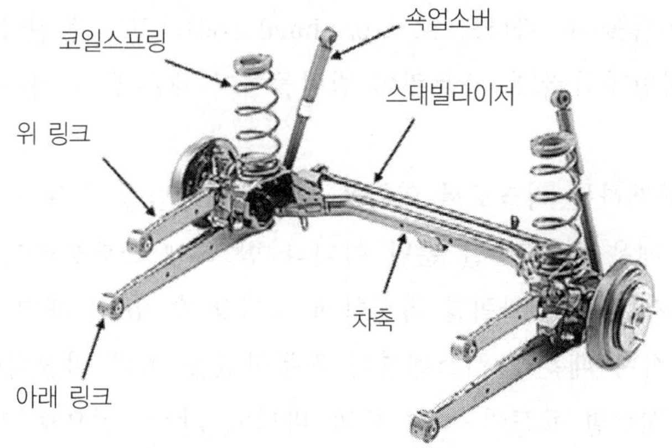

그림 9. 링크방식

[3] 토션 빔 차축(torsion beam axle)방식

토션 빔 타입 서스펜션은 몇 가지 종류가 있지만 공통된 것은 좌우에 트레일링 암(trailing arm)이 배치되어 이것이 빔(beam)으로 연결되어 있다. 트레일링 암의 트레일링은 "끌다" 라는 뜻으로 타이어가 바디에 장착되어 있는 암에 이끌려 진행하는 타입의 서스펜션을 트레일링 암 타입이라고 불리고 있다.

토션 빔 서스펜션은 좌우의 트레일링 암 후단을 아래쪽으로 향한 U자형 단면을 가진 액슬 빔(axle beam)으로 연결하고 여기에 래터럴 로드(lateral rod)를 장착한 구성으로 되어 있다.

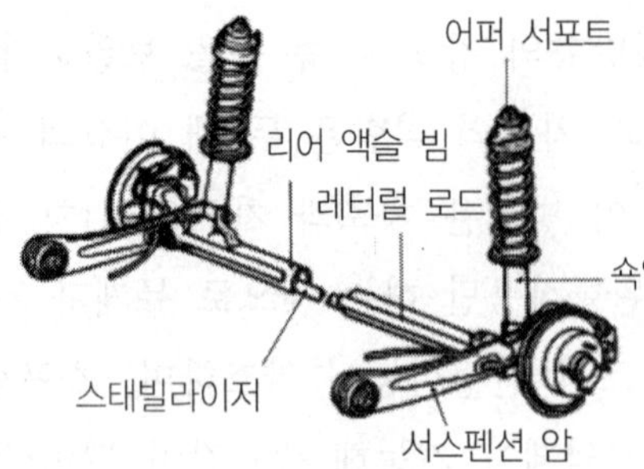

(a) 토션 빔 형식

(b) 멀티 링크 빔 형식

그림 10. 토션 빔 차축방식

래터럴 로드는 액슬 빔과 거의 평행으로 배치되어 액슬 로드와 바디에 러버 부시를 사이에 두고 설치되어 있는 봉으로 서스펜션에 들어가는 가로방향의 힘을 받아 흡수하는 작용을 하며, 고안자의 이름을 따 파나드 로드(panhard rod)라고도 불린다. 앞뒤 방향의 힘은 트레일링 암이, 상하방향의 힘은 스트럿이 받아들이기 때문에 ff 자동차의 리어용에 어울리는 구성이다.

타이어의 움직임을 규제하는 링크로서 역할을 하는 액슬 빔을 스트럿 타입이나 더블 위시본 타입과 비교하면 매우 길이가 길 뿐만 아니라 빔 속에 스태빌라이저가 설치되어 있기 때문에 캠버의 변화가 작고 뒷바퀴를 확실하게 지지할 수 있다. 또한 멀티링크 타입 등에 비해 조인트 수가 적기 때문에 서스펜션이 작동하였을 때의 마찰력이 작아 승차감도 좋다. 하지만, 단점은 래터럴 로드가 액슬 빔과 바디에 각각 1점으로 자동차의 중심선과 비대칭으로 장착되어 있기 때문에 좌 · 우회전시 코너링 특성이 다르다는 점과 스트로크가 클 때 바디와 액슬 빔이 상대적으로 옆으로 빗나가는 스커프(scuff) 변화가 발생된다는 점이다.

멀티링크 빔 서스펜션(multi-link beam suspension)이다. 이 서스펜션은 토션 빔 서스펜션과 기본적으로는 거의 같으나, 다른 점은 래터럴 로드 대신 스코트 러셀기구(scott russell linkage)라 불리는 링크기구가 이용된다. 이 기구는 래터럴 로드에 컨트롤 로드(control rod)라 불리는 짧은 로드를 장착한 것으로 이 로드가 추가되어 있는 것과, 래터럴 로드의 액슬 빔 장착부분에 상하 방향으로 견고하고, 좌우 방향으로 용이하게 변형되는 부시가 장착되어 있는 것이 특징이다.

이 기구를 적용함으로써 타이어는 바디에 대해 항상 수직방향으로만 움직이고 토션 빔 타입의 단점이었던 비대칭성과 스커프 변화가 해소되어 우수한 조종 안정성을 실현하고 있다.

2.2.2. 독립 현가방식의 종류

독립식 현가장치는 설치 면적이 작고 스프링 하중을 작게 할 수 있으므로 승차감 및 노면 접지성(road holding)이 향상되어 보디의 바닥을 낮출 수 있으므로 실내의 공간을 넓힐 수 있는 효과가 있으며, 승용차의 일부나 스포츠카 등에 이 형식의 현가장치가 사용되고 있다. 그러나 차륜이 상하로 움직임에 따라서 차륜거리(축거 : track)나 캠버(camber)가 변화하는 특징이 있다.

구동바퀴로의 동력전달은 차체하부에 고정된 종감속 기어로부터 유니버설 조인트를 가진 차축에 의해 전달되고 차축은 바퀴의 상하움직임에 의해 종감속 기어를 중심으로 원호운동을 하는 형식으로 이루어지는데 이러한 형식을 스윙 액슬이라고 한다. 차륜에 장착되는 방식에 따라서 전륜의 경우는 스트럿형식 현가장치, 위시본 방식 현가장치로 나눌 수 있고 후륜의 경우는 스윙 액슬형, 트레일링 암형, 세미 트레일링 암형, 다이애거널 링크형으로 나누어진다.

[1] 위시본 형식(wishbone type)

위시본 방식의 현가장치는 상하 2개의 현가 암인 위·아래의 컨트롤 암이 축에 의해 프레임에 장착되며, 아래 컨트롤 암과 프레임 사이에 설치되어 완충작용을 하는 코일 스프링과 볼 조인트에 의해 상하 운동과 조향을 위한 회전운동을 할 수 있는 조향너클 등으로 구성되어 있어 바퀴가 스프링에 의해 완충되면서 상하운동을 하게 되어 있다.

위시본 방식에서는 위·아래 컨트롤 암의 길이에 따라 캠버(camber) 또는 윤거(tread)가 변화되며, 바퀴에 발생하는 제동력이나 코너링 포스(cornering force)는 모두 서스펜션 암이 지지하고 스프링은 수직방향의 하중만을 지지하는 구조로 되어 있다. 위시본 방식에는 평행사변형 형식과 SLA형식이 있다.

그림 11. 위시본 형식

(1) 평행사변형 형식(parallelogram type)

이 형식은 위·아래 컨트롤 암을 연결하는 4점이 평행사변형을 이루고 있다. 따라서 바퀴가 상하운동을 하면 조향너클과 연결되는 2점이 평행이동을 하게 되어 윤거가 변화하기 때문에 타이어 마멸이 촉진된다. 그러나 캠버가 변화하지 않기 때문에 커브 길 주행에서 안전성이 증대된다. 토(toe)는 약간 변화한다.

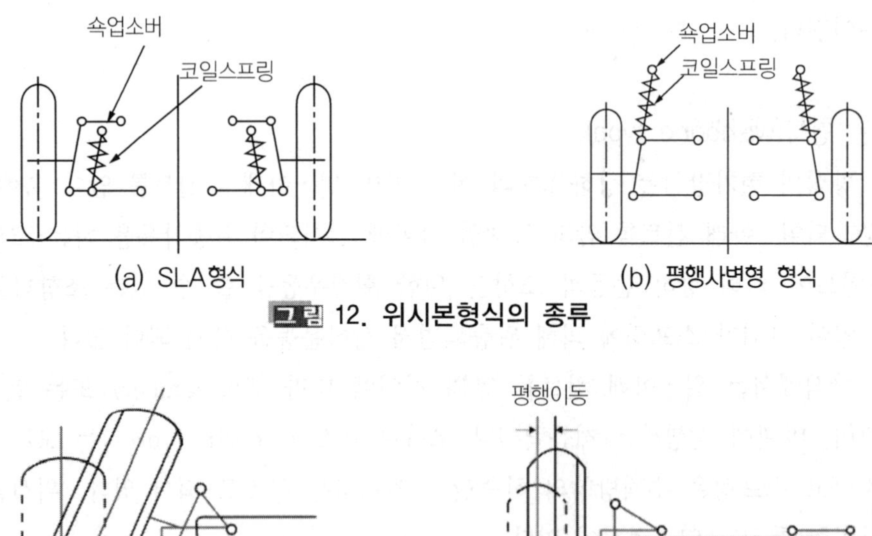

그림 12. 위시본형식의 종류

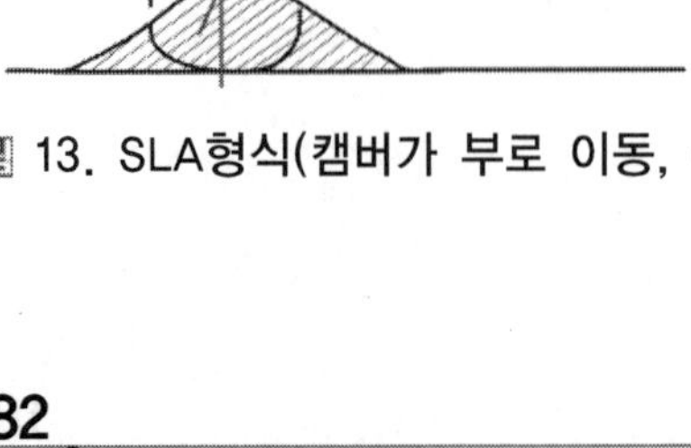
그림 13. SLA형식(캠버가 부로 이동, 윤거는 일정)

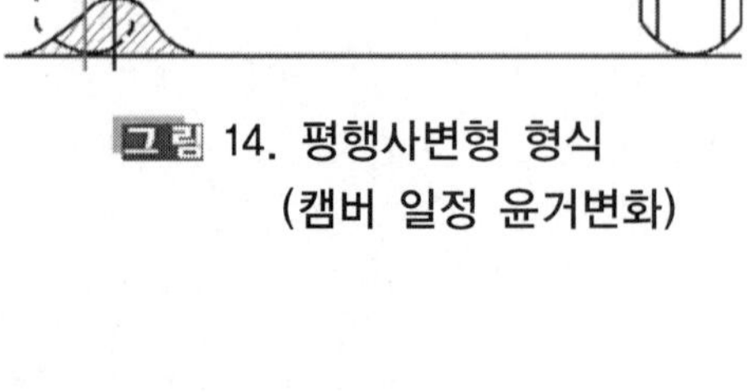

그림 14. 평행사변형 형식 (캠버 일정 윤거변화)

(2) SLA형식(short long arm type)

이 형식은 아래 컨트롤 암이 위 컨트롤 암보다 길게 되어 있다. 따라서 위 컨트롤 암은 비교적 작은 원호를 그리고, 아래 컨트롤 암은 큰 원호를 그리게 되어 윤거의 변화가 일어나지 않는다. 그러나 컨트롤 암이 상·하로 움직일 때마다 캠버(camber)와 토(toe)가 변화하는 결점이 있다.

SLA형식은 컨트롤 암이 볼 이음으로 조향 너클과 연결되어 있으며, 이 경우 위·아래 볼 이음의 중심선이 킹핀 중심선 역할을 한다. 그리고 볼 이음의 중심선을 조향축(steering axle)이라 한다. 그리고 SLA형식에서는 과부하가 걸리면 더욱 부의 캠버(negative camber)가 되어 타이어의 접지면 안쪽이 더 많이 마모되는 현상이 발생할 수 있다.

[2] 맥퍼슨형식(스트럿 형식 : strut type)과 댐퍼 스트럿(damper strut) 형식

(1) 맥퍼슨 스트럿(mcpherson strut)

맥퍼슨 스트럿은 조향 너클과 일체로 되어 있으며, 쇽업소버가 내부에 들어 있는 스트럿(strut : 기둥) 및 볼 이음, 아래 컨트롤 암, 스프링으로 구성되어 있다. 스트럿 위쪽에는 현가 지지를 통하여 차체에 설치되고, 현가 지지에는 스러스트 베어링(thrust bearing)이 들어 있어 스트럿이 자유롭게 회전할 수 있다. 또 아래쪽은 볼 이음을 거쳐 현가 암에 설치되어 있다. 코일스프링은 스트럿과 스프링 시트사이에 설치되며, 스프링 시트는 현가 지지의 스러스트 베어링과 접촉되어 있다.

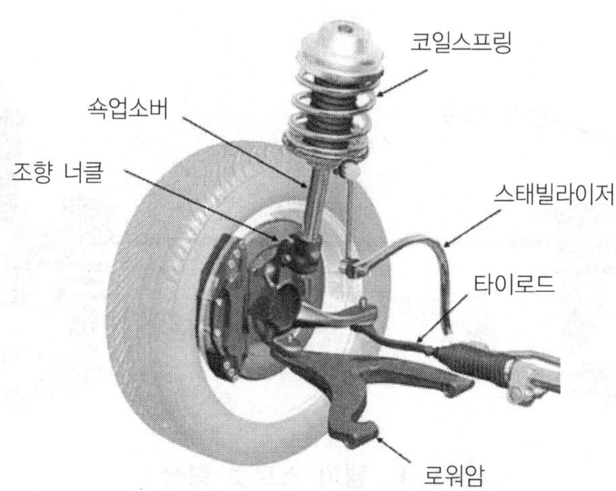

그림 15. 맥퍼슨(스트럿)형식

맥퍼슨 스트럿은 제동력, 가속력, 선회력 등 차체에 작용하는 큰 외력들을 흡수해야 한다. 따라서 쇽업소버의 플런저로드와 플런저 실린더는 충분한 강성을 가지고 있어야 한다. 또 쇽업소버 플런저로드의 상단을 차체에 고정하는 마운트는 축방향의 큰 힘을 흡수해야 하며, 조향차축일 경우에는 비틀림각이 아주 커야한다. 이러한 이유에서 마운트가 설치되는 차체(휠 하우스) 영역은 보강한다. 그러나 맥퍼슨식은 쇽업소버에서 발생하는 마찰력이 크고, 설치높이가 높고, 측력에 대한 저항력이 약하기 때문에 조향안정성에 영향을 미치는 결점이 있다. 그리고 통상적으로 앤티 다이브 작용(anti dive action)도 제한된다.

1) 맥퍼슨 형식의 특징

① 구조가 간단하고 구성부품이 적어 마멸되거나 손상되는 부분이 적고, 정비가 쉽다.

② 스프링 아래 질량이 작아 로드 홀딩이 우수하다.

③ 엔진실의 유효체적을 크게 할 수 있다.

④ 스트럿 축과 하중 축이 어긋나 스트럿에 휘어지는 모멘트가 발생하게 되면 이 모멘트가 쇽업소버의 미끄럼 운동부분의 마찰을 발생시켜 승차감을 나쁘게 한다.

(2) 댐퍼 스트럿(damper strut)

Modified macpherson strut 이라고도 한다. 맥퍼슨 스트럿을 수정한 형식으로 맥퍼슨 스트럿과 비교할 때 코일 스프링이 쇽업소버와는 별도로 설치된다. 맥퍼슨 스트럿에 비해, 엔진룸의 공간체적을 크게 할 수 있고, 설치높이도 낮게 할 수 있다. 그리고 앤티 다이브 작용은 약 20% 정도이다.

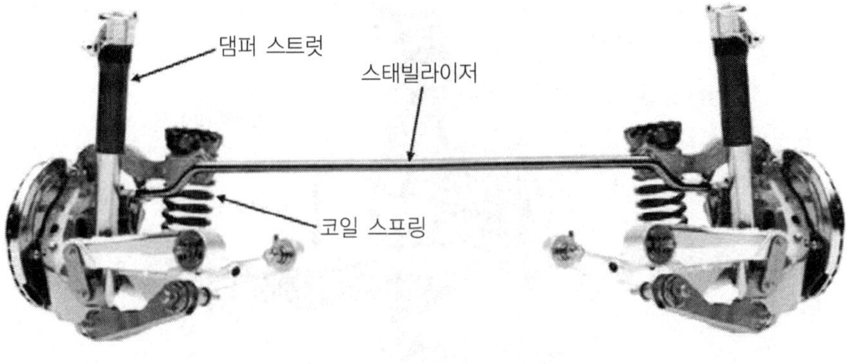

그림 16. 댐퍼 스트럿 형식

[3] 스윙 차축(swing axle)형식

이 형식은 좌우 각각의 차축이 중심부근에서 연결되어 독립적으로 상하운동을 하며, 차축이 상하로 움직임에 따른 수평방향의 각도변화가 곧바로 바퀴의 캠버(camber)변화로 이어진다. 스윙 차축형식은 구조가 간단해 무게가 가볍고 값이 싸며, 차체의 공간을 낮고 넓게 할 수 있고, 선회할 때 횡가속도에 의한 캠버 변화로 언더 스티어링(under steering)효과가 발생하여 안정적인 장점이 있다.

그러나 선회할 때 횡 가속도가 커지면 차체가 공중에 떠 캠버가 바깥쪽 방향으로 변화하여 오버 스티어링(over steering)발생으로 조정 안정성능이 불량하고 충격에 약한 단점이 있다.

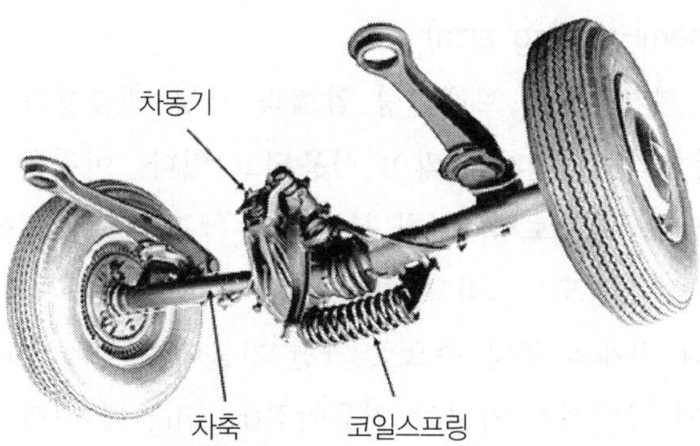

그림 17. 스윙 차축형식

[4] 트레일링 암 형식(wheel suspension on trailing arm)

트레일링 암 형식은 앞바퀴 구동차의 뒤 현가에 대부분 사용되고 있다. 차축 전방에 있는 피봇(pivot) 회전축이 차체 중심선에 대해서 직각으로 결합되어 차축을 암(arm)으로 결합한 형식을 말한다.

트레일링 암형의 장단점은 캠버 및 토우 변화가 없고 쇽업쇼버에 구부림 힘을 받지 않기 때문에 승차감이 좋고 적재함 바닥의 높이를 크게 낮출 수 있어 유리하지만 횡방향의 강성 관계 때문에 암의 길이가 제한되므로 토션바 스프링에서는 변형이 커지기 쉬우며 코일 스프링에서는 굽힘 변형을 받기 쉽고 자동차가 코너에 진입해 롤이 발생할 경우 상대적으로 강성이 약하다.

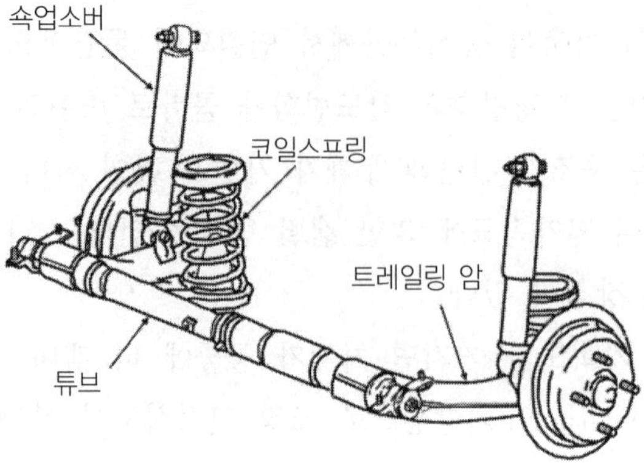

그림 18. 트레일링 암 형식

[5] 세미 트레일링 암(semi-trailing arm)

세미 트레일링 암형 현가장치는 트레일링 암형과 스윙 액슬형의 중간적인 성격을 가진 현가 시스템이며, 독립식의 뒤 현가에 많이 사용되고 있다. 이것은 트레일링 암형과 비슷하지만 암은 3각형의 암(arm)으로서, 설치 부싱과의 체결각도는 위에서 보았을 때 차체의 가로축에 대해 약 10~20° 정도. 그리고 차체의 뒤에서 보았을 때는, 차체와의 수평면에 대해서 거의 수평이거나 차체의 중앙 쪽으로 약간 기울어져 설치되어 있다.

세미 트레일링 암형의 장단점은 차량이 기울어짐(rolling)에 따라 기하학적 변화가 나타나게 되어 토우의 변화가 나타나는데, 타이어가 압축을 받는 쪽은 토우인 방향으로 변화되고 인장을 받는 쪽은 토우아웃 방향으로 변화되어 언더스티어 현상이 나타나게 되며 양륜의 움직임이 안정된다. 그러나 타이어에 횡력이나 제동력을 받을 경우에는 서스펜션 멤버와 암(arm)이 결합되는 부위에 힘(moment)이 작용하게 되어 차량의 움직임(steer)을 불안정하게 한다.

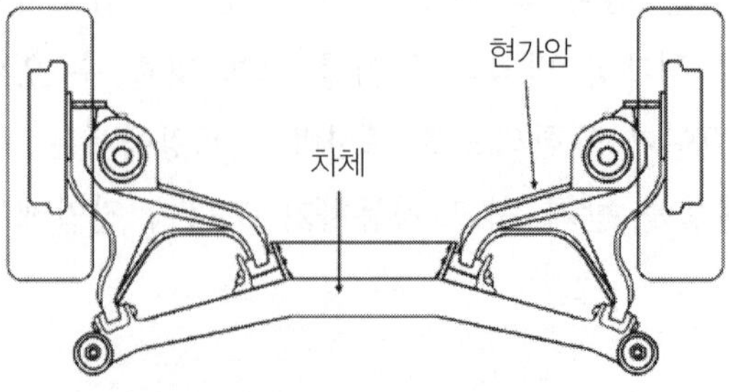

그림 19. 세미 트레일링 암형식

[6] 멀티-링크 액슬(multi-link axle : mehrlenkerachse)

현가장치는 차체(또는 프레임)와 차축사이에 설치되어 있기 때문에 주행하는 동안에 원하지 않은 조향운동을 유발하게 된다. 따라서 차륜에 외력이 작용하면 차륜은 주행방향으로부터 일정한 각도만큼 토-인 또는 토-아웃 방향으로 조향된다. 이와 같은 이유 때문에, 옆바람의 영향을 받을 경우에, 자동차는 원래의 궤적으로부터 크게 이탈하게 된다. 이 형식은 독립현가장치의 탄성 조향 오류(elastic steering errors)의 보상을 목표로 한다.

탄성 조향 오류란 예를 들면 하나의 차륜에 2개의 링크를 탄성적으로 연결하였을 경우에, 구동력이 작용하는 뒤쪽의 링크에서는 인장현상이 발생하고, 그 반대편인 앞쪽 링크에서는 압축현상이 발생되어 원하지 않은 조향각이 발생하는 현상을 말한다. 멀티 링크 액슬은 스태빌라이저를 포함한 트윈-컨트롤-암으로부터 개발되었다. 1개의 차륜에 다수의 링크(link)가 설치된 형식으로서 후륜용 현가장치로 사용된다.

링크(link)는 각각 고무부싱을 사이에 두고 차대(또는 차체)에 설치되며, 인장력과 압축력을 받는다. 링크의 길이, 위치, 방향 등을 종합적으로 고려하여, 가로방향의 힘이나 세로방향의 힘에 의한 차륜의 고유조향특성이나, 캠버, 축거, 윤거 등의 변화를 최소화한다. 링크들의 중심을 지나는 직선들의 교점이 차륜 중심 평면의 바깥쪽에 위치한다. 따라서 구동력에 의해서는 차륜은 바깥쪽으로 조향되고, 탄성조향 오류에 의해서는 안쪽으로 조향되게 된다.

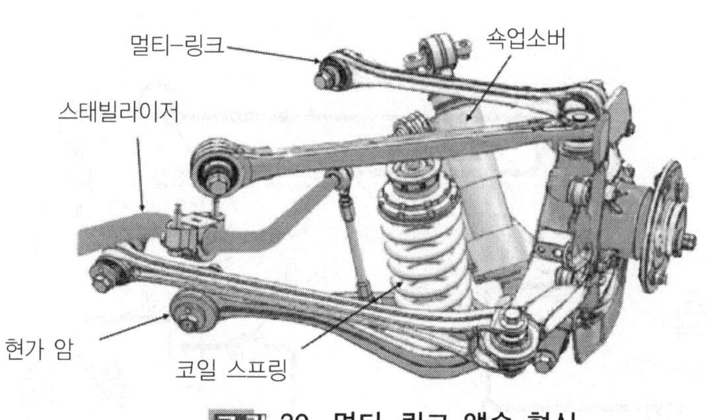

그림 20. 멀티-링크 액슬 형식

2.3. 공기 현가장치(air spring)

2.3.1. 공기 현가장치의 개요

공기 현가장치는 압축성 유체인 공기의 탄성을 이용하여 스프링 효과를 얻는 것으로 공기압축기, 서지탱크, 공기스프링, 레벨링밸브 및 링크 등으로 되어 있으며, 공기압축기에 의해 압축된 공기가 각 기구를 통해 차체를 표준 위치로 유지하도록 되어 있다. 구조가 복잡해 소형차에는 거의 사용하지 않으며 대형차나 버스 등에 사용이 된다. 금속 스프링과 비교하면 다음과 같은 특징이 있다.

① 금속스프링에 비하여 낮은 스프링 상수를 얻기가 쉽기 때문에 승차감이 향상한다.

② 스프링 특성은 기본적으로는 비선형이고, 또 그 설정은 설계에 따라 다양하게 선택할 수가 있다.

③ 스프링 상수는 공기의 압력에 비례하므로 하중의 변화에 관계없이 고유 진동수가 거의 일정하게 되어 승차감이 안정적이다.

④ 차고 조정기구와 조합하기가 용이하므로 하중의 변화에 관계없이 차고를 일정하게 유지할 수가 있다.

⑤ 고주파의 진동의 절연성이 우수하다.

⑥ 자동차의 바퀴를 잡아주는 기구가 복잡하게 된다.

⑦ 낮은 스프링 상수 때문에 롤(roll), 피칭(pitching)을 일으키기 쉽고, 이를 방지하는 기구가 필요로 한다.

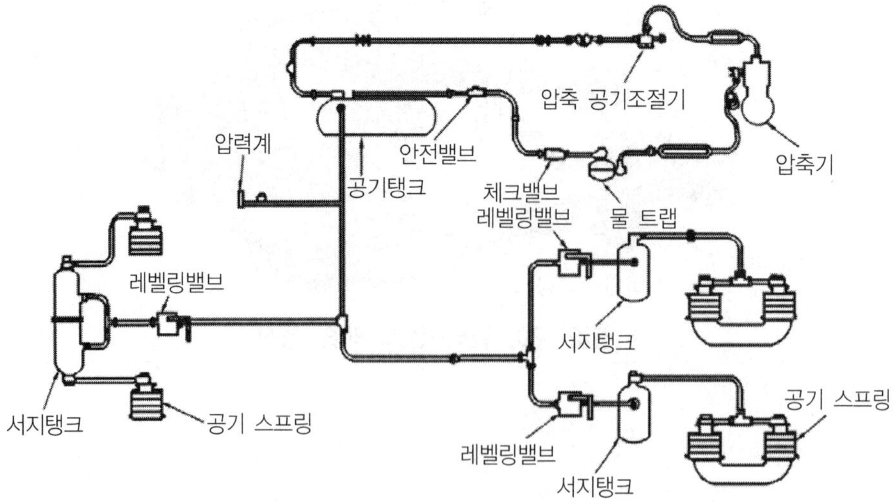

그림 21. 공기 현가장치의 구성도

⑧ 다른 스프링에 비하여 비싸다.

⑨ 공기압력을 하중에 따라 조정하는 장치와 압축공기를 만드는 압축기 등이 필요하며 구조가 복잡하다.

[1] 공기스프링의 주파수

벨로우즈 타입은 부하가 최대로 걸렸을 때 90~150cpm(cycle per minute) 정도이고 다이어프램 타입은 60~90cpm 정도이다. 벨로우즈 타입이 다이어프램 타입보다 높은 이유는 고압용이고 또 구조가 더욱 강성이 높기 때문이다.

[2] 공기스프링의 특성

진동 주파수는 스프링에 가해지는 하중이 증가함에 따라 감소하고, 하중이 감소하면 증가한다. 이렇게 진동 주파수의 변화는 승차감에 아주 중요한 역할을 한다. 판스프링이나 코일 스프링에서는 스프링에 가해지는 하중이 감소함에 따라 진동 주파수가 크게 증가한다. 즉 최대 하중이 걸렸을 때 주파수가 60cpm이면 하중이 최소일 때(짐을 다 내렸을 경우나 승차 인원이 다 내렸을 경우)는 주파수가 300cpm에 도달하게 되어 승차감이 아주 거칠게 된다.

그러나 공기스프링의 경우에는 스프링에 가해지는 하중이 최대이거나 최소인 경우에도 진동 주파수는 60~120cpm으로 그 범위가 아주 좁아 적재물의 하중변화에도 승차감을 좋게 유지할 수 있다. 이렇게 되는 이유는 판스프링이나 코일 스프링과 같은 금속 스프링은 스프링에 가해지는 정적인 하중의 변화에 대하여 스프링의 높이는 직선적으로 변한다.

공기스프링에서 하중의 변화에 대하여 스프링의 높이를 일정하게 하기 위한 방법은 스프링 내의 공기압을 변화시키는 것이다. 예를 들어 스프링에 가해지는 정적하중이 20kgf일 때 스프링의 높이를 100mm 유지하기 위하여 공기압은 1bar 정도이면 50kgf의 하중을 가하였을 때에는 5bar의 압력을 가하여 주면 된다. 이와 같이 공기스프링은 하중의 변화에 대한 높이를 일정하게 유지할 수 있는 것이 큰 장점이다.

공기스프링에서 진동 주파수에 큰 영향을 주는 것 중의 하나가 공기스프링의 체적이다. 따라서 자동차에서 최대 적재상태와 최소 적재상태 사이에는 공기스프링의 체적을 변화시켜 줌으로서 최적의 승차감을 이룰 수 있게 할 수 있다.

2.3.2. 공기현가장치의 구조 및 기능

[1] 공기압축기(air compressor)

공기압축기는 엔진 회전속도의 1/2로 구동되어 공기를 압축하는 역할을 하며, 압축공기는 대기를 흡입하여 압축한 다음 송출되기 때문에 압축열에 의해서 발생된 수증기가 포함되어 있으므로 공기압축기와 공기탱크사이에 설치되어 있는 공기 드라이어에 의해서 수증기가 제거된 후 공기탱크에 공급된다.

실린더헤드에는 흡입밸브를 열어 압축기의 압축작용을 정지시키는 언로더 밸브와 공기탱크 내의 압력을 5~7kgf/cm^{2}로 유지시키는 압력조정기가 설치되어 있기 때문에 공기 압축기가 필요 이상으로 구동되는 것을 방지하고 동시에 공기탱크 내의 압력을 일정하게 유지 시킨다.

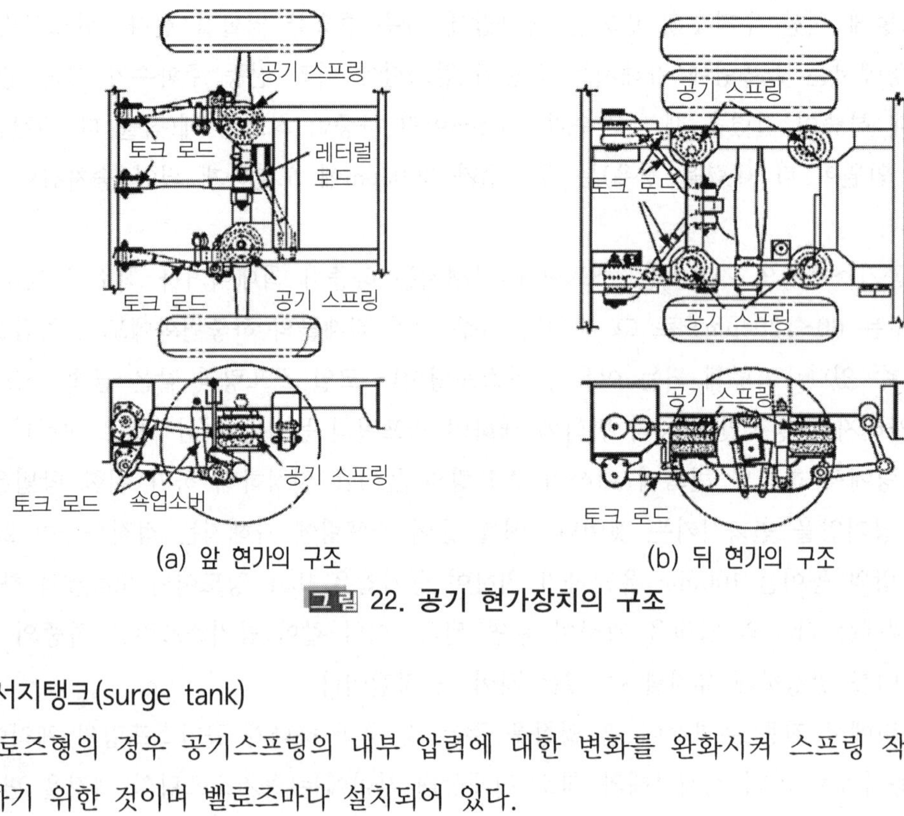

그림 22. 공기 현가장치의 구조

[2] 서지탱크(surge tank)

벨로즈형의 경우 공기스프링의 내부 압력에 대한 변화를 완화시켜 스프링 작용을 연하게 하기 위한 것이며 벨로즈마다 설치되어 있다.

[3] 공기 드라이어(air dryer)

공기 드라이어는 압축공기 중에 포함되어 있는 수증기를 제거하는 역할을 하는 것으로 공기 압축기에서 송출된 압축공기 중의 수분을 흡수하여 제거하는 건조제, 압력조정기의 신호를 받으면 공기 드라이어 내부의 압력을 개방하는 퍼지밸브, 건조제에서 수분이 흡수된 공기가 흐르도록 하는 퍼지탱크, 동절기에 배출구의 동결을 방지하기 위하여 배출구 부근을 가열하는 히터 또는 서모스타트 등으로 구성되어 있다.

[4] 공기탱크(air tank)

공기탱크는 프레임의 사이드멤버에 설치되어 공기 압축기에서 공급되는 공기를 저장하는 역할을 한다. 공기탱크 내의 압력이 규정 이상이 되면 열려 압축공기를 대기 중으로 방출시켜 탱크와 각 작동부의 안전을 유지시키는 역할을 하는 안전밸브와 주행 후 공기탱크의 수분을 배출시키기 위한 드레인 코크가 설치되어 있다.

[5] 공기스프링 밸브(air spring valve)

공기 현가장치에서, 컴프레서에서 압송된 공기는 체크밸브를 지나 메인 탱크로 보내지고 이곳으로부터 앞과 뒤쪽의 레벨링 밸브의 작동에 의하여 압축 공기는 자동차가 표준 높이에 이르기까지 서지탱크(surge tank)와 벨로즈(bellows)라 불리는 막판으로 보내지게 된다. 이때 공기의 통로 크기를 가감할 수 있는 공기 스프링 밸브를 설치하여 벨로즈와 서지탱크와의 압력을 가감하는 밸브를 말한다.

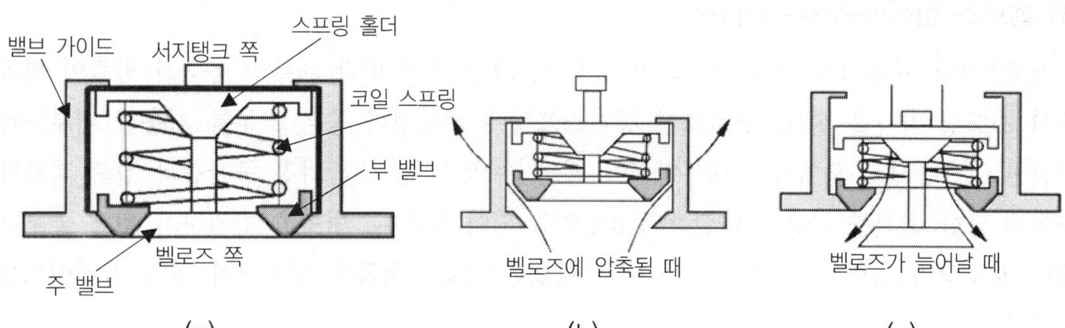

그림 23. 공기스프링 밸브의 작동

[6] 공기스프링(air spring)

공기스프링에는 벨로즈 형식(bellows type)과 다이어프램 형식(diaphragm type), 복합형(combined type)이 있으며, 공기탱크와 스프링 사이의 공기통로를 조정하여 도로 상태와 주행속도에 가장 적합한 스프링 효과를 얻을 수 있게 되어 있다.

공기스프링의 재질은 질기고, 나이론이 강화된 네오프렌(neoprene)이라는 합성고무를 주 원료로 사용하는데 이는 보통의 온도에서 사용하는 재질이다. 아주 고온의 조건하에서 사용하는 고무의 재질은 뷰틸(butyl) 고무를 사용한다. 공기 스프링은 이러한 고무 재질들을 코팅한 레이온(rayon)이나 나이론(nylon) 코드를 만들어 이 코드를 어긋나게 두겹 내지 세겹으로 하여 제작한다.

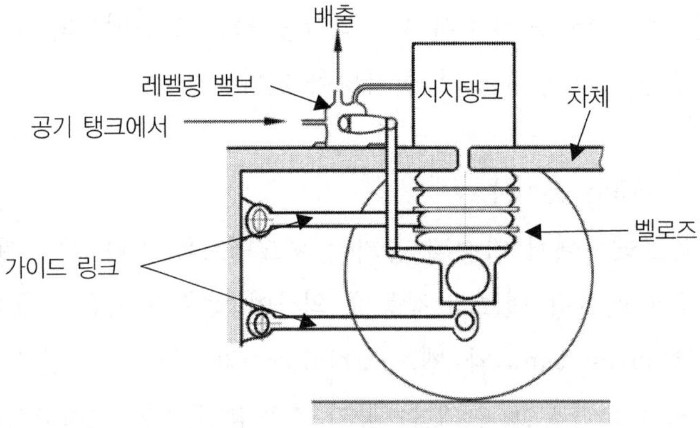

그림 24. 공기스프링의 구조

(1) 벨로즈 형식(bellows type)

벨로즈형은 주름상자 모양으로 되어 있으며, 그 신축에 따라 내부의 용적과 압력이 변화해서 스프링 작용을 한다. 벨로즈형 공기스프링은 기밀성이 좋은 고무를 사용한 내부층과 나일론 코드층으로 되어있고 내부압력에 견딜 수 있는 강도를 가진 중간층과 신축 피로나 노화에 강한 고무를 사용한 바깥층의 3층으로 되어 있으며, 변형을 방지하기 위해 골부분에는 보호링이 들어있다. 차에 설치하는 방법은 아래, 위쪽에 설치되어 있는 플레이트를 이용한다.

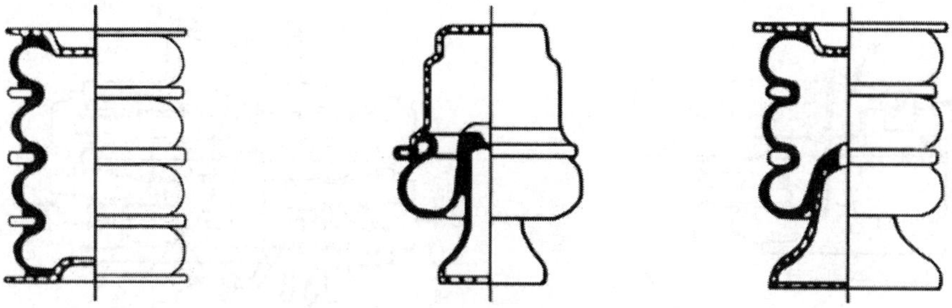

(a) 벨로즈 형식　　(b) 다이어프램 형식　　(c) 복합형

그림 25. 공기스프링의 종류

(2) 다이어프램 형식(diaphragm type)

다이어프램 형식은 신축함에 따라 고무막이 뒤집히는 형식으로 피스톤, 다이어프램 및 밴드 등으로 구성되어 있다. 다이어프램의 윗부분은 플레이트에 결합되고, 아래 부분은 피스톤의 머리 부분에 결합되어 있으며 주위는 밴드로 둘러싸여서 팽창이 제한되어 있다.

(3) 복합형(combined type)

복합형은 벨로즈형과 다이어프램을 복합한 형식이며, 일반적으로 벨로즈형과 복합형을 많이 사용한다.

[7] 레벨링 밸브(leveling valve)

레벨링 밸브는 공기스프링 현가장치의 핵심이 되는 중요한 부분이며, 주행 중의 작은 진동에는 작동하지 않으나 하중에 의해 차량의 높이가 변화하게 되면 압축공기를 스프링에 보내거나 배출시켜 자동차의 높이를 일정하게 유지하는 작용을 한다.

차량이 롤링할 때 내려가는 쪽의 스프링에 압축공기를 더 공급하고, 올라가는 쪽의 압축공기를 배출시켜 롤링을 억제하여 승차감을 좋게 하도록 한다. 그리고 버스의 경우 승객이 승차할 때 앞쪽 양측 스프링의 압축공기를 배출시켜 답판 높이를 낮추어 승차하기 쉽도록 할 수 있다.

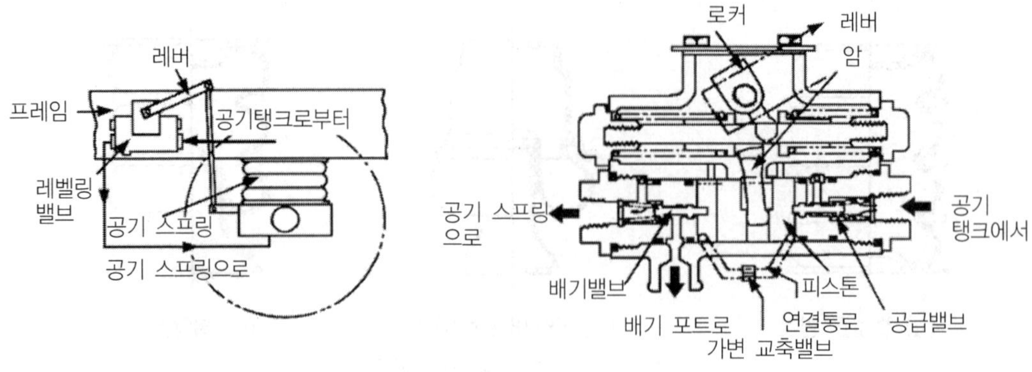

(a) (b)

그림 26. 레벨링밸브의 작동

3. 현가장치의 구성부품

3.1. 스프링(spring)

스프링은 힘을 가해 형태를 변형시켰다가 그 힘을 제거했을 때 원래의 상태로 되돌아오는 탄성을 이용하여 에너지를 흡수하거나 저장할 수 있는 기계요소로 스프링은 충격이나 진동을 완화시키는 완충 스프링 또는 방진 스프링이라 한다.

스프링의 재료는 적당히 열처리한 강철을 가장 많이 사용하고 이밖에 인청동(燐青銅)·니켈합금 등의 금속재료가 사용된다. 자동차에 사용되는 스프링은 차체(또는 프레임)와 차축사이에 설치되어 주행 중 도로 면에서의 충격이나 진동을 흡수하여 차체에 전달되지 않도록 하는 것이며, 판스프링(leaf spring), 코일 스프링(coil spring), 토션 바 스프링(torsion bar spring) 등의 금속스프링과 고무스프링, 공기스프링 등의 비금속 스프링이 있다.

3.1.1. 판스프링(leaf spring)

판스프링은 적당히 구부린 띠 모양의 스프링 강을 몇 장 겹쳐 그 중심에서 중심 볼트(center bolt)로 조인 것이며, 주 스프링(main spring)판의 양끝에는 스프링 아이(spring eye)를 두어 핀(pin)을 통하여 차체나 프레임에 설치하게 되어 있다.

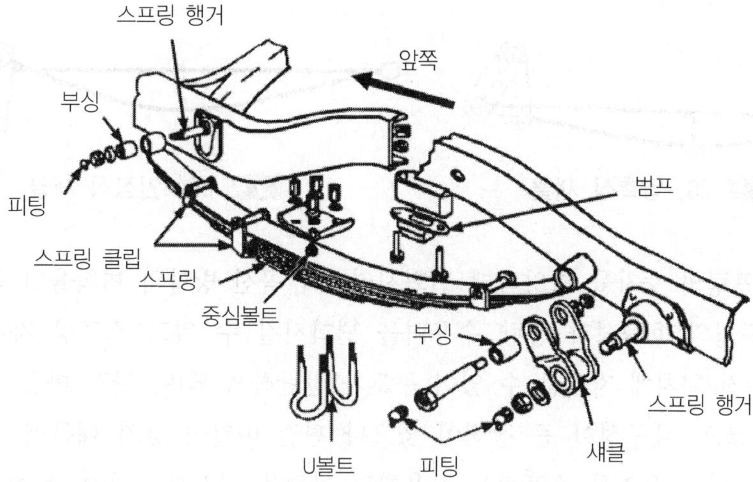

그림 27. 판스프링의 구조

스프링 아이 중심사이의 거리를 스팬(span), 판이 작은 것일수록 끝 부분의 구부림을 크게 하고 있는데 이것을 닙(nip)이라 부르고, 판스프링의 휨량을 캠버(camber)라 한다.

판스프링을 차체에 설치한 부분을 브래킷 또는 행거(bracket or hanger)라 하며, 다른 끝은 섀클(shackle)이라 한다. 섀클은 차축이 상하운동을 할 때 판스프링의 길이가 변화하는 것을 흡수하는 역할을 하는데 힘을 받는 방향에 따라 압축식과 인장식 두 종류가 있다.

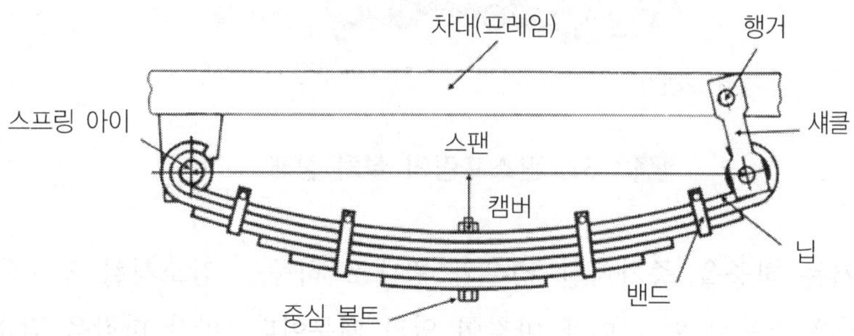

그림 28. 판스프링의 명칭

강도는 인장식이 낫지만 부착 부분이 복잡해 압축식을 쓰는 경우가 많다. 사용하는 부싱에 따라 고무 부싱 섀클, 나사 섀클, 청동 부싱 섀클 등이 있고 판스프링은 U-볼트를 이용하여 차축에 고정시킨다.

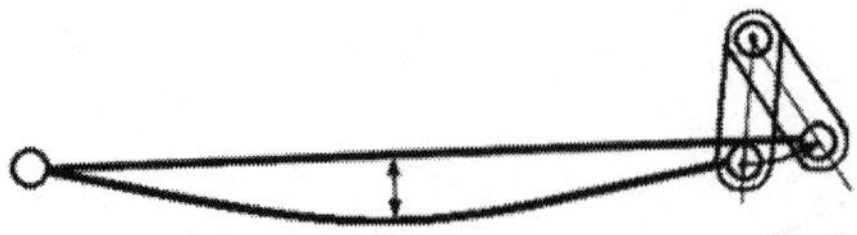

그림 29. 압축식 섀클

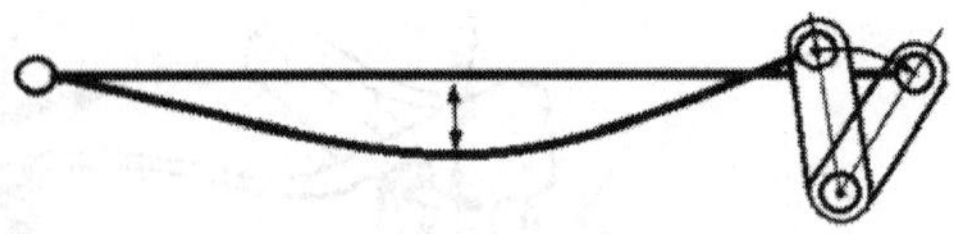

그림 30. 인장식 섀클

판스프링은 스프링의 숫자를 다양하게 변화시키거나 곡선 방향의 변화율인 곡률을 다르게 함으로써 스프링의 효율성과 중량 수용력을 변화시킬 수 있고 스프링 자체의 강성에 의해 차축을 정해진 위치에 지지할 수 있어 구조가 간단하게 되며, 판간 마찰에 의한 진동의 억제 작용이 크고, 내구성이 큰 장점이 있으나 판간 마찰이 있기 때문에 작은 진동은 흡수하지 못하고, 너무 유연한 스프링을 사용하면 차축을 지지하는 힘이 부족하여 차체가 불안정하게 되는 결점이 있다.

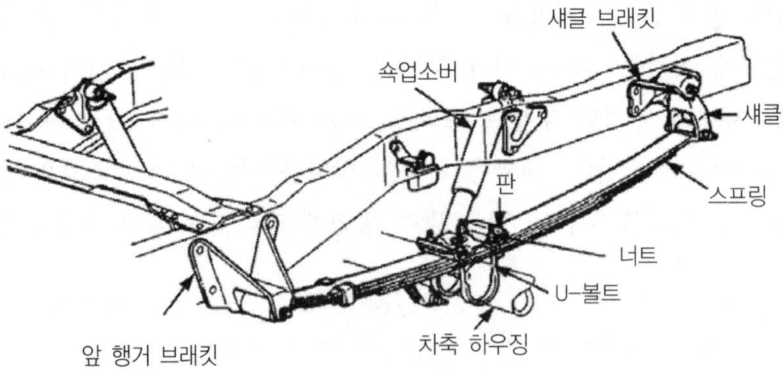

그림 31. 판스프링의 설치 상태

또 판스프링에서는 하중을 증가시킬 경우와 반대로 하중을 감소시킬 경우의 변형되는 양이 다르다. 이것은 스프링 판 사이에 마찰이 있기 때문이다. 판간 마찰을 감소시키기 위해서는 스프링 판의 장수를 줄이거나 스프링 판의 양 끝 부분에 사일런트 패드(silent pad) 등을 넣기도 하며, 작은 진동을 흡수시키기 위해 고무 부싱을 사이에 두고 차체에 설치하기도 한다.

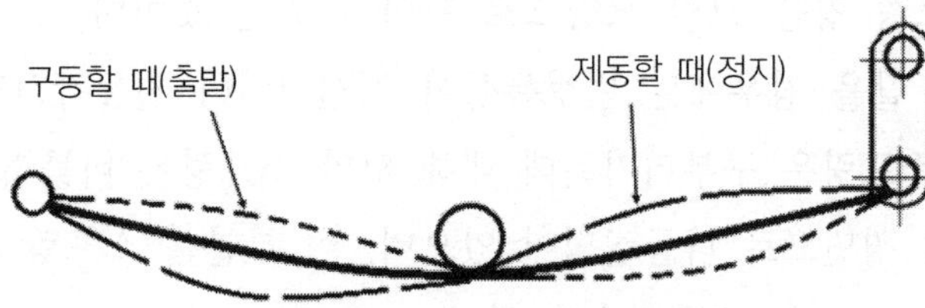

그림 32. 판 스프링의 변형

쇽업소버(댐퍼)는 공간제약이 커 거의 수직에 가깝게, 롤링을 줄이기 위해 좌우 거리를 최대한 넓게, 피칭을 억제하기 위해 차축의 뒤에 둔다. 그리고 급출발이나 급감속할 때 판 스프링이 변형되면서 와인드업(차체가 횡방향으로 떨리는 현상) 진동이 생기는 문제를 해결하기 위해 바이어스식 마운트 방법을 쓴다.

소프트 타입 스프링은 SUV에서 흔히 볼 수 있는데, 원리는 구동토크를 받을 때는 차축의 앞, 제동 토크를 받을 때는 차축의 뒤에 두는 것이 유리하다는 점을 고려해 쇽업소버(댐퍼)를 한 개씩 앞뒤로 나누어 배치한 것이다.

그림 33. 댐퍼와 판스프링의 설치상태

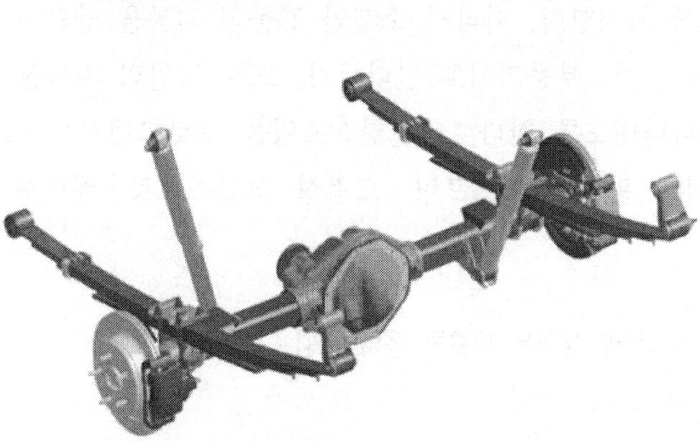

그림 34. 바이어스식 마운트

3.1.2. 코일 스프링(coil spring)

코일 스프링은 스프링 강을 코일 모양으로 감아서 만든 것이며, 소재인 강봉의 지름이 같고, 스프링 피치가 같을 경우에는 변형특성이 직선적이며 진동감쇠작용을 하지 못하고 외력을 받았을 때 판스프링은 구부러지는데 대해 코일 스프링은 비틀려진다. 코일의 양 끝면은 설치하기 쉽도록 평면으로 다듬질되어 있으며, 이 부분은 스프링 작용과 관계되지 않으며, 이 부분을 뺀 코일 수를 유효권수라 한다.

그림 35. 코일 스프링 설치상태

코일 스프링의 강도는 주로 두께로 정해지며 굵을수록 딱딱해지고, 감는 횟수가 많을수록 부드러워지며, 코일의 지름이 클수록 부드러워진다. 코일 스프링은 판스프링과 같이 판간 마찰이 없기 때문에 진동의 감쇠작용을 하지 못하고, 또 옆 방향에서의 작용력에 대한 저항력도 거의 없다. 따라서 코일 스프링으로 차축을 지지할 때에는 링크기구나 쇽업소버를 필요로 하므로 구조가 비교적 복잡하게 된다.

그러나 단위 중량당의 에너지 흡수율이 판스프링보다 크고 유연하기 때문에 널리 사용되고 설치공간을 적게 차지한다. 따라서 소재인 강봉의 지름을 양단에서는 작게 하고 중간부분에서는 크게 한다든가, 부등피치로 한다든가, 또는 코일의 지름을 다르게 하는 방법으로 비선형 특성을 나타내도록 한다. 비선형스프링을 프로그레시브 스프링이라고도 한다. 이 스프링의 종류에는 원뿔 코일스프링・드럼형 코일스프링・배럴형 코일스프링 따위가 있다.

Guide 코일 스프링에 생기는 비틀림 응력과 휨

① 비틀림 응력(τ) = $\frac{8DW}{\pi d^3}$

② 휨$(\Delta) = \dfrac{8NaD^3W}{Gd^4}$

D : 코일의 평균지름　　　　　　d : 선재의 지름
G : 재료의 횡탄성 계수　　　　W : 스프링에 가해지는 하중
Na : 코일의 유효감김 수

3.1.3. 토션 바 스프링(torsion bar spring)

토션 바 스프링은 스프링 강의 막대(torsion bar)로 되어 있으며, 양단의 스플라인 부분을 차륜에 연결된 스프링 레버에 끼워, 차체와 차륜사이의 스프링기능을 보완하는 부품이다. 토션 바는 주로 강봉이 사용되나 가끔은 중공(中空), 사각형, 또는 겹판 형식도 사용된다. 비틀었을 때 탄성에 의해 제자리에 되돌아가려고 하는 성질을 이용한 것이다. 스프링의 힘은 바(bar)의 길이와 단면적에 따라 정해지고, 코일 스프링과 같이 진동의 감쇠 작용이 없기 때문에 쇽업쇼버를 병용해야 한다.

토션 바 스프링은 단위 중량당의 에너지 흡수율이 판스프링의 3배, 코일스프링의 1.4배 정도로 다른 스프링에 비해 크므로 가볍게 할 수 있고 구조도 간단한 장점이 있다. 또 설치방식에는 차체에 평행하게 설치하는 세로방식과 직각으로 설치하는 가로방식이 있는데 세로방식이 바의 길이에 제한이 없고 설치장소를 크게 차지하지 않는 장점이 있다. 또 토션 바 스프링은 오른쪽의 것과 왼쪽의 것으로 구분되어 있고 그 비틀림의 방향에 의한 앞뒤 구분을 정확하게 하는 것이 중요하다. 따라서 위치를 바꾸어 설치하지 않도록 하여야 한다.

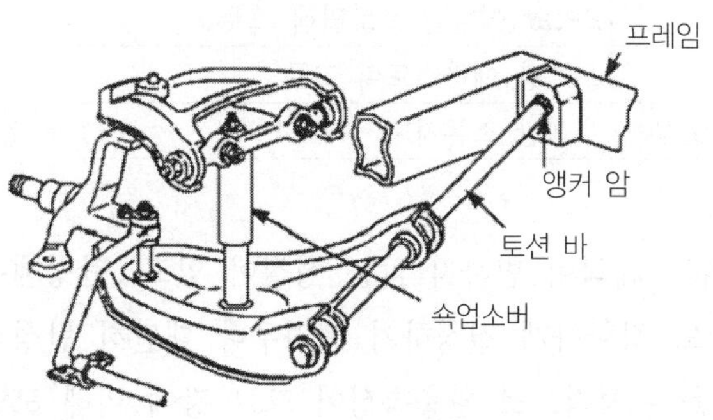

(a)

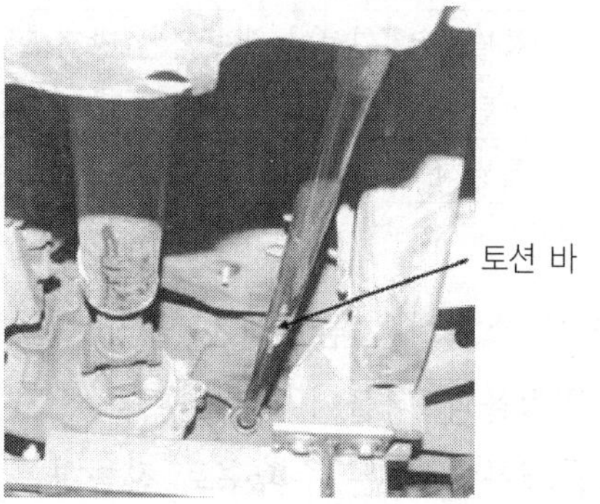

(b)

그림 36. 토션 바 스프링 및 설치상태

토션바의 단을 평면과 고정시키려면 용접이나 기타 기술이 필요한데 단부를 잘못 가공하면 토션바가 제역할을 못할 수도 있고 심할 경우 부러질 수도 있다. 토션바의 단을 고정하려면 부착쇠(앵커암)가 필요한데 그것에 관한 비용이 든다. 토션바는 스프링의 탄성한계를 넘어서면 다시 사용 못하므로 탄성한계를 넘을 정도의 비틀림을 주지 않거나 강한 비틀림에 견딜 수 있게 토션바의 막대를 길게 만들거나, 막대의 직경을 늘려야한다.

3.1.4. 고무 스프링(rubber spring)

고무 스프링은 비선형이다. 형상을 변하게 할 뿐만 아니라 재료, 경도, 상대적인 크기를 변하게 함에 따라 스프링 상수를 변경시킬 수 있다. 고무 스프링에는 천연 고무(NR)가 일반적으로 가유성형하여 이것을 금속편과 접착시켜서 사용하고, 내유성(耐油性)이 필요한 곳은 합성 고무를 사용한다. 보다 높은 감쇠(減衰) 성능이 필요한 경우는 스틸렌 브타젠의 합성 고무(SBR)가 사용되는 경우가 있다. 고무의 재료는 그 요구되는 특징 및 사용 환경에 의해 달라지게 되는데 용도는 다음과 같다.

용 도	고무재료
일반용 방진고무	NR(천연고무)
	SBR(stylene butadiene rubber)
	BR(butadiene rubber)
	IB(isoprene rubber)
특히 내열성이 요구되는 방진고무	NBR(아크릴로니트릴 부타디엔 고무)
특별히 내후성 및 내유성이 요구되는 방진고무	CR(크롤로프렌 고무)
특별히 큰 진동 감쇠성이 요구되는 방진고무	IIR(뷰틸 고무)
특별히 내열성이 요구되는 방진고무	EPDM(에틸렌 프로필렌 고무)
고탄성율 재료를 요구되는 방진고무	우레탄 에라스토머 고무
특별히 저 스프링, 경량이 요구되는 방진고무	우레탄 스폰지

고무 스프링은 금속과는 달리 변형하더라도 체적이 변하지 않는 성질이 있고, 탄성계수도 변형율과 더불어 변화하며 스프링 상수도 정확하게 결정하기 어려우나 대단히 탄성적이기 때문에 높은 주파수로 진동하는 부분을 탄성적으로 완충특성이 크고 강에 비해 모양을 자유로이 만들 수 있으며 작용이 부드럽고 소음을 감소시키고 내부 마찰에 의해 감쇠 작용을 하고 급유가 불필요하다.

고무 스프링의 특징은 다음과 같다.

① 형상, 치수를 적당하게 선정하면 가로, 세로, 높이방향의 스프링 정수를 원하는 값으로 할 수가 있다. 또, 금속과의 접착이 용이하여 인장, 압축, 전단 등 어느 방향으로도 사용할 수 있다.

② 가유(加硫)고무의 내부마찰은 금속보다 1000배나 크므로 주파수도 함께 증가한다. 이것은 진동을 감쇠시키는 효과가 있어 고주파 진동의 흡수에 적당하다.

③ 소형 경량화가 가능하고 지지 장치도 간단하게 할 수 있다.

④ 내열성이 천연고무(NR)는 70℃ 정도이다. 폴리머의 개량, 가유계(加硫系)의 개량에 의해 100~200℃에서도 사용이 가능하다. 또 저온에서는 유리(glass)화 되는 경향이 있다.

⑤ 방음효과(防音效果)가 크다.

⑥ 금형으로 제작될 수 있으므로 양산이 가능하고 가격이 저렴하다.

⑦ 기름이 침투하면 팽윤(膨潤)한다.

그러나 노화현상이 있고 내유성이 적으며 압축과 굽힘, 비틀림 등에 비하여 인장력이 약하고 큰 하중을 견디기가 곤란하다. 이러한 이유로 여러 가지 종류가 생산되고 있으나, 자동차용 스프링으로서 고무 스프링은 단독으로 기능을 수행할 수 없기 때문에 소형자동차나 보조 스프링으로 사용하고 각종 현가장치의 고무부싱, 댐퍼 또는 엔진 및 변속기 마운트에 사용된다. 즉, 수직방향과 피칭(pitching) 방향의 운동을 감쇠시키는 축 댐퍼(axle damper) 장치부의 완충 고무, 차체의 좌우 방향과 요잉방향의 운동을 감쇠시키는 좌우 댐퍼 장치부의 완충 고무 등이 있다.

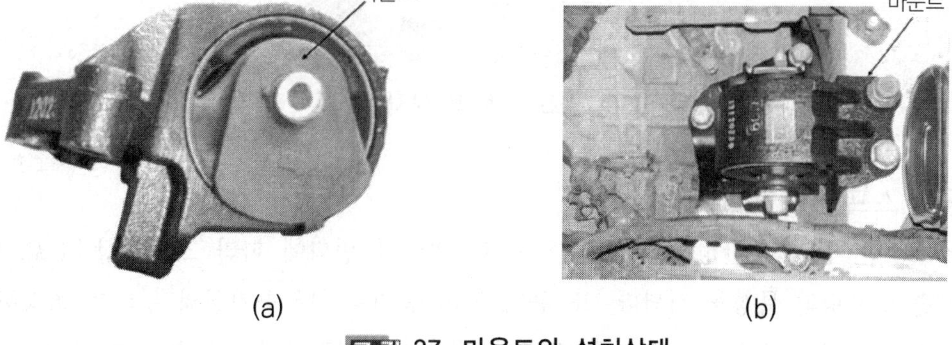

그림 37. 마운트와 설치상태

고무 스프링은 주로 차축과 프레임사이에 위치하여 자동차가 갑작스러운 돌출물에 의하여 바운드 되어 스프링만으로 충격을 흡수하기 힘든 경우 서스펜션이 너무 과도하게 변형되어 차축과 프레임에 직접 닿으면 차축이나 프레임 또는 서스펜션이 손상을 입을 경우가 발생한다. 이러한 경우를 대비하여 차축과 프레임사이에 고무로 된 범프 스토퍼(bump stopper)를 두어 충격을 흡수시키는 것이 섀시용 고무 스프링의 중요한 용도이다.

서스펜션에 스토퍼가 없이 스프링만 있는 경우에는 서스펜션에 가해지는 하중에 비례하여 서스펜션이 변형되고 있다. 이러한 경우 서스펜션에 가해지는 하중이 아주 큰 경우에는 서스펜션의 변형량이 최대 변형값을 지나게 되어 차축과 프레임이 직접 닿아지게 되어 손상을 입을 경우가 발생한다. 그러나 스토퍼가 있는 경우에는 서스펜션에 가해지는 하중이 아주 큰 경우에도 서스펜션의 변형량은 최대 변형을 초과하는 경우가 드물게 된다.

고무가 단체형인 경우가 하중의 변화에 대한 고무의 변형이 가장 작고, 겹수가 증가할수록 변형량이 증가한다. 이는 단체형의 고무 범프 스토퍼인 경우 변형량은 작지만 그만큼 서스펜션에 가해지는 충격은 크고 겹수가 증가하면 변형량은 증가하지만 충격은 줄일 수 있다. 이 경우에는 차축과 프레임사이가 충분할수록 그 효과가 크지만 만약 사이가 좁다면 서스펜션에 가해지는 충격은 단체형보다 커진다.

그림 38. 범프 스토퍼 설치 상태

3.1.5. 공기 스프링(air spring)

공기 스프링은 공기의 탄성을 이용한 것이며, 외력의 변화에 따라 스프링상수(常數)도 변하는 가변 스프링의 특성을 지닌다. 또 용기 안의 공기량이나 공기실의 부피를 조정하는 조정 장치를 장착하면 스프링의 길이를 외력에 관계없이 일정하게 유지할 수가 있기 때문에 버스나 트럭과 같이 빈 차일 때와 가득 실었을 때의 하중변화가 클 때 많이 쓰이며, 철도차량에서도 사용되고 있다.

그림 39. 공기스프링

그림 40. 공기스프링 단면도

또 고주파진동(高周波振動)의 절연성(絶緣性)이 좋기 때문에 도로 면으로부터 매우 작은 진동 및 소음이 전달되지 않아 소음도 적다. 승차감이 좋아야 하는 승용차 등에 이 스프링을 사용하면 승차감의 개선에 도움을 준다. 압축공기를 사용하므로 공기의 누설이 있으면 사용할 수 없으나, 기밀(氣密)을 유지하는 기술이 발전되어, 고장 없이 사용할 수 있게 되었다. 보통 철도나 대형자동차 따위에는 벨로즈형, 승용차에는 다이어프램형이 쓰인다.

3.2. 쇽업소버(shock absorber)

자동차에 판스프링이나 코일 스프링만 설치되어 있으면 노면에서 충격을 받을 때 원만하게 흡수하지 못하고 바퀴 또한 너무 진동이 심하게 발생하므로 승차감이 좋지 않게 된다. 이때 쇽업소버는 도로 면에 의해 일어난 스프링의 진동을 재빨리 흡수하여 승차감을 향상시키고, 동시에 스프링의 피로를 적게 하기 위해 설치되는 것이다. 또 이것에 의해 고속주행 조건의 하나인 로드홀딩(road holing)도 현저하게 향상된다.

쇽업소버는 스프링의 상하 운동에너지를 열에너지로 변환시키는 일을 하여 상하 운동시 흔들림을 방지한다.

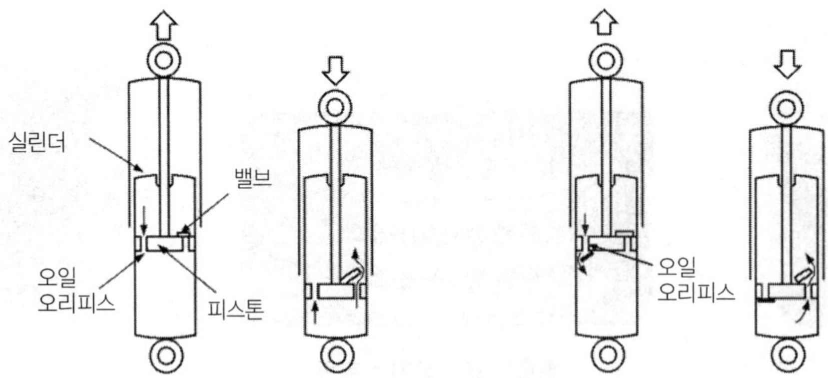

(a) 단동형 (b) 복동형

그림 41. 단동형과 복동형 쇽업소버

작동 형식에 의한 분류로 리바운드(rebound)할 때에만 감쇠력이 발생하는 단동형(single acting type)과 바운드(bound), 리바운드의 양쪽에서 감쇠력을 발생하는 복동형(double acting type)이 있으며 종류에는 통형, 레버형, 개스형이 있다.

3.2.1. 쇽업소버의 필요성

[1] 스프링과 충격의 관계

자동차가 정지상태일 때에는 현가장치에 설치된 스프링은 차체의 하중을 받아 조금 수축된 상태로 안정되어 있다. 그러나 주행을 시작하면 하중 이동이나 노면의 굴곡을 타이어가 받으며 스프링이 여기에 연결되어 신축을 되풀이한다. 한번 충격을 받은 스프링은 그대로 장시간 신축을 되풀이하고 좀처럼 움직임을 멈추려고 하지 않는다. 이것은 스프링의 특성이며, 따라서 쇽업소버의 작용이 필요하게 된다.

쇽업소버는 움직임을 멈추려고 하지 않는 스프링에 대하여 역 방향으로 힘을 발생시켜 진동의 흡수를 앞당긴다. 즉 스프링이 수축하려고 하면 쇽업소버는 수축하지 않도록 하는 힘(압축 감쇠력)을 발생시키고 반대로 스프링이 늘어나려고 하면 늘어나지 않도록 하는 힘(리바운드 감쇠력)을 발생시킨다. 이러한 움직임에 의해 스프링의 특성이 조절되어 승차감과 조종 안정성이 좋은 자동차로서 도로를 주행할 수 있다.

[2] 조종 안정성과 승차감에의 공헌

자동차는 그 물리적 특성으로 다음과 같이 움직인다. 먼저 자동차의 운행은 정지 상태에서 발진으로 시작된다. 이때 스쿼트(squart)상태가 발생한다.

스쿼트 상태란 자동차의 앞부분은 들리고 뒤는 내려앉는 상태로 주행 중 급가속 할 때도 볼 수 있는데 이것은 가속도가 붙으면서 차체의 무게중심을 축으로 한 회전력이 발생하기 때문이다. 자동차를 운행하다가 감속을 하거나 정지할 때에는 노스 다이브(nose dive)라는 상태가 된다.

노스 다이브란 브레이크 페달을 밟는 정도에 따라 앞은 내려앉고 뒤는 떠오르는 상태를 말한다. 또한 자동차가 선회 주행하는 경우에는 자동차의 바깥쪽이 내려가고 안쪽은 올라가게 되는데 이것을 롤(Roll)이라 한다.

자동차가 요철 노면을 주행하는 경우에는 자동차 전체가 처음에는 올라가고 그 후 내려가는데, 이 같은 상태를 바운싱(bouncing)이라 한다. 또한 작은 요철을 통과할 때는 앞과 뒤가 시간 차이를 두고 들려서 앞과 뒤가 역 방향으로 진동을 하는데 이것을 피칭(pitching)이라 한다. 이처럼 자동차는 항상 자세가 흐트러지면서 주행하고 있다고 해도 과언이 아니며 이와 같을 때 흐트러진 자세를 바로잡는 역할을 하는 것이 쇽업소버이다. 이 외에 쇽업소버는 도로의 기복 상태가 현가장치에 미쳐서 일어나는 불쾌한 움직임도 감소시킨다.

차체가 천천히 상하 진동을 반복하여 둥둥 뜨는 느낌이나 차체가 잔잔하게 상하로 흔들리는 울퉁불퉁한 느낌 등 불쾌하게 느껴지는 승차감을 개선하는 역할도 한다. 그러나 스프링의 경우와 마찬가지로 쇽업소버도 모순이 따른다. 이것은 통상 조종 안정성과 승차감은 상반되는 요소로 되어있기 때문이다. 이를테면 조종 안정성을 우선적으로 하면 감쇠력을 강하게(hard) 설정하는 편이 좋지만 승차감이 다소 떨어진다.

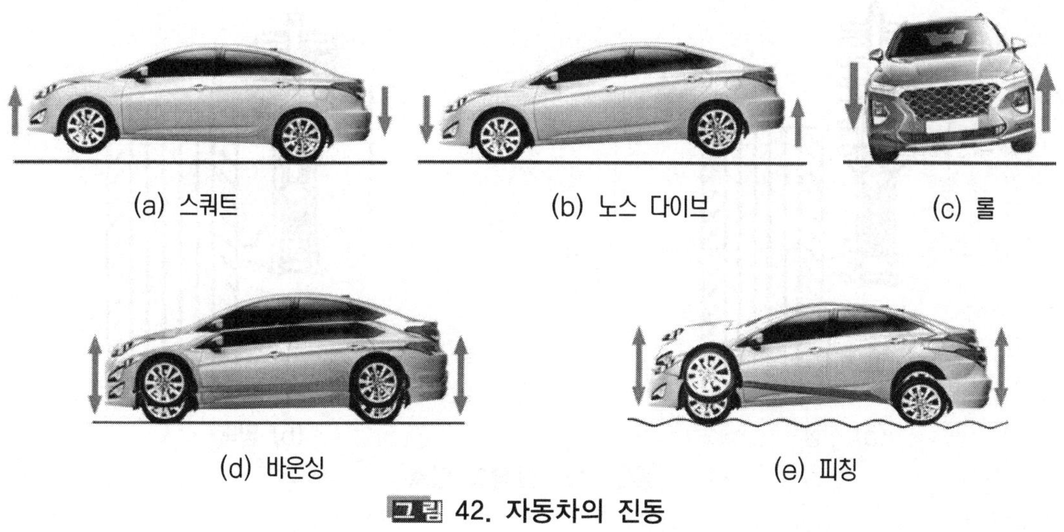

그림 42. 자동차의 진동

반대로 승차감을 우선적으로 할 경우 감쇠력을 부드럽게(soft) 설정하면 조종 안정성은 감소한다.

3.2.2. 감쇠력의 기구와 그 기본 원리

[1] 감쇠력

쇽업소버의 생명은 감쇠력이다 감쇠력이란 어떤 진동에 대하여 일정 상태까지 그 진동을 정지시키는 힘을 말한다. 요컨대 진동을 감쇠시키는 힘이라는 의미로 감쇠력이라고 표현한다.

감쇠력은 진동방향에 대하여 역 방향으로 움직이는 힘으로 스프링이 늘어나려고 하면 늘어나지 않는 방향으로, 수축하려고 하면 수축하지 않는 방향으로 힘을 발생한다. 이 힘은 자동차에 설치하지 않은 쇽업소버의 피스톤 로드를 누르거나 또는 잡아당겨 보면 감쇠력의 강약을 파악할 수 있다.

[2] 단동식과 복동식

감쇠력은 그 작용하는 방향에 따라 2가지로 구별할 수 있다. 스프링이 수축될 때 이를 억제하는 압축(compression) 감쇠력과 스프링이 다시 늘어날 때 이를 천천히 늘어나게 하는 신장(rebound) 감쇠력이 있다. 이에 따라 쇽업소버도 그 감쇠하는 방향에 따라 구별할 수 있다. 즉 압축이나 신장할 때 한쪽으로만 감쇠력이 작용하는 단동식과 압축이나 신장의 양쪽 방향 모두 감쇠력이 작용하는 복동식(double action)이 있다.

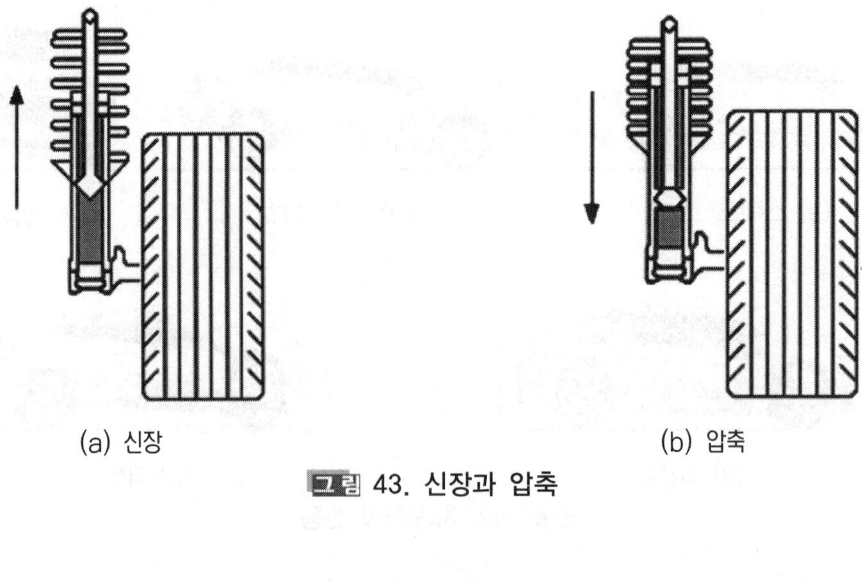

(a) 신장　　　(b) 압축

그림 43. 신장과 압축

대부분의 유압식 쇽업소버는 압축이나 신장 한쪽 방향으로만 감쇠력이 작용하는 단동식이며, 가스 봉입 쇽업소버(드가르봉 형)는 복동식으로 작용하고 있어 스쿼트 현상이나 노스 다이브 또는 롤링현상 제어에 효과적이다. 압축과 신장에서의 감쇠력 배분 비율은 제품마다, 차종마다 다르게 하며, 3 : 7 또는 2 : 8이 주종을 이루고 있으나 5 : 5에 달하는 것도 있다. 험한 오프로드(off road)에는 단동식 중 신장 감쇠력이 강한 형식이 돌출부에 의한 타이어의 상승 충격을 잘 흡수할 수 있어 효과적이다.

[3] 감쇠력의 기구

감쇠력의 원리는 주사기로 설명할 수 있다. 액체를 넣은 주사기를 누르면 저항감이 있으며 이 저항감은 주사기의 피스톤 부분을 누르는 속도에 의해 변화한다. 빠르게 누르면 저항감이 커지고 천천히 누르면 저항감이 적어진다. 또 같은 속도로 눌렀다고 하더라도 출구의 지름이 크면 저항감은 적어진다. 이 저항감이 쇽업소버의 감쇠력이다. 쇽업소버는 오일과 가스로 되어있다.

그리고 피스톤의 속도에 따라서 변화하는 감쇠력의 특성을 감쇠력 속도 특성이라 부른다. 또 피스톤에 구멍 외에도 밸브가 있고, 밸브의 편성에 의해 피스톤 작동 속도가 동일하여도 감쇠력은 변할 수 있는 구조로 되어 있다. 쇽업소버의 특성을 나타내는 기준으로서 피스톤의 속도가 0.3m/s일 때의 감쇠력을 기준 감쇠력으로 하고 있다.

3.2.3. 쇽업소버의 종류

[1] 통형(telescopic type)

통형 쇽업소버는 텔리스코핑형(telescoping type)이라고도 부르며, 안내를 겸한 가늘고 긴 실린더의 조합으로 되어 있으며, 내부에는 차축과 연결되는 실린더와 차체에 연결되는 피스톤이 있고, 실린더 내에는 오일이 가득 들어있다. 피스톤에는 오일이 통과하는 작은 구멍(orifice)이 있으며, 이 구멍에는 구멍을 개폐하는 밸브가 설치되어 있다. 이 형식은 링크나 로드를 사용하지 않고 새시 스프링과 함께 직접 설치할 수 있어 링크기구 등에 의한 마찰손실이 적고, 실린더 내에서 발생하는 유압도 비교적 낮으며, 구조가 간단하여 대량 생산이 쉬운 장점이 있다.

그러나 피스톤 행정이 길고 실린더 제작 등이 조금 어렵다. 통형 쇽업소버의 단동형은 리바운드 할 때(스프링이 늘어날 때) 통과하는 오일의 저항으로 진동을 제어하고, 바운드 할 때(스프링이 압축될 때)에는 피스톤에 설치된 밸브가 열려 오일이 저항 없이 통과한다.

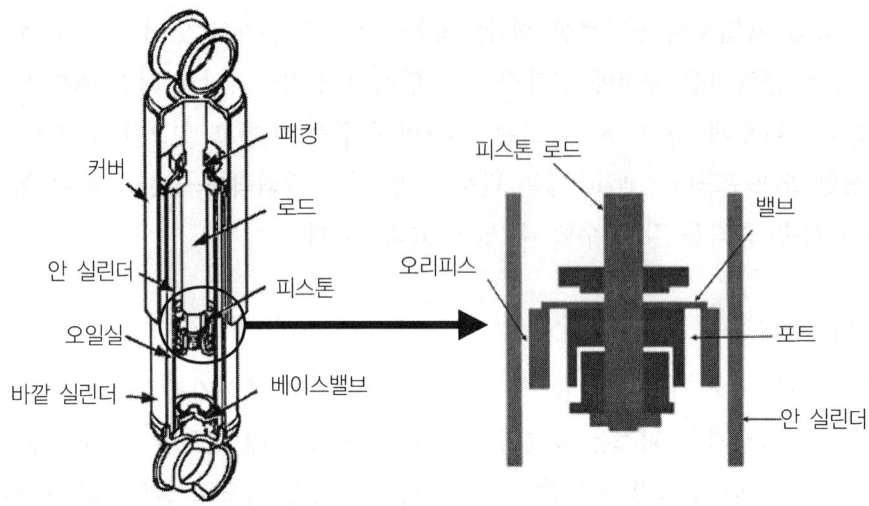

그림 44. 유압형 쇽업소버의 구조

따라서 이때에는 진동 제어작용을 하지 않는다. 그러나 복동형은 바운드 및 리바운드 할 때 모두 저항이 발생하도록 되어 있다. 단동형은 바운드할 때에는 저항이 없어 차체에 충격을 주기 않기 때문에 좋지 못한 도로에서 유리하고 복동형은 출발할 때, 또는 제동할 때의 노스 업(nose up)이나 노스다운(nose down)을 방지하여 주행 안정성을 높일 수 있으나 구멍이나 밸브기구가 복잡해진다.

(1) 오리피스

피스톤이 정지해 있을 때, 피스톤과 베이스밸브에는 오일 통로로서 작은 틈이 존재한다. 이 틈을 오리피스라고 부른다. 피스톤이 움직이기 시작했을 때나 매우 느린 속도에서 오일은 오리피스만을 통해 이동하며, 이 사이 오일통로의 크기는 일정하다. 이 영역의 피스톤 속도를 저속역(약 0.10m/sec)이라고 한다. 오일경로의 크기가 일정해도 피스톤의 속도에 의해 감쇠치는 변화하며, 오리피스만이 오일경로의 요소인 경우의 감쇠치 변화를 오리피스 특성이라고 부른다.

자동차의 쇽업소버의 경우, 오리피스 특성은 노면상황의 변화, 곡률이 큰 선회시 등의 성능에 깊이 관여한다.

(2) 밸브

피스톤밸브·베이스밸브에는 포트라 불리는 오일경로가 있는데, 밸브는 이 포트를 막는 형태로 장착되어 있는 판 모양의 용수철이다. 피스톤이 정지 혹은 저속역인 경우, 밸브는 포트를 완전하게 막고 있어 오일은 포트를 통과할 수 없다. 그러나 피스톤 속도가 일정치를 넘으면 밸브는 밀어올려져(피스톤이 내려가는 경우)오일은 포트를 통과하기 시작한다. 피스톤 속도가 증가함에 따라 밸브는 크게 변형되어 오일경로가 점차 커져간다. 이 과도기의 피스톤 속도를 중속역(약 0.10~0.30m/sec)이라고 하며, 이때의 감쇠치 변화를 밸브특성(또는 밸브+포트 특성)이라고 부른다.

밸브특성은 곡률이 높은 선회시 등의 성능에 깊게 관여한다. 또, 밸브는 통상 한쪽 편밖에 움직이지 않으며 피스톤이 반대쪽으로 움직이는 경우(예 : 복동식 쇽업소버 축소시의 피스톤 밸브)에는 포트는 여전히 막힌 채가 된다. 이 경우 오일통로는 오리피스뿐이다.

(3) 포트

피스톤 밸브·베이스 밸브에는 오일이 통과하는 경로로서 포트라 불리는 구멍이 있다. 피스톤 속도가 일정 이상이 되면 전술의 밸브가 완전히 열리며, 포트의 크기에 의해 오일경로의 크기가 결정된다. 이 포트에 따라서만 감쇠치가 결정되는 피스톤 속도역을 고속역이라고 하며, 그 때의 감쇠치 특성을 포트 특성이라고 부른다. 포트 특성은 요철 등을 넘는 경우와 같은, 노면의 급격한 변화시의 성능에 깊게 관여한다.

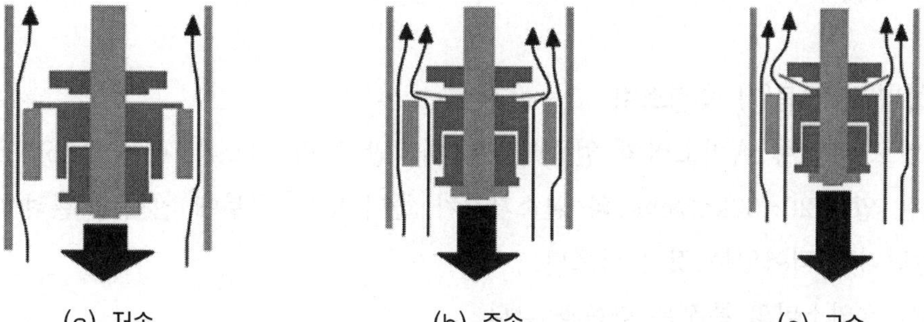

(a) 저속 (b) 중속 (c) 고속

그림 45. 피스톤 속도에 의한 오일의 경로 변화

[2] 레버형(lever type)

링크와 레버를 사이에 두고 설치된다. 피스톤과 레버, 실린더 및 앵커축으로 구성되어 있다.

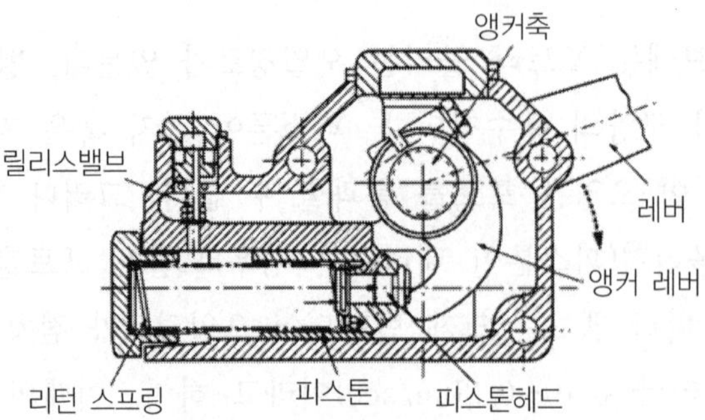

그림 46. 레버형 피스톤식

작동방법은 충격을 받고 압축되었던 스프링이 펴지면서 레버는 아래로 내려가게 되고, 이 움직임에 의해 피스톤이 밀려지면 실린더 내의 오일이 릴리스밸브의 스프링에 대항하여 밸브를 통하여 나가며, 이때의 오일이 받는 유동저항으로 진동 감쇄작용을 한다. 스프링이 압축되면 레버가 위로 올라가고, 이에 따라 피스톤이 리턴 스프링의 장력으로 원위치로 돌아오며 실린더 내에는 오일이 가득차게 된다. 레버형 쇽업소버의 특징은 다음과 같다.

① 피스톤과 실린더사이의 기밀 유지가 쉽다.
② 저점도의 오일을 사용할 수 있다.
③ 온도변화에 의한 감쇠력의 영향이 적다.
④ 링크나 레버를 이용하므로 차체에 설치하기가 쉽다.
⑤ 구조가 복잡하다.

[3] 드가르봉형(가스 봉입) 쇽업소버

드가르봉형도 유압형 쇽업소버의 일종이기는 하지만 프리 피스톤(free piston)을 두고, 그 밑에 높은 압력($20 \sim 30 kgf/cm^2$)의 질소가스가 들어 있어 내부에 압력이 걸려 있는 점과 1개의 실린더로 되어있는 것이 다르다.

드가르봉형 쇽업소버의 특징은 다음과 같다.

① 실린더가 1개이므로 구조가 간단하다.
② 작동할 때 오일에 기포가 쉽게 발생되지 않기 때문에 오랫동안 작동되어도 감쇠효과가 떨어지지 않는다.
③ 실린더가 1개로 되어 있기 때문에 열 방출성능이 좋다.
④ 내부에 압력이 걸려 있기 때문에 분해하는 것은 위험하다.

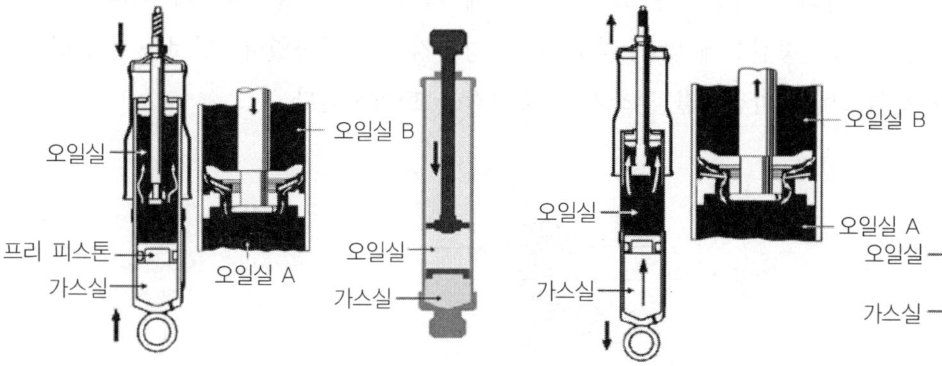

(a) 압축될 때　　　　　　　　　　(b) 늘어날 때

그림 47. 드가르봉형 쇽업소버의 작동

작동은 다음과 같다. 쇽업소버가 압축될 때에는 오일이 그림 47(a)에서와 같이 오일 실(oil chamber) A(피스톤 아래쪽)의 유압에 의해 피스톤에 설치되어 있는 밸브의 바깥둘레가 열려지며, 이에 따라 오일이 오일 실 B에 유입된다. 이때 밸브를 통과하는 오일의 유동저항이 있으므로 피스톤이 내려감에 따라 프리 피스톤도 압축된다. 쇽업소버의 작동이 중지되면 프리 피스톤 밑 부분의 질소가스가 팽창하여 프리 피스톤을 밀어 올리므로 오일 실 A의 오일에 압력을 가한다. 또 쇽업소버가 늘어날 때에는 그림 47(b)와 같이 피스톤의 밸브는 바깥둘레를 지점으로 하여 오일이 오일 실 B에서 A로 이동하나 오일 실 A의 압력이 저하되기 때문에 프리 피스톤이 올라간다. 또 늘어남이 중지되면 프리 피스톤은 원래의 위치로 되돌아간다.

위와 같은 작용을 반복하여 진동의 감쇠작용을 한다. 또 좋지 못한 도로에서 격렬한 충격을 받았을 경우 유압형 쇽업소버는 공동현상(capitation)에 의해 감쇠력이 떨어지지만 이 형식에서는 봉입된 질소가스와 프리 피스톤의 작동에 의한 오일실의 체적변화에 따라 작용하므로 이와 같은 피해를 방지할 수 있다.

Guide 오버댐핑(over damping)과 언더 댐핑(under damping)

오버 댐핑이란 쇽업소버의 감쇠력이 너무 커 승차감이 떨어지는 현상이며, 언더 댐핑이란 쇽업소버의 감쇠력이 너무 적어 승차감이 저하되는 현상을 말한다. 그리고 쇽업소버를 천천히 잡아당기면 저항력을 느낀다. 이것이 스프링에 발생한 진동을 흡수하게 되며, 이 작용을 감쇠작용이라 한다. 이 감쇠작용 때문에 세게 잡아당길수록 큰 저항력을 느끼게 되며 이 저항력을 감쇠력이라 한다.

[4] 스프링 오프 셋(spring off set)

일반적으로 맥퍼슨식의 현가방식은 코일 스프링에 쇽업소버를 설치하는데 이때 스프링 중심선과 피스톤 로드의 중심선에 맞지 않고 약간 경사지게 설치하였다. 이것을 스프링 오프셋이라 하며 쇽업소버의 마찰력을 감소시켜 승차감을 향상시킨다.

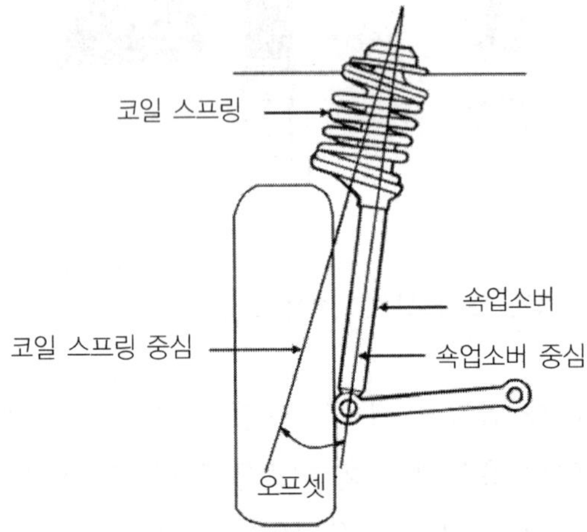

그림 48. 스프링 오프셋

3.3. 스태빌라이저(stabilizer)

승차감을 향상시키기 위해 스프링 정수가 적은 스프링을 사용하면 커브 길을 회전할 때 원심력 때문에 차체의 기울기가 커진다. 특히 독립 현가방식에서는 그 경향이 크기 때문에 스태빌라이저를 설치하여 자동차의 평형을 유지시킨다.

그림 49. 스태빌라이저 설치상태 및 스태빌라이저

스태빌라이저는 일종의 토션 바 스프링이며, 양끝이 좌우의 아래 컨트롤 암(low control arm)에 연결되어 있고, 중앙부분은 차체에 설치되어 있다. 좌우의 바퀴가 동시에 상하운동을 할 때에는 작용을 하지 않으나 좌우 바퀴가 서로 다르게 상하운동을 할 때 즉 롤링이 발생하면 작용하여 차체의 기울기를 최소로 한다.

3.4. 자동차의 진동 및 승차감

3.4.1. 스프링 강도와 고유 진동수

[1] 승차감을 좌우하고 있는 스프링 강도와 자동차의 무게

현재 생산되고 있는 자동차에는 여러 가지 형식의 현가장치가 사용되고 있다. 각각의 형식에 따라 현가장치의 구성부품 모두가 사용되기도 하고 일부만 사용되기도 하지만 어떤 형식의 현가장치에도 반드시 사용되고 있는 것이 스프링과 쇽업소버(shock absorber)이다.

스프링 특성을 표현하는 방법으로서 정수(또는 상수)라는 단어를 사용한다. 이것은 스프링에 하중을 걸었을 때에 어느 정도 변형하는지를 숫자로 표시한 것이다. 스프링에 걸린 하중(kgf)을 그 하중에 의하여 생긴 변형정도(mm)로 나누는 것에 의하여 구한다(kgf/mm). 따라서 숫자가 큰 것은 강하고 숫자가 적은 것은 부드러운 스프링이 된다. 같은 스프링을 설치한 경우라도 무게가 가벼운 차량과 무거운 차량은 변형정도가 크게 달라 느끼는 승차감이 달라지게되며 이 논리는 같은 차량인데도 승차인원의 변화로 승차감이 달리 느껴지는 경우에도 적용된다.

코일 스프링의 비율(rate)은 코일 재료 경도와 굵기, 스프링의 유효 권수 및 감긴 코일의 간격 등 형상에 의하여 달라진다. 한 개의 스프링이 항상 하나의 비율을 가지고 있는 것은 아니며, 같은 재료를 사용하여도 감긴 모양에 따라 위와 중간 또는 아래 부분의 비율이 달라질 수 있다.

[2] 스프링의 경도를 결정하는 휠 비율(wheel rate)

현가장치의 형식이 스트럿(strut) 방식인 것은 타이어의 행정(stroke) 1에 대하여 충격행정도 1이라고 말할 수 있으므로 스프링 비율 = 휠 비율이 된다. 그러나 트레일링 암(trailing arm) 방식이나 더블 위시본(double wishbone)방식 등으로 된 경우에는 이 등식은 성립되지 않는다.

그 이유는 암이나 링의 중간에 쇽업소버가 설치되어 있는 경우 차체(body)측으로부터의 거리에 따라 행정 비율(레버 비율)이 변화하기 때문이다. 링 전체 길이에 대하여 차체 측에서 80% 길이인 곳에 쇽업소버가 설치되어 있는 경우 타이어 행정 1에 대하여 행정 비는 0.8이 되며 스프링 비율은 행정 비율의 제곱으로 변화하기 때문에 0.8×0.8= 0.64로 되고 원래의 스프링 정수에 0.64를 곱한 것이 실제 스프링 정수가 된다.

예를 들면 스프링 정수 5kgf/mm의 것이라면 3.2kgf/mm가 휠 비율이 된다. 그리고 쇽업소버가 비스듬히 설치된 경우에는 그 경사 각도의 레버 비도 환산할 필요가 있으며 이 경우에는 3각 함수인 sin을 사용하여 환산 수치를 구하여야 한다.

[3] 스프링이 딱딱할수록 크게 되는 고유 진동수

스프링에는 고유진동수라는 것이 있는데 천천히 요철을 통과했을 때에 일어나는 커다란 상하운동은 이 스프링의 고유진동수와 요철 노면을 통과하는 것으로 더해진 진동의 주파수가 일치하여 일어나는 현상으로서 이들 두 개가 공진(共振)하고 있기 때문에 일어나는 것이다. 이 고유진동수는 수식으로 산출하는 것이 가능하며, 고유 진동수는 스프링 정수를 스프링 위 부분의 질량으로 나눈 수치이므로 딱딱한 스프링일수록 고유 진동수는 커지게 된다. 또 같은 스프링 정수는 자동차가 가벼울수록 승차 인원이 적을수록 고유 진동수가 크고 승차감이 딱딱하게 느껴지게 된다.

일반적으로 생산되고 있는 승용차는 1.0～2.5kgf/mm 정도의 비율인 열간 성형한 스프링을 사용하고 있지만 고유 진동수는 승차감이 좋은 자동차는 1.0Hz 정도, 운동성을 중시하는 스포츠카(sports car)는 1.5Hz 정도로 설정되어 있다. 레이싱 카(racing car)와 같이 운동 성능을 최우선으로 하게 되면 10～25kgf/mm의 스프링을 사용하고 그 고유 진동수는 2.5～3.5Hz 정도 된다.

승용차의 양호한 승차감을 확보하기 위해서는 1Hz 이하의 고유 진동수로 설정하는 것이 좋지만 그 경우 스프링이 변형했을 때 스프링 재료에서 발생하는 응력이 증대하고 스프링의 내구성에 악영향을 주는 한편 고속 주행할 때 차체의 롤링과 바운싱이 심하며 차체 쏠림 현상이 있는 등 안전성에 문제가 있기 때문에 이러한 점을 모두 고려하여 차량의 스프링 정수가 결정된다.

[4] 스프링 아래 무게 줄이면 운동 성능과 쾌적성 향상

스프링 아래 무게를 가볍게 하기 위하여 가벼운 휠과 타이어를 장착한 자동차가 그렇지 않은 경우의 자동차보다 승차감과 운동성능이 매우 좋다. 그 이유는 무거운 스프링 아래 무게의 경우는 스프링 밑의 관성력이 크다는 것을 의미하며, 관성력이 크면 노면의 요철에 대하여 적응력이 늦고, 둔한 움직임이 되기 때문이다.

한편 가벼운 스프링 아래 무게(unspring weight)의 경우는 관성력이 적고 노면의 요철에 대한 적응력이 좋고 기민하게 움직이게 된다. 따라서 아래 무게를 줄이는 것은 위 무게를 늘리는 것과 같기 때문에 승차감이 좋아지게 된다. 즉, 쉽게 설명하면 타이어가 노면의 충격을 받아 튀어 오를 때 바퀴의 무게가 무거우면 같은 높이로 튀어 올라도 가벼운 것에 비하여 큰 충격이 스프링을 통하여 자동차 차체로 전달하게 된다. 가벼운 물체와 무거운 물체가 같은 속도로 부딪쳐 올 때를 상상해보면 그 충격의 차이를 알 것이다. 반대로 스프링 위 무게는 충격을 받는 입장이므로 무거울수록 진동이 적게된다.

소형 차량보다 대형 차량이 승차감이 좋은 것은 이 때문이다. 이에 따라 승차감 만을 두고 볼 때는 스프링 아래 무게는 가벼울수록, 스프링 비율은 낮을수록, 스프링 위 무게는 클수록 좋아진다.

3.4.2. 공진 및 주파수

[1] 공진(resonance)

특정 진동수를 가진 물체가 같은 진동수의 힘이 외부에서 가해질 때 진폭이 커지면서 에너지가 증가하는 현상을 공진(共振)이라 한다. 모든 물체는 고유진동수를 갖고 있으며 이 고유진동수에 해당하는 전파나 파동을 흡수하는 성질을 갖고 있다.

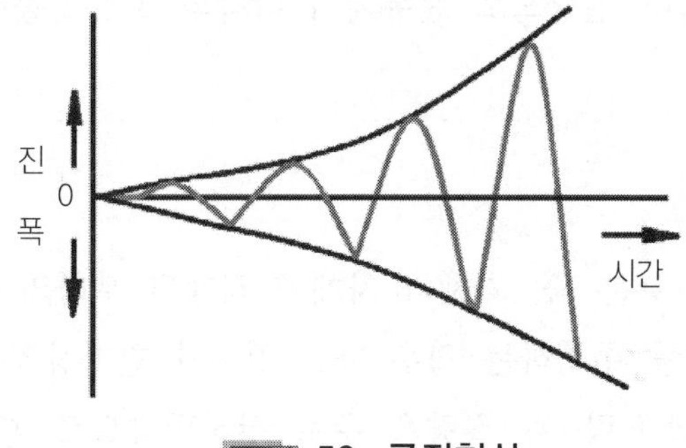

그림 50. 공진현상

일반적으로는 진원지에서 멀어질수록 진동이 약해지지만, 공진현상이 일어나면 진원지에서 멀어질수록 오히려 진동이 강해진다. 진동은 기진력(起振力)에 의해서 증폭된다. 예를 들면 자동차가 요철(凹凸)노면을 주행할 때, 요철이 일정한 간격으로 계속, 반복되면 공진이 발생한다.

[2] 주파수(frequency)

주파수는 전자파의 존재를 실험적으로 증명한 독일의 과학자 헤르즈(H. R. Hertz)의 이름을 따서 Hz라는 단위를 사용한다. 주파수는 단위시간 내에 몇 개의 진동의 사이클을 주기(period)라 하고, 1초당 1회 반복하는 것을 1Hz라 하며, 진동수는 1cycle/s와 같다. 현가장치의 주파수는 진동하는 물체의 무게와 스프링의 특성에 의해서 결정된다.

① 주파수 기호는 V또는 f이고 단위는 헬즈(Hz)로 표시한다.

② 물체의 무게가 무겁고 스프링이 약하면, 주파수는 적고 진폭은 크다.

③ 물체의 무게가 가볍고 스프링이 강하면, 주파수는 많고 진폭은 작다.

3.4.3. 자동차 진동

현가장치는 승차감각(riding comfort)과 주행 안정을 결정하는 중요한 요소이다. 차량의 승차감에 영향을 미치는 차체진동이 발생하는 조건으로 도로면이 요철형상이거나 도로 이음새 부분 그리고 비포장도로를 자동차가 주행하는 경우이다. 자동차는 강재의 프레임(frame)으로 차체를 형성하고 있기 때문에 단일 구조물이 노면 위를 운동하는 것과 같다.

그러므로 자동차가 도로의 요철면을 주행하더라도 차체가 굽어지거나 휘지 않는 상태로서 운동하게 된다. 승차감은 현가장치를 중심으로 한 각 부분의 고유진동과 밀접한 관계가 있다. 자동차는 섀시 스프링에 의해 지지되는 스프링 위 질량(차체 등)과 타이어와 현가장치 사이에 있는 스프링 아래 질량으로 분류되며 각각의 고유진동에는 다음과 같은 것이 있다.

[1] 스프링 위 질량 진동

스프링의 위쪽에 위치한 부분 즉, 차체와 차체에 적재된 부하의 질량을 말한다. 노면의 요철 등과 같이 거친 도로를 주행하는 경우 차량 전체가 현가장치에 의해 가라앉고 튀어 오르는 현상을 반복하여 스프링 위 질량은 주로 상하방향으로 흔들리는 강체운동(rigid body motion)을 한다.

스프링 아래 질량은 노면조건에 따라 흔들리는 진동현상을 갖지만 운전자와 탑승객은 스프링 위 질량에 해당하기 때문에 승차감 측면에서 차체부분(sprung mass)의 진동특성이 중요하다. 스프링 위 질량이 커질수록 고유 진동수는 낮아지며 승차감은 양호해진다.

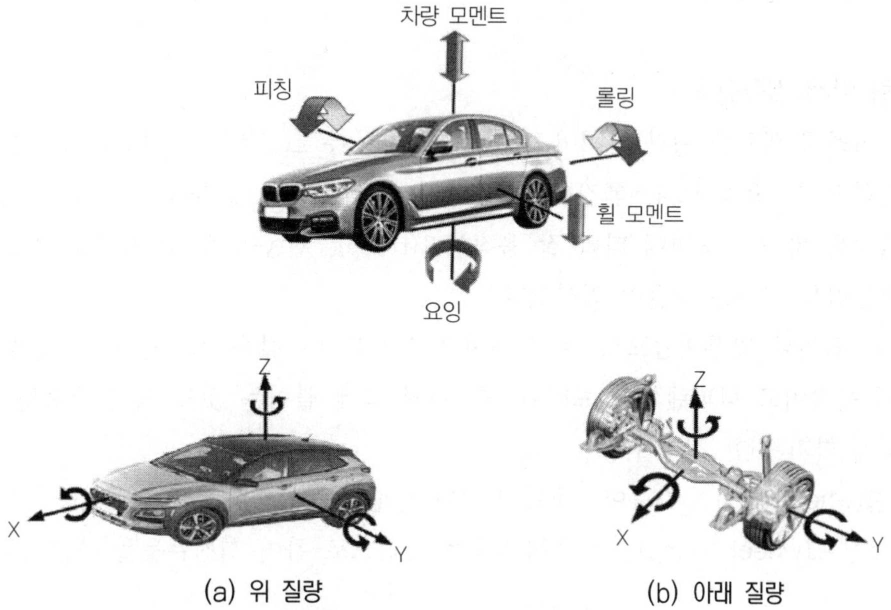

그림 51. 스프링 질량 진동

(1) 바운싱(bouncing : 상하진동)

차체가 Z축 방향과 평행운동을 하는 고유진동으로 동일선상에서 상·하로 움직이는 진동이다.

(2) 피칭(pitching : 전후진동)

차체가 Y축을 중심으로 하여 회전운동을 하는 고유진동으로 차량이 울퉁불퉁한 도로를 주행할 때 또는 급출발, 급정지시 발생하며 급출발시 전면부가 상승하는 현상을 노즈 업(nose up), 급정지 시 전면부가 하강하는 현상을 노즈 다운(nose down)이라 한다.

(3) 롤링(rolling : 좌우진동)

차체가 X축을 중심으로 하여 회전운동을 하는 고유진동으로 차량이 주행 중 선회하거나 횡풍을 받았을 때 차체의 앞·뒤 방향 축 둘레의 회전운동이다.

(4) 요잉(yawing : 차체 후부진동)

차체가 Z축을 중심으로 하여 회전운동을 하는 고유진동으로 차량이 주행 중 급선회 또는 급격한 차선 변경시 발생될 수 있으며 수직인 축 둘레에 발생하는 운동이다. 앞・뒤가 좌・우 반대로 흔들린다.

[2] 스프링 아래 질량진동

스프링 아래에 위치한 휠과 타이어, 브레이크 부품 등 스프링보다 아래쪽에 있는 부품의 질량을 말하고 그 밖의 보디, 엔진 등은 스프링 위 질량이라 말한다. 스프링 아래의 질량은 가벼울수록 바퀴는 노면에 따라 잘 움직이고(trace), 진동이 일어나더라도 스프링 위쪽 보디에 흔들림을 전하는 비율이 작아진다.

알루미늄 휠이나 알루미늄으로 된 브레이크 부품은 이 같은 스프링 아래 질량을 작게 하는 것이 목적이고 디퍼렌셜과 브레이크를 차체 쪽에 붙이는 것도 역시 스프링 아래 무게를 가볍게 하기 위한 것이다.

① 휠 홉(wheel hop) : 차축이 Z방향의 상하 평행운동을 하는 고유진동이다.

② 휠 트램프(wheel tramp) : 차축이 X축을 중심으로 하여 회전운동을 하는 고유진동이다.

③ 와인드업(wind up) : 차축이 Y축을 중심으로 회전운동을 하는 고유진동으로 차축의 휩이나 휠에 급격한 구동력 또는 제동력을 가할 때 차축에 발생되는 비틀림 진동이다. FR구동방식의 차량 뒤 차축과 평행 판스프링 현가장치에서 구동시 액슬축에 걸리는 토크의 반력에 의해 판스프링이 휘어지면서 발생하는 상・하 진동을 말한다.

3.4.4. 진동수와 승차감

자동차에서 멀미나 피로를 더 느끼는 경우가 있다. 이것은 이상 진동이 사람의 뇌에 작용하여 자율 신경에 영향을 주기 때문이다. 사람이 걸어갈 때 머리의 상하진동은 60～70 cycle/min이고, 뛰어갈 때는 120～160cycle/min이라 하며, 일반적으로 60～120cycle/min(1～2Hz)의 상하진동을 할 때 가장 좋은 승차감을 얻을 수 있다고 한다. 진동수가 120cycle/min을 넘으면 딱딱한 느낌을 느끼고, 45cycle/min 이하에서는 멀미를 느낀다. 다음 표는 자동차에서 발생하는 진동이다.

구 분	현 상	주요 진동원	주파수(Hz)
승차감	차체 진동 현상(피칭, 롤링, 바운싱)	노면 굴곡	2~15Hz
쉐이크	• 전후 쉐이크 • 중고속 주행시 바디 및 조향 휠의 상하 진동	• 노면의 굴곡 • 타이어의 불균형 • 휠의 편심	5~30Hz
시미	중고속 주행시 조향 휠의 회전방향 진동	• 타이어의 불균형 • 타이어의 균일성 불량 • 휠의 편심	5~30Hz
브레이크 져더	제동시 보디, 스티어링의 상하, 전후 진동	• 드럼의 편심 • 디스크의 편마모	5~30Hz
엔진	• 엔진 시동시 보디의 상하, 좌우 진동 • 아이들 공진시 보디의 상하, 좌우 진동	• 엔진 시동시 토크 변동 • 공전시 토크 변동 • 배기계의 굽힘 진동	2~15Hz
가속페달 진동	가속 페달의 진동이 발에 전달	엔진의 진동	잔진동
변속레버 진동	가속 페달의 진동이 손에 느껴지는 진동	엔진의 진동	잔진동
클러치 져더	출발시 발생하며, 바디 전체의 전후 진동	클러치에 전달되는 토크 변동	10~20Hz
출발시 추진축 진동	출발시 발생하는 플로워 패널, 시트의 상하 진동	추진축 조인트의 연결각의 2차 모멘트	30~60Hz

3.4.5. 스프링 정수와 진동수

스프링은 훅의 법칙(hook's law)에 따라 가해지는 외부의 힘과 그 때의 변형은 비례한다. 따라서 외부에서 가해진 힘을 변형으로 나눈 값은 항상 일정하다. 이 값을 스프링 정수라 하며, kgf/mm를 단위로 사용한다.

$$k = \frac{w}{a}$$

w : 외부에서 가해진 힘(하중, kgf)

a : 변형(mm), k : 스프링정수(kgf/mm)

스프링정수란 스프링의 세기를 표시한다. 강한 스프링은 스프링정수가 크고, 약한 스프링은 스프링정수가 작다. 또 스프링정수와 외부에서 가해진 힘, 진동수와의 관계는 다음 공식으로 표시된다.

$$c = \frac{1}{2\pi}\sqrt{\frac{k \cdot g}{w}}$$

g : 중력 가속도($9.8 m/s^2$), c : 진동수(cycle/sec, Hz)

위 공식에서 g와 π는 일정하기 때문에 진동수는 스프링정수에 비례하고 외부에서 가해지는 힘(하중)에 반비례한다. 따라서 스프링정수를 일정하게 하고 하중을 증가시키면 진동수가 감소한다. 또 하중을 일정하게 하고 진동수를 작게 하려면 스프링 정수가 작은 스프링을 사용하여야 한다. 그러나 너무 작은 스프링 정수의 스프링을 사용하면 변형이 커져 강도와 주행 안정성에 좋지 않은 영향을 준다.

4. 전자제어 현가장치(ECS : electronic control suspension system)

4.1. 전자제어 현가장치의 개요

최근에는 정숙성, 안락성, 주행안정성 확보 등에 대한 요구가 증가하고 있다. 따라서 승차감과 주행안전성에 크게 영향을 미치는 현가장치는 자동차 연구개발 과정 중 상당한 비중을 차지하는 중요한 과제로 다루어지고 있다.

전자제어 현가장치(ECS : electronic control suspension)는 높은 출력의 엔진과 더불어 소비자의 안전의식에 따라 안전주행이 높은 성능의 현가장치가 요구되어 전자제어 기술을 이용하여 승차감과 주행안정성을 동시에 만족시킬 수 있는 현가장치를 개발하여 사용하고 있다. 그리고 더 나아가 섀시통합 제어 및 모듈형 현가장치가 개발되는 등 현가장치의 진일보 된 기술개발을 위한 연구가 활발하게 진행되고 있다.

4.1.1. ECS의 기능

① 급제동을 할 때 노스다운(nose down)을 방지한다.
② 급선회 또는 급회전을 할 때 원심력에 의한 자동차의 기울어짐 현상을 방지한다.
③ 노면으로부터의 자동차 높이를 조정한다.
④ 노면상태에 따라 승차감을 조절한다.

4.1.2. ECS의 장점

① 고속으로 주행할 때 차체의 높이를 낮추어 공기저항을 감소시키므로 안정성이 있다.
② 조향할 때 차체가 쏠리는 현상이 적어 조종 안정성을 향상시킨다.
③ 노면으로부터의 충격을 감소하므로 승차감이 좋다.
④ 굴곡이 심한 장파형의 노면을 주행할 때 흔들림이 적은 평행한 승차감을 실현한다.
⑤ 스프링 상수 및 감쇄력(댐핑력)을 제어한다.

4.2. 전자제어 현가장치의 종류

4.2.1. 반 능동형 현가장치(semi-active suspension system)

반 능동형 현가장치는 감쇠력 특성곡선을 둘 이상 가진다는 의미로 감쇠력 가변식이라고도 하며, 쇽업소버의 운동특성을 가변시켜 주행안정성 및 승차감을 향상시킨 것이다. 반 능동형 현가장치는 일반적으로 4바퀴의 감쇠력을 독립적으로 제어하여 독립 현가장치의 장점을 최대한 보완한 장치이며, 각 바퀴의 위쪽 차체에 설치한 상하 가속도(G)센서로 바퀴의 작동상태를 검출하여 독립적인 제어를 가능하게 한다.

또 차속센서와 조향 휠 각속도 센서의 신호를 기준으로 운전자의 급 조향 여부를 판단하여 감쇠력을 제어해주는 앤티 롤 제어(anti roll control)를 통해 조향안정성과 편의성을 향상시킨다. 그리고 감쇠력 변환을 위한 액추에이터 제어(actuator control)에는 스텝 모터(step motor)를 이용하여 감쇠력을 다단계로 제어하는 방법과 솔레노이드밸브를 사용하여 연속적으로 감쇠력을 변환하는 방법이 사용된다.

반 능동형 현가장치에 사용되는 대표적인 구성요소는 차고센서, 가속도 센서, 차속센서, 스로틀 위치센서(TPS), 앞・뒤 솔레노이드밸브, 조향 휠 각속도 센서, 가변 쇽업소버, 액추에이터, ECS ECU 등으로 되어 있다. 반 능동형 현가장치의 ECU는 각 바퀴의 감쇠력을 독립적으로 제어하는 스카이훅 논리(sky hook logic)를 기본으로 하는 제어 알고리즘(control algorithm)이 구현되어 있다.

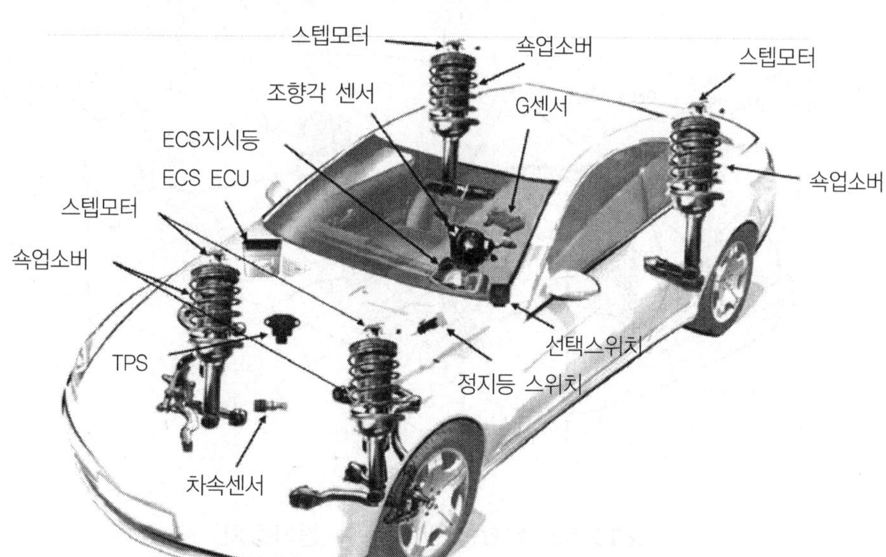

그림 52. 다단계 감쇠력 가변방식 반 능동형 현가장치

[1] 다단계 감쇠력 가변 반 능동형 현가장치(1세대)

반 능동형의 1세대라 할 수 있는 감쇠력 가변 전자제어 현가장치는 쇽업소버의 감쇠력을 다단계로 변화시킬 수 있다. 이 장치는 쇽업소버의 감쇠력만 제어하므로 구조가 간단하여 중형자동차에서 주로 사용된다.

[2] 복합형 반 능동형 현가장치(2세대)

반 능동형의 2세대라 할 수 있는 복합형 전자제어 현가장치는 쇽업소버의 감쇠력과 자동차 높이(차고) 조절기능을 갖춘 것이다. 이 장치의 특징은 코일스프링의 역할을 공기스프링이 하므로 무게가 변화하더라도 일정한 승차감과 자동차 높이를 유지할 수 있다. 중·대형 승용자동차에서 주로 사용된다. 현가장치의 스프링상수나 감쇠력이 낮아지면 승차감은 향상되지만 적재 하중의 변화에 따라 자동차 높이 및 차체의 자세 변화가 커져 자동차 안정성이 감소된다.

이를 방지하기 위해 스프링상수를 낮추어 좋은 승차감을 확보하기 위해서는 필요할 때 스프링상수를 변화시켜 자동차 안정성도 동시에 유지해 주어야 하며, 스프링상수 변화장치로는 공기스프링을 사용한다. 스프링상수 제어는 자동차 높이(차고) 제어, 감쇠력 제어기능을 포함하기 때문에 복합형 현가장치라 한다.

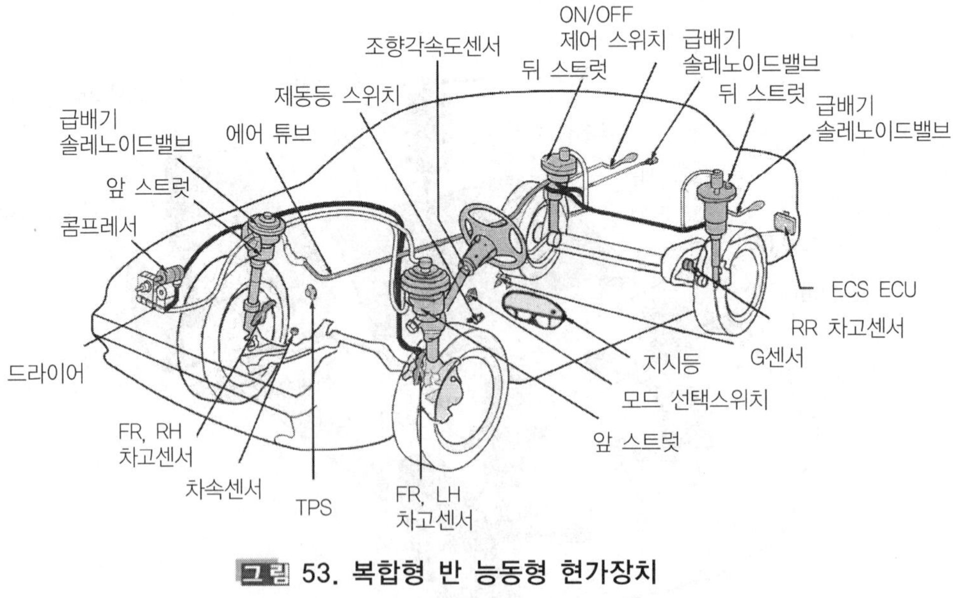

그림 53. 복합형 반 능동형 현가장치

[3] 무단 감쇠력 가변 반 능동형 현가장치(3세대)

진정한 반 능동형 현가장치라고 할 수 있는 3세대 무단 감쇠력 가변 제어장치는 스카이 훅(sky hook)이론을 바탕으로 개발된 것이며, 역방향 감쇠력 가변 쇽업소버를 사용하여 기존의 감쇠력 가변 전자제어 현가장치와 능동형 전자제어 현가장치의 성능을 모두 만족시킬 수 있는 장치이다. 쇽업소버의 감쇠력은 쇽업소버의 바깥쪽에 설치한 가변 솔레노이드밸브에 의해 연속적인 감쇠력 가변이 가능하며, 쇽업소버의 피스톤이 작동할 때 독립된 감쇠제어가 가능하다.

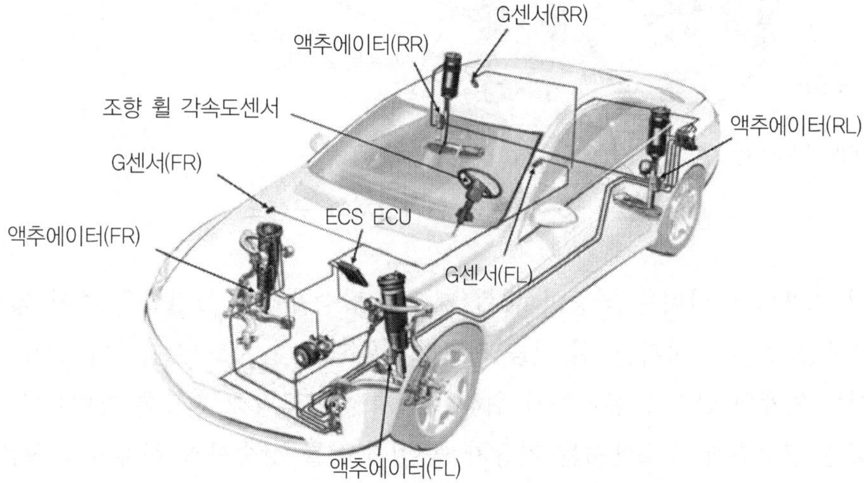

그림 54. 무단 감쇠력 가변 반 능동형 현가장치

4.2.2. 능동형 현가장치(full-active suspension system)

능동형 현가장치는 반 능동형보다 진보된 형태의 전자제어 현가장치이며, 외부에서 에너지를 공급하여 스프링상수나 감쇠력을 주행조건에 대응하여 적절하게 조절하는 장치이다. 즉, 능동형 현가장치는 적재중량, 도로면 상황, 주행속도 등 여러 가지의 주행상태에 대응하여, 유압이나 압축공기 액추에이터를 이용하여 자동차 높이(차고) 및 스프링 상수, 감쇠력 등을 최적화시키는 장치로, 반 능동형 장치와 구분하기 위하여 완전 능동형(full-active)으로 표현하기도 한다.

능동형 현가장치는 반 능동형이 지니고 있는 감쇠력제어와 자동차 높이(차고) 조절기능 모두 갖추고 있으며, 자동차의 자세변화에 능동적으로 대처하여 자세를 바로 잡아 줄 수 있다. 능동형 현가장치의 기본 개념은 주행할 때 현가장치의 구성요소들이 각각의 상황에 따라 적절히 대응하도록 하는 것이다.

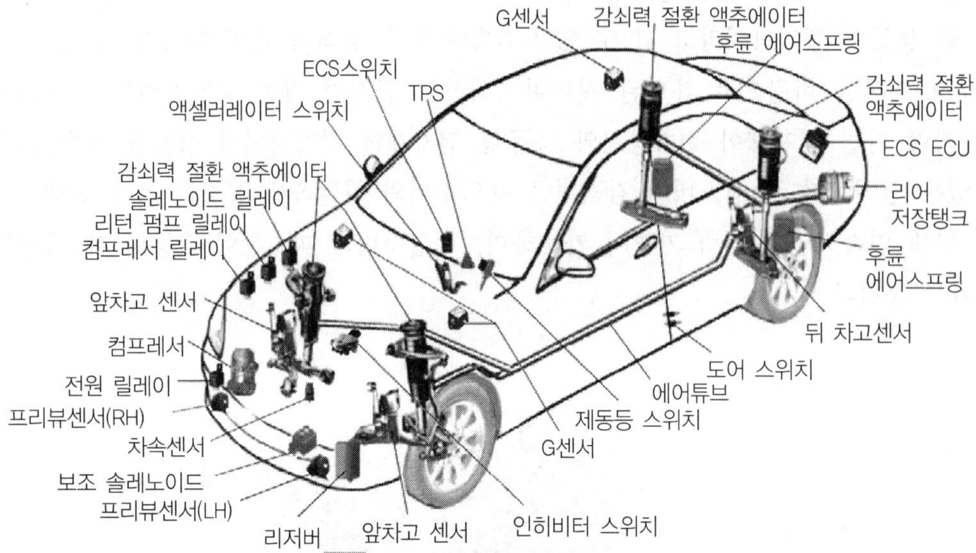

그림 55. 능동형 현가장치의 구성도

예를 들어 스프링에 가벼운 하중이 얹힐 때에는 탑승자에게 불편함을 주지 않으면서도 자동차의 하중을 충분히 지지할 수 있을 정도까지만 딱딱해 지도록 하거나 갑작스런 차로의 변경에서는 차체의 안정을 유지하기 위해 현가특성을 딱딱해 지도록 제어한다. 또 비포장도로와 같은 불규칙한 도로에서는 자동차 높이(차고)를 상승시켜 하체의 손상을 방지하는 등의 제어를 수행한다.

능동형 현가장치에 사용되는 센서에는 가속도 센서, 차고센서, 압력센서 등이 있으며, 감쇠력 가변방식이나 공기스프링을 이용한 자동차 높이(차고) 조절방식보다 더욱더 정밀한 제어를 위하여 센서의 수량 증가 및 정밀도가 높은 것을 사용한다. 제어논리를 포함한 ECS ECU는 증가한 센서의 신호처리 및 정밀한 액추에이터의 제어가 요구되기 때문에 용량이 크고 계산속도가 빠른 것이 필요하다. 특히 능동형 현가장치는 오동작이 발생하였을 때 안전에 큰 문제를 야기할 수 있으므로 각종 센서 및 액추에이터의 고장진단 및 페일세이프(fail safety)가 구비되어 있어야 한다.

4.2.3. 도로면 감지(프리뷰 제어) 능동형 현가장치

일반적으로 반 능동형이나 능동형 전자제어 현가장치는 도로면의 변화에 대하여 현가장치의 바운싱(bouncing)주기 등으로부터 도로면 상태를 판단하여 감쇠력을 바꾸거나 공기스프링의 압력을 조정하는 방식을 사용한다.

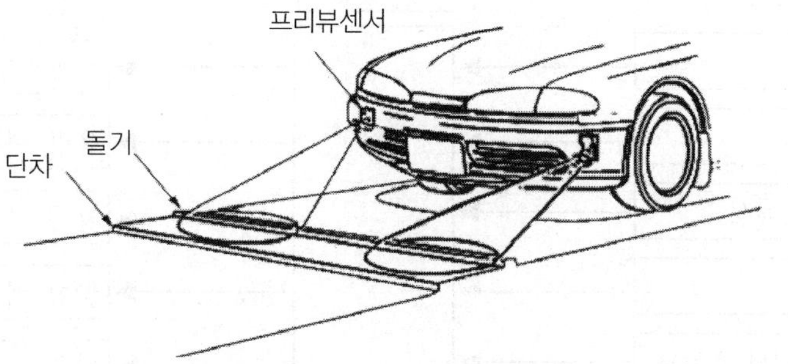

그림 56. 도로면 감지 능동형 현가장치

이에 비해 도로면 감지 능동형 현가장치는 초음파 펄스방식의 프리뷰센서(preview sensor)와 수신센서 등을 이용하여 도로면의 상태를 사전에 검출하여 빠른 시간 내에 쇽업소버의 감쇠력을 바꾸거나 공기스프링의 압력조정 등을 통하여 충격을 훨씬 부드럽게 하여 승차감을 향상시킬 수 있는 장치이며, 프리뷰 제어(preview control)라 한다.

프리뷰 제어는 앞 범퍼 좌우에 설치된 2개의 프리뷰 센서가 자동차의 앞쪽에 있는 도로면의 돌기와 단차를 초음파로 검출하여 돌기 또는 단차를 넘기 전에 쇽업소버의 감쇠력을 최적으로 제어하여 승차감을 향상시킨다. 돌기를 검출한 경우에는 쇽업소버의 감쇠력을 소프트(soft)로 변환시켜 돌기를 넘을 때 충격을 흡수하고, 단차를 검출한 때에는 쇽업소버의 감쇠력을 하드(hard)로 변환시켜 쇽업소버의 스토퍼(stoper)가 차체와 접촉되는 것을 방지한다.

앞으로는 구배 정보 등을 추가하여 오르막이나 내리막 등의 주행상황에 따라 쇽업소버의 감쇠력과 제어시점을 조정하여 앞바퀴와 뒷바퀴의 롤(roll)과 선회력을 제어하여 주행 안정성을 향상하는 기능도 추가되리라 예측된다. 국내에서는 일부 고급 승용자동차에 설치된 경우가 있다.

4.3. 전자제어 현가장치의 입・출력요소

전자제어 현가장치에는 여러 가지 형식이 있지만 입・출력요소는 현가장치의 형식에 관계없이 대부분 비슷하다. 다만, 형식에 따라 사용하는 센서 및 액추에이터의 개수나 명칭이 다를 수 있으나 현가장치 형식에 따라 이들 중 선택적으로 사용된다. 특히 출력요소는 현가장치의 형식에 따라 그 종류가 매우 다를 수 있으나 여기서는 일반적으로 현가장치에 사용되는 입・출력요소에 대한 기본적인 원리 및 구조에 대해 설명하도록 한다.

그림 57. 전자제어 현가장치 입·출력 다이어그램(예)

4.3.1. 전자제어 현가장치의 입력요소

[1] 차고센서(vehicle height sensor)

차고센서는 앞 차고센서와 뒤 차고센서가 있다. 앞 차고센서는 차체와 앞차축의 상대위치(자동차 높이)를 검출하여 자동차 앞쪽의 바운싱(bouncing), 노스다운(nose down) 등의 자동차 높이 수준을 검출한다. 뒤 차고센서는 차체와 뒤차축의 상대위치(자동차 높이)를 검출하여 자동차 뒤쪽의 상태 즉 바운싱(bouncing), 피칭(pitching) 등의 자동차 높이 수준을 검출한다.

차고센서는 차체와 차축에 연결되어 있으므로 차체의 상하 움직임에 따라 레버(lever)가 회전하므로 레버의 회전량 변화를 검출한다.

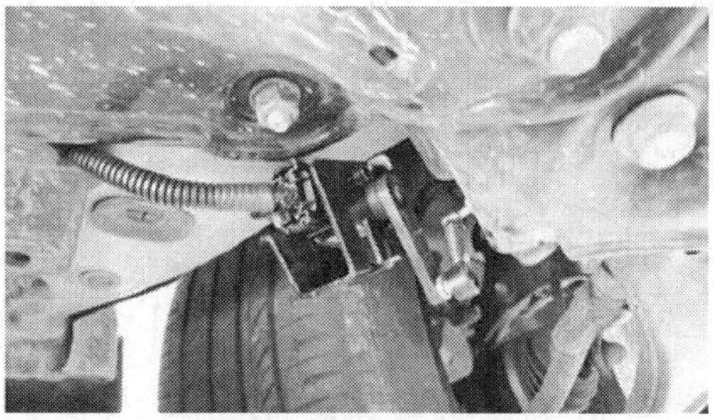

(a) 프런트 차고센서

(b) 리어 차고센서

그림 58. 차고센서

차고센서는 현가장치 형식에 따라 앞뒤에 각각 1개씩 설치하거나 또는 앞쪽에 2개, 뒤쪽에 1개로 최대 3개까지 설치한다. 차고센서를 4바퀴 모두에 설치하지 않는 이유는 4바퀴의 독립적인 제어가 끊임없이 반복되어 차체가 평면을 이루지 못하는 문제가 발생할 수 있기 때문이다.

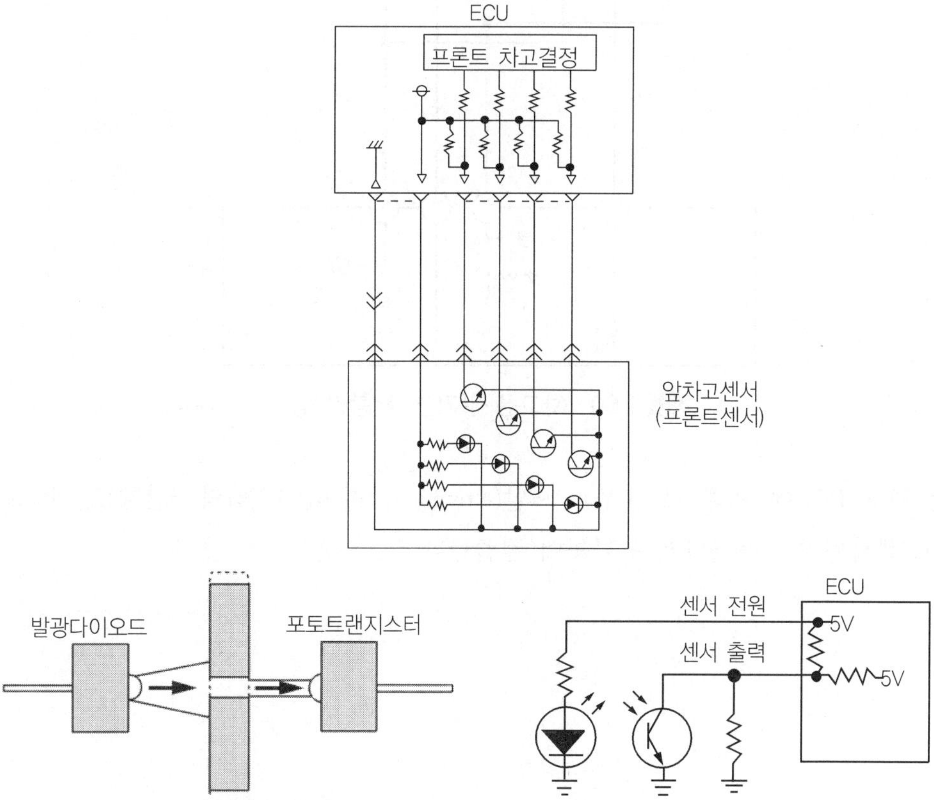

그림 59. 차고센서 회로도(옵티컬방식)

차고센서 내부는 발광다이오드(LED)와 포토트랜지스터, 슬릿 판(slit plate)으로 구성되어 있다. 자동차 높이(차고)가 변하면 자동차 높이 변화에 대응하여 발광다이오드와 포토트랜지스터 사이의 중앙에 위치한 슬릿 판이 회전한다. 이때 발광다이오드에서 내보낸 빛이 회전하는 슬릿 판에 의해 ON/OFF되면서 포토트랜지스터에 가해진다.

실제 차고센서 내부에는 3~4쌍의 발광다이오드와 포토다이오드가 설치되어 있어 자동차 높이(차고)변화를 여러 단계로 검출한다. 또 차고센서는 가변저항 방식도 사용하는데 이것은 엔진에서 사용하는 스로틀 위치센서(TPS) 원리와 같다. 이 센서는 옵티컬 방식(optical type)에 비해 자동차 높이의 검출이 정밀한 특징이 있다.

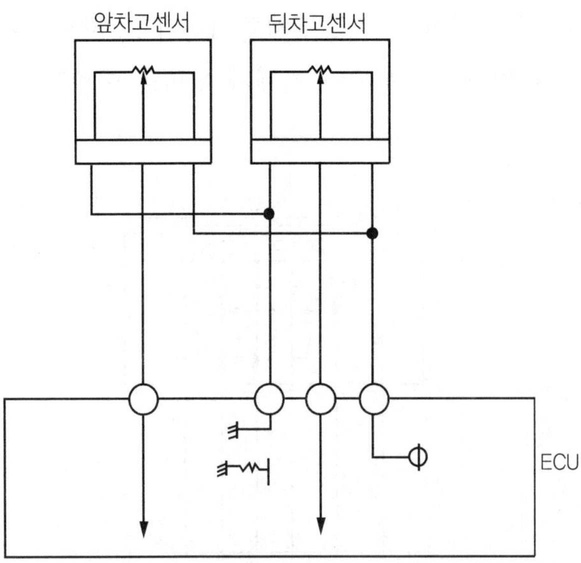

그림 60. 차고센서(가변 저항방식)

차고는 ECS ECU에 의해 로(LOW), 노말(Normal), 하이(HIGH)의 3단계로 제어되지만 실제 차고 센서는 차고를 8단계로 나누어 검출한다.

표 차고센서의 차고에 따른 센서 출력

선택모드 차고	출력 신호		
	A	B	C
최대 높이(T)	ON	OFF	OFF
하이보다 높음(HH)	ON	ON	OFF
하이 목표차고(HN)	OFF	ON	OFF
노말 목표 차고(N)	OFF	ON	OFF
로 목표 낮음(L)	ON	ON	ON
로 보다 낮음(LL)	ON	OFF	ON
최소 높이(B)	OFF	ON	OFF
NG	OFF	OFF	OFF

[2] 조향 휠 각속도 센서(steering wheel angle speed sensor)

조향 휠 각 센서는 조향 축에 설치되어 있으며, 조향 휠을 조작하면 포토 단속기의 발광 다이오드(발광소자)와 포토트랜지스터(수광소자)사이에 설치된 디스크 판이 조향 휠의 회전운동에 따라 회전하며, 이때 발광다이오드의 빛이 포토트랜지스터 쪽으로 통과됨에 따라 조향 휠의 조향방향, 조향각도, 조향속도를 검출하여 ECS ECU에 입력시킨다. ECS ECU는 이 신호를 기준으로 좌우 진동[롤(roll)]을 검출하여 앤티 롤로 제어한다.

(a) 장착위치

(b) 형상

그림 61. 조향휠 각속도 센서의 위치 및 형상

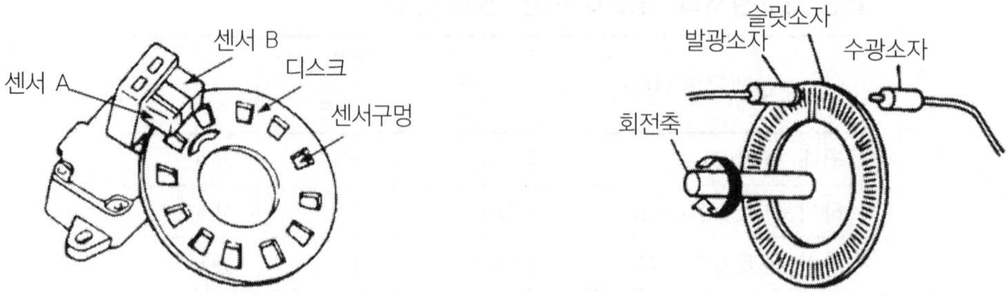

(a) 구조

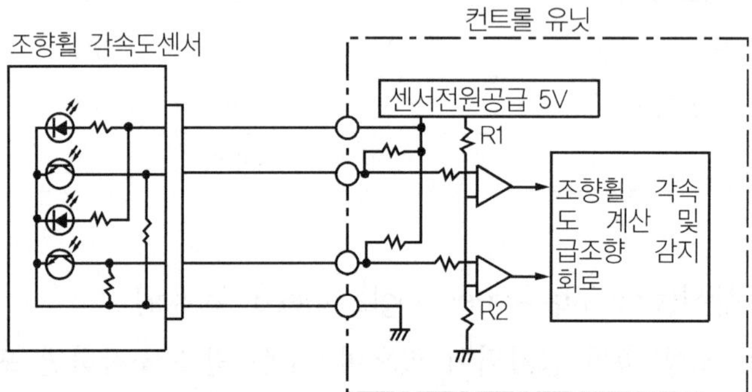

(b) 회로도

그림 62. 조향휠 각속도 센서의 구조 및 회로

[3] 차속센서(vehicle speed sensor)

차속센서는 홀 소자 형식으로 변속기 드리븐 기어 상단부에 설치되어 ECS, 자동변속기, 연료분사장치, 에탁스 등 여러 장치에서 자동차의 가·감속도를 연산하기 위해 주행속도를 검출하여 ECS ECU로 입력한다. ECS ECU는 롤(roll), 스쿼트(squat), 고속 안전성 등을 제어할 때 입력신호로 사용되며, 변속기 출력축에 설치된다. 차속센서 내부에는 홀(hall) 소자와 트랜지스터가 내장되어 있다.

점화스위치를 ON으로 하면 축전지로부터 공급된 12V의 전원은 그림 63의 ①을 통해 ②로 접지되고 전자제어 현가장치로부터 5V가 트랜지스터 C(컬렉터)에 대기하게 된다. 이때 변속기 피동기어가 회전하면 차속센서 내부에 있는 감응부분에 자력이 형성되어 ③과 ④에 전압이 발생한다. ③에서 발생된 전압에 의해 트랜지스터의 B(베이스)로 흘러서 C(컬렉터)에 대기하고 있던 5V 전원이 트랜지스터 E(이미터)로 흐르게 되어 그림과 같은 디지털 신호를 ECS ECU가 검출한다.

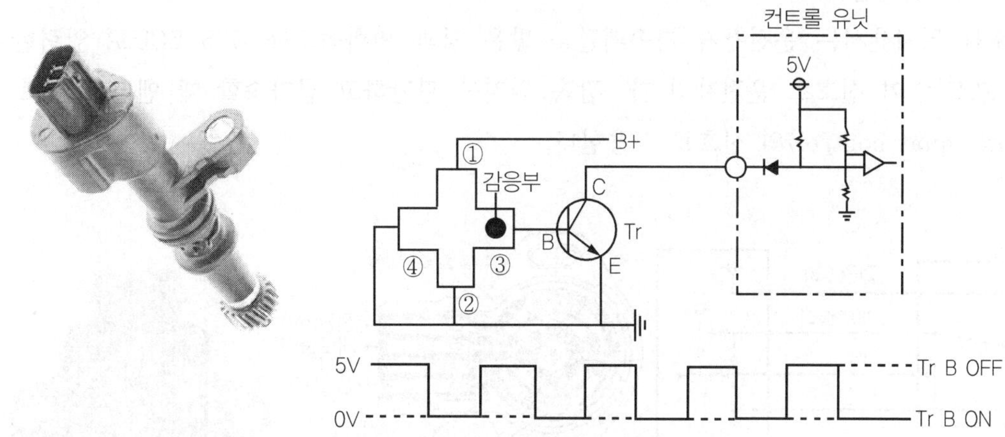

그림 63. 차속센서 및 회로도

차속센서는 트랜스액슬의 출력축 기어에서 각 회전마다 4회의 펄스를 출력하여 0.625 km/h의 단위로 점검한다. 입력펄스가 500ms 이상일 때에는 주행속도 3km/h 미만, 500ms 미만인 경우에는 주행속도 3km/h 이상으로 간주하며, 주행속도 3km/h 이상의 경우 이전의 4회의 평균값으로 주행속도를 계산한다.

[4] G센서

G센서(가속도 센서)는 자동차 선회시 G센서 내부의 철심이 자동차가 기울어진 쪽으로 이동하면서 유도되는 전압이 변화되는데 ECS ECU는 유도되는 전압의 변화량을 검출한다. ECU는 차체의 기울어진 방향과 기울어진 양을 검출하여 안티 롤(anti roll)을 제어할 때 보정신호로 사용한다.

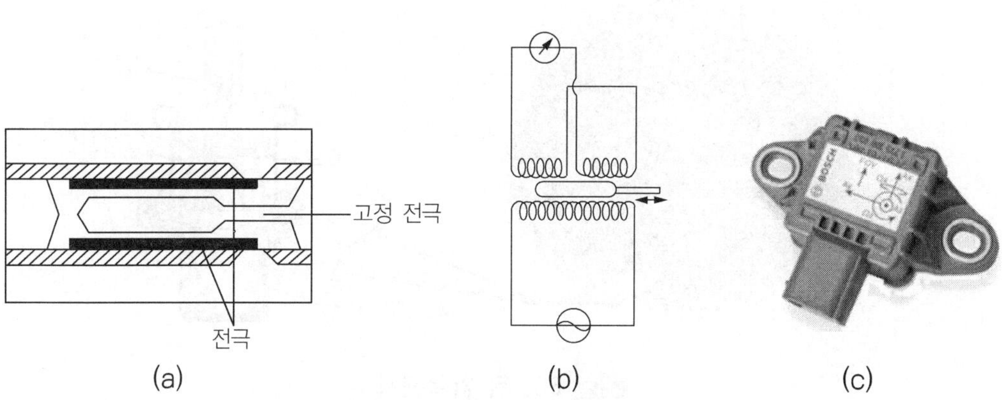

그림 64. G센서(가속도센서)

[5] 스로틀 위치센서(throttle position sensor)

스로틀 위치센서는 운전자가 가속페달을 밟은 양과 변화속도를 ECS ECU로 입력한다. ECS ECU는 이 신호로 운전자의 가·감속 의지를 판단하고 급가속할 때 앤티 스쿼트 제어(anti squat control)의 신호로 사용한다.

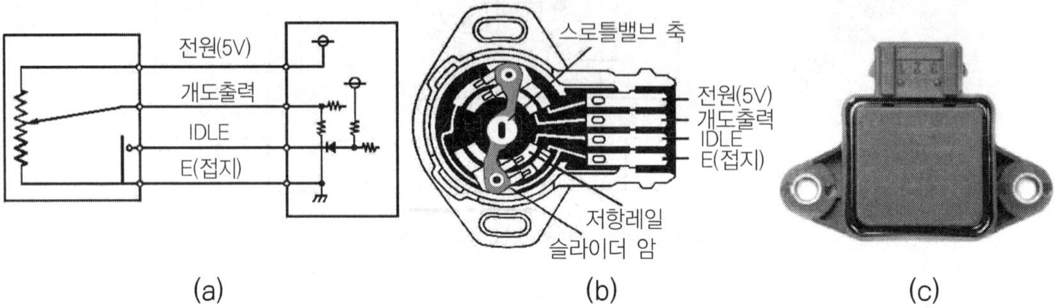

그림 65. 스로틀위치센서

[6] 뒤 압력센서(rear pressure sensor)

뒤 압력센서는 뒤쪽 쇽업소버 내의 공기압력을 검출하는 역할을 한다. 뒤쪽 쇽업소버 내의 공기압력은 뒷좌석의 승차인원이나 트렁크의 화물 적재량에 따라 많은 변화가 일어난다. ECS ECU는 뒤 압력센서의 신호로 자동차 뒤쪽의 무게를 감지하여 무게에 따라 뒤 쇽업소버의 공기스프링에 급·배기를 할 때 급기시간과 배기시간을 다르게 한다. 또 승차인원이 과다하거나 화물의 적재량이 많아서 뒤 쇽업소버 공기스프링 내의 공기압력이 규정압력 이상으로 높아지면 자세를 제어할 때 뒤쪽 제어를 금지한다.

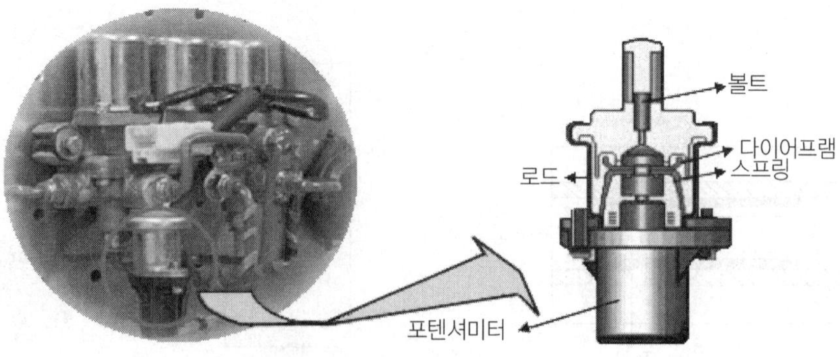

그림 66. 뒤 압력센서

[7] 전자제어 현가장치 모드 선택스위치

전자제어 현가장치 모드 선택스위치는 운전자가 주행조건이나 도로면 상태에 따라 쇽업소버의 감쇠력 특성과 자동차 높이(차고)를 변화시키고자 할 때 사용한다. 그림 67(a)은 능동형 현가장치용으로 하이(HIGH)모드를 선택하면 계기판의 하이(HIGH)램프가 점등되면서 자동차 높이(차고)가 하이(HIGH)위치로 상승된다. 하이 모드의 선택은 주행속도가 특정속도(예 : 50km/h) 이하에서 가능하다. 일반적으로 주행을 할 때 자동차 높이(차고)는 노멀(normal)상태를 유지한다.

그림 67(b)은 감쇠력 가변 현가장치용으로 오토(AUTO) 모드를 선택하면 쇽업소버의 감쇠력이 주행조건이나 도로면 상태에 따라 자동적으로 제어되며, 이때 계기판의 오토(AUTO) 램프가 점등된다.

(a) 액티브 현가장치용

(b) 감쇠력 가변용

그림 67. 전자제어 현가장치 스위치(예)

[8] 각종 스위치

① 브레이크 스위치 신호는 브레이크 페달을 밟았을 때 다이브 제어(dive control)의 기준신호로 사용한다.

② 자동변속기 인히비터 스위치 신호는 변속할 때 진동을 억제하기 위해 감쇠력 제어하는 앤티 시프트 스쿼트 제어(anti shift squat control)의 기준신호로 사용한다.

③ 전조등 스위치는 주행 중 전조등을 점등하였을 때 앞・뒤 자동차 높이(차고)를 모두 로우(Low)로 내려 전조등의 광도가 변화하는 것을 방지한다.

④ 도어 스위치 신호는 승・하차 여부를 판단하여 승・하차를 할 때 차체의 흔들림을 방지하기 위해 쇽업소버의 감쇠력을 제어한다.

(a) 브레이크스위치

(b) 전조등스위치

(c) A/T장착용 인히비터 스위치

(d) 도어스위치

그림 68. 현가장치에 사용되는 스위치의 예

⑤ 공전스위치(idle switch) 신호는 가속페달의 조작여부를 검출하는 스위치이며, 출발할 때 차체의 앞쪽이 들리는 스쿼트 현상을 방지하기 위한 앤티 스쿼트(anti squat) 제어와 변속레버를 조작할 때 차체의 진동이 발생되는 현상을 방지하기 위한 앤티 시프트 스쿼트(anti shift squat)제어를 실행한다.

[9] 프리뷰센서(preview sensor)

프리뷰센서는 초음파에 의해 차체 앞쪽의 도로면에 있는 돌기 및 단차를 검출하는 기능을 하며, 앞 범퍼 안쪽의 좌·우에 설치되어 있다.

(1) 돌기의 검출원리

진동자(압전 세라믹)에 펄스(pulse) 전압을 가해서 얻어지는 초음파는 타이어 앞쪽의 도로면으로 향하여 200kHz 정도의 주파수로 발신한다. 타이어 앞쪽에 돌기가 있으면 초음파는 돌기에 의해 반사되어 수신기로 되돌아온다.

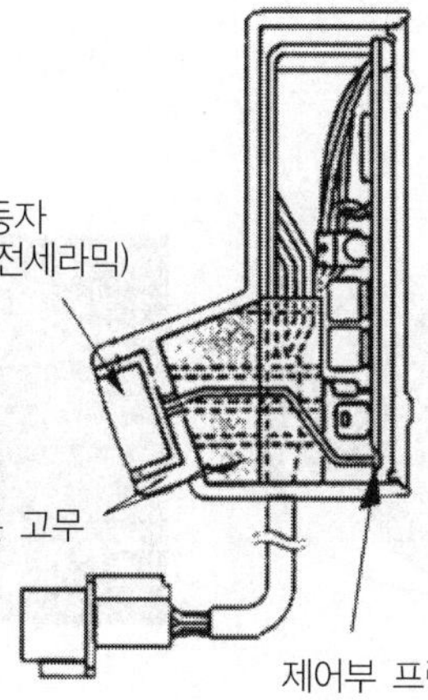

그림 69. 프리뷰센서의 구조

이때 되돌아오는 초음파의 세기에 의해 전압이 발생되는 전자회로가 구성되어 있어 이 전압의 유무에 따라 앞쪽의 돌기 여부를 검출한다.

(2) 단차 검출의 원리

편평하게 보이는 포장도로에서도 도로면에는 작은 요철(凹凸)이 있다. 이 요철에 의해 초음파가 반사되기 때문에 센서에는 약한 초음파가 되돌아오는 것으로 일반적인 주행을 할 때에도 센서 내부에는 미세한 전압이 발생된다. 그러나 타이어 앞쪽에 단차가 있으면 센서로 되돌아오는 초음파가 차단되어 진동자에 의한 전압도 0V가 된다. 이에 따라 앞쪽의 단차를 검출할 수 있다.

4.3.2. 전자제어 현가장치의 출력요소

[1] 스텝모터(step motor)

스텝모터는 각각의 쇽업소버 위쪽에 설치되며, ECS ECU의 신호로 작동된다. ECS ECU는 자동차 운행 중 쇽업소버의 감쇠력을 변화시켜야 할 조건이 되면 스텝모터를 회전시키고 스텝모터가 회전하여 스텝모터와 연결된 컨트롤 로드(control rod)가 회전하면서 쇽업소버 내부의 오일회로가 크게 변화되어 감쇠력이 가변된다.

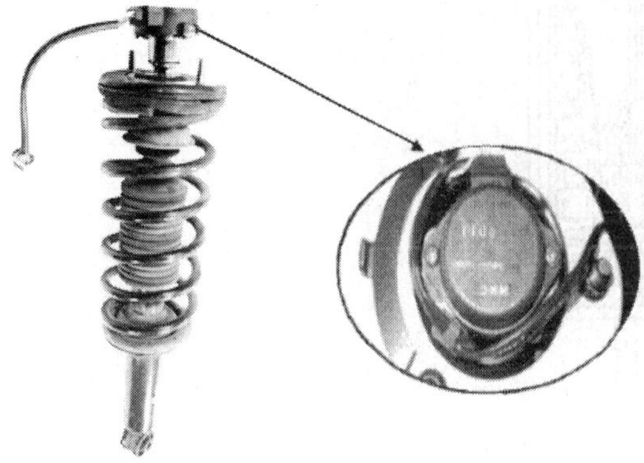

그림 70. 스텝모터

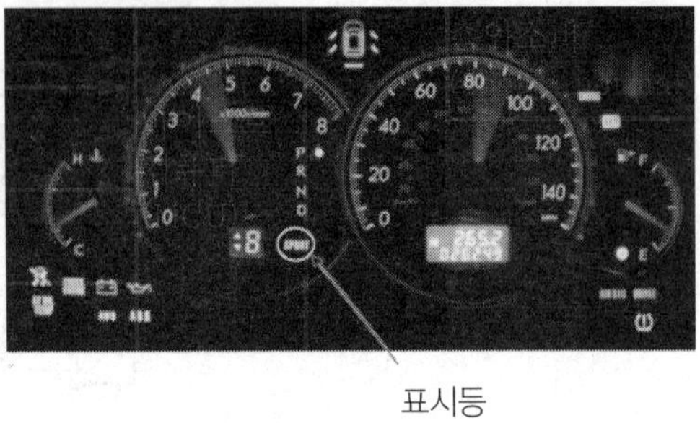

그림 71. 전자제어 현가장치 지시등

[2] 전자제어 현가장치 지시등

오토(AUTO) 모드일 때에는 소등되며, 운전자가 스포트(SPORT) 모드를 선택하면 ECS ECU는 계기판에 스포트(SPORT) 모드 표시등을 점등시켜 운전자에게 알려준다. 또 장치에 고장이 발생하면 ECS ECU는 "SPORT" 표시등을 점멸시켜 고장을 알려 준다.

4.4. 전자제어 현가장치의 기능

전자제어 현가장치에는 가속도센서, 차고센서, 조향 휠 각속도 센서, 차속센서 등이 사용되며, 이 센서들은 도로면 상태 등을 포함한 자동차의 주행상태와 가속, 제동, 조향 등 운전자의 의지를 ECS ECU로 전달한다. 또 전자제어 현가장치 선택스위치는 운전자 편의를 위해 마련된 것으로 운전자가 자동차의 운동특성을 승차감 위주 또는 주행안정성 위주로 선택할 수 있도록 하고, 자동차 높이 조절장치는 자동차 높이를 높이거나 낮추고자 하는 정보를 ECS ECU로 전달한다.

ECS ECU는 신호 처리과정을 통해 센서의 신호가 지니고 있는 정확한 정보를 추출해 내고, 이론적 또는 경험적 지식에 바탕을 둔 제어논리에 의해 어떠한 상황에서도 승차감과 주행안정성이 가장 적절하게 이루어지도록 액추에이터를 구동한다.

액추에이터는 장치의 종류에 따라 감쇠력 가변 쇽업소버의 가변밸브 또는 자동차 높이 조절장치의 공기스프링과 공기압축기, 능동형 현가장치의 유압펌프와 유압실린더이다. 지시계는 운전자에게 현재 제어상태에 대한 정보를 주거나 오동작이 발생할 때 운전자에게 경고를 준다.

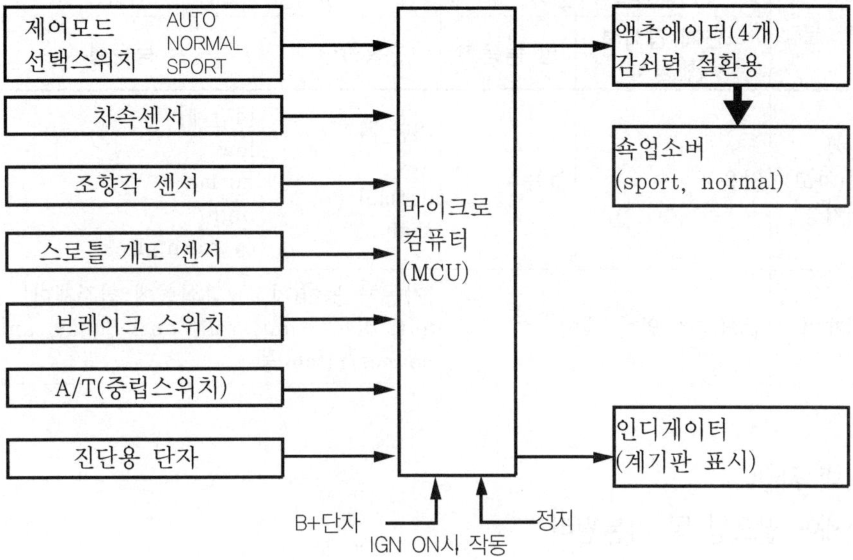

그림 72. 전자제어 현가장치의 제어도

전자제어 현가장치가 설치된 자동차는 주행조건이나 도로면 상태에 따라 일반적으로 쇽업소버의 감쇠력제어, 자동차 높이 제어(자동차 높이 조절용 쇽업소버 설치 자동차만 해당), 자세제어와 같은 3가지 제어를 통해 기계식 현가장치에 비해 훨씬 넓은 영역에서 안정된 승차감과 주행안정성을 동시에 확보한다. 아래 표는 전자제어 현가장치 종류별 제어 기능을 나열한 것이다.

표 전자제어 현가장치의 종류 및 기능

구 분	감쇠력 가변식		자동차 높이(차고)제어식	
	다단계 감쇠력 가변방식	반 능동형	복합형	능동형
감쇠력 제어기능	[3단계] soft medium hard	무단 제어	[2단계] soft hard	[4단계] super soft soft medium hard

구 분	감쇠력 가변식		자동차 높이(차고)제어식	
	다단계 감쇠력 가변방식	반 능동형	복합형	능동형
자동차 높이(차고) 제어기능	없음	없음	[3단계] low normal high	[4단계] low normal high extra-high
자세제어	감쇠력에 의한 제어		[자동차 높이(차고)/감쇠력에 최적제어] anti dive , anti roll, anti Squat, anti bounce/pitch 등	

4.4.1. 감쇠력 제어

[1] 감쇠력 제어 필요성 및 기본원리

감쇠란 힘이 줄어서 약해지는 것으로 진동계통의 일부 운동에 대한 저항력에 의해 상실되는 에너지의 소비를 말하며, 감쇠력(damping force)이란 스프링의 움직임(운동)을 멈추려고 하는 쇽업소버의 저항력을 말한다. 감쇠력은 쇽업소버를 신축하는 피스톤의 작동속도에 따라 달라지므로 피스톤 작동속도 0.3m/sec를 기준으로 하여 비교하는 것이 일반적이다.

감쇠력이 너무 크면 스프링 작용에 저항하는 힘이 크기 때문에 딱딱한 느낌이 들며, 반대로 너무 작으면 스프링의 힘을 억제하지 못하므로 진동량이 많아 둥둥 뜨는 승차감이 된다. 따라서 현가장치에 요구되는 감쇠력은 주행조건에 따라 다르기 때문에 감쇠력을 변환할 수 있는 장치가 필요하다.

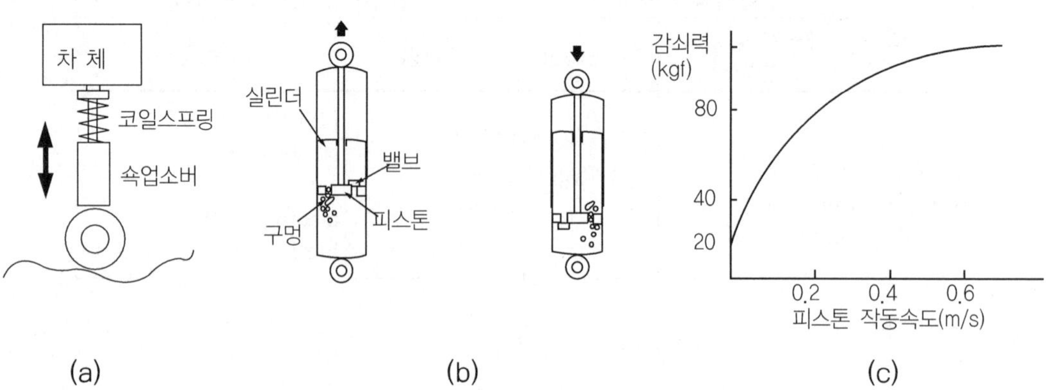

그림 73. 쇽업소버 작동 및 감쇠력 특성

일반적으로 쇽업소버의 감쇠력은 쇽업소버가 늘어나거나 또는 압축될 때 내부 오일이 이동하는 오일통로의 크기에 의해 결정된다. 따라서 쇽업소버의 감쇠력의 가변은 오일통로의 면적을 변화시키면 가능하다.

전자제어 현가장치는 이러한 원리를 이용하여 일반적으로 양호한 도로를 주행할 때에는 감쇠력을 작게 하여 양호한 승차감을 확보하고, 급 조향, 급발진, 급브레이크 상태 등에서는 감쇠력을 크게 하여 차체자세의 변동을 감소시킨다. 또, 험한 도로 등을 주행할 때도 감쇠력을 크게 하여 차체진동을 신속하게 억제시켜 타이어의 접지력 변동을 감소시키는 등의 주행안정성을 확보한다.

[2] 감쇠력 가변방식의 종류

감쇠력 특성곡선을 2개 이상 가지는 감쇠력 가변 현가장치는 가변 단수, 액추에이터의 종류 및 설치위치, 제어논리 등에 따라서 다단 가변방식과 연속(무단) 가변방식으로 분류된다.

(1) 다단 가변방식

다단 가변방식은 감쇠력 특성곡선이 가장 낮은 부분에서부터 가장 높은 부분까지 많은 단계를 가지고 불연속적으로 변환되는 장치이다. 단수가 작은 것은 2~4단부터 많은 것은 50단까지 상용화된 사례가 있다. 사용되는 액추에이터로는 ON/OFF 솔레노이드밸브를 사용하거나 스텝모터를 사용한다. ON/OFF 솔레노이드밸브를 이용한 감쇠력 가변방식은 쇽업소버 바깥쪽에 설치된 밸브로 오일통로를 형성한 뒤 솔레노이드를 이용하여 오일통로를 개폐하는 방법을 이용한다.

스텝모터를 이용하는 방식은 쇽업소버 위쪽에 위치한 스텝모터가 중공으로 된 쇽업소버 로드 내부에 위치한 컨트롤 로드(control rod)를 회전시켜 그 아래쪽에 고정된 셔터(shutter)가 오일통로의 크기를 변화시킴으로서 오일통로를 오일 저항특성이 다른 몇 개 중 하나로 변환하거나, 오일통로의 유효면적을 변화시켜 오일 저항특성을 점진적으로 바꾸는 방법으로 감쇠력을 조정한다. 제어방식에는 단수가 적은 저단형의 경우 적응형 방식이 사용된다. 이 방식은 자동차가 주행하는 도로면이나 주행조건을 통계적인 방법에 의하여 몇 가지 특징적인 경우로 분류하고, 주행 중 해당조건이 성립된다고 판단되면 감쇠력 특성곡선을 이동시키고, 해당조건이 해제되면 원래의 감쇠력으로 복귀시킨다.

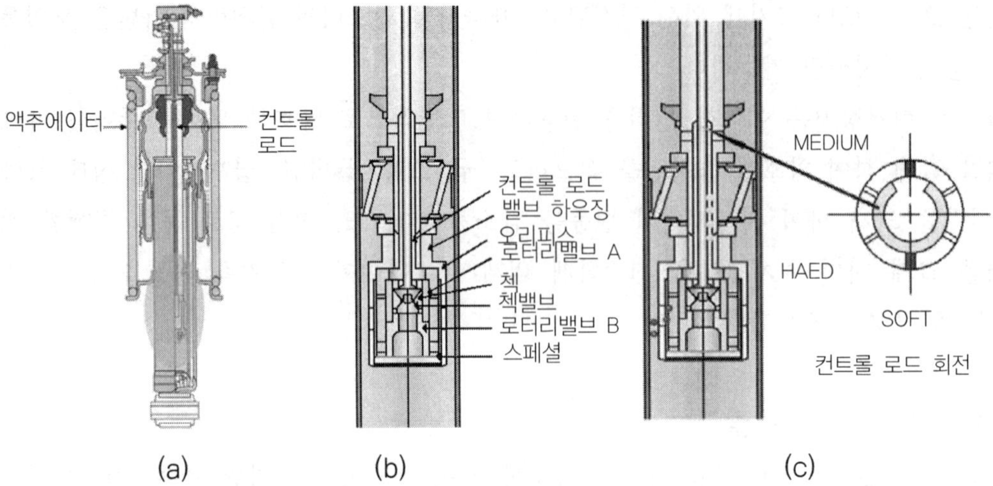

그림 74. 스텝모터를 이용한 다단계 쇽업소버(예)

이 방법의 경우 센서 수량이 많이 필요하지 않으며 4바퀴를 독립적으로 실시간 제어할 필요가 없으므로 응답성도 그다지 빠를 필요가 없다. 한편 스텝모터의 제어 단수가 많은 경우는 실시간 4바퀴 독립제어가 가능한 반 능동형 제어가 사용되는 경우도 있으나 최근에는 많이 사용되지 않는다. 이것은 반 능동형 제어를 사용하기 위해서는 감쇠력의 가변 폭이 커야 하지만, 가변밸브가 쇽업소버 내부의 피스톤 밸브에 설치되어 있어 가변 폭을 늘리는데 한계가 따르기 때문이다.

다단방식의 경우 감쇠력 특성의 천이에 따른 이질감 발생과 소음이 큰 결점이 있다. 초기의 감쇠력 가변 현가장치는 다단방식을 주로 사용하였으나, 최근에는 중형 자동차에 주로 사용되고 있으며, 공기 현가장치(air suspension)와 함께 복합형으로 차체 자세제어에 많이 이용되고 있다.

(2) 연속(무단) 가변방식

연속(무단) 가변 현가장치는 소프트(soft)에서 하드(hard)까지의 감쇠력 곡선이 연속적으로 부드럽게 이동되기 때문에 반 능동형 제어(실시간 4바퀴 독립)에 적합하다. 연속가변을 위해서는 밸브와 일체형인 비례 솔레노이드가 사용되며 쇽업소버의 오일통로를 외부의 가변밸브로 순환시키는 외장형이 많이 사용된다. 외장형은 설치성능과 외부 환경에 대해 약한 단점이 있지만 감쇠력 가변 폭이 크고 하드(hard)한 감쇠력이 연속적으로 작용할 때 대기 중으로 자연방열이 되기 때문에 성능이 우수하다.

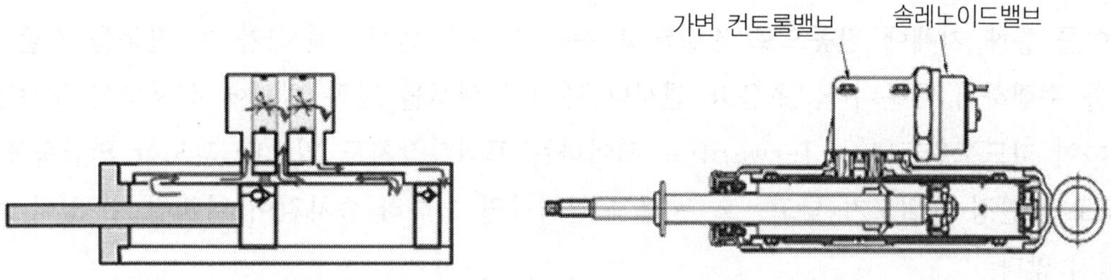

그림 75. 감쇠력 연속가변 쇽업소버(내장형)

최근에는 감쇠력 가변 폭이 다소 감소되더라도 설치성능이 좋고 내구력이 우수하도록 쇽업소버 내부의 피스톤 밸브 위쪽에 가변밸브를 설치하는 내장형도 등장하고 있다. 내장형은 가변밸브 구동을 위한 2가닥의 전선을 통해 외부로 나오기 때문에 기존 수동형 현가장치를 설치 가능한 자동차이면 사용이 가능한 이점이 있어 최근에는 사용이 늘고 있다.

[3] 자동차 운동 및 주행속도에 따른 감쇠력 제어

감쇠력 가변 현가장치는 각종 센서의 정보로 자동차의 운동 상태를 판단하고 그때마다 자동차 상태가 최적이 되도록 감쇠력을 조절하여 승차감과 주행안정성을 향상시킨다. 자동차의 운동 상태는 자동차의 주행환경이나 운전자의 조작 등에 의해 유발된다. 이러한 운동은 크게 수직, 가로, 세로방향의 3방향 운동과 주행속도의 변화로 구분할 수 있다.

(1) 수직방향 운동감지 및 제어

차체나 차축에 설치되는 수직 가속도 센서(G센서) 또는 차체와 차축사이에 연결된 차고센서를 이용한다. 수직방향의 승차감 제어는 일반적으로 수직 가속도 센서(G센서)를 이용하여 실행한다. 만약 수직 가속도 센서(G센서)가 앞뒤로 각각 1개 이상이 설치되어 있으면 바운스(bounce) 뿐만 아니라 피치(pitch)운동에 대한 제어가 가능하며, 좌우로 설치되어 있으면 롤(roll) 운동에 대한 제어도 가능하다.

또 수직 가속도 센서(G센서)를 이용하여 도로면의 특성도 검출해 낼 수 있는데, 고주파 성분이 많은 험한 도로의 경우에 감쇠력을 중간정도로 조절하여 충격이 너무 크지 않도록 하고, 타이어의 접지력을 잃지 않도록 조절할 수 있다. 굴곡이 심한 도로나 과속 방지턱에서는 감쇠력을 강하게 하여 차체의 작동이 수평이 되도록 할 수 있다.

승차감 제어는 기본적으로 피드백 제어(feed back control)인데, 이것은 도로면 형상이 타이어를 통해 차체에 진동으로 전달되고 수직 가속도 센서(G센서)가 이 진동을 검출하여 제어를 수행하기 때문이다. 초음파 센서나 레이저 센서를 앞쪽 범퍼에 설치하여 도로면을 예측하여 피드포워드(feed forward)로 제어하는 프리뷰장치도 있으나 과도한 연산량에 비해 도로면 판정 정밀도가 낮고, 오 판정이 일어나면 오히려 승차감이 나빠질 수 있어 효용은 높지 않다.

(2) 가로방향 운동감지 및 제어

횡 가속도센서나 조향 휠 각속도 센서가 사용되며, 경우에 따라서는 ABS용으로 사용되는 휠 스피드 센서 등을 이용한다. 가로방향의 롤(roll)제어는 주행속도 조향 각속도로부터 자동차의 횡가속도 변화를 계산하여 감쇠력을 딱딱(hard)하게 설정하여 자동차의 롤을 억제하여 주행안정성을 높인다. 이 때 앞뒤의 감쇠력 분배를 다르게 하면 요(yaw) 운동특성도 조절이 가능하며, 자동차의 조향특성을 언더 스티어링(under-steering)나 오버 스티어링(over-steering)로 튜닝하는 것도 가능하다. 조향 휠 각속도 센서 대신 횡 가속도센서를 직접 사용하기도 한다.

(3) 세로방향 운동감지 및 제어

차속센서, 브레이크 센서, 스로틀 위치센서(TPS) 등이 이용한다. 세로방향의 다이브 제어(dive control)는 브레이크를 작동할 때 감속도에 의해서 앞뒤로 하중 이동이 발생하여 차체 앞쪽이 내려가는 현상을 방지하기 위하여 감쇠력을 앞바퀴는 압축 하드(hard), 뒷바퀴는 인장 하드(hard)로 제어한다.

그리고 세로방향 운동인 스쿼트 제어는 출발할 때 차체 앞쪽이 들리는 현상을 방지하기 위해서 스로틀 위치센서(TPS)나 엔진 회전속도를 검출하여 설정 값 이상인 경우, 감쇠력을 앞바퀴는 인장 하드(hard), 뒷바퀴는 압축 하드(hard)로 제어한다.

(4) 주행속도 검출 및 주행속도 감응제어

주행속도 감응제어는 고속에서는 자동차의 안정성이 승차감보다 중요하므로 일정 주행속도 이상에서는 감쇠력의 크게 하여 전체적으로 차체의 작동을 최소화 한다. 그림 75는 각 자동차 운동 방향별 제어기능과 사용되는 센서의 예를 나타낸다.

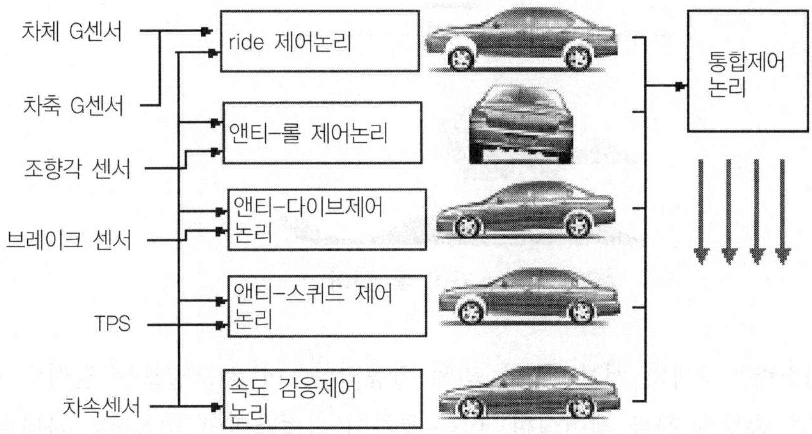

그림 76. 감쇠력 가변장치의 제어기능

[4] 감쇠력 제어방식 분류

위의 설명과 같은 각종 제어방법에 있어서 전자제어 현가장치에는 적응성(adaptive)제어 방식과 반 능동형 방식이 있다.

(1) 적응성(adaptive)제어 방식

적응성 제어방식은 임계값 방식이라고도 한다. 이것은 센서 입력을 신호 처리하여 만들어진 내부 신호가 미리 정해진 임계값을 초과하는 경우에 자동차의 주행조건이 변화된 것으로 판정하고 이에 맞게 감쇠력 특성을 높이거나 낮추는 제어방식이다.

(2) 반 능동형 방식(스카이 훅 제어)

반 능동형 방식은 센서 신호를 실시간으로 입력받아 자동차의 주행조건을 끊임없이 관찰하여 감쇠력을 실시간으로 4바퀴를 독립적으로 제어하는 방식으로 스카이 훅(sky-hook)방식이라 한다. 스카이 훅 제어는 도로면의 외란에 의한 차체의 수직 가속도를 줄이기 위하여 가상적인 기준면에 감쇠 기구를 설치한 것이다. 마치 공중에 매달려 있는 놀이기구를 탄 듯 진동 없이 부드럽게 "공중을 달리는" 것 같은 승차감을 확보하여 제어하는 것을 뜻한다. 즉, 도로면 상황에 따라 차체의 진동을 감쇠력 가변제어로 흡수해 차체 아래쪽에서의 진동은 쇽업소버에서 모두 흡수하여 차체가 공중에 매달려 있는 것과 같이 진동으로 인한 심한 요동이 차체에 전달되지 않도록 제어하는 것이다. 이를 실현하기 위하여 차체와 차축사이에 기존 쇽업소버와는 달리 역전 가변 쇽업소버가 설치되어 있다.

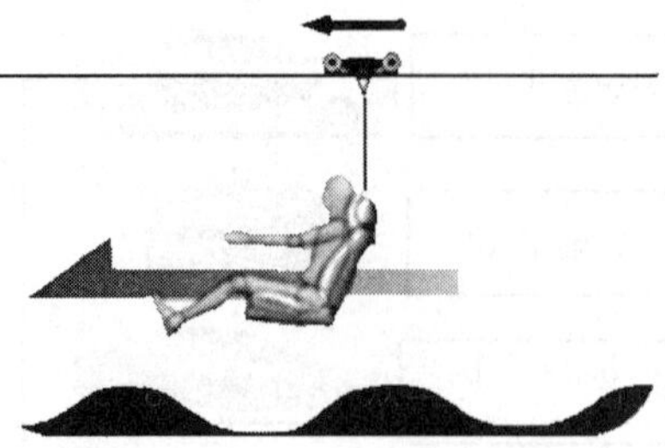

그림 77. 스카이 훅 제어

역전 가변 쇽업소버는 2개의 서보밸브에 의해 작동되며, 이 서보밸브는 감쇠력 특성이 50m/sec 내의 빠른 속도로 전류 제어되며, 이를 통하여 쇽업소버의 감쇠력이 가변된다.

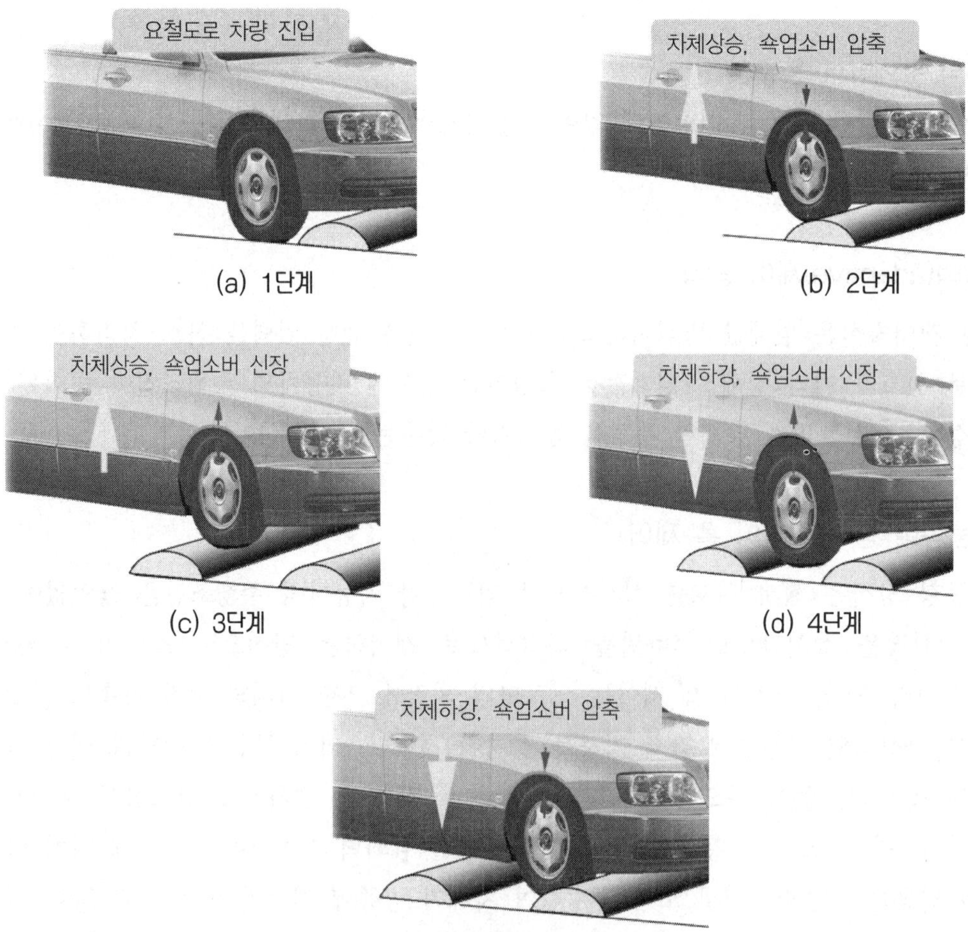

(a) 1단계

(b) 2단계

(c) 3단계

(d) 4단계

(e) 5단계

그림 78. 스카이 훅 제어

예를 들면, 일반적인 직진주행을 할 때에는 자동차의 승차감 향상을 위해 감쇠력이 차체의 움직임을 최소화시킬 수 있는 방향으로 제어된다. 차체의 움직임이 위로 향하는 경우, 즉 쇽업소버가 압축될 때 그림 78(c)은 약한(soft) 감쇠력이 제공되고 반면에 쇽업소버가 늘어날 때 그림 78(d)은 강한(hard) 감쇠력이 작용되는 이른바 하드-소프트 조합의 오일통로가 쇽업소버 내에 형성될 수 있도록 2개의 서보밸브를 전기적으로 제어한다. 이와 반대로 차체의 움직임이 아래로 향하는 경우 그림 78(e)에는 소프트-하드 조합의 오일통로 형성이 이루어진다.

따라서 차체의 운동만을 측정하여 차체의 상하 움직임 방향에 따라서 가변 쇽업소버의 2가지 조합된 오일통로가 전환 제어되는 이른바 역전 가변 쇽업소버를 이용하므로 자동차의 승차감을 크게 향상시킬 수 있다. 스카이 훅이란 차체와 도로면 사이의 상대적 움직임을 말하며, 감쇠력 제어의 필요성에 적용된다.

1) 쇽업소버 감쇠력이 불필요한 경우

① 차체가 상승하면서 쇽업소버가 압축될 때

② 차체가 하강하면서 쇽업소버가 늘어날 때

③ 감쇠력 가변 쇽업소버를 SOFT로 변환한다.

2) 쇽업소버 감쇠력이 필요한 경우

① 차체가 상승하면서 쇽업소버가 늘어날 때

② 차체가 하강하면서 쇽업소버가 압축될 때

③ 감쇠력 가변 쇽업소버 감쇠력을 차체의 상하속도에 대응하여 제어한다.

4.4.2. 자동차 높이(차고)제어

[1] 자동차 높이 제어의 개요

자동차 높이 제어란 승차인원이나 적재하중의 변화에 따른 차체자세의 변화를 억제하고, 고속으로 주행할 때 자동차의 높이를 낮춰 주행안정성을 높이며, 험한 도로를 주행할 때 자동차 높이를 높여 도로면과의 접촉을 방지하는 등의 차체높이를 조정하여 차체의 자세가 안정되도록 유지하는 제어를 말한다. 이 장치는 단순한 수평 유지기능을 벗어나, 앞·뒷바퀴에 2~3개의 차고센서를 설치하여 운전자가 자동차 높이를 2~3단계로 선택할 수 있다.

또 주행속도나 도로면 상태에 따라 자동차 높이를 자동적으로 높이거나 낮출 수 있어 최저 지상고 확보 및 자동차의 자세제어가 가능하다.

최근에 수요가 증가하는 RV(recreational vehicle), SUV(sport utility vehicle)는 뒷바퀴의 하중변화가 일반적인 승용자동차에 비해 커지는 경향이 있다. 따라서 자동차의 적재상태에 따라 자동차 높이가 변화하면 주행할 때 자동차의 정역학 및 동역학적 특성변화를 수반하게 된다. 즉 앞바퀴에 대한 평형문제로 승차감이 저하되고, 자동차 높이변화에 따른 현가장치 기구학 변화로 주행안정성(핸들링)이 저하되어 이들 차량은 자동차 높이 조절방식의 현가장치 사용이 늘어나게 있다.

기본적인 자동차 높이 유지 및 조절기능 이외에도 승차감 측면에서는 자동차 하중변화에 따라 스프링 강성이 증가하여 부드러운 승차감의 확보가 가능하며, 주행안정성 측면에서는 자동차 높이에서의 최적의 기구적 특성을 항상 유지하여 적재상태에서도 안정성이 확보된다. 아래 표는 높이 조절장치를 설치하지 않는 자동차와 설치한 자동차의 차이점을 나타낸 것이다.

표 자동차 높이 제어 현가장치의 장점

항 목	높이 조절장치를 설치하지 않은 자동차	높이 조절장치를 설치한 자동차
자동차 높이	적재상태에서 자동차 뒤쪽의 높이가 설계값 보다 낮아진다.	자동차 적재상태를 검출하여 설계된 높이를 유지한다.
승차감	적재하중에 따라 변동(일정한 스프링 상수)	최적의 승차감 유지(가변 스프링 상수)
주행 안정성	자동차 높이 변동에 따른 현가장치의 기구학적 변화로 적재상태에서 안전성 미흡	현가장치가 기구학적으로 유기적인 안정성 확보
편의성	-	· 화물을 적재하였을 때 자동차 높이를 낮춘다. · 비포장도로에서 자동차 높이를 높인다.

[2] 자동차 높이 제어 현가장치의 종류

자동차 높이 제어장치는 제어방법에 따라 기계방식과 전자제어방식으로 분류된다. 또 구동방식에 따라 유압방식과 압축공기 방식이 있으며, 유압방식은 다시 하이드로 뉴매틱 방식과 잭 방식으로 분류된다.

(1) 하이드로 뉴매틱 방식(hydro pneumatic type)

이 방식은 금속 스프링을 병용하는 것과 병용하지 않는 것으로 분류되며, 오일펌프에서 배출된 오일을 압력조절기를 이용하여 메인 어큐뮬레이터(main accumulator)에 저장해 두고, 레벨링밸브(leveling valve)에 의해 유압을 유압실린더로 공급 또는 배출하여 자동차 높이를 조절한다.

레벨링밸브는 스태빌라이저(stabilizer)에 설치되며, 자동차 높이의 변화에 따른 스태빌라이저의 변위를 이용하여 레벨링밸브의 스풀을 이용하여 유압의 공급과 배출을 기계적으로 조절하여 자동차 높이를 변화시키며, 레벨링밸브를 수동으로 제어하여 자동차 높이를 변화시킬 수도 있다. 유압의 공급 및 배출량은 공급압력이나 실린더 압력에 따라 변화하기 때문에 차체 전체를 일정한 속도로 상승 및 하강시킬 수 없는 경우가 있다.

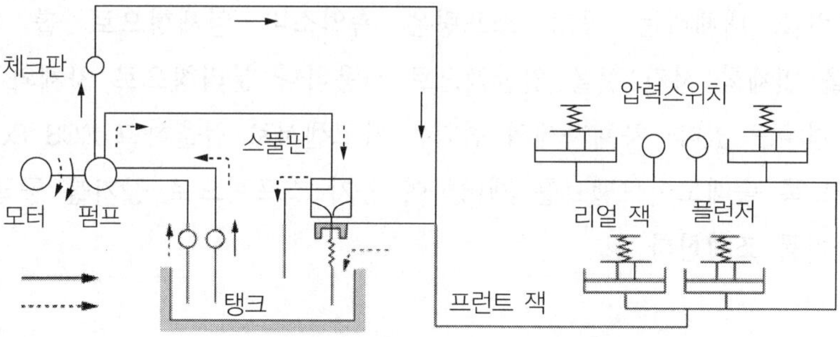

(a) 유압잭식의 차고제어 유압 회로도

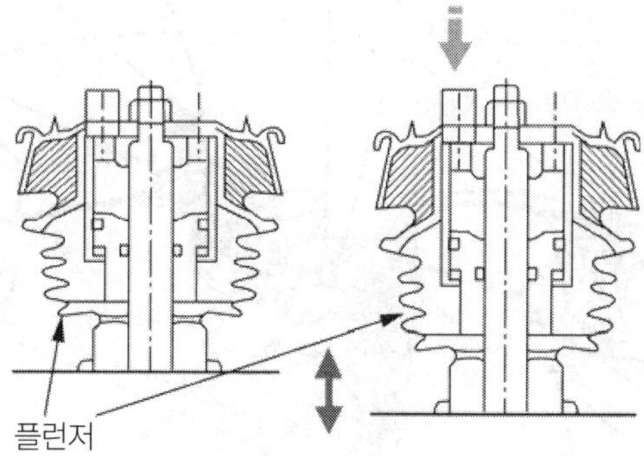

(b) 유압잭식의 차고제어 상태

그림 79. 잭 방식

(2) 잭 방식(jack type)

이 방식은 각 바퀴에 유압 잭, 전동모터로 구동되는 오일펌프, 오일탱크, 스풀밸브, 압력스위치 등으로 구성되고, 자동차 높이 선택스위치나 주행속도 신호에 따라 오일펌프를 정방향 또는 역방향으로 회전시켜 발생된 유압을 쇽업소버의 마운팅 실린더로 공급하여 실린더내의 플런저를 상하로 이동시킴으로서 자동차 높이를 조절한다.

(3) 압축공기 방식

이 방식은 차고센서나 그 밖의 센서신호를 제어회로에서 처리하며, 공기 현가장치나 하이드로 뉴매틱 현가장치의 압력과 행정(stroke)을 제어하여 자동차의 높이를 조절하기 때문에 기계방식에 비하여 광범위하고 높은 수준으로 제어를 할 수 있다. 압축공기 공급장치는 모터구동용의 압축기, 드라이어, 공기탱크 등으로 구성되어 있다.

차체 스프링을 대체하는 공기 스프링은 쇽업소버 일체형으로 롤 다이어프램(roll diaphragm)을 일체화 시킨 것을 일반적으로 사용하나 분리형으로 차체와 차축사이를 직접 결합하는 경우도 있다. 차체자세의 변화는 차고센서로 검출하고 ECS ECU에서 목표(기준)위치로 되도록 솔레노이드밸브를 제어하여 공기 스프링으로 공기를 공급하거나 배출하여 자동차 높이를 조절한다.

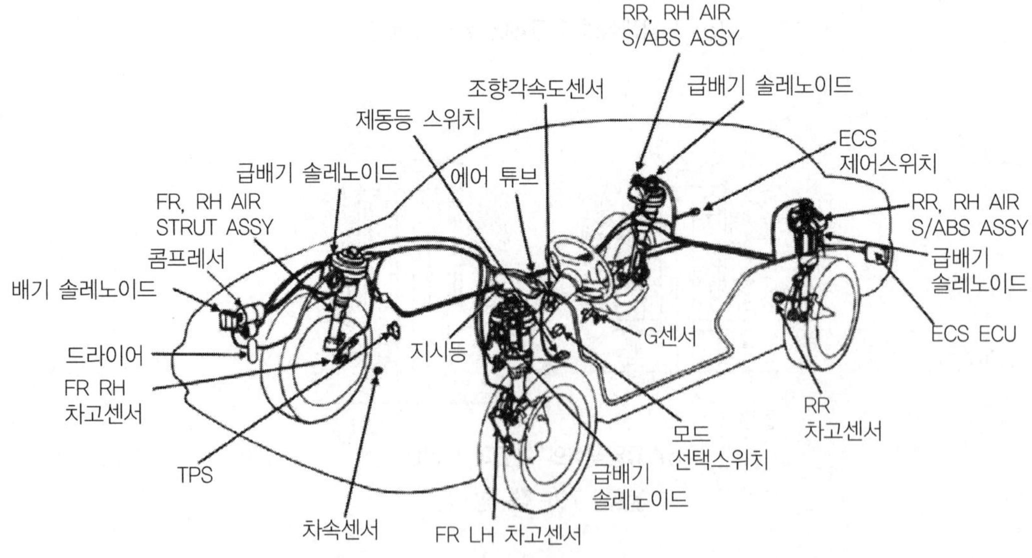

그림 80. 전자제어 공기 현가장치의 구성도(예)

차고센서는 앞뒤에 각각 1개씩 설치하거나 최대 3개까지 설치하는데, 4바퀴 모두에 설치하지 않는 이유는 4바퀴의 독립적인 제어가 끊임없이 반복되어 차체가 평면을 이루지 못하는 문제가 발생하기 때문이다.

공기압축기는 압축공기를 발생하여 공기 스프링 내부로 유입시켜 자동차 높이를 조절한다. 공기탱크는 자동차 높이를 상승 제어할 때 시간을 단축시키기 위해 사용되는데 압축기의 용량을 크게 하고 공기탱크를 사용하지 않는 방식도 있다. 압축공기 방식의 경우는 압축 공기회로 내의 수분제거가 필요하기 때문에 드라이어(dryer)를 설치하여 공기스프링 내부로 수분이 침투하는 것을 억제한다. 드라이어는 수분흡착제인 실리카겔을 일반적으로 사용하며, 공기를 배출할 때에 감압재생을 하는 압력 윙 방식(presser wing type)에 의하여 수분의 포화를 방지한다. 또 공기탱크에는 리턴펌프(return pump)를 설치하여 압축공기의 소비를 줄이고 고압화하여 장치의 응답성을 개선시킨다.

특히 공기탱크를 사용하여 공기압축기의 빈번한 작동을 방지하여 장치의 수명연장, 소음감소, 에너지 소비 절감 등의 효과를 얻을 수 있다. 빈번한 자동차 높이 변화에 대해 둔감하게 작용하도록 하기 위해 신호처리 과정을 통해 평균적인 자동차 높이 값을 추출해 내고, 목표 자동차 높이와의 오차를 이용하여 공기공급 및 배출 여부와 제어량을 결정한다. 밸브의 선택논리는 공기공급과 배출 또는 현재의 자동차 높이 유지에 따른 각종 솔레노이드밸브의 ON/OFF 여부와 공기탱크의 압력을 검출하여 공기압축기 작동여부를 결정한다. 또 주행속도와 조향각도 등의 정보를 이용하여 주행속도 감응제어와 선회할 때 안쪽과 바깥쪽 바퀴의 높이 차이를 보정하는 자세제어 여부를 결정한다.

이러한 전자제어 공기 현가장치는 다단(2~4단) 감쇠력 가변장치와 겸용하여 사용된다. 최근에는 감쇠력 연속가변 장치와도 결합하여 사용하는 장치도 있다.

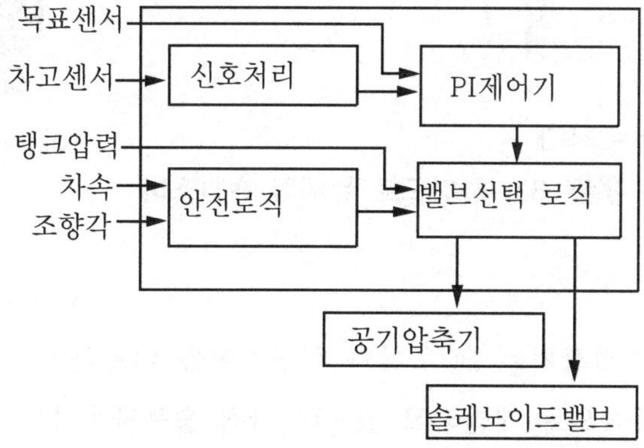

그림 81. 자동차 높이 제어 흐름도

[3] 자동차 높이 조절용 쇽업소버의 종류

자동차 높이 조절용 쇽업소버는 크게 하이드로 뉴매틱 방식(유압방식), 전기방식, 압축공기 방식으로 분류된다.

(1) 하이드로 뉴메틱(hydro-pneumatic)방식

이 방식은 유압을 매개체로 질소가스의 반발력을 이용하는 것으로 고압가스를 사용하여 쇽업소버의 크기를 줄일 수 있다.

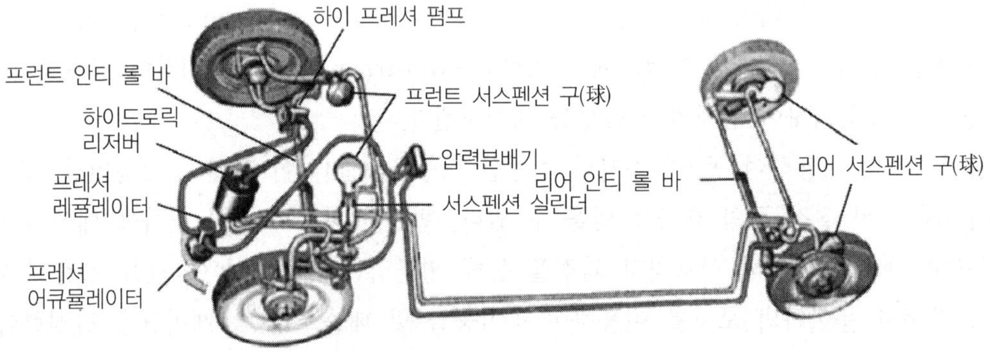

그림 82. 하이드로 뉴메틱식의 구성도

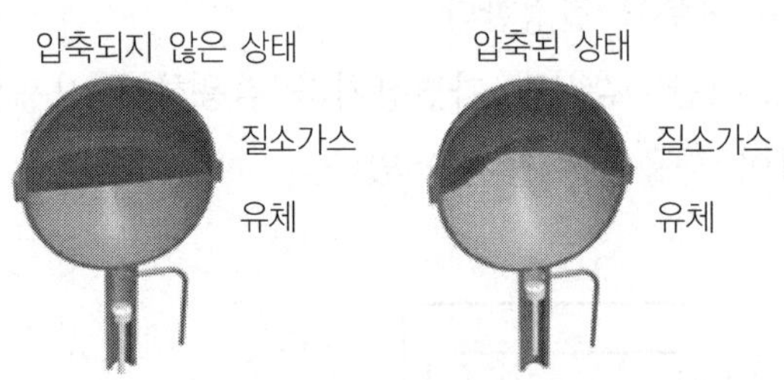

(a) 유압공급 전 · 후상태

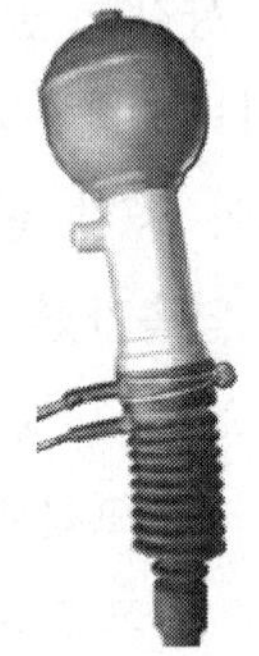

(b) 외관

그림 83. 하이드로 뉴메틱 쇽업소버

(2) 전기방식

이 방식의 자동차 높이 조절장치는 DC모터와 선형기어를 이용하여 자동차 높이를 조절하는 것으로, 군용차량을 중심으로 개발되고 있으나 아직 승용자동차에는 사용되지는 않는다.

(3) 압축 공기방식

압축 공기방식 자동차 높이 조절장치는 공기스프링 내부의 밀폐된 공간에 주입된 공기의 압축성을 이용하여 압력을 조절함으로서 자동차 높이 및 스프링의 강성을 조절한다. 특히 공기스프링은 가해진 하중에 비례하여 스프링 상수가 증가하여 적재상태에서 거의 일정한 차체 공진 주파수를 유지하므로 공차상태와 적재상태의 승차감 변동이 크지 않은 장점이 있다.

공기스프링은 강화 고무 재질의 롤 다이어프램으로 행정(stroke)에 따른 스프링 상수 변동을 방지하고 가로방향의 강성을 확보하기 위하여 2~4중의 다이어프램 구조로 되어 있으며, 그 사이에 철심을 넣어 사용한다. 공기스프링은 그림 84(a)와 같이 스프링을 사용하지 않은 형식과 그림 84(b)와 같이 스프링을 사용하는 방식이 있다. 공기스프링은 자동차 높이를 상승시킬 때에는 압축공기를 공기실(air chamber)에 공급하고, 자동차 높이를 낮출 때에는 압축공기를 배출하는 제어를 통해 이루어진다.

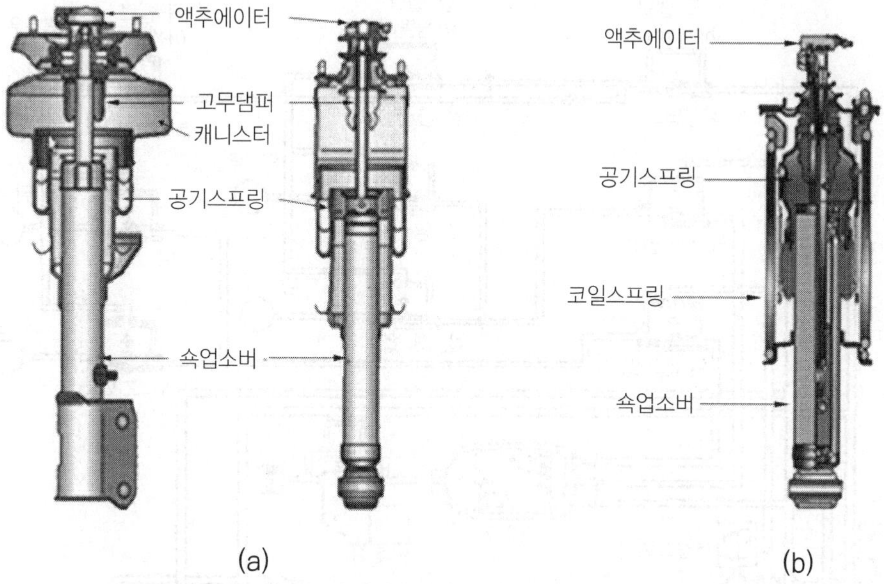

그림 84. 압축공기식 자동차 높이(차고) 조절 쇽업소버

[4] 자동차 높이 제어장치의 구성

능동형 전자제어 현가장치의 압축공기 회로는 자동차 높이를 조절할 경우를 제외하고 주행 중의 제어는 닫음 밸브를 사용하여 압축공기 에너지의 유효하게 활용한다.

공기탱크(앞쪽)는 공기 스프링에 공기를 공급하는 고압탱크와 롤(roll) 제어 등의 자세제어를 할 때에는 공기스프링 내의 공기를 잠시 배출하는 저압탱크로 구성되어 있다. 탱크내의 압력은 앞쪽과 뒤쪽을 동시에 조절하며, 공기탱크의 고압탱크 압력이 설정 값 이하로 되면 고압스위치가 "ON" (공기압축기 릴레이가 "ON")되어 공기압축기가 작동하고, 설정 값 이상(고압)되면 "OFF" 되어 정지한다. 이 작용으로 공기탱크의 고압실에는 항상 일정 압력의 공기가 저장되어 있다. 리턴펌프(return pump)는 저장탱크의 저압실 압력이 설정 값 이상 되면 저압스위치가 "OFF" (리턴펌프 릴레이가 "ON")하여 리턴펌프가 작동하고, 설정 값 이하(저압)로 되면 "ON" 되어 정지한다.

공기압축기는 자동차 높이 조절용의 배기밸브를 내장하고, 자동차 높이를 낮출 때 이 밸브를 작동시켜 공기 스프링내의 공기를 대기로 방출시킨다. 드라이어는 공기압축기와 공기탱크사이에 위치하여 압축공기 중에 함유된 수분을 내장된 실리카겔에 의해 흡착하여 장치 내의 부식을 방지한다.

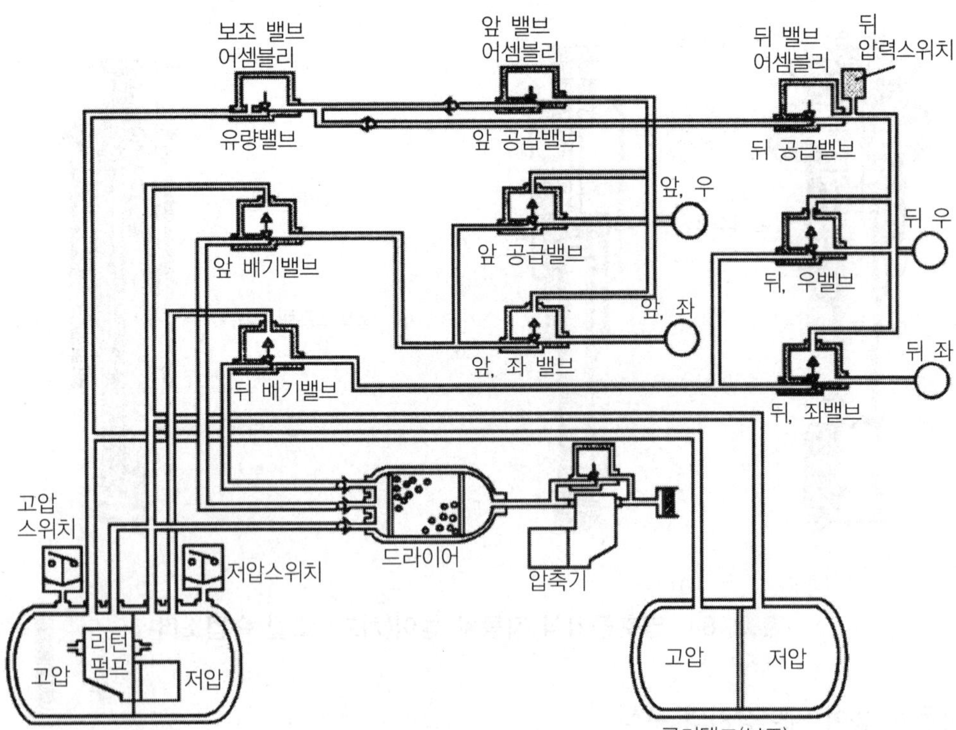

그림 85. 능동형 전자제어 현가장치의 공기회로 및 구성도

(1) 자동차 높이 조절 공기회로의 구성부품

1) 공기탱크

공기탱크는 압축공기를 공급하는 고압탱크와 자세를 제어할 때 배출공기를 저장하는 저압탱크, 리턴펌프, 고압스위치, 저압스위치로 구성되어 있다. 공기탱크는 메인탱크와 보조탱크 등 2개가 있으며, 공기호스에 의해 병렬로 연결되어 있다.

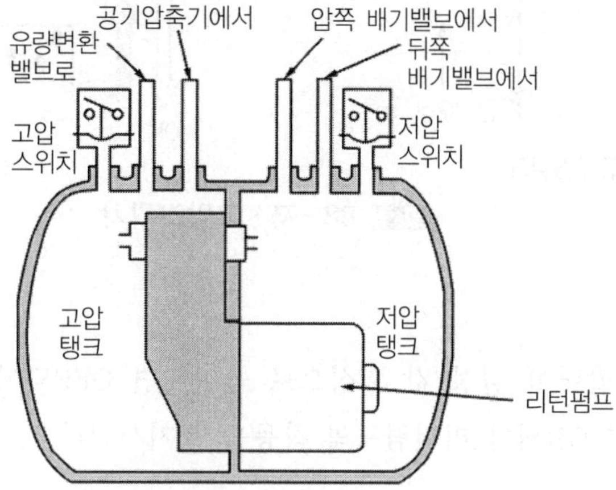

그림 86. 공기탱크의 구조

2) 고압스위치

고압탱크 내의 압력이 설정 값 이하로 낮아지면 ON되어 공기압축기가 작동하고 설정 값 이상으로 높아지면 OFF되어 공기압축기의 작동이 정지된다. 따라서 고압탱크 내에는 압축공기가 저장되어 있다.

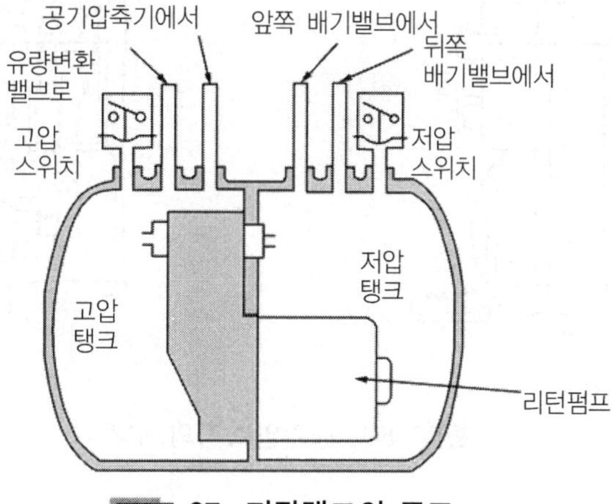

그림 87. 저장탱크의 구조

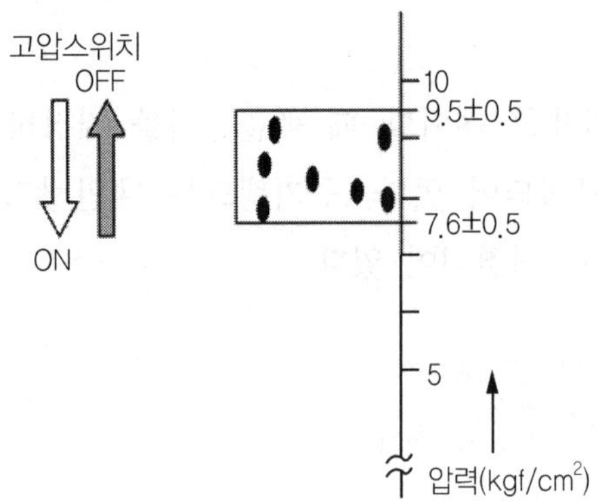

(a) 고압스위치

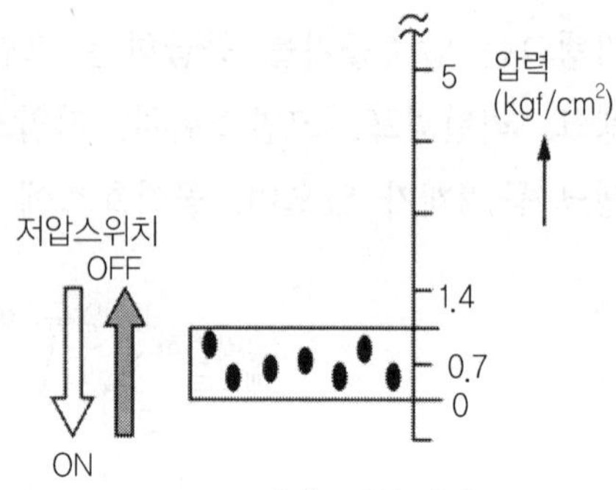

(b) 저압스위치

그림 88. 저 · 고압스위치

3) 저압스위치

저압탱크 내의 압력이 설정 값 이상으로 높아지면 OFF되어 리턴펌프를 작동하고 설정 값 이하가 되면 ON되어 리턴펌프의 작동을 정지시킨다.

4) 공기압축기

고압스위치의 ON신호로 작동되어 고압탱크 내에 압축공기를 저장한다. 공기압축기 내에 자동차 높이 조절용 배기밸브를 내장하여 자동차 높이를 낮출 때 작동시켜 공기를 대기 중으로 방출한다.

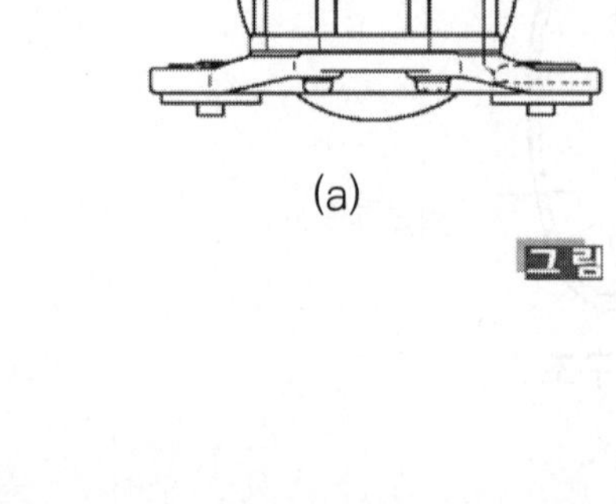

(a)

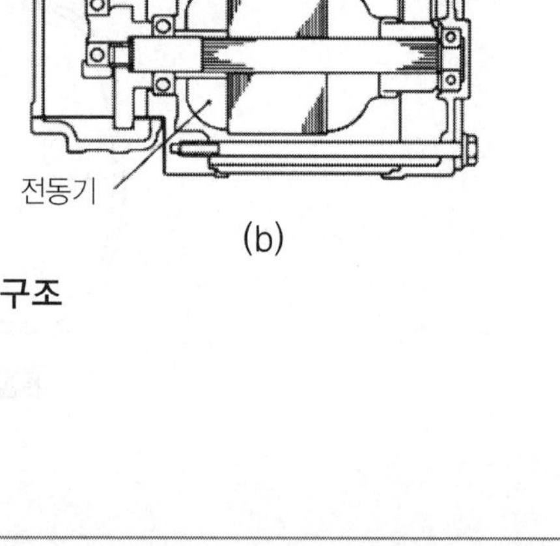

(b)

그림 89. 공기압축기의 구조

5) 보조밸브 어셈블리

유량 제어밸브(자세제어, 급속하게 자동차 높이를 제어할 때 ON), 앞 배기밸브(앞쪽을 배기할 때 ON), 뒤 배기밸브(뒤쪽을 배기할 때 ON) 등으로 구성되어 있다.

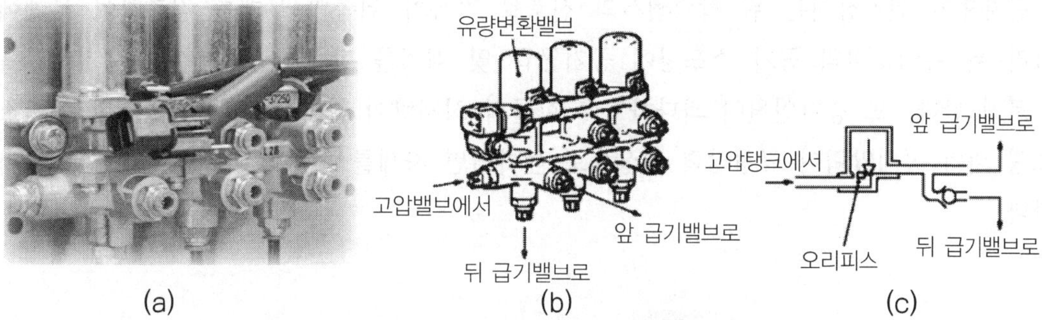

그림 90. 보조밸브 어셈블리

6) 앞 밸브 어셈블리

앞 공급밸브(자세를 제어할 때 좌우 공기스프링에 공기 공급), 앞 좌측 공급밸브, 앞 우측 공급밸브 등으로 구성되어 있다.

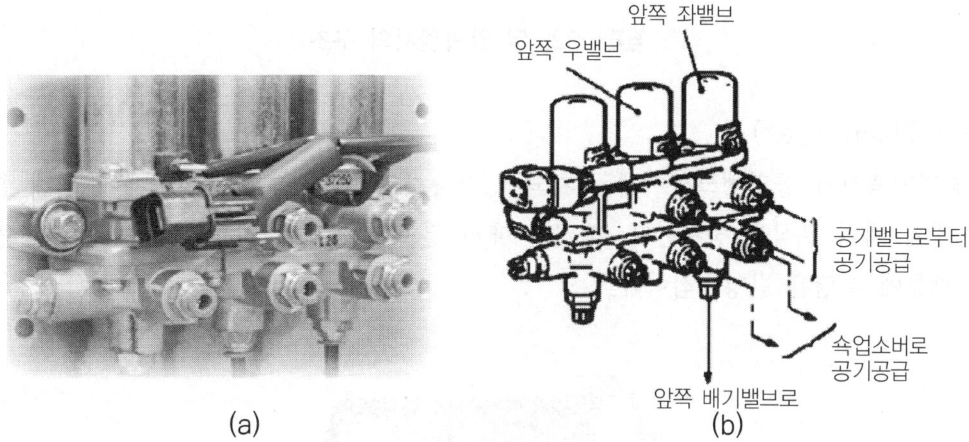

그림 91. 앞 밸브 어셈블리

7) 뒤 밸브 어셈블리

뒤 공급밸브(자세를 제어할 때 좌우 공기스프링에 공기 공급), 뒤 좌측 공급밸브, 뒤 우측 공급밸브로 구성되어 있으며, 앞 밸브 어셈블리와 동일한 구조이나 뒤 압력센서가 설치되어 있다.

8) 뒤 압력센서

뒤 압력센서는 뒤쪽 쇽업소버 내의 공기압력을 검출하는 역할을 한다. 뒤쪽 쇽업소버 내의 공기압력은 뒷좌석의 승차인원이나 트렁크의 화물 적재량에 따라 많은 변화가 일어난다.

전자제어 현가장치는 뒤 압력센서의 신호로 자동차 뒤쪽의 무게를 검출하여 무게에 따라 뒤 쇽업소버의 공기 스프링에 공기공급 및 배기를 할 때 공급시간과 배기시간을 다르게 한다. 또 승차인원이 과다하거나 화물의 적재량이 많아서 뒤쪽 쇽업소버 공기스프링 내의 공기압력이 규정압력 이상으로 높아지면 자세를 제어할 때 뒤쪽 제어를 금지한다.

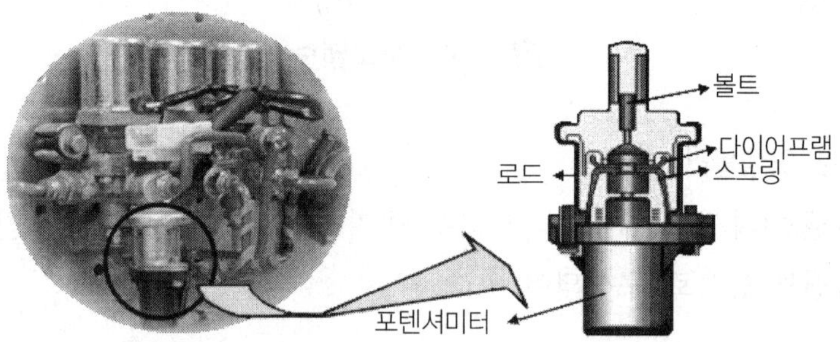

그림 92. 뒤 압력센서의 구조

9) 드라이어(dryer)

공기압축기와 공기탱크사이에 설치되어 압축공기 중의 수분을 방습제에 의해 흡수하여 장치 내의 부식을 방지한다. 배기할 때의 건조한 공기에 의해 흡수한 수분을 방출하기 때문에 수명은 반영구적이다.

그림 93. 드라이어

[5] 자동차 높이 조절원리

(1) 자동차 높이를 높일 때

각종 센서와 스위치들이 자동차 높이를 높여야 하는 조건의 신호가 ECU로 입력되면 공기탱크에 설치된 공기공급 솔레노이드밸브와 앞뒤 자동차 높이 조절 공급밸브가 ECU로부터 구동신호를 받아 밸브가 열려 압축공기가 공기스프링에 공급된다. 따라서 압축공기가 공기스프링에 공급되면 공기실의 체적이 증가하기 때문에 스트럿(쇽업소버)의 길이가 증가하여 자동차 높이가 높아진다. 이때 압축공기의 전달경로는 공기압축기 → 드라이어 → 고압탱크 → 유량 제어밸브 → 앞뒤 공급밸브 → 앞뒤 좌우밸브 → 스트럿(strut)이다.

그리고 앞뒤 좌우밸브는 OFF상태(열린 상태), 유량 제어밸브는 OFF상태이지만 항상 열려 있는 작은 공기통로를 통해 앞뒤 공기밸브에 공기가 공급된다.

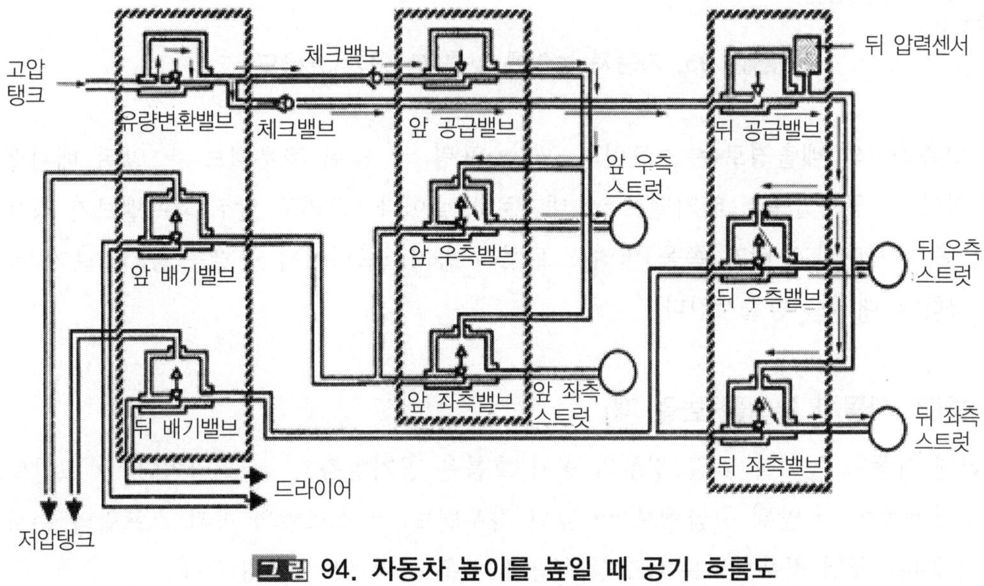

그림 94. 자동차 높이를 높일 때 공기 흐름도

(2) 자동차 높이를 낮출 때

각종 센서와 스위치들이 자동차 높이를 낮추어야 하는 조건의 신호가 ECU로 입력되면 공기압축기에 설치된 배기 솔레노이드밸브와 앞뒤 자동차 높이 조절 배기밸브가 ECU로부터 구동신호를 받아 밸브가 열려 공기스프링의 공기가 대기 중으로 방출된다. 따라서 공기스프링의 공기가 대기 중으로 방출되면 공기실의 체적이 감소하기 때문에 스트럿(쇽업소버)의 길이가 감소되어 자동차 높이가 낮아진다.

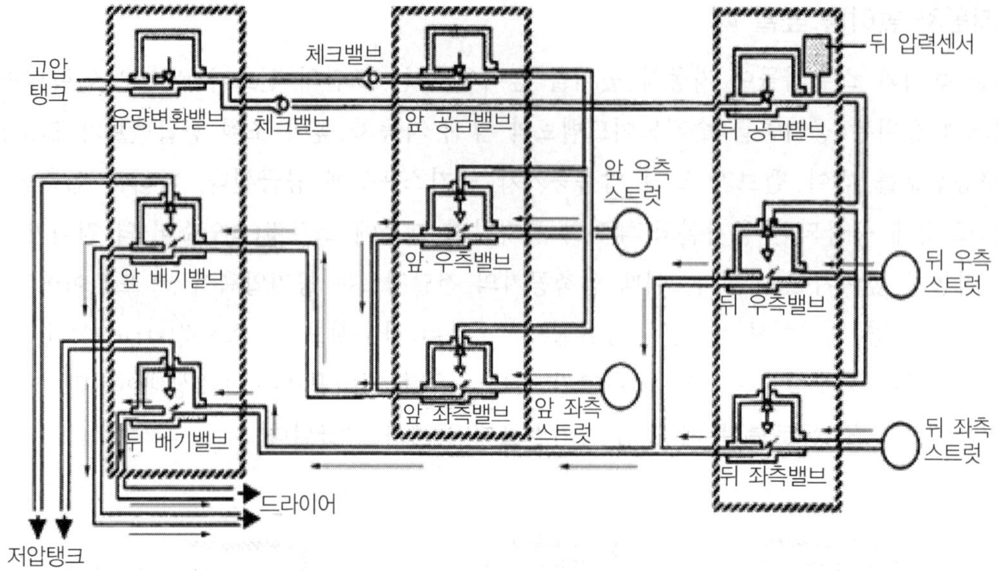

그림 95. 자동차 높이를 낮출 때 공기 흐름도

이때 압축공기의 배출경로는 스트럿의 공기스프링 → 앞뒤 좌우밸브 → 앞뒤 배기밸브 → 드라이어 → 공기압축기 배기밸브 → 대기로 방출이다. 그리고 앞뒤 좌우밸브가 작동되면 공급 쪽은 차단되고 배기 쪽을 열려 스트럿의 공기스프링에서 공기를 공기압축기 배기밸브를 통하여 대기로 방출시킨다.

(3) 급속하게 자동차 높이를 높일 때

급속하게 자동차 높이를 높일 경우의 공기 흐름은 공기압축기 → 드라이어 → 고압탱크 → 유량 제어밸브 → 앞뒤 공급밸브 → 앞뒤 좌우밸브 → 스트럿의 공기 스프링의 순서로 공기가 흐른다. 앞뒤 좌우밸브는 OFF상태(공급 쪽은 열려 있는 상태)이다.

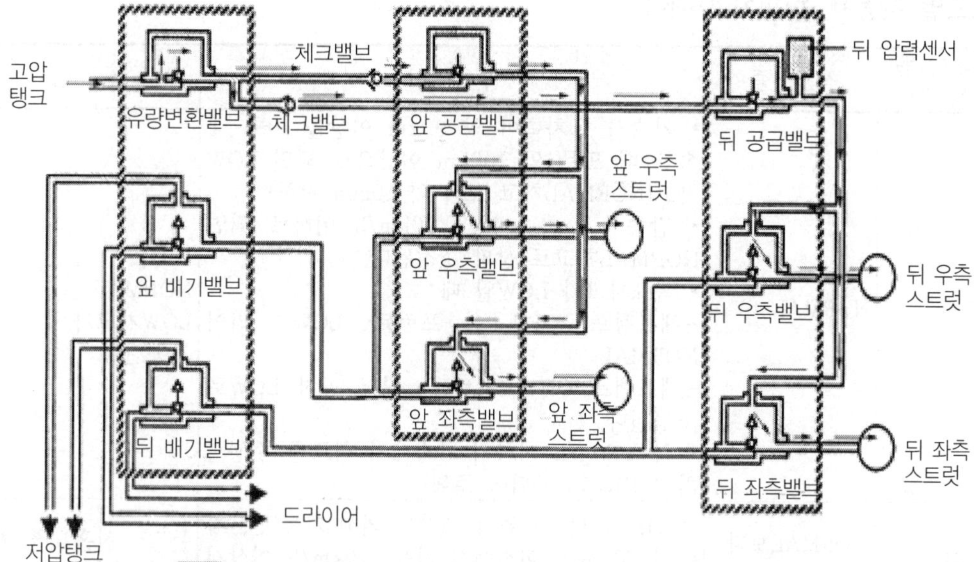

그림 96. 급속하게 자동차 높이를 높일 때 공기 흐름도

(4) 급속하게 자동차 높이를 낮출 때

급속하게 자동차 높이를 낮출 때 공기의 흐름은 스트럿의 공기스프링 → 앞뒤 좌우밸브 → 앞뒤 배기밸브 → 저압탱크의 순서로 공기가 흐른다. 이때 앞뒤 배기밸브는 OFF상태(저압탱크와 연결 상태)이다.

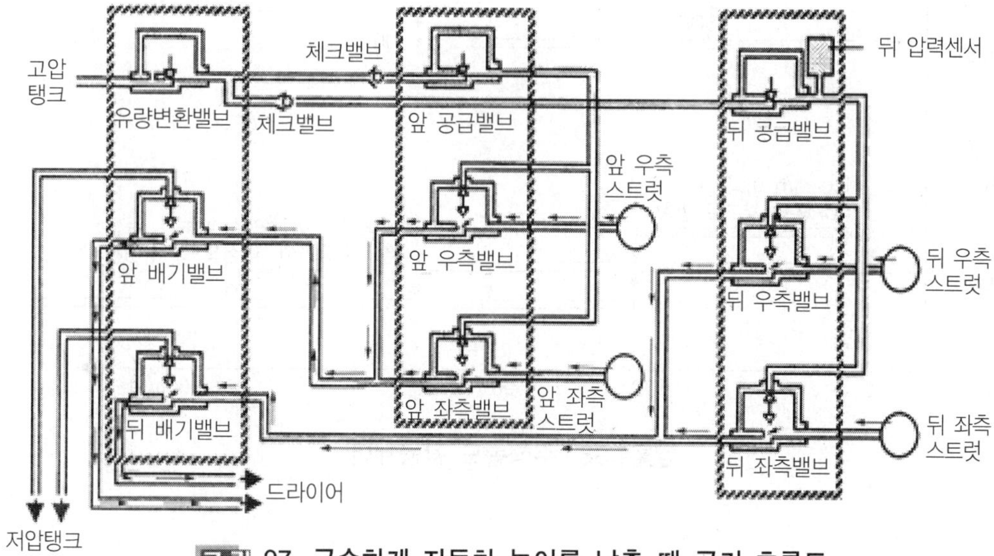

그림 97. 급속하게 자동차 높이를 낮출 때 공기 흐름도

[6] 모드별 자동차 높이(차고)제어

작동 \ 특성	정차중	주행시	특징
AUTO	NORMAL	• 가속시 : 차속이 약 90km 이상을 10초 계속할 때 또는 약 100km 이상으로 되면 LOW 차고(NORMAL차고 보다 약 10mm 저하) • 감속시 : 차속이 약 70km/h 이하로 되면 NORMAL차고로 상황 조정된다. • 목표차고가 LOW일 때 -헤드램프 OFF : 프런트 LOW, 리어 NORMAL -헤드램프 ON : 프런트, 리어 공히 LOW로 조정된다. • 약 40km/h 이하의 차속에서 험로를 주행시 차고 HIGH절환되어 주행	HIGH NORMAL LOW차고가 자동전환
HIGH	NORMAL보다 30mm가 높다	HIGH 차고는 스위치 조작에 의해 가능(단, 차속이 70km/h 이하에서 가능, 70km/h 이상시 AUTO MODE로 자동복귀)	눈길, 진흙요철 통과시 사용
EXTRA HIGH	NORMAL보다 50mm가 높다	주행하기 시작하여 차속이 약 10km/h 이상으로 되면 AUTO MODE로 자동으로 복귀된다(스위치 조작에 의해 가능).	아주 심함 요철 및 TIRE CHAIN장착시 사용하는 MODE

[7] 주행속도 감응제어

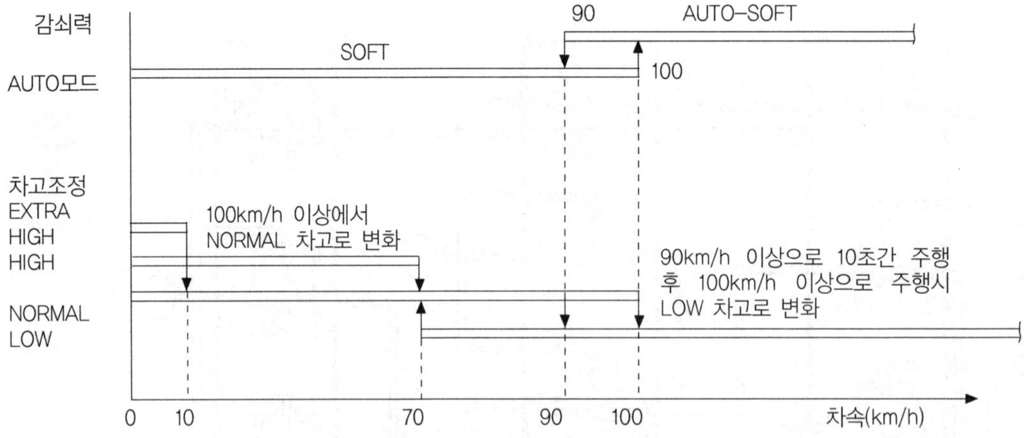

그림 98. 주행속도 감응제어

4.4.3. 자세제어(active control)

주행 중에는 도로면의 상태, 주행조건, 그리고 운전자의 의도에 따라 자동차 자세에 여러 가지 변화가 일어난다. 즉, 자동차가 주행 중에 도로면의 상태에 따라 차체가 상하로 움직이는 것을 바운스(bounce)라 하며, 자동차가 선회할 때는 원심력에 의해 차체가 바깥쪽으로 기울어지는데 이를 롤(roll)이라 한다.

자동차 주행 중 브레이크 페달을 밟을 때에는 차체가 관성에 의해 앞쪽으로 기울어지는데 이를 다이브(dive), 가속할 때에는 차체가 뒤쪽으로 기울어지는 이를 스쿼트(squat)라 하며, 다이브와 스쿼트가 반복되어 일어나는 현상을 피칭(pitching)이라 한다. 또 주행 중에는 항상 자동차의 중심에 대해 회전하려고 하는 요(yaw) 현상도 발생한다.

자동차의 주행안전성을 유지하기 위해서는 이러한 자동차의 다양한 자세변화에 대응할 수 있는 안전장치가 필요하며, 롤 제어를 위해서는 스태빌라이저(stabilizer)가 사용된다. 바운스 제어를 위해서는 가속센서를 차체에 설치하여 상하운동 가속도인 중력가속도를 측정하여 차체의 상하운동(bounce motion)을 판단해 이를 억제하는 방향으로 제어한다.

자세제어란 주행 중 발생하는 롤(roll), 스쿼트(squat), 다이브(dive), 피칭(pitch ing), 바운싱(bouncing) 등을 포함한 그 밖의 차체변화에 대해 적극적으로 대응하여 항상 최적의 주행안정성을 확보하는 제어를 말한다.

그림 99. 주행 중 자동차의 자세변화

[1] 앤티 롤(anti-roll)제어

롤(roll)은 자동차가 주행 중 조향 휠을 조작하여 선회할 때 차체가 좌·우로 흔들리는 현상이며, 원심력에 의해 선회하는 차체의 안쪽은 올라가고 바깥쪽은 내려간다. 이로 인하여 차체는 안쪽으로 더욱 쏠리게 되어 조향성능이 불량해진다. 이때 ECU는 조향 휠 각속도 센서, 차속센서, G센서의 신호를 기초로 하여 자동차의 주행속도와 조향 휠의 조작속도, 차체에 발생되는 쏠림 정도(G)를 판단하여 아래와 같이 쇽업소버의 감쇠력 변환과 공기스프링에 공기를 공급하거나 배출시켜 롤을 방지한다.

감쇠력	AUTO	MEDIUM 또는 HARD
	SPORT	HARD
급·배기	개시	바깥쪽 바퀴 : 공기공급 안쪽 바퀴 : 공기배출
	복귀	좌우 공기통로 연결

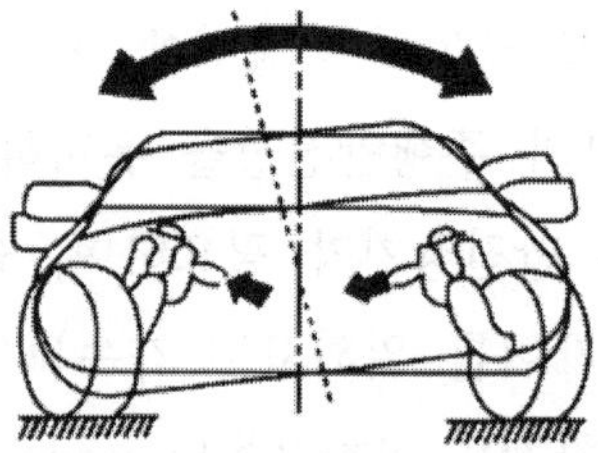

그림 100. 앤티 롤 제어방법

[2] 앤티 스쿼트(anti-squat)제어

자동차를 출발하거나 가속을 하기 위해 가속페달을 급격하게 밟으면 자동차의 무게 중심이 뒤쪽으로 이동하면서 앞쪽은 올라가고 뒤쪽은 내려간다. 이러한 차체자세를 스쿼트라 하며, 이로 인해 앞바퀴 구동형의 자동차인 경우 접지 구동력이 감소하여 미끄럼이 발생될 수 있으며, 급 가속할 때 바퀴의 접지력 부족으로 조향 안정성이 저하될 수 있다.

이때 ECU는 차속센서의 신호와 스로틀 위치센서(TPS)의 신호를 기초로 급출발 또는 급가속이 판단되면 앞바퀴 공기스프링에서는 공기를 배출하고 뒷바퀴 공기 스프링에는 공기를 공급하며, 쇽업소버의 감쇠력은 미듐(medium) 또는 하드(hard)로 변환시켜 스쿼트 현상을 방지한다.

감쇠력	AUTO	MEDIUM 또는 HARD
	SPORT	HARD
급배기	개시	앞바퀴 : 공기 배출 뒷바퀴 : 공기 공급
	복귀	앞바퀴 : 공기 공급 뒷바퀴 : 공기 배출

그림 101. 앤티 스쿼트 제어방법

[3] 앤티 다이브(anti-give)제어

다이브는 자동차 주행 중 브레이크 페달을 밟으면 자동차의 무게 중심이 앞쪽으로 이동하면서 앞쪽은 내려가고 뒤쪽은 들리는 현상으로 노즈 다운(nose down)이라고도 한다. 이때 ECU는 일정 주행속도 이상에서 브레이크 페달을 밟으면 브레이크 스위치 신호와 차속 센서의 신호를 기초로 하여 감속도를 계산하여 앞바퀴 공기 스프링에는 공기를 공급하고 뒷바퀴 공기 스프링에서는 공기를 배출시키며, 쇽업소버의 감쇠력은 미듐(medium) 또는 하드(hard)로 변환하여 다이브 현상을 방지한다.

감쇠력	AUTO	MEDIUM 또는 HARD
	SPORT	HARD
급배기	개시	앞바퀴 : 공기공급 뒷바퀴 : 공기배출기
	복귀	앞바퀴 : 공기배출 뒷바퀴 : 공기공급

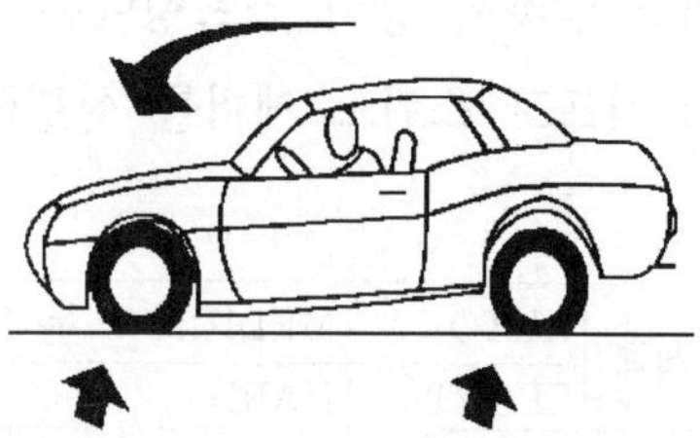

그림 102. 다이브 제어방법

[4] 앤티 피칭, 바운싱(anti-pitching, bouncing)제어

피칭은 스쿼트와 다이브 현상이 교대로 반복되는 현상이며, 바운싱은 차체가 전체적으로 균일하게 상하로 직진하는 진동현상으로 요철이 심한 도로를 주행하는 경우에 발생된다. 이때 ECU는 차고센서로 부터 행정(stroke) 주파수를 검출하면 행정 변화(피칭, 바운싱)에 대하여 쇽업소버의 감쇠력은 소프트(soft)에서 하드(hard)로 변환시키고 공기 스프링에는 공기공급 및 배출을 하여 앤티 피칭, 바운싱제어를 실행한다.

감쇠력	AUTO	MEDIUM 또는 HARD
	SPORT	HARD
급배기	개시	신장 쪽 : 공기배출 수축 쪽 : 공기공급
	복귀	신장 쪽 : 공기공급 수축 쪽 : 공기배출

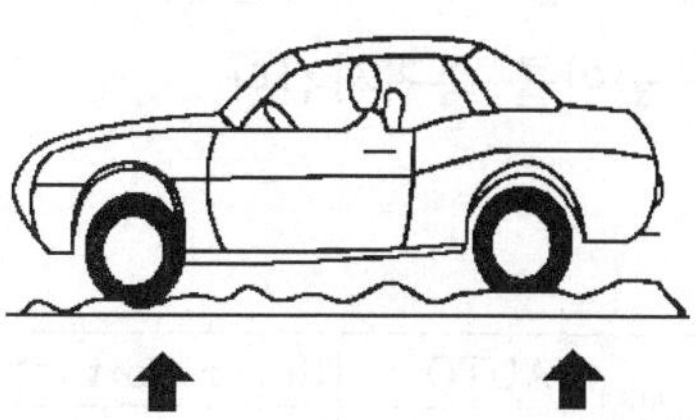

그림 103. 앤티 바운싱 제어방법

[5] 앤티 시프트 스쿼트(anti-shift squat)제어

자동변속기를 설치한 자동차가 정지 상태에서 승객의 승·하차나 변속레버를 조작할 때에 발생하는 자동차의 진동을 시프트 스쿼트라 한다. 이때 ECU는 자동변속기의 P, N위치를 검출한다.

자동차의 정지상태에서 승객의 승·하차나 변속레버를 조작할 때에 발생할 수 있는 자동차의 진동을 예측하여 쇽업소버의 감쇠력을 소프트(soft)에서 하드(hard)로 변환시키며, 앞바퀴 공기 스프링에서는 공기를 배출하고 뒷바퀴 공기 스프링에는 공기를 공급한다. 자동차가 출발하여 규정 주행속도 이상이 되면 다시 쇽업소버의 감쇠력은 소프트(soft)로 복귀시키고 앞바퀴 공기 스프링에는 공기를 공급하고 뒷바퀴 공기 스프링에서는 공기를 배출시켜 시프트 스쿼트 제어를 실행한다.

감쇠력	AUTO	MEDIUM 또는 HARD
	SPORT	HARD
급배기	개시	앞바퀴 : 공기배출 뒷바퀴 : 공기공급
	복귀	앞바퀴 : 공기공급 뒷바퀴 : 공기배출

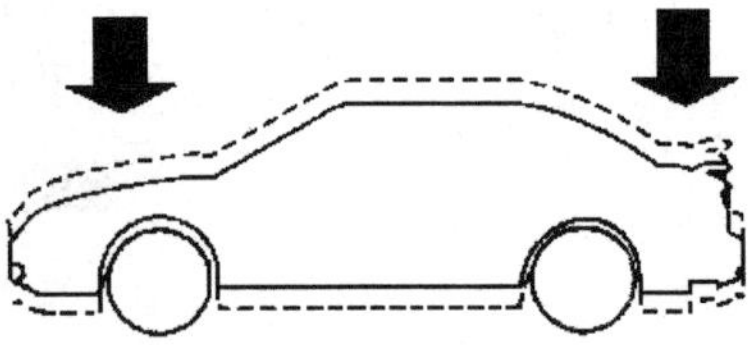

그림 104. 시프트 스쿼트 제어방법

[6] 고속 주행안정성 제어

자동차가 고속으로 주행하게 되면 주행 안정성을 높이기 위하여 ECU는 차속센서의 신호를 기준으로 쇽업소버의 감쇠력은 소프트(soft)에서 미듐(medium)으로 변화시키며, 주행속도가 일정한 속도로 감속되면 해제시킨다. 주행 중 차속센서를 통해 주행속도를 검출하여 100km/h를 초과하게 되면 고속안정성을 확보하기 위해 ECU는 쇽업소버의 감쇠력 및 자동차 높이를 제어한다. 주행속도가 90km/h 이하로 감속되면 쇽업소버의 감쇠력과 자동차 높이를 복귀시킨다.

감쇠력	AUTO	Super Soft → Soft
	SPORT	Medium
차 고	개시	Normal → Low
	복귀	Low → Normal

그림 105. 고속 주행안정성 제어방법

[7] 험한 도로의 주행

자동차가 주행 중 험한 도로의 상태를 검출하면 급속히 자동차 높이를 올린다.

① 주행속도는 3km/h 이상 40km/h 미만이고 험한 도로 상태를 검출하였을 때 제어한다. 험한 도로란 앞바퀴 쪽 차고 센서가 2초 이내에 HI 이상을 2회 이상 출력되고, 뒷바퀴 쪽 차고센서가 2초 이내에 LO 이하를 2회 이상 출력될 때 판정한다.

② 앞바퀴를 450m/s로 공기를 공급한 후 뒷바퀴는 400m/s로 공기를 공급한다.

③ 뒤 공기압력이 7.0kgf/cm^2 이상(2.25V 이상)되더라도 제어를 실행한다.

④ 그 후 험한 도로 조건에 해당되면 자동차 높이를 하이(HIGH)로 올린다.

⑤ 공기공급 제어 중에는 감쇠력을 하드(HARD)로 하고, 공기공급 및 배출시작 1초 후에 감쇠력을 복귀시킨다.

감쇠력	AUTO	medium or hard
	SPORT	HARD
급배기	개시	신장 쪽 : 공기공급 수축 쪽 : 공기공급
	복귀	신장 쪽 : 공기공급 수축쪽 : 공기배출

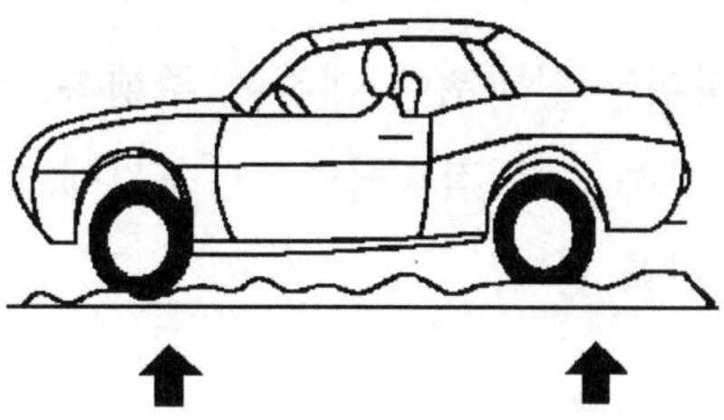

그림 106. 험한 도로 피칭 바운싱 제어방법

4.4.4. 그 밖의 제어기능

[1] 스카이 훅 제어(sky hook control)

스프링 위(차체)에 발생하는 상하방향의 가속도 크기와 주파수를 검출하여 상하 G(중력가속도)의 크기에 대응하여 공기스프링의 공기공급 및 배출 제어와 동시에 쇽업소버의 감쇠력을 하드(hard)로 제어하여 차체가 가볍게 뜨는 것을 감소시킨다.

표 스카이 훅 제어 모드

감쇠력	AUTO	MEDIUM 또는 HARD
	SPORT	HARD
공급·배기	개시	신장 쪽 : 공기배출 신장 쪽 : 공기공급(최대 허용)
	복귀	신장 쪽 : 공기공급 신장 쪽 : 공기배출

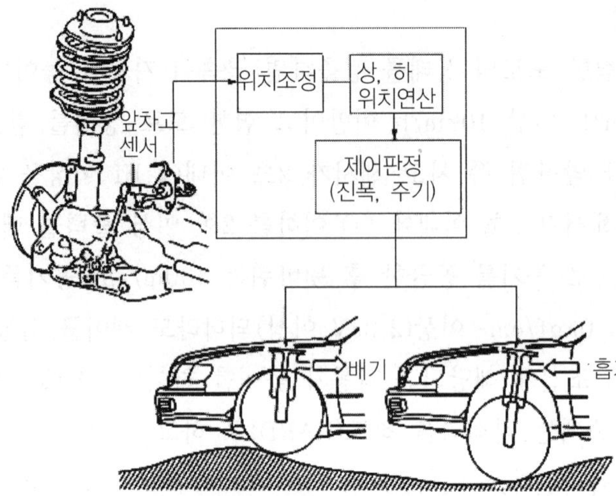

그림 107. 스카이 훅 제어

뒷바퀴는 앞바퀴에 대하여 주행속도에 연동시켜 자연 제어되도록 하고 있다. 차고센서에 의해 상하 G가 검출되면 그 크기에 대하여 쇽업소버의 공기 스프링에 공기를 공급 및 배기 제어를 한다.

[2] 프리뷰 제어(preview control)

자동차 앞쪽에 있는 도로면에 돌기와 단차를 초음파에 의해 검출하여 타이어가 단차 또는 돌기를 넘기 직전에 쇽업소버의 감쇠력을 최적으로 제어하여 승차감을 향상시킨다. 프리뷰센서는 초음파에 의해 자동차 앞쪽에 있는 도로에 난 구멍(포트홀, pothole)이나 맨홀 등 도로의 이상을 검출하는 센서로 앞 범퍼 좌우에 2개가 설치되어 있다.

[3] 퍼지 제어(fuzzy control)

(1) 도로면 대응 제어

현가장치의 상·하 진동의 주파수를 분석하여 가볍게 뜨는 느낌과 거친 느낌의 정도를 판단하여 최적의 승차감을 얻을 수 있도록 쇽업소버의 감쇠력을 퍼지 제어하여 상·하 진동이 반복되는 주행조건 아래에서도 우수한 승차감을 얻을 수 있도록 한다.

(2) 등·강판 제어

전자제어 현가장치에서 도로면 경사각 정도 및 조향 휠의 조작횟수를 추정하여 운전 상황에 따른 조향특성을 얻기 위해 앞바퀴와 뒷바퀴의 앤티 롤 제어시기를 조절하여 제어한다.

1) 경사로에서 조향 휠 각속도가 클 때

앞바퀴의 앤티 롤 제어를 지연시켜 오버 스티어링의 경향으로 한다. 지연량(시간)은 도로면의 경사도와 조향 휠 각속도 정도 및 주행속도를 기초로 퍼지 제어한다.

2) 내리막 경사진 도로에서 조향 휠 각속도가 작을 때

뒷바퀴의 앤티 롤 제어를 지연시켜 언더 스티어링의 경향으로 한다. 지연량(시간)은 도로면의 내리막 경사로와 조향 휠 각속도 정도와 주행속도 기초로 퍼지 제어한다.

[4] 셀프 레벨라이저(self levelizer)

통상 SUV나 화물차량, 웨건 차량 등의 경우 차고가 높고 무게가 크기 때문에 후륜 측 하중이 자주 변화하게 된다. 이는 지상고의 차이가 전후 불균일한 상황이 반복되는 것을 의미하며 승차감이나 정상적 차량 구동에 문제를 발생시킨다. 이러한 문제를 해소하기 위해 자체적으로 차량 무게나 적재물 하중에 의한 편차를 조절하는 것이 Self Levelizer의 기능으로, 차중에 의해 변화하는 차고와 현가장치 작동 상태를 확인하여 이를 적절하게 분배함으로써 초기 상태를 "조절된 초기상태" 로 변화시키는 것이다.

(1) self levelizer의 특징

① stroke기능 : 차중에 무관하게 현가장치가 작동 가능하다. 이는 뒤틀림이나 처짐이 없이 차량의 평행상태를 유지할 수 있는 기능으로 승차감 향상에 도움이 된다.

② 자세유지 : 차고 유지에서 비롯된 기능으로 차량이 뒤틀린 하중을 받지 않도록 하여 차륜의 정렬상태를 유지시킬 수 있다. 이는 차륜의 정렬을 유지시킬 수 있도록 보조하므로 휠 얼라이먼트 틀어짐 및 타이어의 편마모 등의 이상을 방지할 수 있다.

③ 헤드램프 정렬유지 : 하중에 의해 뒤쪽이 내려앉게 되면 헤드라이트는 상대적으로 정렬점보다 위를 보게 된다. 이는 마주 오는 차량 및 선행차량에 상향등과 같은 효과로 적용되어 상대 운전자에 심한 지장을 초래할 수 있다.

④ 노면 유격유지 : 노면과의 적절한 유격유지는 현가장치의 기본적 특징으로 차대가 땅에 끌리는 듯한 자세로 주행을 하게 되면 노면의 뒤틀림 등이 차대에 그대로 충격을 가할 수 있다. 이러한 작용을 방지하기 위해서 차축은 일정한 거리 이상을 유지시켜 줄 필요가 있으며 이 역시 현가장치 기능의 일부분이다.

[5] AGCS(active geometry control system)

AGCS는 종전보다 더욱 복잡한 연산을 수행하는 전자제어 현가장치로, 이전의 현가장치가 단순히 스프링 등의 완충작용을 했던 것과 다르게 토우의 각을 조절하여 차량의 주행 안정성을 향상시키는 장치이다. 차량의 토우각은 일정한 각도로 벌어져 차량의 주행 안정성을 조절하게 되는데, AGCS시스템에서는 토우각의 변화를 통해 선회 구간을 연장시키고, 차량의 회전 시 무게중심을 보다 안정적인 외측으로 분산시킴으로써 주행 안전각을 향상시킨다.

1) 토우각과 AGCS의 원리

토우각이 전혀 없는 상태에서 직진상의 흔들림은 상당히 적게 발생한다. 휠 얼라이먼트가 교정된 차량이라면 직진 주행 시의 안정감을 최적화한 상태로, 회전 및 선회 구간보다는 직진 주행 시에 더 큰 효율을 보인다.

① 후륜의 토우각을 약간 생성했을 때 : 중·저속의 선회 시 안정감을 크게 향상시킬 수 있다. 반면에 직진 시에는 뒤틀림이 발생하거나 고속에서 안정성이 떨어진다.

② 후륜의 토우각을 과다 생성했을 때 : 고속에서의 안정감은 대폭 상승하지만 중·저속에서의 안정감이 상당히 떨어지게 된다. 통상 고속주행을 전문적으로 하는 레이싱 차량 등에서 채택하는 기법이다.

③ 후륜 토우각이 가변적일 때 : 모든 상황에서의 토우각 조정이 가능해져 차량의 속도와 상관없이 안정적 주행을 수행 가능하다.

2) AGCS의 제어 효과

① 급선회 시 차량 안정성은 물론 주행 중 시동이 중단되어도 안정성을 유지한다.

② ESP 작동을 감소시키고 브레이크의 제어압력을 줄인다.

③ 주행 시 반발력을 줄여 조작성을 증대한다.

④ 횡가속도를 줄여 슬립을 방지한다.

3) AGCS의 구성

① 변경점 : 리어 크로스 멤버와 리어 어시스트 암이 다른 부품을 지지할 수 있고 또한 조정될 수 있게 변경된 모델로 장착된다.

② 추가 장착 파트 : 액추에이터와 ECU가 추가된다. 액추에이터는 실질적 작동 제어를 수행하고 ECU에서는 적절한 구동상태를 판독하여 제어량을 출력한다.

익힘문제

01. 일체 차축 현가방식의 장점 및 단점에 대하여 기록하시오.
02. 독립 현가방식의 장점 및 단점에 대하여 기록하시오.
03. 일체 차축 현가방식의 종류 및 장점에 대하여 설명하시오.
04. 위시본 독립 현가방식의 SLA형식에 대하여 기록하시오.
05. 위시본 독립 현가방식의 평행사변형 형식에 대하여 기록하시오.
06. 맥퍼슨식의 특징에 대하여 설명하시오.
07. 판스프링의 특징에 대하여 기록하시오.
08. 판스프링의 스팬(span)과 캠버(camber)에 대하여 설명하시오.
09. 판스프링의 뒷부분 스프링아이와 연결되는 섀클의 기능에 대하여 기록하시오.
10. 코일 스프링의 특징에 대하여 간단히 기록하시오.
11. 토션바 스프링의 특징에 대하여 기록하시오.
12. 고무스프링의 특징에 대하여 설명하시오.
13. 공기스프링의 특징에 대하여 기록하시오.
14. 쇽업소버의 역할에 대하여 설명하시오.
15. 드가르봉식 쇽업소버의 특징에 대하여 설명하시오.
16. 오버댐핑(over damping)과 언더 댐핑(under damping)에 대하여 기록하시오.
17. 현가스프링에서 스프링 오프 셋에 대하여 설명하시오.
18. 스태빌라이저의 기능에 대하여 설명하시오.
19. 스프링 위 질량 진동의 종류를 기록하시오.

20. 스프링 아래 질량 진동의 종류를 기록하시오.

21. 공기현가장치에서 공기 스프링의 종류를 기록하시오.

22. 공기 스프링에서 레벨링 밸브의 기능에 대하여 설명하시오.

23. 전자제어 현가장치(ECS)에 대하여 간단하게 설명하시오.

24. 스프링의 상수가 6kgf/mm의 코일 스프링을 2cm 압축하는 데 필요한 힘은 얼마인가 ?

25. 전자제어 현가장치의 반 능동형 현가장치의 종류를 기록하시오.

26. 전자제어 현가장치의 입력요소를 4가지 이상 쓰시오.

27. 전자제어 현가장치에서 차고센서는 최대 몇 개까지 사용하는가 ?

28. 전자제어 현가장치의 조향 휠 각속도센서의 역할에 대하여 설명하시오.

29. 전자제어 현가장치의 차속센서의 역할에 대하여 설명하시오. ?

30. 전자제어 현가장치의 가속도 센서의 역할에 대하여 설명하시오. ?

31. 전자제어 현가장치에서 초음파에 의해 차체 전방의 노면에 있는 돌기 및 단차를 검출하는 기능을 하며, 앞 범퍼 내측의 좌우에 설치되어 있는 센서는 ?

32. 전자제어 현가장치의 기능 3가지를 기록하시오.

33. 감쇠력 가변방식 전자제어 현가장치의 종류 2가지를 기록하시오.

34. 스카이 훅 제어에 대하여 설명하시오.

35. 자동차 높이제어의 개념에 대해 설명하시오.

36. 자세제어의 개념에 대해 설명하시오.

37. 전자제어 현가장치에서 자세제어의 종류를 기록하시오.

38. 자동차의 앞쪽에 있는 도로면에 돌기와 단차를 초음파에 의해 검출하여 타이어가 단차 또는 돌기를 넘기 직전에 쇽업소버의 감쇠력을 최적으로 제어하는 것을 무엇이라 하는가 ?

39. 자세제어 중 앤티 롤 제어의 기준신호로 사용되는 센서역할에 대하여 설명하시오.

40. 자세제어 중 앤티 스쿼트 제어의 기준신호로 사용되는 센서역할에 대하여 설명하시오.

41. 주행 중 브레이크 페달을 밟으면 자동차의 무게 중심이 앞쪽으로 이동하면서 차체의 앞쪽은 내려가고 자동차의 뒤쪽은 들리게 현상을 무엇이라 하는지 설명하시오.

42. 자동차의 운동특성 중 스쿼트 현상역할에 대하여 기록하시오. ?

CHAPTER 04

조향장치 [steering system]

1. 조향장치의 개요

조향장치는 자동차의 진행방향을 운전자의 의지에 따라 바꾸는 장치이며 조향핸들을 돌려 앞바퀴의 방향을 바꾸도록 되어 있다. 앞바퀴 얼라인먼트와 밀접한 관계가 있으며 자동차 주행 안정상 브레이크장치와 함께 매우 중요한 장치이다. 또 조향장치는 자동차의 운동을 운전자의 의지에 따라 진행방향을 바꿀 수 있어야 한다. 자동차의 조향장치는 주차시나 저속 주행시에는 조향 휠의 조작력이 가벼운 것이 좋다.

그러나 고속 주행시에는 조향 휠이 지나치게 가벼우면 자동차가 약간의 동요에도 자동차의 조향이 민감하게 영향을 주어 고속주행 안정성을 떨어뜨리게 한다.

그림 1. 조향장치의 구조

1.1. 조향장치의 원리

1.1.1. 애커먼-장토식(ackerman-jantoud type)

앞차축, 타이로드, 너클 암이 평행사변형을 이루고 있는 경우 조향핸들을 돌리면 양쪽 바퀴가 같은 각도로 꺾인다. 이 상태에서 선회를 하면 좌우바퀴가 같은 원호를 그리며 회전하기 때문에 2점 쇄선으로 나타낸 궤적과 같이 되어 어느 지점에서 교차한다. 이것을 평행사변형 조향기구라 한다.

그러나 실제로는 좌우바퀴가 축의 양쪽에 부착되어 있기 때문에 실선으로 나타낸 방향으로 진행된다. 이 궤적을 따라가기 위해서는 바퀴는 끌리게 되므로 옆방향 미끄러짐(side slip)운동을 한다. 따라서 선회할 때 안정성이 낮고 타이어의 마모도 커진다. 선회할 때 이와 같은 문제점을 개선한 것이 애커먼-장토방식의 조향장치이다.

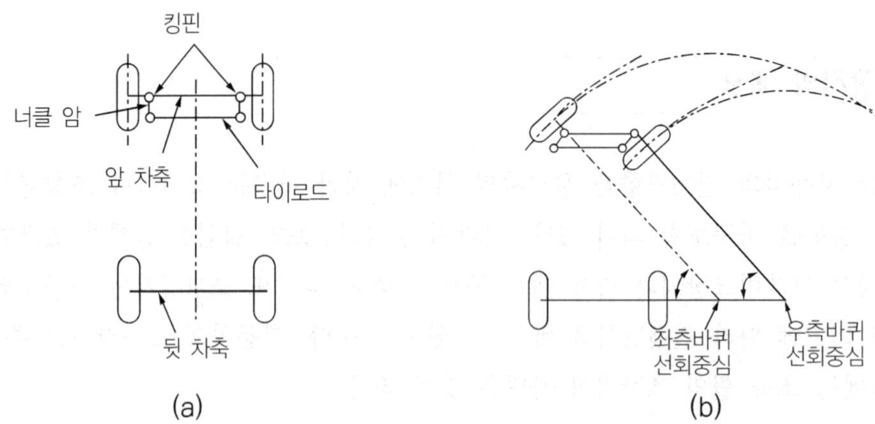

그림 2. 평행사변형 조향기구

애커먼-장토방식의 조향장치는 평행사변형 조향기구의 너클 암(knuckle arm)과 타이로드(tie rod)를 개량하여 킹핀(king pin : 바퀴가 회전하는 기본 중심축)의 중심과 타이로드 양끝을 연결하는 연장선이 뒷차축의 중심에서 만나도록 링크기구를 배치한 것이다. 즉, 앞차축, 타이로드, 너클암이 사다리꼴이 되도록 한 것이다.

조향핸들을 오른쪽으로 돌렸을 때 좌우 축의 바퀴 중심선은 뒷차축의 연장선상의 한 점 E에서 만나게 된다. 이때 바깥쪽 바퀴의 조향각도 α보다 안쪽바퀴의 조향각도 β가 큰 것을 볼 수 있다. 이에 따라 안쪽바퀴와 바깥쪽 바퀴는 도로 면과 미끄럼 없이 원활하게 선회를 할 수 있다. 즉 애커먼-장토방식 조향장치를 사용하면 선회할 때 바퀴들이 그리는 궤적은 E점을 중심으로 한 반지름이 다른 원(동심원)을 그리기 때문에 옆방향 미끄러짐과 타이어의 마모도 줄일 수 있다.

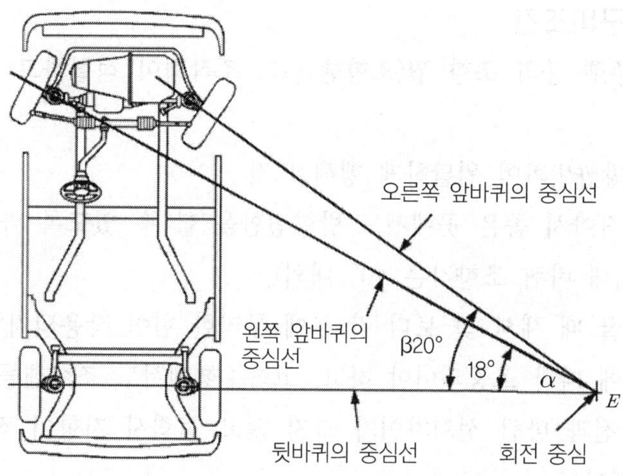

그림 3. 애커먼-장토방식의 조향장치

1.1.2. 최소 회전반지름

최소 회전반지름은 조향각도를 최대로 하고 선회하였을 때 그려지는 동심원 중에서 가장 바깥쪽 바퀴가 그리는 원의 반지름을 말하며 다음의 공식으로 산출된다.

$$R = \frac{L}{\sin\alpha} + r$$

R : 최소 회전반지름 L : 축간거리(축거 : wheel base)

$\sin\alpha$: 가장 바깥쪽 앞바퀴의 조향각도 r : 바퀴 접지면 중심과 킹핀과의 거리

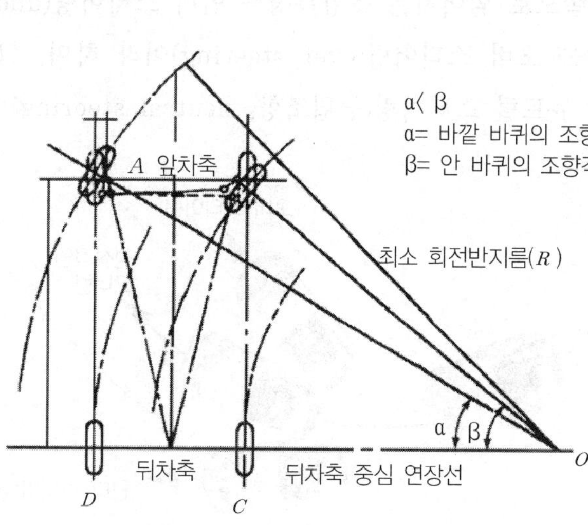

그림 4. 최소 회전반지름

1.1.3. 조향장치의 구비조건

① 조향 조작시 주행 중의 조향 휠(조향핸들)의 조작력이 적절하고 충격에 영향을 받지 않을 것
② 조작이 쉽고, 방향변환이 원활하게 행해질 것
③ 회전반지름이 작아서 좁은 곳에서도 방향변환을 할 수 있도록 바퀴의 조향각도가 적절해야 한다(최대 바퀴 조향각은 40° 내외).
④ 진행방향을 바꿀 때 섀시 및 보디 각 부에 무리한 힘이 작용되지 않을 것
⑤ 운전자의 의지에 따라 조종되어야 하고, 고속주행에서도 조향핸들이 안정될 것
⑥ 조향핸들의 회전과 바퀴 선회차이가 크지 않고 선회시 저항이 적고 선회 후에 복원성이 있어야 한다.
⑦ 노면으로부터의 충격이 조향 휠에 전달되지 않아야 한다.
⑧ 수명이 길고 다루기나 정비하기가 쉬울 것

1.2. 자동차의 조향특성

1.2.1. 조향특성의 개요

조향핸들의 조향각도를 일정하게 유지한 상태에서 일정한 속도로 주행하면 자동차는 선회 반지름이 일정한 원운동을 한다. 그러나 일정한 주행속도에서 서서히 가속을 하면 처음의 궤적에서 이탈하여 바깥쪽으로 벌어지거나 안쪽으로 들어가거나 또는 그대로 같은 궤적을 그리는 경우 등 여러 가지 형태로 나타날 수 있다. 이것은 자동차가 지닌 고유의 조향특성이 되는데 바깥쪽으로 벌어지는 조향특성을 언더 스티어링(under steering), 안쪽으로 들어가는 조향특성을 오버 스티어링(over steering)이라 하며, 그대로 같은 원의 궤적을 그리는 조향특성을 뉴트럴 스티어링(중립조향, neutral steering)이라 한다.

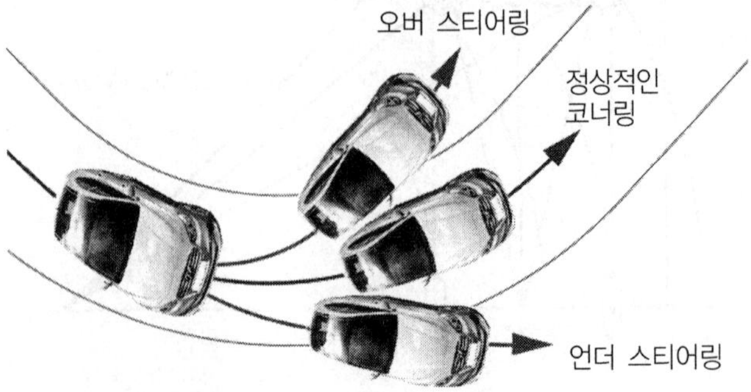

그림 5. 자동차의 선회특성

일반적인 승용차의 경우는 완만한 언더 스티어링 조향특성을 갖도록 설계되어 안전한 운전이 가능하도록 한다. 오버 스티어링 조향특성은 스포츠 카 등에서 일부 사용한다.

1.2.2. 고속주행에서의 선회특성

자동차가 선회할 때 바깥쪽 방향으로 주행속도의 제곱에 비례하는 원심력이 발생한다. 저속주행에서의 선회는 원심력이 작기 때문에 타이어의 옆방향 미끄러짐이 큰 문제가 되지 않으나 고속주행에서의 선회는 옆방향 가속도가 증가하므로 옆방향 미끄러짐이 커진다.

그림 6과 같이 타이어가 희망하는 방향으로 진행하려고 할 때 옆방향의 힘(원심력)이 가해지면 타이어는 옆방향 미끄러짐을 발생시킨다. 이때 타이어는 본래의 형상으로 복귀하려고 하지만 타이어는 도로 면과의 마찰로 인해 찌그러지면서 미끄러지며, 원심력과 반대방향의 선회력(코너링 포스, cornering force)을 받는다. 선회하는 힘의 특성은 도로 면과 타이어의 마찰특성, 타이어 형식 등에 따라 큰 차이가 발생할 수 있다.

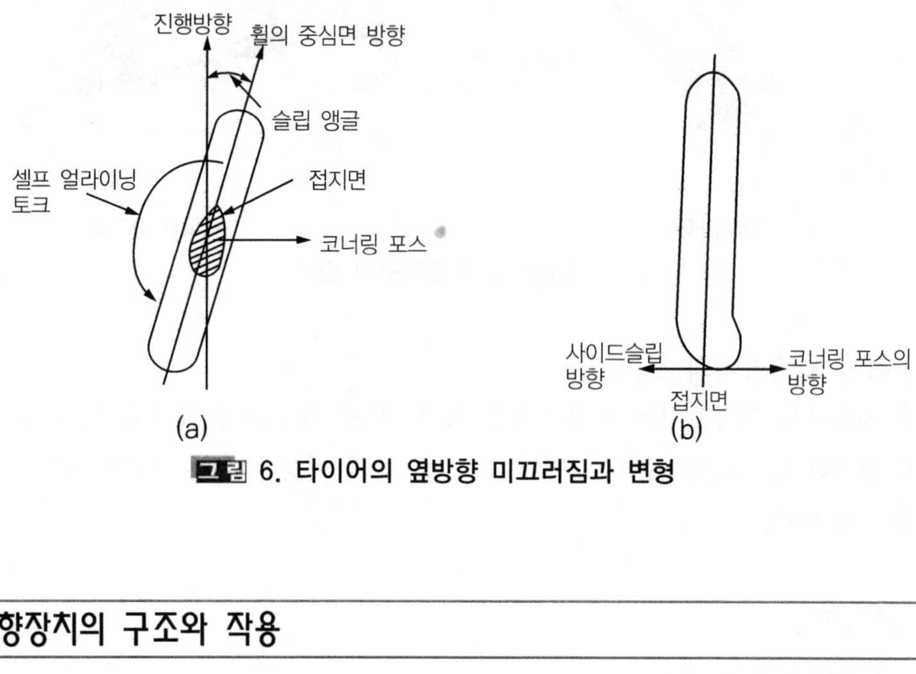

그림 6. 타이어의 옆방향 미끄러짐과 변형

2. 조향장치의 구조와 작용

2.1. 조향장치 형식에 따른 종류

2.1.1. 일체 차축방식의 조향기구

일체 차축방식의 조향기구는 조향핸들, 조향축, 조향 기어박스, 피트먼 암, 드래그 링크, 타이로드, 너클암 등으로 구성되어 있다.

작동은 조향핸들을 돌리면 그 조작력이 조향축을 거쳐 조향 기어박스로 전달된다. 조향 기어박스에서는 감속하여 섹터축을 회전시키며, 섹터축이 회전하면 피트먼 암이 원호운동을 하여 드래그 링크를 앞 뒤 방향으로 이동시킨다. 이에 따라, 오른쪽이나 왼쪽 바퀴가 조향너클에 의해 선회하게 되고, 또 타이로드를 통해 반대쪽 바퀴를 선회시켜 진행방향을 변환시킨다.

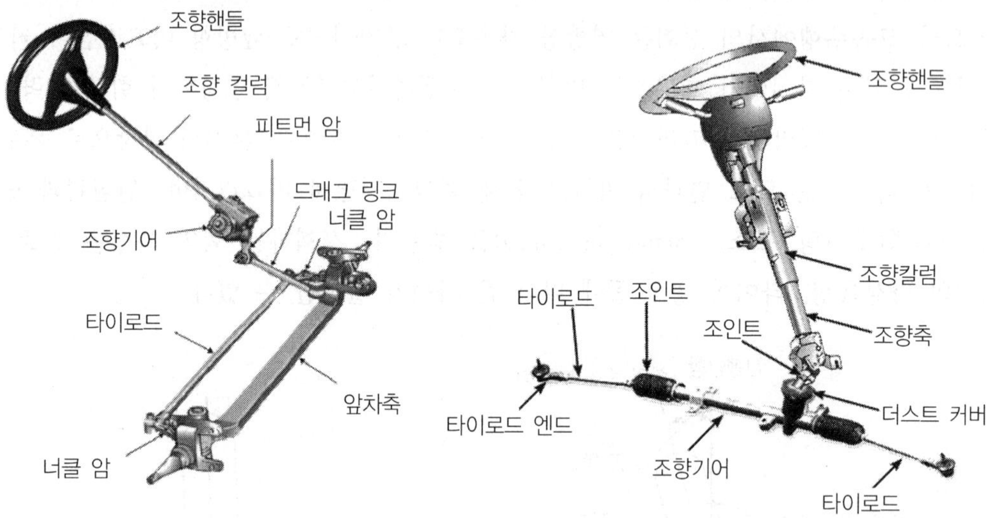

(a) 일체 차축식 (b) 독립 차축식

그림 7. 조향기구의 종류

2.1.2. 독립 차축방식의 조향기구

독립 차축방식 조향장치는 좌우바퀴가 독립적으로 작용하기 때문에 타이로드를 2개로 나누어 설치하며, 드래그 링크가 없다. 또 기구들의 기능은 일체 차축방식의 조향장치와 크게 다르지 않다.

2. 2. 조향기구

2.2.1. 조향핸들(조향 휠)

조향핸들은 림(rim), 스포크(spoke) 및 허브로 되어 있으며, 스포크나 림 내부에는 강철이나 알루미늄합금 심으로 보강되고, 바깥쪽은 합성수지로 성형되어 있다. 조향핸들은 조향축에 테이퍼(taper)나 세레이션(serration) 홈에 끼우고 너트로 고정시킨다.

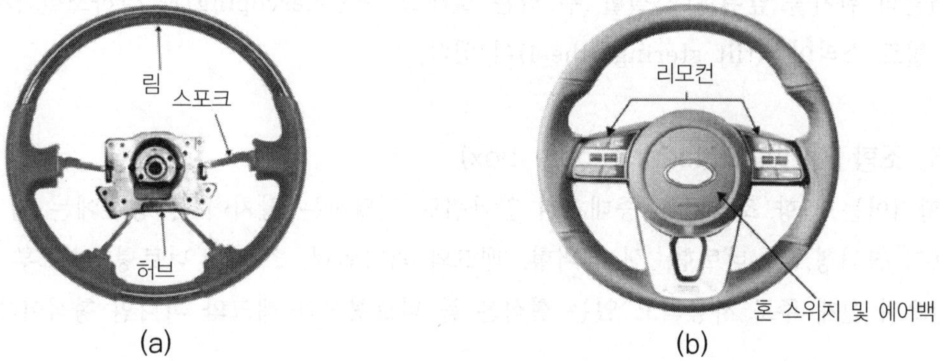

그림 8. 조향핸들

허브에는 경음기(horn)를 작동시키는 스위치가 부착되며, 원격 조정장치인 리모컨이나 에어 백(air bag)을 설치하여 충돌할 때 센서에 의해 질소가스 압력으로 팽창하는 구조로 된 것도 있으며 열선이 있는 것도 있다.

2.2.2. 조향축(steering shaft)

조향축은 조향핸들의 회전을 조향기어의 웜(worm)으로 전하는 축이며, 웜과 스플라인을 통하여 자재이음으로 연결되어 있다. 또 조향기어와 축을 연결할 때 오차를 완화하고, 노면으로부터의 충격을 흡수하여 조향핸들로 전달되지 않도록 하기 위해 조향핸들과 축사이에 탄성체 이음으로 되어 있다.

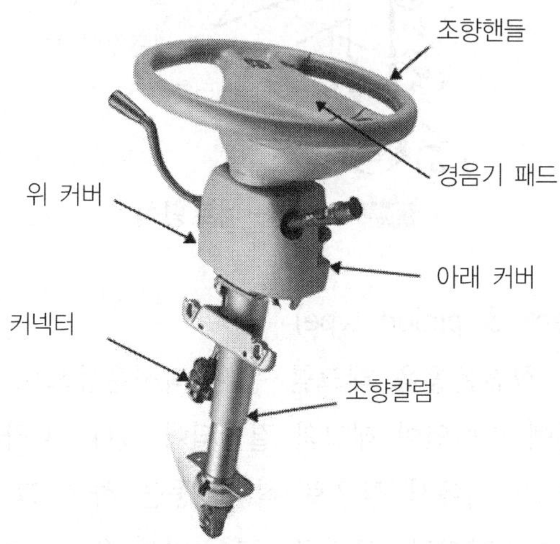

그림 9. 조향축과 조향칼럼

조향축은 조향하기 쉽도록 35~50°의 경사를 두고 설치되며, 또한 운전자의 체형에 따라 핸들의 위치를 앞뒤로 조절할 수 있는 텔레스코핑(telescoping)과 상하조절까지 할 수 있는 틸트 스티어링(tilt stering wheel)이 있다.

2.2.3. 조향 기어박스(steering gear box)

조향기어는 조향 조작력을 증대시켜 앞바퀴로 전달하는 장치이며, 종류에는 웜 섹터형, 웜 섹터 롤러형, 볼 너트형, 캠 레버형, 래크와 피니언형, 스크루 너트형, 스크루 볼형 등이 있으며 현재 주로 사용되고 있는 형식은 볼 너트형식과 래크와 피니언 형식이다.

[1] 볼-너트형식(ball & nut type)

이 형식은 스크루와 너트사이에 다량의 볼이 들어 있어 조향핸들의 회전을 볼의 동력전달 접촉으로 너트로 전달한다. 작동은 조향핸들이 회전하면 스크루 홈을 이동하여 너트의 한 끝에서 밖으로 나와 안내 튜브를 지나서 다시 스크루 홈으로 들어간다. 볼은 2줄로 나누어 순환하며, 이 순환운동으로 너트는 직선운동을 하고 섹터는 원호운동을 한다.

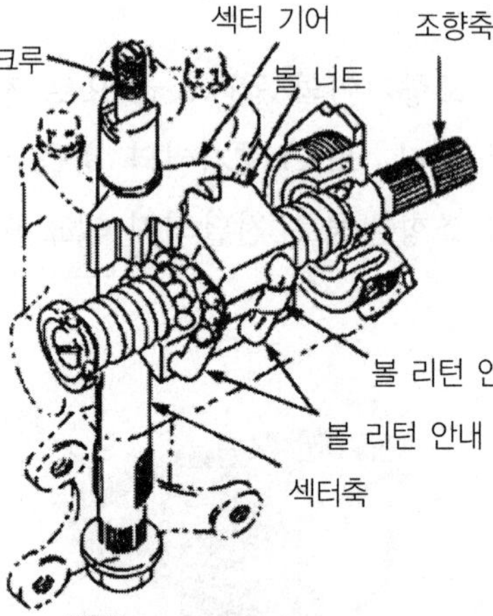

그림 10. 볼-너트형식

[2] 래크와 피니언형식(rack & pinion type)

이 형식은 조향핸들의 회전운동을 래크를 통해 직선운동으로 바꾸어 조향하도록 되어 있으며, 조향축 아랫부분에 피니언이 래크와 결합되어 있다. 따라서 래크는 피니언의 회전운동에 따라 조향 기어박스 내에서 좌우로 직선운동을 하여 그 양끝의 타이로드를 거쳐 좌우의 너클암을 이동시켜 조향한다. 그리고 조향기어에 요구되는 조건은 다음과 같다.

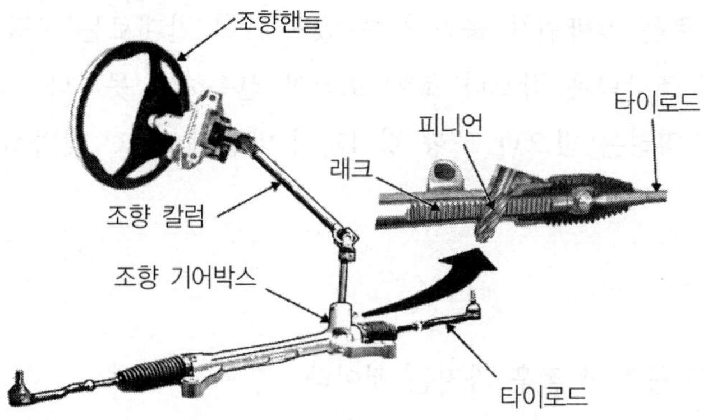

그림 11. 래크와 피니언형식

① 선회 반발력을 이겨낼 수 있는 조향력이 있을 것
② 선회할 때 조향핸들의 회전각과 선회 반지름과의 관계를 감지할 수 있을 것
③ 복원성이 있을 것
④ 주행 중 받는 충격을 알맞은 반발력으로 조향핸들에 전달하여 충격 감각을 운전자에게 전달할 것

조향기어는 위의 조건을 만족시키기 위해 알맞은 감속비를 두며, 이 감속비를 조향 기어비라고 하며 다음과 같이 나타낸다.

$$\text{조향 기어비} = \frac{\text{조향핸들이 움직인 각}}{\text{피트먼암이 움직인 각}}$$

이 조향 기어비의 값이 작으면 조향핸들의 조작은 신속히 되지만 큰 조작력이 필요하게 된다. 이에 따라 조향기어에는 가역식, 반가역식, 비가역식 등의 형식으로 하고 있다.

(1) 가역식

이 형식은 앞바퀴로도 조향핸들을 움직일 수 있으며, 조향 기어비가 작다. 장점은 앞바퀴에 복원성을 부여하여 조향 링키지 마멸이 작으나, 비포장도로에서 주행 중의 충격으로 조향핸들을 놓치기 쉬운 결점이 있다.

(2) 비가역식

이 형식은 조향핸들로는 앞바퀴를 움직일 수 있으나 그 반대로는 조작이 불가능한 것이며, 조향 기어비가 커 조작력은 작으나 조향 조작이 신속하지 못하다. 장점은 비포장도로에서 조향핸들을 놓칠 염려는 없으나 조향 링키지의 마멸이 크고, 앞바퀴 복원성을 이용할 수 없는 결점이 있다.

(3) 반가역식

가역식과 비가역식의 중간 성질을 가지는 것이다.

2.2.4. 피트먼 암(pitman arm)

피트먼 암은 조향핸들의 좌우 움직임을 직선 왕복운동으로 바꾸어 주는 연결부로 일체 차축방식의 조향기구에서는 드래그 링크로, 독립 차축방식의 조향기구에서는 센터 링크로 전달하는 것이며, 그 한쪽 끝에는 테이퍼의 세레이션(serration)을 통하여 섹터 축에 설치되고, 다른 한쪽 끝은 드래그 링크나 센터 링크에 연결하기 위한 볼 이음으로 되어 있다. 그러나 래크와 피니언 형식의 조향 기어박스를 사용하는 독립 차축방식에서는 피트먼 암을 두지 않아도 된다.

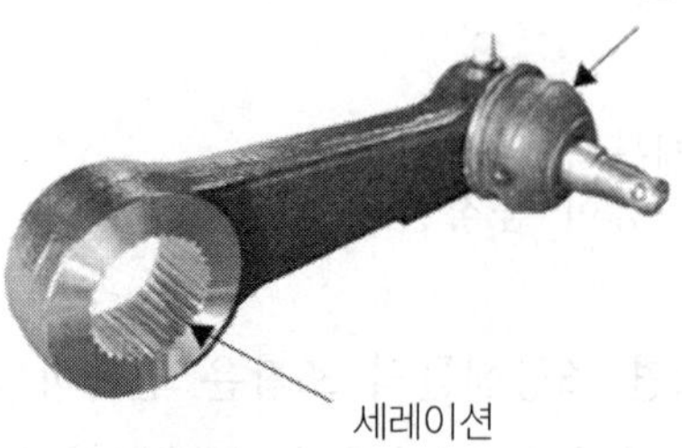

그림 12. 피트먼 암

2.2.5. 드래그링크(drag link)

이것은 일체 차축방식 조향기구에서 피트먼 암과 너클 암(제3암)을 연결하는 로드이며, 드래그 링크는 조향 기어 피트먼 암에서 동력을 받아 너클 암을 왕복 운동으로 전환하며, 양끝의 볼이음 부분에는 노면의 충격이 조향기어에 전달되지 않도록 스프링이 들어 있으며, 이 스프링의 위치와 드래그 링크의 설치방향을 바꾸어 조립하면 조향장치 각 부에 무리한 힘이 가해지므로 주의해야 한다.

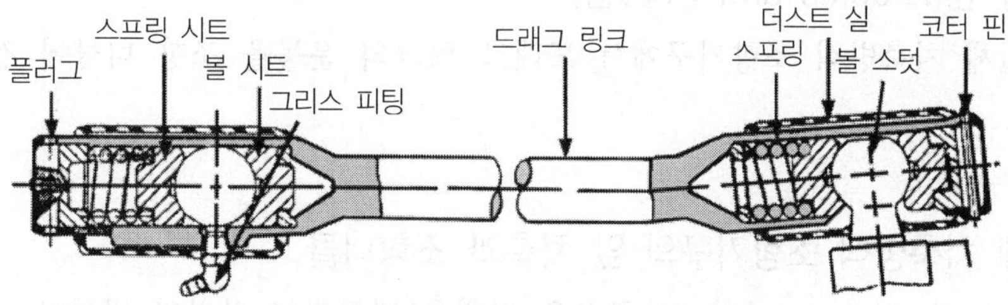

그림 13. 드래그링크

2.2.6. 센터 링크(center link)

이것은 독립 차축방식 조향기구에서 피트먼 암과 볼이음을 통하여 연결되며, 작동은 조향 핸들을 회전시키면 피트먼 암으로부터의 힘을 타이로드로 전달한다. 그러나 래크와 피니언형식의 조향 기어박스를 사용하는 독립 차축방식에서는 센터링크를 두지 않아도 된다.

2.2.7. 타이로드(tie-rod)

타이로드는 릴레이 로드의 운동을 너클암으로 전달하는 것이며, 독립 차축방식 조향기구에서는 길이가 같은 2개의 로드로 되어 있고 볼 이음으로 각각 연결된다. 일체 차축방식 조향기구에서는 너클암의 움직임을 다른 한쪽의 너클암으로 전달하여 양쪽 바퀴의 관계위치를 바르게 유지시킨다. 또 타이로드는 도로 면의 장애물에 닿지 않도록 앞차축 뒤쪽에 설치하는 것이 일반적이나 FF(front engine front drive)방식이나 독립 차축방식 조향기구에서는 앞쪽에 두기도 한다.

주행 중 타이로드는 도로 면으로부터의 충격으로 압축력이나 인장력을 받기 때문에 인발 강관으로 만들며 양끝에는 타이로드 엔드(tie rod end)가 나사를 통해 끼워져 있다. 타이로드 엔드의 나사는 한쪽은 오른나사이고 다른 한쪽은 왼나사로 되어 있어 타이로드를 돌려 그 길이(토인)를 조정할 수 있도록 되어 있다.

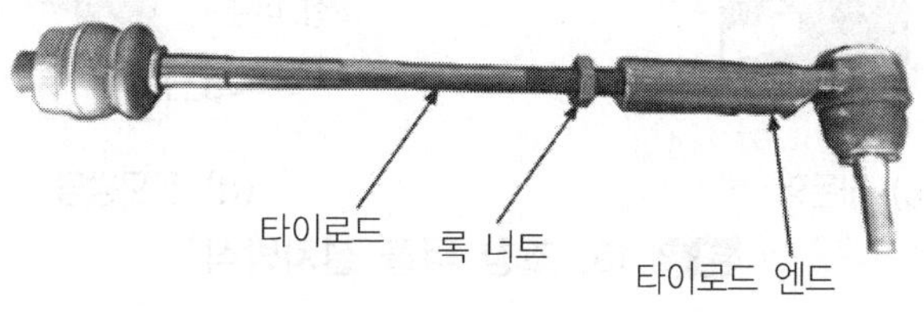

그림 14. 타이로드

2.2.8. 너클 암(knuckle arm : 제3암)

이것은 일체 차축방식 조향기구에서 드래그 링크의 운동을 조향 너클에 전달하는 기구이다.

2.2.9. 일체 차축방식 조향기구의 앞 차축과 조향너클

일체 차축방식(ridge axle)의 앞 차축은 강철을 단조한 I 단면의 빔이며, 그 양쪽 끝에는 스프링 시트가 용접되어 있고, 킹핀 설치부분에는 킹핀을 통해 조향너클이 설치된다. 조향너클은 킹핀을 통해 앞 차축과 연결되는 부분과 바퀴 허브가 설치되는 스핀들(spindle)로 되어 있어 킹핀을 중심으로 회전하여 조향작용을 한다. 그리고 앞 차축과 조향너클의 설치 방식에는 엘리옷형, 역엘리옷형, 마몬형, 르모앙형 등이 있다.

① 엘리옷형(elliot type) : 앞 차축 양끝 부분이 요크(yoke)로 되어 있으며, 이 요크에 조향 너클이 설치되고 킹핀은 조향 너클에 고정된다.

② 역 엘리옷형(revers elliot type) : 조향 너클에 요크가 설치된 것이며, 킹핀은 앞 차축에 고정되고 조향 너클과는 부싱을 사이에 두고 설치된다. 현재 일체 차축방식의 조향기구 자동차에서는 역 엘리옷형 만이 사용되고 있다.

③ 마몬형(marmon type) : 앞 차축 윗부분에 조향 너클이 설치되며, 킹핀이 아래쪽으로 돌출되어 있다.

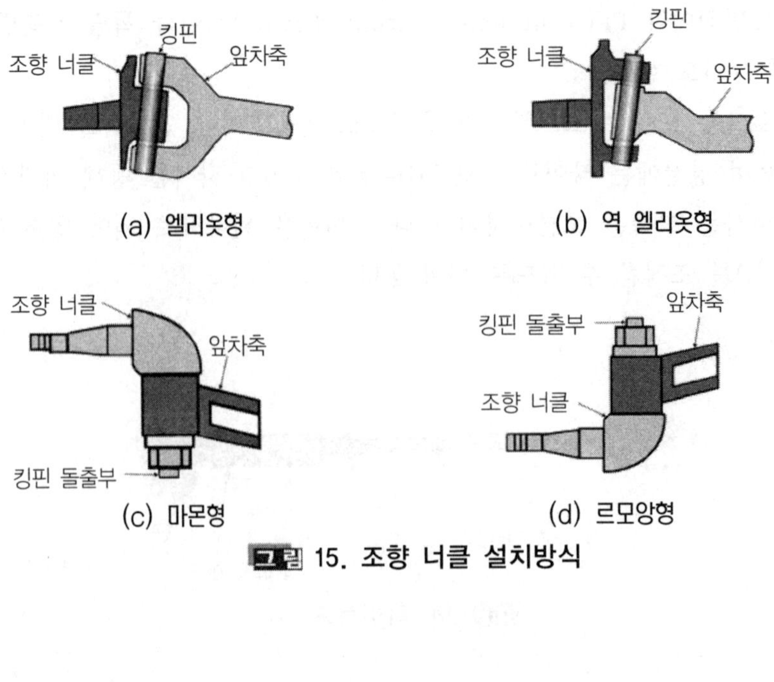

그림 15. 조향 너클 설치방식

④ 르모앙형(lemoine type) : 앞 차축 아랫부분에 조향 너클이 설치되며, 킹핀이 위쪽으로 돌출되어 있다.

2.2.10. 킹핀(king pin)

이것은 일체 차축방식 조향기구에서 앞 차축에 대해 규정의 각도(킹핀 경사각)를 두고 설치되어, 앞 차축과 조향 너클을 연결하며 고정 볼트에 의해 앞 차축에 고정되어 있다.

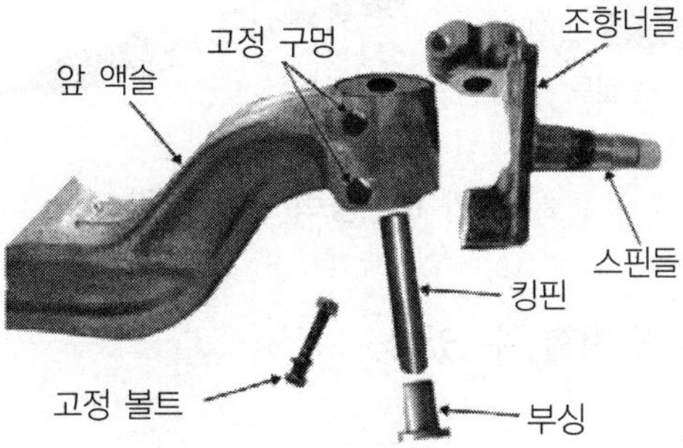

그림 16. 킹핀의 구조

3. 유압식 동력 조향장치 및 전자식 조향장치

3.1. 동력 조향장치(power steering system)

자동차의 대형화 및 저압 타이어의 사용으로 앞바퀴의 접지압력과 면적이 증가하여 신속하고 경쾌한 조향이 어렵다. 이에 따라 가볍고 원활한 조향조작을 위해 엔진의 동력으로 오일펌프를 구동하여 발생한 유압을 이용하는 동력 조향장치를 설치하여 조향핸들의 조작력을 경감시키는 장치이다.

[1] 동력 조향장치의 장점

① 조향 조작력이 작아 조향 조작이 경쾌하고 신속하다.

② 조향 조작력에 관계없이 조향 기어비를 선정할 수 있다.

③ 노면으로부터의 충격 및 진동을 흡수한다.

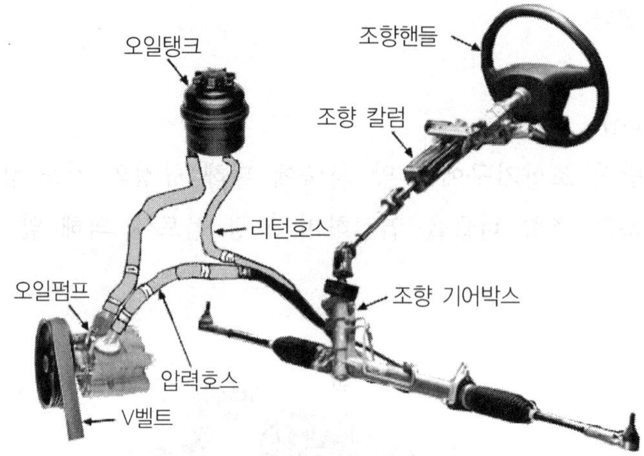

그림 17. 동력 조향장치

④ 앞바퀴의 시미현상을 방지할 수 있다.

[2] 동력 조향장치의 단점

① 구조가 복잡하고 값이 비싸다.

② 고장이 발생한 경우에는 정비가 어렵다.

③ 오일펌프 구동에 엔진의 출력이 일부 소비된다.

3.1.1. 동력 조향장치의 분류

[1] 링키지형(linkage type)

이 형식은 동력 실린더를 조향 링키지 중간에 둔 것이며, 조합형과 분리형이 있다.

① 조합형(combined type) : 이 형식은 동력실린더와 제어밸브가 일체로 된 것이다.

② 분리형(separate type) : 이 형식은 동력실린더와 제어밸브가 분리된 것이다.

[2] 인티그럴형(integral type)

이 형식은 동력실린더를 조향 기어박스 내에 설치한 형식이며, 인라인형과 오프셋형이 있다.

① 인라인형(in line type) : 이 형식은 조향 기어박스와 볼 너트를 직접 동력기구로 사용하도록 한 것이며, 조향 기어박스 상부와 하부를 동력실린더로 사용한다.

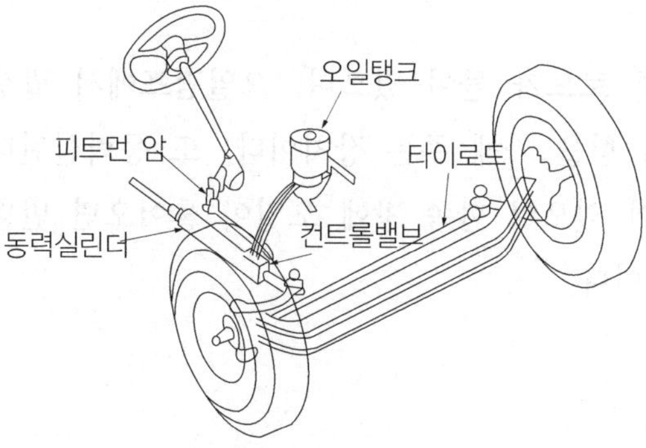

그림 18. 링키지형

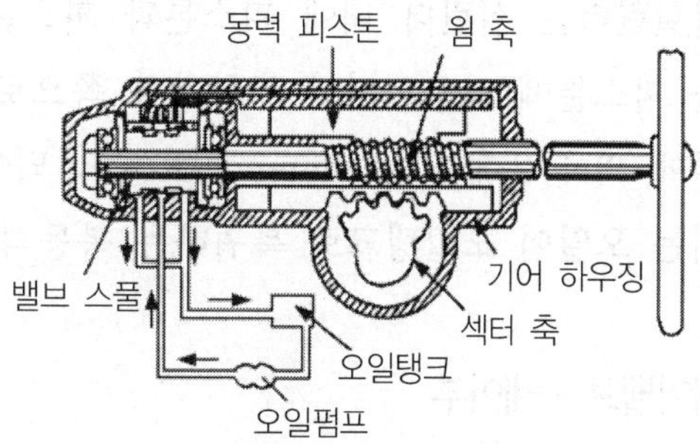

그림 19. 일체형

② 오프셋형(off-set type) : 이 형식은 동력발생 기구를 별도로 설치한 형식이다.

3.1.2. 동력 조향장치의 구조

동력 조향장치는 작동부, 제어부, 동력부의 3주요부와 유량제어 밸브 및 유압제어 밸브와 안전 체크밸브 등으로 구성되어 있다.

[1] 오일펌프 - 동력부

오일펌프는 유압을 발생하며 엔진의 크랭크축에 의해 V벨트를 통하여 구동된다. 오일펌프의 형식은 주로 베인펌프(vane pump)를 사용하며, 베인펌프의 작동은 로터(rotor)가 회전하면 베인이 방사선 상으로 미끄럼 운동을 하여 베인사이의 공간을 증감(增減)시키게 된다. 공간이 증가할 때에는 오일이 펌프로 유입되고 감소되면 출구를 거쳐 배출된다.

(a)

(b)

그림 20. 오일펌프

[2] 동력실린더 - 작동부

동력실린더는 실린더 내에 피스톤과 피스톤 로드가 들어 있으며, 오일펌프에서 발생한 오일을 피스톤에 작용시켜서 조향방향 쪽으로 힘을 가해 주는 장치이다. 또 동력실린더는 피스톤에 의해 2개의 방(chamber)로 분리되어 있으며 한쪽 방에 오일이 들어오면 반대쪽 방에서는 오일이 오일탱크로 복귀하는 복동식이다.

[3] 제어밸브 - 제어부

제어밸브는 조향핸들의 조작력을 조절하는 기구이며, 조향핸들을 돌려 피트먼 암에 힘을 가하면 오일펌프에서 보내 준 오일을 조향방향으로 동력실린더의 피스톤이 작동하도록 오일회로(油路)를 변환시킨다.

제어밸브는 밸브보디 안쪽에 3개의 홈과 오일펌프에서 보내 준 오일을 동력 실린더 2개의 방으로 공급하기 위한 오일통로가 있다. 밸브 스풀(valve spool)에는 밸브보디에 있는 3개의 홈에 대응하는 3개의 랜드(land)가 있어 밸브 스풀의 이동에 따라 밸브 보디의 오일통로가 개폐된다.

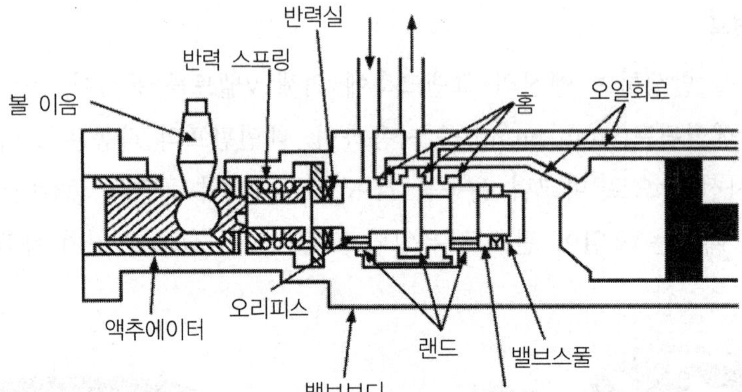

그림 21. 동력실린더와 제어밸브

[4] 안전 체크밸브(safety check valve)

이 밸브는 제어밸브 속에 들어 있으며 엔진이 정지된 경우 또는 오일펌프의 고장, 회로에서의 오일누출 등의 원인으로 유압이 발생하지 못할 때 조향핸들의 조작을 수동(手動)으로 할 수 있도록 해주는 밸브이다.

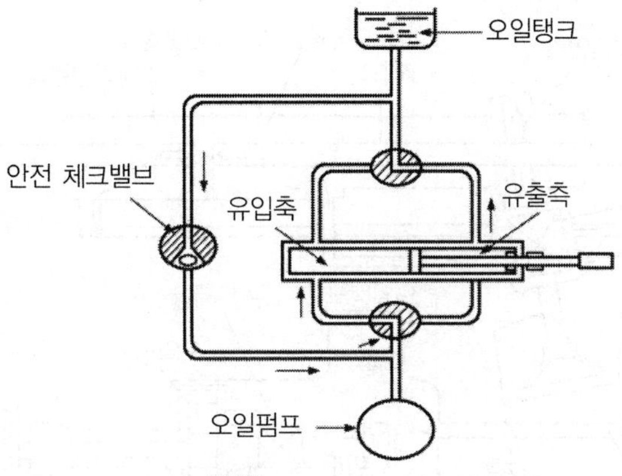

그림 22. 안전 체크밸브

작동은 동력 조향부가 고장이 났을 때 조향핸들을 조작하면 동력실린더가 작용하여 실린더 한쪽 방의 오일에 압력을 가하면, 반대쪽 방은 진공상태로 된다. 이에 따라 안전 체크밸브가 열려 압력이 가해진 쪽의 방의 오일이 진공 쪽의 방으로 유입되어 수동조작이 가능하도록 해 준다.

3.1.3. 래크 & 피니언형 동력 조향장치의 작동

래크 & 피니언형 기계방식 조향장치에 오일펌프, 제어밸브 및 동력실린더를 부착한 것이며, 로터리형 제어밸브를 이용한다. 즉, 래크와 피니언의 하우징 자체를 동력실린더로 하고 오일펌프에서 발생한 유압을 제어밸브가 조절하여 배력시키는 형식이다.

유량 제어밸브는 고속으로 주행할 때 저항이 큰 조향조작력을 확보하기 위해 엔진 회전속도에 대응하여 유량을 조절한다. 그리고 오일은 압력호스와 유압파이프를 거쳐 제어밸브로 들어가며, 운전자가 조향핸들을 돌리면 오일은 동력실린더의 A나 B로 들어가 래크를 왼쪽 또는 오른쪽으로 이동시켜 배력작용을 한다.

[1] 작동

① 구동벨트에 의해 오일펌프가 구동되어 압력이 가해진 오일이 배출된다.

② 배출된 오일은 오일펌프 내에 설치된 유량 제어밸브에서 엔진 회전속도 감응으로 적당하게 오일량이 조절되어 압력호스를 거쳐 제어밸브에 공급된다.

③ 조향핸들을 돌리면 피니언과 연결된 제어밸브가 작동하고, 조향방향에 따라 오일통로가 형성된다. 오일은 유압파이프를 통해 동력실린더 A에 공급되거나 유압파이프를 통하여 동력실린더 B에 공급된다.

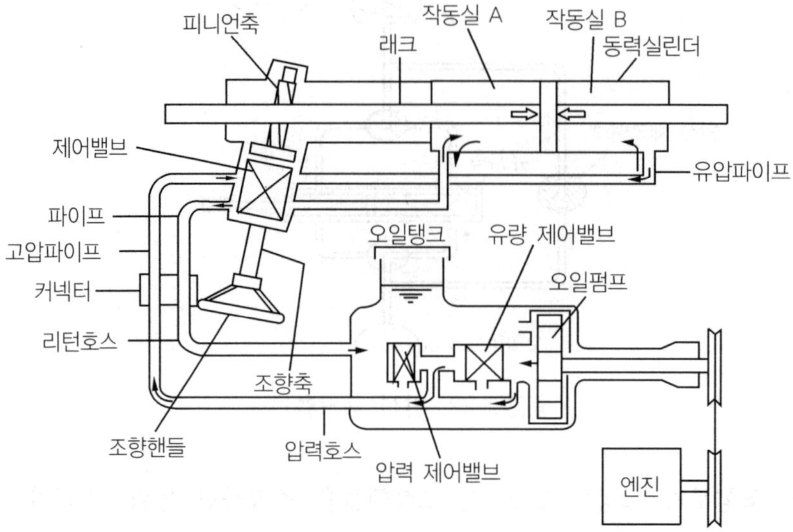

그림 23. 래크와 피니언형식 동력 조향장치의 구조

④ 동력실린더 A에 오일이 공급될 때에는 동력실린더 B의 오일은 유압파이프, 제어밸브 및 리턴호스를 통해 오일탱크로 복귀하며, 동력실린더 B에 오일이 공급되면 동력실린더 A에 있던 오일은 유압파이프, 제어밸브 및 리턴호스를 통해 오일탱크로 복귀한다.

3.2. 전자제어 동력 조향장치(ECPS : electronic control power steering)

일반적인 조향장치는 고속 주행할수록 조향핸들의 조작력이 가벼워지며, 배력이 일정한 동력 조향장치에서는 고속운전에서 조향핸들의 조작력이 너무 가벼워져 위험을 초래하는 경우가 있다. 이 위험을 방지하기 위하여 엔진의 회전속도에 따라서 조작력을 변화시키는 회전속도 감응방식과 주행속도에 따라 변화하는 차속 감응방식이 있다. 그리고 유압을 변화시키는 방법에는 유량 제어방식과 반력 제어방식이 있다.

유량 제어방식은 제어밸브에 의해 오일회로를 통과하는 오일 량을 제한하거나 바이패스시켜 동력실린더의 피스톤에 가해지는 유압을 조절하는 방식이며, 구조가 간단하고 조향력 변화가 그다지 크지 않다. 반력 제어방식은 제어밸브의 열림 정도를 직접 조절하는 방식이며 동력실린더에 가해지는 유압은 제어밸브의 열림 정도로 결정되므로 조향력의 변화 범위를 넓게 할 수 있다. 그러나 구조가 복잡해지는 결점이 있다.

3.2.1. 속도 감응형 유량 제어방식의 작동

주행속도에 따라 조향핸들의 조작력을 조절하며 저속에서는 가볍게, 중·고속에서는 적절한 저항력의 조향감각을 부여하도록 한 것이다. 그리고 속도 감응방법은 차속센서에 의해 주행속도를 검출하여 주행속도에 따라 동력 실린더에 작용하는 유압을 변화시킨다. 즉, 저속에서는 유압을 정상값으로 하고 주행속도가 증가할수록 유압을 낮춘다. 이것은 차속센서가 주행속도를 컴퓨터로 입력시키면 컴퓨터에서는 동력실린더의 유압을 변화시킨다.

유압제어는 동력 실린더 양쪽 체임버(chamber)를 연결하는 바이패스 회로에 솔레노이드 밸브를 설치하여 솔레노이드밸브가 열리면 고압 쪽의 오일은 드레인에 연결된 저압 쪽으로 들어가 유압을 저하시켜 배력작용을 감소시키므로 저항력이 커진다. 솔레노이드밸브는 컴퓨터 신호에 따라 주행속도에 따른 열림 정도가 변화하며 조향핸들의 조작력을 저속에서는 가볍게 중·고속에서는 적당한 저항력이 되게 조절한다.

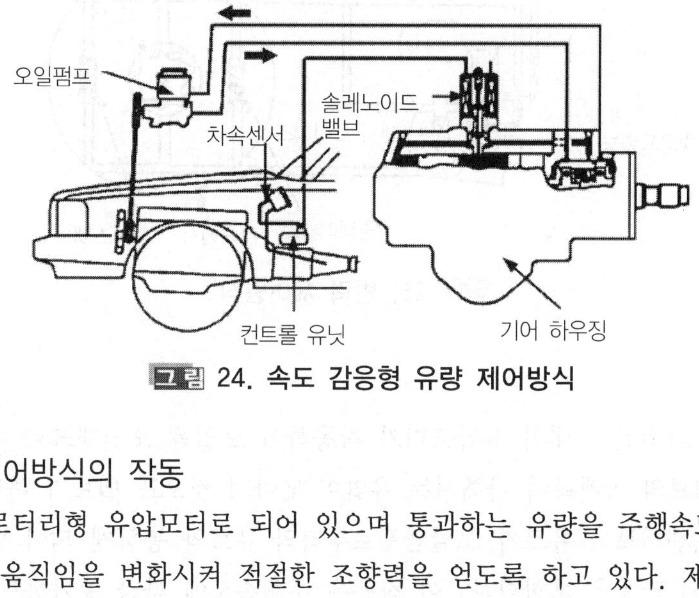

그림 24. 속도 감응형 유량 제어방식

3.2.2. 반력 제어방식의 작동

차속센서가 로터리형 유압모터로 되어 있으며 통과하는 유량을 주행속도에 따라 조절하고 제어밸브의 움직임을 변화시켜 적절한 조향력을 얻도록 하고 있다. 제어밸브 양끝에는 롤러가 부착되어 있으며 여기에 반동 플런저가 설치되어 있다.

반동 플런저는 스프링의 장력과 반동실에 가해지는 유압을 받아 롤러를 가압한다. 이에 따라 제어밸브의 작동은 반동실에 가해지는 유압에 따라 변화하며 이 유압을 주행속도에 대응시키면 적절한 조향력을 얻을 수 있다. 차속센서에 작용하는 유압 모터의 유로는 동력 실린더와 병렬로 연결되며, 반동실의 유압제어는 컷오프 밸브(cut-off valve)가 한다.

[1] 엔진 기동 및 정차된 상태일 때

이때는 오일펌프의 유압이 컷오프 밸브의 아래쪽에 가해지므로 컷오프 밸브가 상승하여 반동실 및 차속센서로의 유로가 차단된다. 이에 따라 반동 플런저가 제어밸브를 가압하는 힘이 최소로 되어 제어밸브는 작동에 제한을 받지 않게 되어 조향핸들의 조작력이 가벼워진다.

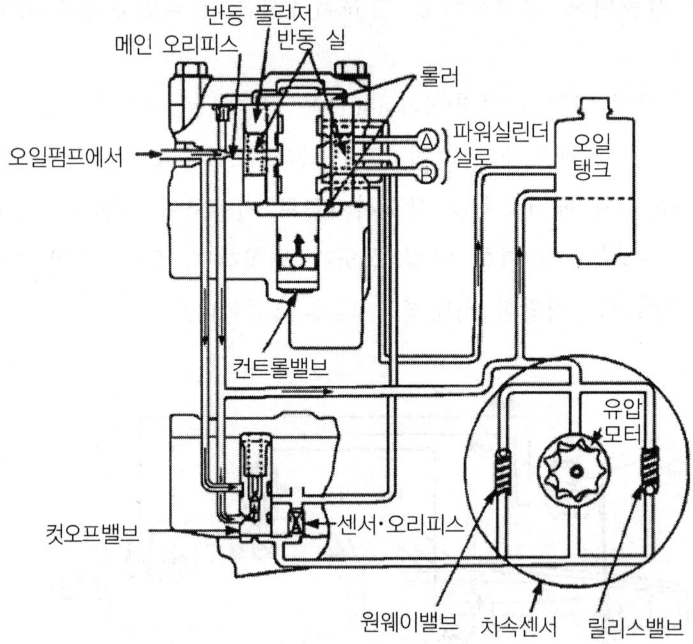

그림 25. 반력 제어방식

[2] 주행할 때

주행할 때에는 차속센서 내의 유압모터가 작동하여 오일을 오일탱크로 복귀시키기 시작하므로 컷오프 밸브의 아래쪽에 가해지는 유압이 낮아져 컷오프 밸브가 하강한다. 이에 따라 반동실과 차속센서로의 유로가 오일펌프로부터의 유로와 통하게 되어 반동실에 유압이 가해져 제어밸브의 작동을 제한한다. 이 작용은 주행속도에 따라 증가하므로 고속 주행할수록 조작력이 증가하여 적절한 조향 감각을 얻을 수 있다.

3.3. 전동방식 동력 조향장치(MDPS : motor driven power steering)

동력 조향장치의 보급이 증가함에 따라 그 요구 성능도 단순히 조향조작력의 경감에 그치지 않고 주행속도나 주행조건에 따른 최적의 적절한 조향조작력의 설정도 중요한 요구 성능 중 하나가 되었다. 그 요구에 대응하기 위해 기존의 유압 동력장치에 유압제어기구와 ECU를 추가한 전자제어 동력 조향장치가 이미 개발되었지만, 기존의 유압 NPS(normal power steering)에 비하면 매우 복잡하고 가격이 비싸다. 한편 유압 동력장치의 고성능화와는 별도로 위 사항의 요구에 대응하는 방법으로 전동기(motor)를 이용하여 조향조작력을 보조(assist)하는 전동방식 동력 조향장치가 개발되었다.

전동방식 동력 조향장치는 유압방식 동력조향장치에 비해 간단한 제어기구로 조향조작력 제어의 자유도를 넓히면서 가격과 무게감소, 그리고 작업성능 등이 향상되는 효과가 있으면서, 연료소비율 향상에 중점을 두고 있다. 전동방식 동력 조향장치는 자동차의 주행속도에 따라 조향핸들의 조향조작력을 전자제어로 전동기를 구동시켜 주차 또는 저속으로 주행할 때에는 조향조작력을 가볍게 해주고, 고속으로 주행할 때에는 조향조작력을 무겁게 하여 고속주행 안정성을 운전자에게 제공한다. 전동방식 동력 조향장치는 전동기를 이용하여 운전자의 조향조작력을 보조하는 장치로 MDPS(motor driven power steering)라 한다.

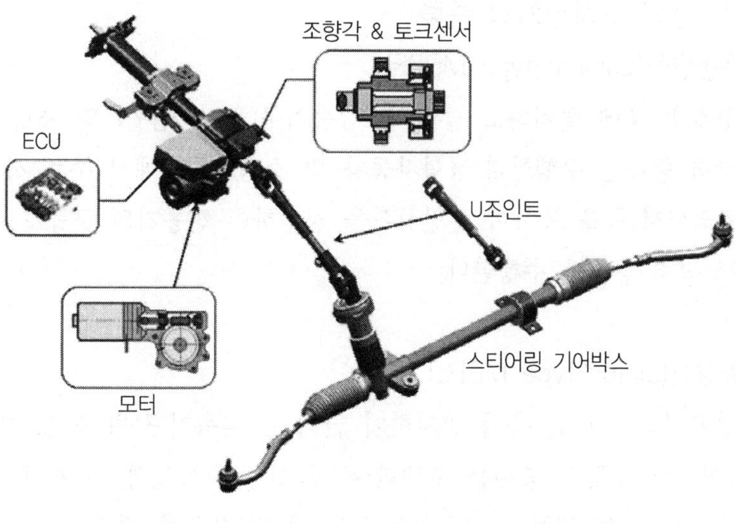

그림 26. 전동방식 동력 조향장치의 구성도

3.3.1. 전동방식 동력 조향장치의 특징

전동방식 동력 조향장치(MDPS : motor driven power steering)의 특징은 다음과 같다.

[1] 전동방식 동력 조향장치의 장점

① 연료소비율 저감과 낮은 에너지 소모 및 구조가 간단하다.

② 엔진의 가동이 정지된 때에도 조향조작력 증대가 가능하다.

③ 조향특성 튜닝이 쉽다.

④ 엔진룸 레이아웃 설정 및 모듈화가 쉽다.

⑤ 오일 및 유압제어 기구가 없어 환경 친화 및 소음저감 실현이 가능하다.

[2] 전동방식 동력 조향장치의 단점

① 전동기의 작동소음이 크고, 설치 자유도가 적다.

② 유압방식에 비하여 복원력 열세로 핸들링이 저하된다.

③ 회전력의 한계로 중・대형 자동차에는 사용이 불가능하다.

④ 조향성능 향상 및 낮은 관성의 전동기 개발이 필요하다.

3.3.2. 전동방식 동력 조향장치의 종류

[1] 조향칼럼 구동방식(column-type MDPS)

전동기를 조향칼럼 축에 설치하고 클러치, 감속기구(웜 & 웜휠) 및 조향 토크센서 등을 통하여 조향조작력 증대를 수행한다(경형자동차 및 소형자동차에서 주로 사용). ECU가 차속센서, 조향 토크센서 등을 통하여 운전상황을 검출하여 전동기의 구동토크를 제어함으로서 적절한 조향조작력 증대를 수행한다.

[2] 피니언 구동방식(pinion-type MDPS)

전동기를 조향기어의 피니언 축에 설치하여 클러치, 감속기구(웜 & 웜휠) 및 조향 토크센서 등을 통하여 조향조작력 증대를 수행한다. ECU는 차속센서, 조향 토크센서 등을 통하여 운전상황을 검출하여 전동기의 구동토크를 제어함으로서 적절한 조향조작력 증대를 수행한다.

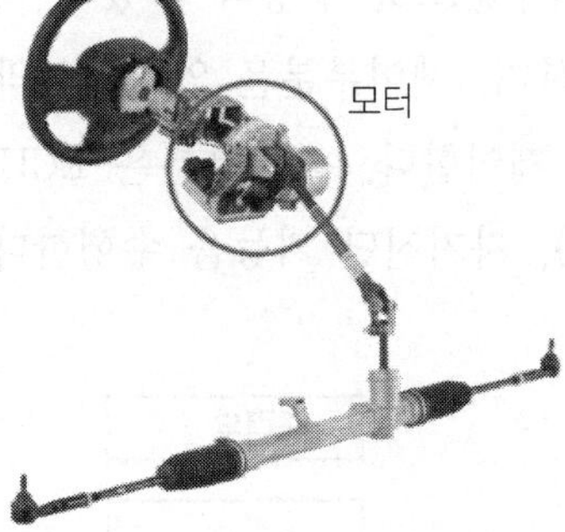

그림 27. 조향칼럼 구동방식

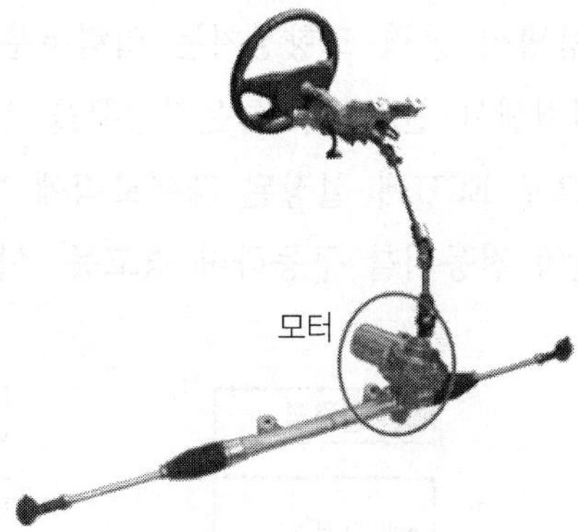

그림 28. 피니언 구동방식

[3] 래크 구동방식(direct drive rack type MDPS)

전동기를 조향기어의 래크 축에 설치하고 감속기구(ball nut & ball screw) 및 조향 토크센서 등을 통하여 조향조작력 증대를 수행한다(중대형 승용차에 사용가능). ECU가 차속센서, 위치센서, 조향 토크센서 등을 통하여 운전상황을 검출하여 전동기의 구동 토크를 제어하며, 복원력 및 댐핑 제어로 킥백, 시미 등의 저감 및 최적 조향조작력 증대를 수행한다.

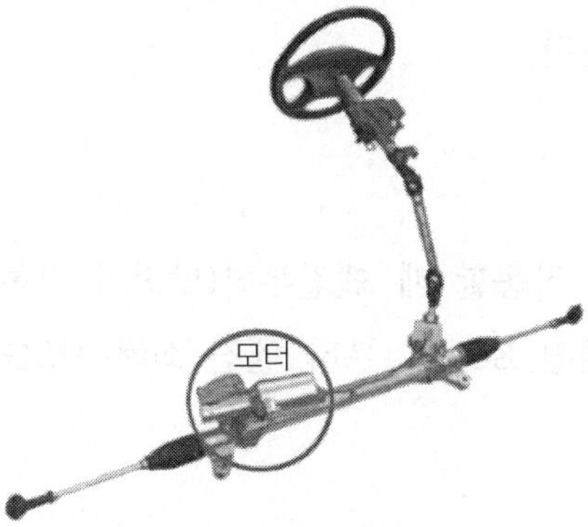

그림 29. 래크 구동방식

3.3.3. 전동방식 동력 조향장치의 구성 및 기능

전동방식 동력 조향장치에는 여러 종류가 있지만 그 제어방식이 비슷하므로 여기서는 칼럼방식 조향장치를 위주로 설명하도록 한다.

[1] 전동방식 동력 조향장치의 구성

전동방식 동력 조향장치는 입력부분, 제어부분, 출력부분으로 구성되어 있다. 입력부분은 입력센서 신호로부터 운전상황을 판단하는 역할을 하며, 제어부분은 입력센서의 정보를 바탕으로 ECU에 설정된 제어로직에 따라 출력부분을 제어한다. 출력부분은 ECU의 신호를 받아 전동기를 구동하며 경고등, 아이들 업(idle up), 자기진단 기능을 수행한다.

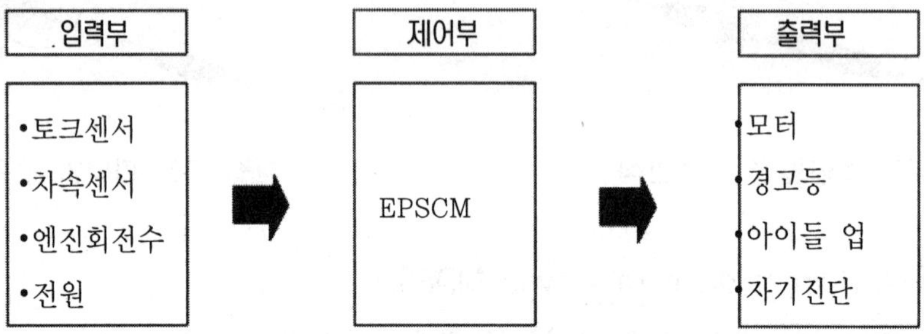

그림 30. 입·출력 다이어그램

[2] 전동방식 동력 조향장치의 입력부분

(1) 차속센서

차속센서는 변속기 출력축에 설치되어 있으며 홀센서 방식이다. 주행속도에 따라 최적의 조향조작력(고속으로 주행할 때에는 무겁고, 저속으로 주행할 때에는 가볍게 제어)을 실현하기 위한 기준신호로 사용된다.

(2) 엔진 회전속도

엔진 회전속도는 전동기가 작동할 때 엔진부하(발전기 부하)가 발생되므로 이를 보상하기 위한 신호로 사용되며, 엔진 ECU로 부터 엔진 회전속도를 입력받으며 500rpm 이상에서 정상적으로 작동한다.

(3) 조향 토크센서(steering torque sensor)

조향 토크센서는 조향칼럼과 일체로 되어있으며, 운전자가 조향핸들을 돌려 조향컬럼을 통해 래크와 피니언 그리고 바퀴를 돌릴 때 발생하는 토크를 측정한다. ECU는 조향 토크센서의 정보를 기본으로 조향조작력의 크기를 연산한다. 조향 토크센서에는 여러 가지 형식이 있지만 여기서는 비접촉 광학방식 토크센서를 설명한다.

1) 조향 토크센서의 구성

조향 토크센서는 발광소자(led) 및 수광소자(linear array) 각 2개와 입·출력 디스크(wide 1개, narrow 1개), 그리고 토크 연산부분 2개로 이루어져 있다.

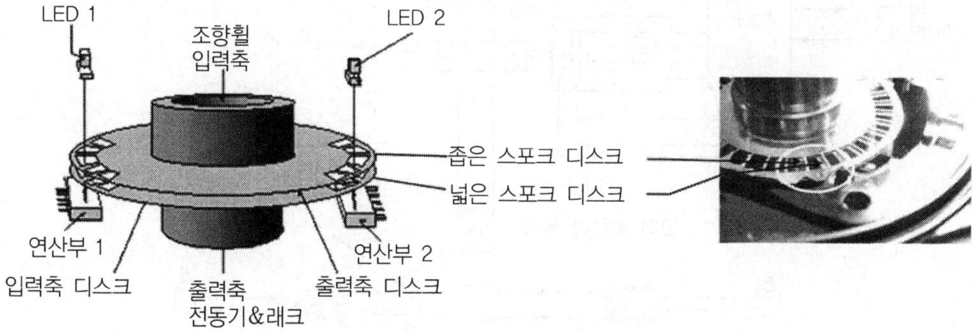

그림 31. 조향 토크센서

2) 조향 토크센서의 원리

조향할 때 조작력이 입력디스크와 출력디스크 사이의 토션 바에 가해진다. 이때 토션 바가 비틀어짐에 따라 입·출력 디스크의 위상은 토션 바의 비틀림 양만큼 변화한다. 따라서 128개의 픽셀(pixel)로 이루어진 센서 A, B에는 발광다이오드로부터 가해지는 투과량이 변화하게 되고 센서는 투과량을 전류로 변환하여 ECU로 보낸다. ECU는 이 정보로 전동기를 이용하여 조향조작력을 제어한다.

(4) 전동기 회전각도 센서(encoder)

전동기 회전각도 센서는 전동기 내에 위치하여 전동기(motor)의 로터(rotor)위치를 검출한다. 이 신호에 의해서 ECU는 전동기 출력의 위상을 결정한다.

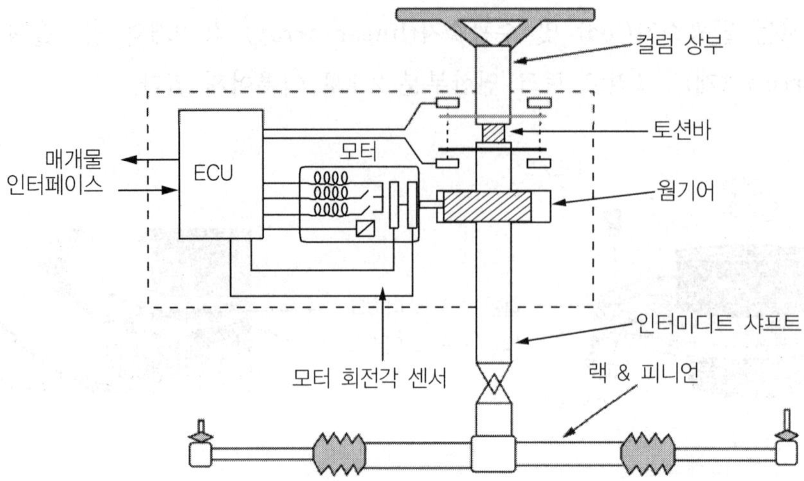

그림 32. 전동기 회전각도 센서

[3] 전동방식 동력 조향장치의 제어부분

ECU는 조향 토크센서의 신호에 의해 최적의 조향조작력을 제어하기 위해 설정된 제어 로직에 따라 출력부분의 전동기를 제어한다. 전동기 구동력은 조향핸들을 조작하는 토크에 비례하여 구동된다. 또 각종 신호를 모니터하고, 고장이 발생한 경우에는 수동 조작상태로 하는 페일세이프 기능을 가지고 있다. 삼상 전동기를 사용하므로 제어의 고속성능이 필요하여, 16bit 마이크로컴퓨터를 사용한다. 또 경고등 및 아이들 업 제어 등을 수행한다.

[4] 전동방식 동력 조향장치의 출력부분

(1) 전동기

전동기는 스테이터 쪽의 코일을 로터 쪽에 영구자석을 배치한 삼상 직류 브러시리스(brushless)전동기와 로터 안쪽에 래크 축과, 볼 너트를 설치하고, 너트의 회전(전동기의 회전)에 의해 래크 축과 일체로 된 볼 너트가 직선 운동한다.

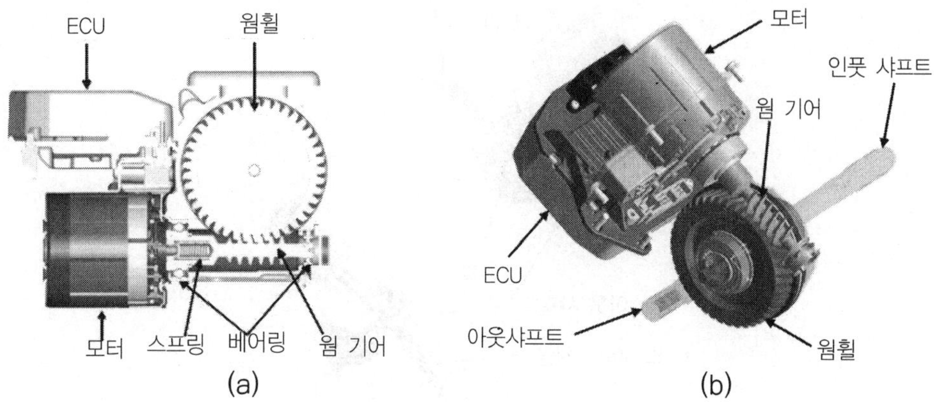

그림 33. 전동기의 구조

3.3.4. 전동방식 동력 조향장치의 작동과정

① 운전자가 조향핸들을 조작한다. 이때 조향핸들(입력축)과 전동기의 래크(출력축)를 연결하는 토션 바(torsion bar)에 비틀림이 발생하고 ECU는 토션 바의 비틀림 각도를 조향 토크센서에 의해 투과량을 검출한다.

② ECU는 조향 토크센서 출력 값으로 조향토크 및 배력 토크를 연산하고 전동기에 전류 신호를 송신한다.

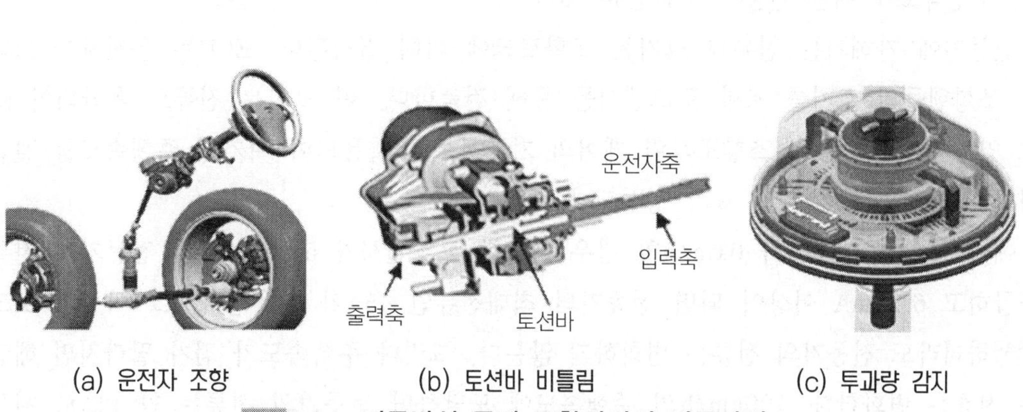

그림 34. 전동방식 동력 조향장치의 작동과정

③ 이때 전동기는 연산값 만큼 회전하게 되고 웜 & 웜 휠 기구에 의해 전동기의 회전을 20.5 : 1로 감속시킨다. 여기서 전동기는 출력축에 연결되어있으므로 출력축이 회전하고 이와 연결된 유니버설 조인트에 의해 조향기어 박스의 피니언 축에 전달되어 원하는 만큼 조향핸들이 회전한다.

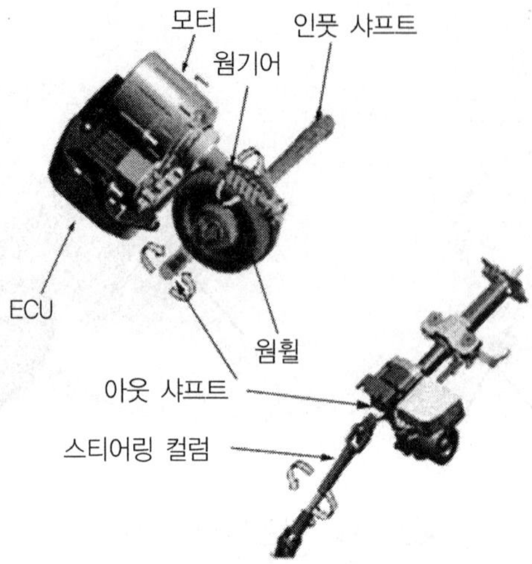

그림 35. 전동기 및 래크 구동

3.3.5. 전동방식 동력 조향장치의 주요제어

ECU는 각종 입력정보에 의해 전동기 제어, 경고등 제어, 아이들 업 제어, 자기진단 및 고장코드 출력기능을 수행한다.

[1] 주행속도에 따른 전동기 구동전류 제어

전동기에 가해지는 전류의 크기는 조향토크에 의해 결정된다. ECU는 운전자가 조작하는 조향핸들의 크기를 조향 토크센서를 통해 검출한다. 이 크기는 전류로 환산되어 ECU로 입력된다. 이 값은 조향조작력 제어의 기본정보로 사용되며 여기에 주행속도를 결합하여 하나의 테이블 형식의 표가 형성된다.

예를 들어 주행속도가 0km/h일 경우는 조향 토크센서가 5.26mA부터 전동기에 전류를 공급하고 6.28mA 이상이 되면 전동기의 최대전류인 45A가 적용된다. 그 이상의 토크가 발생하더라도 전동기의 전류는 변화하지 않는다. 그러나 주행속도가 점차 빨라지면 해당되는 전류는 변화한다. 120km/h의 주행속도에 도달하면 전동기의 전류는 약 12A로 제한된다. 즉 조향조작력이 무거워진다. 즉 속도 감응방식 조향이 된다.

[2] 과부하보호 제어

자동차가 정지된 상태에서 비정상적으로 연속 조향을 할 때 전동기에 가해지는 전류가 최대 45A이므로 이때 발생하는 열이 높아진다. 이 전류는 ECU 내부에도 영향을 미친다.

이것은 고장을 야기함으로 지양해야 한다. ECU는 내부에 서미스터를 설치하고 ECU의 온도를 직접 측정한다.

전동기에 일정시간 동안 계속하여 작동을 하게 되면 일정시간 후에 전류를 제한하기 시작한다. 이 전류는 약 8A 정도까지 제한한다. 조향을 하지 않는 상태에서 최대 20분정도가 흐르면 정상상태로 복귀된다. 비정상적인 상태이므로 실제 주행 및 주차에서는 문제가 되지 않는다. 이 시간은 ECU 내부온도에 따라서 달라진다.

[3] 인터록 회로기능(interlock circuit function)

중·고속으로 주행할 때 장치의 고장(ECU고장 등)에 의한 예상하지 못한 급 조향을 방지하기 위한 기능으로 전동기로의 전류공급을 제한하는 범위를 설정해 놓은 기능이다.

[4] 보상제어

전동기가 자동차가 정지된 상태에서 작동을 하거나 또는 작동상태에서 정지를 할 때, 전동기의 작동속도가 변화하며 이에 따라 회전 가속도가 변화한다. 전동기를 정밀하게 제어하기 위해 전동기의 작동속도나 가속도에 따라 보상을 수행하는 제어를 보상 제어라 한다. 즉 조향감각을 향상시키기 위한 보상을 행하는 것이다.

(1) 마찰 보상제어

마찰보상 제어는 전동기가 작동할 때 발생하는 마찰 값에 대한 보상을 의미한다. 기계적으로 모든 물체는 최초 움직일 때 마찰을 갖게 되는데 이를 보상해주는 제어이다. 이 보상값은 전동기의 전류에 계산되어 전동기의 작동이 원활하도록 도와준다. 마찰제어는 최초 움직이는 값을 도와주는 것이다.

(2) 관성 보상제어

전동기의 회전속도에 따라서 전동기의 관성이 다르기 때문에 원활한 회전을 위하여 전류보상을 행한다. ECU는 일정한 상수를 두어 제어할 때 그 값에 맞는 데이터 값을 공급하여 제어하는 것을 관성보상이라 하며 속도에 따른 가속도를 정밀하게 제어하기 위함이다.

(3) 댐핑 보상제어

고속에서 급격한 차로변경과 같은 조향을 하였을 경우 저속에 비해 상대적으로 큰 복원력이 발생한다. 이때 전동기와 같이 관성이 큰 부분에 영향을 미쳐 조향핸들이 중립을 벗어나게 되며, 자동차의 작동에 물고기 꼬리와 같은 영향을 미친다. 따라서 전류 값을 제한하는 보상을 하여 전동기의 속도에 따른 진동을 흡수하기 위한 제어이다.

조향속도 즉, 전동기가 회전하는 일정 각속도를 기준으로 느릴 때와 빠를 때에 따라 제어를 달리한다.

[5] 아이들 업 제어(idle up control)

전동방식 동력 조향장치는 전동기를 사용하므로 전동기가 작동할 때 소모전류가 매우 크다(약 45A). 따라서 전동기가 공회전할 때 작동하면 발전기의 부하가 커져 엔진 가동이 불안해질 우려가 있다. ECU는 이를 방지하기 위해서 아이들 업 제어를 행하는데 ECU는 전동기가 작동할 때 트랜지스터(TR)를 ON시켜 엔진 ECU로 작동신호를 보낸다. 이때 엔진 ECU는 엔진 회전속도를 상승시켜 엔진 회전속도의 저하를 방지한다.

[6] 경고등 제어

전동방식 동력 조향장치는 주행안정성과 밀접한 관계에 있는 장치이므로 고장이 발생하였을 때 운전자에게 고장상태를 알리기 위해 일반적으로 계기판에 경고등이 점등된다.

3.3.6. 전동 틸트 및 텔리스코핑 칼럼

전동 틸트 및 텔리스코핑(telescoping) 조향 칼럼은 자동차 장치에서 조향기술 분야 중의 하나이며, 자동차 수요자의 요구가 다양해짐에 따라 이를 충족시키기 위한 것으로서 조향 칼럼의 전기·전자화장치 구축을 위한 것이다.

주요 기능은 운전자의 체형 및 운전 습관에 따라 적합한 조향핸들 위치를 선택할 수 있도록 고안된 장치이다. 이 장치의 구조적 특징은 다음과 같다.

① 간단한 스위치 조작으로 틸트 및 텔리스코핑 기능을 수행한다.

② 컴퓨터에 의해 승·하차할 때 최대 공간 확보 및 원위치 복귀기능이 있다.

[1] 전동 틸트의 작동원리

전동기의 토크를 전동기의 웜(worm)을 통하여 기어 어셈블리로 전달하고, 헬리컬 기어 부분에서 틸트 스크루의 기어 부분으로 전달되어 스크루와 조립된 트래드 유닛부분이 나사운동에 의해 회전운동을 직선운동으로 바꾼다. 이 기구는 직선운동을 기구로 틸트 업/다운(tilt up & down)이 가능하도록 구성하여 틸트기능을 하도록 한다.

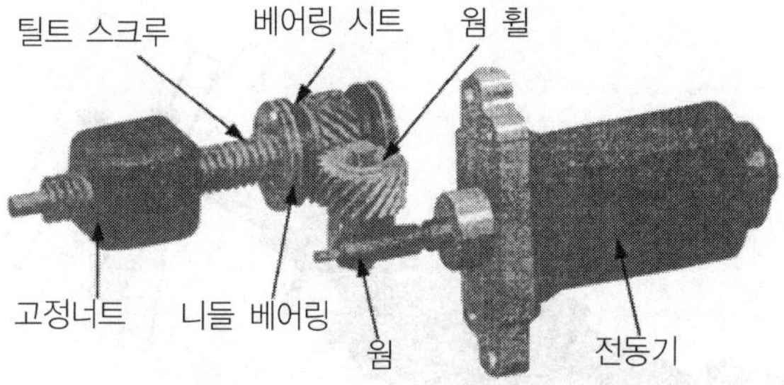

그림 36. 틸트 부분의 구조

[2] 전동 텔리스코핑 작동원리

전동기의 토크를 전동기 웜을 통하여 기어 어셈블리로 전달되고 다시 기어 유닛의 기어 부분으로 전달되며, 기어 유닛 안쪽의 나사부분과 텔리스코핑 스크루의 나사부분이 조립되어 텔리스코핑 스크루가 직선운동을 한다. 이 직선운동을 텔리스코핑 in/out이 가능하도록 스크루를 텔리스코핑 튜브에 조립하여 튜브를 움직이도록 하여 이것과 조립된 시프트 어퍼(shift-upper)가 in/out되도록 하여 텔리스코핑 기능을 한다.

[3] 각 장치 구성부품의 기능

(1) 틸트 기능 부분

① 틸트 브래킷 : 전동기, 기어 어셈블리 및 틸트 스크루 조립을 위한 하우징으로 틸트를 위한 안내 역할을 한다.

② 라켓 어퍼 어셈블리 : 틸트 브래킷 사이를 이동하여 틸트기능과 축을 지지하며 조향핸들에 고정되어 있다.

③ 베어링 시트 : 자동 틸트 업(up)이 가능하도록 틸트 스크루의 구면 부분을 구속하고 틸트 각도에 따라 안내한다.

④ 전동기 어셈블리 : 하우징에 설치되어 웜 기어를 구동한다. 그리고 웜 기어(또는 웜 휠이라고도 함)는 전동기의 토크를 틸트 스크루로 전달한다.

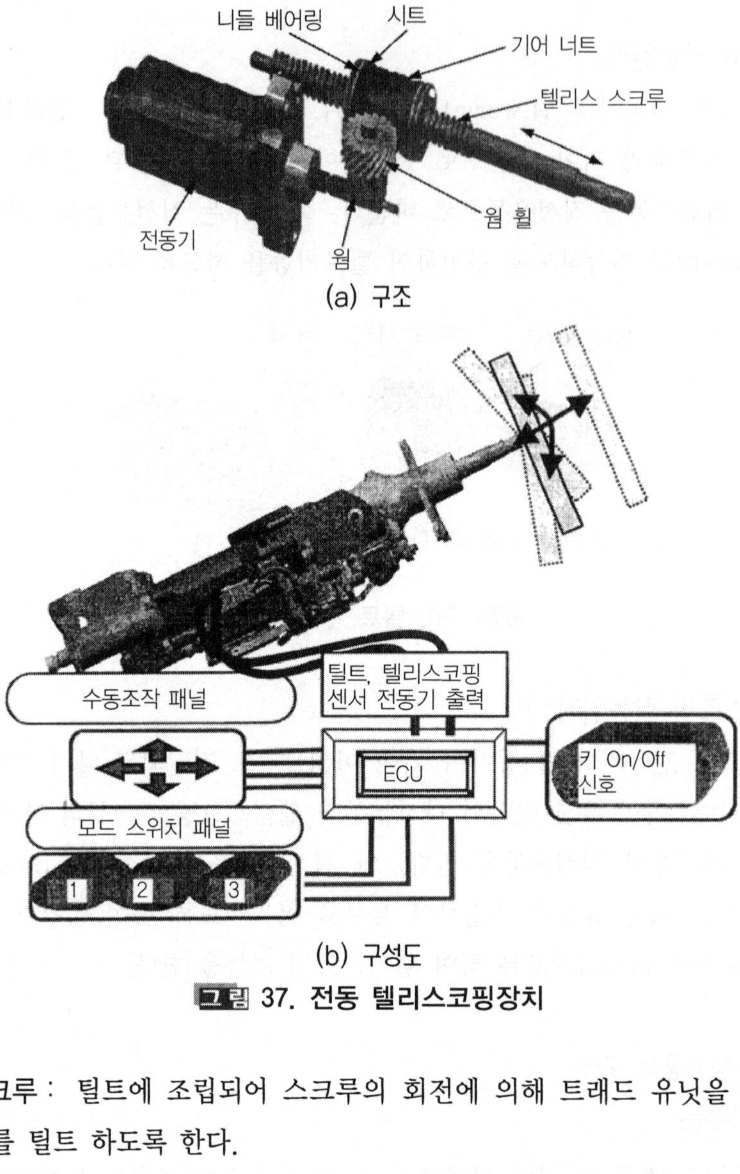

그림 37. 전동 텔리스코핑장치

⑤ 틸트 스크루 : 틸트에 조립되어 스크루의 회전에 의해 트래드 유닛을 이동시켜 브래킷 어퍼를 틸트 하도록 한다.

⑥ 트래드 유닛 : 틸트 스크루의 토크를 받아 직선운동을 하여 틸트가 가능하도록 한다.

(2) 텔리스코핑 기능부분

① 텔리스코핑 하우징 : 전동기, 기어 어셈블리 및 텔리스코핑 스크루 조립을 위한 하우징으로 텔리스코핑을 위한 기능을 한다.

② 시트 : 기어 양끝을 지지하며, 기어 유닛이 원활한 회전운동을 하도록 한다.

③ 전동기 어셈블리와 텔리스코핑 : 하우징에 설치되어 웜 기어를 구동한다.

④ 웜 기어 : 전동기의 토크를 기어 유닛으로 전달한다.

⑤ 기어 유닛 : 바깥쪽의 헬리컬 기어와 안쪽에 스크루로 구성되어 바깥쪽의 기어 부분이 회전함과 동시에 안쪽 부분에 텔리스코핑 스크루가 조립되어 텔리스코핑 스크루가 직선운동을 할 수 있도록 한다.

⑥ 텔리스코핑 스크루 : 기어 유닛의 안쪽에 조립되어 스크루의 한쪽 끝을 고정하여 스크루가 직선운동을 하도록 하여 텔리스코핑 기능을 수행하도록 한다.

(3) 전동기 기능부분

전동기는 틸트 및 텔리스코핑 기능을 수행하도록 하는 구동부분이며, 전동기 웜 축이 회전하여 이 토크를 웜 기어와 기어를 통해 토크 증대 및 감속을 거쳐 틸트 스크루와 기어 유닛에 토크를 전달하여 틸트 및 텔리스코핑을 할 때 요구되는 힘과 속도를 결정한다.

(4) 센서 기능부분

1) 센서의 기능

틸트 및 텔리스코핑 위치를 전압값으로 변환하여 컴퓨터로 전달하며, 이 전압값에 의하여 원위치 복귀 및 작동범위를 컴퓨터가 제어할 수 있도록 하는 위치센서이다.

2) 센서의 특성

① 인가전압 5V에 대해서 45mm 작동범위 내에서 0~5V까지 변화한다.

② 위치에 대한 센서 오차는 ±3%에 의해서 틸트, 텔리스코핑 양에 오차가 발생한다.

(5) 조향 칼럼 축 어셈블리의 구성부품

① 칼럼 하우징 어셈블리 : 칼럼 어셈블리를 자동차 바디에 설치가 가능하도록 하며, 충돌하였을 때 이탈되어 운전자를 보호하며, 텔리스코핑을 위한 안내 역할과 텔리스코핑 기능부분 설치 부위이다.

② 레스 튜브 어셈블리 : 칼럼 하우징 안쪽에 텔리스코핑 스크루와 조립되어 축방향으로 운동하며, 틸트 브래킷과 조립되어 틸트 하우징 어셈블리 부분을 지지한다.

③ 축 어셈블리 : 위쪽은 조향핸들을 설치할 수 있도록 하며, 틸트 각도에서도 원활한 회전을 위한 연결부분을 중간에 두고, 아래쪽에는 안쪽에 스플라인을 가공하여 텔리스코핑을 할 때 축방향 이동이 가능하도록 되어있다. 그리고 바깥쪽에 로킹(locking)을 조립하여 키 록(key lock)이 발생하도록 되어 있다.

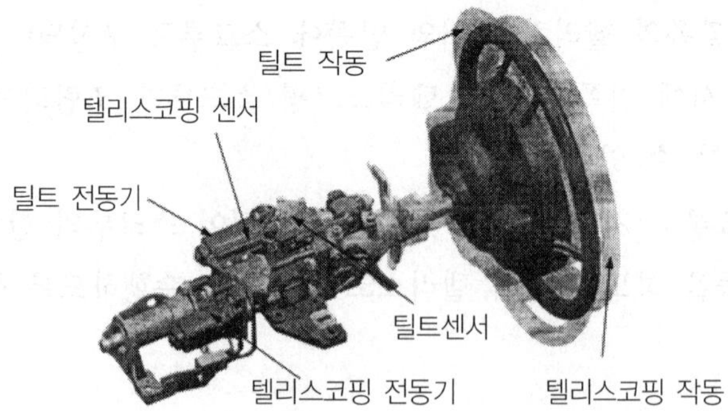

그림 38. 조향칼럼 축 어셈블리의 구성부품

④ 시프트 로워(shift lower) : 마운팅 브래킷 로워에 조립 지지되며, 조향핸들의 토크를 전달하는 작용을 하고 시프트 어셈블리 아래쪽의 스프라인 부분과 조립되어 있다.

⑤ 마운팅 브래킷 로워(mounting bracket lower) : 칼럼 어셈블리를 자동차 보디에 설치가 가능하도록 해주고, 충돌 흡수 구조를 지니고 있어 운전자를 보호하게 되어 있다.

4. 4WS(4-wheel steering)

4.1. 4WS의 개요

4WS란 4바퀴 조향을 의미하며, 기존의 자동차에서는 앞바퀴로만 조향하는데 비해 뒷바퀴도 조향하는 장치이다. 기존의 2WS 자동차는 고속에서 선회할 때 앞바퀴에는 조향핸들에 의한 회전으로 코너링 파워가 발생하지만, 뒷바퀴는 차체의 가로방향 미끄러짐이 발생해야만 코너링 파워가 발생하기 때문에 선회지연과 차체 뒤가 과도하게 흔들리는 문제점이 있었으나, 4WS는 고속에서의 차로를 변경할 때 안정성이 향상되고, 차고 진입이나 U턴과 같은 회전을 할 때 회전반지름이 작아져 운전이 용이해진다.

차량 주행역학의 가장 중요한 목표는 능동적 안전도의 향상 즉, 조향성능(handling performance)과 승차감(driving comfort)의 향상이며, 4WS는 4바퀴를 모두 조향하여 조향성능을 시키는 장치이다. 즉, 운전자가 조향핸들을 조작함에 따라 앞 차축에서 생기는 코너링 포스에 대하여, 동시에 뒤 차축에서도 해당 코너링 포스가 발생하도록 뒷바퀴 조향각을 제어함으로서, 궁극적으로는 차체 무게중심에서의 “사이드슬립 각(side slip angle)”을 줄여서 안정된 조향을 하도록 하는 장치이다.

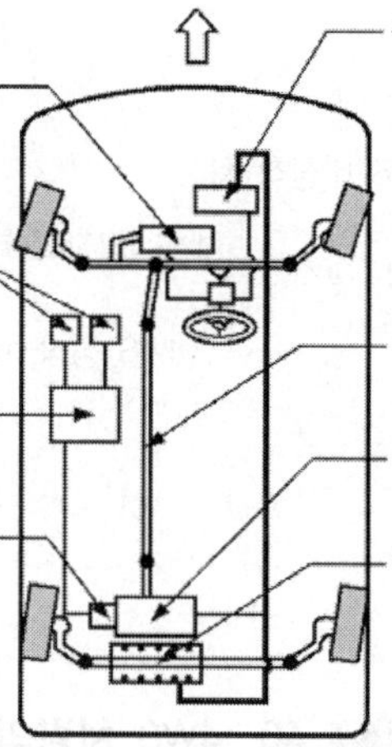

그림 39. 4WS의 구성도

또한 원하는 자동차의 횡 방향 슬립각 및 요속도(yaw speed)를 얻기 위해 자동차의 앞바퀴 조향각 및 뒷바퀴 조향각을 능동적으로 제어하는 것이다. 자동차의 주행속도, 조향핸들 조향각, 요속도의 함수로서 뒷바퀴 조향각을 제어하는 방법과 뒷바퀴 조향각 제어를 통하여 저속주행의 조종성과 고속주행에서 직진 안정성을 대폭적으로 향상 시켰다.

4.2. 4WS의 적용효과

[1] 고속 직진성능이 향상된다.

직선도로를 고속주행 할 때도 운전자는 가로방향의 바람이나 노면의 요철 때문에 조향핸들을 조금씩 계속 움직여서 자동차의 궤적과 주행코스를 일치시키려고 노력하게 된다. 4WS는 이와 같은 작은 조향을 할 때에도 뒷바퀴를 앞바퀴와 같은 방향으로 조향시키므로 부드럽고 안정된 주행이 가능하다.

[2] 차로변경이 쉽다.

차로변경을 위해 앞바퀴를 작은 각도로 조향할 때 뒷바퀴도 거의 동시에 같은 방향으로 조향되므로 안정된 차로 변경이 가능해진다.

[3] 쾌적한 고속선회가 가능하다.

선회할 때 뒷바퀴도 앞바퀴와 같은 방향으로 조향되어 코너링 포스가 발생하므로 차체 뒷부분이 원심력에 의해 바깥쪽으로 쏠리는 스핀현상 없이 안정된 선회를 할 수 있다.

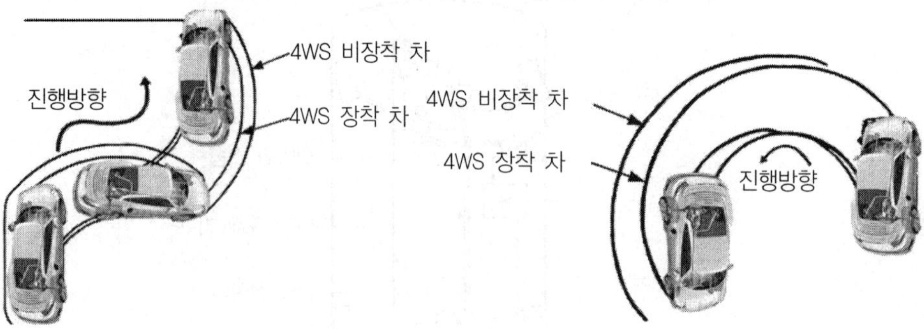

(a) 크랭크 주행시 (b) 유턴시

그림 40. 4WS 차량의 궤적

[4] 저속에서 선회를 할 때 최소 회전반지름이 감소한다.

교차로와 같이 90°의 예각으로 선회할 때 또는, U턴 등을 할 때 뒷바퀴는 앞바퀴와 조향방향이 반대로 되어 최소 회전반지름을 작게 한다.

[5] 차고주차 및 일렬주차가 편리하다.

차고에 주차를 할 때 저속으로 작은 곡률로 조향핸들을 움직이면 앞・뒷바퀴가 역 방향으로 되어 2WS보다 최소 회전반지름과 안쪽 바퀴의 차이가 작아져서 조향핸들의 반복을 조작을 줄일 수 있다. 또, 일렬로 주차할 때에도 앞・뒷바퀴가 역 방향으로 조향되므로 회전반지름이 감소하므로 주차 역시 용이해진다.

4.3. 4WS의 작동원리

① 4WS 컴퓨터는 차속센서의 신호에 따라서 적합한 신호를 뒤 조향 컨트롤박스(rear steering control box)의 컨트롤 모터(조향모터)로 보내 컨트롤 요크를 회전시킨다.

② 앞바퀴 조향각에 따라 뒤 조향축이 뒤 조향 컨트롤박스내의 베벨기어를 회전시킨다.

③ 컨트롤 요크와 베벨기어의 회전이 위상제어기구 내에서 조합되어져서 컨트롤 밸브 로드(control valve rod)의 행정(stroke) 량과 방향을 결정한다.

④ 컨트롤밸브 내에서 오일회로가 변환되어 파워 로드(power rod)가 뒷바퀴를 조향한다.

4.3.1. 뒷바퀴를 조향할 때의 이점

① 중·고속 영역에서 앞바퀴와 같은 방향으로 뒷바퀴를 조향함으로써 조향 응답성 및 조향 안정성을 향상시킨다.

② 요 각속도 등의 정보로 뒷바퀴를 조향함으로서 노면에서의 충격이나 가로방향 바람 등에 대한 안정성을 향상시킨다.

③ 저속 영역에서 앞바퀴와 반대방향으로 뒷바퀴를 조향하는 것에 의해 작은 회전성의 향상 및 안쪽 바퀴의 차이를 감소시킨다.

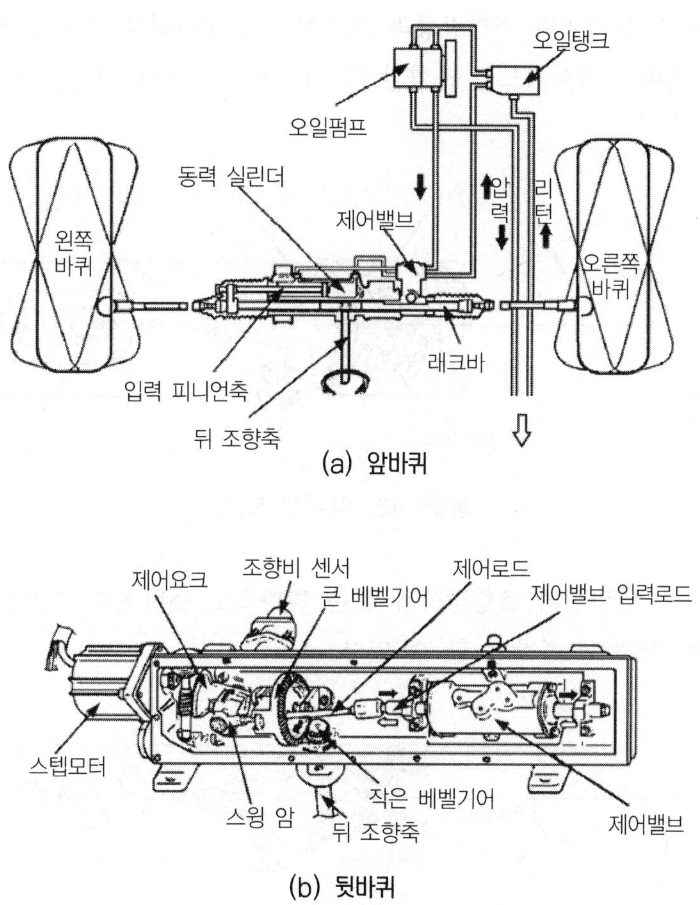

그림 41. 조향장치의 구조

4.3.2. 4WS 조향방식과 응답특성

① 앞바퀴 비례 조향각방식 : 뒷바퀴 조향각을 앞바퀴와 비례시켜 조향하는 방식이다.

② 조향력 피드백방식 : 조향력을 입력으로 하는 뒷바퀴 조향방식으로 뒷바퀴 조향각은 앞바퀴의 가로방향의 힘에 비례해서 조향이 된다고 생각하는 방식이다.

③ 요 각도 피드백방식 : 자동차 운동의 상태량인 요 각속도에 비례시켜서 뒷바퀴를 조향하는 방식이다.

④ 무게 중심 옆 미끄럼 각 제로 제어방식 : 무게 중심점 사이드슬립 각을 제어에 접근시키는 것을 목표로 하는 제어방식

⑤ 모델 폴로잉방식 : 요 각속도와 횡 가속도의 조타 응답특성을 미리 설정한 가상 모델에 실제의 차량을 충족시켜 일치시키는 방식

⑥ 역 위상모드 : 앞바퀴의 조향방향과 역방향으로 뒷바퀴를 조향한 경우 선회할 때의 안 바퀴의 차이가 작아지므로 조향할 때 자동차가 조금씩 방향을 바꿀 수 있다.

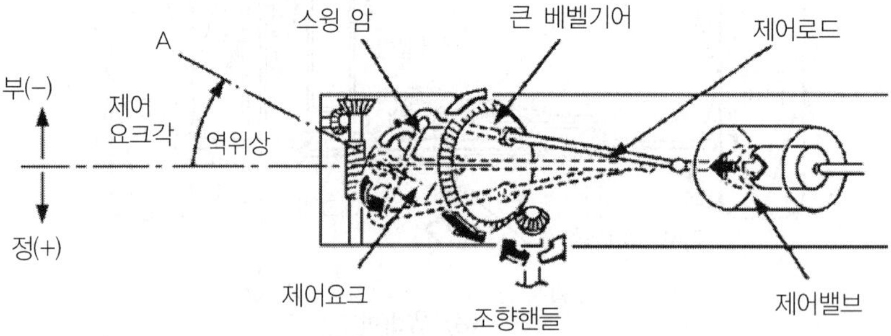

그림 42. 역위상 모드

⑦ 동 위상모드 : 앞바퀴의 조향방향과 같은 방향으로 뒷바퀴를 조향한 경우, 자동차의 방향 변화를 작게 한 주행을 할 수 있다.

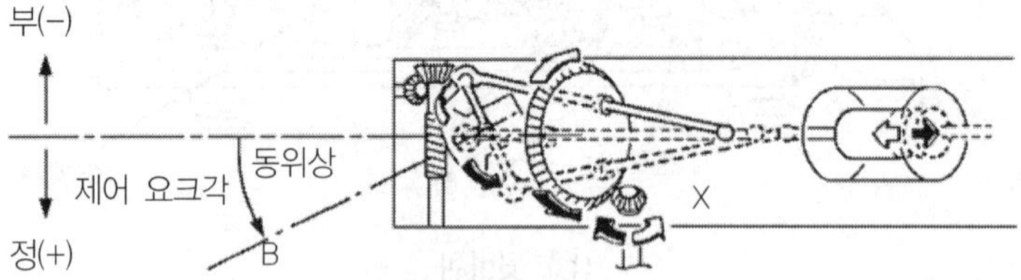

그림 43. 동위상 모드

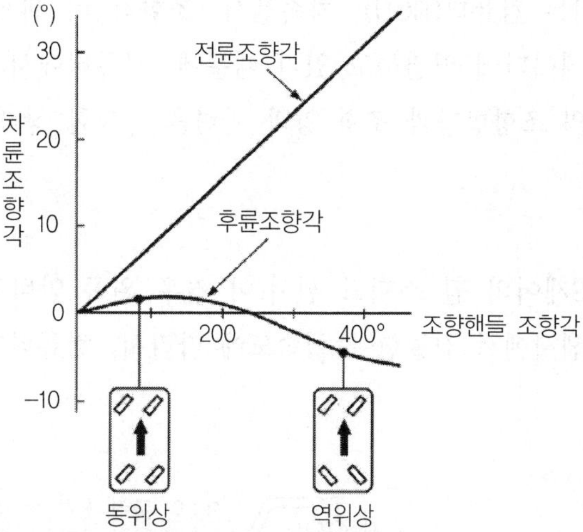

그림 44. 전륜 조향각에 따른 후륜 조향각

4.3.3. P-AWS(precision-all wheel steer)

제동, 선회시작, 고속 코너링, 중저속 코너링 등의 다양한 상황에서 뒷바퀴의 토(Toe) 각도를 서로 달리 하거나 조정하여 최적의 주행 상황을 만든다.

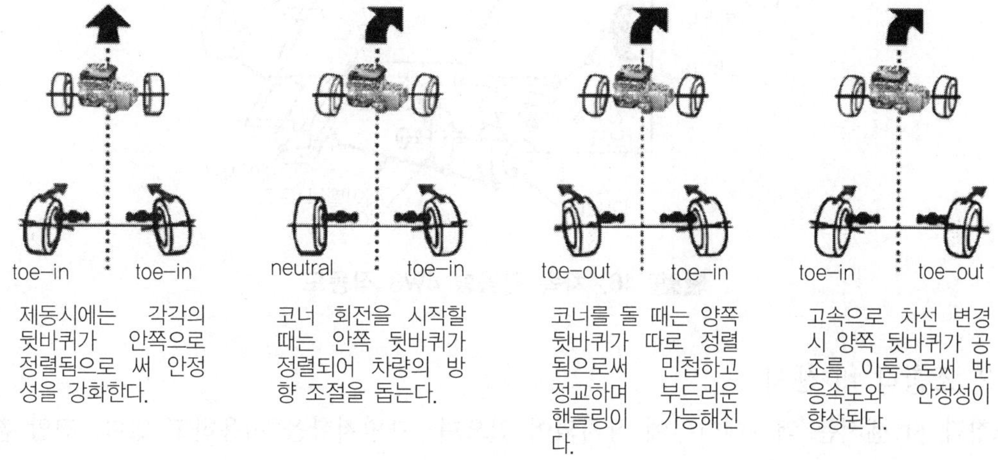

그림 45. P-AWS

4. 4. 4WS의 구성

중요한 구성장치는 컴퓨터(ECU), 차속센서, 조향각 비 센서, 액추에이터이다. 앞바퀴의 조향 상태를 액추에이터에 연결하고 있기 때문에, 컴퓨터에서의 신호에 의해 액추에이터가 작동하면, 뒷바퀴의 조향방향과 조향 양과 관련을 유지한 상태에서 변경할 수 있다.

4.4.1. 차속센서

차속센서와 ABS제어의 휠 스피드 센서(이 경우 왼쪽 앞바퀴용만을 사용한다)를 공용하고 있다. 이들의 센서에서 검출한 주행속도에 따라서, 컴퓨터가 뒷바퀴의 조향량과 위상을 제어한다.

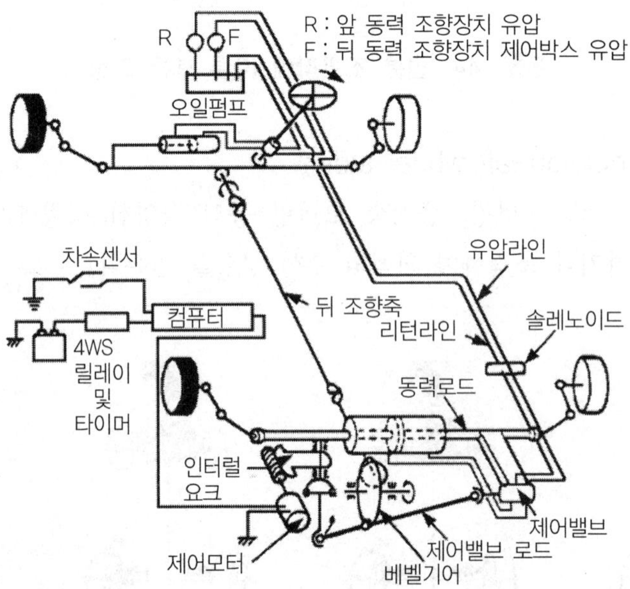

그림 46. 차속 감응형 4WS 작동도

4.4.2. 조향각 비 센서

조향각 비 센서는 액추에이터에 장치되어 있으며, 가변저항을 이용하고 있다. 전압 값에 의해 액추에이터의 상태로서 앞바퀴의 조향에 대한 뒷바퀴의 조향방향, 조향비, 최대 조향량이 검출된다.

4.4.3. 액추에이터

조향핸들의 회전에 의해 앞바퀴의 조향방향, 조향량이 결정되면, 앞바퀴의 조향기어에 설치된 출력 피니언이 회전하여 컨트롤밸브 로드를 거쳐서, 뒷바퀴의 조향기구에 전달된다. 뒷바퀴의 조향기구에는 액추에이터인 조향모터가 장치되어 있으며, 뒷바퀴의 릴레이 로드를 회전시켜, 앞바퀴의 조향방향, 조향량을 증폭하여, 릴레이 로드를 좌우로 움직임으로서, 뒷바퀴를 조향한다.

4.4.4. 컴퓨터(ECU)

[1] 컴퓨터의 구성

마이크로컴퓨터를 중심으로 한 구성은, 다른 전자제어장치의 컴퓨터와 마찬가지이다.

[2] 제어방법

4WS제어는 같은 뒷바퀴의 조향 특성을 실현하기 위해, 액추에이터인 조향모터를 동작시킨다. 40km/h 이하에서는 뒷바퀴를 역 위상으로 조향하고, 40km/h 이상에서는 뒷바퀴를 동 위상으로 조향한다. 이와 같이 주행속도에 따른 제어를 하지만, 실제로는 주행 속도에 있는 폭을 가변제어를 하기 위해, 그 범위 내에서는 액추에이터를 작동시키지 않는 방법으로 하고 있다.

또한 4WS 제어를 발전시켜 선회성능을 향상시키기 위해 항상 차체의 방향을 차량의 진행 방향에 맞추는 형식도 있다. 즉 선회할 때에 있어서의 차량의 회전(요 : yaw)을 센서로 검출하여, 이 회전운동을 억제하도록 뒷바퀴를 조향하는 형식이다. 이 장치에서는 앞바퀴의 조향 이외의 요인, 예를 들면, 가로방향의 바람이나 제동에 의한 영향으로 자동차가 회전한 경우에도 뒷바퀴가 조향되어 자동차의 안정성을 유지할 수 있다.

5. 휠 얼라인먼트(wheel alignment)

5.1. 휠 얼라인먼트의 개요

자동차의 앞부분을 지지하는 앞바퀴는 어떤 기하학적(幾何學的)인 관계를 두고 설치되어 있는데 이와 같은 앞바퀴의 기하학적인 각도 관계를 말하며 캠버, 캐스터, 토인, 조향축(킹핀) 경사각 등이 있다.

[1] 휠 얼라인먼트의 역할

① 조향핸들의 조작을 확실하게 하고 안전성을 준다. - 캐스터의 작용

② 조향핸들에 복원성을 부여한다. - 캐스터와 조향축 경사각의 작용

③ 조향핸들의 조작력을 가볍게 한다. - 캠버와 조향축 경사각의 작용

④ 타이어 마멸을 최소로 한다. - 토인의 작용

5.2. 휠 얼라인먼트 요소의 정의와 필요성

5.2.1. 캠버(camber)

자동차를 앞에서 보면 그 앞바퀴가 수직선에 대해 어떤 각도를 두고 설치되어 있는데 이를 캠버라고 하며 그 각도를 캠버각이라 한다. 캠버각은 일반적으로 +0.5~+1.5° 정도이다. 그리고 바퀴의 윗부분이 바깥쪽으로 기울어진 상태를 정의 캠버(positive camber), 바퀴의 중심선이 수직일 때를 0의 캠버(zero camber) 그리고 바퀴의 윗부분이 안쪽으로 기울어진 상태를 부의 캠버(negative camber)라고 한다.

캠버의 역할은 수직방향 하중에 의한 앞 차축의 휨을 방지하고 조향핸들의 조작을 가볍게 한다. 이것은 조향축 경사각과 함께 접지 면의 중심과 조향축 연장선이 노면에서 교차하는 점과의 거리인 캠버 오프셋 량을 감소시켜 조향핸들의 조작력을 경감시킨다. 하중을 받았을 때 앞바퀴의 아래쪽(부의 캠버)이 벌어지는 것을 방지하고, 볼록 노면에서 앞바퀴를 수직으로 할 수 있다.

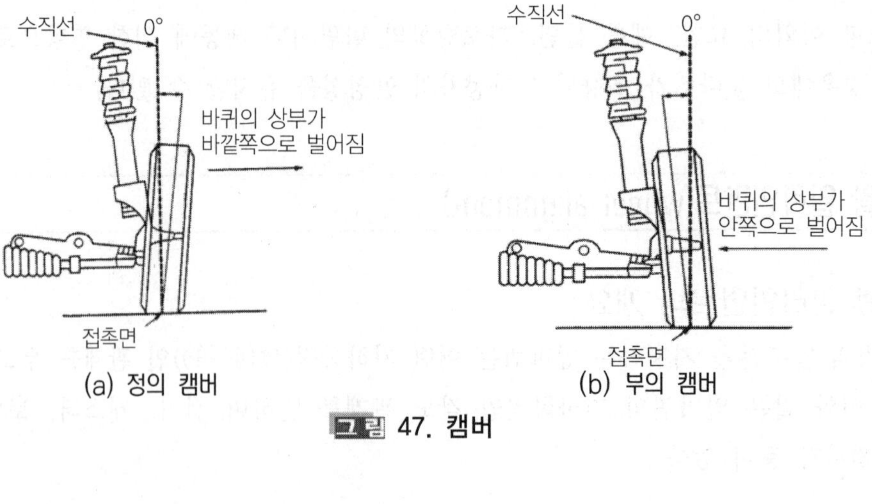

그림 47. 캠버

5.2.2. 캠버 오프셋

바퀴 중심선이 지면과 접촉하는 점과 조향축 중심선의 연장선이 지면과 만나는 점과의 거리를 캠버 오프셋이라 하며, 약 30mm 정도가 가장 안정성이 좋은 것으로 알려져 있다. 캠버 오프셋이 크면 바퀴를 회전시키는 조향 조작력이 커지고 조향이 불안정하다. 반대로 캠버 오프셋이 너무 적으면 바퀴의 접지 면이 미끄럼마찰을 일으켜 조향핸들이 무거워진다. 캠버 오프셋은 킹핀 오프셋 또는 스크러브 레디어스(scrub radius)라고도 한다.

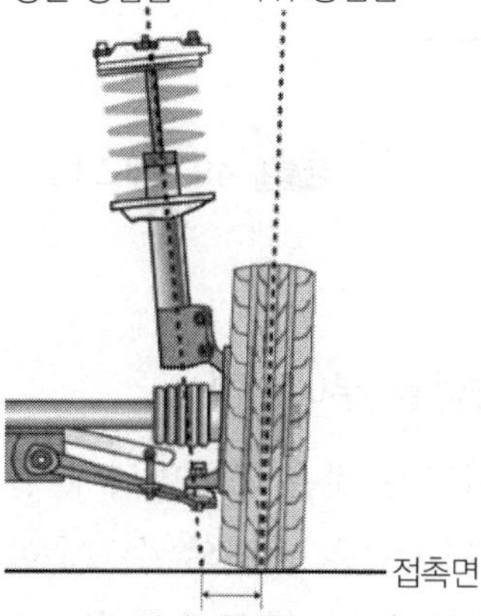

그림 48. 캠버 오프셋

5.2.3. 캐스터(caster)

자동차의 앞바퀴를 옆에서 보면 조향너클과 앞 차축을 고정하는 조향축(일체 차축방식에서는 킹핀)이 수직선과 어떤 각도를 두고 설치되는데 이를 캐스터라고 하며 그 각도를 캐스터 각이라고 한다.

캐스터 각은 일반적으로 +1~+3° 정도이다. 그리고 조향축 윗부분(또는 위 볼이음)이 자동차의 뒤쪽으로 기울어진 상태를 정의 캐스터, 조향축의 중심선(또는 조향축)이 수직선과 일치된 상태를 0의 캐스터, 조향축의 윗부분(또는 위 볼 이음)이 앞쪽으로 기울어진 상태를 부의 캐스터라고 한다.

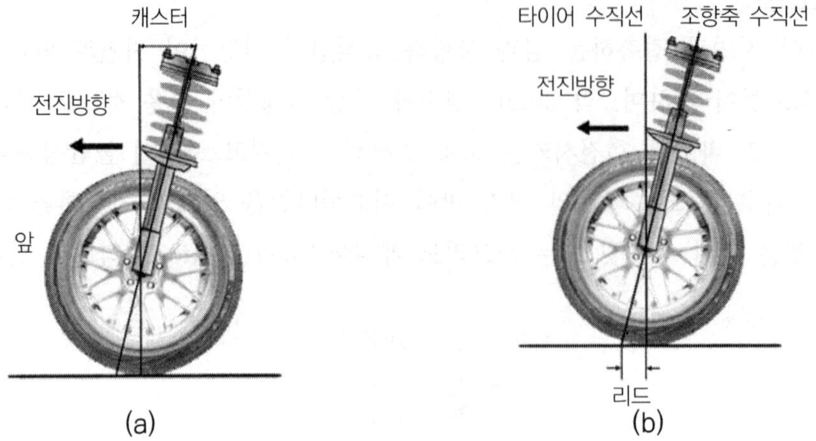

그림 49. 캐스터

[1] 캐스터의 역할

(1) 주행 중 조향바퀴에 방향성을 부여한다.

조향바퀴에서 방향성이 얻어지는 것은 조향바퀴에 걸리는 하중은 스핀들의 중심선을 통하여 작용하지만 노면에서의 반발력은 바퀴의 수직축이 노면에서 만나는 점에 작용하므로 이 점에서는 큰 마찰력이 발생한다. 또 구동바퀴에서 발생된 추진력은 차체를 통하여 조향축 방향으로 작용하므로 주행 중 조향축 중심이 만나는 점이 바퀴의 수직 축이 노면에서 만나는 점을 잡아당기는 것과 같이 작용하므로 바퀴는 항상 전진방향으로 안정된다.

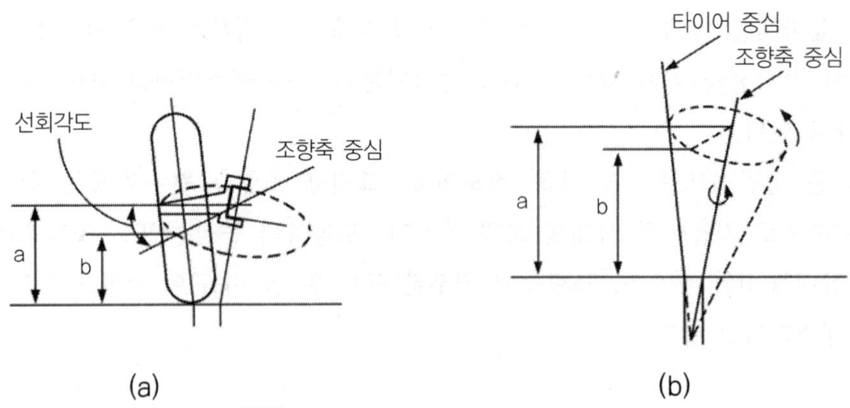

그림 50. 조향바퀴에 복원성 부여

(2) 조향하였을 때 직진방향으로의 복원력을 준다.

복원력은 조향 너클과 스핀들의 관계에서 발생한다. 이 관계는 선회할 때 선회하는 쪽 바퀴의 스핀들은 낮아지고 반대쪽 바퀴의 스핀들은 높아진다. 따라서 스핀들의 높이가 낮아지면 현가장치를 통하여 차체가 위쪽으로 올라가게 된다. 또 스핀들의 끝 부분이 높이가 높아지면 이와 반대로 차체가 아래쪽으로 내려가게 되므로 이와 같은 차체의 운동은 조향 핸들에 가해진 힘에 의해 형성된다. 이에 따라 조향핸들에 가한 힘을 제거하면 차체가 원위치로 복귀하므로 조향바퀴도 직진상태가 된다.

(3) 리드(또는 트레일 : lead or trail)

킹핀(또는 조향축)의 중심선과 바퀴 중심을 지나는 수직선이 노면과 만나는 거리로 이것이 캐스터 효과를 얻게 한다. 캐스터 효과는 정의 캐스터에서만 얻을 수 있으며 주행 중에 직진성이 없는 자동차는 더욱 정의 캐스터로 수정하여야 한다.

5.2.4. 토우(toe)

자동차 앞바퀴를 위에서 내려다보면 바퀴 중심선 사이의 거리가 앞쪽이 뒤쪽보다 약간 작게 되어 있는데 이것을 토인이라고 하며 일반적으로 2~6mm 정도이고, 앞쪽이 뒤쪽보다 약간 크게 되어 있는 것을 토 아웃(toe-out)이라고 한다.

[1] 토인의 역할

① 앞바퀴를 평행하게 회전시킨다. : 앞바퀴는 주행할 때 캠버로 인하여 양쪽 바퀴가 바깥쪽을 향하여 벌어지려는 경향이 발생하므로 토인을 두어 바퀴가 직진방향으로 회전하도록 한다.

② 앞바퀴의 사이드슬립(side slip)과 타이어 마멸을 방지한다.

③ 조향 링키지 마멸에 따라 토 아웃(toe-out)이 되는 것을 방지한다.

④ 토인은 타이로드의 길이로 조정한다.

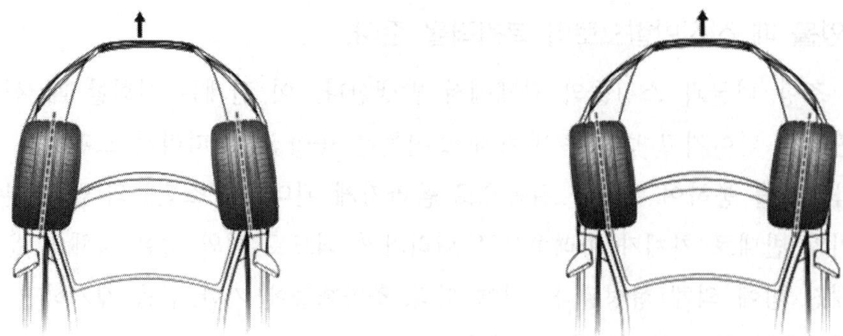

(a) 토인　　　　　　　　　　　　(b) 토 아웃

그림 51. 토인과 토 아웃

5.2.5. 조향축 경사각(킹핀 경사각)

킹핀 경사각은 SAI(steering aligning inclination)라고도 하며, 자동차를 앞에서 보면 조향축이 지면의 수직선과 이루는 각도를 말하며, 독립 현가방식의 위시본 형식에서는 위 컨트롤 암과 아래 컨트롤 암의 볼 이음 중심을 이은 선이 조향축이 되며, 맥퍼슨 형식에서는 스트럿 중심선이 조향축이 된다. 일체차축 방식에서는 킹핀이 조향축이 된다. 조향축 경사각도는 캠버 오프셋과 밀접한 관계가 있다. 만약 조향축 경사각도가 없으면 캠버 오프셋이 커지기 때문에 바퀴가 지면과의 저항으로 바퀴를 회전시키려는 힘이 작용하여 조향 핸들이 불안정하게 된다. 조향축 경사각은 일반적으로 7~9° 정도 둔다.

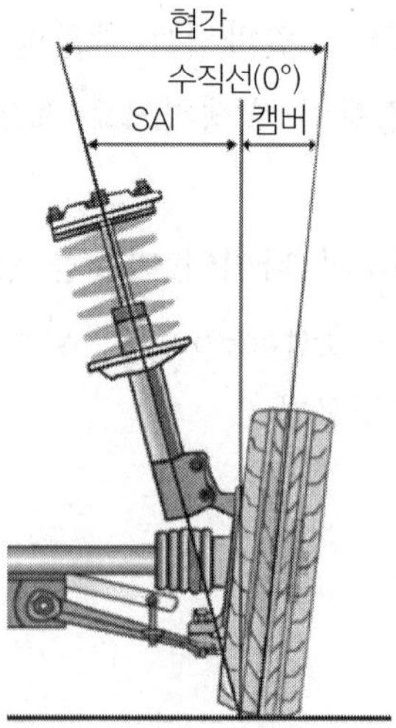

그림 52. 조향축 경사각 및 협각

조향축 경사각의 역할은 캠버와 함께 조향핸들의 조작력을 가볍게 하고, 캐스터와 함께 앞바퀴에 복원성을 부여한다. 앞바퀴가 시미(shimmy)현상을 일으키지 않도록 하며, 캠버각과 조향축 경사각을 합한 각을 협각(인클루드 앵글 : include angle)으로 이 각의 크기에 따라 타이어 중심선과 조향축 연장선이 만나는 점이 결정된다. 이들이 만나는 점이 노면 밑에 있으면 토 아웃의 경향이 발생하고, 노면 위에 있으면 토인의 경향이 발생한다.

5.2.6. 선회할 때의 토 아웃(toe-out on turning)

자동차가 선회할 때 애커먼장토식의 원리에 따라 모든 바퀴가 동심원을 그리려면 안쪽 바퀴의 조향각이 바깥쪽 바퀴의 조향각보다 커야 한다. 즉, 자동차가 선회할 경우에는 토 아웃이 되어야 하며 이 관계는 너클암, 타이로드 및 피트먼 암에 의해 결정된다. 그러므로 조향축 바깥쪽 바퀴의 조향각도가 20°일 때 조향축 안쪽바퀴의 조향각과의 차이를 선회할 때의 토 아웃 각도라 한다.

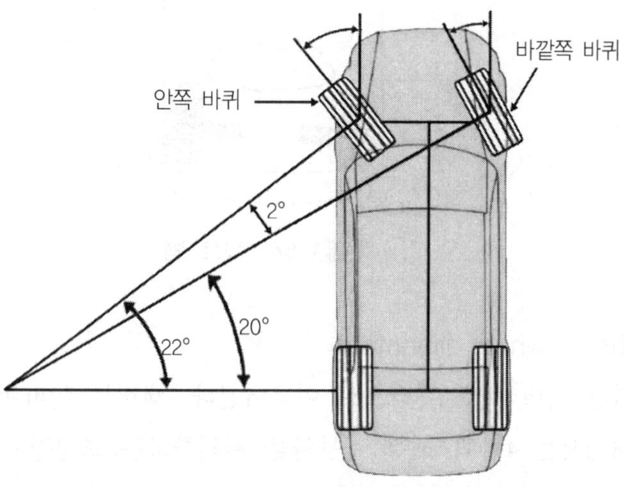

그림 53. 선회할 때 토 아웃

5.2.7. 올 휠 얼라인먼트(all wheel alignment)

올 휠 얼라인먼트는 조향 바퀴에 해당하는 휠 얼라인먼트를 중심으로 하여 뒷바퀴의 얼라인먼트를 포함한 4바퀴 총합의 정렬을 말한다. 또한 4바퀴 각각의 정렬이 정상이어도 앞차축과 뒤차축의 위치가 차체에 대하여 정확하게 정렬되어야 주행 안정성 및 조향 조작력이 확보된다.

[1] 세트 백(set back)

세트 백은 앞 뒤 차축의 평행도를 나타내는 것으로 앞 차축과 뒤차축이 완전하게 평행되는 경우를 세트 백 제로라 한다. 세트 백은 뒤차축을 기준으로 하여 앞 차축의 평행도를 각도로 나타낸다. 바꾸어 말하면 세트 백은 차체를 기준으로 할 때 차축의 위치를 정확하게 결정하고 앞 뒤 축거(wheel base)의 차이를 구하여야 하며, 축거의 차이가 발생된 경우에는 조향핸들이 한쪽으로 쏠리는 원인이 된다.

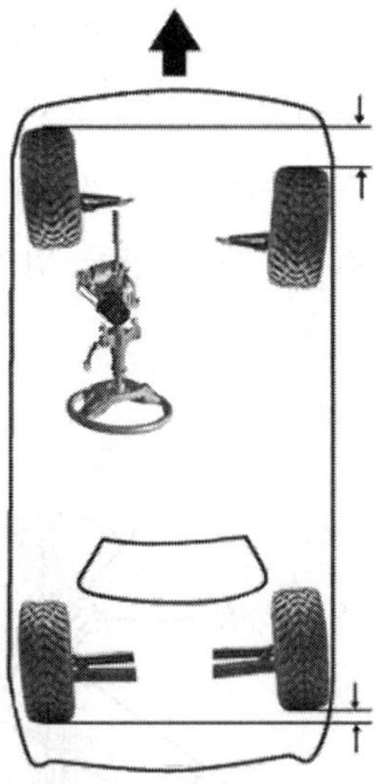

그림 54. 세트 백

[2] 뒷바퀴 정렬(rear wheel alignment)

뒷바퀴의 정렬은 캠버와 토우 각으로 이루어진다. 캠버는 앞바퀴와 공통으로 하여야 하며, 토우각에 대해서는 4바퀴 조향 자동차를 제외하고는 조향장치를 조작하기 때문에 앞바퀴의 안쪽을 분할하여 좌우에는 각각 독립된 수치가 주어야 한다. 뒷바퀴 얼라인먼트는 자동차의 진행방향을 결정하여 주행 안정성이나 앞바퀴 얼라인먼트에 영향을 미치지 않도록 한다.

[3] 차축 오프셋

앞, 뒤 차축을 평행하도록 하고 차량 중심선에 대하여 차축 중심선을 일치시키지 않고 서로 좌우로 엇갈리게 되어 있는 상태를 차축 오프셋이라 한다.

차축 오프셋은 좌우 축거의 측정값에 가산하여 4바퀴의 타이어 접지 중심점 대각선상의 거리차이를 구하여야 하며, 축거의 차이가 발생된 경우에는 선회시에 좌우 회전반경의 차이가 발생되어 앞지르기를 할 때 영향을 미친다.

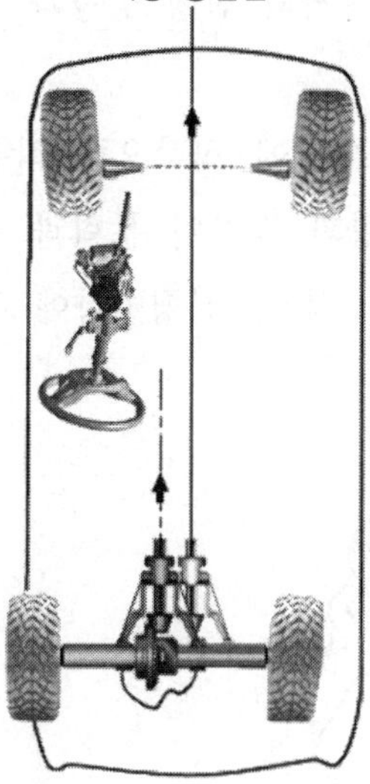

그림 55. 차축 오프셋

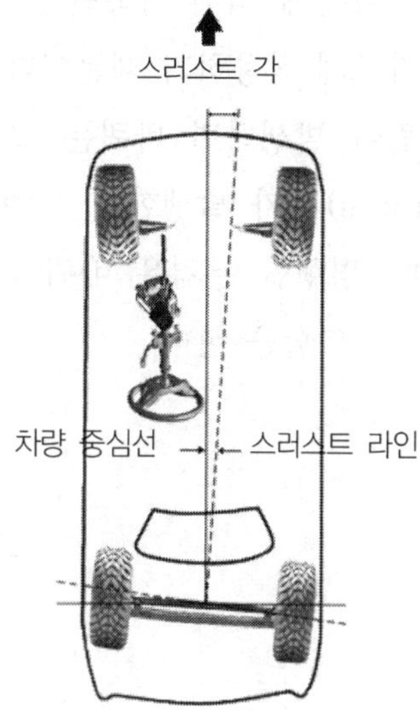

그림 56. 스러스트 각

[4] 스러스트 각(thrust angle)

차량 중심선과 바퀴의 진행 선이 이루는 각으로 뒷바퀴의 진행 선은 뒷바퀴의 토인과 토 아웃에 의해서 결정된다. 뒤 좌우 바퀴의 토인과 토 아웃 차이의 크기가 커지는 정도에 따라서 스러스트 각은 커지며 자동차의 기울기가 진행되는 것을 방지하고 스러스트 각은 제로를 요구할 때만 일반적으로 10° 이하로 설정되어 있다.

5.3. 선회성능

5.3.1. 선회성능의 개요

자동차의 선회성능은 안정성능과 조향성능이 포함되는데 주로 선회주행의 능력과 성질을 대상으로 하며, 현가장치, 조향장치 및 바퀴의 성능에 따라 결정된다. 자동차가 선회할 때 매우 저속에서는 코너링 포스가 없기 때문에 애커먼 장토방식의 조향이론에 가까운 조향을 하지만 고속에서는 원심력이 작용한다. 자동차가 선회할 수 있는 것은 원심력과 평형 되는 코너링 포스가 발생하기 때문이다. 코너링 포스는 노면에 옆 방향 구배가 없는 경우는 대부분 바퀴의 사이드슬립으로 발생한다.

[1] 사이드슬립에서 바퀴에 작용하는 힘

바퀴의 사이드슬립(side slip)은 노면과 접촉하는 트레드의 중심 면과 진행방향이 일치되지 않을 때 바퀴 옆쪽과 노면의 접촉으로 미끄러짐이 발생하는 현상이다. 사이드슬립이 발생하는 이유는 자동차가 선회할 때 차체는 원심력에 의하여 바깥쪽으로 밀리지만 바퀴는 노면과의 마찰에 의해 접촉면이 이동하지 않으므로 차체의 진행 방향과 바퀴의 회전방향이 서로 다르게 작용하기 때문이다.

사이드슬립이 발생하면 바퀴는 그림 57과 같이 접지부분에 직각으로 작용하는 사이드 포스(side force) F가 발생한다. 사이드 포스는 진행방향과 직각이 분력과 평행인 분력으로 분류하며, 평행인 분력은 바퀴의 동력전달 저항으로 되고, 진행방향에 직각인 분력은 코너링 포스의 역할을 한다.

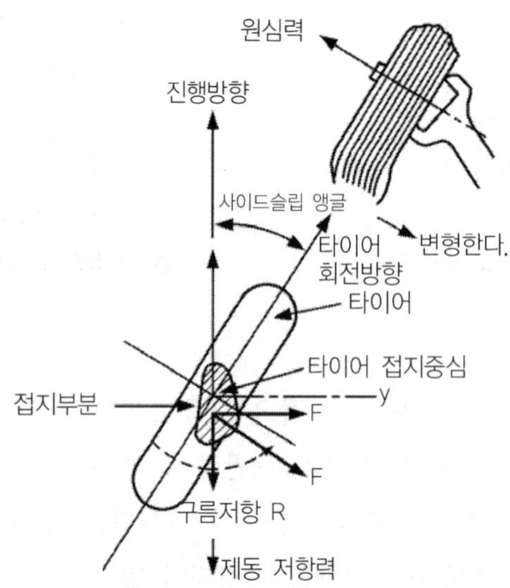

그림 57. 바퀴의 사이드슬립

그리고 바퀴는 그림 58과 같이 변형되며 뒤쪽으로 갈수록 오른쪽으로 향하여 변형이 증가한다. 따라서 코너링 포스는 바퀴의 변형에 의해 발생하는 것으로 그 작용점은 바퀴 접지면 중심보다 뒤쪽에 있기 때문에 사이드슬립이 발생하는 바퀴는 코너링 포스의 작용점이 접지면 중심보다 뒤쪽에 있으므로 바퀴를 자동차의 진행방향과 일치시키는 방향으로 작용하기 때문에 복원 토크(self aligning torque)라 부르기도 하며 복원 토크의 크기는 리드(lead 또는 킹핀 오프셋)×코너링 포스가 된다. 실제로는 캐스터의 영향으로 바퀴 중심점이 앞쪽으로 이동하여 모멘트가 더욱 증가한다.

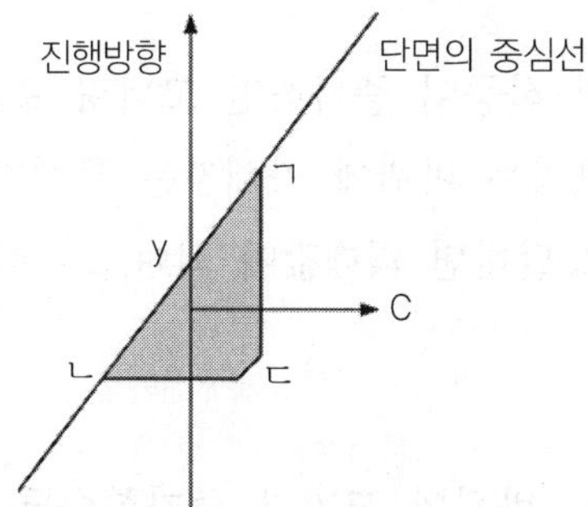

그림 58. 타이어의 변형

(1) 코너링 포스(cornering force)

코너링 포스란 자동차가 선회할 때 원심력과 평형을 이루는 힘으로서 자동차 선회성능을 고려할 때 매우 중요한 항목이다. 코너링 포스는 바퀴의 사이드슬립 각도와 하중 등에 의해 변화하며 바퀴의 사이드슬립 각도가 작을 경우 코너링 포스는 비례하여 증가하지만 어떤 각도에 도달하면 최대값이 된다. 사이드슬립 각도의 실용 범위는 5~6° 이하이기 때문에 그림 59에 나타낸 곡선에서 직선에 가까운 부분을 실용 범위로 생각하면 된다.

일반적으로 코너링 포스와 바퀴의 사이드슬립 각도 관계는 바퀴의 크기와 형식에 따라 변화되므로 여러 가지 바퀴의 코너링 포스 특성을 그림 59에서 직선부분을 비교하며, 단위 사이드슬립에 대한 코너링 포스의 크기를 표시하는 코너링 파워(단위는 kgf/deg)를 사용하며 코너링 포스와 코너링 파워에 영향을 주는 요소는 다음과 같다.

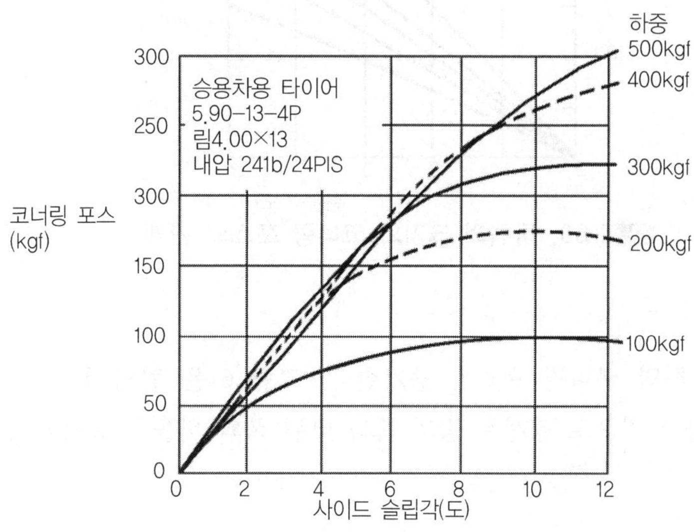

그림 59. 코너링포스와 사이드슬립 각도와의 관계

1) 바퀴의 수직하중

바퀴에 가해지는 수직 하중이 증가하면 코너링 포스는 바퀴와 노면과의 마찰력에 의해 증가되며, 코너링 파워는 바퀴에 가해지는 무게가 작을 때는 무게에 비례하여 증가하지만 일정한 무게에 도달하면 최대값이 되며, 그 이후는 감소한다.

2) 바퀴의 크기

코너링 포스와 파워는 바퀴의 크기가 증가할수록 증가하지만 코너링 포스를 무게로 나눈 하중에 대한 비율은 일정하다.

타이어 사이즈	하중(kgf)	내압(lb)	림	속도(km/h)
7.50-16-4p	710	36	5.00F	47
7.00-16-4p	520	28	5.00F	47
6.50-16-4p	475	28	4.50F	47
6.50-16-4p	415	28	4.00F	47
5.50-16-4p	365	30	3.50F	47

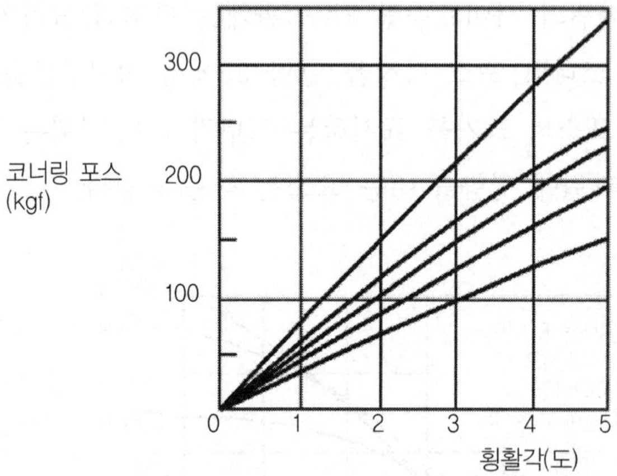

그림 60. 바퀴의 크기와 코너링 포스의 관계

3) 림(rim)의 폭

림의 폭을 크게 하면 코너링 포스가 증가한다. 그림 61은 림의 폭이 코너링 포스에 미치는 영향을 나타낸 것으로 점선은 림의 폭과 바퀴 폭의 비율을 표시한 것이다.

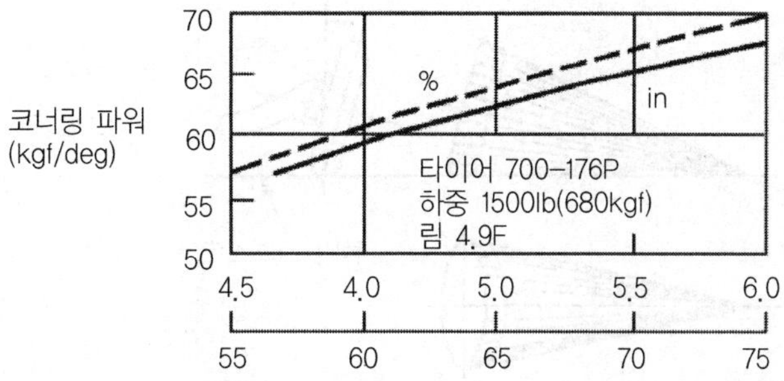

그림 61. 코너링 파워와 림 폭과의 관계

4) 바퀴의 형식과 구조

타이어 트레드 패턴의 홈 깊이가 깊으면 코너링 파워는 감소한다. 또한 타이어를 형성하는 카커스의 코드 각도가 커지면 코너링 파워는 증가하고, 파손 및 마멸이 감소되지만 완충작용이 저하되어 승차감이 저하하는 원인이 된다.

(2) 바퀴의 공기압력

바퀴의 공기압력을 증가시키면 코너링 포스와 파워가 증가하지만 완충능력이 저하되므로 승차감이 저하된다. 따라서 바퀴의 공기압력을 감소시키고 림의 폭을 크게 하여 선회성능이 저하되는 것을 방지하고 있다.

[2] 캠버 스러스트(camber thrust)

자동차의 앞바퀴는 0.5~1.5°의 캠버 각도가 있다. 그러나 독립 현가방식의 자동차가 선회할 때 원심력에 의해 롤링(rolling)이 발생하기 때문에 바깥쪽 바퀴의 캠버는 감소하고, 안쪽바퀴의 캠버는 증대되어 자동차를 안쪽으로 기울이려는 힘이 발생한다. 따라서 바퀴는 캠버각도에 의해 원뿔이 노면을 굴러가려는 것과 같은 성질이 있으므로 앞차축의 연장선과 원뿔의 교차점을 중심으로 원운동을 하려고 한다.

그러나 실제로는 차체에 의해 바퀴를 직선 운동하도록 구속되어 있기 때문에 바퀴는 진행방향에 대하여 직각인 원뿔운동의 안쪽으로 향하려는 힘이 작용하는데 이 힘을 캠버 스러스트라 한다. 그리고 사이드슬립과 캠버를 합한 바퀴의 사이드 포스는 다음과 같다. 캠버 각도가 있는 바퀴가 사이드슬립을 할 때 사이드슬립은 캠버각도가 있고, 사이드슬립이 없는 바퀴의 사이드 포스와 캠버각도가 없는 사이드슬립을 일으키는 바퀴의 사이드 포스의 합이 된다.

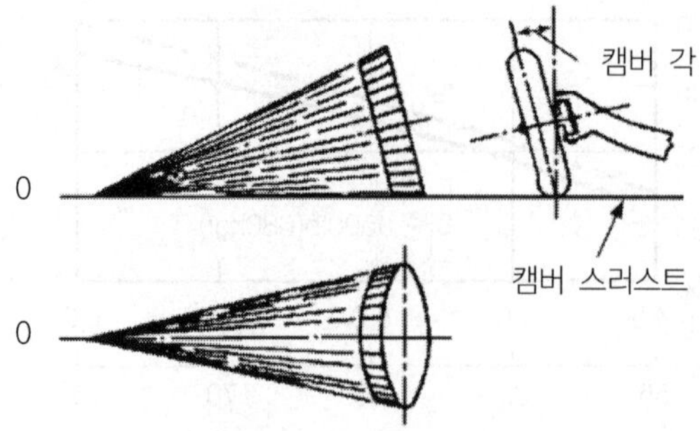

그림 62. 캠버의 작용

[3] 언더 스티어링과 오버 스티어링

그림 63에서 주행속도가 증가함에 따라 필요한 조향각도가 증가되는 현상을 언더 스티어링(U.S : under steering)이라 하고, 조향각도가 감소되는 현상을 오버 스티어링(O.S : over steering)이라 한다. 또한 언더 스티어링과 오버 스티어링의 중간 정도의 조향각도 즉, 주행속도의 증가에 따라 처음에는 조향각도가 증가하고, 어느 속도에 도달하면 감소되는 리버스 스티어링(R.S : reverse steering)이 있다.

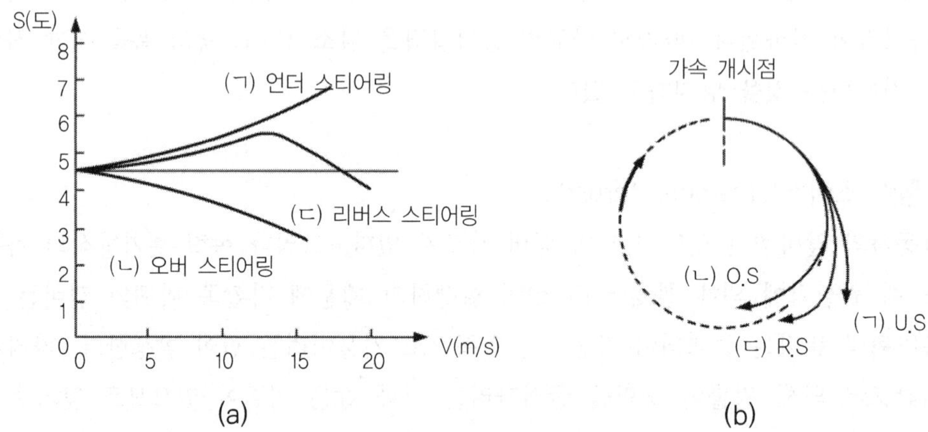

그림 63. 언더 스티어링 및 오버 스티어링 현상

5.3.2. 선회특성과 방향 안전성

일반적으로 언더스티어링의 자동차가 방향 안정성이 크다고 하는 이유는 다음과 같다. 그림 64와 같이 옆방향의 바람에 의해 옆방향의 힘 P를 받으면서 직진하는 자동차를 생각하면 옆방향의 힘 P를 상쇄시키고 직진하기 위해서는 조향핸들을 약간 회전시켜 앞·뒷바퀴에 사이드슬립 각도를 부여하여 P와 같은 양만큼의 코너링포스를 발생시켜야 한다.

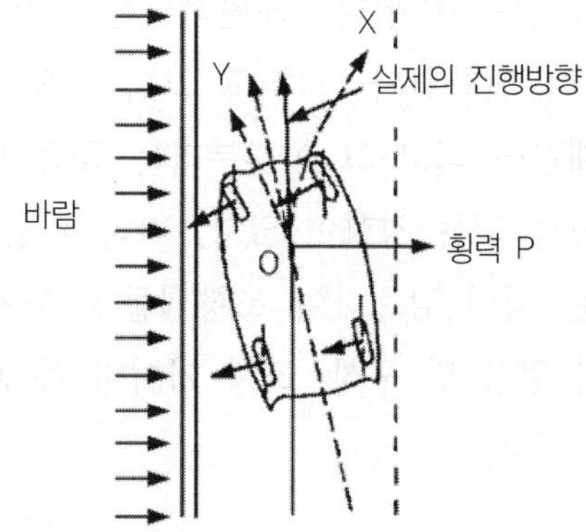

그림 64. 직진 주행할 때의 조향

이 경우 오버 스티어링(앞바퀴의 사이드슬립 각도가 뒷바퀴의 사이드슬립 각도보다 작을 때)일 때는 자동차는 O점을 중심으로 하여 OY쪽으로 진행방향을 바꾸게 된다. 이때 선회에 의해 발생되는 원심력은 옆방향 힘 P와 같은 방향이므로 주행속도가 빠를수록 이러한 경향이 현저하게 나타난다.

언더 스티어링(앞바퀴의 사이드슬립각도가 뒷바퀴의 사이드슬립각도보다 클 때)일 경우 자동차는 OX쪽으로 진행방향을 바꾸게 된다. 이때 선회에 의해 발생되는 옆방향의 힘 P를 상쇄시키는 방향으로 작용하기 때문에 방향 안전성이 향상된다. 또한 직진주행 중 강한 바람에 의해서 옆방향의 힘을 받았을 경우 바람의 압력의 중심은 일반적으로 자동차의 중심점보다 앞에서 형성되기 때문에 자동차는 앞부분이 흔들리게 되어 주행방향도 바뀌게 된다. 아스팔트 포장도로를 장시간 고속주행 할 경우에는 옆방향의 바람에 대한 영향이 적은 언더 스티어링으로 하는 것이 유리하다.

[1] 조향특성

자동차가 선회할 때 발생되는 원심력에 대응하는 구심력으로 선회가 가능하다. 구심력은 코너링 포스에 의해 결정되고 다시 이에 의해 발생하는 복원 토크가 조향 감각의 대부분을 차지하고 있다. 복원토크가 조향핸들에 전달될 때까지는 휠 얼라인먼트에 의해 수정이 되고 조향 링키지를 움직일 때의 관성력이나 링크기구 내의 마찰 또는 조향기어 형식 등에 의해 간섭을 받게 되므로 이들의 합성이 조향감각으로 된다. 조향감각은 너무 무겁거나 가벼워도 나쁘다. 조향감각은 안전성 면에서 보면 주행속도가 상승함에 따라 조향조작을 할 때 조향핸들에 가해지는 힘이 서서히 증가되어야 한다.

선회 후에 조향핸들을 가볍게 놓았을 때 조향핸들이 중립위치로 복원되면 조향 조작이 쉽지만 복원되는 속도가 문제가 된다. 복원속도는 코너링 포스에 의한 토크와 조향 링키지 및 그 마찰력에 의해 변화한다. 그리고 그림 65와 같이 복원 토크는 사이드슬립 각도가 5~6° 부근에서 최대값이 되고 그 이후부터는 급속히 감소하므로 사이드슬립 각도가 큰 범위에서는 부(-, 負)가 되는 경향이 있다. 따라서 급조향을 하면 조향조작이 끝날 무렵에 조향핸들에 가해지는 힘이 감소하여 조향핸들을 놓치는 경우가 있다. 조향효과는 바퀴의 종류, 조향 링키지의 형상 및 구성, 조향 기어비 등에 의해 결정되지만 안전성과는 서로 모순된 성질을 지니고 있다.

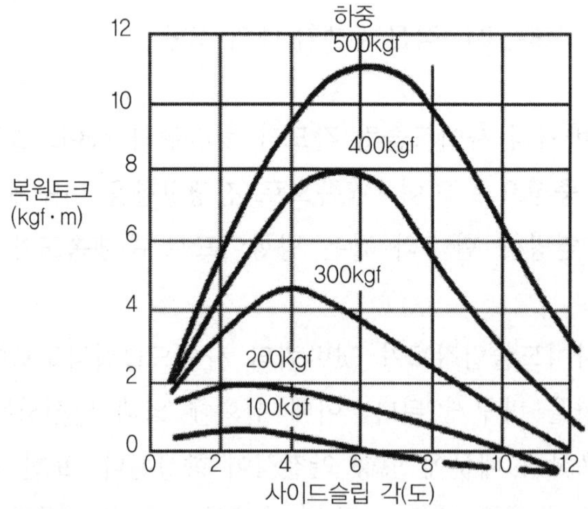

그림 65. 복원토크의 일반적인 성질 및 하중의 영향

익힘문제

01. 애커먼 장토방식의 조향원리에 대하여 기록하시오.

02. 최소 회전반경에 대하여 기록하시오.

03. 언더 스티어링과 오버 스티어링에 대하여 설명하시오.

04. 일체 차축방식의 조향장치의 구성품 및 기능에 대하여 설명하시오.

05. 독립 차축방식의 조향장치의 구성품 및 기능에 대하여 설명하시오.

06. 조향핸들을 1회전시켰을 때 피트먼 암이 24° 움직였을 때 조향기어비는 얼마인가.

07. 조향기어의 조작 방법의 종류 3가지를 기록하시오.

08. 동력조향장치의 장점에 대하여 기록하시오.

09. 동력 조향장치의 3주요부에 대하여 기록하시오.

10. 동력조향장치의 안전체크밸브에 대하여 기록하시오.

11. 전자제어 동력 조향장치의 일반적인 개요를 설명하시오.

12. 전자제어 동력장치의 일반적 효과를 3가지 기록하시오.

13. 전자제어 동력 조향장치의 일반적 기능에 대해 3가지 이상 기록하시오.

14. 전자제어 동력 조향장치의 종류를 기록하시오.

15. 전자제어 조향장치의 입력요소로 사용되는 센서 3가지를 기록하시오.

16. 코너링 포스(cornering force)에 대하여 설명하시오.

17. 캐치업(catch up)에 대하여 설명하시오.

18. 요철이 있는 도로면을 주행할 경우 등에 조향 휠 주방향에 발생하는 충격을 무엇이라 하는가 설명하시오.

19. 자동차에서 발생하는 시미에 대해 설명하시오.

20. 전자제어 동력 조향장치(ECPS)의 기능에 대하여 기록하시오.

21. 전동방식 동력 조향장치(MDPS : motor driven power steering)의 특징에 대하여 기록하시오.

22. 전동방식 동력 조향장치의 입력요소로 사용되는 센서 2가지를 기록하시오.

23. 조향 토크센서의 기능에 대해 설명하시오.

24. 전동방식 동력 조향장치의 종류 및 특징에 대하여 기록하시오.

25. 4WS의 목적 및 효과에 대하여 기록하시오.

26. 4WS와 2WS의 차이점을 설명하시오.

27. 캠버, 캐스터, 토인에 대하여 기록하시오.

28. 스크러브 레디어스에 대하여 기록하시오.

29. 차륜정렬의 목적에 대하여 설명하시오.

30. 차륜 정렬에서 셋백(set-back) 및 스러스트 각도(thrust angle)에 대하여 기록하시오.

CHAPTER 05

제동장치 [brake system]

1. 제동장치의 개요

제동장치는 주행 중인 자동차를 감속(減速) 또는 정지(停止)시키고, 또 주차(駐車)상태를 유지하기 위하여 사용되는 매우 중요한 장치이다. 제동장치는 마찰력을 이용하여 자동차의 운동에너지를 열에너지로 바꾸어 제동작용을 하며, 구비조건은 다음과 같다.

① 작동이 확실하고, 제동 효과가 클 것

② 신뢰성과 내구성이 클 것

③ 점검・정비가 쉬울 것

2. 제동장치의 분류

제동장치는 운전자의 발로 조작하는 풋 브레이크(foot brake)와 손으로 조작하는 핸드 브레이크(hand brake)가 있다. 조작기구에는 로드나 와이어를 사용하는 기계식과 유압식으로 분류되며 기계식은 핸드 브레이크에, 유압식은 풋 브레이크로 사용된다.

또 제동력을 높이기 위한 배력 방식에는 흡기다기관의 진공을 이용하는 진공 서보식, 압축 공기압력을 이용하는 공기 브레이크 등이 있으며, 풋 브레이크 혹사에 의한 과열을 방지하기 위하여 사용하는 배기 브레이크(엔진 브레이크), 와전류 리타더, 하이드롤릭 리타더 등의 감속 브레이크(제3 브레이크)가 있다.

2.1. 유압 브레이크(hydraulic brake)

유압 브레이크는 파스칼의 원리를 응용한 것이며, 유압을 발생시키는 마스터실린더, 이 유압을 받아서 브레이크 슈(또는 패드)를 드럼(또는 디스크)에 압착시켜 제동력을 발생시키는 휠 실린더(또는 캘리퍼) 및 마스터실린더와 휠 실린더사이를 연결하여 오일 회로를 형성하는 파이프(pipe)나 플렉시블 호스 등으로 구성되어 있다.

유압 브레이크의 특징은 다음과 같다.

① 제동력이 모든 바퀴에 동일하게 전달된다.

② 마찰손실이 적다.

③ 페달 조작력이 작아도 된다.

④ 오일파이프 등이 파손되어 오일이 새거나 유압회로 내에 공기가 침입하면 제동력이 감소하거나 기능을 상실한다.

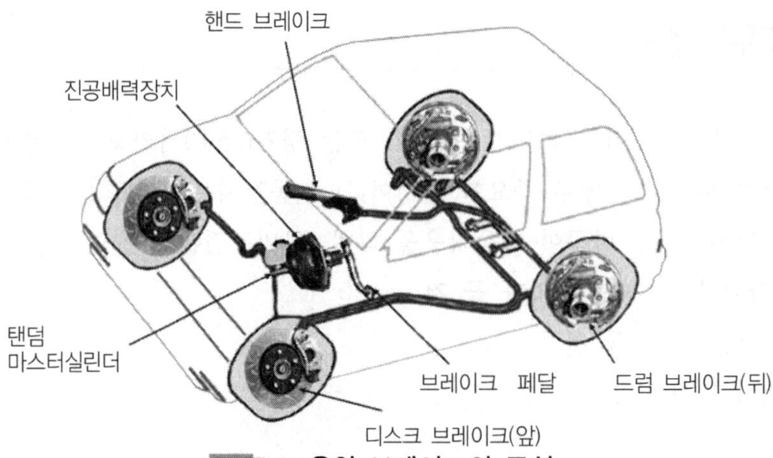

그림 1. 유압 브레이크의 구성

[1] 파스칼의 원리

밀폐된 용기 내에 액체를 가득 채우고, 그 용기에 힘을 가하면 그 내부의 압력은 용기의 각 면에 작용하여 용기 내의 어느 곳이든지 동일한 압력이 작용된다는 원리이다.

① 공기는 가압하면 압축이 되지만 액체는 압축되지 않는다.

② 액체는 운동을 전달할 수 있다.

③ 액체는 힘(작용력)을 전달할 수 있다.

④ 액체는 힘(작용력)을 증대시킬 수 있다.

그림 2와 같이 단면적 $5cm^2$의 피스톤 A에 100kgf의 힘을 가하면 A에 가해진 압력 $= \frac{힘}{단면적}$은 $\frac{100kg_f}{5cm^2} = 20kgf/cm^2$가 된다. 이 압력은 피스톤 B에 작용하며, B의 단면적이 $10cm^2$이면 발생되는 힘은(A의 유압×B의 단면적) $20kgf/cm^2 \times 10cm^2 =$ 200kgf이 된다. 여기서 A는 마스터실린더에 B는 휠 실린더에 해당된다. 피스톤 B에서 증대된 힘이 제동에 사용된다.

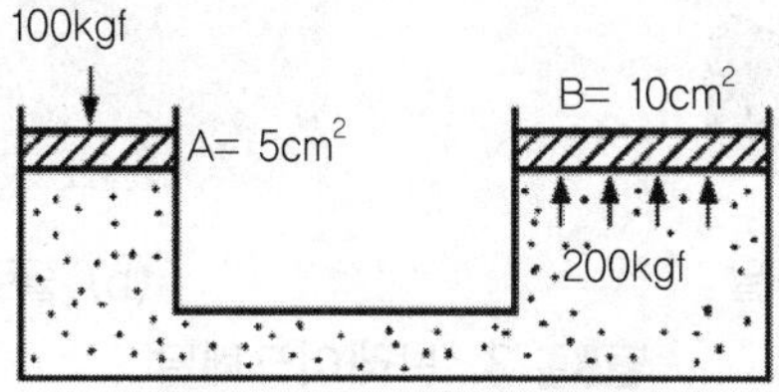

그림 2. 파스칼의 원리

⑤ 액체는 힘(작용력)을 감소시킬 수 있다. - 유압실린더의 지름이 작은 부분에서 큰 부분으로 전달하면 힘이 증가하고, 반대로 큰 부분에서 작은 부분으로 전달하면 힘이 감소된다.

2.1.1. 유압 브레이크의 구조와 그 작용

유압 브레이크는 브레이크페달을 밟으면 마스터실린더에서 유압이 발생하여 휠 실린더로 압송된다. 이 때 휠 실린더에서는 그 유압으로 피스톤이 좌우로 확장되므로 브레이크슈가 드럼에 압착되어 제동 작동을 한다. 다음에 페달을 놓으면 마스터실린더 내의 유압이 저하하며, 브레이크슈는 리턴스프링의 장력으로 제자리로 복귀되고 휠 실린더 내의 오일은 마스터실린더 오일탱크로 되돌아가 제동작용이 풀린다.

[1] 브레이크 페달(brake pedal)

브레이크 페달은 조작력을 경감시키기 위해 지렛대 원리를 이용하며, 펜던트형 브레이크(pendant type) 페달과 플로워형(floor type, 오르간(organ)) 브레이크 페달이 있다. 자동차 브레이크 페달도 자동차 기술의 발달로 꾸준히 진화하고 있다. 브레이크 오토 홀드 어시스트는 교차로에서 신호대기 때 브레이크 페달을 계속 밟는 것이 부담되면 브레이크 페달을 평소보다 깊게 "꾹" 밟아주면 계기판에 기능 활성화 표시등과 함께 차가 스스로 제동력을 유지시켜준다.

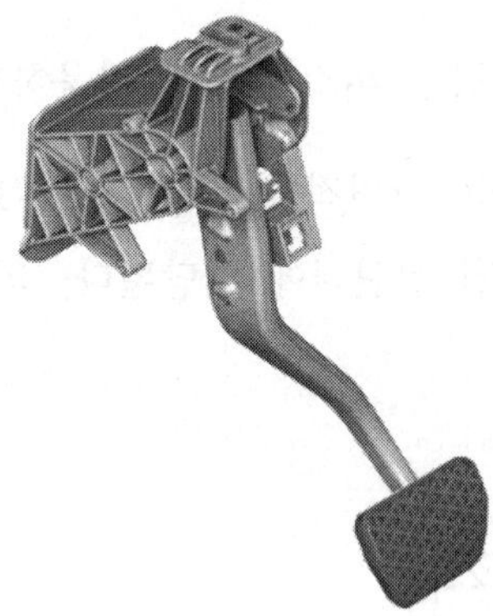

(a) 펜던트형 브레이크페달

(b) 플로워형 브레이크페달

그림 3. 브레이크페달

언덕에서 차가 밀리지 않게 잡아주는 힐 스타트 어시스트도 같은 맥락의 시스템이다. 키 작은 운전자 또는 여성 운전자를 배려해 페달의 위치가 조절되는 시스템도 있고, 페달에 맞춘 운전자세가 어색할 때 버튼만 누르면 전기모터가 페달을 앞(혹은 뒤로)으로 쭉 밀어주기도 한다.

최근에는 운전자와 소통하는 지능형 페달이 등장하여 주행 중 차가 레이더로 전방의 교통상황을 모니터 한 후 가속/브레이크 페달에 가벼운 진동을 주어 전방에 차가 있으니 미리 속도를 줄이시오. 라고 경고를 한다.

[2] 마스터실린더(master cylinder)

(1) 구조 및 그 작용

마스터실린더는 브레이크 페달을 밟는 것에 의하여 유압을 발생시키는 일을 하며 그 구조는 실린더 보디, 오일탱크, 그리고 실린더 내에는 피스톤, 피스톤 컵, 체크밸브, 피스톤 리턴스프링 등이 들어 있다. 마스터실린더의 형식에는 피스톤이 1개인 싱글형과 피스톤이 2개인 탠덤형이 있으며 현재는 탠덤형을 사용하고 있다.

① 실린더 보디(cylinder body) : 실린더보디의 위쪽에는 오일탱크가 설치되어 있고, 재질은 주철이나 알루미늄합금을 사용한다.

② 피스톤(piston) : 피스톤은 실린더 내에 끼워지며 페달을 밟는 것에 의해 푸시로드가 실린더 내를 미끄럼 운동시켜 유압을 발생시킨다.

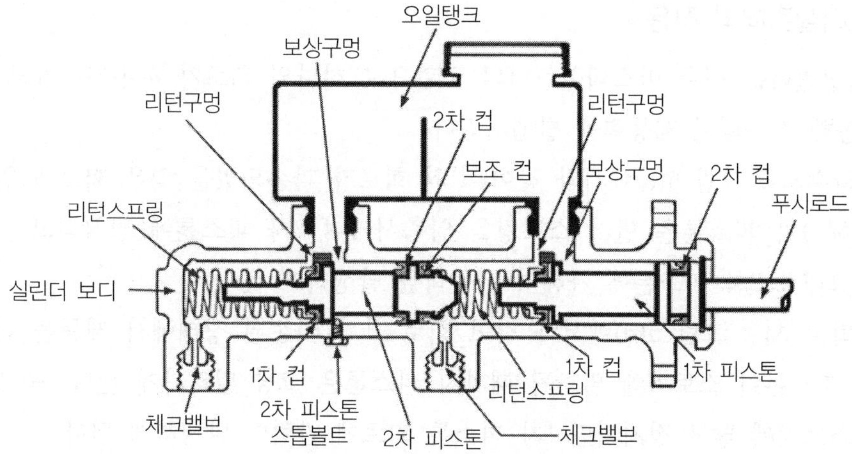

그림 4. 탠덤 마스터실린더의 구조

③ 피스톤 컵(piston cup) : 1차, 2차 컵이 있으며 1차 컵의 기능은 유압 발생이고, 2차 컵의 기능은 마스터실린더 내의 오일이 밖으로 누출되는 것을 방지한다.

④ 체크밸브(check valve) : 피스톤 반대쪽 실린더 끝에 시트 와셔를 사이에 두고 설치되며, 피스톤 리턴스프링에 의해 시트에 밀착되어 있다. 작용은 브레이크페달을 밟으면 오일이 마스터실린더에서 휠 실린더로 나가게 하고, 페달을 놓으면 파이프 내의 유압과 피스톤 리턴 스프링을 장력이 평형이 될 때까지만 시트에서 떨어져 오일이 마스터실린더 내로 복귀하도록 하여 회로 내에 잔압(殘壓)을 유지시켜 준다.

⑤ 피스톤 리턴 스프링(piston return spring) : 이 스프링은 체크밸브와 피스톤 1차 컵 사이에 설치되며 페달을 놓았을 때 피스톤이 제자리로 복귀하도록 도와주고 체크밸브와 함께 잔압(0.6~0.8kgf/cm^2)을 형성하는 작용을 한다. 잔압을 두는 목적은 다음과 같다.

㉮ 브레이크작동 지연을 방지한다.

㉯ 베이퍼록을 방지한다. 베이퍼 록(Vapor lock)은 브레이크회로 내의 오일이 비등·기화하여 오일의 압력 전달 작용을 방해하는 현상으로 긴 내리막길에서 과도한 풋 브레이크 사용시, 브레이크 드럼과 라이닝의 끌림에 의한 가열, 마스터실린더 및 브레이크슈 리턴 스프링 쇠손에 의한 잔압 저하, 브레이크 오일 변질에 의한 비점의 저하 및 불량한 오일을 사용할 때에 발생한다.

㉰ 회로 내에 공기가 침입하는 것을 방지한다.

㉱ 휠 실린더 내에서 오일이 누출되는 것을 방지한다.

(2) 탠덤 마스터실린더의 작용

탠덤 마스터실린더는 싱글 마스터실린더의 조합으로 하나의 회로가 파손되더라도 또 하나의 회로를 통해 작동되어 제동력을 발생시킨다.

① Ⅰ회로 파손시 : 그림 5(c)에서와 같이 Ⅰ의 회로가 파손되었을 경우 회로의 압력 손실로 인해 1차 피스톤은 먼저 스프링을 압축시키며 2차 피스톤에 밀착되고, 페달의 답력은 그대로 2차 피스톤에 가해져 제동력을 발생하게 된다.

② Ⅱ회로 파손 시 : 그림 5(d)에서와 같이 회로 Ⅱ가 파손된 상태에서 제동을 하게 되면, 2차 피스톤이 스토퍼에 밀착될 때까지 피스톤은 그냥 밀려가게 된다. 즉 2차 피스톤이 스토퍼에 닿아 정지되면 1차 피스톤 회로에 압력이 발생하게 된다.

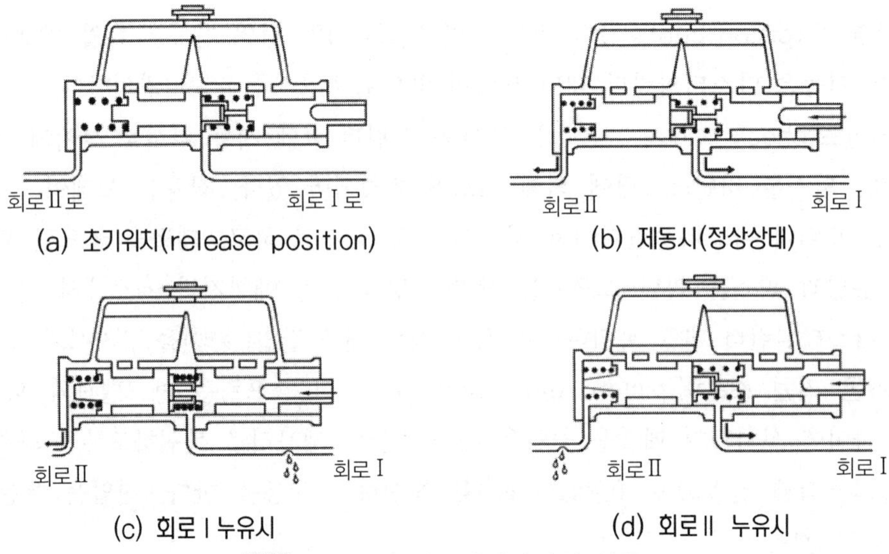

그림 5. 탠덤 마스터실린더의 작동

(3) 파이프(pipe)

브레이크 파이프는 마스터 실린더와 휠 실린더의 오일통로를 형성하며, 일반적으로 방청처리를 한 강철 파이프와 플렉시블 호스(flexible hose)가 사용된다. 브레이크 파이프는 주행 중 진동하지 않도록 클립으로 확실하게 고정하고 연결부는 2중 플레어로 하며, 플렉시블 호스는 차축이나 바퀴와 같이 유동이 있는 부분에 사용되며, 높은 유압에 견디도록 견사 등의 직물 층과 내유성의 고무로 만들어져 있고 그 연결부분에는 금속제 피팅(fitting)이 설치되어 있다.

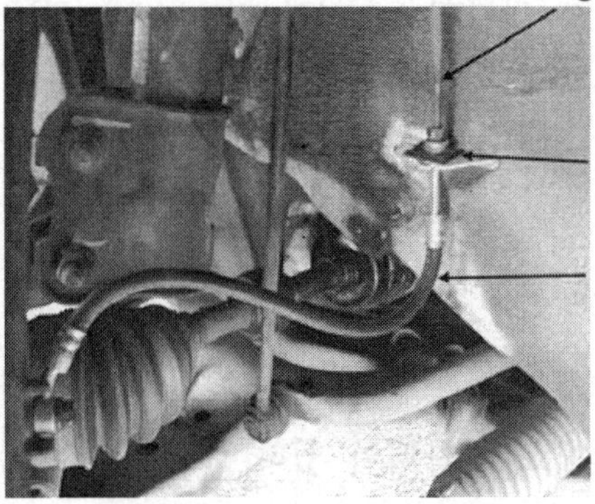

그림 6. 브레이크 파이프

(4) 휠 실린더(wheel cylinder)

이 실린더는 마스터실린더에서 압송된 유압에 의하여 브레이크슈를 드럼에 압착시키는 일을 하며, 구조는 실린더보디, 피스톤, 피스톤 컵 그리고 실린더보디에는 파이프와 연결되는 오일구멍과 회로 내에 침입한 공기를 제거하기 위한 블리더 스크루가 있고 실린더 내에는 확장 스프링이 들어 있어 피스톤 컵을 항상 밀어서 벌어져 있도록 한다.

(a) 동일 직경형

(b) 계단 직경형

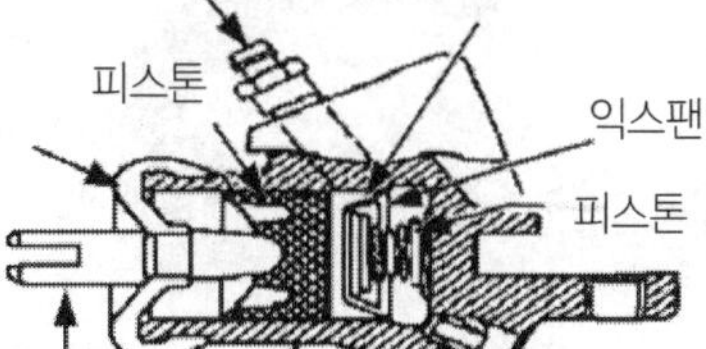

(c) 단일 직경형

그림 7. 휠 실린더의 종류

휠 실린더의 종류에는 동일 지름형(equal bore type), 실린더 양쪽 구멍이 서로 다른 크기인 계단 지름형(step bore type), 그리고 한쪽 방향으로만 작동을 하고 다른 한쪽에는 조정기(adjuster)를 둔 단일 지름형(single bore type)이 있다.

(5) 브레이크 슈(brake shoe)

브레이크 슈는 휠 실린더의 피스톤에 의해 드럼과 접촉하여 제동력을 발생하는 부분이며, 라이닝이 리벳이나 접착제로 부착되어 있다. 그리고 슈에는 리턴 스프링을 두어 마스터실린더 유압이 해제되었을 때 슈가 제자리로 복귀하도록 하며, 홀드다운 스프링(hold down spring)에 의해 슈를 알맞은 위치에 유지시킨다.

라이닝의 종류에는 위븐 라이닝, 몰드 라이닝, 반금속 라이닝, 금속 라이닝 등이 사용되고 있다. 그리고 라이닝은 다음과 같은 구비조건을 갖추어야 한다.

① 내열성이 크고, 페이드 현상이 없을 것

② 기계적 강도 및 내마멸성이 클 것

③ 온도의 변화, 물 등에 의한 마찰계수 변화가 적을 것

페이드(fade) 현상이란 브레이크 페달의 조작을 반복하면 드럼과 슈에 마찰열이 축적되어 제동력이 감소하는 현상이다. 원인은 드럼과 슈의 열팽창과 라이닝 마찰계수 저하에 있으며 방지 방법은 다음과 같다.

① 드럼의 냉각 성능을 크게 하고, 열팽창률이 적은 형상으로 한다.

② 드럼은 열팽창률이 적은 재질을 사용한다.

③ 온도상승에 따른 마찰계수 변화가 적은 라이닝을 사용한다.

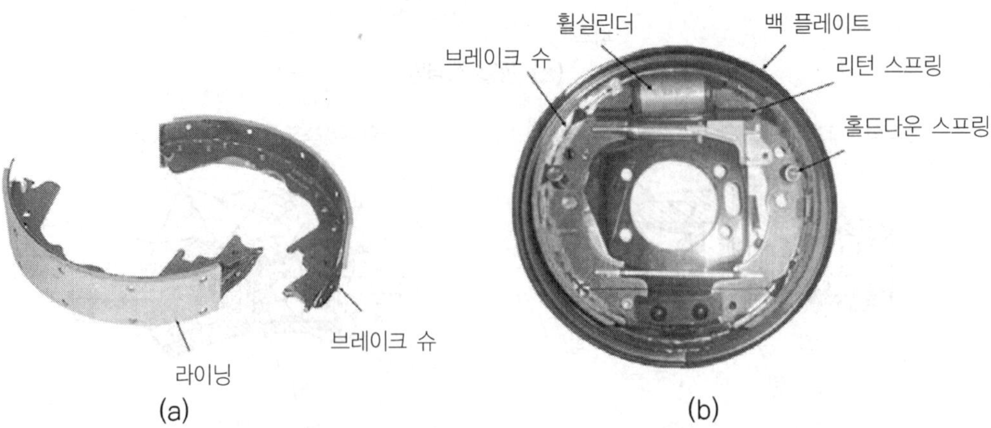

그림 8. 브레이크 슈와 설치상태

(6) 브레이크 드럼(brake drum)

드럼은 휠 허브에 볼트로 설치되어 바퀴와 함께 회전하며 슈와의 마찰로 제동을 발생시키는 부분이다. 또 열방산(熱放散)을 크게 하고 강성을 높이기 위해 원둘레 방향으로 핀(fin)이나 직각방향으로 리브(rib)를 두고 있다. 그리고 제동할 때 발생한 열은 드럼을 통하여 방산 되므로 드럼의 면적은 마찰 면에서 발생한 열방산 능력에 따라 결정된다. 드럼이 갖추어야 할 조건은 다음과 같다.

① 가볍고 강도와 강성이 클 것
② 정적·동적 평형이 잡혀 있을 것
③ 방열이 잘되어 과열하지 않을 것
④ 내마멸성이 클 것

그림 9. 브레이크 드럼

2.1.2. 브레이크 슈와 드럼의 조합

[1] 자기작동 작용

자기작동 작용이란 회전 중인 드럼에 제동을 걸면 슈는 마찰력에 의해 드럼과 함께 회전하려는 경향이 발생하여 확장력이 커지므로 마찰력이 증대되는 작용이다. 한편, 드럼의 회전 반대방향 쪽의 슈는 드럼으로부터 떨어지려는 경향이 생겨 확장력이 감소된다. 이 때 자기작동 작용을 하는 슈를 리딩슈(leading shoe), 자기작동 작용을 하지 못하는 슈를 트레일링 슈(trailing shoe)라고 한다.

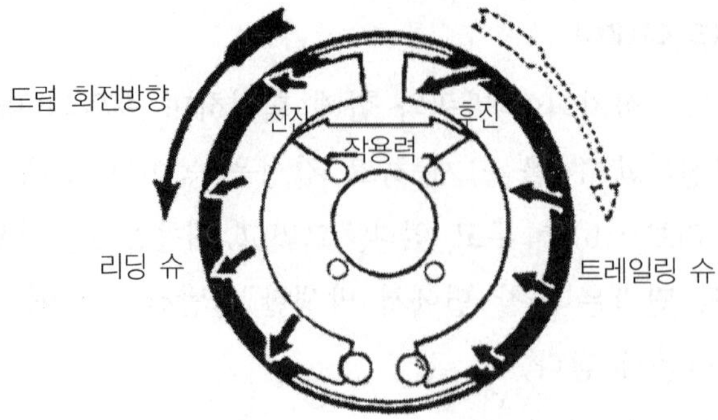

그림 10. 자기작동 작용

[2] 작동상태에 따른 분류

(1) 넌 서보 브레이크(non-servo brake)

이 형식은 브레이크가 작동될 때 자기작동 작용이 해당 슈에만 발생하게 된 것이며, 전진 방향에서 자기작동 작용을 하는 슈를 전진 슈, 후진방향에서 자기 작동작용을 하는 슈를 후진 슈라 부른다.

(2) 서보 브레이크(servo brake)

이 형식은 브레이크가 작동될 때 모든 슈에 자기작동 작용이 일어나는 것이며, 유니 서보식과 듀어 서보식이 있다. 또 먼저 자기작동 작용이 일어나는 슈를 1차 슈, 나중에 자기작동 작용이 일어나는 슈를 2차 슈라고 부른다.

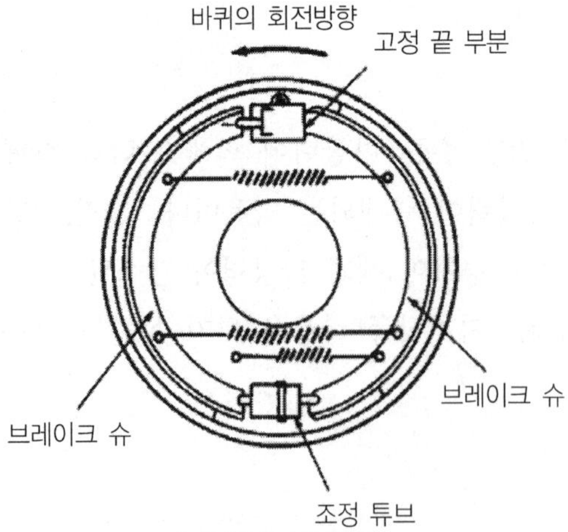

(a) 유니 서보형식

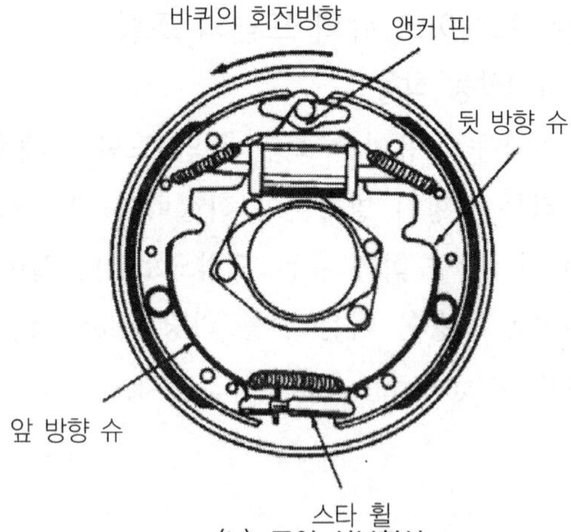

(b) 듀어 서보형식

그림 11. 유니 서보형식과 듀어 서보형식

① 유니 서보형식(uni-servo type) : 이 형식은 전진에서는 휠 실린더 피스톤에 의하여 1차 슈가 밀려지면 2차 슈에도 자기작동 작용이 일어나 모든 슈가 리딩슈가 되지만, 후진에서는 2개의 슈가 모두 트레일링 슈로 되어 제동력이 감소하는 것이다.

② 듀어 서보형식(duo-servo type) : 이 형식은 슈가 드럼에 압착되어 있을 때 드럼의 회전방향에 따라 고정측이 바뀌어 전진 또는 후진에서 모두 자기 작동 작용이 일어나 강력한 제동력이 발생한다.

2.1.3. 자동 조정 브레이크

브레이크 라이닝이 마멸되면 라이닝과 드럼의 간극이 커지므로 페달 밟는 양이 증가한다. 이에 따라 필요할 때마다 라이닝 간극을 조정하여야 한다. 이 형식은 라이닝 간극조정이 필요할 때 후진에서 브레이크페달을 밟으면 자동적으로 조정된다. 작동은 후진에서 브레이크 페달을 밟으면 슈가 드럼에 밀착됨과 동시에 회전방향으로 움직여 앵커 핀으로부터 떨어진다. 이에 따라 조정 케이블이 조정 레버를 당겨 조정기 휠과 접촉하는 부분을 들어올린다.

슈와 드럼의 간극이 크면 이 움직임도 커지며 간극이 일정 값에 도달하면 조정기 휠의 다음 이빨에 조정레버가 물린다. 이 상태에서 브레이크 페달을 놓으면 슈가 다시 앵커 핀에 밀착되어 조정기 케이블이 헐거워지므로 조정레버는 스프링의 장력으로 제자리로 복귀되며 이때 조정기 휠을 1노치 회전시킨다.

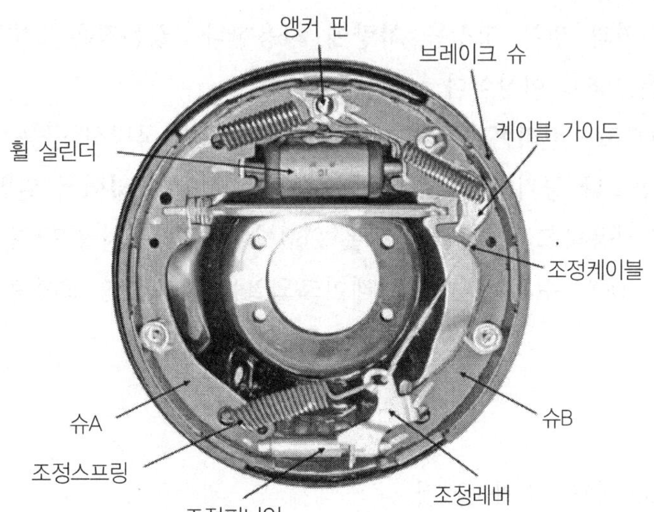

그림 12. 자동 조정 브레이크

이에 따라 슈와 드럼의 간극이 작아진다. 그리고 전진에서는 브레이크 페달을 밟아도 슈가 앵커 핀에 밀착된 상태를 유지하므로 조정장치는 작동하지 않는다.

2.1.4. 브레이크 오일(brake fluid)

브레이크 오일은 피마자기름에 알코올 등의 용제를 혼합한 식물성 오일이 사용되었으나 지금은 합성유로 바꾸었으며 브레이크 오일은 글리콜(폴리 글리콜 에텔), 실리콘계, 광유계로 크게 구분을 할 수 있는데 이중에서 폴리 글리콜 에텔이 많이 사용되고 있다. 브레이크 오일은 주변의 수분을 흡수하는 성질을 지니고 있기 때문에 주기적으로 브레이크 오일 내 수분 함유량을 체크하여 3% 이상 수분이 있을 때 교체하여야 한다.

브레이크 오일이 수분을 많이 흡수하게 되면 브레이크 패드와 디스크가 마찰할 때 생기는 고온의 열에 의해 수분이 끓게 되고 끓어오른 수분으로 발생된 수증기와 기포가 브레이크 오일 라인에서 생기는 압력을 방해하여 유압이 제대로 전달되지 않게 되는 현상이 나타난다. 그리고 브레이크액의 규격은 DOT(department of transportation)로 미국 교통부에서 정해놓은 기준으로 "DOT" 뒤에 3 또는 4, 5, 5.1이 갖는 의미는 끓는점을 나타낸 것으로 뒤에 숫자가 높을수록 끓는점이 높다. Brake Fluid DOT3은 다가중합 글리콜에테르로서 전세계 차량들의 기본 브레이크액으로 사용하고 있으며 거의 모든 차량에 사용이 된다. 끓는점은 205℃이며 수분함유량 3%에서 끓는점은 140℃이다.

Brake Fluid DOT4는 글리콜에테르와 보론에스테르가 합쳐진 조합물로 장기간 사용이 가능한 고성능 제품으로 DOT3보다는 끓는점 및 수분함유량 3%에서의 끓는점이 상당히 높아지기에 유럽지역과 일부 고성능 차량에 사용한다. 끓는점은 240℃이며 수분함유량 3%에서의 끓는점은 155℃ 이상이다.

Brake Fluid DOT5는 실리콘계열의 브레이크액으로 미 국방성 군용차량을 위해 개발되었으며 끓는점이 높으나 공기 중의 수분을 흡수하는 성질이 없어서 일반차량보다 주로 경주용 차량에 많이 사용하고 있다. 끓는점은 260℃이다. 자동차용으로는 DOT-3, DOT-4가 주로 사용하고, DOT 수치가 높은 브레이크오일을 사용하면 교환주기를 조금 더 연장할 수 있다.

[1] 구비조건

① 점도가 알맞고 점도지수가 클 것

② 윤활성이 있을 것

③ 빙점(氷點)이 낮고, 비등점(沸騰點)이 높을 것
④ 화학적 안정성이 클 것
⑤ 고무 또는 금속제품을 부식, 연화(軟化), 팽창시키지 않을 것
⑥ 침전물 발생이 없을 것

2.2. 디스크 브레이크(disc brake)

2.2.1. 디스크 브레이크의 개요

디스크 브레이크는 마스터실린더에서 발생한 유압을 캘리퍼로 보내어 바퀴와 함께 회전하는 디스크를 양쪽에서 패드(pad)로 압착시켜 제동을 시킨다. 디스크 브레이크는 디스크가 대기 중에 노출되어 회전하므로 페이드현상이 작으며 자동 조정 브레이크 형식이다. 그리고 이 형식의 구성은 바퀴와 함께 회전하는 디스크, 디스크와 함께 제동력을 발생시키는 패드, 패드와 피스톤을 지지하며 스핀들이나 판에 고정된 캘리퍼 등으로 구성되어 있다.

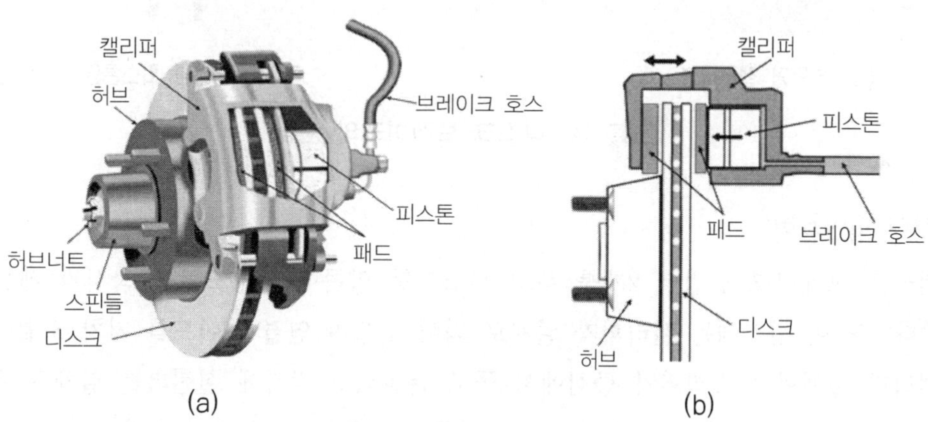

그림 13. 디스크 브레이크

[1] 디스크 브레이크의 장점

① 디스크가 대기 중에 노출되어 회전하므로 냉각성이 커 제동성능이 안정된다.
② 자기작동 작용이 없어 고속에서 반복적으로 사용하여도 제동력 변화가 적다.
③ 부품의 평형이 좋고, 한쪽만 제동되는 일이 없다.
④ 디스크에 물이 묻어도 제동력의 회복이 크다.
⑤ 구조가 간단하고 부품수가 적어 차량의 무게가 경감되며 정비가 쉽다.

[2] 디스크 브레이크의 단점

① 마찰 면적이 적어 패드의 압착력이 커야 한다.

② 자기작동 작용이 없어 페달 조작력이 커야 한다.

③ 패드의 강도가 커야 하며, 패드의 마멸이 크다.

④ 디스크에 이물질이 쉽게 부착된다.

2.2.2. 디스크 브레이크의 분류

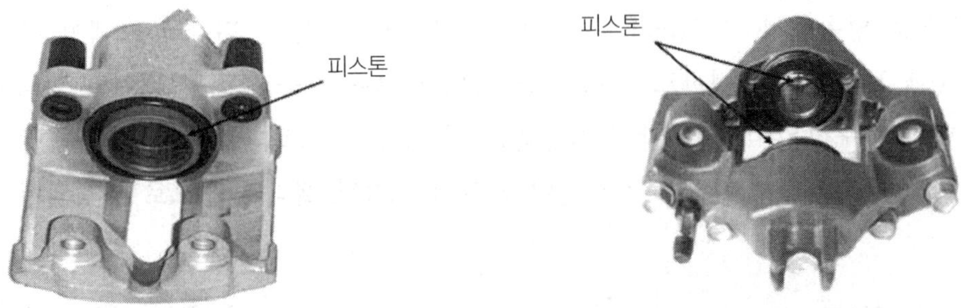

(a) 부동형 캘리퍼형 (b) 대향형 피스톤형

그림 14. 디스크 브레이크의 분류

[1] 대향형 피스톤형

이 형식은 브레이크 실린더 2개를 두고 디스크를 양쪽에서 패드로 압착시켜 제동을 하는 것이다. 또 이 형식에는 캘리퍼가 일체로 되어 있으며 연결 파이프를 거쳐 오일이 도입되는 캘리퍼 일체형과 캘리퍼가 중심에서 둘로 분할되고 각각에 실린더를 일체로 주조(鑄造)하고 오일 도입은 내부 홈을 통해 들어오도록 된 캘리퍼 분할형이 있다.

[2] 부동형 캘리퍼형

이 형식은 캘리퍼 한쪽에만 1개의 브레이크 실린더를 두고 마스터실린더에서 유압이 작동하면 피스톤이 패드를 디스크에 압착하고, 이때의 반발력으로 캘리퍼가 이동하여 반대쪽 패드도 디스크를 압착하여 제동을 하는 것이다.

2.3. 배력 브레이크(servo brake)

이 형식은 유압 브레이크에서 제동력을 증대시키기 위해 엔진 흡입행정에서 발생하는 진공(부압)과 대기압력 차이를 이용하는 진공 배력방식(하이드로 백), 압축공기의 압력과 대기압력 차이를 이용하는 공기 배력방식(하이드로 에어 팩)이 있다. 공기 배력방식은 구조상 공기압축기와 공기탱크를 더 두고 있으며, 작동원리는 진공 배력방식과 같으므로 여기서는 진공 배력방식의 구조와 작동에 대해서만 설명하기로 한다.

2.3.1. 진공 배력방식의 원리

이 방식은 흡기다기관 진공과 대기압력과의 차이를 이용한 것이므로 배력장치에 이상이 발생하여도 일반적인 유압 브레이크로 작동할 수 있도록 하고 있다. 원리는 흡기다기관에서 발생하는 진공이 50cmHg이며, 대기압력이 76cmHg이므로 이들 사이에는 76－50＝26cmHg＝ 0.34kgf/cm^{2}이다. 그러므로 대기압력 1.0332kgf/cm^2－0.34kgf/cm^2＝ 0.7kgf/cm^{2}이 된다. 이 압력차이가 진공 배력방식 브레이크를 작동시키는 힘이다.

2.3.2. 진공 배력방식의 종류

종류에는 마스터실린더와 배력장치를 일체로 한 직접 조작형(마스터백)과 마스터실린더와 배력장치를 별도로 설치한 원격 조작형(하이드로백)이 있다.

[1] 직접 조작형(마스터백)

이 형식은 브레이크 페달을 밟으면 작동로드가 포핏과 밸브 플런저를 밀어 포핏이 동력실린더 시트에 밀착되어 진공밸브를 닫으므로 동력실린더(부스터)에 진공 도입이 차단된다. 동시에 밸브 플런저는 포핏으로부터 떨어지고 공기밸브가 열려 동력실린더 뒷쪽에 여과기를 거친 대기(大氣)가 유입되어 동력 피스톤이 마스터실린더의 푸시로드를 밀어 배력작용을 한다.

그리고 페달을 놓으면 밸브 플런저가 리턴스프링의 장력에 의해 제자리로 복귀됨에 따라 공기밸브가 닫히고 진공밸브를 열어 동력실린더 내의 압력이 같아지면 마스터실린더의 반작용과 다이어프램 리턴스프링의 장력으로 동력피스톤이 제자리로 복귀한다.

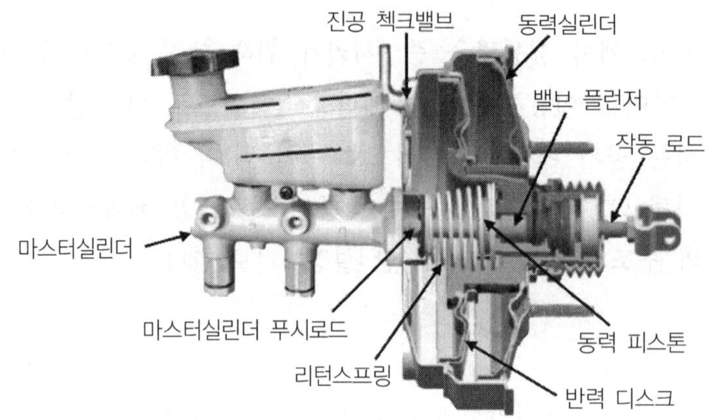

그림 15. 직접 조작형

(1) 특징

① 진공밸브와 공기밸브가 푸시로드에 의해 작동하므로 구조가 간단하고 무게가 가볍다.

② 배력장치에 고장이 발생하여도 페달 조작력은 작동로드와 푸시로드를 거쳐 마스터실린더에 작용하므로 유압 브레이크로 만으로 작동을 한다.

③ 페달과 마스터실린더사이에 배력장치를 설치하므로 설치 위치에 제한을 받는다.

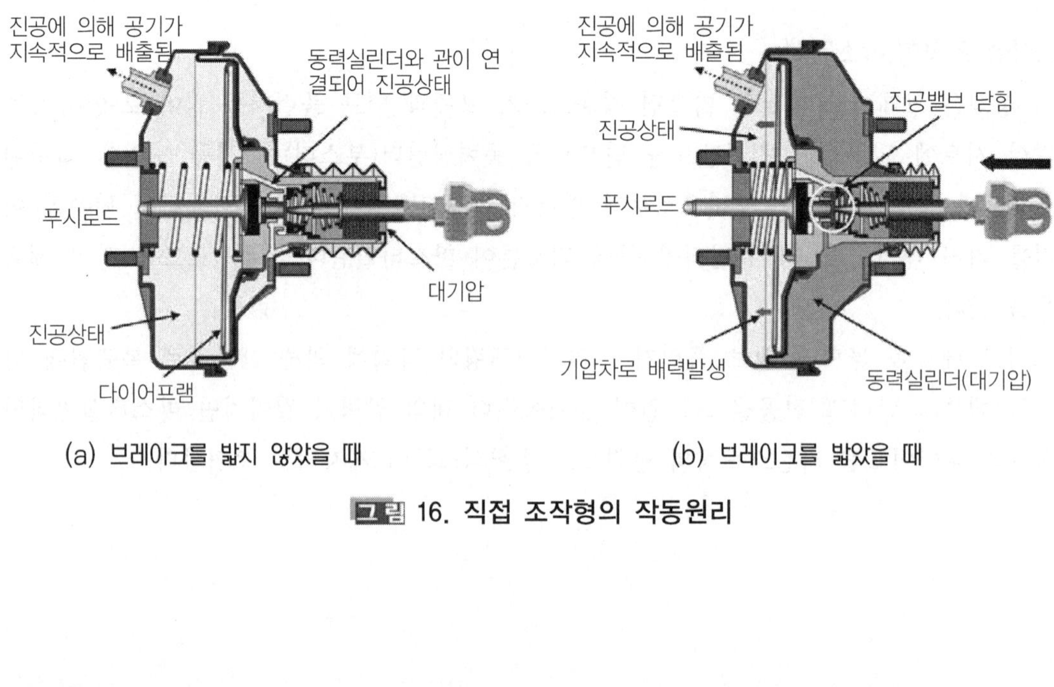

그림 16. 직접 조작형의 작동원리

[2] 원격 조작형(하이드로백)

(1) 원격 조작형의 구조

원격 조작형은 유압계통(유압 브레이크와 하이드롤릭 실린더)과 진공계통(동력 실린더, 동력 피스톤, 릴레이밸브 및 밸브 피스톤, 체크밸브)으로 나누어진다.

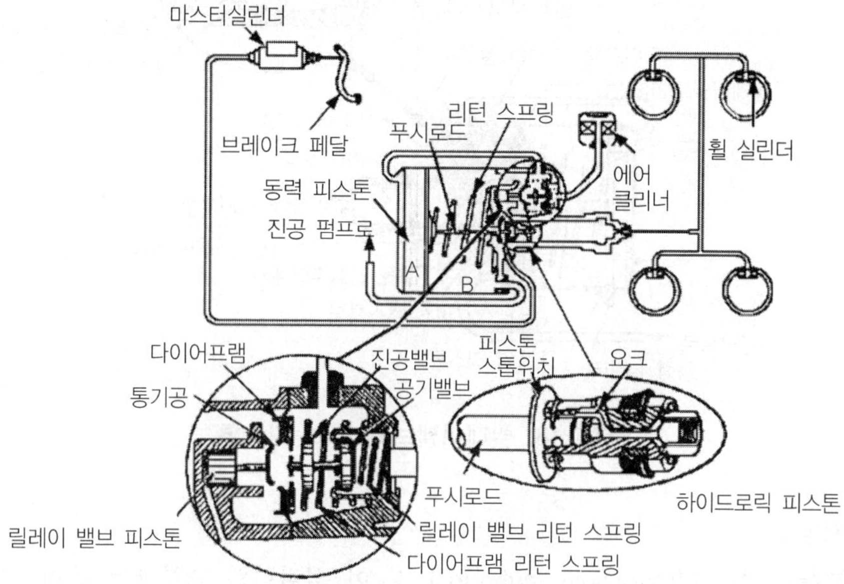

그림 17. 원격 조작형

1) 진공계통

① 동력실린더(power cylinder) : 이 실린더는 강철판을 원형으로 프레스 가공한 것이며, 내부에는 피스톤과 리턴 스프링이 들어 있다.

② 동력 피스톤(power piston) : 이 피스톤은 진공(眞空)과 대기압력의 양쪽(동력 실린더의 A와 B)압력 차이에 의해 작동하며 강력한 유압을 휠 실린더로 보낸다. 동력 피스톤은 2매의 둥근 강철판을 그 둘레사이에 가죽패킹을 끼우고 합친 구조로 되어 있다.

③ 릴레이밸브와 밸브 피스톤 : 이들의 작동은 마스터실린더로부터의 유압에 의해 동력 실린더 A쪽에 진공을 도입하거나 차단하는 일을 한다. 릴레이밸브는 공기밸브와 진공밸브로 되어 있으며, 공기밸브는 스프링에 의해 닫혀진 상태로 설치된다. 진공밸브는 중앙에 밸브 시트를 두고 있는 다이어프램과 상대하는 위치에 있으며 다이어프램은 릴레이 피스톤에 의해 작동한다.

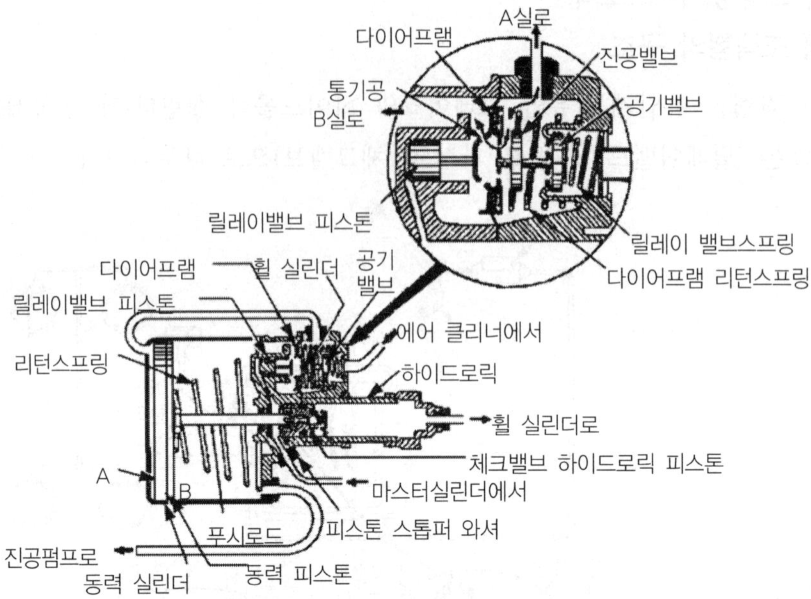

그림 18. 릴레이밸브와 밸브 피스톤

2) 유압계통

① 하이드롤릭 실린더(hydraulic cylinder) : 이 실린더의 내부에는 동력 피스톤 푸시로드에 의해 작동하는 하이드롤릭 피스톤이 있다.

② 하이드롤릭 피스톤(hydraulic piston) : 이 피스톤은 동력 피스톤의 푸시로드 끝에 설치되며 내부에 체크밸브와 요크가 설치되어 있다.

체크밸브는 동력 피스톤이 작동하지 않을 때에는 열려 마스터실린더의 오일이 휠 실린더로 흐를 수 있도록 하고, 동력 피스톤이 작용하여 하이드롤릭 피스톤이 이동하면 요크가 스톱 와셔로부터 떨어지기 때문에 닫힌다. 하이드롤릭 피스톤이 각 휠 실린더로 오일을 압송한다.

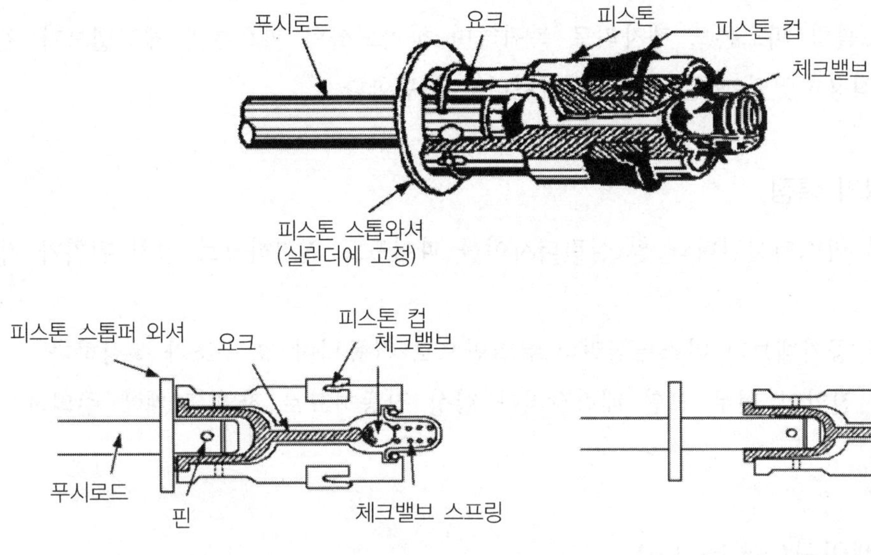

(a) 작동 (b) 작동 중

그림 19. 하이드롤릭 피스톤

(2) 원격 조작형의 작동

1) 브레이크 페달을 밟았을 때

페달을 밟으면 마스터실린더 내의 오일이 하이드롤릭 피스톤의 체크밸브를 거쳐 휠 실린더로 공급되며 이와 동시에 릴레이밸브 피스톤에도 유압이 작동된다. 릴레이밸브 피스톤에 가해지는 유압이 상승하면 피스톤이 이동하여 다이어프램을 사이에 두고 진공 밸브가 닫혀 동력실린더의 A와 B에 진공도입을 차단한다. 다음에 공기밸브가 열려 대기 압력이 동력 실린더 A로 들어온다. 이에 따라 동력 피스톤이 A에서 B로 이동하여 푸시 로드를 거쳐 하이드롤릭 피스톤을 이동시킨다.

하이드롤릭 피스톤이 이동하면 스톱 와셔에 밀착되어 있던 요크가 떨어진다. 이때 체크밸브를 닫아 마스터실린더와 휠 실린더사이의 오일흐름이 차단되고, 하이드롤릭 실린더 내의 오일을 휠 실린더로 보내어 제동작용을 한다.

2) 브레이크 페달을 놓았을 때

페달을 놓으면 릴레이밸브 피스톤에 작동하던 마스터실린더의 유압이 낮아져 피스톤이 다이어프램 스프링에 의해 제자리로 복귀하며, 공기밸브가 닫혀져 대기의 유입을 차단한다. 그 다음 진공밸브가 다이어프램으로부터 떨어져 진공밸브가 열린다.

이에 따라 동력 실린더 양쪽에는 압력차이가 없어져 리턴 스프링의 장력으로 동력 피스톤과 하이드롤릭 피스톤도 제자리로 복귀하며 하이드롤릭 피스톤의 체크밸브가 열려 휠 실린더에 작용하였던 오일이 마스터실린더로 복귀한다.

(3) 원격 조작형의 특징

① 배력장치가 마스터실린더와 휠 실린더사이를 파이프로 연결하므로 설치 위치가 자유롭다.

② 진공밸브와 공기밸브가 마스터실린더 유압만으로 작동되며 그 구조가 복잡하다.

③ 회로 내의 잔압이 너무 크면 배력장치가 항상 작동하므로 잔압 관계에 주의하여야 한다.

2.4. 공기 브레이크(air brake)

엔진에 의해 공기압축기(에어 컴프레서)를 작동시켜 발생한 압축공기(5~7kgf/cm^2)만을 이용하여 제동하는 방식으로 주로 대형 차량에 사용되며 강력한 제동력을 얻을 수 있다.

공기압축기, 공기탱크, 브레이크밸브, 릴레이밸브, 퀵 릴리스밸브, 브레이크 체임버, 체크밸브 등으로 구성되어 구조가 복잡하다. 브레이크페달을 밟으면 브레이크밸브가 작동하여 에어탱크로부터 압축공기는 퀵 릴리스밸브를 거쳐 각 휠마다 장착되어 있는 브레이크 체임버로 보낸다. 이 때 브레이크 체임버 내의 다이어프램은 푸시로드를 밀어 슬랙 어져스터를 움직이면 캠(유압식 브레이크의 휠 실린더에 해당)이 작동하여 슈를 드럼에 압착하여 제동작용을 수행한다.

퀵 릴리스밸브는 브레이크밸브와 브레이크 체임버사이에 장착되어 있으며, 브레이크페달을 놓았을 때 브레이크 체임버 내에 잔류하고 있는 압축공기를 즉시 배출시켜 신속하게 제동작용을 해제하는 역할을 한다.

[1] 공기 브레이크의 장점

① 차량 중량(重量)에 제한을 받지 않는다.

② 공기가 다소 누출되어도 제동성능이 현저하게 저하되지 않는다.

③ 베이퍼 록 발생 염려가 없다.

④ 페달 밟는 양에 따라 제동력이 조절된다(유압식은 페달 밟는 힘에 의해 제동력이 비례한다).

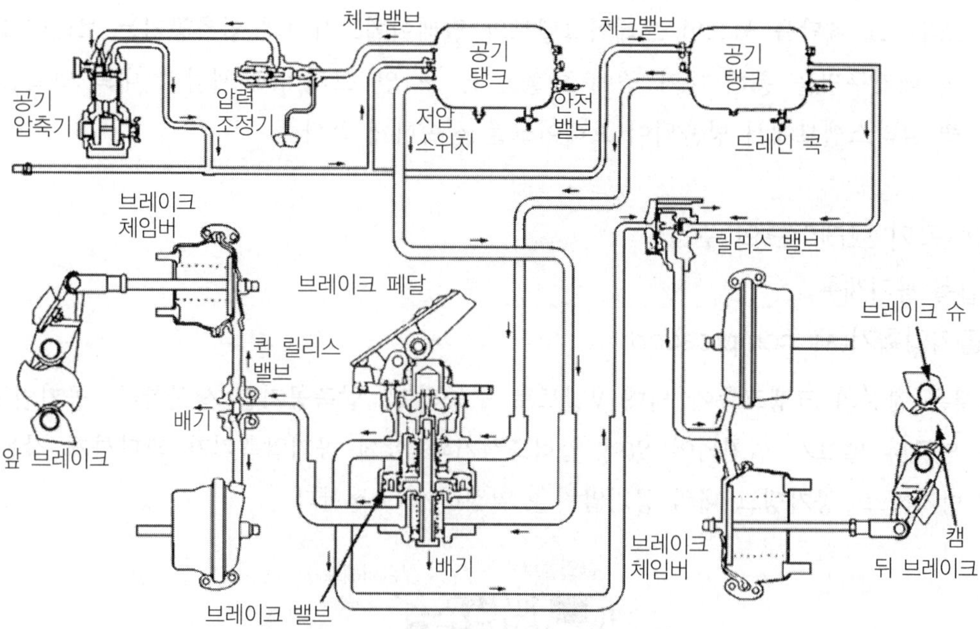

그림 20. 공기 브레이크의 배관 및 구조

[2] 공기 브레이크의 단점

① 공기압축기 구동에 엔진의 출력이 일부 소모된다.

② 구조가 복잡하고 값이 비싸다.

2.4.1. 공기 브레이크의 작동

① 공기 압축기에서 만들어진 압축공기는 체크밸브를 거쳐 공기탱크로 보내지며 이곳에서 저장된다. 공기탱크 내의 공기는 압력조정기의 작용으로 항상 규정압력(5~7kgf/cm^2)을 유지한다.

② 브레이크 페달을 밟으면 압축공기는 그 밟는 정도에 따르는 압력(약 0~7kgf/cm^2)으로 퀵 릴리스밸브를 거쳐 앞 브레이크 체임버에 작용한다. 또 일부는 릴레이밸브에 보내져 릴레이밸브를 작동시킨다. 브레이크밸브에서 릴레이밸브에 보내진 압력과 같은 압력의 공기가 공기탱크에서 직접 뒤 브레이크 체임버로 보내져 브레이크 작용을 한다.

③ 브레이크 체임버에 압축공기가 작용하면 다이어프램에 설치된 푸시로드가 휠 브레이크의 캠(cam)을 돌려 브레이크 슈를 양쪽으로 확장시킨다.

이에 따라 브레이크 슈가 드럼에 압착되어 제동력이 발생한다.

④ 브레이크 페달을 놓으면 브레이크밸브와 릴레이밸브사이의 압축공기는 브레이크밸브의 배기구멍을 통해 대기 중에 방출된다. 또 앞 브레이크 체임버 내의 압축공기는 퀵 릴리스밸브에서 방출되어 브레이크를 신속하게 푼다.

2.4.2. 공기 브레이크의 구조

[1] 압축 공기계통

(1) 공기압축기(air compressor)

이것은 엔진의 크랭크축에 의해 V벨트로 구동되며, 압축공기를 생산한다. 공기입구 쪽에는 언로더 밸브가 설치되어 있어 압력조정기와 함께 공기압축기가 과다하게 작동하는 것을 방지하고, 공기탱크 내의 공기압력을 일정하게 조정한다.

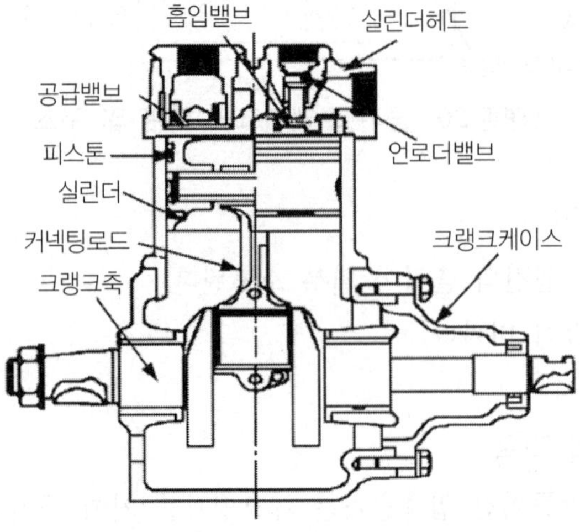

그림 21. 공기압축기의 구조

(2) 압력조정기와 언로더밸브

압력조정기는 공기탱크 내의 압력이 5~7kgf/cm^2 이상 되면 공기탱크에서 공기입구로 들어온 압축공기가 스프링 장력을 이기고 밸브를 밀어 올린다. 이에 따라 압축공기는 공기압축기의 언로더밸브 위쪽에 작동하여 언로더밸브를 내려 밀어 열기 때문에 흡입밸브가 열려 공기압축기 작동이 정지된다. 또 공기탱크 내의 압력이 규정 값 이하가 되면 언로더밸브가 제자리로 복귀되어 공기 압축작용이 다시 시작된다.

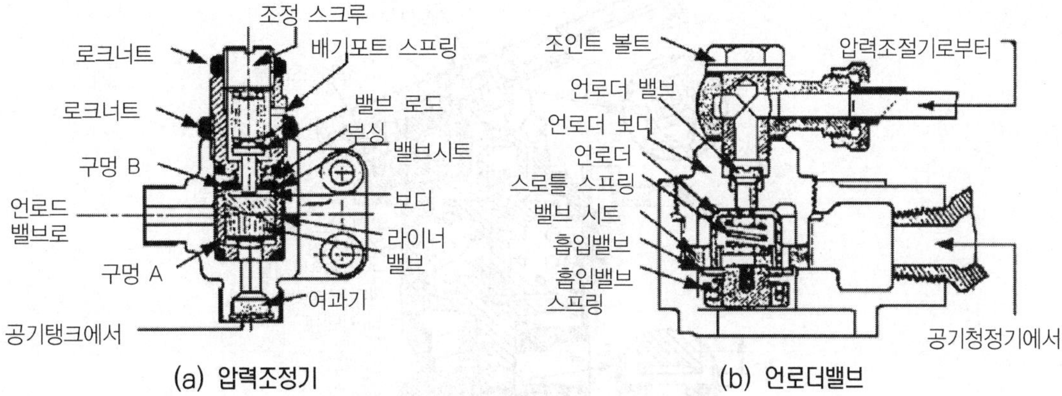

그림 22. 압력조정기와 언로더밸브

(3) 공기탱크

이 탱크는 공기압축기에서 보내 온 압축공기를 저장하며 탱크 내의 공기압력이 규정 값 이상이 되면 공기를 배출시키는 안전밸브와 공기압축기로 공기가 역류하는 것을 방지하는 체크밸브 및 탱크 내의 수분 등을 제거하기 위한 드레인 코크가 있다.

[2] 공기 브레이크의 제동계통

(1) 브레이크밸브(brake valve)

이 밸브는 페달에 의해 개폐되며 페달을 밟는 양에 따라 공기탱크 내의 압축공기를 도입하여 제동력을 조절한다. 즉, 페달을 밟으면 상부의 플런저가 메인스프링을 누르고 배기밸브를 닫은 후 공급밸브를 연다. 이에 따라 공기탱크의 압축공기가 앞 브레이크의 퀵 릴리스밸브 및 뒤 브레이크의 릴레이밸브 그리고 각 브레이크 체임버로 보내져 제동작용을 한다. 그리고 페달을 놓으면 플런저가 제자리로 복귀하여 배기 밸브가 열리며 제동작용을 한 공기를 대기 중으로 배출시킨다.

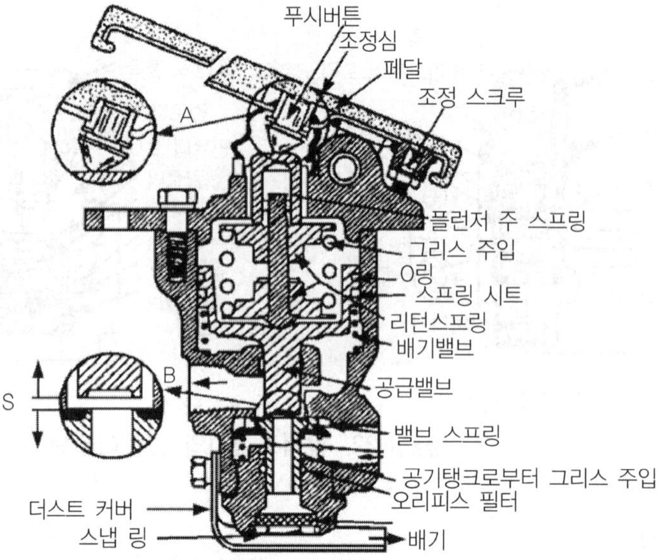

그림 23. 브레이크밸브의 구조

(2) 퀵 릴리스밸브(quick release valve)

이 밸브는 페달을 밟으면 브레이크밸브로부터 압축공기가 입구를 통하여 작동되면 밸브가 열려 앞 브레이크 체임버로 통하는 양쪽 구멍을 연다. 이에 따라 브레이크 체임버에 압축공기가 작동하여 제동된다. 또 페달을 놓으면 브레이크밸브로부터 공기가 배출됨에 따라 입구 압력이 낮아진다. 이에 따라 밸브는 스프링장력에 의해 제자리로 복귀하여 배기구멍을 열고 앞 브레이크 체임버 내의 공기를 신속히 배출시켜 제동을 푼다.

(3) 릴레이밸브(relay valve)

이 밸브는 페달을 밟아 브레이크밸브로부터 공기 압력이 작동하면 다이어프램이 아래쪽으로 내려가 배기밸브를 닫고 공급밸브를 열어 공기탱크 내의 공기를 직접 뒤 브레이크 체임버로 보내어 제동시킨다. 또 페달을 놓아 다이어프램 위에 작동하던 브레이크 밸브로부터의 공기압력이 감소하면 브레이크 체임버 내의 압력이 다이어프램 위에 작동하던 압력보다 커지므로 다이어프램을 위로 밀어 올려 윗부분의 압력과 평행이 될 때까지 밸브를 열고 공기를 배출시켜 신속하게 제동을 푼다.

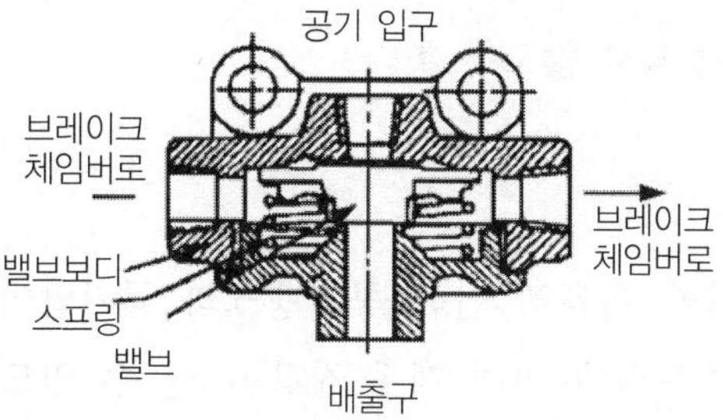

(a) 퀵 릴리스밸브

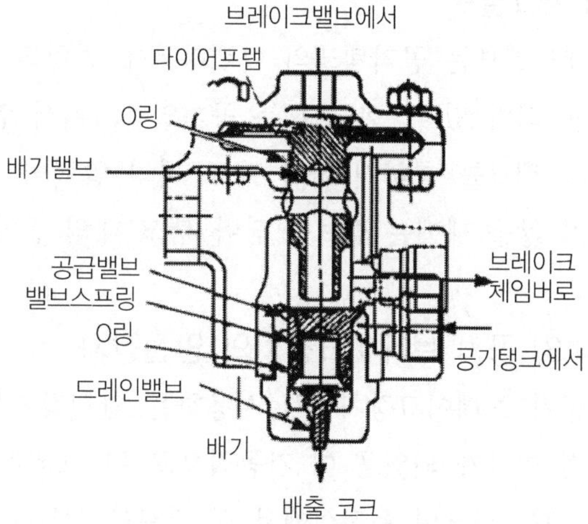

(b) 릴레이밸브

그림 24. 퀵 릴리스밸브와 릴레이밸브

(4) 브레이크 체임버(brake chamber)

브레이크 체임버는 페달을 밟아 브레이크밸브에서 조절된 압축공기가 체임버 내로 유입되면 다이어프램은 스프링을 누르고 이동한다. 이에 따라 푸시로드가 슬랙 조정기를 거쳐 캠을 회전시켜 브레이크 슈가 확장하여 드럼에 압착되어 제동을 한다. 페달을 놓으면 다이어프램이 스프링장력으로 제자리로 복귀하여 제동이 해제된다.

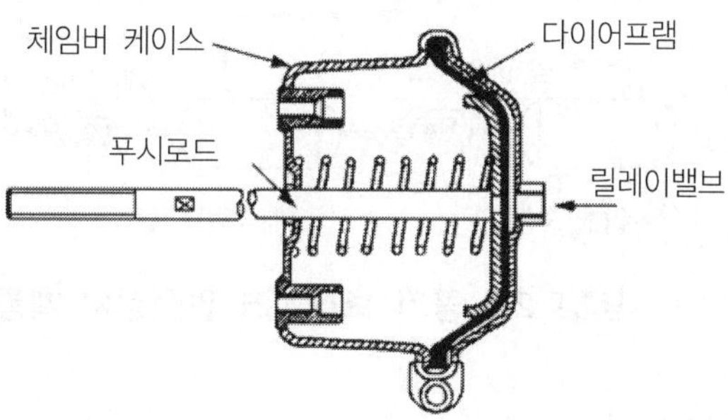

그림 25. 브레이크 체임버의 구조

[3] 저압 표시기

저압 표시기는 공기압력에 의해 작동되는 일종의 스위치이다. 작용하는 공기압력이 낮을 때에는 접점이 닫혀 계기판에 있는 경고등을 점등하고, 공기압력이 높아지면 다이어프램을 밀어 접점이 열린다.

[4] 체크밸브

체크밸브는 공기탱크의 아랫부분에 설치되어 있으며, 체크밸브와 안전밸브의 역할을 겸하게 되어 있다. 이 밸브는 공기압축기에서 압축공기가 보내 질 때에는 열려서 공기 압축기와 탱크를 통하게 하나 탱크 내의 압력이 규정 값이 되어 공기 압축기에서 압축공기가 오지 않을 때에는 밸브를 닫아 탱크 내의 공기가 누출되지 않도록 한다.

2.4.3. 공기 브레이크장치의 안전장치

공기 브레이크장치에서 사용하는 안전장치는 어떠한 이유로 인해 공기탱크의 공기압이 규정 이하가 되었을 때 자동적으로 뒤 브레이크가 스프링에 의해 제동 작용을 할 수 있도록 되어 있으며 운전석에서 캡 컨트롤밸브(cab control valve)의 손잡이를 밀어 넣어 작용시키며 주차 브레이크로도 사용할 수 있다.

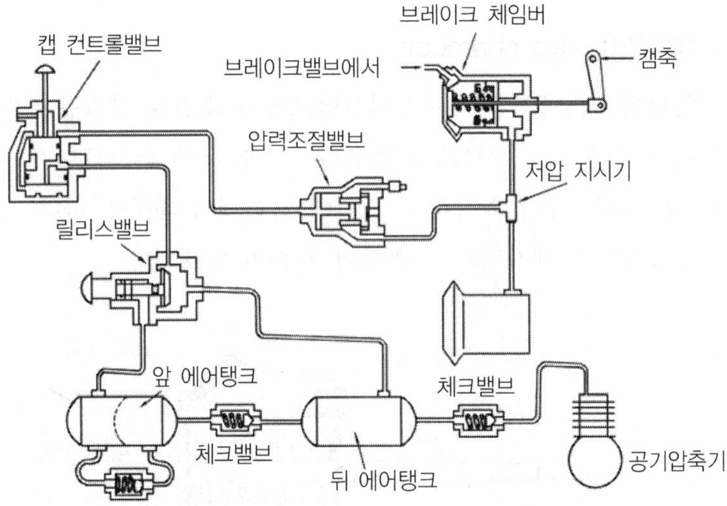

그림 26. 공기 브레이크 안전장치 계통

2.5. 주차 브레이크(parking brake)

주차 브레이크는 뒷바퀴에만 작동되며 후륜을 직접 제동하는 뒷바퀴 제동식(중·소형 자동차 등에 주로 사용)과 추진축(프로펠러 샤프트)에 장착되어 좌우 구동 휠을 제동하는 중앙 제동식(대형 버스, 트럭 등에 주로 사용)으로 크게 나눌 수 있다. 두 방법 모두 와이어로 작동하는 기계식이다.

그림 27. 주차브레이크

주차 브레이크는 손으로 조작하는 레버식과 발을 이용해 조작하는 페달식, 손가락으로 조작하여 출발시 자동해제 되는 전자식 주차 브레이크가 있으며, 사이드 브레이크의 답력은 풋브레이크의 10% 정도이다.

2.5.1. 후륜이 드럼식인 경우

주차 브레이크 레버는 슈와 피벗 핀(pivot pin)으로 조립되어 있으며 그 아래에 주차 브레이크 케이블이 연결되어있다. 주차 브레이크 레버를 당기면 브레이크 슈 레버가 당겨지면서 슈 스트럿에 의해 힘이 전달되고 좌우 라이닝이 벌어지면서 슈를 드럼에 밀어 제동이 된다.

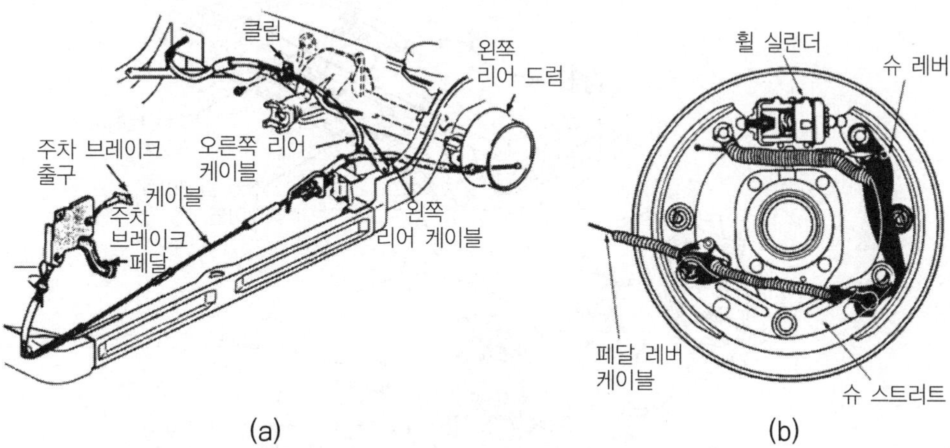

그림 28. 페달식 주차브레이크

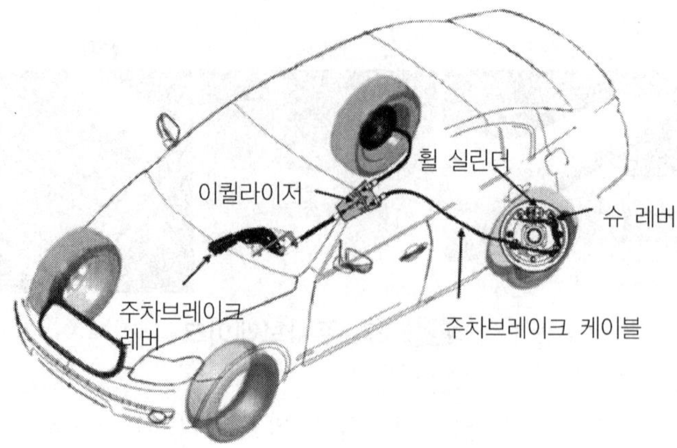

그림 29. 레버식 주차브레이크

2.5.2. 후륜이 디스크식인 경우

디스크에 유압방식으로 작동을 하고 디스크 뒤에 주차용 브레이크 케이블과 연결된 드럼식의 브레이크가 별도로 더 장착되어 있다. 이 방식은 풋 브레이크용과 주차용 브레이크 라이닝이 틀리나 주차 브레이크 제동장치의 작동원리는 드럼식과 동일하다.

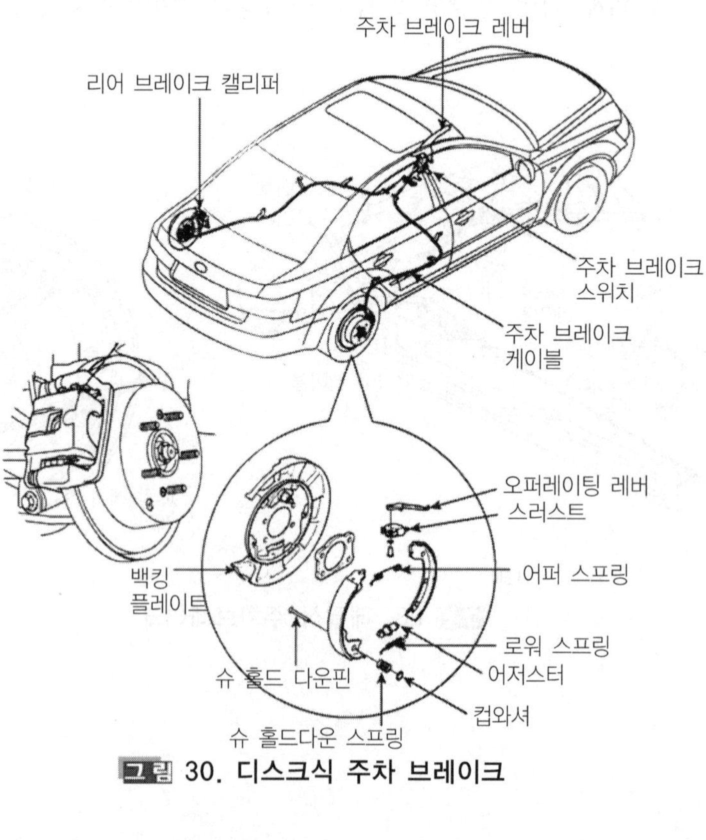

그림 30. 디스크식 주차 브레이크

2.5.3. 중앙 제동식(center brake type)

센터 브레이크식은 추진축(프로펠러 샤프트)에 장착되어 있는 드럼과 슈를 압착하여 제동작용을 하는 형식으로 주로 2.5톤 이상의 중·대형 자동차 등에 사용되며 본체의 형식에 따라 외부 수축식과 내부 확장식이 있다.

내부 확장식은 레버를 당기면 조작력이 케이블을 거쳐 캠 샤프트 레버에 전달되고, 이때 캠이 작동하여 슈를 드럼에 압착하므로써 제동작용을 한다. 내부 확장식은 외부 수축식에 비하여 마찰부분에 수분이나 분진이 잘 부착하지 않기 때문에 안정된 제동력을 얻을 수 있는 이점이 있다.

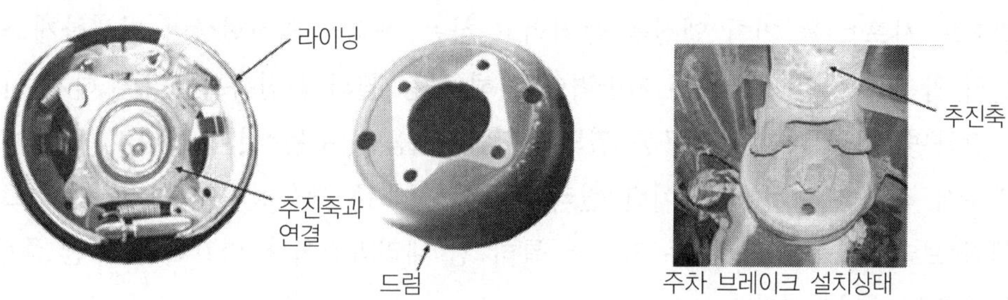

그림 31. 내부 확장식 주차 브레이크

외부 수축식은 브레이크 레버를 잡아당겨 브레이크 밴드로 드럼을 조여 제동력을 발생시킨다. 레버를 잡아당기면 로드가 당겨지고, 작동 캠의 작용으로 밴드가 수축해 드럼을 조여 제동이 된다. 레버에는 래칫이 있어 주차 상태를 유지시켜 준다.

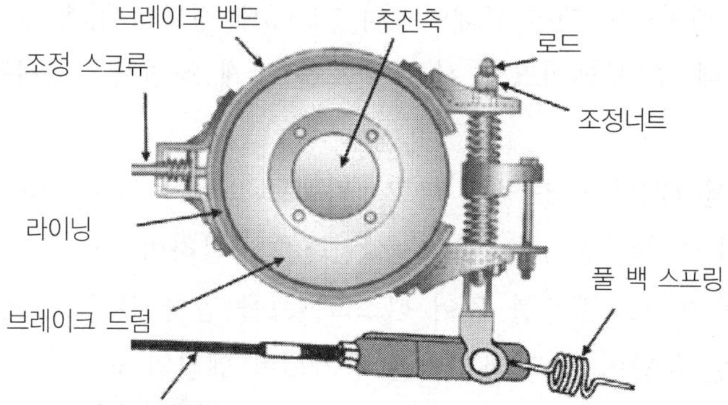

그림 32. 외부 수축식 주차브레이크

2.6. 보조 브레이크(retard brake)

2.6.1. 엔진 브레이크(engine brake)

주행 중 클러치 페달을 밟지 않고 가속페달을 놓으면 자동차의 속도는 감소할 것이며, 계속해서 변속기어를 고속기어에서 저속기어로 변환한다면 차속은 더더욱 감소할 것이다. 이러한 작용을 엔진 브레이크라 부르고 있는 데, 운전자가 가속페달에서 발을 떼고 변속기어를 고단에서 저단으로 변환하게 되면 주행관성에 의해 구동 휠의 회전속도는 아직 감소되지 않은 상태에서 엔진의 회전속도는 상당히 감소되어, 구동 휠 쪽의 동력의 크기가 엔진 쪽의 그 것보다 더 크게 되는 현상이 발생하게 된다.

따라서 엔진이 구동 휠을 회전시키는 것이 아니고, 구동 휠이 추진축(FF자동차의 경우는 드라이브 샤프트)를 거쳐 엔진을 돌리려고 하는 동력의 역전현상이 발생하게 되며, 이때 엔진의 압축행정 시 발생하는 저항력에 의해 구동 휠의 회전속도가 감소하게 된다.

다시 말하면 엔진의 회전이 구동 휠의 회전에 도움을 주는 것이 아니라 오히려 방해하는 요소로서 작용하는 것이다. 이런 원리를 이용하여 주 제동장치를 보호하는 보조수단으로서 엔진 브레이크를 활용할 수 있으며 특히 긴 내리막길이나 미끄러운 노면 주행 시 사용하면 상당히 효과적이다.

2.6.2. 배기 브레이크(exhaust brake)

배기관 내에 디스크밸브를 설치한 방식으로 제동시 이 밸브를 닫으면 배기관내의 압력이 높아진다. 배기관 내의 압력은 배기밸브 스프링의 힘과 평형이 될 때까지 상승하게 되며, 이 배기압은 엔진의 피스톤 작동을 둔화시키는 역할을 한다. 따라서 배기 브레이크는 엔진 브레이크의 효과를 높여 주는 감속장치이다.

일반적으로 배기 브레이크는 엔진 브레이크의 1.5~2배 정도의 감속효과를 얻을 수 있어 긴 경사로를 내려갈 때 주 브레이크의 사용 빈도를 작게 하면서 큰 제동효과를 얻을 수 있다.

작동은 배기스위치를 ON하면 3-방향 마그네틱밸브(3-way magnetic valve)가 작동하여 에어탱크에 저장되어 있는 공기를 컨트롤 실린더에 공급하며, 이 공기는 컨트롤 실린더 내 리턴스프링의 힘을 이기고 로드를 밀어 디스크밸브를 닫아 흡기 및 배기통로를 차단시킨다. 따라서 흡입압은 부압이 되고 배기압은 증가되어 엔진의 작동이 둔화되어 제동효과를 높여 준다. 또 브레이크 스위치를 OFF시키면 밸브에 전류가 차단되어 컨트롤 실린더 내의 공기는 대기 중으로 방출되어 디스크밸브를 열어 준다.

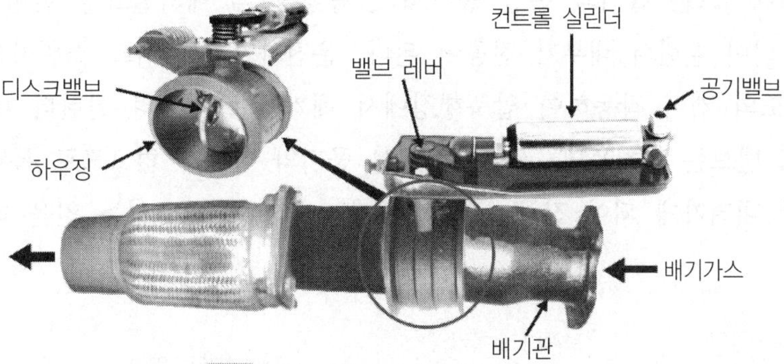

그림 33. 배기 브레이크

한편 가속페달과 클러치 페달에 있는 가속 스위치와 클러치 스위치는 각각 페달을 놓으면 전류회로가 연결되고 밟으면 차단시키도록 되어 있다. 따라서 배기 브레이크가 작동하고 있는 중 가속이나 변속을 위하여 액셀러레이터 페달이나 클러치 페달을 밟으면 가속 스위치 또는 클러치 스위치가 OFF되어 솔레노이드밸브로의 전류를 차단시킴으로써 배기 브레이크의 작용을 자동적으로 해제시킨다.

2.6.3. 리타더 브레이크(retarder brake)

리타더 브레이크는 유체저항, 전기저항을 이용한 보조 제동장치로 자석의 끌어당기는 힘을 이용해 엔진의 출력축을 잡아주는 전자식, 유체의 마찰 에너지를 열에너지로 전환하는 유체식으로 구분한다. 바퀴가 아닌 변속기 끝단에 달려 감속을 조절하는 브레이크이다. 전기자동차에서 사용하는 회생제동과 비슷한 개념으로 전기차에서는 운동 에너지가 전기 에너지로 바뀌어지고, 리타더에서는 재활용되지 못하고 열에너지로 버려진다.

그림 34. 리타더 브레이크

2.6.4. 제이크 브레이크(jake brake)

제이크 브레이크는 흡기와 폭발 중간의 압축행정 때 배기밸브를 한번 더 열어 공기가 강제로 배출되어 실린더 내부가 진공이 된다. 운전자가 브레이크 스위치를 켜면 브레이크를 위한 별도의 캠이 작동하여 압축행정에서 배기밸브가 열려 실린더 내부에 공기가 다 빠져 나가고 밸브는 닫히는데, 폭발행정에서 공기와 연료가 없으므로 폭발이 일어나지 않고 피스톤만 내려가게 되어 진공 상태가 된다. 엔진은 필요 없는 일을 하고 결국 속도가 줄게 된다.

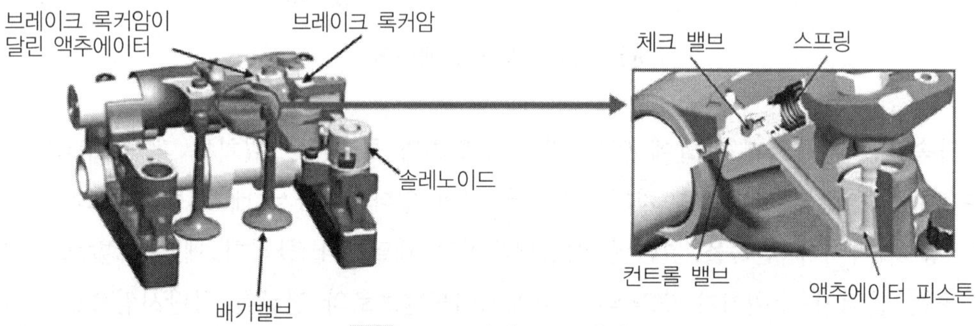

그림 35. 제이크 브레이크

2.7. 브레이크 안전장치

제동장치는 자동차의 안전상 매우 중요한 장치이기 때문에 여러 가지 안전장치가 개발 장착되고 있다.

2.7.1. 액면 경고장치(oil level warning switch)

액면 경고장치는 마스터실린더의 오일탱크 내 오일의 액면이 일정한계 보다 내려가면 리드 스위치에 의해 전기적으로 연결되어 계기판(instrument panel) 내의 경고등을 점등시키는 장치이다.

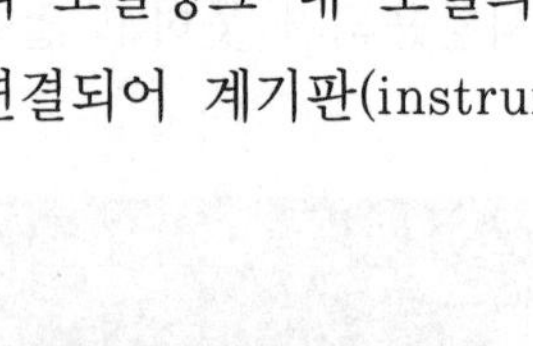

그림 36. 브레이크 경고등

또한 이 램프는 주차 브레이크를 사용할 때도 점등되는 구조로 되어 있기 때문에 주차 브레이크를 풀었는데도 계속 점등되어 있으면 브레이크 계통(패드/라이닝의 마모상태, 브레이크 오일레벨 등)을 점검해야 한다.

2.7.2. 브레이크회로 배관방식

안전상의 이유 때문에 2회로 브레이크를 사용한다. 회로 배관방식은 여러 가지가 있을 수 있다. 대체적으로 많이 사용되는 형식은 다음과 같다.

[1] 앞・뒤축 분배식(front・rear axle split)

앞 차축과 뒤차축의 브레이크회로가 각각 독립되어 있다. 예를 들면 앞차축회로가 고장일 경우에도 뒤차축회로는 제동능력을 유지한다. 물론 그 반대도 성립한다. 이 방식에 계단식 탠덤 마스터실린더를 사용하면 뒤차축의 제동력 조절밸브를 생략할 수 있으며, 또 한 회로가 고장일 경우에도 페달 답력을 증가시키지 않고도 나머지 한 회로의 유압을 증가시킬 수 있다. 이 방식은 모든 차륜에 드럼 또는 디스크 브레이크일 경우 그리고 앞 차축에 디스크 브레이크, 뒤 차축에 드럼 브레이크일 경우에 사용할 수 있다. 제동력의 배분은 앞 차축에 70%, 뒤 차축에 30% 정도가 대부분이다.

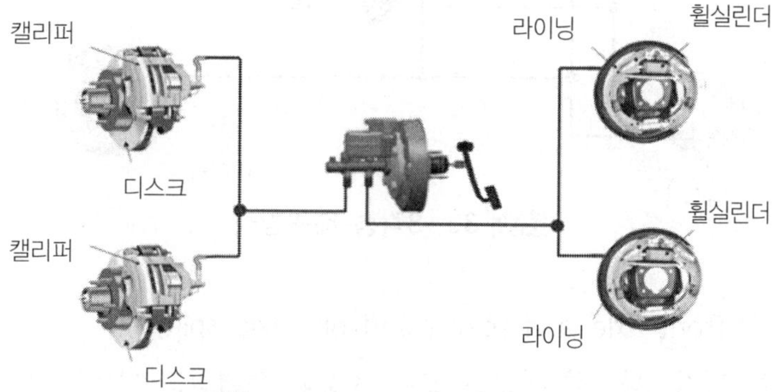

그림 37. 앞・뒤차축 배관방식

[2] X형 배관방식

전륜과 후륜을 각기 하나씩 X형으로 연결한 방식이다. 전륜 구동방식(FF) 자동차에서 부(−)의 킹핀 오프셋인 경우 주로 이 형식을 사용한다. 회로 당 제동력 배분은 50% : 50%가 된다.

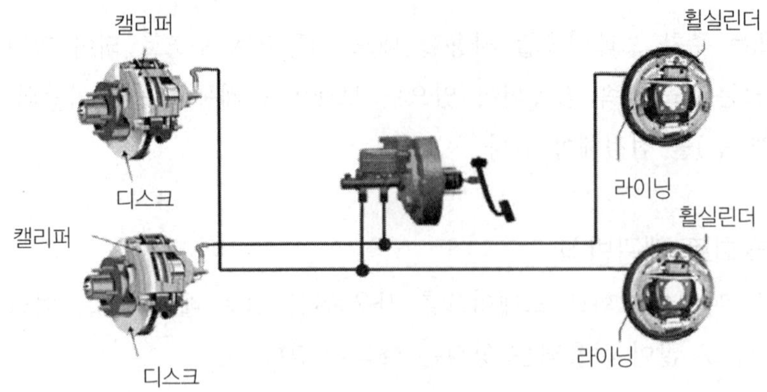

그림 38. X형 배관방식

[3] 3각형 배관방식(front axle and rear wheel)

앞 차축 좌·우륜과 뒤차축의 어느 한쪽 차륜을 연결한 형식이다. 한 회로가 고장일 경우에 최소한 50%의 제동력을 유지할 수 있으며 전륜에는 항상 좌·우 균일한 제동력이 작용한다.

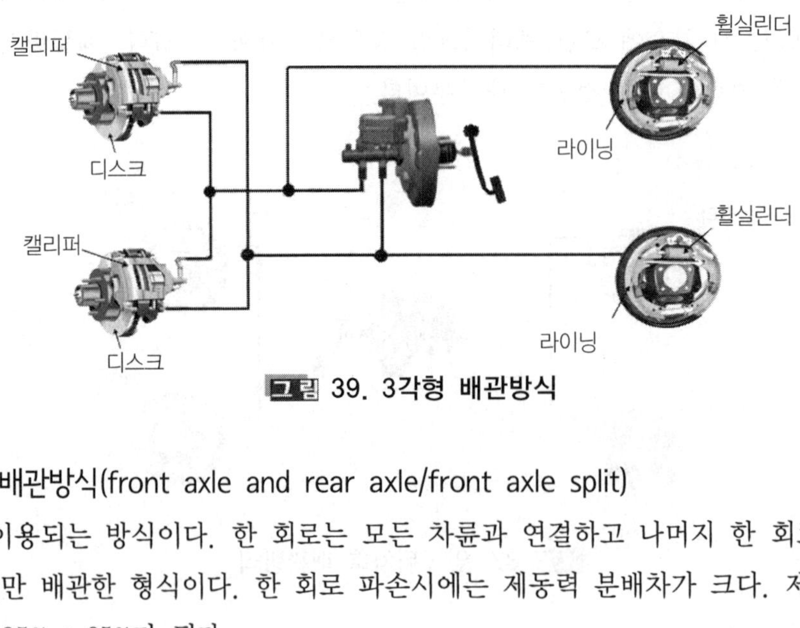

그림 39. 3각형 배관방식

[4] 4-2형 배관방식(front axle and rear axle/front axle split)

드물게 이용되는 방식이다. 한 회로는 모든 차륜과 연결하고 나머지 한 회로는 앞 차축 좌·우륜에만 배관한 형식이다. 한 회로 파손시에는 제동력 분배차가 크다. 제동력 배분은 예를 들면 35% : 65%가 된다.

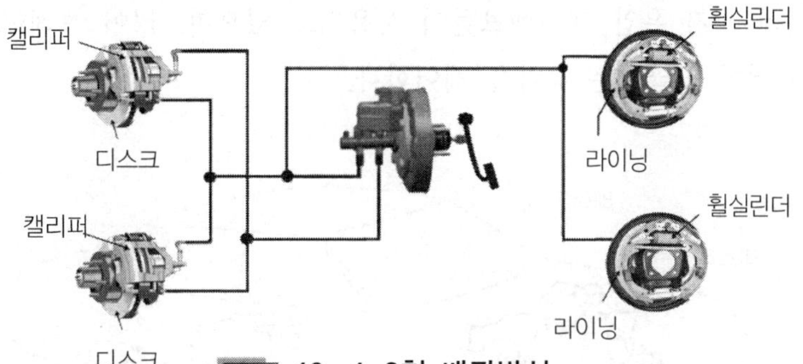

그림 40. 4-2형 배관방식

[5] 4-4형 배관방식(all wheel/all wheel split)

회로마다 각각 모든 차륜을 연결한 형식으로서 각 차륜에는 2개의 브레이크회로가 독립적으로 갖추어져 있다. 이상적이지만 고가이다. 제동력 배분은 50% : 50%이다. 그리고 한 회로가 파손되더라도 나머지 회로에는 최소한 50%의 제동력이 좌・우 차륜에 균일하게 작용한다.

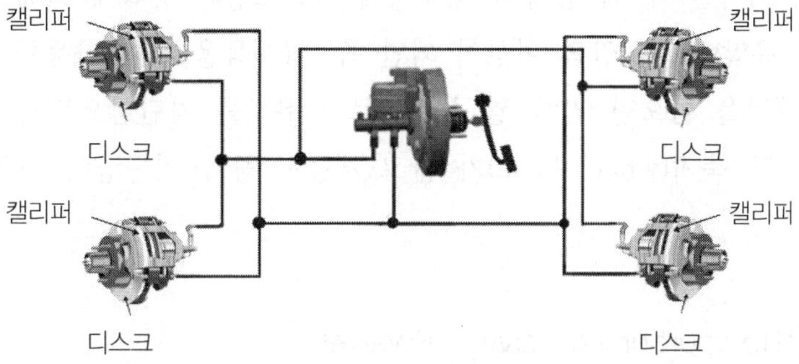

그림 41. 4-4형 배관방식

2.7.3. 기계식 안티 스키드장치(anti-skid brake system)

자동차는 주행 중 제동을 하면 중심이 전방으로 이동하여 전륜하중이 증가하고 반대로 후륜하중은 감소하며, 급제동시에는 더욱 심해진다. 이 때 전륜과 후륜의 제동력을 동일하게 하면 후륜은 전륜보다 먼저 잠김(로크, lock)되어 턴스핀 현상(급제동시 자동차의 후부가 미끄러지면서 옆으로 돌아가는 현상)이 발생되어 매우 위험하다. 따라서 제동시 후륜측에서 전륜측으로 하중이 이동된 만큼 후륜의 휠 실린더에 작용하는 유압을 감소시켜 주어야 한다.

이러한 장치를 기계식 안티스키드장치(ABS, anti-skid brake system)라 하며 메이커와 차종에 따라 여러 가지 유압 제어밸브들이 사용되고 있으며, 리어 브레이크계통에 장착하여 리어 휠 실린더에 공급되는 유압을 제어한다.

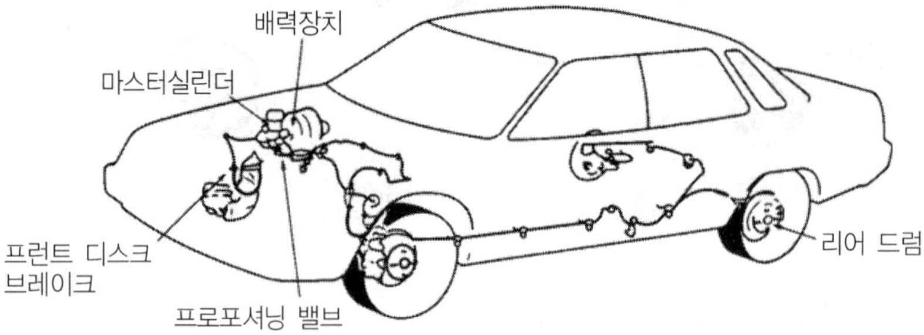

그림 42. 기계식 안티스키드장치(ABS)의 유압계통

[1] 리미팅밸브(limiting valve)

마스터실린더로부터 입력되는 압력이 일정치 이상에 달하면 후륜측에 작용하는 압력이 더 이상 상승하지 않도록 제한하는 밸브이다.

작동은 일정압력 이하일 때 즉 통상의 제동시에는 스프링의 장력에 의해 피스톤을 위로 밀어 열려 있다가, 유압이 일정압력 이상이 되면 즉, 급제동을 하여 자동차가 앞으로 쏠릴 정도로 브레이크 페달을 밟으면 리어 휠 실린더로의 유로를 차단함으로써 유압상승을 제한한다. 이 형은 주로 축거(wheel base)가 짧고 제동시 중량 이동량이 적은 소형 승용차에 사용된다.

[2] 프로포셔닝 밸브(proportioning valve : P-valve)

제동시 자동차의 제동력은 관성력에 의해 무게 중심이 전방으로 이동하여 전륜의 하중은 증가하고 후륜의 하중은 감소하는 현상을 나타낸다. 이 현상은 브레이크 조작시 감속도가 큰 만큼 하중이 변동이 크게 되어 타이어의 잠김(로크)현상이 발생하기 쉽다.

제동시에 타이어가 잠기게 되면 바퀴가 미끄러지는 현상(skid)이 발생되고, 또한 마찰력이 감소하여 방향성을 상실하게 된다. 따라서 제동성능의 저하는 물론 조종 안정성까지 불안정해지는 것이다. 제동시 후륜측에서 전륜측으로 하중이 이동된 만큼 후륜의 휠 실린더에 작용하는 유압을 감소시켜 타이어의 잠김현상을 방지하는 유압장치가 프로포셔닝 밸브이다.

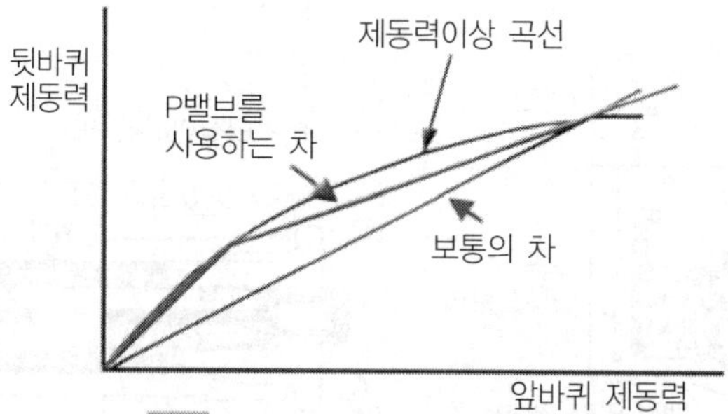

그림 43. 프로포셔닝밸브의 역할

(1) 프로 포셔닝밸브의 종류

① 프로포셔닝밸브

② 듀얼 프로포셔닝밸브

③ 로드 센싱 프로 포셔닝밸브

[3] 듀얼 프로포셔닝밸브

브레이크 페달을 밟으면 전륜 측으로는 마스터실린더의 유압이 그대로 휠 실린더로 유입되어 제동작용을 하지만, 후륜 측에는 마스터실린더로부터의 유압을 듀얼 프로포셔닝 밸브(DPCV)가 감압시켜 후륜측으로 공급한다. DPCV는 대각선 분할형에서 한쪽 계통 결함 시 전·후륜 휠 실린더에 동일한 유압을 공급하여 제동력이 완벽하며 편제동 현상이 일어나지 않는 장점이 있다.

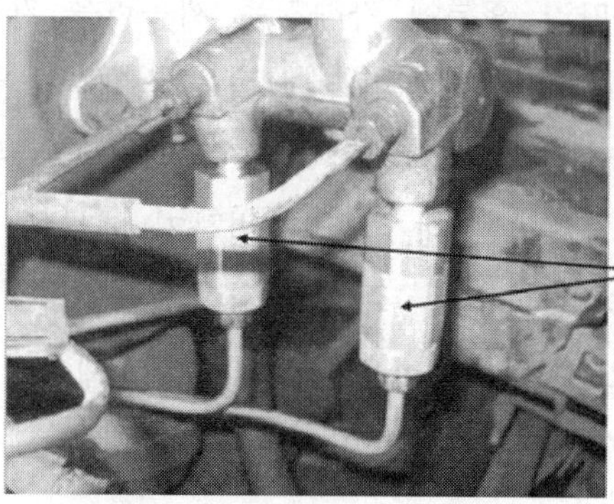

그림 44. 프로포셔닝밸브의 위치

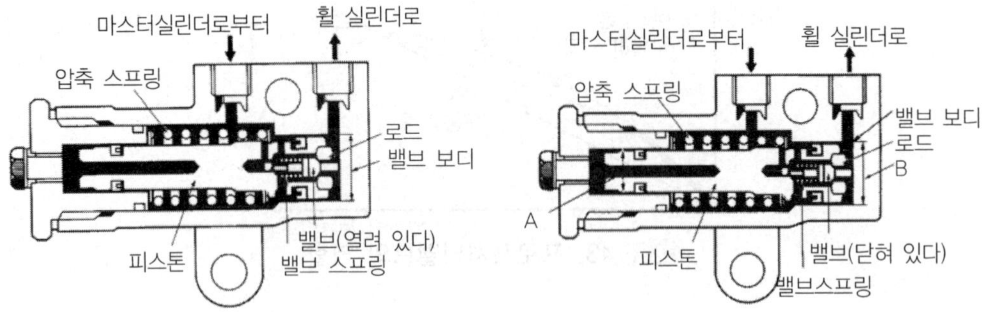

(b) 구조 (c) 작동

그림 45. 프로포셔닝밸브의 구조와 작동

[4] 로드 센싱 프로포셔닝밸브(load sensing proportioning valve : LSPV)

하중감지 비례밸브로 통상 현장에서는 안전밸브라고 한다. 운전자가 제동을 하여 전후륜에 동일한 제동력이 가해지면 무게중심이 앞으로 쏠리면서 후륜은 쉽게 잠기게 되어 바퀴가 노면에서 미끄러지게 된다. 미끄러지기 시작하면 바퀴의 노면 마찰력이 급속도로 떨어져 차량 뒷부분이 전방을 향하여 옆으로 쏠리면서 조향성 확보가 불가능해지면서 차량이 중심을 잃게 되며 마주 오는 차량이나 뒤따르는 차량과 충돌을 하게 된다.

이러한 현상을 방지하기 위해서 후륜에는 제동력을 대폭 감소시켜서 작동되게 하는데 승용차는 브레이크 액압비례에 의한 프로포셔닝 밸브를 두지만 화물차는 짐이라는 변수가 존재하므로 짐을 실었을 경우에 승용차 타입의 프로포셔닝 밸브는 후륜에 충분한 제동력 확보가 어려우므로 적재량에 따라 후륜에 가해지는 제동력을 가감하는 장치를 두는데 이것이 LSPV이다. LSPV는 후륜측의 유압제어 개시점을 적재하중에 따라 변화하도록 한 형식으로 밸브는 프레임에 고정되어 있으며 센서 스프링의 끝단은 뒤 차축에 장착되어 있다.

적재량에 따라 프레임과 뒤차축의 상대 위치가 변하기 때문에 레버가 밸브 스템에 작용하는 힘도 그 상대위치에 따라 변화한다. 즉 공차시에는 센서 스프링이 비교적 약한 힘으로 밸브 스템을 누르므로 유압제어 개시점은 낮아지고, 적재량이 증가할수록 밸브 스템을 누르는 힘이 커지므로 유압제어 개시점은 높아진다.

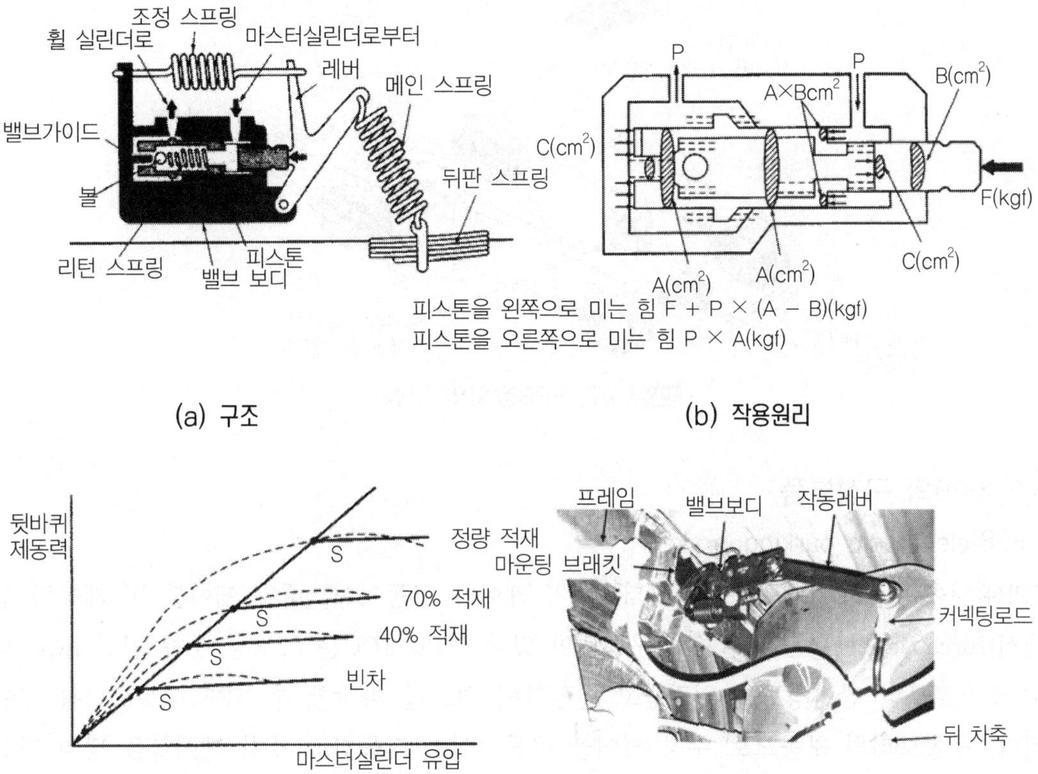

그림 46. 로드센싱 프로포셔닝밸브

2.8. 전자 주차 브레이크(EPB : electronic parking brake)

2.8.1. 전자 주차 브레이크(EPB)의 개요

현재 대부분의 주차 브레이크장치는 운전자에 의해 주차 브레이크 페달을 밟거나 레버를 당겨서 자동차를 안정화시킨다. 그러나 EPB장치(electronic parking brake)는 간단한 스위치 조작으로 운전자의 수동조작 모드 및 각종 ECU 등과 연계하여 자동으로 주차브레이크를 작동시키거나 풀어주고 긴급한 상황에서는 제동 안정성을 확보할 수 있도록 구성된 주차 브레이크장치이다. 또 EPB장치는 도로 구배 및 주행조건에 따라 주차케이블의 장력이 내부센서의 작용으로 자동 조정되므로 케이블 장력조정 등이 불필요하게 되었으며, EPB장치의 고장이 발생해 주행이 불가능 할 경우 해제 레버를 조작하여 주행이 가능하도록 하는 안전장치가 구성되어 있다.

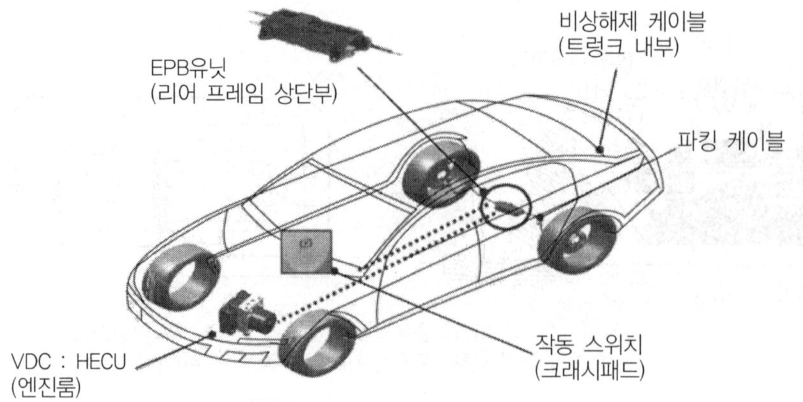

그림 47. EPB장치의 구성

2.8.2. EPB의 구성부품

[1] EPB(electronic parking brake)

EPB유닛에는 EPB ECU, 구동 모터, 주차 케이블 구동기어, 주차 케이블 및 제동력 검출센서(force sensor) 등이 일체로 구성되어 있다. EPB ECU는 CAN을 통해 엔진 ECU 및 TCU 등으로부터 관련정보를 입력받고 운전자의 의도를 파악한 후 EPB 구동모터를 구동시킨다. 구동모터의 구동으로 주차 케이블 구동기어가 작동하고 주차 케이블을 당겨 자동차의 자유이동을 방지한다. 이때 주차 케이블의 장력은 제동력 검출센서(force sensor)가 검출해 자동차의 조건 및 경사도에 따라 적절한 제동력이 가해지도록 제어하여 주차 케이블의 내구성 향상 및 간극조정 등의 영향을 받지 않도록 한다.

또 EPB장치의 고장으로 주차 브레이크가 전기적으로 해제되지 않을 경우 비상 해제 케이블을 당김(200N)으로 주행성을 확보하도록 하였으며, EPB장치의 고장발생 때 진단 커넥터의 CAN라인을 통해 진단장비와 통신하도록 되어 있다.

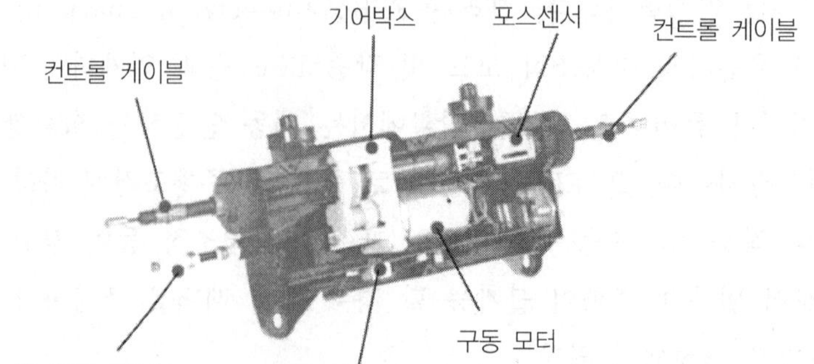

그림 48. EPB어셈블리

[2] EPB 스위치

EPB스위치는 수동 주차 브레이크 모드 및 비상모드(다이내믹 모드) 작동 때 사용되는 중요한 스위치이며, 장치의 안전성을 위해 2중 구조로 구성되어 있다. 2개의 접점이 정상적으로 입력되어야만 EPB유닛이 작동하도록 되어있다. 만약, 2개의 스위치 접점이 비정상적으로 입력되면 EPB유닛은 결함으로 인식하고 결함코드를 저장하게 된다.

그림 49. EPB스위치

[3] 자동 주차(auto park)스위치

자동 주차스위치는 자동 주차모드의 설정 및 해제에 사용되는 스위치로 한번 누르면 설정되고 다시 한번 더 누르면 해제되는 셀프 리턴(self return)형식이다. 이 스위치는 단일 구조의 아날로그방식으로 스위치 작동신호는 먼저 계기판으로 입력되고 다시 계기판은 이 신호를 CAN라인을 통해 EPB 유닛으로 전달한다.

2.8.3. EPB제어 기능

[1] 수동 주차 브레이크 모드

이 기능은 주행속도 3km/h 이하에서 EPB스위치의 조작으로 작동 및 해제가 가능하며, 해제를 위해서는 브레이크페달을 밟고 점화스위치 ON상태에서만 가능하다. 만약, 수동 주차 브레이크 모드가 설정되었다면 EPB유닛은 엔진 ECU로 부터 가속페달을 밟은 정도 및 엔진 회전력 등을 CAN을 통해 전달받아 운전자가 가속페달을 조작 때 자동으로 주차 브레이크를 해제하도록 설정되어 있다. 또 변속레버가 “D 또는 R” 레인지일 경우 자동차의 경사도에 따라 체결력이 결정되며, “P 또는 N” 위치일 경우는 최대 작동력으로 작동된다.

자동차의 경사도는 EPB 유닛 내부에 적용된 G-센서에 의해 경사도를 인식한다. 특히 “D 또는 R” 레인지일 경우 경사로에서 화물 등을 운반 및 적차할 때 안전성을 기하기 위해 EPB스위치를 한번 더 누르면 최대 작동력으로 전환된다.

[2] 비상모드(다이내믹 모드)

비상모드는 비상모드로 주행(3km/h 이상) 중 브레이크 페달을 조작하기 힘든 상황(브레이크 페달사이에 병 같은 이물질 삽입 또는 갑작스런 다리 마비 등)일 경우, 주행속도를 최대한 감속시켜 제동 안정성을 확보하기 위한 모드이며, EPB스위치를 차종별로 계속 누르고 있어야 작동되는 경우가 있고 반대로 계속 잡아당겨야 작동이 되는 차량이 있다.

VDS를 설치한 경우에는 자동차 정지 직전(3km/h 이상)까지는 VDC의 브레이크장치가 작동하고 정지 순간(3km/h 이하)에는 EPB장치가 작동해 주차 브레이크를 작동시킨다. VDC가 고장난 경우나 ABS사양의 경우는 주행상태에서 정지시점 및 정지순간까지 모든 사항을 EPB가 직접 제어한다. 비상모드가 작동 중 일 때는 제동등이 점등되지 않으므로 주의해야 하며, 빈번한 작동 때 주차 브레이크 라이닝에 결함이 발생되므로 꼭 필요한 비상 상황이 아니면 사용하지 말아야 한다. 비상모드 작동 중에는 관련 표시등이 점멸하고 단속 경고음이 울려 운전자에게 인지시켜 준다.

[3] 자동 주차모드(auto hold 모드)

자동 주차모드는 자동 주차스위치의 조작으로 작동 및 해제가 가능하다. 즉 스위치를 한번 누르면 설정되고 한번 더 누르면 해제된다. 수동 주차브레이크 모드는 EPB 스위치를 작동한 후 다시 주행하게 되면 수동 주차브레이크 모드가 해제되지만 자동 주차모드에서는 “AUTO HOLD스위치”를 한번 누르게 되면 자동차가 정지한 상태(브레이크 페달을 2초 이상 계속 밟을 경우)에서 항상 주차브레이크가 체결되도록 한 모드이다. 또 자동주차모드에서도 자동차의 경사 정도에 따라 EPB 작동력이 자동으로 조절되며, 가속페달을 밟은 정도를 연산하여 출발 때 자동으로 주차 브레이크가 풀리도록 설정되어 있다.

[4] 점화스위치를 분리 때의 자동 주차모드

EPB스위치 및 AUTO HOLD 스위치와 무관하게 엔진의 가동을 정지시키고 점화스위치를 빼면 자동적으로 주차 브레이크가 작동하는 모드로 15초 동안 경고등이 점등되어 주차 브레이크가 체결되었음을 알려주고 소등된다.

이때 EPB의 체결력은 최대가 되고 안전상 3km/h 이하에서 작동하도록 설정되어 있으므로 주차 브레이크가 체결되기 전까지는 브레이크 페달을 밟도록 해야 한다.

혼잡한 주차장에서 2열 주차 등을 할 경우 다른 사람에 의해 자동차를 움직일 수 있도록 하기 위해 이 모드를 해제할 필요가 있다. 이때는 점화스위치를 분리하기 전 각종 표시등이 소등된 상태에서 EPB스위치 아래쪽(OFF부위)을 한번 누르고 키를 3초 이내에 분리하면 주차 브레이크가 체결되지 않는다.

[5] 엔진의 작동을 정지 때 EPB 작동모드

자동차가 출발하려는 순간 예기치 않은 상황으로 엔진의 가동이 멈추었을 때 EPB장치는 안전모드(safety mode)로 자동으로 주차 브레이크를 작동시킨다. 이 모드는 점화스위치 ON상태에서 주행속도 3km/h 이하 일 때 작동하며 경고등이 점등된다.

[6] EPB고장 및 EPB 고장일 때 관련 스위치 조작 때

EPB장치 고장(CAN통신 이상 포함) 일 때 계기판의 EPB 경고등이 점등되는데, 이때 고장을 인지하지 못하고 EPB스위치 및 AUTO PARK스위치를 조작하게 되면 경고등이 점멸한다.

2.9. 제동성능

자동차는 도로를 주행함에 있어 주행저항을 이기고 주행하는데 필요한 충분한 구동력를 발휘해야하지만 이와 함께 필요시 최대한 짧은 거리 안에 정지하는 성능도 이에 못지않게 중요하다. 제동시의 자세변화로는 동력전달이 끊어진 상태에서 차량에 관성이 작용하고 차체의 무게중심보다 제동력의 작용점이 더 낮기 때문에 차체의 앞부분이 가라앉는 노스다운(nose-down) 혹은 다이브(dive)현상이 발생한다. 제동성능에는 제동시의 이러한 자세변화와 함께 정지거리가 주요 고려사항이 된다.

주행 중에 자동차가 가지고 있던 운동에너지는 제동과 동시에 차가 정지할 때까지 노면과 바퀴사이에서의 제동 마찰력에 의한 일로 소비된다. 이 관계에서 자동차의 제동 전 운동에너지와 제동시 소비된 일을 같게 놓음으로서 제동거리를 구할 수 있다.

2.9.1. 공주거리(S_1)

운전자가 장애물을 발견하고 가속페달에서 발을 떼 브레이크 페달로 발을 옮겨 페달을 밟는 동안 경과한 시간을 공주시간이라 하는데, 이 공주시간은 사람에 따라 다르지만 대략 0.6~1.0초라고 한다. 이 공주시간 t초간 자동차가 주행한 거리 즉, 공주거리는 다음 식으로 구해진다.

$$공주거리(S_1) = \frac{V}{3.6} \cdot t$$

V : 제동초속도(km/h)
t : 공주시간(sec)

2.9.2. 제동거리(S_2)

주행 중에 제동조작을 하면 각 바퀴의 접지 면에는 뒤로 향하는 제동력이 작용하여 자동차는 감속되면서 정지한다. 이와 같은 제동조작을 개시하여 제동력이 작용하기 시작한 다음에 정지할 때까지 자동차가 주행한 거리를 제동거리라고 한다. 이 경우 제동력은 제동기간 중 일정치를 유지한다고 간주하며 구름저항 및 공기저항 등은 고려하지 않는다.

제동거리를 산출할 때에도 가속저항과 마찬가지로 자동차가 감속하는 경우에도 회전체 부분의 관성저항을 이기는 힘이 필요하므로 회전부분 상당중량을 고려하여 다음 식과 같이 산출할 수 있다.

$$S_2 = \frac{1}{2} \cdot W \cdot \frac{(1+\epsilon)}{g} \cdot \left(\frac{V}{3.6}\right)^2 = \frac{W \cdot (1+\epsilon) \cdot V^2}{2 \times 9.8 \times 3.6 \times 3.6 \times F}$$

$$= \frac{V^2}{254} \cdot \frac{W(1+\epsilon)}{F}$$

S_2 : 제동거리(m)
V : 제동초속도(km/h)
W : 차량 총중량(kgf)
ϵ : 회전부분 상당 중량비(⊿W/W)
F : 제동력의 합계(kgf)

2.9.3. 정지거리(S)

정지거리 S는 공주거리와 제동거리의 값을 더한 것이다. 따라서 정지거리를 구하는 식은 다음과 같다.

$$S = S_1 + S_2 = \frac{V^2}{254} \cdot \frac{W(1+\epsilon)}{F} + \frac{V}{3.6} \cdot t$$

3. ABS(anti lock brake system)

3.1. ABS의 개요

3.1.1. ABS의 필요성

ABS는 anti skid brake system 또는 anti lock brake system의 약어이며, 자동차 바퀴의 회전속도를 검출하여 그 변화에 따라 제동력을 제어하는 방식으로 어떠한 주행조건에서도 바퀴가 고착(lock)되지 않도록 한다.

ABS는 도로면의 상태에 따라 제동력을 스스로 조절한다. 즉, 도로면, 바퀴 등의 조건에 관계없이 항상 최대 마찰계수를 얻도록 하여 자동차 바퀴가 미끄러지지 않도록 하여 방향 안정성 확보, 조종 안전성 유지, 제동거리의 최소화를 추구하는 장치이다. 자동차가 직진으로 주행할 때 한쪽 도로면이 미끄러운 경우 브레이크 페달을 밟으면 미끄러운 도로면에 놓여 있는 바퀴가 먼저 고착되어 자동차 앞부분이 정상적인 도로면으로 회전하여 스핀현상이 생긴다.

그러나 ABS가 설치된 자동차는 바퀴가 고정되지 않으므로 제동 중 스핀현상도 없고 제동거리도 짧아진다. 또 미끄러운 노면을 선회하면서 제동할 때 정상적인 조향성능을 유지하면서 선회한다. 그리고 급제동을 할 때 바퀴가 고착되어 자동차는 선회방향으로 회전하여 스핀현상을 발생하지만 ABS를 설치한 자동차는 바퀴가 고착되지 않도록 제동력을 제어하므로 정상적인 조향성능을 유지하면서 선회한다.

3.1.2. ABS의 목적

① 방향 안정성 확보(stability) : 스핀(spin)방지

② 조정성 확보(steerability)

③ 제동거리 단축(stopping distance)

3.1.3. ABS의 효과

ABS의 효과는 주행조건 및 노면상태에 따라 차이가 크며, 노면 마찰계수(μ) 이상의 제동성능 기대는 금물이며 자동차 방향 안정성 확보에는 운전자의 조향능력이 조금은 필요하다.

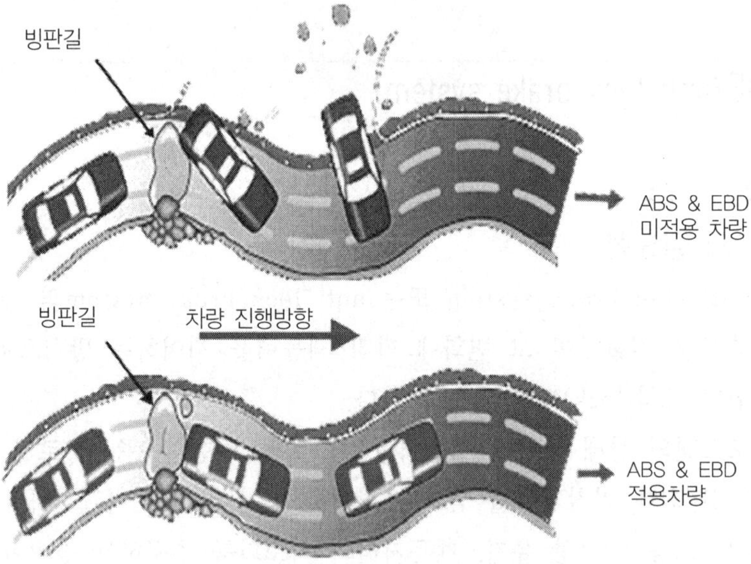

그림 50. ABS를 설치한 자동차와 설치하지 않은 자동차의 빙판길 비교

[1] 직진주행 중 제동을 할 때

자동차가 직진방향으로 주행 중 한쪽 타이어의 노면이 미끄러지기 쉬운 상태에 있고, 한쪽 타이어의 노면이 통상 상태에서 제동을 할 때 마찰계수가 낮은 타이어가 고착되어 ABS를 설치하지 않은 자동차는 마찰계수가 높은 방향으로 쏠려서 스핀을 일으킨다. 이와 반대로 ABS를 설치한 차량은 제동을 할 때 각 타이어의 제동력이 독립적으로 제어되므로 직진 상태로 제동되는 것은 물론 제동거리도 단축된다.

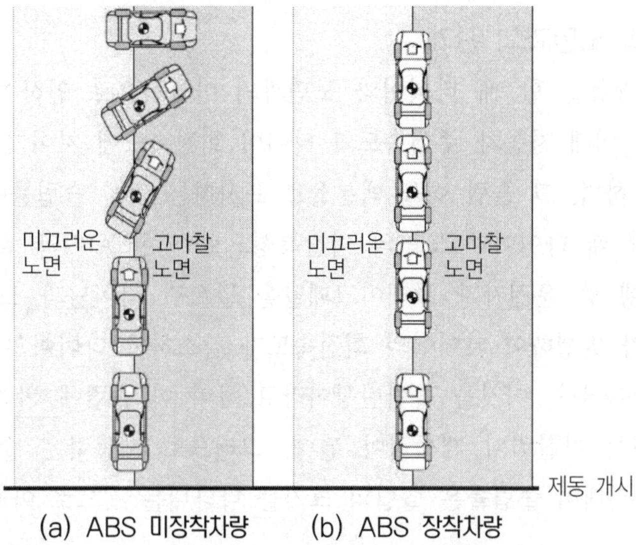

그림 51. 비균일(Split) 노면주행 중 제동을 할 때

[2] 선회 중에 제동을 할 때

주행 중 미끄러운 노면에서 선회를 할 때 급제동을 하면 ABS를 설치하지 않은 자동차는 타이어가 고착되어 선회코스의 점선방향으로 미끄러진다. 이에 반해 ABS 설치 자동차는 타이어의 고착(lock)이 방지되어 선회코스를 따라 운전자의 의지대로 주행을 할 수 있다. 즉, 제동제어를 할 때 노면의 상태에 따라 자동적으로 제동력을 제어하여 제동 안정성을 보다 높게 확보할 수 있는 장치이다.

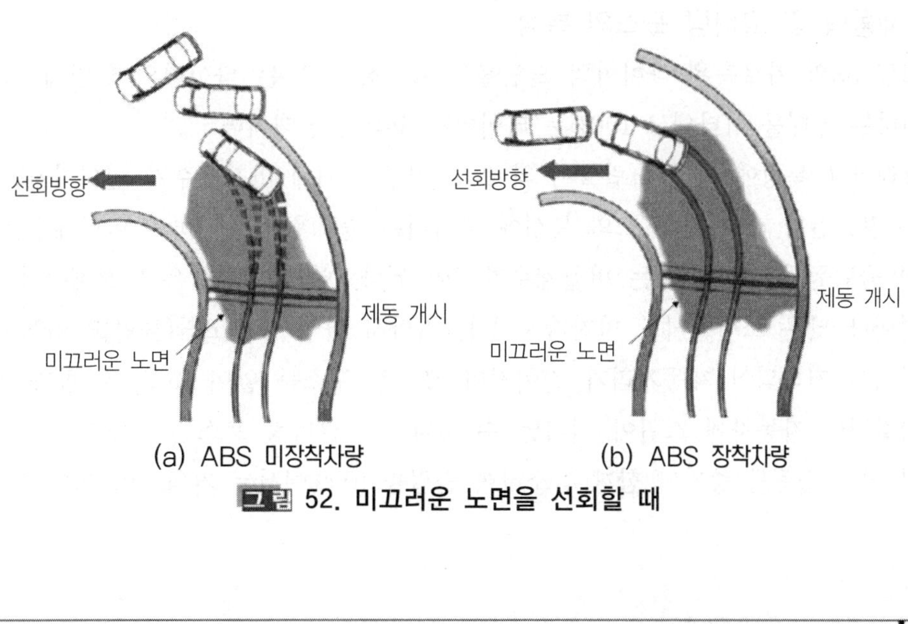

그림 52. 미끄러운 노면을 선회할 때

3.2. ABS의 제어원리

3.2.1. 슬립률과 노면과의 관계

① 주행 중 제동을 할 때 타이어와 노면과의 마찰력으로 인하여 타이어의 회전속도가 낮아진다. 이때 자동차 주행속도와 타이어 회전속도에 차이가 발생하는 것을 슬립현상이라고 하며, 그 슬립 량을 백분율로 표시하는 것을 슬립률(%)이라고 한다.

② 제동을 할 때 타이어와 노면의 마찰특성으로 인한 ABS의 효과를 설명하면 다음과 같다. 주행 중 운전자가 브레이크페달을 밟으면 라이닝과 드럼사이의 마찰로 인한 제동토크가 발생하여 타이어의 회전속도가 감소하고 타이어의 회전속도는 차체의 속도보다 작아진다. 이것을 슬립현상이라고 하며 이 슬립에 의하여 타이어와 노면사이에 발생하는 마찰력이 제동력이 된다. 그러므로 제동력은 슬립의 크기에 의존하는 특성을 나타내며 슬립률은 슬립의 크기를 나타내는 것으로 아래 공식으로 정의한다.

$$슬립률 = \frac{V-Vw}{V} \times 100$$

V : 자동차 주행속도　　Vw : 타이어의 회전속도

③ 슬립률을 한마디로 요약하면 주행 중 제동을 할 때 타이어는 고착되나 관성에 의해 차체가 진행하는 것을 말한다. 슬립률은 자동차 주행속도가 빠를수록, 제동 토크가 클수록 크다.

3.2.2. 제동력 및 코너링 포스의 특성

① 그림 53의 가로축은 타이어의 슬립률을 표시하고 0%는 타이어의 노면에 대하여 회전하는 상태를 나타내고 100%는 타이어가 고착된 상태이다.

② 브레이크 특성에 따라 슬립률이 약 20% 전후에 최대 마찰계수가 얻어지지만 이후에는 감소한다. 코너링 포스의 특성에 따라서는 슬립률이 증대하면 마찰계수는 감소하여 슬립률이 100%에서는 마찰계수가 0이 된다. 이러한 현상은 마찰계수가 높은 노면이나 낮은 노면에서도 마찬가지이다. 따라서 타이어가 고착(슬립률 100%)되면 제동력이 저하되어 제동거리가 길어지며 코너링 포스를 잃어 조향 및 방향 안정성이 상실되어 자동차에 스핀이 일어날 수 있다. 즉 코너링 포스는 슬립률 0%에서 최대가 되고 슬립률 증가와 함께 감소하여 슬립률 100%에서는 거의 0이 된다.

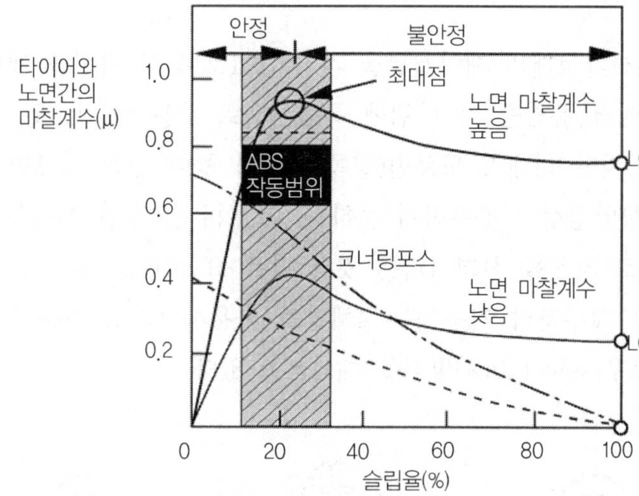

그림 53. 제동력과 코너링포스의 특성

ABS는 이러한 원리를 기본적으로 하여 타이어가 고착되는 현상이 발생할 때에 브레이크 유압을 제어하여 슬립률을 최종적인 값을 그림 53의 빗금 친 부분에서 유지되도록 제동력을 최대한 발휘하여 사고를 미연에 방지한다.

3.2.3. 기본 제어원리

[1] ABS를 설치하지 않은 자동차

급제동을 할 때 브레이크 유압은 일반적으로 타이어의 고착이 발생할 정도로 과대해 진다. 이로 인하여 뜻하지 않은 사고가 발생할 가능성이 매우 높다.

[2] ABS를 설치한 자동차

급제동을 할 때 휠 스피드 센서를 통하여 컴퓨터로 전달된 타이어의 감속도가 과대하여 타이어가 고착되는 순간 그 타이어의 브레이크 압력을 더 이상 증가시키지 않고 일정하게 유지시켜 적당한 점착력이 형성되어 제동거리의 단축에 영향을 준다.

3.2.4. ABS 제어채널의 종류

ABS는 4개의 바퀴를 제어하는데 뒷바퀴의 경우는 공동 제어하는 경우도 있으며, 4바퀴의 회전속도를 검출하여 4바퀴를 각각 제어하면 4센서 4채널이 되는 것이다.

[1] 4센서 4채널

4센서 4채널은 4개의 센서와 4개의 제어채널을 가지고 있으며 각 바퀴를 개별적으로 제어하는 장치이다. 즉 브레이크 유압을 각 바퀴에 독립적으로 작용시키기 때문에 조향성능과 제동거리는 가장 우수하지만 비대칭 도로면(양쪽 바퀴가 놓여 있는 도로면의 마찰계수가 다른 도로면)에서는 방향안정성이 우수하지 못하다. 그 이유는 앞뒤 차축의 좌우바퀴에 작용하는 제동력이 다르므로 차체를 선회시키는 것과 같은 요 모멘트(yaw moment)가 크게 되기 때문이다. 따라서 대부분의 자동차는 4채널을 사용하더라도 자동차의 안정성을 위하여 뒷바퀴는 셀렉트 로우(select low)방식을 채택하고 있다.

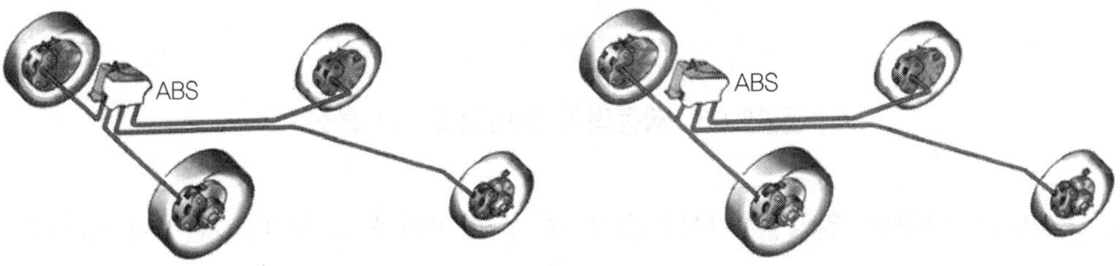

(a) 4센서 4채널 (b) 4센서 3채널

그림 54. ABS 제어채널 종류

[2] 4센서 3채널

4센서 3채널 ABS시스템은 앞바퀴는 개별적으로 제어하고, 뒷바퀴는 하나의 유닛으로 동일하게 관리한다. 즉, 휠 센서에 의해 각 바퀴는 독립적으로 속도가 측정되지만, 뒷바퀴 중 하나의 타이어라도 Lock이 걸리게 되면 뒷바퀴 모두에 동일하게 브레이크 압력이 감소하게 된다. 이러한 시스템은 상대적으로 단순한 구조로 가격적인 장점을 가지지만 안전성과 조향력 컨트롤이 부족하다는 단점을 보인다.

3.2.5. 제어방식에 따른 분류

[1] 개별제어(IC : individual control)방식

각 휠을 개별적으로 관리하며 상황에 맞춰 각 휠에 필요한 최대 제동압력을 적용시킨다. 따라서 제동력은 그 상황에서 낼 수 있는 최대를 확보할 수 있다.

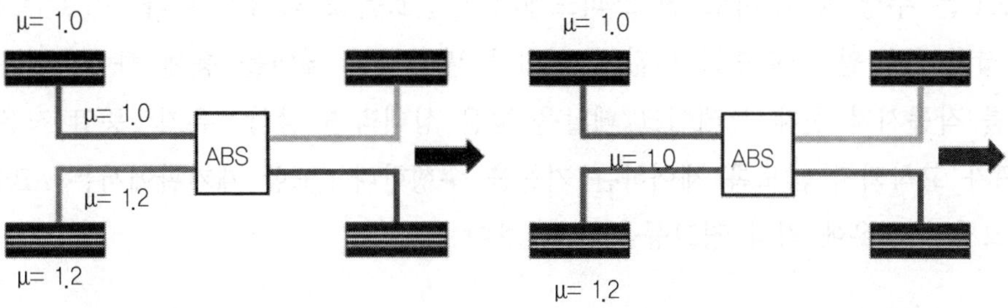

(a) 개별제어(IC) ABS　　　　(b) 셀렉트-로우(SLC) ABS

그림 55. 제어방식의 분류

[2] 셀렉트-로우 제어(SLC : select-low control)방식

바퀴에 걸리는 마찰계수 데이터를 수집하여 동일한 제동력을 가하는 방식이다. 차축 좌·우 휠의 노면과의 마찰계수가 서로 다를 때, 마찰계수가 낮은 바퀴를 기준으로 좌·우 휠의 제동력을 제어하는 방식이다.

3.3. ABS의 구성부품

ABS는 크게 바퀴의 회전속도를 검출하는 휠 스피드센서, 각종데이터를 입력받아 연산하고, 하이드로릭 유닛(유압조절기 또는 모듈레이터라고도 부름)을 작동시키는 ABS ECU, ABS ECU의 신호로 유압을 제어하는 하이드로릭 유닛으로 구성된다.

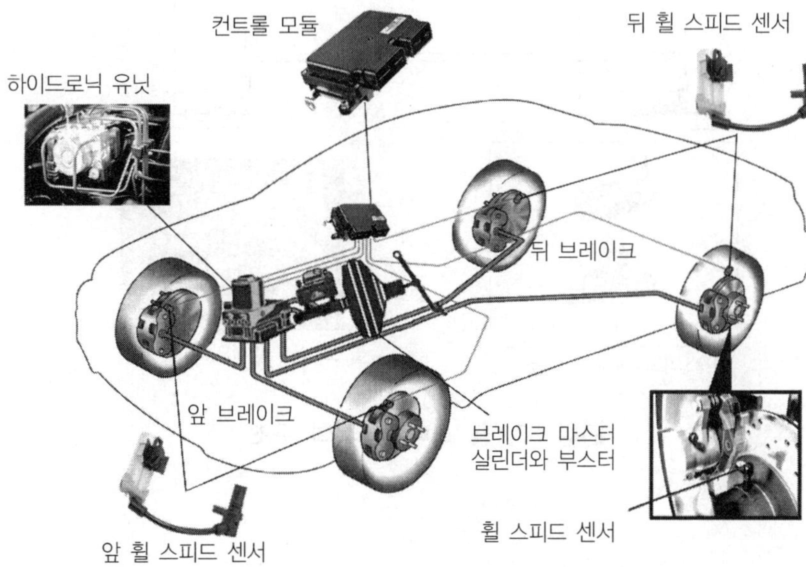

그림 56. ABS의 구성부품

ABS ECU는 주행 중 수시로 휠 스피드센서의 신호를 모니터링 한다. 이후 브레이크나 그 밖의 상황에서 휠 스피드센서 값에 변화가 발생하면 제어를 통해 하이드로릭 유닛의 각종밸브를 작동시켜 현재 브레이크 페달을 밟은 상태라면 감압·유지·증압 작용을 반복하여 바퀴가 고착되지 않도록 제어하는 기능을 수행한다. 또한 계기판에서는 ABS를 제어할 때와 고장일 경우에 각각 경고등을 통해 보여준다.

3.3.1. 휠 스피드센서(wheel speed sensor)

휠 허브 또는 드라이브 샤프트에 있는 센서 로터는 휠 속도센서의 자장을 단속한다. 휠 속도변화에 따라 AC전압이 변화하며 이들 파장의 값을 ECU가 읽어 들여 4개의 개별 신호를 비교하여 제동감속을 검출하고 이 신호를 이용하여 ABS 하이드로릭 유닛을 ECU가 제어하여 ABS가 작동하는데 사용된다.

휠 스피드센서는 각 차륜 각각의 속도 및 가감속도를 연산할 수 있도록 톤 휠의 회전에 의해 검출된 데이터를 항상 ECU로 전달하여 속도 및 가감속도를 검출한다. 휠 스피드 센서의 종류에는 마그네틱 픽업 코일방식과 액티브센서 방식이 있다.

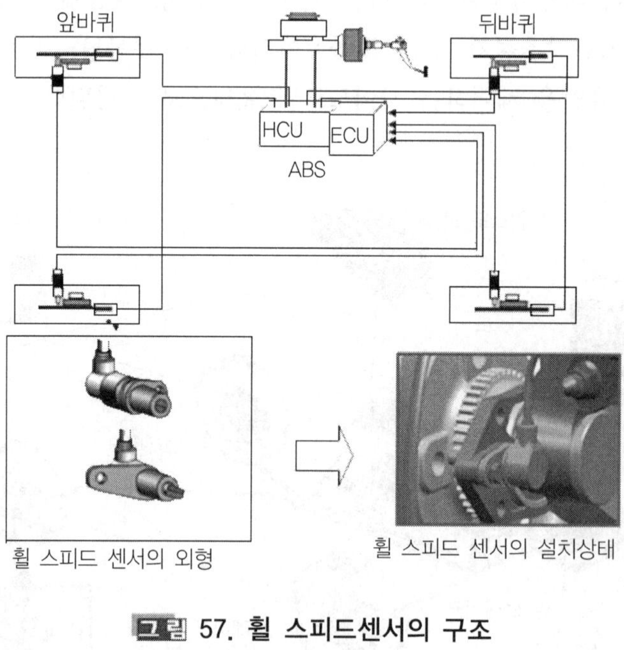

그림 57. 휠 스피드센서의 구조

[1] 마그네틱 픽업코일 방식의 휠 스피드센서

이 방식은 패시브(passive)센서 즉, 마그네틱 픽업코일방식을 이용한다. 예전의 ABS 휠 스피드센서로 사용하던 것으로 센서는 마그네트와 코일로 구성되어 있고 톤휠(tone wheel)에 0.2~1.1mm 정도의 작은 간극을 두고 설치된다.

휠 스피드 센서는 전자유도 작용을 이용한 것이며, 영구자석에서 발생하는 자속이 톤휠의 회전에 의해 코일에 교류전압이 발생한다. 교류전압은 톤휠의 회전속도에 비례하여 주파수가 변화하며 이 주파수에 의해 4바퀴 각각의 회전속도를 검출한다.

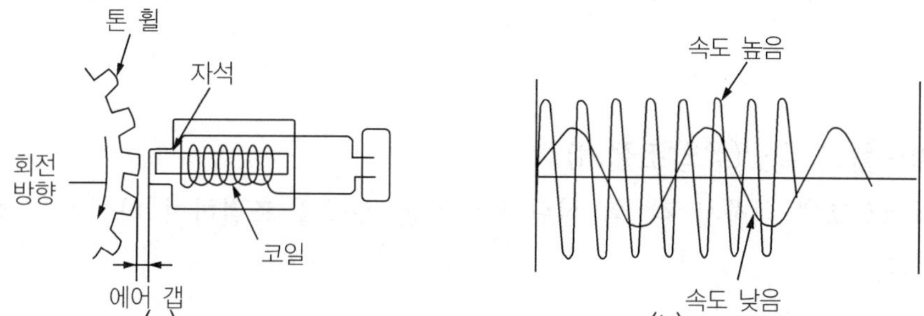

그림 58. 마그네틱 픽업방식의 휠 스피드방식

[2] 액티브 센서방식의 휠 스피드 센서

액티브(active)센서는 홀 IC를 이용한 방식과 MR IC를 이용한 방식이 있다. 자동차 전자제어장치에서 홀 센서라 부르는 것이 바로 홀 IC를 이용한 회전속도 검출방식인데 홀 IC를 이용한 액티브 휠 스피드 센서는 2선으로 구성되어 있다. 액티브 센서는 패시브 센서에 비해 여러 가지 장점이 있다.

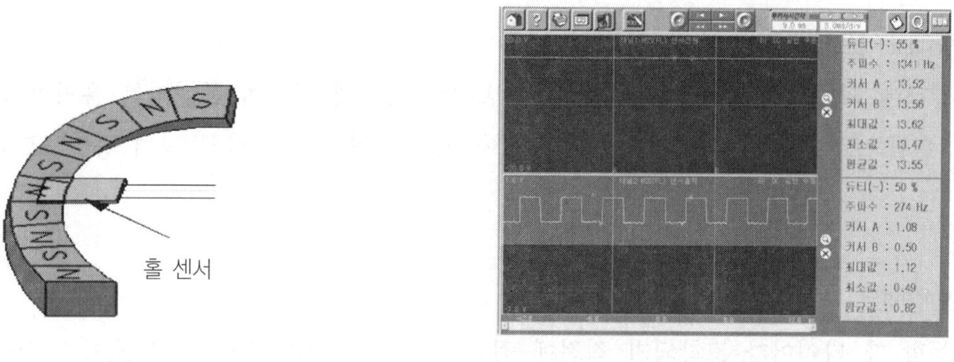

(a) (b) 액티브센서 출력

그림 59. 액티브방식의 휠 스피드센서

먼저 센서의 크기가 작고, 바퀴의 회전속도를 0km/h까지도 검출이 가능하며. 간극의 변화에도 민감하지 않고 노이즈 내성도 우수하다. 그리고 패시브 센서의 출력형태는 아날로그 파형이나 액티브센서의 경우는 디지털파형으로 출력된다. 원리는 반도체의 양 끝에 전류를 인가하고, 이와 수직방향의 자계를 인가할 경우, 반도체 내에 전자이동이 편향되어 전위차가 발생한다.

3.3.2. G-센서(4WD)

자동차 앞 뒤 방향의 가속도를 검출하였을 때 전압차이에 대응하는 신호를 컴퓨터로 입력시킨다.

3.3.3. 하이드롤릭 유닛(유압조절기)

컴퓨터 제어신호에 의해서 각 휠 실린더로 가는 유압을 조절하여 타이어의 회전상태를 제동 제어한다.

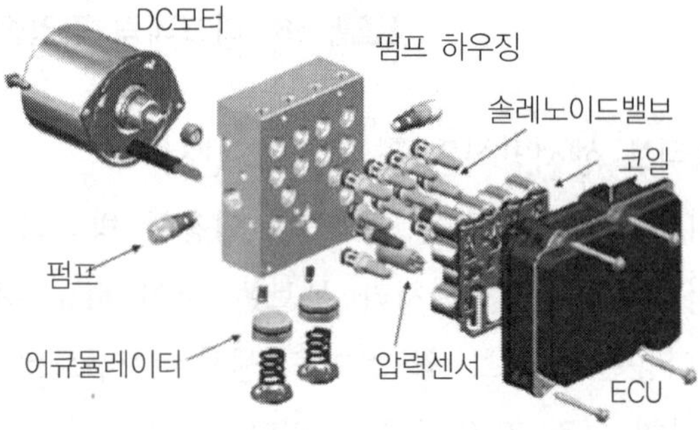

그림 59. 하이드로릭 유닛

[1] 솔레노이드밸브

컴퓨터에 의해 전류가 on일 때 코일에 발생된 자력에 의하여 플런저를 움직여 감압 모드를 수행하고 전류가 off되면 스프링장력에 의하여 플런저가 다시 닫혀 증압모드를 수행한다.

[2] 오일탱크

제동할 때 타이어가 고착되기 직전에 컴퓨터 신호에 의해 솔레노이드밸브를 작동할 때 캘리퍼 내의 유압은 감압되며 이때 복귀된 브레이크오일이 오일탱크로 들어가 저장된다.

[3] 어큐뮬레이터

ABS가 작동할 때 펌프로부터 토출된 고압의 브레이크 오일을 일시적으로 저장하여 유압의 맥동을 완화시키는 역할을 한다.

[4] 펌프

FL(front left)/RR(rear right), FR(front right)/RL(rear left)회로용 2개의 방사형 유압 발생 피스톤으로 구성되어 있으며, ABS가 작동할 때 유압을 발생시켜 압송하는 역할을 한다.

[5] 모터

모터는 12V DC 4극으로 구성되어 있으며 모터 축에 압입된 편심 캠의 회전으로 피스톤 펌프를 작동시키는 역할을 한다.

그림 61. 하이드로릭 모터

[6] 컴퓨터

컴퓨터는 ABS제어 기능을 실행하는 사령탑으로 안전성과 직접 연결되는 만큼 매우 높은 신뢰성이 요구된다. 휠 스피드 센서 신호를 입력 처리하는 입력 증폭회로, 제어를 위한 연산과 페일 세이프(fail safe)를 실행하는 ABS제어 및 안전회로 및 하이드롤릭 유닛의 구동을 실행하는 출력회로, 전압을 일정하게 유지하는 전압 조정회로 및 고장을 기억하는 페일 메모리(fail memory)회로 등으로 구성되어 있다.

주요 연산부는 2개의 마이크로컴퓨터를 사용하여 컴퓨터사이의 신호 이상을 감지하고 센서, 액추에이터 등의 고장진단 기능을 지니고 있으며, 고장이 발생한 경우에도 페일세이프 기능이 작동하여 통상의 브레이크로 작동하도록 한다.

(1) 입 · 출력 신호

입력신호와 출력신호의 관계는 각 휠 스피드센서에서 신호를 받아 컴퓨터 내의 프로그램에 의해 연산을 실행하여 하이드롤릭 유닛 및 경고등에 대하여 제어 신호를 출력 제어한다.

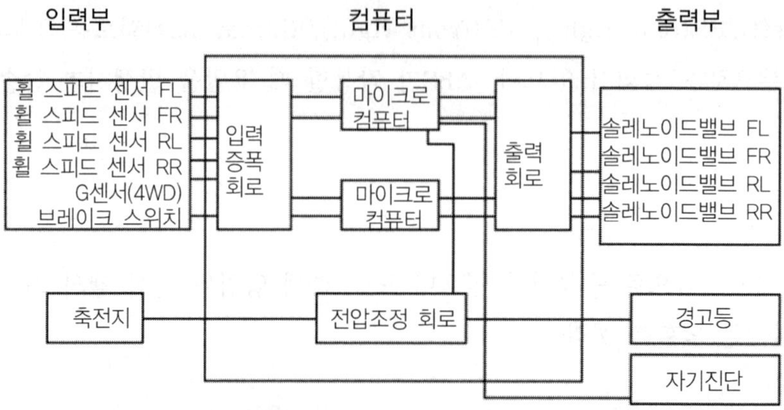

그림 61. 입 · 출력 블록도

(2) 마이크로컴퓨터의 연산

컴퓨터는 4개의 휠 스피드센서의 신호 또는 G-센서(4WD의 경우)의 신호에 의하여 각각의 타이어 가 · 감속도를 연산하여 타이어의 슬립상태를 판단하고 상태에 맞춰서 하이드롤릭 유닛 내의 솔레노이드밸브에 대한 증압 · 감압모드를 결정하여 제어신호를 출력한다.

(3) 최초 점검기능

엔진을 시동한 후 자동차 주행속도가 약 6km/h 정도에 도달하면 하이드롤릭 유닛의 각 솔레노이드밸브, 휠 스피드 센서, 모터펌프 및 하니스 와이어링(harness wiring)에 대한 전기적 점검을 실행하여 이상 유무를 진단한다.

(4) 페일 세이프

컴퓨터 신호계통, 하이드롤릭 유닛계통 및 컴퓨터 본체에 이상이 발생한 경우 페일 세이프 회로는 솔레노이드밸브로 전원을 공급하는 릴레이를 off시킴과 동시에 제어 신호 출력을 정지하고 경고등을 점등시켜 운전자에게 ABS 이상을 알리며, 이 경우 ABS를 설치하지 아니한 자동차와 동일한 조건으로 통상 브레이크 기능을 확보한다.

3.3.4. ABS 작동원리

[1] ABS가 작동하지 않을 때

ABS가 작동하지 않는 통상 브레이크의 경우에는 ABS-컴퓨터로부터 솔레노이드밸브 in, out에 통전이 되면 각 솔레노이드밸브는 off상태가 된다. 이때 솔레노이드밸브는 스프링의 작용에 따라 in은 열리고, out는 닫힌다.

브레이크 페달을 밟으면 마스터실린더의 유압은 솔레노이드밸브를 지나 캘리퍼에 도달하며 제동이 된다. 그 후에 브레이크 페달을 놓으면 마스터실린더 내의 유압은 낮아지고 오일은 솔레노이드 in 및 체크밸브를 지나 마스터실린더로 돌아오면 제동이 해제된다.

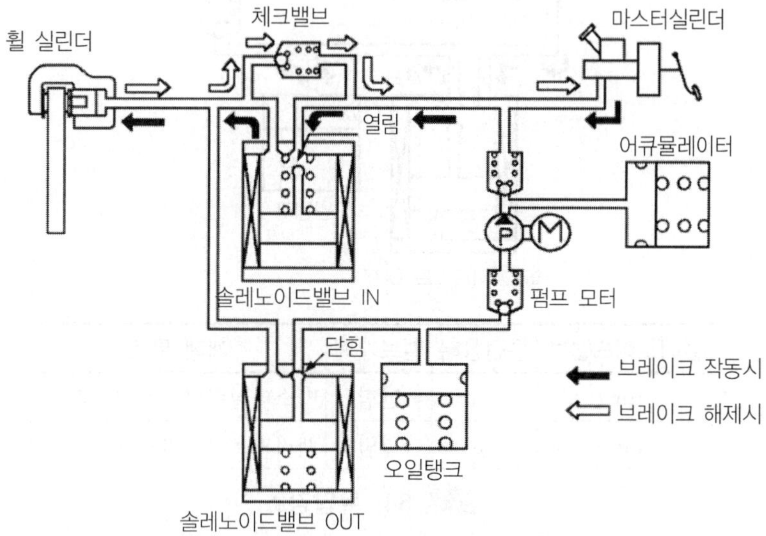

솔레노이드밸브	통전상태	밸브개폐	개폐 통로
in	off	열림	마스터실린더 ↔ 캘리퍼
out	off	닫힘	캘리퍼 ↔ 오일탱크

그림 63. ABS가 작동하지 않을 때

[2] ABS작동(유압 감소)

급제동을 할 때 타이어가 고착되려고 하면 ABS-컴퓨터는 유압을 감압시키는 신호를 솔레노이드밸브에 출력시키므로 각 솔레노이드밸브는 on이 된다. 이때 솔레노이드밸브 in이 닫혀 마스터실린더로부터 오일회로를 차단한다.

또한 솔레노이드밸브 out는 열려 캘리퍼로 부터 오일탱크로의 오일회로를 연다. 따라서 캘리퍼 내의 유압은 솔레노이드밸브 Out를 지나 오일탱크에 도달하고 감압하게 된다.

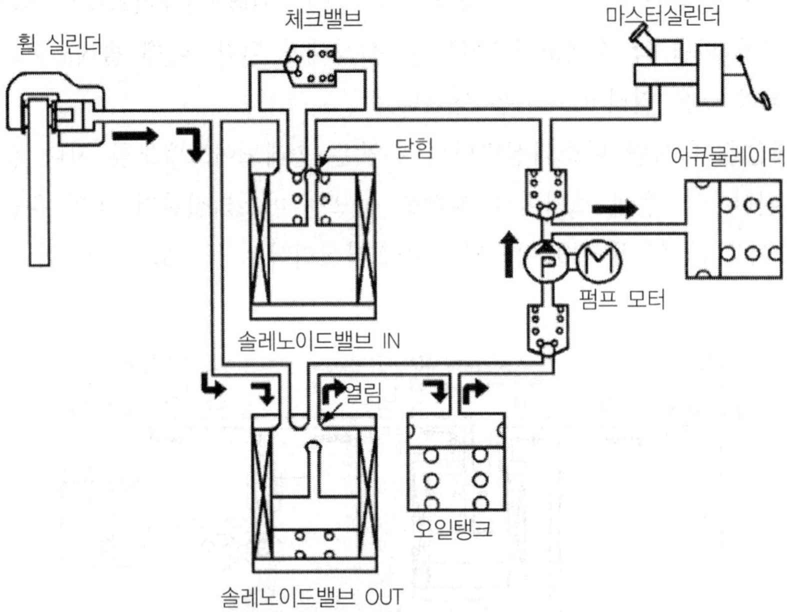

솔레노이드밸브	통전상태	밸브개폐	개폐 통로
in	on	닫힘	마스터실린더 ↔ 캘리퍼
out	on	열림	캘리퍼 ↔ 오일탱크

그림 64. 유압감소

[3] ABS작동(유압유지)

브레이크 캘리퍼의 유압이 최종적인 상태까지 유압이 감소되면 ABS-컴퓨터는 유압을 유지시키는 신호를 솔레노이드밸브에 출력시켜 솔레노이드밸브 in은 on이 되고, out은 off된다. 이때 솔레노이드밸브 in과 out은 모두 닫혀 오일 회로가 차단되기 때문에 캘리퍼 내의 유압은 유지가 된다.

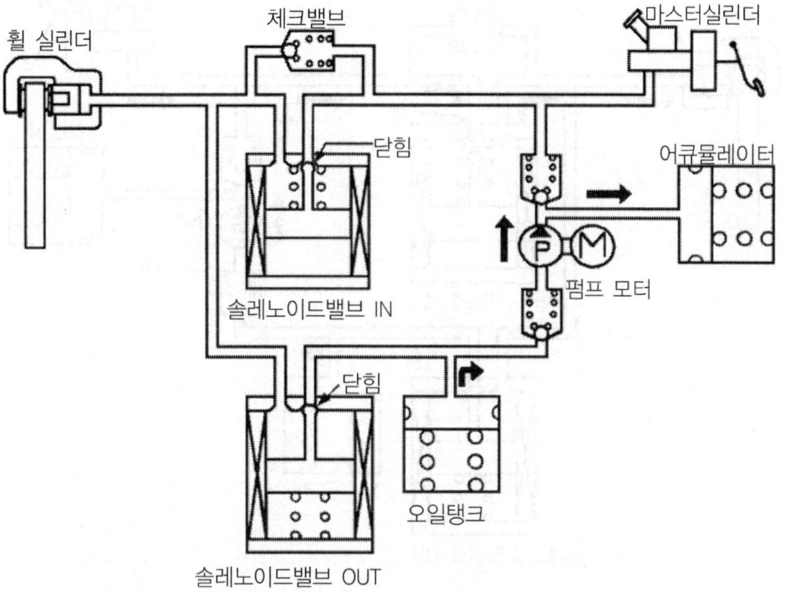

솔레노이드밸브	통전상태	밸브개폐	개폐 통로
in	on	닫힘	마스터실린더↔캘리퍼
out	off	닫힘	캘리퍼↔오일탱크

그림 65. 유압유지

[4] ABS작동(유압증가)

ABS-컴퓨터가 타이어에 고착 현상이 없다고 판단되면 ABS-컴퓨터는 솔레노이드밸브에 통전을 차단한다. 따라서 각 솔레노이드밸브는 off되고 펌프 모터에 의한 유압은 솔레노이드밸브 in을 거쳐 브레이크 캘리퍼에 도달하여 증압이 된다.

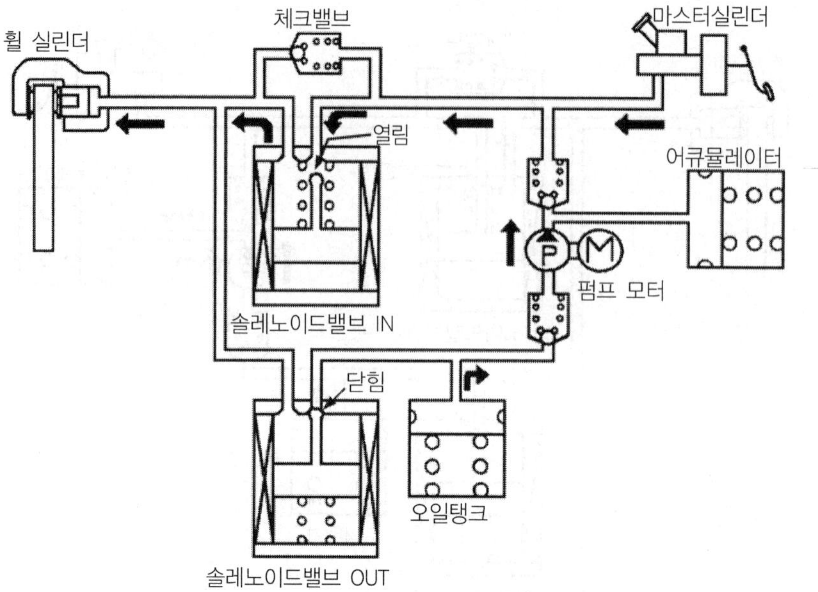

솔레노이드밸브	통전상태	밸브개폐	개폐 통로
in	off	열림	마스터실린더↔캘리퍼
out	off	닫힘	캘리퍼↔오일탱크

그림 66. 유압증가

3.4. EBD(electronic brake-force distribution control)

3.4.1. EBD의 필요성

주행 중 급제동을 하면 자동차 무게의 이동으로 인하여 뒷바퀴가 앞바퀴보다 먼저 고착되어 자동차 스핀발생으로 인한 사고를 일으킬 수 있다. 그러므로 이에 대한 대응방법으로 P밸브(proportioning valve-승용자동차에 부착)나 또는 LCRV(load conscious reducing valve), LSPV(load sensing proportioning valve-소형 상용자동차에 부착)을 설치하여 뒷바퀴의 유압을 앞바퀴 보다 감소시켜 뒷바퀴가 먼저 고착되는 것을 방지하였다.

그러나 이것들은 모두 기계적 장치이므로 이상적인 뒷바퀴의 유압 분배는 실현하지 못하였다. 특히 소형 상용자동차에 설치한 LCRV 및 LSPV는 자동차의 하중에 따른 뒤 브레이크의 유압을 어느 정도 분배를 하였으나 승용자동차에 설치한 P밸브는 무게 증가에 따른 제동력 배분을 실행하지 못하여 제동력 열세가 문제점으로 지적된다.

또한 브레이크 라이닝 및 패드의 마찰재료 산포에 따라 각 바퀴에서 발생되는 제동력의 차이가 발생하여 각 바퀴에 따라 이상적으로 제동하기 위한 요구 유압 분배곡선은 차이가 발생하지만 기계적인 P밸브나 LCRV 또는 LSPV만 가지고는 일정한 유압 분배 곡선만 유지되어 이상적인 제동을 수행할 수 없다.

그리고 P밸브나 LCRV 또는 LSPV 등이 고장을 일으켰을 때 운전자가 알 수 없으며, 이것들이 고장이 발생하면 급제동을 할 때 차체의 스핀이 발생할 수 있다. 이런 문제점을 해소하기 위해 뒷바퀴와 앞바퀴를 동일하게 제어하거나 또는 뒷바퀴가 늦게 고착되도록 ABS의 컴퓨터가 제어하는 방식을 EBD(전자 제동력 분배제어)라 한다.

3.4.2. EBD의 원리

기존의 P밸브 대신 ABS 컴퓨터에 논리(logic)를 추가하여 뒷바퀴 제동력을 요구 유압 분배곡선(이상 제동 배분곡선)에 가깝게 제어한다. 즉, 제동할 때 각각의 휠 스피드 센서로부터 슬립률을 연산하여 뒷바퀴 슬립률을 앞바퀴보다 항상 작거나 동일하게 유압을 제어한다. 따라서 뒷바퀴의 고착이 앞바퀴 보다 먼저 일어나지 않는다. 그림 67(a)의 ⓐ부분 만큼 뒷바퀴 유압을 크게 할 수 있어 제동력이 향상되며, 마찰재료 산포에 따른 각 바퀴의 요구 분배곡선으로 제동력을 조절할 수 있어 전체 제동력이 향상된다.

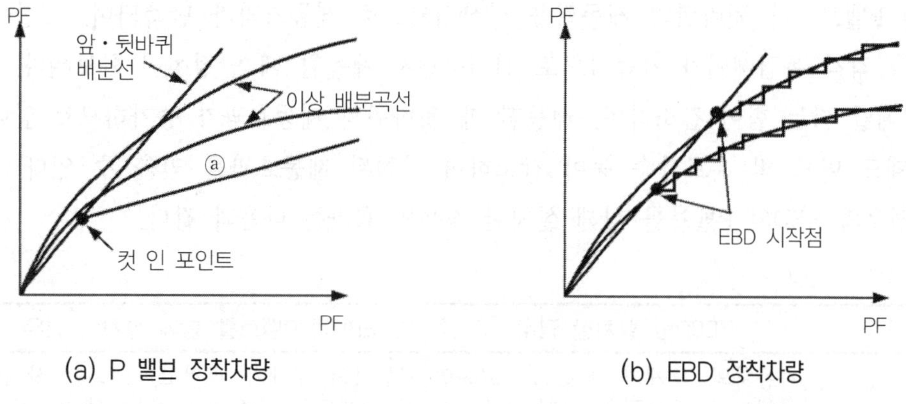

그림 67. EBD의 원리

3.4.3. 작동과 효과

[1] EBD의 작동

뒷바퀴가 앞바퀴보다 먼저 고착되기 직전에 ABS 컴퓨터는 고착되려는 바퀴 쪽의 NC밸브를 ON(열림)으로 하여 고착되려는 바퀴의 브레이크 유압을 감소시켜 고착을 방지한다.

이때 제동력이 감소하여 바퀴가 회전하면 다시 NC밸브를 OFF(닫음)하여 가해진 유압을 캘리퍼로 전달한다. 이때 모터펌프는 작동하지 않는다.

솔레노이드 밸　　브	NO	OFF
	NC	OFF
펌프 모터		OFF
※뒷바퀴 NC 밸브만 ON		

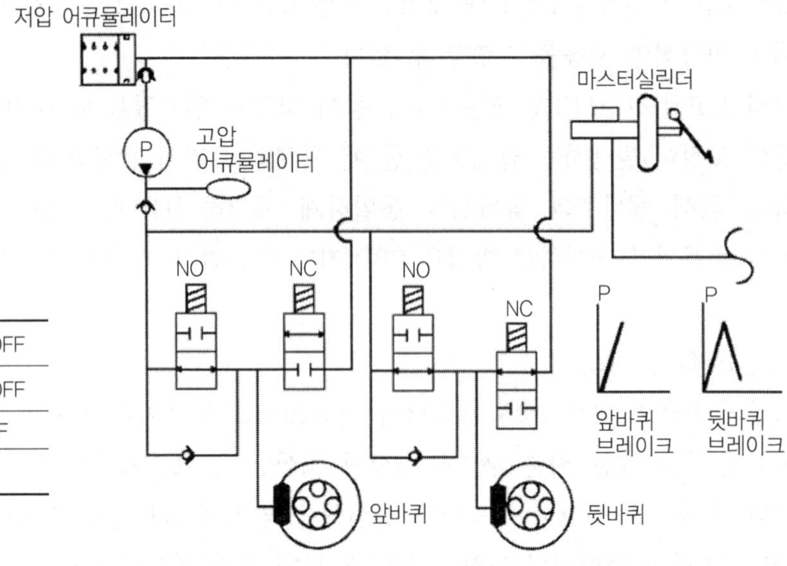

그림 68. EBD의 작동

[2] EBD의 효과

기존의 P밸브보다 뒷바퀴의 제동력을 향상시키므로 제동거리가 단축되며, 또한 뒷바퀴의 유압을 각각 독립제어가 가능하므로 선회하면서 제동할 때 안정성이 확보된다. 그리고 브레이크페달 밟는 힘이 감소하며, 제동할 때 뒷바퀴의 제동효과가 증가하므로 앞바퀴 브레이크 패드 마모 및 온도상승 등이 감소하여 안정된 제동효과를 얻을 수 있다. EBD만 설치한 경우와 EBD와 P밸브를 함께 설치한 경우의 효과는 다음과 같다.

	EBD만 설치한 경우	EBD와 P밸브를 함께 설치한 경우
일반 성능 비교	자동차의 무게가 무겁고, 고속인 상태에서 급제동을 하면 30bar보다 훨씬 큰 압력제어가 가능하므로 이상적인 뒤 브레이크 유압분배가 가능하다.	자동차의 무게가 무겁고, 고속인 상태에서 급제동을 하면 30bar보다 훨씬 큰 압력의 제어가 요구되지만 P밸브가 30bar 정도의 압력에서 유지시키므로 EBD기능이 한정된다.
고장이 발생하였을 때	일반적인 브레이크로 전환되지만 P밸브가 없어 스핀발생이 염려된다.	일반적인 브레이크로 전환되며, P밸브는 계속 작동되어 자동차의 스핀을 방지한다.

[3] EBD의 안정성

ABS의 고장원인 중 다음과 같은 사항에서도 EBD는 계속 작동하므로 ABS보다 고장률이 감소된다.

① 휠 스피드 센서 1개 고장

② 모터펌프 고장

③ 전압저하 고장

또한 P밸브가 고장을 일으켰을 때 운전자가 알 수 있는 경고장치가 없어 고장 여부를 알 수 없으며, 만약 고장인 상태에서 급제동을 하면 차체의 스핀이 발생할 수 있으나 EBD가 고장일 때에는 기존의 주차 브레이크 램프를 점등시켜 운전자에게 경고한다. 그리고 EBD의 페일 세이프(fail safe)는 다음과 같다.

고장 원인	EBD 제어계통		경고등	
	ABS	EBD	ABS	EBD
none	작동	작동	OFF	OFF
센서 1개 고장	비 작동	작동	ON	OFF
모터 펌프 고장	비 작동	작동	ON	OFF
전압 저하 고장	비 작동	작동	ON	OFF
센서 2개 이상 고장 밸브 고장, 컴퓨터 고장 기타 고장	비 작동	비 작동	ON	ON

3.5. TCS(traction control system)

3.5.1. TCS의 개요

비에 젖은 노면이나 얼어붙은 노면과 같은 미끄러지기 쉬운 노면 위에서 출발하거나 가속할 때, 구동바퀴의 타이어가 스핀하는 일이 있다. 이 때 앞바퀴 구동방식의 차량에서는 조향성, 뒷바퀴 구동의 차량에서는 안전성을 잃는다. 엔진의 출력을 저하시키거나, 구동바퀴에 브레이크를 걸든지 하여, 타이어와 노면과의 슬립율을 최적인 값으로 유지하는 제어를 하여, 구동바퀴가 스핀하지 않도록 최적의 구동력을 얻는 것이 TCS(트랙션 제어)이다. 도로와 타이어의 마찰계수의 관계는 TCS에서도 마찬가지로 취급한다. 즉, 슬립율이 15~20%으로 되도록 구동력을 제어한다.

3.5.2. TCS의 주요 기능

① 구동성능이 향상된다. - 구동바퀴의 슬립(slip)이 제어되므로 차체의 흔들림이 적고 발진성능·가속성능 및 능판 능력이 향상된다.

② 선회 및 앞지르기 성능이 향상된다. - 선회할 때 안전한 코너링 및 앞지르기가 가능해진다.

③ 조향 안전성이 향상된다. - 조향핸들을 돌릴 때 구동력에 의한 횡력(橫力 : 가로방향의 작용력)을 우선적으로 제어하므로 조향작용이 용이하다.

[1] TCS의 일반적인 기능

TCS는 엔진의 여유출력을 제어하는 모든 장치를 말하며, 눈길 등의 미끄러지기 쉬운 노면에서 가속성 및 선회 안전성을 향상시키는 슬립제어(slip control) 기능과 일반 도로에서의 주행 중 선회 가속을 할 때 자동차의 횡 가속도 과다로 인한 언더 또는 오버 스티어링을 방지하여 조향성능을 향상시키는 트레이스 제어(trace control)가 있다.

슬립 또는 트레이스 제어 모두 엔진의 회전력을 저하시키는 방식을 채택하며 엔진 제어방식은 다음과 같은 특징이 있다.

① 미끄러운 노면에서 발진(發進) 및 가속할 때 미세한 가속페달의 조작이 불필요하므로 주행 성능을 향상시킨다.

② 일반 노면에서 선회 가속할 때 운전자의 의지대로 가속을 보다 안정되게 하여 선회 성능을 향상시킨다. - 트레이스 제어

③ 선회 가속할 때 조향핸들의 조작 량을 감지하여 가속페달의 조작 빈도를 감소시켜 선회 능력을 향상시킨다. - 트레이스 제어

④ 미끄러운 노면에서 뒤 바퀴 휠 스피드 센서에서 구한 차체 속도와 앞바퀴 휠 스피드 센서로 구한 구동바퀴의 속도를 검출 비교하여 구동바퀴의 미끄럼 비율이 적절하도록 엔진의 회전력을 감소시켜 주행성능을 향상시킨다.

⑤ 일반 노면에서 운전자의 의지로 인한 횡 가속도가 규정 값을 초과할 경우 TCS의 컴퓨터가 운전자의 의지를 판단하여 엔진출력을 제어하므로 서 선회 안전성을 향상시킨다.

⑥ 운전자의 의지로 트레이스 제어 OFF 또는 트레이스제어와 슬립제어 OFF의 모드 선택으로 TCS를 부착하지 아니한 자동차와 동일한 작동이 가능하므로 스포티브 운전 및 다양한 운전영역을 제공한다.

[2] 슬립률과 구동력 및 횡력의 관계

① 구동력 : 슬립률이 0일 때에는 전혀 발생하지 않으며, 슬립률에 비례하여 증가하다가 슬립률 15~20% 정도에서 최대가 되며, 그 이상 슬립률이 증가하면 저하한다.

② 횡력(side force) : 슬립률이 0일 때 최대가 되며, 슬립률이 증가함에 따라 저하한다.

③ 슬립률 제어 : 슬립률 제어가 가능하다면 큰 구동력을 얻는 경우에는 슬립률이 20% 정도이고, 큰 코너링 포스를 얻는 경우는 슬립률이 0%일 때이다. 즉, TCS는 엔진 출력을 자동으로 제어하는 것이며, 슬립률을 최적으로 제어하여 주행 및 선회성능을 높이는 장치이다.

3.5.3. TCS의 작동원리

[1] 슬립 제어(slip control)

슬립 제어는 ABS 작동원리와 같이 바퀴의 슬립비를 제어하여 바퀴의 구동력 및 횡력을 자동차 운전상황 및 노면상태에 대응하여 최적의 상태로 제어하는 것이다. 일반적으로 자동차가 주행할 때 바퀴에는 가속으로 인한 구동력과 선회에 의한 횡력이 발생하며 슬립비와의 관계는 아래 그림과 같다.

직진주행에서는 슬립비가 높은 영역으로, 선회주행을 할 때에는 슬립비가 비교적 낮은 영역으로 제어한다. 또한 자갈길과 같은 험한 도로에서의 구동특성은 A'와 같이 슬립비가 증대되어도 비교적 구동력이 큰 상태로 만들며, 눈길, 빙판길 등과 같은 미끄러운 노면에서도 가속성능이 우수하다.

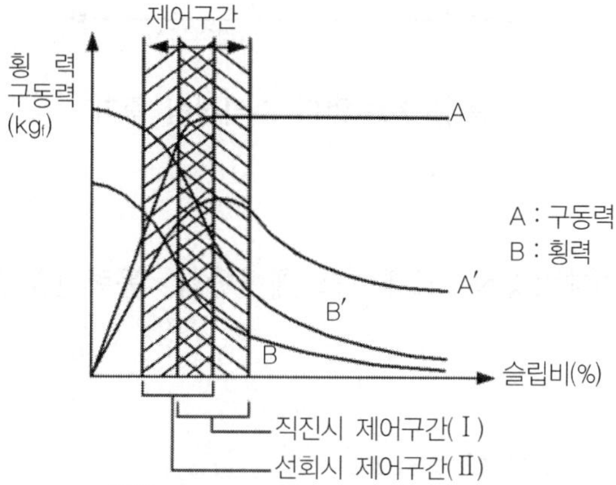

그림 69. 슬립비와의 관계

[2] 트레이스 제어(trace control)

TCS는 조향과 가속페달을 밟는 양 및 이때 구동되지 않는 바퀴의 좌우 속도차이를 검출하여 구동력을 제어함으로서 안정된 선회가 가능하도록 한다. 선회상태에서 가속을 할 경우에는 원심력이 어느 한계 이상이 되면 조향각도를 증가시키지 않을 경우 바퀴의 궤도가 바깥쪽을 향하게 된다. 즉 언더 스티어링이 증가한다. 그리고 조향각도를 증가시켜 나가는 경우에는 선회반지름이 감소하여 급격하게 횡력이 증가하나, 자동차의 움직임에는 지연이 있으므로 미리 자동차의 움직임을 예측하여 적절한 구동력을 얻어야 한다.

TCS는 이런 상황에 도달하기 전에 컴퓨터(ECU)가 운전자의 의지를 센서로부터 검출하여 연산 후 자동제어를 하고, 또한 안정된 선회를 위한 구동력 제어를 위해 엔진 출력을 감소시킨다. 즉, 뒷바퀴의 바퀴 속도차이로부터 선회 반지름을, 평균값으로부터 자동차 주행속도를 연산하여 두 값을 이용한 횡력을 산출하여 기준 값을 초과할 경우에는 구동력을 제어한다. 뒷바퀴의 바퀴 속도차이에서 조향각도 증가량을, 스로틀포지션센서로부터는 운전자의 가속의지를 판단하여 가속페달을 밟은 상태에서도 적절한 조향이 가능하게 된다.

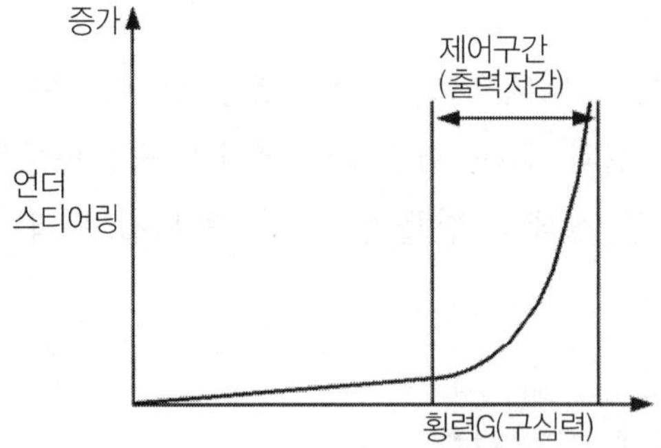

그림 70. 언더 스티어링 증가

3.5.4. TCS의 종류

TCS의 종류에는 엔진제어방식, 브레이크 제어방식, 동력전달장치 제어방식, 통합 제어방식 등이 있다.

[1] 엔진제어방식(engine control system)

TCS에서 엔진을 제어하는 방식에는 흡입공기량 제어방식과 엔진 조정(EM)방식이 있다.

(1) 흡입 공기량 제어방식

눈길·빙판 길 등에서 운전 경험이 많은 운전자라면 가속페달을 밟음에 의해 구동 바퀴가 슬립하는 것의 판단이 가능하며, 소리·엔진 회전속도 및 가감속 등을 감지한 경우 운전자는 가속페달에서 발을 떼어 슬립을 회복한다.

흡입 공기량 제어방식은 가장 운전자의 조작에 근접하는 방식이며, 스로틀밸브로 흡입되는 공기량을 제어하여 엔진 출력을 제어하므로 엔진 출력의 절대량을 연속적으로 안정되게 조정이 가능한 반면 미세 슬립 영역에서는 충분한 기능 발휘가 어려운 결점이 있다.

흡입공기량 제어방식에는 메인 스로틀밸브 제어와 보조 스로틀밸브 제어방식이 있다.

① 메인 스로틀밸브 제어방식 : 이 방식은 가속페달과 기계적으로 연결 작동되는 메인 스로틀밸브를 전동기나 엔진의 흡기 부압, 케이블 등을 이용하여 강제로 구동하는 방식이다.

② 보조 스로틀밸브 제어방식 : 이 방식은 메인 스로틀밸브와 별도의 TCS제어용 제2 스로틀밸브(보조 스로틀밸브)를 설치하여 제어하는 방식이며, 작동은 메인 스로틀밸브와 연결되어 작동을 하다가 보조 스로틀밸브를 전기적으로 개폐시키므로 반응 시간 지연을 보완할 수 있다.

(2) 엔진 조종방식(EM : engine management type)

이 방식은 전자제어 연료 분사장치 엔진에서 액추에이터의 추가 없이 소프트웨어만의 대응이 가능하므로 가격 면에서 효과적이고 초기 제어를 할 때 빠른 응답성의 출력 제어가 가능하지만, 감속 절대량 제어와 연속적인 출력조정이 어려워 승차감이 떨어지므로 충분한 연구가 필요하다. 특히 촉매변환기의 손상 및 엔진수명을 단축시킬 수 있다. 엔진 조종방식에는 연료분사 제어와 점화시기 제어방식이 있다.

① 연료분사 제어방식 : 이 방식은 다(多)실린더 엔진에서 몇 개의 실린더에 연료 공급을 차단하여 엔진의 출력을 저하시키는 방식이다.

② 점화시기 제어방식 : 이 방식은 점화시기를 정상보다 지연시켜 엔진의 출력을 감소시키는 방식이다.

[2] 브레이크 제어방식(brake control system)

브레이크 제어방식은 슬립이 발생하는 자동차 바퀴 자체를 제어하는 방식이며, ABS의 액추에이터(모듈레이터)를 수정 보완한 것을 ABS와 함께 사용한다.

이 방식의 특징은 다음과 같다.

① 브레이크 제어에 의한 슬립 감소효과는 매우 빠르며, 엔진 제어만으로는 불가능한 좌우 구동바퀴사이의 미세한 슬립영역에서도 바퀴의 구동력을 발생시키면서도 슬립 감소가 가능하다.

② 가격에 비하여 미세 슬립 영역제어를 제외하고는 큰 장점이 없으며, 마스터실린더 및 브레이크계통 등 기존 브레이크장치의 변경이 필요할 수 있다.

③ 브레이크 패드의 과열 문제가 예상되며, 고속에서는 사용이 곤란하므로 단독으로 사용하는 경우는 거의 없으며, 저속이거나 초기 제어에서만 사용되고 있다.

[3] 동력전달장치 제어방식

동력전달장치 제어방식에는 차동장치 제어방식과 4WD(4wheel drive) 및 클러치 제어방식이 있다. 4WD는 가격이 비싸고, 자동차 무게 및 연료 소비량이 증가하는 결점이 있다. 차동장치 제어방식은 차동장치에 차동 제한장치(LSD : limited slip differential)를 기계식, 비스커 커플링식, 전자식 등으로 작동시키는 것이다. 차동장치 제어방식의 특징은 다음과 같다.

① 좌우 구동 바퀴사이의 슬립감소가 가능하며, 슬립 하는 바퀴의 구동력을 잡아서 반대쪽 바퀴로 흘려보낸다.

② 구동력 손실은 없으나 과잉 구동력 제어가 불가피하므로 엔진 제어방식과 공동으로 사용하면 그 효과가 기대된다.

[4] 통합 제어방식

TCS의 통합 제어방식에는 스로틀밸브와 브레이크 제어를 복합한 방식, 엔진 조종과 브레이크 제어를 복합한 방식, 스로틀밸브와 브레이크 제어 및 차동 제한장치를 복합한 방식 등이 있다.

(1) 스로틀밸브와 브레이크 제어를 복합한 방식

이 방식은 메인 제어장치로 스로틀밸브를 사용하고, 보조 제어장치로 브레이크를 사용하는 방식이며, 큰 슬립영역과 미세 슬립영역 모드에서 만족스러운 성능 발휘가 가능하며, ABS와 통합하여 원가 절감을 실현하면 중·대형 자동차에 설치가 가능하다.

(2) 엔진 조정(EM)과 브레이크 제어를 복합한 방식

이 방식은 저속에서 빠른 응답성의 출력 제어로 성능 발휘가 기대되며, 가격 면에서 유리하지만 연속적인 출력 조정이 곤란하다. 또한 자동차 안정성 및 승차감 개선을 위한 충분한 연구가 필요하다.

(3) 스로틀밸브 · 브레이크 및 차동 제한장치(LSD)를 복합한 방식

이 방식은 큰 슬립영역과 미세 슬립영역에서 우수한 성능을 발휘할 수 있으나 가격이 비싼 결점이 있다.

3.5.5. TCS의 제어

[1] TCS 제어의 종류

(1) FTCS(full traction control system)

이 장치는 ABS 컴퓨터가 TCS의 제어도 실행을 하며, 컴퓨터가 구동바퀴(앞 엔진 앞바퀴 구동방식에서는 앞바퀴)와 뒷바퀴의 휠 스피드 센서의 비교에 의하여 구동바퀴의 슬립을 검출한다. 구동바퀴의 슬립을 검출하면 TCS의 제어를 실행하게 되는데 이때 먼저 브레이크 제어를 실행한다. 또한 엔진제어용 컴퓨터(ECU) 및 자동변속기 제어용 컴퓨터(TCU)에 TCS의 제어를 위해 CAN통신을 하는 BUS 라인에 슬립량에 따라 엔진 회전력의 감소 요구, 연료공급을 차단하는 실린더 수 및 TCS제어 요구 신호를 전송한다.

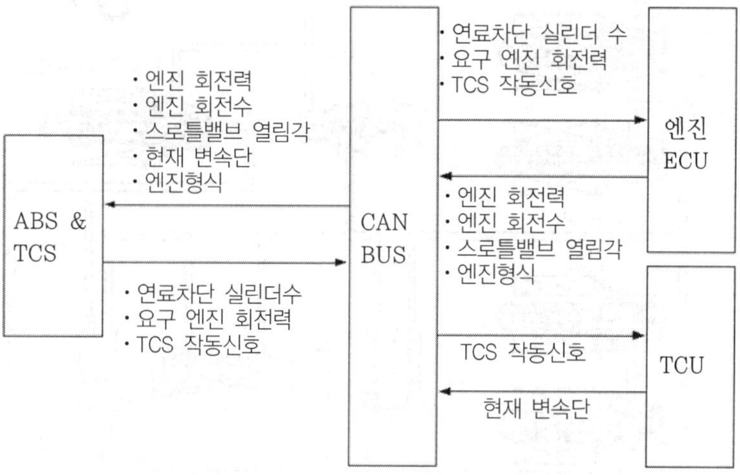

그림 71. TCS의 관련 CAN통신

엔진 제어용 컴퓨터는 ABS 컴퓨터가 요구한 실린더 수만큼 연료공급 차단을 실행하며, 엔진 회전력 감소 요구에 따라 점화시기를 늦춘다. 자동변속기 제어용 컴퓨터(TCU)는 TCS 작동신호에 따라 변속위치(shift position)를 TCS제어 시간만큼을 유지(hold)상태로 제어한다. 이것은 킥다운에 의한 저속 변속으로 가속력이 증가하는 것을 방지하기 위함이다.

(2) BTCS(brake traction control system)

이 장치는 TCS를 제어할 때 브레이크의 제어만 실행하며, 모터 펌프에서 발생되는 유압으로 제어한다.

[2] 브레이크제어

(1) 하이드롤릭 유닛 내부의 각 밸브

1) 구동력 제어밸브(TCV : traction control valve)

이 밸브는 NO(normal open : 항상 열림)밸브의 일종이며, 앞바퀴(구동바퀴)와 뒷바퀴(피동바퀴)사이의 오일회로에 2개가 설치되어 있으며, 컴퓨터의 제어신호에 의해 앞바퀴와 뒷바퀴의 오일회로를 연결하거나 차단한다. 즉, TCS가 작동할 때에는 오일회로를 차단하고, 작동하지 않을 때에는 연결한다.

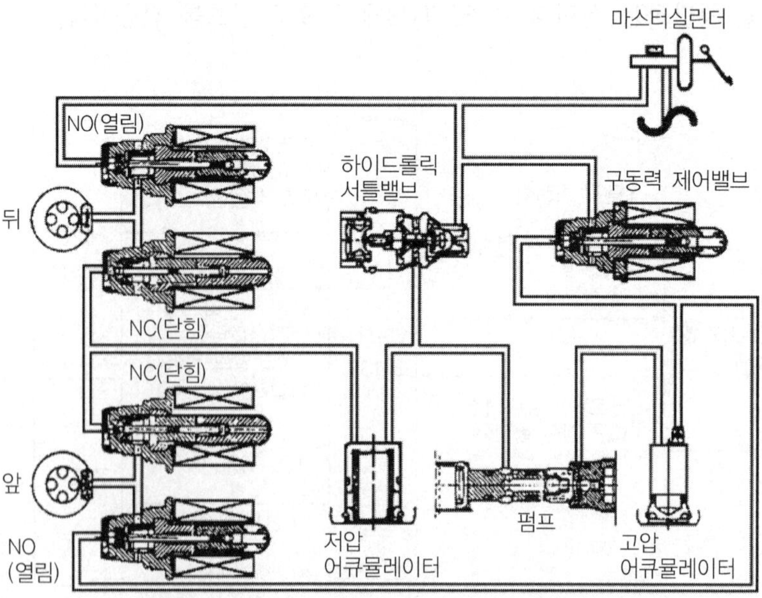

그림 72. 하이드롤릭 유닛 내부 밸브의 구성

2) 하이드롤릭 서틀밸브(HSV : hydraulic shuttle valve)

이 밸브는 저압 어큐뮬레이터(LPA : low pressure accumulator)와 모터펌프 입력측 사이의 오일회로 중간과 마스터실린더(MC : master cylinder)측 오일회로 사이에 연결되는 기계식 밸브이며, 브레이크가 작동하지 않는 상태에서 모터펌프가 작동할 때 펌프로 유입되는 저압 어큐뮬레이터의 오일이 부족하게 된다. 이때 마스터실린더의 오일을 펌프에 보충해 주기 위해 오일회로를 열어주는 역할을 한다.

(2) 평상제동(normal brake : TCS 비 작동)

TCS가 작동하지 않을 때에는 구동력 제어밸브(TCV)는 OFF되어 마스터실린더와 앞・뒷바퀴의 캘리퍼 사이의 오일회로가 모두 열려 있다. NO밸브도 OFF되어 마스터실린더와 캘리퍼사이의 오일회로는 연결되어 있다. 이때 NC밸브(normal closed valve)는 OFF되어 캘리퍼와 저압 어큐뮬레이터(LPA)사이의 오일회로를 차단한다. 이에 따라 브레이크 페달에 의해 마스터실린더에서 발생한 유압은 NO밸브를 통하여 각 캘리퍼로 전달되어 브레이크가 작동한다. 브레이크가 풀릴 경우에도 같은 통로를 통하여 오일이 복귀하여 해제된다. 이때 모터 펌프는 작동하지 않는다.

솔레노이드 밸브	NO	OFF
	NC	OFF
펌프 모터		OFF
TC 밸브		OFF

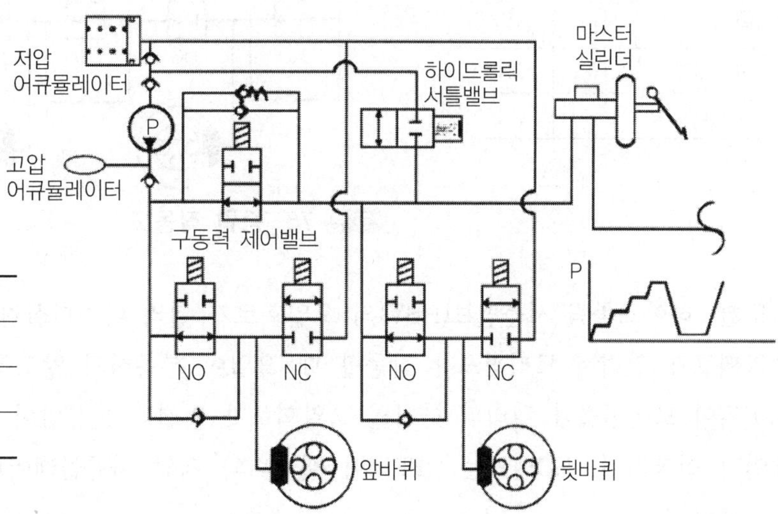

그림 73. 평상 제동일 경우의 작동

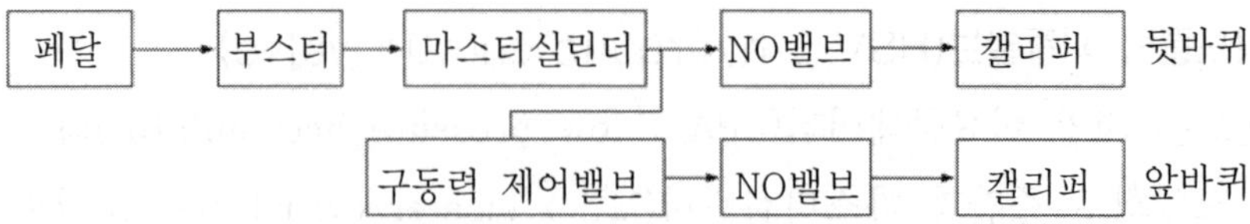

그림 74. 제동상태에서의 오일 흐름

(3) 증압모드(rise mode : TCS작동)

증압모드에서는 모터펌프가 작동하여 유압을 형성한다. 구동력 제어밸브(TCV)가 ON이 되므로 모터펌프와 뒷바퀴(피동바퀴)쪽이 차단되어 앞바퀴(구동바퀴)쪽만 브레이크 제어가 된다.

솔레노이드 밸브	NO	OFF
	NC	OFF
펌프 모터		ON
TC 밸브		ON

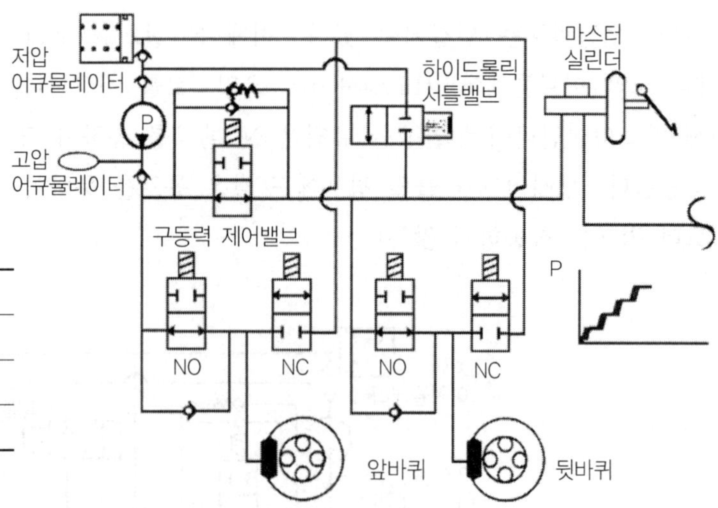

그림 75. 증압 작동도

또한, 하이드롤릭 서틀밸브(HSV)의 오일회로가 열려 마스터실린더와 모터펌프 입력측의 오일회로가 열려서 모터펌프가 작동할 때 오일이 부족하지 않도록 한다. 이때 ON밸브는 OFF되어 모터펌프와 캘리퍼 사이의 오일회로가 연결되어 유압이 캘리퍼에 가해져 TCS의 제어가 실행되며, NC밸브는 OFF되어 캘리퍼와 저압 어큐뮬레이터(LPA)사이의 오일회로는 차단된다.

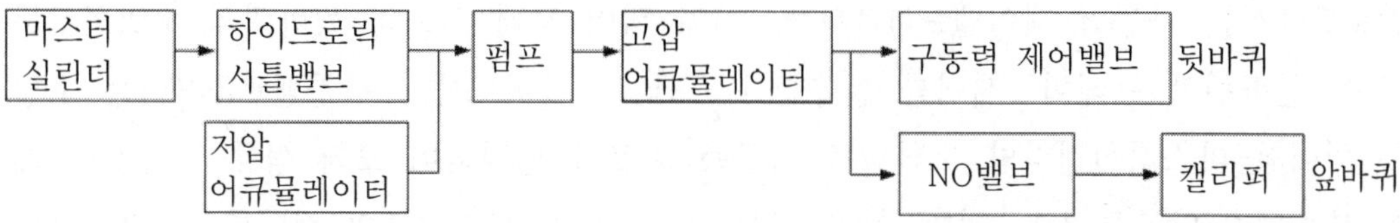

그림 76. 증압상태의 오일 흐름

(4) 유지모드(hold mode : TCS작동)

유지모드에서는 구동력 제어밸브(TCV)가 ON이 되어 모터펌프와 뒷바퀴(피동바퀴)의 오일회로를 차단하고 앞바퀴(구동바퀴)만 브레이크제어가 실행된다. 그리고 하이드롤릭 서틀밸브(HSV)의 오일회로는 열려 마스터실린더와 모터펌프 입력측 오일회로가 열려 모터펌프가 작동할 때 오일이 부족하지 않도록 한다. 이때 NO밸브는 ON이 되어 모터펌프와 캘리퍼사이의 오일회로를 차단하며, NC밸브는 OFF되어 캘리퍼와 저압 어큐뮬레이터(LPA)사이의 오일회로 또한 차단된다. 현재 캘리퍼에 가해진 유압이 그대로 유지되며 모터펌프는 작동한다.

솔레노이드 밸브	NO	OFF
	NC	OFF
펌프 모터		ON
TC 밸브		ON

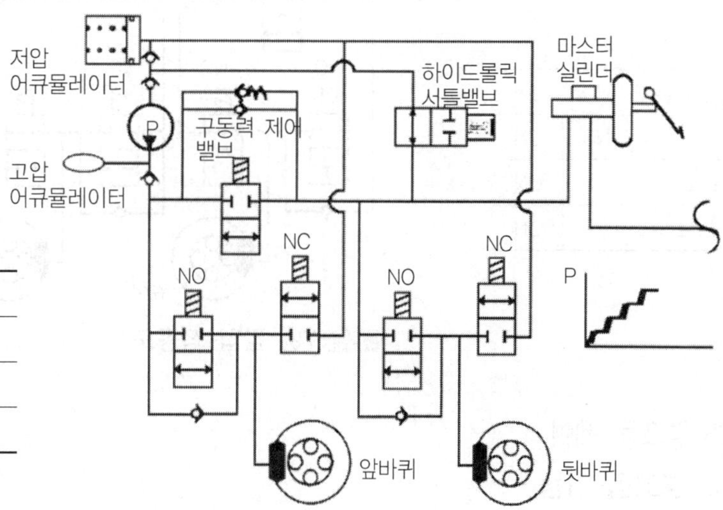

그림 77. 유지 작동도

(5) 감압모드–TCS 작동

감압모드에서는 구동력 제어밸브(TCV)가 ON이 되어 모터 펌프와 뒷바퀴의 오일회로를 차단하고, 앞바퀴만 브레이크제어를 실행한다. 그리고 하이드롤릭 서틀밸브(HSV)는 오일회로를 열어서 마스터실린더와 모터펌프 입구측 회로가 연결되어 모터 펌프가 작동할 때 오일이 부족하지 않도록 한다. 이때 NO밸브는 ON이 되어 모터펌프와 캘리퍼 사이의 오일회로는 차단하며, NC밸브도 ON이 되어 캘리퍼와 저압 어큐뮬레이터사이의 오일회로를 연결하므로 캘리퍼에 가해진 유압이 감소된다. 이때 모터펌프는 작동한다.

그림 78. 감압상태의 오일흐름

솔레노이드 밸브	NO	ON
	NC	ON
펌프 모터		ON
TC 밸브		ON

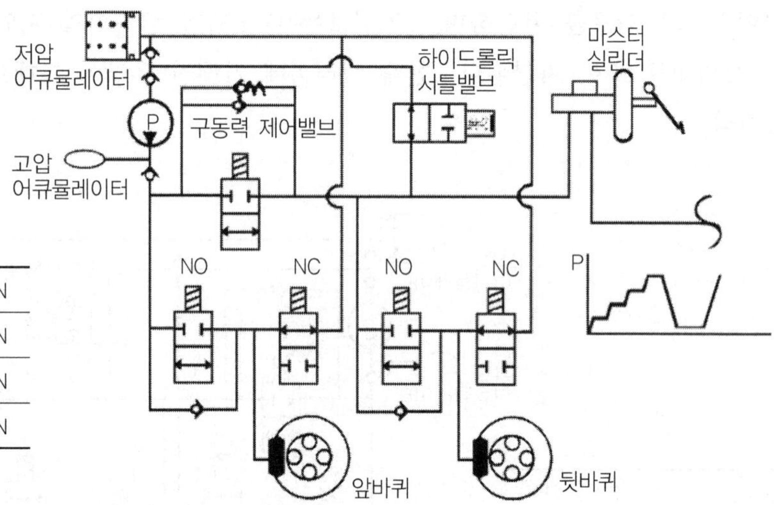

그림 79. 감압 작동도

[3] TCS 경고등 제어

(1) TCS 경고등 기능

TCS에는 작동등과 TCS OFF 등이 있는데 TCS작동 등은 TCS가 작동할 때 점등되는 지시등이고, TCS OFF등은 운전자가 TCS를 OFF로 선택하였을 때와 TCS계통에 문제가 발생하면 운전자에게 경고하기 위한 경고등으로서 점등한다.

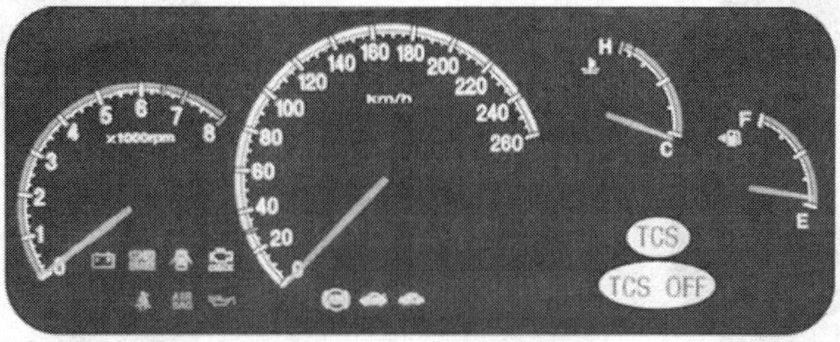

그림 80. TCS 경고등

(2) 경고등 점등조건

① TCS제어 때 3Hz로 점멸된다.

② 점화스위치를 ON으로 한 후 3초간 점등된다.

③ TCS에 고장이 발생하였을 때 점등된다.

④ TCS 선택스위치 OFF하면 TCS OFF 경고등이 점등된다.

⑤ 그 밖의 경우에는 소등된다.

(3) CAN 통신정보

CAN정보는 엔진 ECU와 자동변속기 TCU 그리고 TCS가 각각 수행한다. TCS기능을 수행하기위해서는 엔진과 자동변속기간 서로 보조를 맞추어가며 실행되어야 한다. 엔진 회전력 감소요구 신호는 TCS가 엔진 ECU에게 변속단계 고정요구 신호는 TCS가 TCU에게 요구한다. 반면 자동변속기에서도 엔진 ECU에게 변속의 원활을 기하기 위해 회전력 감소요구 신호를 보낸다.

3.5.6. TCS의 구성요소

[1] 휠 스피드센서(wheel speed sensor)

휠 스피드센서는 ABS, EBD, TCS제어의 핵심신호로 이용되는데 구동바퀴인 앞바퀴와 피동바퀴인 뒷바퀴의 회전속도를 정밀 연산하여 TCS기능을 수행한다.

(a) 앞바퀴 (b) 뒷바퀴

그림 81. 휠 스피드센서

[2] TCS 선택스위치

운전자가 TCS기능을 ON/OFF 선택할 수 있도록 하는 스위치이며, 스위치를 누를 때마다 ON과 OFF가 반복된다. TCS를 OFF시킨 경우에는 ABS와 EBD만 작동한다.

그림 82. TCS 선택스위치

[3] 하이드롤릭 유닛(hydraulic unit)

일반 ABS와 달리 TC(traction control)밸브가 설치되어 있으며, TC밸브가 작동하면 유압은 펌프를 거쳐 고압 어큐뮬레이터를 거쳐 바퀴로 공급된다.

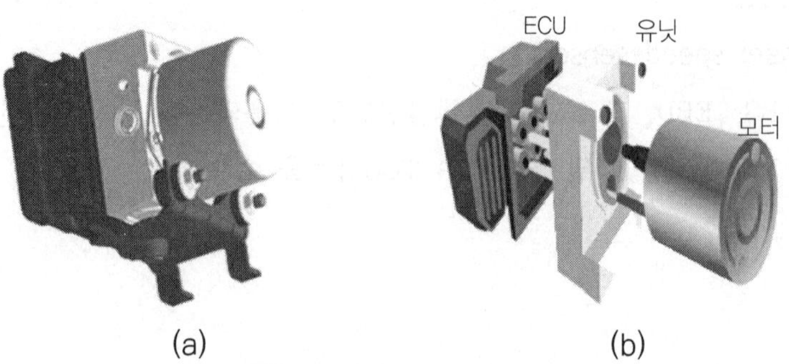

(a) (b)

그림 83. 하이드롤릭 유닛 분해도

3.6. BAS(brake assist system)

3.6.1. 브레이크 보조시스템(BAS)의 개요

BAS는 브레이크 보조 장치를 말하며, 자동차가 비상상태일 때 갑작스러운 브레이크작동을 보정해 준다. 이 장치의 개발은 운전자들이 급제동을 하더라도 브레이크 페달을 약하게 밟는 경향이 많다는 것에서 착안하여 자동차의 상태가 비상 브레이크 상태임을 파악하면 브레이크 진공부스터의 모든 동력을 모아서 즉시 유압이 가해질 수 있도록 만든 것이다.

실험을 통해 BAS는 100km/h로 주행 중 급브레이크를 하였을 때 제동거리를 73m에서 43m로 줄일 수 있었다고 한다. 현재 사용되는 BAS는 기계방식과 전자방식이 있으며 기계방식은 진공부스터 안에 부품을 추가로 설치하였으며, 전자방식은 기존의 ABS/VDC에 소프트웨어만 추가하였다.

3.6.2. BAS의 사용목적

ABS를 설치한 자동차의 증가와 더불어 사고방지 효과가 미흡했고, 긴급한 상황에서는 충분한 제동력이 부족하였으며, 여성 운전자와 노약자 운전자의 증가로 인해 급하게 브레이크를 작동을 할 때 충분한 제동력을 확보하기 위한 장치가 필요하게 되었다. 따라서 BAS는 긴급한 상황에서 충분한 제동력을 확보하는데 그 목적이 있다.

3.6.3. BAS의 장점 및 특징

[1] BAS의 장점

① 일정한 힘 이하로 브레이크페달을 밟는 힘이 약할 때 추가적으로 배력이 발생한다.
② 브레이크 페달을 밟는 힘이 부드럽다.
③ 2단계 배력비율이 발생한다.

[2] BAS의 특징

① BAS는 ABS를 설치한 자동차에만 사용된다.
② 일정한 페달 밟는 힘까지는 기존과 동일하다
③ 과도한 브레이크 사용에서는 빈번한 ABS작동이 나타날 수 있다.
④ 브레이크 효과는 기존과 같거나 또는 향상된다.

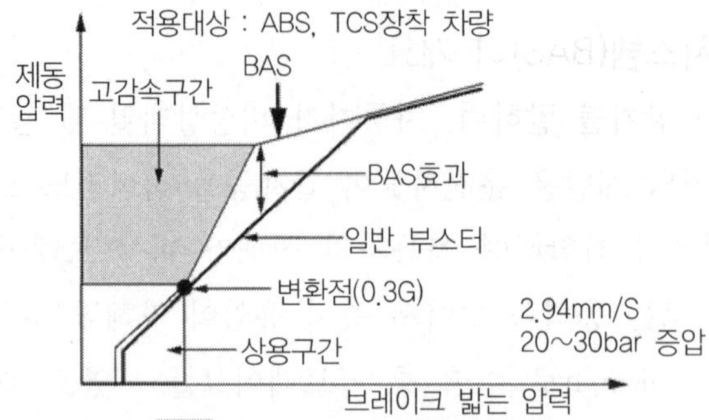

그림 84. BAS의 출력특성

3.6.4. BAS의 종류

BAS는 기계방식과 전자방식으로 분류된다. 기계방식은 브레이크 부스터 내부에 설치되고 전자방식은 VDC에 소프트웨어를 추가한 것이다.

[1] 기계방식 BAS

기계방식 BAS는 기존에 진공부스터에 추가로 진공라인을 설치한 것이라고 보면 된다. 즉 기존의 진공부스터는 브레이크 페달을 밟기 전에는 진공 막을 사이에 두고 양쪽이 진공상태로 유지되다가 브레이크 페달을 밟으면 한쪽은 진공상태이고, 다른 한쪽은 대기가 통해 그 압력 차이에 의해서 브레이크에 배력효과를 준다.

기계방식 BAS의 경우는 1차로 배력이 된 후에 2차로 추가 배력효과를 주는 방식이다. 이렇게 압력 차이를 크게 유도할 수 있는 별도의 진공라인을 설치했기 때문이다. 이런 이유로 BAS를 2-비율 부스터(ratio booster)라 부르기도 한다.

(1) 기계방식 BAS의 구성부품

기계방식 BAS의 내부구조는 리액션 디스크(reaction disc), 진공밸브, 출력로드, 입력로드, 플런저 등으로 구성된다.

① 플런저 : 브레이크가 작동될 때 작용하여 대기실과 진공실을 차단하는 포핏밸브를 밀어 포핏밸브에 의해 진공실과 대기실을 차단시킨다.

② 입력로드 : 브레이크페달을 밟으면 푸시로드가 밀리며, 이 푸시로드가 입력로드를 밀고, 입력로드가 플런저를 민다.

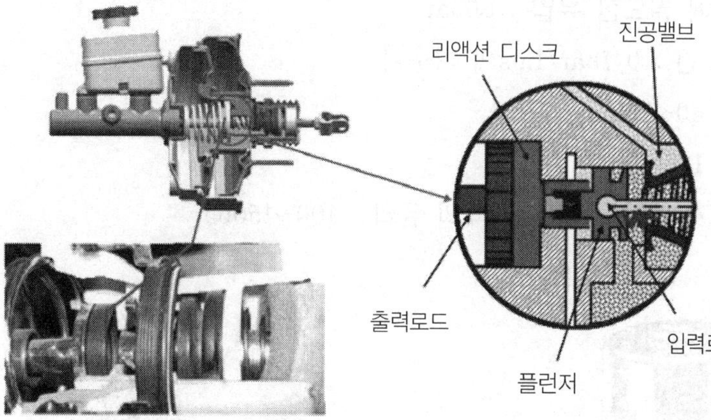

그림 85. 기계식 BAS의 내부구조

③ 출력로드 : 입력로드에 의해 밀린 푸시로드가 끝가지 밀리면 마스터실린더에서 유압을 발생시키는데 일조한다.
④ 리액션 디스크 : 브레이크 페달을 놓을 때 작용하여 복귀를 원활히 한다.
⑤ 진공밸브 : 브레이크가 작동할 때 진공실에 진공이 유입되지 않도록 차단한다.

[2] 전자방식 BAS

전자방식 BAS는 HBA(hydraulic brake assist)라고도 부르며, VDS를 설치한 자동차에서만 사용된다. 즉, 기존에 VDS작용을 활용한 것으로 운행 중 긴박한 상황에서 VDS 스스로 브레이크 유압을 만들어내어 해당 바퀴에 브레이크를 작용시켰지만, 전자방식 BAS는 운전자가 급브레이크를 작동시켰는데도 원하는 시간에 브레이크 유압이 측정되지 않으면 내부적으로 설치된 제동유압 감지센서에 의해 급제동 여부를 판단하여 급제동일 경우 ESP의 HECU가 제동유압을 강제적으로 급격히 상승시킨다. 그리고 유압 피드백은 압력센서로부터 모니터링한다.

(1) 전자식 BAS의 효과

① 제동거리를 단축시킬 수 있고 운전자별 제동거리 편차를 줄일 수 있다.
② 급브레이크를 작동시킬 때 브레이크 유압이 증가한다.
③ 소프트웨어(software)만 추가하면 사용이 가능하다.

(2) 전자식 BAS 압력변화

① 급브레이크에 필요한 유압 : 80bar

② BAS 진입조건 : 0.7bar/1ms의 기울기

③ 제어유압 : 40~80bar

④ 증가유압 : 150bar

⑤ 일반운전자가 페달을 밟았을 때의 유압 : 100~150bar

(a) ESP HECU

(b) 압력센서

그림 86. 전자식 BAS

(3) 마스터실린더 압력센서

① ESP작동 중에 운전자의 브레이크 답력을 감지

② 예비 브레이크 압력을 조절

③ 작동압력 : 저속 7km/h & 20bar 이상

④ 최대 측정압력 : max 170bar

⑤ 작동시 : 1100bar/sec

3.7. VDC(vehicle dynamic control)

3.7.1. 차체자세제어장치(VDC) 시스템의 개요

VDC는 스핀(spin) 또는 언더 스티어링(under steering) 등의 발생을 억제하여 이로 인한 사고를 미연에 방지하는 장치이다.

이 장치는 자동차에 스핀이나 언더 스티어링 등이 발생하면 자동적으로 안쪽바퀴나 바깥쪽 바퀴에 제동을 가하여 자동차의 자세를 제어하여 안정된 상태를 유지하며(ABS 연계 제어), 스핀 한계 직전에서 자동 감속하며(TCS연계 제어) 이미 발생한 경우에는 각 바퀴별로 제동력을 제어하여 스핀이나 언더 스티어링의 발생을 미연에 방지하여 안정된 운행을 도모한다.

VDC는 요 모멘트제어, 자동 감속제어, ABS(anti lock brake system) 및 TCS (traction control system)제어 등에 의하여 스핀방지, 오버 스티어링 방지, 굴곡도로를 주행을 할 때 요잉(yawing)발생 방지, 제동할 때 조정 안정성 향상, 가속할 때 조종 안정성 향상 등의 효과가 있다. 이 장치는 브레이크 제어방식의 TCS에 요 레이트 센서(yaw rate sensor), G센서, 마스터실린더 압력센서 등을 추가시킨 것이다.

주행속도(車速), 조향핸들 각속도 센서, 마스터실린더 압력센서 등으로부터 운전자의 조종 의지를 판단하고 요 레이트 센서, G센서로부터 차체의 자세를 계산하여 운전자가 별도로 제동을 하지 않아도 4바퀴를 개별적으로 자동 제동하여 자동차의 자세를 제어하여 모든 방향(앞·뒤 및 옆 방향)에 대한 안정성을 확보한다. 또한 타이어의 공기 압력이 변화하면 지름이 변화되어 휠 스피드 센서의 값이 변화한다. 이를 감지하여 경고등을 점등하는 TPW(tire pressure warning)도 포함되어 있다.

[1] 요 모멘트(yaw moment)

요 모멘트란 차체(車體)의 앞뒤가 좌·우 또는 선회할 때 안쪽·바깥쪽 바퀴 쪽으로 이동하려는 힘을 말한다. 요 모멘트로 인하여 언더 스티어링, 오버 스티어링, 횡력(drift out) 등이 발생하며 이로 인하여 주행 및 선회할 때 자동차의 주행 안정성이 저하된다.

VDC는 주행 안정성을 저해하는 요 모멘트가 발생하면 브레이크를 제어하여 반대방향의 요 모멘트를 발생시켜 서로 상쇄되도록 하여 자동차의 주행 및 선회 안정성을 향상시킨다. 또한 필요에 따라서 엔진의 출력을 제어하여 선회 안정성을 향상시키기도 한다.

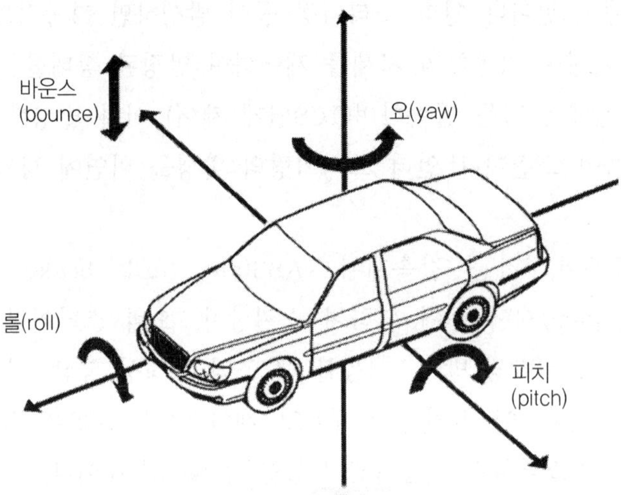

그림 87. 요 모멘트

3.7.2. VDC 제어의 개요

조향핸들 각속도 센서, 마스터실린더 압력센서, 차속센서, G센서 등의 입력 값을 연산하여 자세 제어의 기준이 되는 요 모멘트와 자동 감속제어의 기준이 되는 목표 감속도를 산출하여 이를 기초로 4바퀴의 각각 제동압력과 엔진 출력을 제어한다.

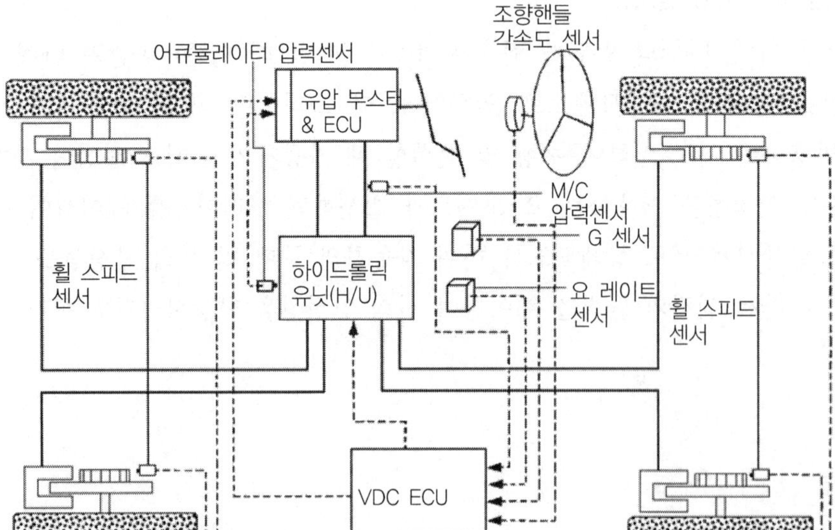

그림 88. VDC제어의 개요도

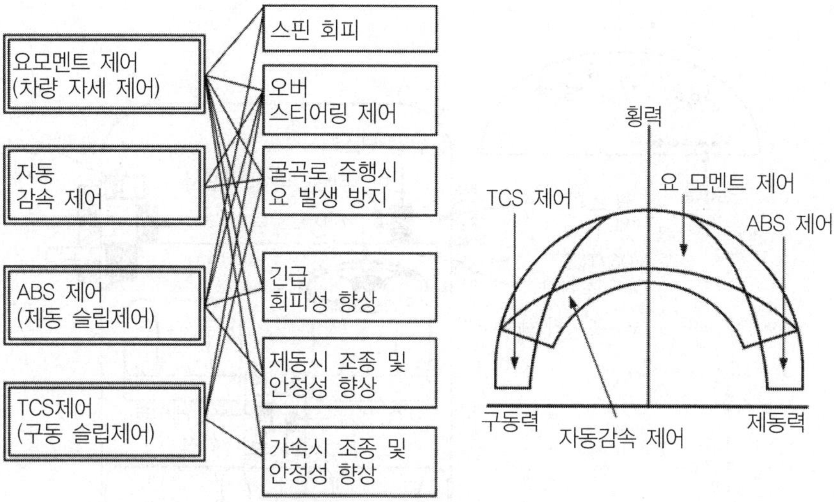

그림 89. VDC제어의 종류

3.7.3. VDC의 구조

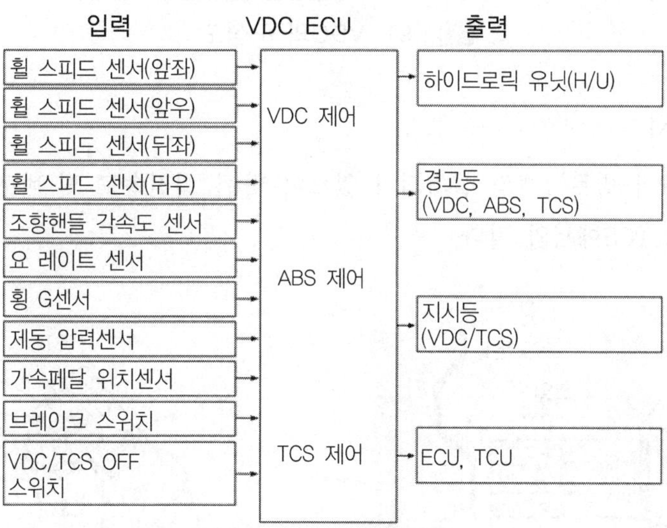

그림 90. 입 · 출력도

[1] VDC의 구성도

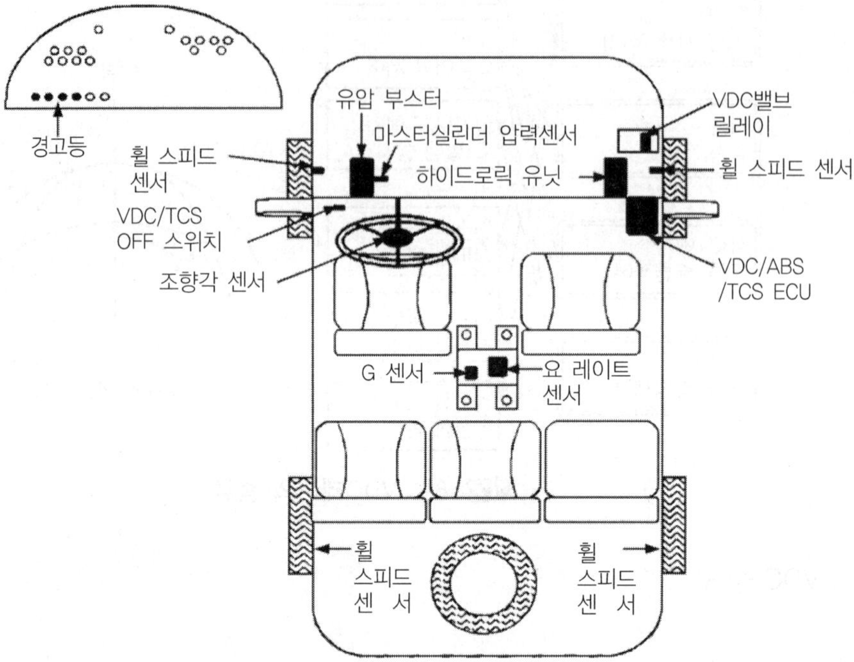

그림 91. VDC의 구성도

(1) 휠 스피드 센서

이 센서는 각 바퀴 별로 1개씩 설치되어 있으며 바퀴 회전속도 및 바퀴의 가속도, 슬립률 계산 등은 ASC/TCS에서와 같다.

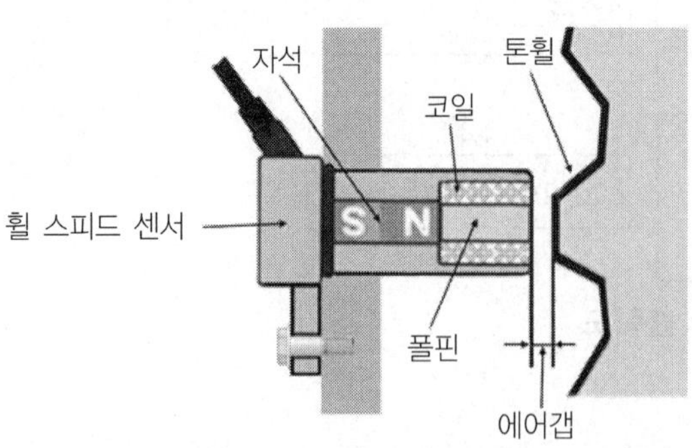

그림 92. 휠 스피드 센서의 구조

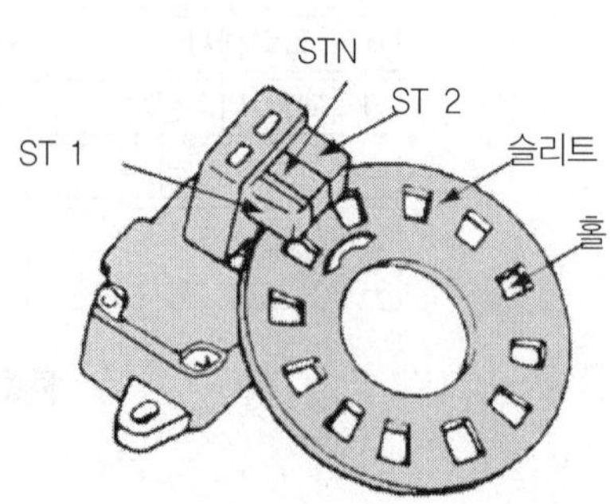

그림 93. 조향핸들 각속도 센서의 구조

(2) 조향핸들 각속도 센서

이 센서는 조향핸들의 조작 속도를 검출하는 것이며, 3개의 포토트랜지스터로 구성되어 있다.

(3) 요 레이트 센서

센터 컨솔 아래쪽에 횡 G센서와 함께 설치되어 있다. 요 레이트 센서는 진동 빔에 회전이 가해지면 그 회전속도에 따라서 발생하는 횡력(横力)을 검출하는 진동형 각속도 센서이다. 진동자는 사각 빔의 인접한 2면에 압전소자를 부착하여 진동에 의해서 접점에서 발생하는 전압이 변화한다.

(4) 횡 G센서

센터 컨솔 아래쪽에 요 레이트 센서와 함께 설치되어 있다. 검출부분은 이동전극과 고정전극으로 구성되어 있으며, 횡 가속도가 가해지면 이동전극이 이동하여 고정전극과 이동전극사이에 전위차가 발생하여 두 전극의 용량 차이가 발생한다. 이 차이의 크기로 가속도의 크기를 검출한다. 절대 값 검출형이며 직류(DC) 출력의 검출이 가능하다.

그림 94. 요레이트 센서

그림 95. 횡 G센서의 외관

(5) 하이드롤릭 유닛(hydraulic unit)

① 엔진 룸 오른쪽에 부착되어 있다.

② 12개의 솔레노이드밸브가 들어있다.

(6) 유압 부스터(hydraulic booster)

흡기다기관 부압을 이용한 기존의 진공 배력식 부스터 대신 유압모터를 이용한 것이다. 유압 부스터는 액추에이터와 어큐뮬레이터에서 전동기에 의하여 형성된 중압 유압을 이용한다.

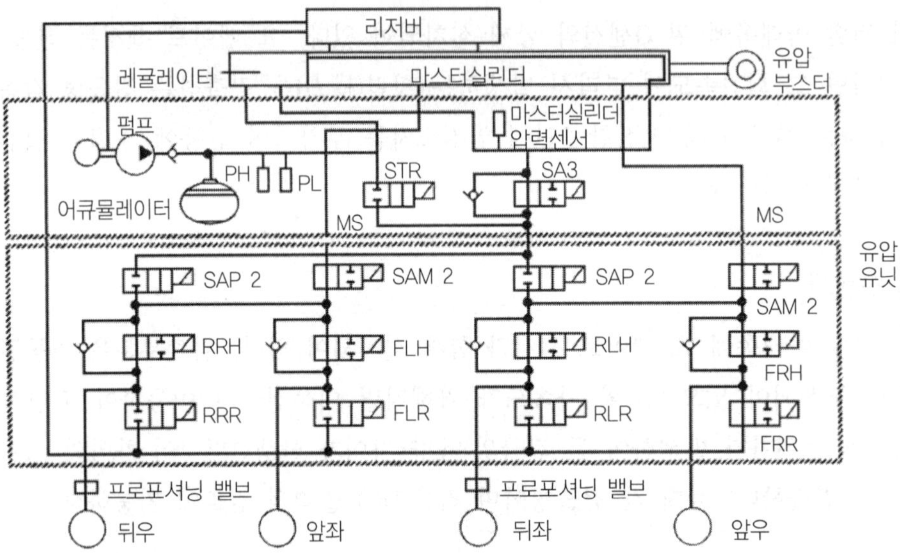

그림 96. 유압 회로도

1) 유압 부스터의 효과

① 브레이크 압력에 대한 배력비가 크다.

② 브레이크 압력에 대한 응답속도가 빠르다.

③ 흡기다기관 부압에 대한 영향이 없다.

그림 97. 유압부스터 및 유닛

2) 작동원리

① 브레이크 페달을 밟으면 페달과 연결된 푸시로드가 마스터실린더의 피스톤을 이동시킨다.

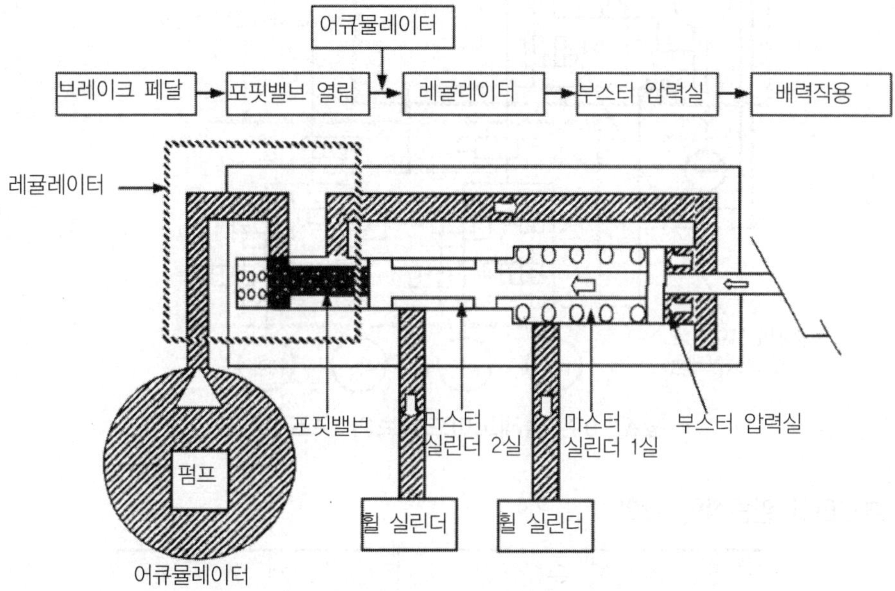

그림 98. 유압 부스터의 작동원리

② 피스톤은 포핏밸브(poppet valve)를 밀어서 어큐뮬레이터와 레귤레이터 사이의 통로를 개방한다.

③ 포핏밸브가 열리면 어큐뮬레이터에서 전동기에 의해 발생된 유압이 레귤레이터로 유입된다.

④ 유압은 레귤레이터의 통로를 통하여 부스터 압력 실로 연결된다.

⑤ 부스터 압력실에 연결된 유압은 푸시로드를 마스터실린더 쪽으로 피스톤을 더욱 강하게 밀어서 고압의 제동압력을 얻는다.

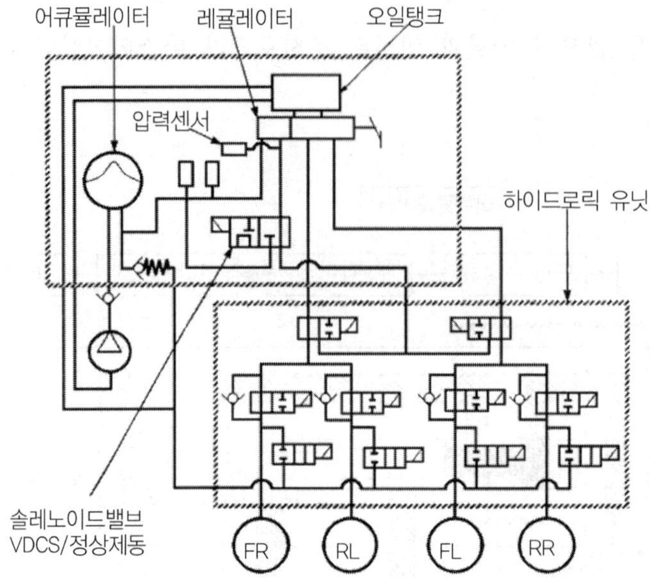

그림 99. 솔레노이드밸브의 구조

3) 유압 부스터의 일반적인 사항

항 목		제 원
전 압	모터 단자사이의 전압	9.0~16.0V
	전원 이상 경보 전압	9.5V 미만, 17.5V 이상
작동 온도		-30~100℃

※ 모터 구동전압은 8.5V 이상이며, 컴퓨터 작동전압은 6.2V 이상이다.

4) 유압 부스터 모터제어

① 모터 릴레이 제어

② 간차 구동제어

③ 모터 릴레이 강제 구동

(7) 마스터실린더 압력센서

제동시 마스터실린더 내부에서 발생되는 압력을 검출하여 ECU로 보내면 VDC ECU는 이 신호를 기준으로 EBD제어 여부를 판단하는데 쓰인다. 마스터실린더 압력센서는 마스터 실린더 하단부에 2개가 설치되어 있다.

앞쪽이 1차측 압력센서이고 뒤쪽이 2차측 압력센서이다. 마스터실린더 압력센서는 VDC가 작동 중일 때 운전자의 제동의지를 감지하기 위해 브레이크액 압력을 감지한다. 내부에 세라믹 디스크와 세라믹 판으로 구성되어 있으며, 좌측의 세라믹판은 고정되어 있고 우측의 3개의 세라믹 판이 압력에 따라 두 디스크 사이의 거리 변화에 따라 정전용량이 변하게 되는데 이 변화량으로 압력값을 인식한다. 그리고 압력센서가 2개 장착된 이유는 VDC 시스템의 신뢰성을 높이기 위함이며 서로의 값을 비교분석하여 고장여부를 판단한다.

표 유압 부스터의 일반적인 사항

항 목	제 원
공급 전압	4.75~5.25V
출력범위	0.25~4.75V
비작동시 출력전압	0.5V
작동압력	0~170bar

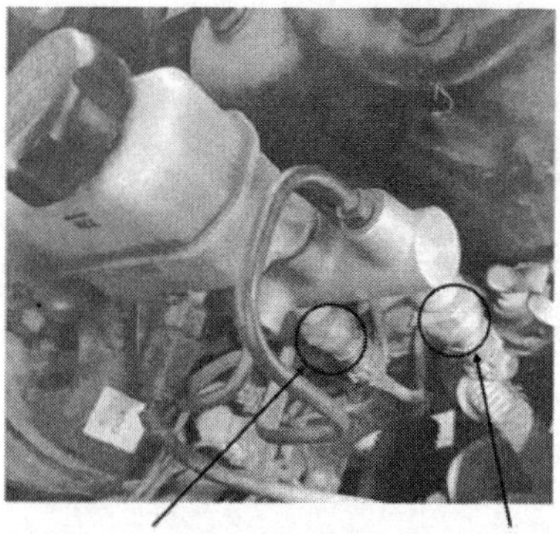

그림 100. 마스터실린더 압력센서

(8) VDC(ESP) OFF 스위치

이 스위치는 VDC기능을 OFF하는 스위치가 아니라 TCS기능을 OFF하는 스위치이다. 출발을 하거나 코너링 주행할 때 등 TCS제어를 필요로 하지 않는 운전자를 위한 스위치이다. 이 스위치를 OFF하더라도 긴급한 상황에서는 VDC(ESP)는 작동되어야한다.

(9) 제동등 스위치

① 제동 여부를 컴퓨터에 전달하여 VDC, ABS제어의 판단 여부를 결정하는 역할을 한다.

② ABS 및 VDC제어의 기본적인 신호로 사용된다.

그림 101. TCS(VDC) OFF스위치의 설치위치

그림 102. 제동등 스위치

(10) 가속페달 위치 센서

① 가속페달의 조작상태를 검출하는 센서이다.

② VDC 및 TCS의 제어 기본 신호로 사용된다.

③ 측정단위는 0.020V씩 측정이 가능하다.

④ 측정주기는 6ms이다.

(11) 경고등 및 지시등

1) VDC작동 표시등

① 초기 점검 중에 점등된다.

② 엔진 회전속도가 낮으면 점등된다(0rpm일 때 점등, rpm 〉 450rpm일 때 소등).

③ VDC 또는 TCS제어 중에 점등된다.

④ VDC 관련 고장이 있을 때 점멸된다(점멸할 때에는 0.7초 ON, 0.7초 OFF).

⑤ 액추에이터를 강제로 구동할 때에 점등된다.

2) TPW(tire pressure warning) 경고등

TPW경고등은 타이어의 공기압력이 낮을 때 TPW경고등이 점등된다.

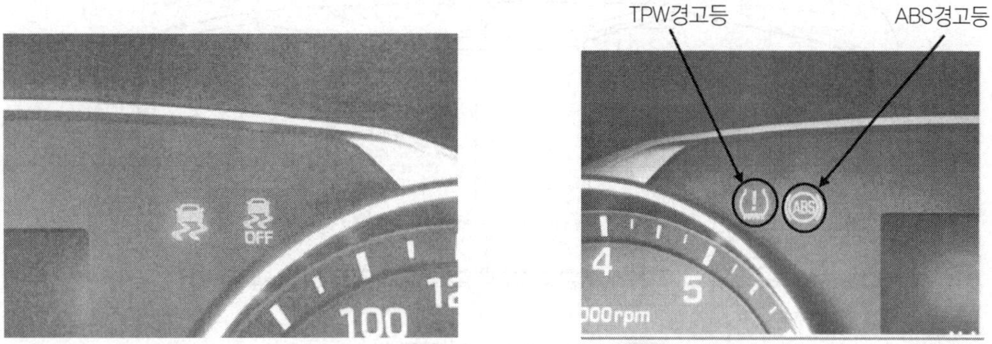

(a) VDC 작동표시등 및 OFF 표시등　　(b) TPW경고등 및 ABS경고등

그림 103. 경고등과 지시등의 위치

3) ABS 경고등

① IG2 ON 후 3초 동안 점등된다.

② ABS 관련 고장이 발생하면 점등된다.

③ 액추에이터를 강제로 구동할 때 점등된다.

(12) 컴퓨터(electronic control unit)

① 승객석 오른쪽 아래에 설치된다.

② 2개의 CPU로 상호 점검하여 오작동을 감지한다.

③ 시리얼(SCI)통신에 의해 컴퓨터 및 TCU와 통신을 한다.

(13) CAN통신

VDC ECU는 엔진 ECU와 자동변속기 TCU간 CAN통신을 통해 서로의 정보를 교환한다. VDC쪽에서는 TCS나 VDC를 제어할 때 엔진의 회전력 감소를 요구하여 TCS 및 VDC효과를 극대화 할 수 있도록 한다. 또 자동변속기에게는 현재 TCS나 VDC 작동상태를 알려 현재 변속단계를 유지하도록 요구한다. 그리고 엔진에서는 현재 엔진에 데이터인 엔진 회전력, 형식, TPS값 등의 정보를 전달하여 VDC제어를 극대화할 수 있게 도와준다.

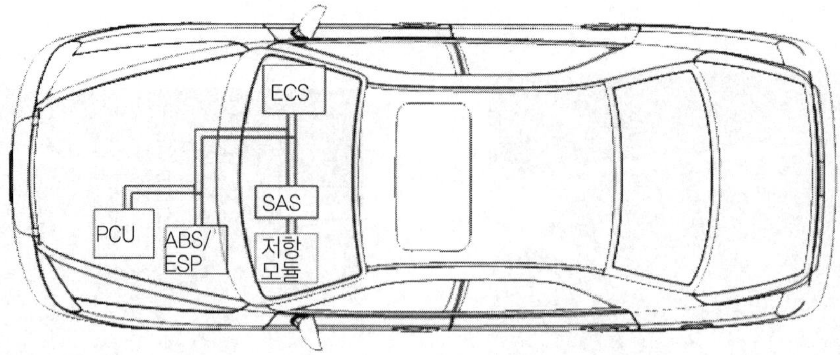

그림 104. CAN 라인구성

CAN방식에는 하이 스피드(high speed)와 로우 스피드(low speed) CAN이 사용되는데 하이 스피드는 파워트레인(power train)계통에서 사용하고 로우 스피드방식은 보디(body) 전장계통에서 사용한다.

익힘문제

01. 파스칼의 원리에 대하여 기술하시오.

02. 제동장치의 조건을 설명하시오.

03. 마스터실린더의 기능을 기술하시오.

04. 브레이크장치에서 페이드 현상과 베이퍼 록 현상에 대하여 설명하시오.

05. 브레이크에서 자기작동 작용에 대하여 기술하시오.

06. 디스크 브레이크의 장단점에 대하여 기술하시오.

07. 브레이크장치에서 진공 배력방식의 원리에 대하여 기술하시오.

08. 브레이크장치에서 드럼의 구비조건에 대하여 기술하시오.

09. 브레이크장치에서 마스터실린더에 잔압의 필요성을 설명하시오.

10. 마스터 백과 하이드로 마스터를 비교 설명하시오.

11. 감속장치에서 엔진브레이크의 기능에 대하여 설명하시오.

12. 브레이크장치에서 라이닝의 구비조건에 대하여 기술하시오.

13. 공기브레이크의 구성요소에 대하여 설명하시오.

14. 공기브레이크에서 유압식 브레이크의 휠 실린더 역할을 하는 기구에 대하여 설명하시오.

15. 72km/h로 달리고 있는 자동차의 타이어와 노면의 마찰계수가 0.3일 때 제동거리를 구하시오.

16. 제동 초속도가 60km/h이고 차량 중량이 1500kgf, 각 바퀴의 제동력이 230kgf, 260kgf, 240kgf, 210kgf이고 회전부분 상당 중량이 7%일 때 제동거리를 구하시오.

17. ABS의 개요에 대하여 설명하시오.

18. ABS의 기능을 기술하시오.

19. ABS 구성요소의 작동원리에 대하여 설명하시오.

20. BAS의 개요에 대하여 설명하시오.

21. BAS의 장점 및 특징에 대하여 기술하시오.

22. EBD의 개요에 대하여 설명하시오.

23. EBD의 필요성을 설명하시오.

24. TCS의 사용목적에 대하여 설명하시오.

25. TCS 구성요소의 작동원리에 대하여 설명하시오.

26. TCS의 제어방식 종류를 기술하시오.

27. VDC의 개요에 대하여 설명하시오.

28. VDC의 유압부스터 방식의 구성부품에 대하여 설명하시오.

29. VDC 차체제어장치 기능의 종류에 대하여 기술하시오.

30. EMB에 대하여 간단히 기술하시오.

CHAPTER 06 전자제어 섀시 안전장치

1. 에어백(air bag)

1.1. 에어백의 개요

에어백은 자동차가 충돌할 때 충돌검출 센서 및 에어백 ECU(air-bag electronic control unit)가 충격량을 검출하여 가스발생장치에 전기적 신호를 주어 가스를 발생시켜 에어백을 부풀리는 장치로 승객이 자동차 내장재에 직접 부딪히는 것을 방지하여 안전을 도모한다. 또 에어백은 탑승자가 안전벨트를 착용한 상태로 올바르게 시트에 고정되었을 경우, 최대 효과가 발휘되므로 안전벨트의 보조 장치로 역할을 수행한다.

에어백은 운전석 전용에서 승객석과 뒷좌석뿐만 아니라 측면 에어백을 설치하여 측면 충돌에서도 인명을 보호할 수 있도록 발전했다. 에어백은 어린이나 유아 등, 체구가 작은 사람이 앞좌석 승객석에 탑승한 경우 에어백의 팽창압력에 의한 피해가 있을 수 있으므로 앞좌석 승객석에 에어백을 설치하는 자동차에는 경고 문구를 부착하도록 의무화하여 승객의 안전에 대한 경각심을 높이도록 하였다.

표 에어백의 종류

구 분	종 류	특 징
1세대	SRS(supple mental restraint system) 에어백	차량 충돌시 에어백 전체에 가스를 충전시켜 전개되는 방식으로 탑승자가 에어백 팽창시 2차 충격으로 사망하는 일이 많아 사용 중지
2세대	디파워드(depowered)에어백	1세대 모델보다 에어백의 팽창을 20~30%줄인 에어백으로 사망 사고율이 대폭 줄었지만 탑승자 보호 능력이 떨어진다.
3세대	스마트(smart)에어백	차량에 탑승자의 시트를 포함한 여러 곳에 센서를 부착해서 탑승자의 위치나 안전벨트 착용여부, 충격 강도 등 정보를 파악한 뒤 상황에 맞게 폭발력과 폭발시점을 조절하는 에어백으로 더욱 안전한 보호를 한다.
4세대	어드밴스드(advanced)에어백	스마트 에어백에 탑승자 무게 감지 센서를 더한 것으로 탑승자가 어린이인지, 성인인지 여부를 판단하여 에어백의 강도를 세밀하게 조정하여 현재 대부분 중형차 이상에 적용하고 있다.

1.2. 에어백의 설치위치에 따른 구성

에어백은 설치위치 및 신체 보호부위에 따라 다음과 같이 구성되어있다.

① DAB : 운전석 에어백(drive air bag)

② PAB : 승객석 에어백(passenger air bag)

③ SPT : 안전벨트 프리텐셔너(seat(safety) belt pre tensioner)

④ FSAB : 앞 측면 에어백(front side air bag)

⑤ RSAB : 뒤 측면 에어백(rear side air bag)

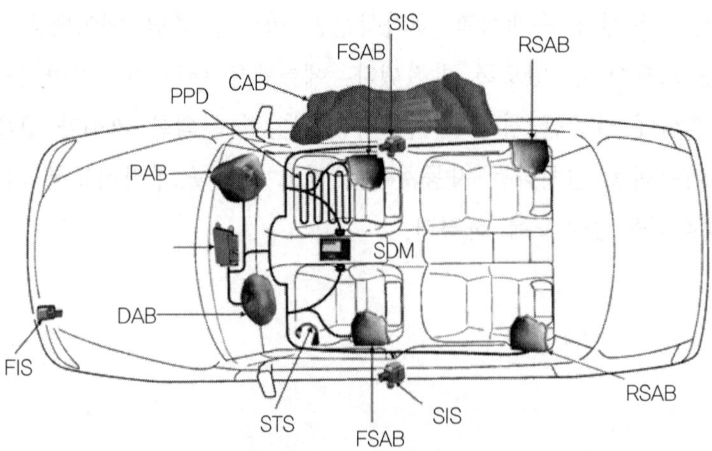

그림 1. 에어백의 구조

⑥ CAB : 커튼 에어백(curtain air bag)
⑦ PPD : 승객유무 검출센서(passenger presence detect)
⑧ ACU : 에어백 컨트롤 유닛(air bag control unit)
⑨ RAB : 뒤 에어백(rear air bag)
⑩ FIS : 전방 충돌 검출센서(front impact sensor)
⑪ SIS : 측면 충돌 검출센서(side impact sensor)
⑫ STS : 시트위치센서(seat track position sensor)
⑬ SDM : 센서 진단모듈(sensor diagnostic module)

1.2.1. 운전석 에어백(driver air bag)

운전석 에어백은 사고 시 운전자의 머리·가슴·목 등의 상해 정도를 줄여주기 위해 설치되며, 조향 휠 중앙에 공기주머니를 설치한 것으로 용량은 대개 60L 정도이다.

1.2.2. 승객석 에어백(passenger air bag)

승객석 에어백은 승객석 승객의 머리·가슴·목을 보호하기 위한 것으로 대시패널(dash panel)에 설치되므로 탑승자와의 간격이 운전석보다 넓으며, 공기주머니의 용량도 운전석이 대개 60L인데 비해 승객석은 120~150L 정도로 크다. 따라서 승객석 탑승자가 지나치게 앞으로 이동하여 앉거나 어린이를 안고 타는 것은 에어백의 팽창 공간부족으로 인해 매우 위험한 결과를 가져올 수 있다.

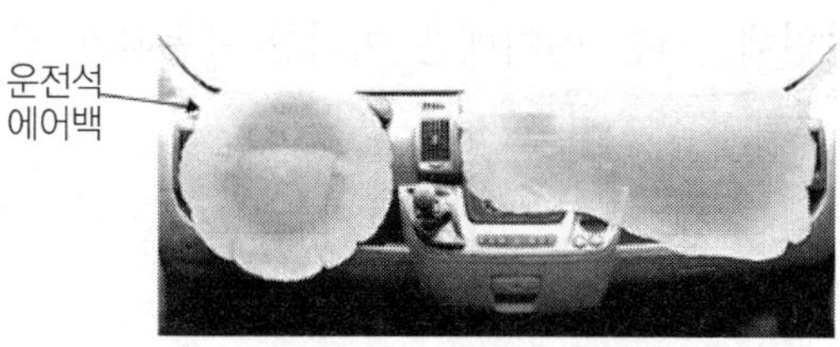

그림 2. 운전석 에어백

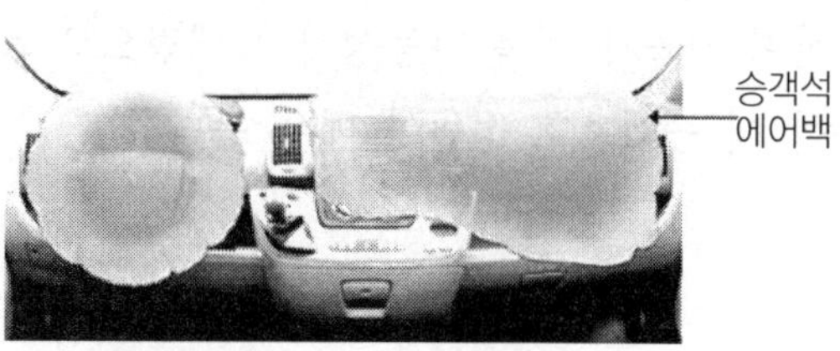

그림 3. 승객석 에어백

1.2.3. 측면 에어백(side air bag)

자동차에서 측면충돌이 발생할 때 탑승자의 머리와 어깨를 보호하기 위한 것으로 자동차의 시트 등받이 또는 도어에 설치한 에어백으로, 측면에서 충돌이 일어나면 에어백이 팽창되어 승객을 보호한다. 측면 에어백은 현재 고급 승용자동차에 주로 설치된다.

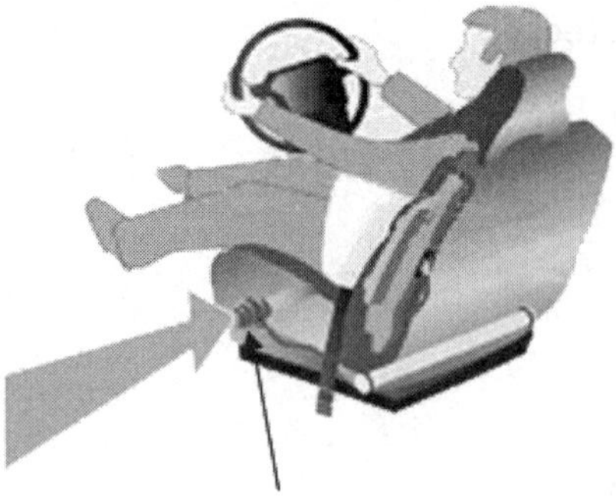

(a)

(b)

그림 4. 측면 충돌센서 및 측면 에어백

작동은 자동차의 측면 충격을 검출하는 측면 충돌센서의 신호를 에어백 ECU가 입력 받아 전개 시킨다.

1.2.4. 커튼 에어백(inflatable curtain)

커튼 에어백은 자동차의 루프 레일부분에 설치되어 측면 충돌이나 자동차가 전복할 때 팽창하여 승객의 머리를 보호하고 승객이 자동차 밖으로 튕겨 나가지 않도록 고안된 에어백이다. 측면 에어백은 측면 충돌이 발생하면 자동차의 창문유리가 파손되므로 사이드 에어백을 지지할 수 있는 부위가 없어 승객의 머리를 보호하는데 한계가 있으나, 커튼 에어백은 이러한 성능개발이 용이한 장점이 있다. 또 다목적용 자동차들은 일반 승용자동차에 비하여 자동차 전복 가능성이 상대적으로 높은 편인데, 커튼 에어백은 이러한 자동차가 전복될 때 승객보호 성능이 매우 높다.

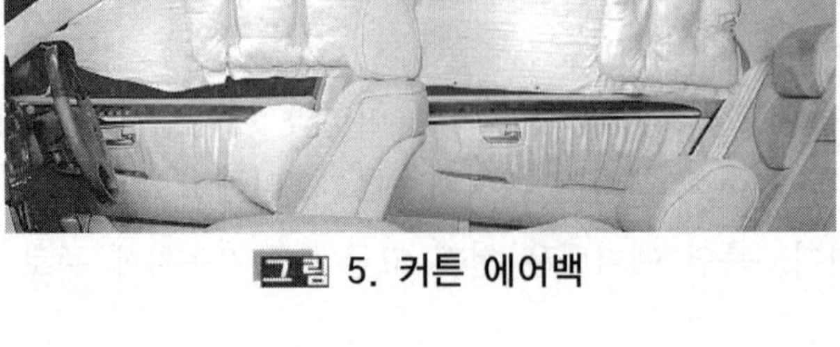

그림 5. 커튼 에어백

그러나 커튼 에어백은 승객의 가슴부위를 보호하는 성능이 부족하므로 일반적으로 가슴 보호용 측면 에어백과 함께 사용되는 추세다.

1.2.5. 무릎 에어백(knee air bag)

무릎 에어백은 대시패널 아래쪽에 있으며, 대퇴부를 보호한다.

그림 6. 무릎 에어백

1.2.6. 골반 에어백(pelvis air bag)

골반 에어백은 도어나 시트 쿠션에 들어 있으며, 측면충돌이 발생할 때 골반을 보호한다.

1.2.7. 보행자 에어백(pedestrian air bag)

보행자 에어백은 보행자가 차에 부딪혔을 때 보닛과 전면 유리사이에 있는 에어백이 부풀어 오르며 튀어나와 보행자의 부상 정도를 줄여주는데 보행자 사고의 대부분은 차량 보닛 하부의 엔진과 전면 유리 하단, 강성이 강한 A필러에 부딪혀 발생한다는 점을 감안해 개발된 에어백이다. 부딪히는 대상이 사물인지 사람인지는 라디에이터 그릴과 앞 범퍼에 달린 7개의 센서가 확인하여 자동차와 충돌한 대상이 사람으로 감지되면 제어장치로 신호를 전달한다.

신호를 전달받은 제어장치는 먼저, 보닛 위쪽의 핀을 풀어 보닛을 약 10cm 들어 올리는데 이는 보행자의 머리가 보닛 아래에 있는 엔진에 닿지 않도록 하기 위함으로 보행자 에어백은 전면 유리 하단부의 3분의 1과 양쪽 A필러를 감싼 U자 형태의 에어백이 수천분의 1초(약 0.03초) 만에 가스로 채워지며 부풀어 오르는데 보행자의 머리가 여기에 직접 닿지 않도록 충격을 완화해 준다.

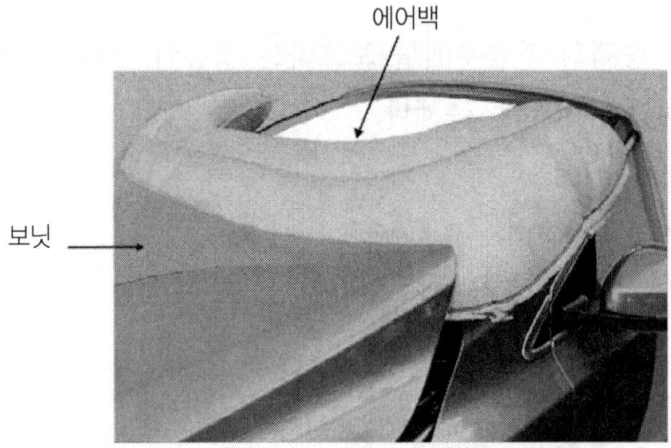

그림 7. 보행자 에어백

1.3. 에어백의 구성

에어백은 크게 에어백 ECU(air-bag control unit), 에어백, 충돌센서, 전용배선, 안전벨트 프리텐셔너 등으로 구성된다.

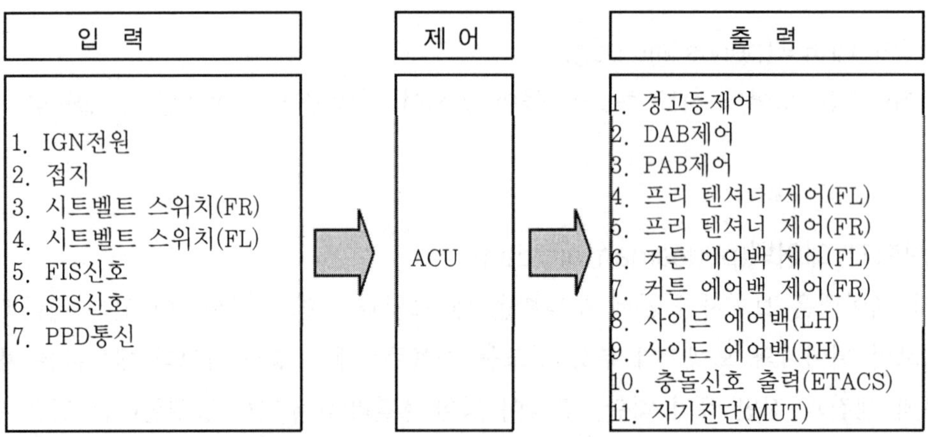

그림 8. 에어백 입·출력 다이어그램

1.3.1. 에어백 ECU(air-bag electronic control unit)

에어백 ECU는 자동차가 충돌할 때 작동하는 에어백 모듈이며, 전류를 출력하여 에어백을 전개시키고 장치에 고장이 발생하면 계기판의 경고등을 점등 또는 점멸시켜 운전자에게 고장여부를 확인하도록 한다. 또 운전석, 승객석 에어백의 경우 자동차가 충돌할 때 뜻하지 않은 전원의 차단으로 인하여 에어백 점화가 불가능할 때를 대비하여 내장된 에너지가 비축된 콘덴서를 통해 점화회로에 점화 에너지를 제공한다.

벨트 프리텐셔너 및 사이드 에어백의 점화회로는 별도의 점화에너지 비축기구를 가지고 있지 않으며 축전지 전압에 의해 직접 점화에너지가 공급된다. 또 에어백 ECU는 충돌검출 센서를 내장하고 있으며, 설치위치는 자동차의 종류에 따라 조금씩 다르지만 일반적으로 자동차의 중앙에 설치되어 있다.

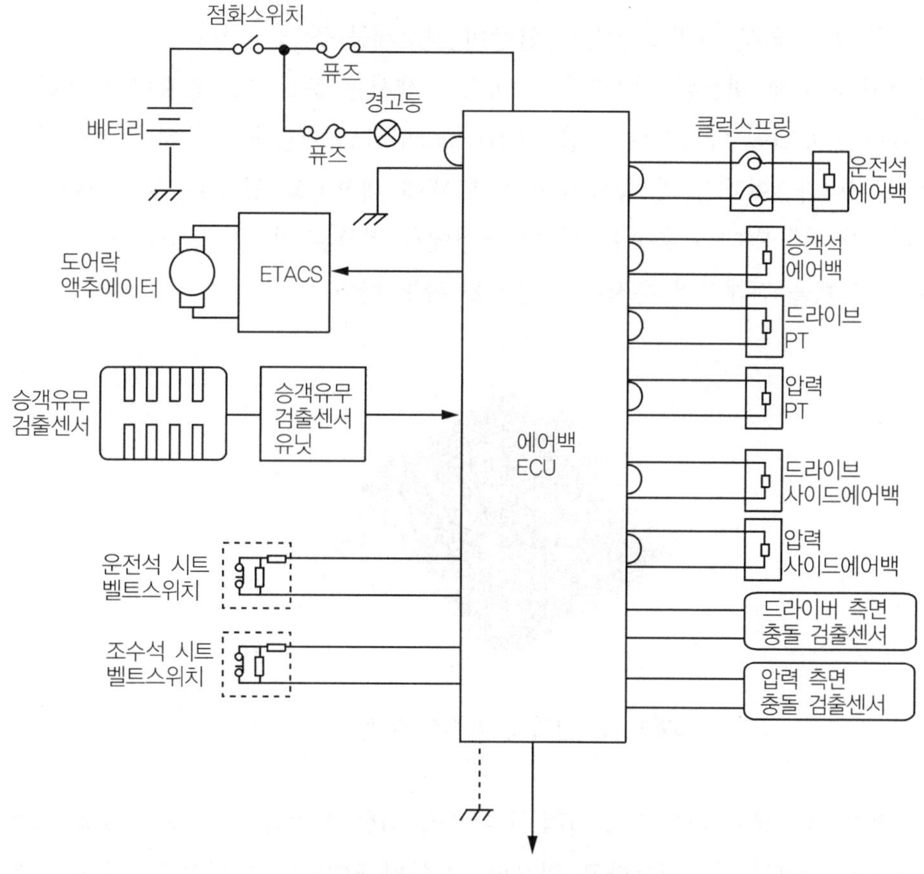

그림 9. 에어백 제어회로도

(a) 에어백 컨트롤 유닛

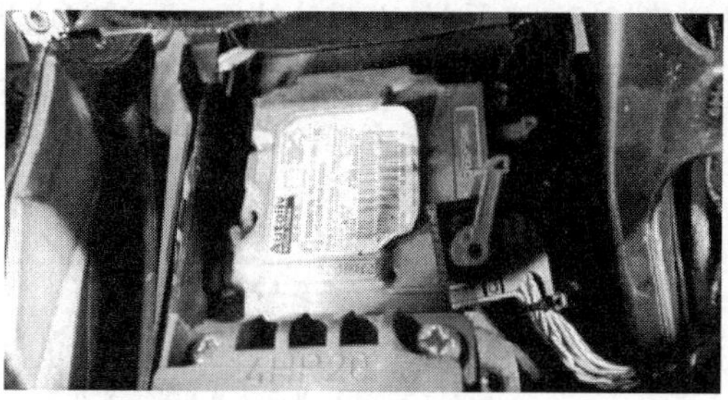

(b) 장착위치

그림 10. 에어백 ECU 및 설치위치

에어백 ECU는 기본적으로 다음과 같은 기능을 수행한다.

① 충돌 검출 및 충돌량을 계산한다.

② 충돌량에 따른 에어백 및 벨트 프리텐셔너 작동 또는 비작동을 결정한다.

③ 에어백 센서들과 외부장치들에 대한 고장여부를 검출한다.

④ 에어백장치에 고장이 발생하였을 때 경고등을 통해 경고한다.

⑤ 통신라인을 통한 외부 서비스 기능(진단장비 정보제공)을 제공한다.

그리고 에어백 ECU에 내장된 전자방식 가속도(G)센서는 충돌량을 검출하기 위한 것이며, 단결정 실리콘 표면에 마이크로 매칭(micro machining)기술을 이용하여 제작한 전기저장 방식의 센서이다. 여과기 및 증폭기를 자체 내에 내장하고 있으며, 자기진단 기능을 포함하고 있다. 에어백 ECU는 충돌할 때 이 센서에서 검출된 가속도 값(G값)이 충격한계 이상일 경우, 에어백을 전개시켜 운전자의 안전을 확보 한다.

그림 11. 전자식 가속도(G)센서

이 센서는 전자방식 센서 이므로 전기적 노이즈에 의한 오판을 방지하기 위해 그림 12와 같이 기계방식 안전센서를 내장하고 있으며, 에어백 ECU는 이 센서로부터 물리적 충돌상황을 검출하여 에어백 작동여부를 최종 결정한다. 이 센서는 충돌할 때 기계적으로 작동하는 센서로 충돌이 발생하였을 때 센서내부에 설치된 자석이 관성에 의하여 스프링 장력을 이기고 자동차 진행방향으로 움직여 리드스위치를 ON시켜 물리적 충돌을 검출한다.

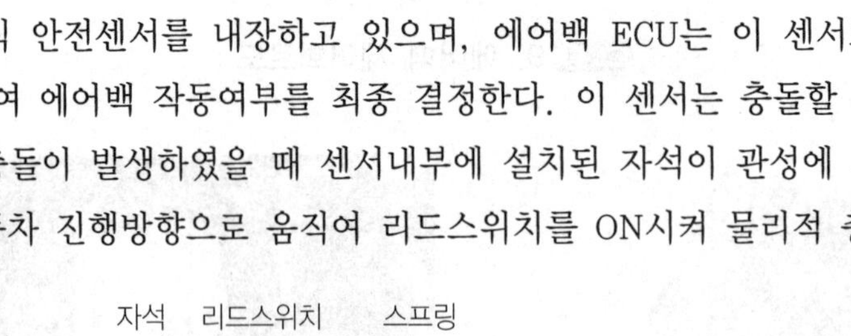

그림 12. 기계식 안전센서

1.3.2. 에어백(air bag)

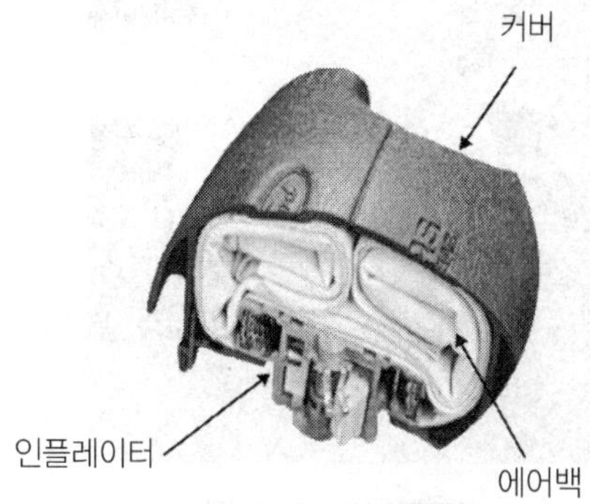

그림 13. 에어백의 구조

[1] 에어백 커버(cover)

에어백 커버는 에어백을 둘러싸고 있으며, 에어백을 전개할 때 에어백이 잘 전개되기 위해서 레이저나 열도(熱刀)로 전개 라인을 플라스틱 뒷면에 칼집이나 구멍(완전히 뚫리지는 않음)을 낸 커버의 티어 심(tear seam)이 갈라지면서 에어백이 부풀어 나올 수 있는 통로를 만드는 구조로 되어있다. 에어백 커버의 기본 요구사항은 전개할 때 티어 심을 따라서 갈라지고 파편 등의 발생이 없이 결합상태를 잘 유지해야 하며 조향 휠 등과의 미적조화를 갖추어야 한다.

(a) 정면

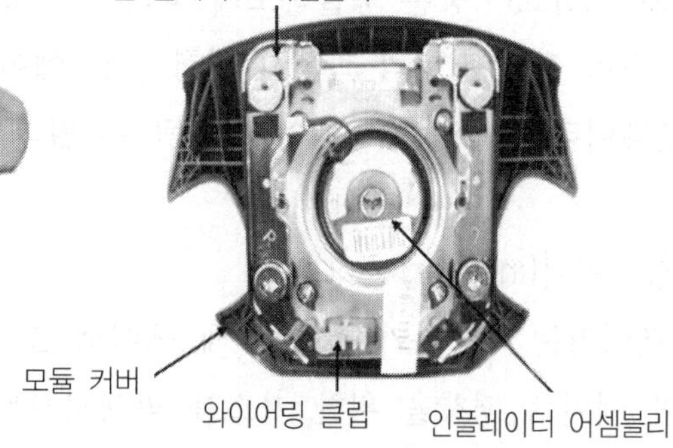

(b) 후면

그림 14. 에어백 커버

[2] 에어백(air bag)

자동차가 충돌할 때 운전자와 직접 접촉하여 충격 에너지를 흡수해주는 역할을 한다. 에어백의 구비조건은 높은 온도 및 낮은 온도에서 인장강도, 내열강도 및 파열강도를 지니고 내마모성, 유연성을 유지해야 한다.

그림 15. 에어백

에어백은 안쪽에 고무로 코팅된 나일론제 면으로 되어 있으며 인플레이터와 함께 에어백이 전개할 때 팽창된다. 에어백은 운전석의 경우 60L 정도이며 승객석은 150~200L 정도이다. 에어백은 충돌할 때 점화회로에서 발생한 질소가스에 의해 팽창되는데 충돌 후 운전자의 충격을 최소화시키기 위해 일반적으로 2개의 배기구멍을 두어 가스를 외부로 배출한다. 에어백이 전개되고 에어백 팽창시 우레탄 커버가 갈라져 에어백이 밖으로 튕겨나와 팽창하는 구조이다. 또 패트 커버는 그물망으로 형성돼 에어백 전개시 파편에 의한 인체의 상해를 방지한다.

에어백은 운전자가 전방으로 125mm이동할 때 80%가 전개될 시점까지 30ms가 걸린다. 전방으로 125mm이동은 충돌속도에 따라 40~80ms 후 도달한다. 에어백 모듈은 분해하지 말아야 하며 단품 저항의 측성시 위험하다. 에어백 저항을 측정하면 테스터기 전류가 에어백 인플레이터로 흘러 에어백이 전개될 수 있다.

[3] 인플레이터(inflater)

인플레이터는 자동차가 충돌할 때 에어백 ECU(air bag control unit)로 부터 충돌신호를 받아 에어백 팽창을 위한 가스를 발생시키는 장치이며, 단자의 연결부분에 단락 바를 설치하여 모듈을 떼어낸 상태에서 오작동이 발생되지 않도록 단자 사이를 항상 단락 상태로 유지한다. 인플레이터는 화약 점화방식과 하이브리드방식이 있다.

(1) 화약 점화방식

화약 점화방식은 인플레이터, 점화제, 가스발생제, 점화장치 등을 알루미늄 용기에 넣은 것으로 에어백 모듈 하우징에 설치된다.

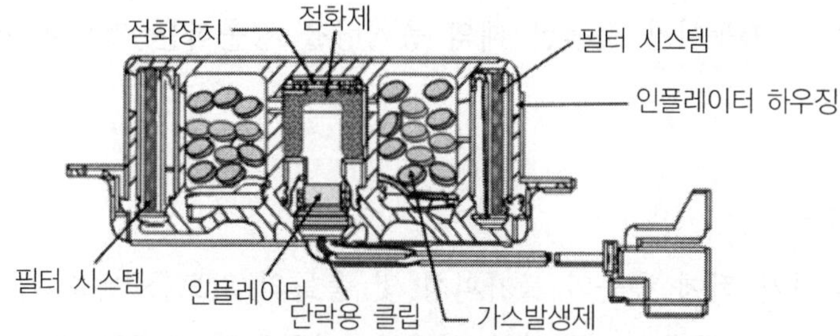

그림 16. 화약 점화방식 인플레이터의 구조

인플레이터 내에는 점화전류가 흐르는 전기 접속부분 있어 화약에 전류가 흐르면 점화제가 연소되고 그 열에 의해 가스발생제가 연소하여 가스가 발생한다. 연소에 의해 급격히 발생한 질소가스가 디퓨저 스크린을 통과하여 에어백 안으로 유입된다. 디퓨저 스크린은 연소가스의 이물질을 제거하고 가스온도의 냉각, 가스 발생소음을 감소하는 역할도 한다. 화약 점화방식은 일반적으로 운전석용 인플레이터에서 사용한다.

(2) 하이브리드방식(hybrid type)

하이브리드방식은 주로 승객석용 인플레이터에 사용되는 것으로, 실린더 모양의 케이스의 안쪽에 여과기를 감아 넣고 그 속에 일정량의 가스 발생제(질소+아르곤)를 충전한다. 하이브리드방식은 자동차가 충돌할 때 가스와 에어백을 연결하는 통로를 화약에 의해 폭파 후 연결시키면 충전된 가스에 의해 에어백이 팽창하는 방식이다.

하이브리드방식의 큰 문제점은 오랫동안 모듈 안에 가스를 보관해 놓아야 한다는 것이다. 따라서 저압스위치를 모듈 안에 설치하여 가스의 압력을 항상 감시하여야 한다. 최근에는 가스누설이 최소화되는 기술을 이용하여 저압 스위치를 제거하였다.

(a) (b)

그림 17. 하이브리드방식 인플레이터

1.3.3. 충돌검출 센서

충돌검출 센서는 자동차가 충돌할 때의 충격량을 검출하는 것으로 검출방법에 의한 분류는 다음과 같다.

[1] 충돌 예지센서

자동차가 충돌하기 전에 충돌의 불가피성 및 충돌의 강도를 예측 검출하는 것으로 이는 빛, 음파, 전파의 신호매체로 자동차와 자동차, 자동차와 장애물 사이의 상대속도를 측정하여 충돌을 예측하는 센서이며, 자동차에서는 사용되지 않고 있으나 이 센서를 충돌 방지 장치에 사용하기 위한 연구가 진행 중이다.

[2] 충돌검출 센서

충돌검출 센서는 자동차 내 특정지점의 가속도를 측정하여 자동차의 충돌 및 충격량을 검출하는 센서로 대표적으로 가속도센서가 이용되고 있다. 초창기에는 기계방식 또는 전기-기계방식 센서를 주로 사용하였지만, 최근에는 반도체 전자방식 센서를 대부분 사용한다. 충돌검출 센서는 자동차의 종류에 따라 그 수량 및 설치위치가 달라진다.

일반적으로 에어백 ECU 내부에 1개, 정면 좌우 멤버에 전방 충돌센서 2개, 측면 충돌검출 센서는 좌우측 "B" 필러 아래쪽에 1개씩 설치된다. 충돌검출 센서는 현재 에어백장치를 사용하고 있는 대부분의 자동차에서 이용하고 있으며 종류는 다음과 같다.

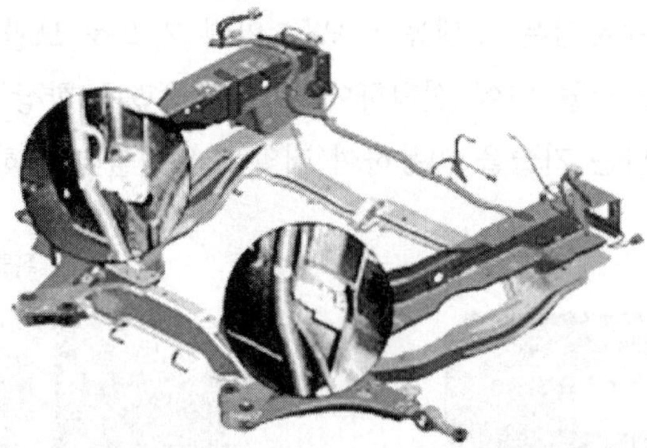

그림 18. 정면 충돌검출 센서의 설치위치

(1) 기계방식

기계방식 충돌검출 센서는 검출질량에 편향력을 가하기 위한 스프링 또는 자석, 감쇄기 구등에 의하여 격침을 작동시켜 충격방식 뇌관을 포함하는 가스 발생기를 작동시키는 구조로 되어 있다. 이 센서는 에어백 모듈, 가스발생기와 일체로 구성이 되어 조향 휠 내부에 설치된다.

외부와 연결을 위한 배선이 필요 없으므로 설치성능이 우수하고 가격이 싼 장점이 있다. 그러나 고장유무를 사전에 확인하기 어렵고 조향 휠의 위치에서 다양한 충돌상황에 대하여 적절히 작동하는 센서를 설계하기가 어렵다.

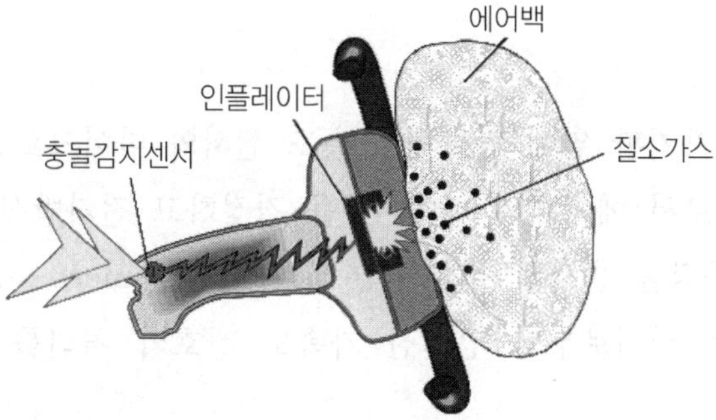

그림 19. 기계방식 충돌검출센서

(2) 전기-기계방식

전기-기계방식은 구조는 틀리지만 작동원리는 기계방식과 비슷하다. 단지 검출질량의 운동을 전기신호로 바꾸기 위한 전기스위치가 내장된 점이 다르다. 즉 자동차가 충돌할 때 검출질량이 편향력을 극복하고 정지위치에서 이동하여 내장된 전기접점을 닫아 센서에 연결된 외부의 스위치회로가 작동하도록 되어있다. 에어백 ECU은 이들의 작동을 검출하여 에어백의 전개여부에 대한 최종판단을 내린다.

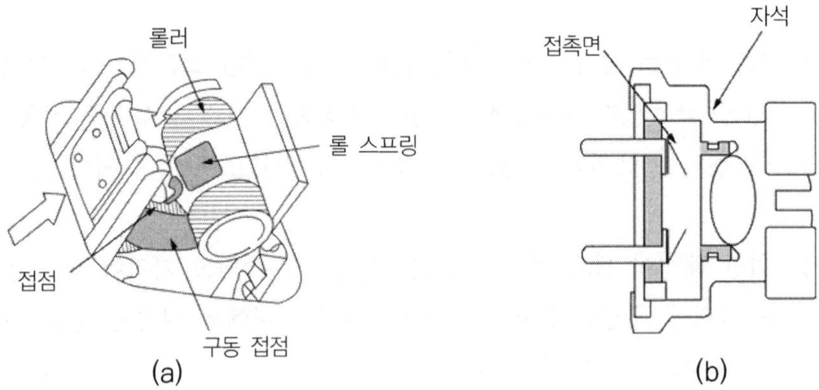

그림 20. 전기-기계방식 충돌검출센서

(3) 전자방식

에어백 ECU의 전자기판 위에 반도체 가속도 센서와 마이크로프로세서를 내장하여 가속도 신호를 처리함으로서 에어백의 전개여부를 결정하고 전기방식 뇌관을 점화하도록 되어 있다. 전자방식 충돌검출 센서의 핵심은 미세 가공기술(micro-machining)을 응용한 반도체형 가속도 센서와 센서로부터 얻어진 가속도 신호의 처리를 위한 충돌검출 알고리즘(algorithm)에 있다.

(a) 가속도계 타입 (b) 압력타입
그림 21. 정면, 측면 충돌검출센서

1.3.4. 에어백 배선

에어백장치에 사용하는 배선은 일반적으로 사용하는 자동차의 배선과는 별도로 설치가 된다. 에어백의 배선은 자동차가 충돌할 때 폭발하는 모듈(module), 충돌을 검출하는 센서들과 연결이 되어 있으므로 접촉이 확실해야 하고 신뢰성도 우수해야 한다. 따라서 커넥터의 확실한 접촉을 위해 배선 핀에는 금도금을 하거나, 어떠한 조건에서도 커넥터의 이탈을 방지하기 위해 그림 22와 같이 커넥터를 끼울 때 1차, 2차 물림(lock)장치를 설치한다.

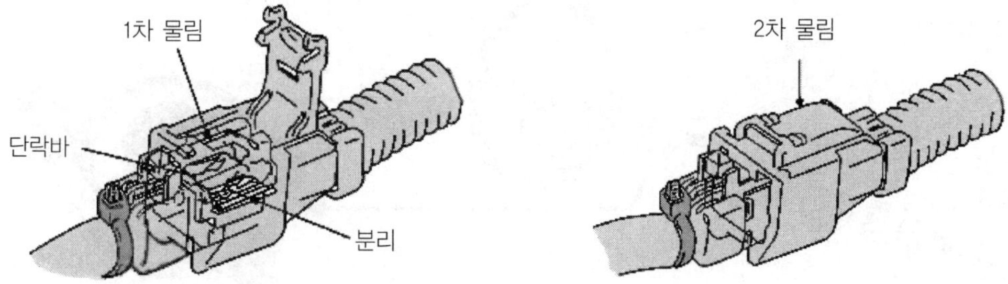

그림 22. 커넥터 물림장치

또 커넥터를 분리할 때 정전기에 의한 에어백의 폭발을 방지하기 위해 단락 바(쇼트 바)를 설치하여 커넥터를 분리할 때 회로를 단락시켜 에어백의 전개를 방지한다. 단락 바는 커넥터를 분리할 때 경고등 전원선과 접지를 단락 바로 연결하여 계기판의 에어백 경고등을 점등시키고 에어백회로의 High배선과 Low배선을 서로 단락시켜 에어백이 전개되는 것을 방지한다.

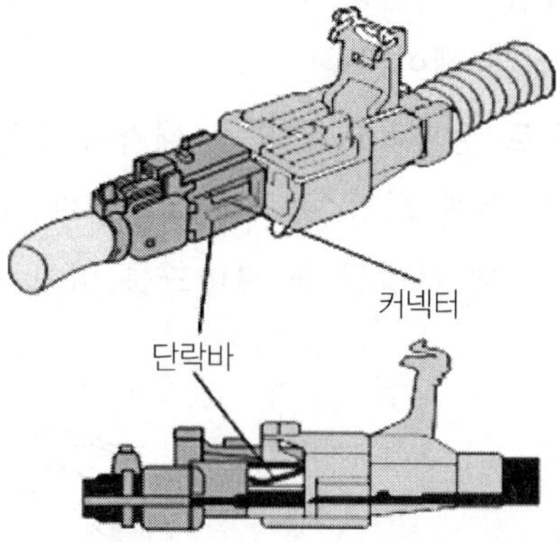

그림 23. 커넥터 단락바

1.3.5. 클럭 스프링(clock spring)

운전석 에어백은 조향 휠에 설치되므로 운전석 에어백과 에어백 ECU사이를 일반 배선을 사용하여 연결하면 좌우로 조향할 때 배선이 꼬여 단선되기 쉽다. 따라서 조향 휠과 조향칼럼 사이에 클럭 스프링을 설치한다.

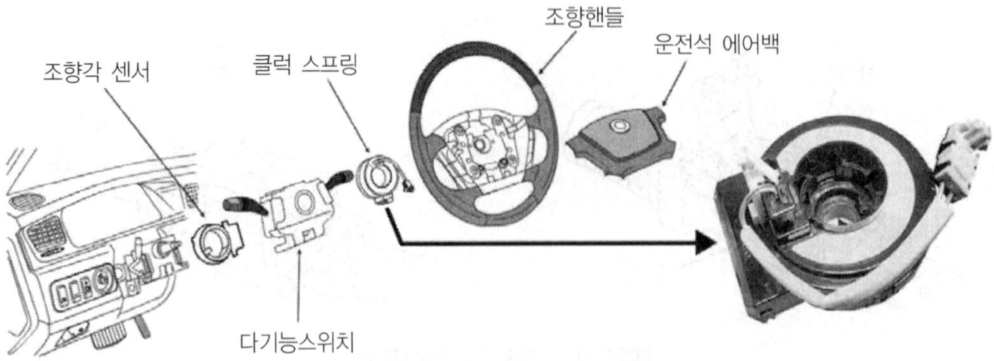

그림 24. 클럭 스프링

클럭 스프링은 핸들에 있는 스위치의 작동을 위해 전기를 연결하는 역할부터 에어백 ECU와 운전석 에어백 모듈사이의 배선을 연결하는 기능으로 내부에 감길 수 있는 종이 모양의 배선을 설치하여 시계의 태엽처럼 감겼다 풀렸다 할 수 있도록 작동한다. 클럭 스프링은 조향 휠과 같이 회전하기 때문에 반드시 중심점을 맞추어야 한다. 만일 중심이 맞지 않으면 클럭 스프링 내부 배선이 단선되어 에어백이 작동하지 않을 수 있다.

클럭 스프링 중심위치 정열방법은 다음과 같다.

① 축전지 (-)단자 및 조향 휠을 떼어낸다.

② 클럭 스프링을 시계방향으로 손가락으로 멈출 때가지 회전시킨다.

③ 반 시계방향으로 회전시켜 전체 회전수를 세고(약 5회전) 그 1/2를 시계방향으로 돌려(약 2.5회전) 클럭 스프링에 마킹된 ▶, ◀마크를 일치 시킨다.

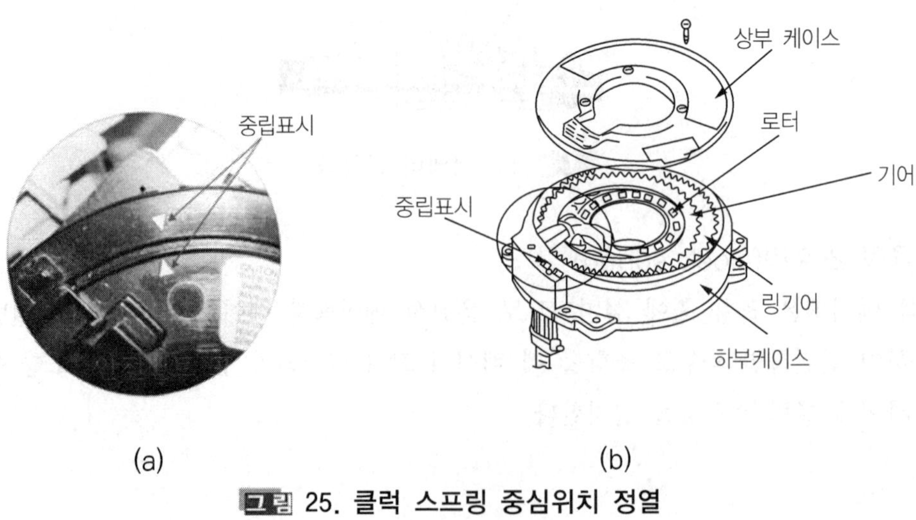

그림 25. 클럭 스프링 중심위치 정열

④ 조향 휠을 설치하고 축전지(-)단자를 연결한 다음 에어백 경고등 점등여부를 확인한다.

1.3.6. 승객유무 검출센서(PPD : passenger presence detect)

승객유무 검출센서는 승객석 시트 쿠션부분에 설치되어 있으며, 승객 탑승유무를 판단하여 에어백 ECU로 데이터를 송신한다. 즉, 승객석에 승객이 탑승하면 정상적으로 승객석 에어백을 전개시키고 탑승하지 않은 경우에는 전개하지 않는 제어를 하기 위해 설치된다. 이 센서는 압전소자로 이루어져 있으며 승객이 탑승하였을 경우와 탑승하지 않았을 경우의 하중변화에 따른 저항의 변화로 승객 탑승유무를 다음과 같이 판정한다.

① 승객 있음 : 15kgf 이상의 무게를 감지한 때

② 승객 없음 : 0.6kgf 이하의 무게를 감지한 때

③ 0.6~15kgf 이하의 무게를 감지한 때(gray zone)

④ PPD인터페이스 유닛은 PPD의 저항 변화를 가지고 승객의 탑승 여부를 감지한다.

⑤ 승객 있음에서 승객 없음으로 변환될 때 오판을 방지하기 위해 9.6초 후 승객 없음으로 인정한다.

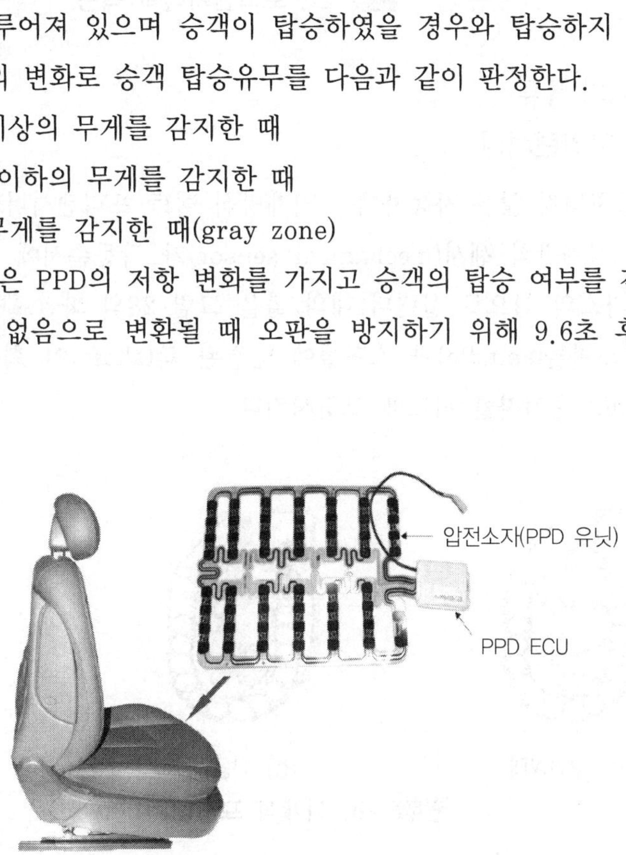

그림 26. 승객 유무 센서의 설치위치 및 구조

1.3.7. 안전벨트 프리텐셔너(seat belt pretensioner)

안전벨트 프리텐셔너는 자동차가 충돌할 때 에어백이 작동하기 전에 작동하여 안전벨트의 느슨한 부분을 되감아 주는 기능을 수행한다. 따라서 충돌할 때 승객을 시트에 고정시켜 에어백이 전개할 때 올바른 자세를 유지할 수 있도록 한다.

(a) (b)

그림 27. 프리텐셔너의 작동

[1] 프리텐셔너의 종류

(1) 기계방식 프리텐셔너

에어백이 설치되지 않은 자동차에는 기계방식 벨트 프리텐셔너가 설치가 된다. 기계방식 프리텐셔너는 기계방식 센서(mechanical sensor)가 작동순서에 따라 가스 발생기를 발화시키면, 발생가스의 힘으로 실린더 내의 볼을 그림 28의 화살표방향으로 이동시킴에 따라 이에 접촉된 스핀들(spindle)과 스핀들에 연결된 축(shaft)이 회전을 하여 안전벨트를 되감아(약 120mm) 운전자를 시트에 고정시킨다.

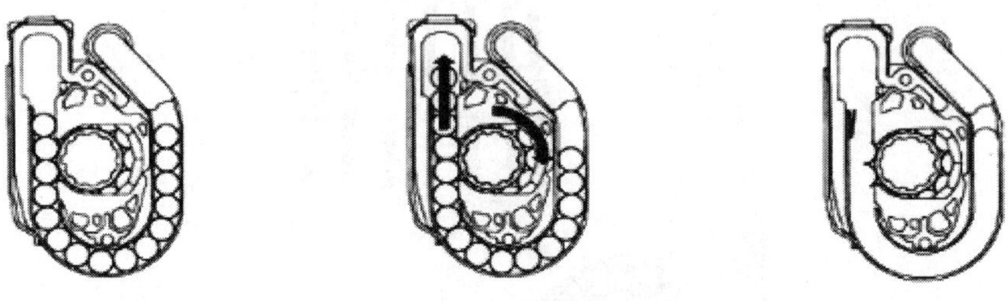

(a) 후기상태 (b) 작동상태 (c) 완료상태

그림 28. 기계식 프리텐셔너의 작동

(2) 전기방식 프리텐셔너

전기방식 프리텐셔너는 자동차에서 충돌이 발생할 때 에어백 ECU에서 직접 화약에 점화를 일으킬 수 있는 전류를 공급하는 방식이다. 2개의 배선으로 이루어진 커넥터가 설치가 되어 있고 커넥터의 단선, 단락을 에어백 ECU가 검출하여 고장이 발생하였을 때 코드를 출력한다. 그리고 커넥터를 분리할 때 정전기 등에 의해 폭발이 이루어지는 것을 방지하기 위해 단락 바가 설치되어 있다.

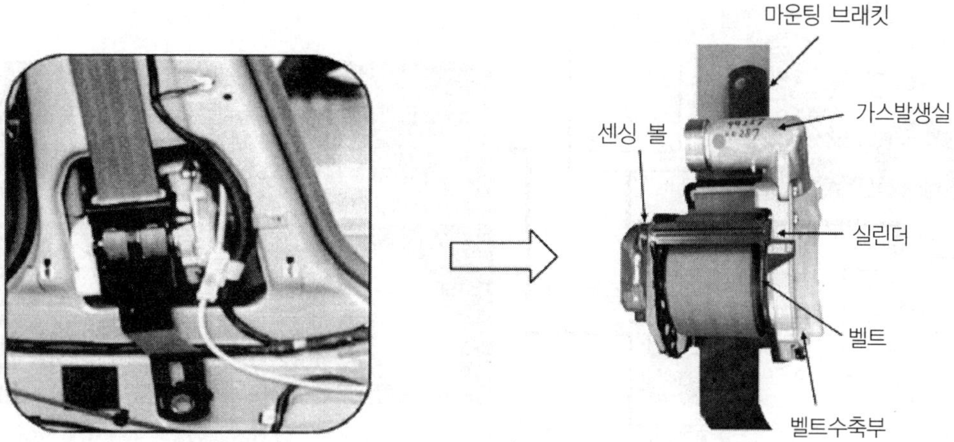

그림 29. 안전벨트 프리텐셔너의 설치위치 및 구조

1.4. 에어백의 작동

자동차가 충돌할 때 에어백의 작동여부와 관련된 소비자와 제작회사사이의 분쟁은 에어백의 품질 상 문제도 있지만, 대부분 소비자들에게 에어백의 작동조건에 대한 정확한 정보가 전달되지 않아 발생하고 있다.

에어백은 대부분의 충돌사고에서 안전벨트와 함께 탑승자를 보호해 주는 가장 효과적인 장치라고 할 수 있으나, 모든 사고로부터 탑승자를 보호해 주는 것은 아니며, 일정한 작동조건을 가지고 있다.

1.4.1. 에어백의 작동순서

자동차가 상대 자동차 또는 장애물과 정면으로 충돌할 때 일반적으로 운전자는 앞으로 튕겨져 나가면서 조향 휠에 가슴부위와 머리 부분이 충돌하여 상해를 입게 되고, 앞좌석 탑승원은 대시패널에 부딪히거나 앞 유리창을 뚫고 밖으로 튕겨져 나가서 상해를 입게 된다.

에어백은 이러한 탑승원의 상해를 줄이고 생명을 보호하는 안전벨트 보조 장치이다. 에어백은 자동차 종류나 에어백의 성능에 따라 약간의 차이는 있으나 에어백이 설치된 자동차를 약 20km/h의 속도로 주행 중 고정 벽에 정면충돌 했을 때의 과정을 설명하면 그림 30과 같다.

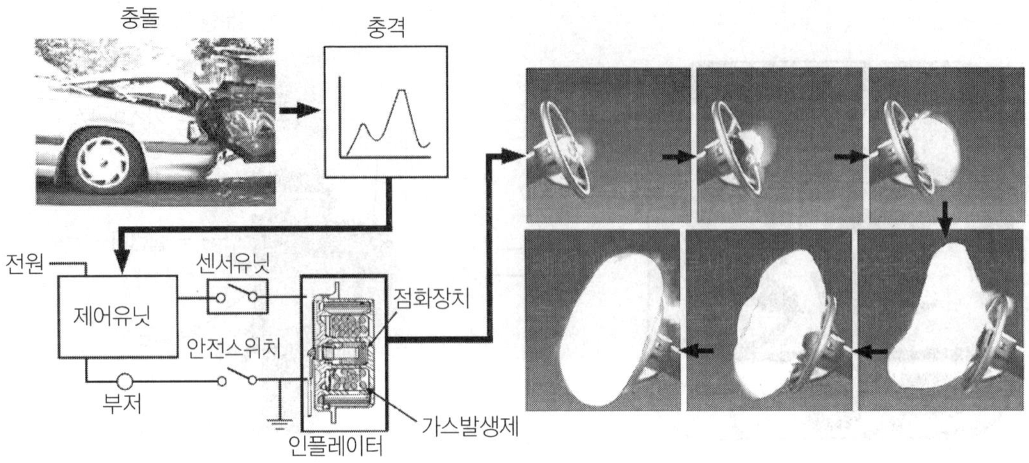

그림 30. 에어백의 작동순서

1.4.2. 에어백의 팽창과정

자동차 충돌 → 충돌검출 → 인플레이터에 전원공급 → 점화 → 점화제 연소 → 가스발생제 연소 → 가스발생 → 에어백 팽창 → 승객보호 → 에어백 내 가스방출 → 시계확보

[1] 충돌 후 약 20/1000초 경과

충돌에 의한 충격이 차체에 전달되면 자기진단 제어모듈 내부의 센서가 작동하여 에어백 모듈 속의 인플레이터를 폭발시켜 에어백을 팽창시킨다.

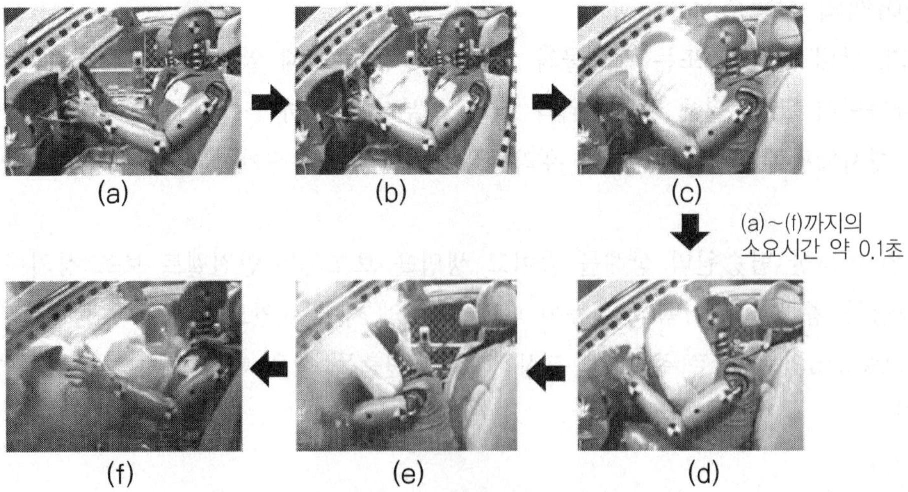

그림 31. 에어백의 팽창과정

[2] 충돌 후 약 50/1000초 경과

에어백이 완전히 팽창하여 운전자의 머리 앞에 오면 이때 운전자의 몸체는 안전벨트에 의해 제한된다.

[3] 충돌 후 약 80/1000초 경과

운전자의 머리 및 상반신이 에어백을 누르면 에어백 모듈의 뒤쪽에 있는 지름이 약 25mm 정도인 2개의 배출구멍으로 질소가 배출되어 에어백이 수축하면서 운전자의 충격을 완화시킨다.

[4] 충돌 후 약 200/1000초 경과

충격을 흡수한 에어백이 급속히 수축되어 운전자의 전면 시야를 확보한다. 승객석에 설치된 에어백도 동일한 과정을 나타낸다.

1.4.3. 운전석, 조수석 에어백의 작동조건

현재 승용차에 설치되어 있는 정면 에어백을 중심으로 에어백의 작동 및 미작동 조건은 자동차 종류마다 다소 차이는 있을 수 있으나 일반적으로 다음과 같다. 자동차 충돌사고 중 경미한 사고는 안전벨트만으로도 탑승자를 보호할 수 있기 때문에 에어백은 안전벨트로 보호할 수 없는 충격이 정면에서 발생한 경우에만 작동하는 것이 일반적이다.

대개 자동차의 정면에서 좌우로 30° 이내의 충돌사고로서 일정속도 이상으로 고정된 벽면에 정면충돌 했을 때의 충격이 차체에 전달된 경우 에어백이 작동한다.

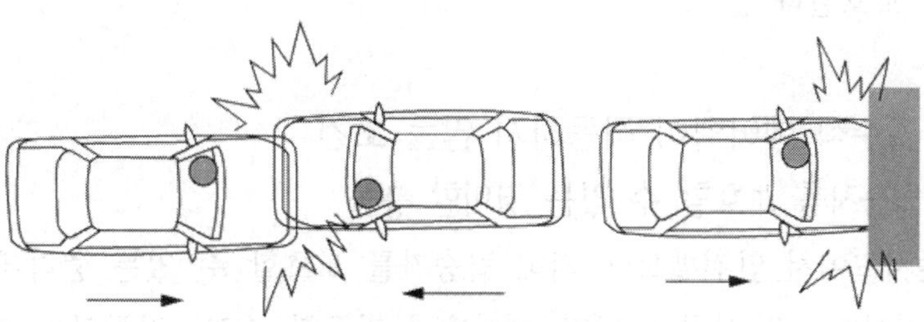

그림 32. 정면충돌

[1] 충돌방향과 에어백 작동 관계

일반적으로 충돌방향에 따른 에어백 작동은 다음과 같다.

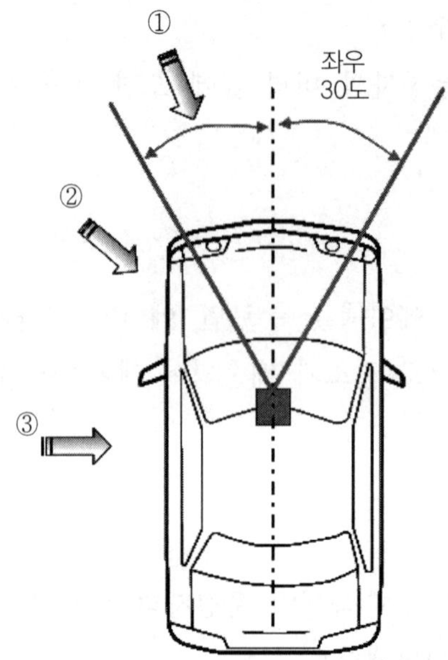

그림 33. 충돌방향과 작동관계

① 정면 에어백 전개 영역(좌우 30°) : 정면 에어백 작동 및 시트벨트 프리텐셔너 작동으로 승객을 보호한다.

② 정면 에어백 전개 영역을 벗어난 경사 측면 충돌인 경우 : 충돌이 발생할 때 정면 및 측면 방향의 분력에 따라 정면 및 사이드 에어백은 전개되나 에어백으로 인한 승객 보호 효과는 충돌할 때 승객의 이동방향이 에어백으로부터 보호범위를 벗어나 효과가 떨어진다.

③ 충돌각도가 90도(직각)에 가까운 측면 충돌인 경우 : 사이드 에어백(SAB)이 작동하여 승객을 보호한다.

1.4.4. 운전석, 조수석 에어백이 작동하지 않는 조건

[1] 안전벨트로 탑승자를 보호할 수 있는 경미한 충돌

에어백은 충돌사고에서 안전벨트에 의해 탑승자를 보호할 수 있는 충격에서는 작동하지 않는 것이 일반적이며, 또 상황에 따라 에어백이 작동할 수도, 작동하지 않을 수도 있는 영역인 "그레이존" 이 있으며, 대개 작동조건의 충돌속도보다 낮은 속도영역으로 설정되어 있다.

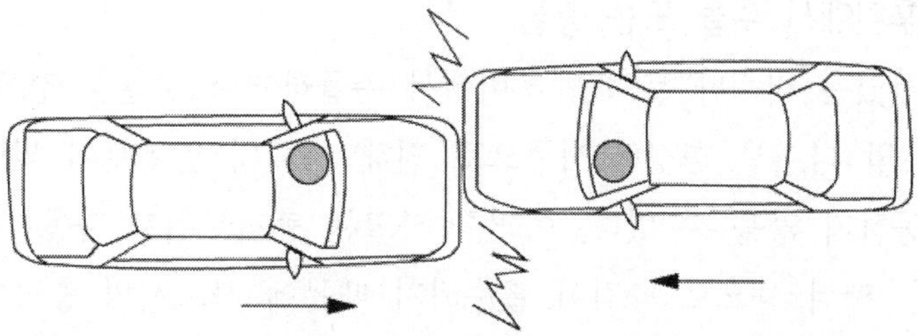

그림 34. 정면충돌에서 에어백이 작동하지 않는 경우

[2] 후방 추돌이나 충돌

후방에서 다른 자동차가 추돌하거나 후진 중 뒤에 있는 물체와 충돌할 경우에는 탑승자가 충돌 반력에 의해 시트 등받이 쪽으로 움직이게 되므로 에어백이 작동하여도 탑승자를 보호하는데 아무런 도움이 되지 않기 때문에 작동하지 않는다.

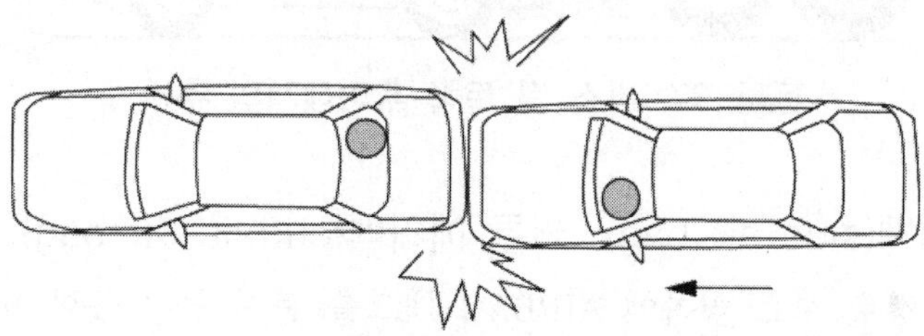

그림 35. 후방추돌

[3] 측면에서 충돌당한 경우

측면에서 충돌당한 경우 탑승자는 조향 휠이나 대시패널에 부딪치는 것이 아니라 측면에 있는 도어등과 부딪치기 때문에 정면 에어백이 작동하는 것은 도움이 되지 않으며, 이러한 사고에서는 탑승자를 보호하기 위하여 사이드 에어백을 별도로 설치한다.

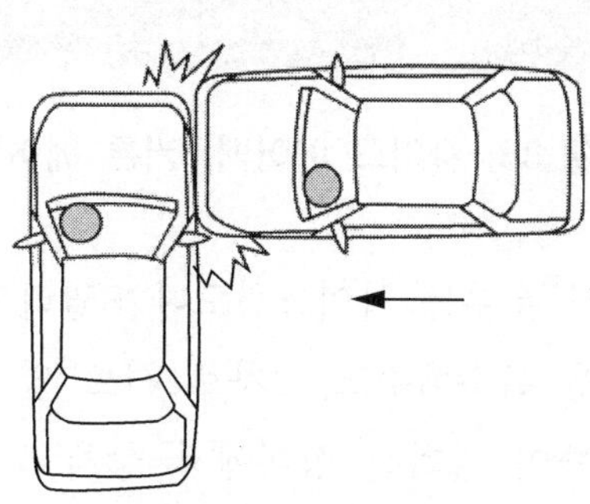

그림 36. 측면충돌

[4] 버스, 트럭을 후미에서 추돌 또는 충돌

운행 중이거나 서있는 버스나 트럭을 후미에서 추돌하거나 충돌할 경우, 자동차간 충돌부위의 높이 차이 및 다이브 현상(급제동으로 인해 차체의 앞부분이 낮아지는 현상)으로 인해 에어백이 작동하지 않을 수 있다. 이러한 사고는 충격부위가 자동차의 골격부분(프레임)이 아니라 본넷, 펜더 등으로 충격이 흡수되기 때문에 사고시의 충격이 프레임에 설치되어 있는 센서에 전달되지 않아 에어백이 작동하지 않을 수 있다. 그러나 충돌부위가 범퍼 등과 같이 차체에 직접 충격이 전달되는 경우에는 에어백이 작동된다.

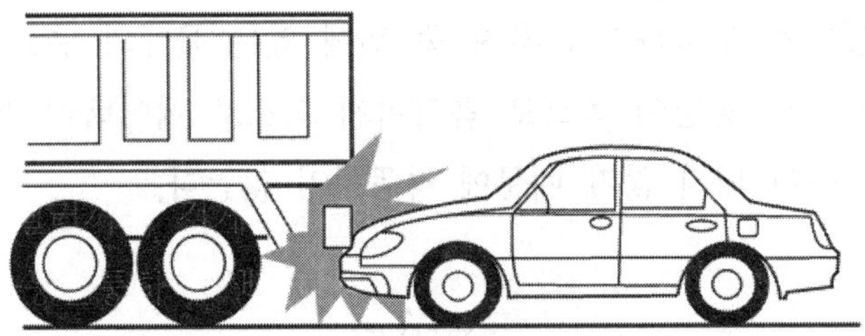

그림 37. 버스 및 트럭 후미에서의 추돌

1.4.5. 사이드 에어백(side air bag), 커튼 에어백(curtain air bag)

사이드 에어백의 경우 시트 옆쪽에 AIRBAG 태그를 붙여 놓은 곳에 바로 사이드 에어백이 위치해 있다.

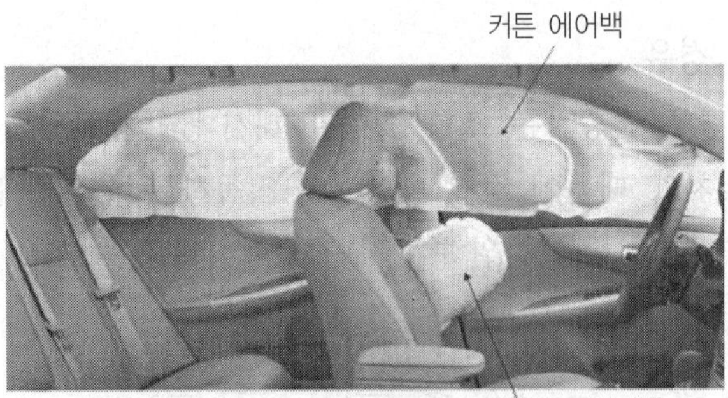

그림 38. 사이드 에어백, 커튼 에어백

측면충돌 시에 상체 측면부터 두부를 사이드윈도나 B필러에 직접 닿아서 큰 손상을 입지 않도록 1차로 차체가 충격을 흡수해주고, 2차로 시트 옆쪽 재봉된 부분이 뜯어지면서 에어백이 돌출되어 나와 에어백이 펼쳐진 상태에서 상체 측면부터 두부까지를 보호하고 사고 발생 시 유리 등의 파편들로부터 얼굴을 보호한다.

(a) 에어백 설치위치

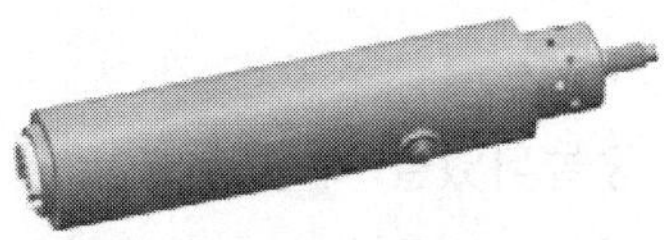

(b) 인플레이터 어셈블리

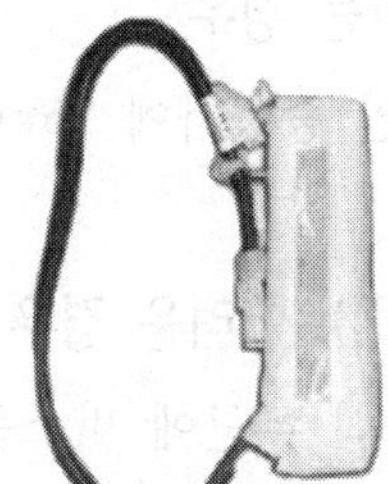

(c) 사이드 에어백

그림 39. 사이드 에어백

에어백은 시트 위치를 불문하고 탑승자에 대해 최적의 위치에서 전개된다. 또 에어백은 충격을 감지한 측만 작동한다. 머리를 보호하려는 목적으로 설계된 커튼 에어백은 A필러부터 C필러까지 길게 펼쳐져 있으며 앞쪽과 뒤쪽에 AIRBAG 태그가 있다. 커튼 에어백의 경우 울퉁불퉁하게 생겼다.

어느 쪽은 불룩하고 어느 쪽은 평평하지만 사실 이러한 형상은 협소한 공간에도 불구하고 안전을 위한 커튼 에어백과 에어백을 모두 전개시키는 장치인 인플레이터(inflator)를 넣기에는 한계가 따른다. 좁은 공간에 커튼 에어백을 최적의 위치와 가장 최적의 형상이 나오도록 한 것이 울퉁불퉁한 형상이 되었지만 어떤 사고가 나더라도 피해를 최소화시킬 수 있는 형상이다.

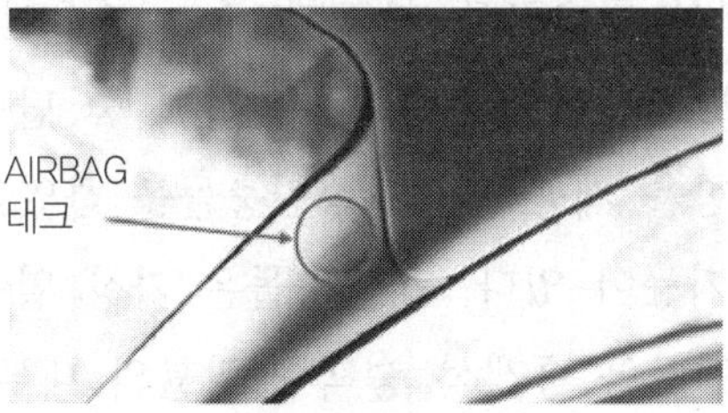

(a) 앞쪽 에어백 태그표시

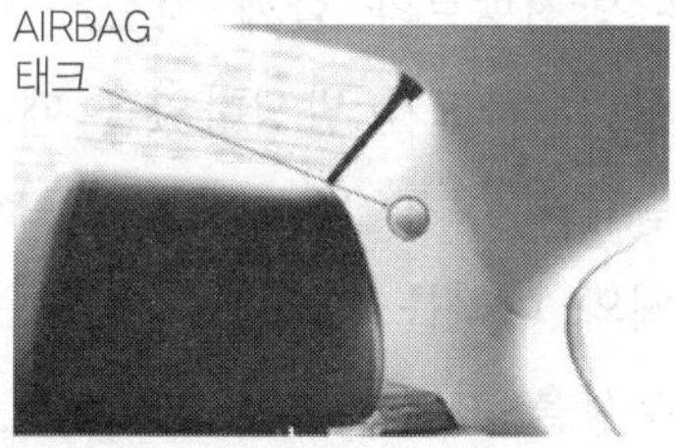

(b) 뒤쪽 에어백 태그표시

(c) 커튼 에어백

(d) 커튼 에어백 인플레이터

그림 40. 커튼 에어백

[1] 작동하는 경우

일반적인 승용차에 25km/h 이상의 속도로 측면에 정확히 옆면에서 충돌되었을 경우

[2] 작동하기 어려운 경우

① 앞좌석 부근에 비스듬하게 충돌되었을 때
② 대각선 전방에서 충돌했을 때(벽에 대각으로 충돌하는 경우)
③ 엔진룸의 측면에 충돌되었을 때
④ 측면부가 전신주 등에 저속으로 충돌했을 때
⑤ 측면에서 오토바이가 정면을 충돌했을 때
⑥ 구르거나 전복되었을 때

[3] 작동하지 않는 경우

① 정차 중이거나 낮은 속도로 정면에서 충돌했을 때
② 뒤쪽에서 추돌 당했을 때
③ 사이드 에어백, 커튼 에어백이 작동한 후에 충돌했을 때

1.5. 에어백의 효과 및 안전

1.5.1. 에어백의 효과

에어백은 안전벨트와 함께 자동차 충돌사고에서 탑승자를 보호해 주는 중요한 역할을 하는 장치이며, 사고가 발생하였을 때 탑승자 보호를 위한 각종 구속 장치 중 탑승자에게 어떠한 구속감도 주지 않고 가장 안락함과 편안함을 제공하면서 정면충돌을 하였을 때 탑승자의 상체와 머리를 거의 동등하게 보호하는 기능이 있다. 정면충돌은 가장 일반적으로 사망이나 부상을 가져오는 충돌사고로, 모든 운전자와 승객석 승객 사망률의 대부분을 차지하고 있다.

이에 대해 미국의 「국립 고속도로 교통안전국(NHTSA)」에 의하면 에어백을 설치한 자동차의 경우 정면충돌에서 안전벨트를 착용한 운전자 및 승객석 탑승자의 사망률과 안전벨트를 하지 않은 운전자 및 승객석 탑승자의 사망률은 각각 아래의 표와 같이 감소한다고 한다.

표 정면충돌에서의 에어백효과

분 류	사망률 감소비율
승용차 운전자 벨트착용 벨트 미착용	31% 21% 34%
29세 이하의 운전자	32%
30~55세의 운전자	35%
56~69세의 운전자	25%
70세 이상의 운전자	11%
경승용차 운전자	30%
중형차 운전자	24%
대형 승용차 운전자	39%
소형 트럭 운전자	27%

NHTSA에 의하면 오늘날 에어백 덕분에 약 9,325명의 생명을 구했다고 추정했다. 또 에어백과 안전벨트를 동시에 사용할 경우 심각한 머리 부상 위험을 81% 정도, 안전벨트만 사용한 경우는 60% 정도 줄일 수 있는 것으로 추산하고 있다. 이렇게 에어백은 정면충돌에서 사망을 감소시키는데 대단히 효과적인 것으로 증명되었다.

그러나 이와 반대로 에어백이 어떤 상황에서는 특히 어린아이에게 치명적인 부상을 입힌다는 사실이 최근 가장 큰 관심을 불러일으키고 있다. 어린이와 관련한 사망사고는 보호장구 사용면에서 보면, 유아들은 유아보호 장구를 착용하고, 이보다 나이든 어린이들은 아무런 보호 장구도 착용하지 않았거나, 유아들과 어린이들이 에어백이 전개될 때 대시보드에 상당히 근접해 있는 등의 상당히 일치되는 특징을 가진다.

1.5.2. 에어백의 사고 대비책

① 에어백의 동작원리를 잘 인지한다(에어백과 적당한 거리 유지).

② 올바른 운전습관을 가진다. - 좌석의 안쪽으로 깊이 자리 잡은 상태에서 등을 좌석 등받이에 바짝 붙이고 허리 쪽 벨트는 느슨하지 않게, 어깨 쪽의 벨트는 어깨의 중앙을 걸치도록 좌석안전 벨트를 착용한다(조향 휠에 근접하여 운전할 경우 충돌할 때 팽창된 에어백이 운전자에게 큰 압박을 가할 수 있어 매우 위험). 에어백을 설치한 자동차라도 반드시 안전벨트를 매는 게 안전하다.

(a) (b) (c) (d)

그림 41. 잘못된 운전습관

③ 유아나 어린이를 운전자 옆좌석에 탑승을 금지한다.-유아나 어린이를 뒷좌석에 앉힌다. 부득이 앞좌석에 앉히는 경우는 시트를 뒤쪽으로 밀어내어 대시패널로부터 거리를 두어 앉혀야 한다(유아용 안전시트를 뒤쪽으로 향하게 설치했을 때 에어백이 팽창하게 되면 어린이가 좌석등받이와 안전시트에 끼여 위험). 그리고 어른이 앞좌석에 앉은 후 어린이를 안고 타는 경우는 에어백 설치유무에 관계없이 매우 위험하다.

그림 42. 유아 승차요령

1.6. 에어백의 개발 기술

1.6.1. ON-OFF 스위치 에어백

ON-OFF 스위치 에어백은 에어백의 전개를 사람이 직접 제어할 수 있도록 만든 에어백이다. 이 에어백은 운전석, 보조석 모두 설치 가능하다. 에어백의 잘못된 사용을 막기 위하여 ON-OFF 스위치를 작동시키기 위해서는 반드시 키가 있어야 한다. 만약 에어백의 작동이 꺼진다면 “drive air-bag off” 또는 “passenger air -bag off” 라는 경고 메시지가 켜진다. 에어백은 키를 사용하여 다시 에어백의 작동을 켤 때까지 그 상태를 유지한다.

ON-OFF 스위치 에어백을 설치하여야 하는 경우는 다음과 같다.

① 앞 승객석에 유아의 시트를 자동차의 진행방향과 반대방향으로 마주 보도록 설치하여 유아를 태울 경우

② 앞 승객석에 1세부터 12세 사이의 아이를 승차시킬 경우

③ 습관적 운전 자세를 가지고 있는 운전자나 조향 휠의 중심과 운전자 가슴의 중심사이의 거리가 25.4cm 이하로 운전하는 경우

④ 에어백이 작동하지 않을 때의 충격보다 에어백이 터지면서 받는 충격이 더 큰 사람의 경우 등은 ON-OFF 스위치 에어백을 설치하여 에어백의 전개를 제한해야 한다.

1.6.2. 디파워드(de powered) 에어백

에어백의 부작용은 낮은 주행속도에서 충돌사고에 의해 사람이 입을 것으로 예상되는 부상의 정도보다 에어백이 전개되는 폭발력에 의해 입는 부상이 더 큰 경우가 발생한다. 따라서 낮은 속도로 충돌할 때에는 에어백의 출력을 약 30% 가량 줄이도록 만든 에어백이다. 체격이 큰 사람을 충분히 보호하지 못하는 단점을 갖고 있다.

1.6.3. 스마트(smart) 에어백

스마트 에어백은 승객 몸집의 크기, 앉은 자세, 안전벨트의 착용여부에 따라 에어백의 작동여부를 결정하는 것이다. 스마트 에어백은 정면충돌 에어백의 부작용을 최소화하기 위하여 시트에 검출 기구를 부착하고 탑승자의 체중과 자세 등에 대한 정보를 수집해 에어백 ECU가 충돌할 때 에어백의 팽창속도를 조정하거나 체중이 일정한 수치 이하일 경우 에어백 작동을 차단하는 최첨단 에어백이다.

스마트 에어백은 미연방 도로교통 안전국(NHTSA)이 추진 중인 신 법규에 의해 결정된다고 해도 무방하며, 이 신 법규에서 요구하고 있는 사항은 다음과 같다.

① 안전벨트 착용 유무에 따른 승객 구속 장치 작동 기준의 최적화.

② 비정상적인 위치나 자세의 승객에 대해서는 에어백 전개를 금지하거나 전개 폭발력을 감소시킴.

③ 승객석이 비어있는 경우에는 승객석 에어백 전개 금지.

④ 거꾸로 놓인 유아 시트(RFIS : rear-facing infant seat)가 승객석에 있는 경우 승객석 에어백 전개 금지.

⑤ 몸집이 큰 승객 또는 안전벨트 미착용 승객에 대해서는 구속의 강도(stiffness of restraint)를 증대시키고, 반대로 몸집이 작은 승객(여자, 어린이, 노약자 등) 또는 안전벨트를 착용한 승객에 대해서는 구속강도 저하시킴.

이러한 스마트 에어백의 요구사항을 실현하기 위한 요소 기술들의 개발은 관련 기술의 발달에 따라 단계적으로 도입될 것으로 예상하고 있다.

에어백은 충돌할 때 일정 이상의 주행속도에서 충돌이 발생하면 무조건 에어백이 작동하여 승객을 보호하는 장치이었지만 이런 에어백의 작동원리로 인해 상해를 입는 경우도 종종 발생했다. 이런 문제를 해소하기 위해 스마트 에어백 등 첨단 신기술을 응용한 새로운 장치 개발의 필요성이 대두되고 있다.

2. 주차 보조시스템(PAS : parking assist system)

2.1. 주차 보조시스템의 개요

후진시에는 후방의 장애물 존재여부나 장애물이 있다면 장애물과의 거리판별이 쉽지 않아 운전자가 확인할 수 없는 사각지대가 많다. 그리하여 후진시 편의성 및 안전성을 확보하기 위하여 운전자가 기어선택 레버를 후진에 넣으면 후방주차보조 장치가 작동하여 장애물이 있다면 초음파 센서에서 초음파를 발사하여 장애물에 부딪혀 되돌아오는 초음파를 받아서 컨트롤 유닛에서 차량과 장애물과의 거리를 계산하여 버저의 경고음(장애물과의 거리에 따라 1차, 2차, 3차 경보를 순차적으로 울린다)으로 운전자에게 알려주는 장치이다.

그림 43. 전후방 주차 보조시스템

2.2. 주차 보조시스템의 구성

전후방 주차 보조시스템은 8개의 센서(전방 4개, 후방 4개)를 통해 물체를 감지하고 그 결과를 거리 별로 1차, 2차, 3차 경보로 나누어 LIN 통신을 통해 IPM(BCM)으로 전달한다.

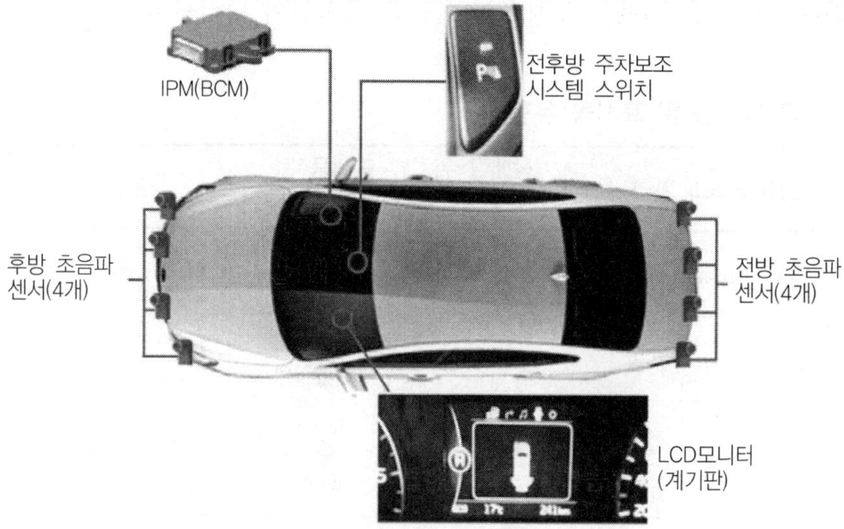

그림 44. 전후방 주차 보조시스템의 구성

IPM(BCM)은 센서에서 받은 통신 메시지를 판단하여 경보 단계를 판단하고 각 차종 별 시스템 구성에 따라 버저를 구동하거나 디스플레이를 위한 데이터를 전송한다.

2.3. 작동조건

시동 ON 상태에서 주차 보조시스템 작동  버튼을 누르면 버튼 내 표시등이 점등되며, 전・후진 및 중립 변속단에서 작동한다. 주차 보조시스템 작동 버튼 OFF상태에서 R(후진)위치 진입시 자동으로 ON상태가 되어 주차 보조시스템이 작동된다. 단, 10km/h초과 속도에서는 장애물에 대해 경보를 하지 않고, 20km/h 이상 주행 시 주차 보조시스템 작동버튼이 OFF상태가 된다. 다시 20km/h 이하 주행 시에는 주차 보조시스템이 작동하지 않는다. 필요시 주차 보조시스템 작동  버튼을 눌러 사용한다.

동시에 감지되는 부분이 2개 이상일 때는 표시등에는 모두 표시되며 경보음은 더 가까운 영역을 후진시 또는 전・후방이 같은 수준의 감지 영역일 때는 후방을 우선 경보한다. 전방 측방센서는 D(주행) 또는 R(후진)에 후방 측방센서는 R(후진)시에만 경보를 한다.

2.4. 경보음 및 표시등 유형

① 표시등은 각 센서의 위치별로 탐색되는 물체가 있을 때만 표시된다.

② 표시등 및 경보음은 장애물이 센서와 센서 중앙에 위치하거나 차량과 아주 근접한 거리에 있을 경우, 또는 여러 가지 주변 환경에 따라 다르게 나타날 수 있다.

③ N(중립)위치에 있을 시에도 경보음이 울리고 표시등이 나타난다.

표 경보음 및 표시등 유형

장애물과의 거리		장애물 위치별 표시등		경보음
		전진시	후진시	
100~61cm	전방		–	삐---삐---
120~61cm	후방	–		삐---삐---
60~31cm	전방			삐–삐–삐–
	후방	–		삐–삐–삐–
30cm 이내	전방			삐(연속음)
	후방	–		삐(연속음)

2.5. 거리 측정방법

[1] 직접거리 측정방법

하나의 센서를 가지고 송·수신을 겸하는 방법(FL, FCL, FCR, FR, RL, RCL, RCR, RR 센서별 수행)이다.

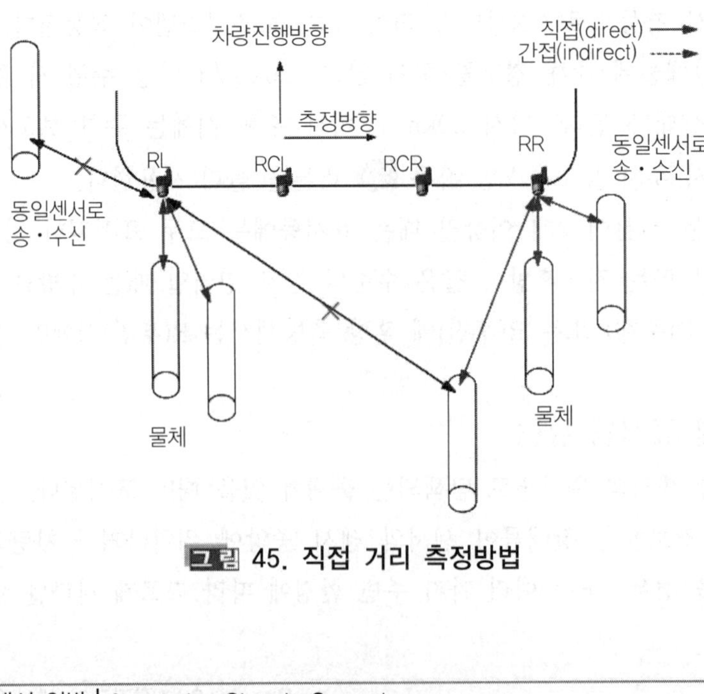

그림 45. 직접 거리 측정방법

[2] 간접거리 측정방법

전방센서의 경우(FCL → FL, FCL → FCR, FCR → FCL, FCR → FR), 후방센서의 경우(RCL → RL, RCL → RCR, RCR → RCL, RCR → RR)센서 별로 수행한다. 두 개 또는 세 개의 센서를 가지고 하나의 센서로는 송신을 다른 센서로는 수신을 하는 방법이다.

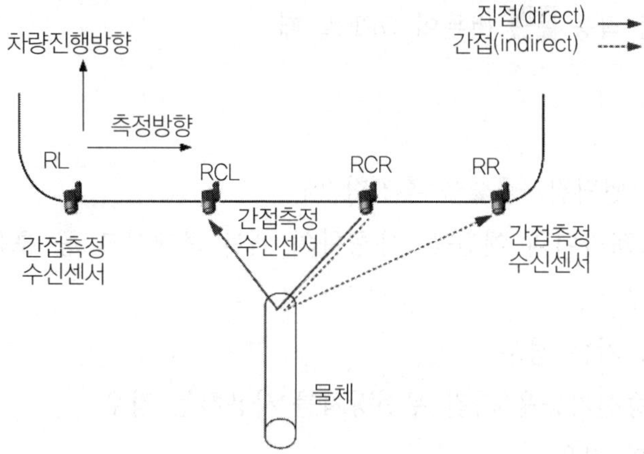

그림 46. 간접거리 측정방법

[3] 직·간접 동시거리 측정방법

두 개 또는 세 개의 센서를 가지고 하나의 센서로는 송·수신을 겸하고, 다른 센서로는 수신만을 하는 방법이다.

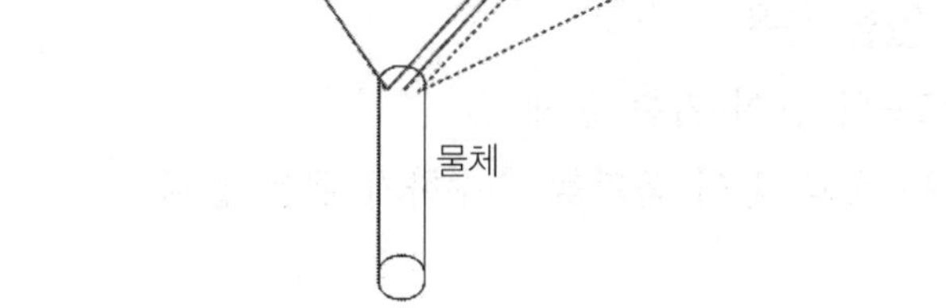

그림 47. 직·간접거리 측정방법

2.6. 주차 보조시스템의 비작동 조건

[1] 정상적인 동작이 안 될 경우

① 센서가 결빙되었을 때(해빙되면 정상적으로 동작을 수행함)

② 센서에 눈이나 물방울 등의 이물질이 센서의 표면을 막았을 때(이물질이 제거되거나 센서 표면의 장애물을 제거하면 정상동작을 수행함)

③ 주차 보조시스템 작동  버튼이 OFF일 때

[2] 오작동할 경우

① 요철길, 자갈길, 언덕길, 풀숲을 후진할 때

② 차량이 경적, 오토바이의 엔진음, 대형차의 에어 브레이크 등 초음파를 발생하는 물체가 근접한 경우

③ 폭우나 물보라가 치는 경우

④ 센서 부근에서 송신기능을 가진 무선장치를 사용하는 경우

⑤ 센서가 눈에 덮인 경우

⑥ 다른 차량의 후방 주차 보조시스템의 영향을 받을 경우

⑦ 센서 표면 위로 물이 흐를 경우

⑧ 번호판 가드를 정규 위치와 다른 곳에 달았을 경우

[3] 감지범위가 좁아질 경우

① 센서의 감지부에 눈이나 물방울 등의 이물질이 부착되어 있을 때(이물질이 제거되면 정상 감지범위로 회복됨)

② 폭염이나 혹한시

③ 직경 14cm, 길이 1m보다 작은 물체 감지시

[4] 물체를 감지할 수 없을 경우

① 뾰족한 물체나 로프와 같이 가는 물체

② 면이나 스펀지, 눈 등과 같이 음파를 흡수하기 쉬운 물체

3. 주차 조향 보조시스템(SPAS : smart parking assist system)

3.1. 주차 조향 보조시스템의 개요

평행 주차의 경우, 운전자는 주차 공간 탐색기능을 작동시킨 후 주차공간 옆을 지나도록 전진한다. 시스템은 주차 공간 탐색이 완료된 경우, 운전자에게 음성안내, 메시지 디스플레이 등으로 알려 준다. 그러면 운전자는 차량을 정지시키고 주차공간을 확인한다. 운전자는 차량을 감속, 정지하여 기어를 후진에 인가한 후, 스티어링 휠에서 손을 떼고, 브레이크 페달을 조작하여 규정된 속도 내에서 후진한다. 운전자가 천천히 후진을 하는 동안에 스티어링 휠은 자동 조작하여 최적의 경로를 따라 주차가 이루어지게 된다.

전후방 장애물이나 타 차량과의 접촉 혹은 충돌 여부는 운전자가 판단해야 하며, 기어변속과 브레이크 및 가속페달은 운전자가 직접 조작한다. 단, 브레이크를 밟지 않고 후진속도가 규정된 속도보다 빠를 경우, 시스템은 운전자에게 음성과 디스플레이의 방법으로 경고하고, 기능을 해제한다. 차량이 장애물과 충돌할 위험이 판단되는 경우에는 운전자에게 PAS경고음을 통해 경고한다. 운전자가 기어를 지시와 다른 위치에 인가하거나 정해진 속도 이상으로 가속할 경우, 스티어링 휠을 강제 조작한 경우, 운전자에게 음성과 디스플레이로 안내하고 기능을 해제한다. 주차유도가 종료되었을 경우에도 운전자에게 음성과 디스플레이로 안내하고 기능을 해제한다.

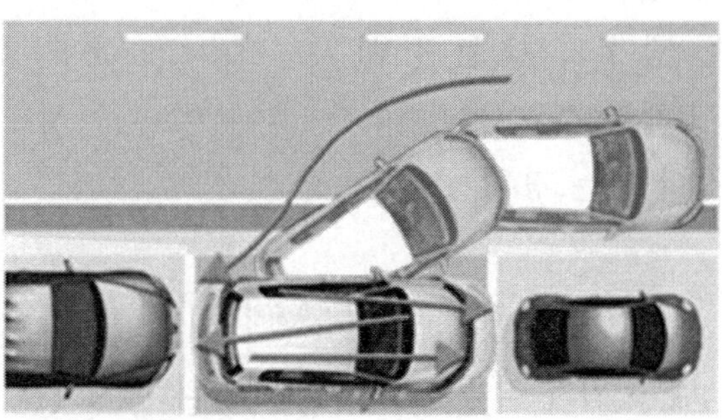

그림 48. 주차 조향 보조시스템

3.2. 시스템 제약사항

① 주차공간이 굽어있는 곡선일 경우

② 공간 탐색시 일직선으로 직진하지 않고 좌우로 스티어링 휠을 크게 돌리면서 직진하는 경우(차량 전진 각도 5도 이상 벗어나는 경우)
③ 공간 탐색시 주차된 차량과의 거리가 먼 경우(50~150cm 이외의 거리)
④ 경사진 도로일 경우
⑤ 차량의 길이나 폭보다 길거나 넓은 짐을 적재 한 상태일 경우
⑥ 사선 주차일 경우
⑦ 주차공간에 쓰레기나 풀이 자라있거나 쓰레기통 같은 장애물 들이 있을 경우
⑧ 눈이나 비가 많이 올 때
⑨ 기둥이 주차선과 가까이 있을 경우
⑩ 둔덕이나 턱이 있는 경우
⑪ 스노우 체인이나 스페어 타이어를 장착한 경우
⑫ 타이어 공기압이 낮을 경우
⑬ 트레일러(또는 별도의 차량)을 연결한 경우
⑭ 노면이 고르지 않거나 미끄러운 경우
⑮ 트럭이나 버스 등 높이가 높거나 큰 차량이 있을 경우
⑯ 센서에 흙이나 눈, 얼음 등과 같은 이물질이 묻어 있을 경우
⑰ 추운 날씨에 센서가 결빙되었을 경우
⑱ 주차공간에 자전거 또는 오토바이가 주차된 경우
⑲ 바람이 심하게 부는 경우
⑳ 스티어링 휠에 강한 힘이 가해지는 경우
㉑ 규격이 다른 휠로 교체한 경우
㉒ 휠 얼라이먼트 이상이 있는 경우

3.3. 동작순서

① 주차조향 보조시스템 스위치 작동을 통해 계기판의 메시지를 확인하면서 원하는 주차 모드를 선택한다(기어위치 : N단 또는 D단).

※ 음성안내 : 주차 모드를 선택하십시오. 주변 장애물에 주의하십시오.

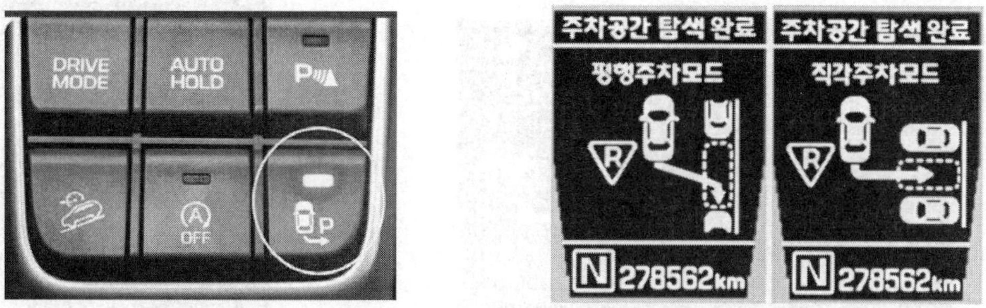

(a) 스위치 작동　　　　　　　　　　(b) 주차모드 선택

그림 49. 주차모드 선택

② 차량이 전진하면서 차량 전방 측면센서(좌 · 우 각 1개 장착)를 통해 주차 공간 탐색을 실시한다.

※ 음성안내 : 주차 공간 탐색중입니다.

그림 50. 주차 공간 탐색

③ 주차 공간 탐색이 완료되면 후진 기어(R단) 변속을 유도한다(삐 경고음 발생 : 150ms).

※ 음성안내 : 정지 후 후진 기어를 넣어 주십시오.

④ 정지 후 후진 기어(R단)로 변속하면 핸들 조향이 시작된다.

※ 음성안내 : 핸들만 자동으로 조정됩니다. 브레이크를 밟고 천천히 주차하십시오.

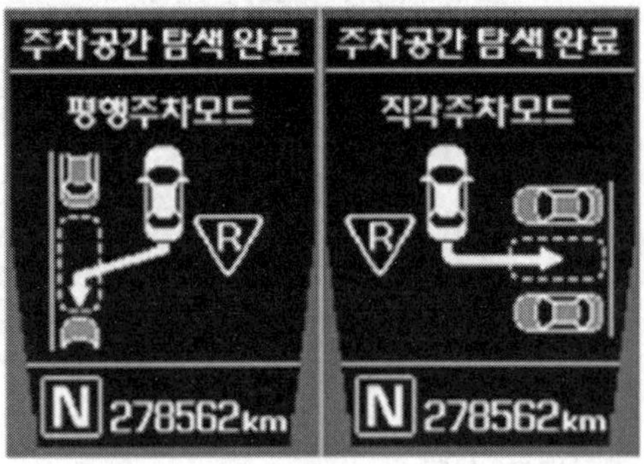

그림 51. 후진 기어 변속 유도

그림 52. 핸들조향 시작

⑤ 조향 중 전진/후진 변속을 요구하면 계기판 메시지 및 음성 안내에 따라서 변속을 실시한다(삐 경고음 발생 : 150ms).

※ 음성안내 : 전진기어를 넣어 주십시오. 브레이크를 밟고 천천히 주차하십시오.

※ 음성안내 : 후진 기어를 넣어 주십시오. 브레이크를 밟고 천천히 주차하십시오.

(a) 전진 주차시　　(b) 후진 주차시

그림 53. 전진/후진 주차시

⑥ 주차 지원 종료시 완료 표시 문구 및 비프 음을 발생 후 시스템이 정상 완료된다. 주차 지원 종료 후 운전자는 핸들을 조정 및 차량을 이동하여 주차를 종료한다(삐 경보음 발생 : 600ms).

※ 음성안내 : 주차 지원을 완료합니다.

그림 54. 주차 지원 종료시

3.4. 구성부품

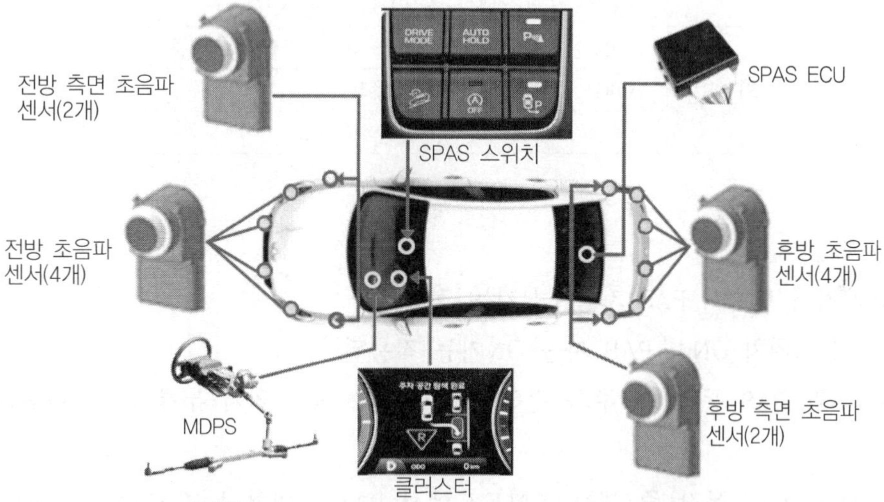

그림 55. 주차 조향 보조시스템의 구성부품

[1] SPAS ECU

① 주차 궤적 산출

② 자동 조향 위한 MDPS측 요구 조향각 출력

③ 전후방 물체 감지 로직 및 경보

[2] 스위치

① PAS 스위치 : PAS 기능에 대한 ON/OFF기능

② SPAS 스위치 : SPAS시스템 작동, SPAS 주차 모드 선택

(a) PAS 스위치

(b) SPAS 스위치

그림 56. 스위치

③ 스위치 LED 표시

종 류	상 태	설 명
PAS	ON	PAS 기능 동작 또는 진단 통신모드 중
	OFF	PAS 기능 미동작
	점멸	시스템 고장(2Hz), 진단시(1Hz)
SPAS	ON	SPAS 기능 동작 또는 진단 통신 중
	OFF	SPAS 기능 미동작
	점멸	코딩 에러, 진단시(1Hz)

④ 주요 특징

㉮ R단 기어 변속시 PAS 자동 ON기능 적용된다.

㉯ SPAS 스위치 ON시 PAS 자동 ON기능 적용된다.

㉰ SPAS와 PAS 동작 중 주차 탐색 모드에서 PAS 스위치 누를 겨우 PAS만 OFF된다.

㉱ SPAS와 PAS 동작 중 핸들 조향모드에서 PAS 스위치 누를 경우 SPAS와 PAS 모두 OFF된다.

㉲ SPAS 동작 중 SPAS 스위치를 누를 경우, SPAS는 OFF되고 PAS는 계속 동작한다.

⑤ 주차 모드 선택

㉮ 모드 선택 순위 : 직각 우측 → 직각 좌측 → 평행 우측 → 평행 좌측 → OFF

㉯ 주차 모드 선택 스위치를 1.5초 이상 누를 경우 SPAS 모드가 OFF로 변경된다.

㉰ A/T차량은 D단, N단에서 모드 선택이 가능하다.

㉱ 주차 모드 선택 할 수 없는 기어 위치 : P단, R단

[3] 계기판

① SPAS 작동 시에는 SPAS 관련 사항만 계기판에 표시되며, SPAS 종류 후 PAS표시 된다. SPAS작동 중 SPAS시스템 해제시 4초 후, 고장 발생시 2초 후 PAS표시된다.

② PAS만 동작 시 계기판에 장애물의 위치 표시

㉮ 전방, 후방 각 3개 섹터로 표시

㉯ 각 섹터별로 거리별 경보 단계 표시

<table>
<tr><th>변속단</th><th>경보단계</th><th>전방 내측</th><th>전방 외측</th><th>표시등</th><th>경보음</th></tr>
<tr><td rowspan="3">D</td><td>1단(60~100cm)
삐-삐-삐--</td><td>경보음 경보,
표시등 점등</td><td>경보음 미경보,
표시등 미점등</td><td rowspan="3">없음</td><td rowspan="3"></td></tr>
<tr><td>2단(30~60cm)
삐-삐-삐-</td><td colspan="2">경보음 경보,
표시등 점등</td></tr>
<tr><td>3단(0~30cm)
삐삐삐(연속음)</td><td colspan="2">경보음 경보,
표시등 점등</td></tr>
</table>

<table>
<tr><th>변속단</th><th>Level</th><th>전・후방 내측</th><th>전・후방 외측</th><th>표시등</th><th>경보음</th></tr>
<tr><td rowspan="3">N또는
P(평행
출차
모드시)</td><td>1단
전방(60~100cm)
후방(60~100cm)
삐-삐-삐--</td><td>경보음 경보,
표시등 점등</td><td>경보음 미경보,
표시등 미점등</td><td rowspan="3">없음</td><td rowspan="3"></td></tr>
<tr><td>2단(30~60cm)
삐-삐-삐-</td><td colspan="2">경보음 경보,
표시등 점등</td></tr>
<tr><td>3단(0~30cm)
삐삐삐(연속음)</td><td colspan="2">경보음 경보,
표시등 점등</td></tr>
</table>

<table>
<tr><th>변속단</th><th>Level</th><th>후방내측</th><th>후방
외측</th><th>전방
내측</th><th>전방
외측</th><th>표시등</th><th>경보음</th></tr>
<tr><td rowspan="3">R</td><td>1단
(60~100cm)
삐-삐-삐--</td><td>경보음
경보,
표시등 점등</td><td>경보음
미경보,
표시등
미점등</td><td>경보음
미경보,
표시등
미점등</td><td>경보음
미경보,
표시등
미점등</td><td rowspan="3">없음</td><td rowspan="3">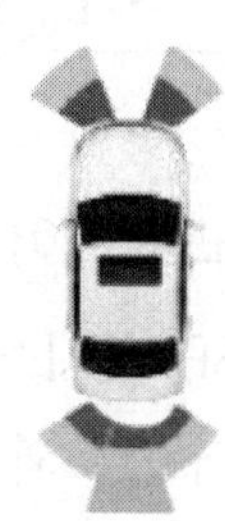</td></tr>
<tr><td>2단
(30~60cm)
삐-삐-삐-</td><td colspan="2">경보음 경보,
표시등 점등</td><td>경보음
미경보,
표시등
미점등</td><td>경보음
경보,
표시등
점등</td></tr>
<tr><td>3단
(0~30cm)
삐삐삐(연속음)</td><td colspan="2">경보음 경보,
표시등 점등</td><td>경보음
미경보,
표시등
미점등</td><td>경보음
경보,
표시등
점등</td></tr>
</table>

[4] 초음파 센서

40~65kHz 대역의 주파수를 이용 송신 후 반사되어 돌아오는 시간을 이용하여 물체를 감지한다.

(1) PAS 동작 주요 내용

① 동작조건 : 10km/h 이하

② 작동조건 : PAS 스위치 ON시, R단 변속 시(자동 ON조건), SPAS 작동시(자동 ON조건)

(2) 기어 변속단 별 PAS 동작 사양

변속기	기어위치	PAS 동작 유무	센서 위치별 작동 여부			비고
			전방정면 4개	전방측면 2개	후방 4개	
자동 변속기	P	미작동	–	–	–	
	N	작동	●	△	●	
	R	작동	●	●	●	
	D	작동	●	△	–	

※ 전방 측면 센서 2개는 후진 시(R단)의 경우에 작동함

△ 전진시(A/T : N단, D단)의 경우에는 전방 측면센서 2개는 전방 정면 외측센서로 부터 간접 신호를 수신(송신하지 않음) 받아서 장애물의 위치를 판별하는 기능만 사용한다.

(3) 거리별 경보 단계

구 분	경보 단계			
	미경보	1차 경보	2차 경보	3차 경보
거리	1m ~	0.6m~1m(±0.1m)	0.3m~0.6m(±0.05m)	~0.3m(±0.05m)

(4) 경보음 제어

1) SPAS시스템 경보음 출력방법

클러스터 외부 스피커 또는 외장 AMP 적용시 방향성 경고음은 외장 AMP로 출력

① SPAS ECU에서 CAN통신을 사용하여 클러스터를 제어한다.

② 음색 종류 : 3주파수 대역 음색 구현(전방 경보, 후방 경보, 비프음 경보)

③ 전방 경보와 후방 경보는 연속되는 경보 패턴 적용

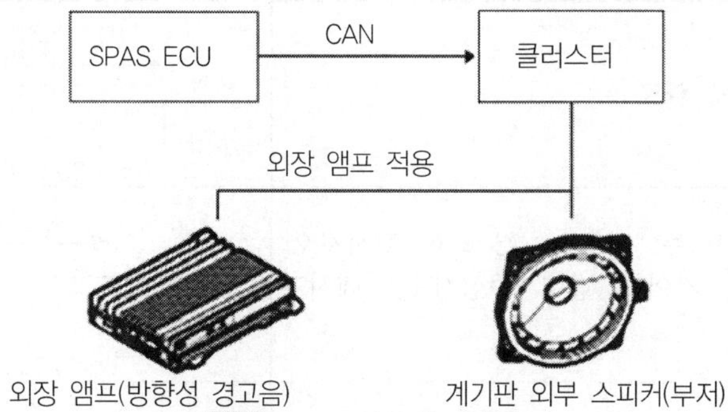

그림 57. 경보음 제어

2) 전방 경보, 후방 경보, 주차 상태 경보, 고장 경보 우선순위

① 1순위 : BEEP 경보음

㉮ 1차 : 고장 경보

㉯ 2차 : 주차 상태 경보

② 2순위 : 거리별 경보음

㉮ 전방 경보음과 후방 경보음 중 높은 레벨 경보음 우선

㉯ 전방과 후방이 같은 경보 레벨일 경우 후방 우선

③ 비프음 경보, 전방 경보, 후방 경보는 우선순위에 따라 한 가지 상태만 출력을 하고 동시 출력되지 않는다.

3) 주차 경보 비프음 출력사양

<table>
<tr><th>구 분</th><th>경보 조건</th><th>경보음 파형</th></tr>
<tr><td rowspan="2">비프 경보음 – 이벤트별 1회 발생</td><td>SPAS/PAS 고장 상태
· SPAS/PAS 고장상태에서 SPAS or PAS SW ON시(T0= 0ms)
· PAS 고장 상태에서 R단 변속시(T0= 500ms)
· SPAS/PAS 동작 중 고장 발생시(HMI 상태 : 1FH)(T0= 0ms)</td><td>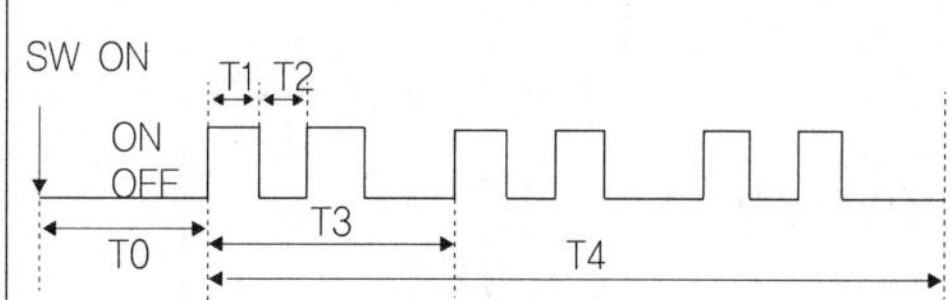

T0(0 or 500ms), T1, T2(50ms), T3(500ms), T4(1500ms)</td></tr>
<tr><td>R단 변속시</td><td>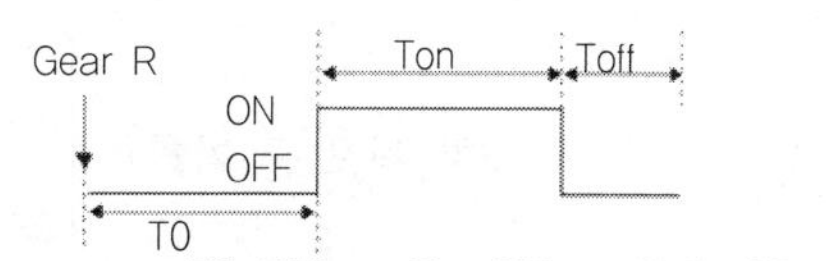

T0=500ms, Ton,300ms, Toff=100ms</td></tr>
</table>

구 분	경보 조건	경보음 파형
비프 경보음 – 이벤트별 1회 발생	SPAS 주차 완료	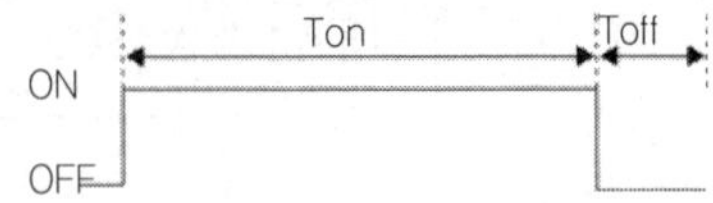 Ton= 600ms, Toff= 100ms
	SPAS 동작 중 "전진기어를 넣어 주십시오.", "후진 기어를 넣어 주십시오." 메시지 표출시	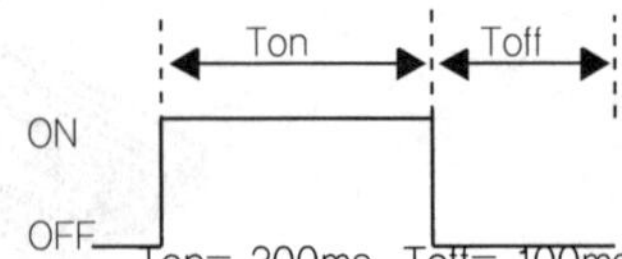 Ton= 200ms, Toff= 100ms
	SPAS "주차 공간탐색 완료" 메시지 표출시	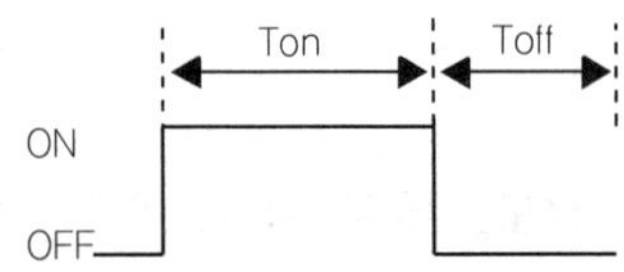 Ton= 150ms, Toff= 100ms
	SPAS 운전 중 "시스템 해제" 메시지 표출시	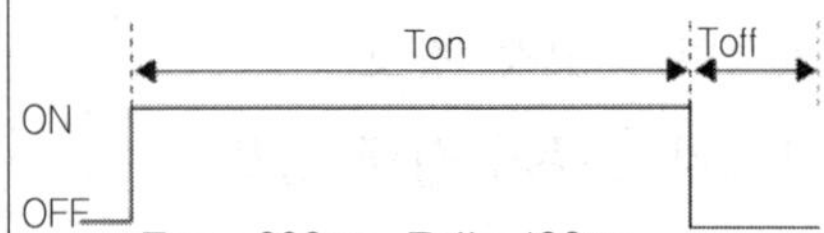 Ton= 600ms, Toff= 100ms

4) 전방, 후방 경보음 제어 사양

구 분	경보 조건	경보음 파형 (클러스터 안의 음원 출력 파형)	비 고
전방 경보	OFF(미 경보 상태)	–	각 이벤트 발생 동안 해당 CAN value 지속 송신 (SPAS 대응 상항)
	1차 경보(먼 거리)	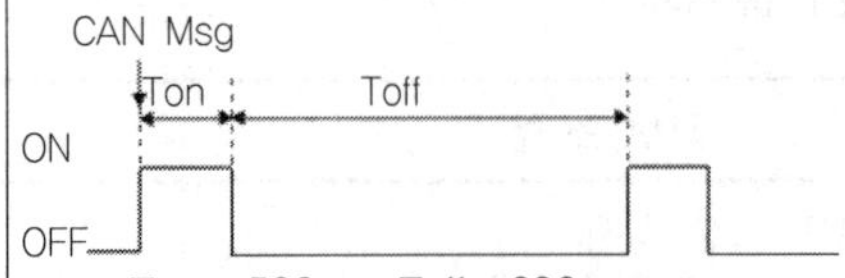 Ton= 500ms, Toff= 290ms	
	2차 경보	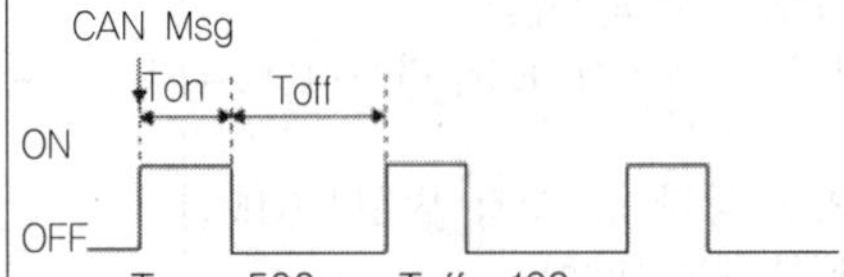 Ton= 500ms, Toff= 120ms	
	3차 경보(근 거리)	 연속적	

구 분	경보 조건	경보음 파형 (클러스터 안의 음원 출력 파형)	비고
후방 경보	OFF(미 경보 상태)	-	각 이벤트 발생 동안 해당 CAN value 지속 송신 (SPAS 대응 상항)
	1차 경보(먼 거리)	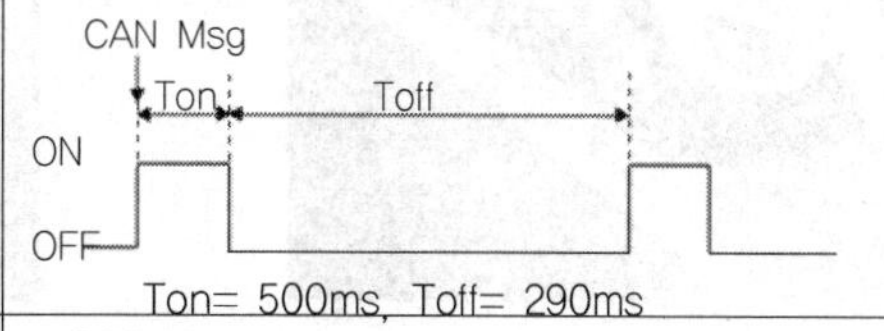	
	2차 경보	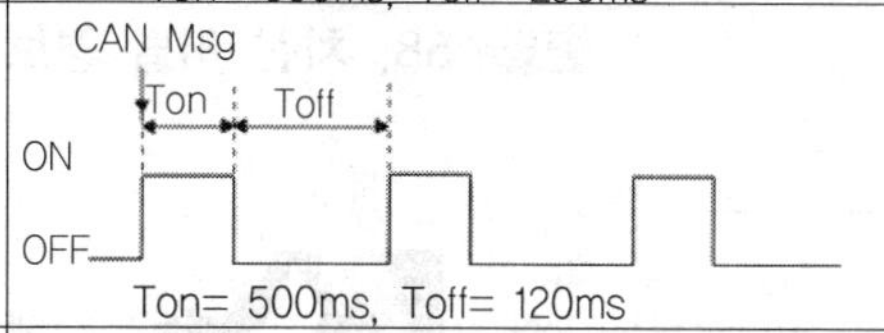	
	3차 경보(근 거리)	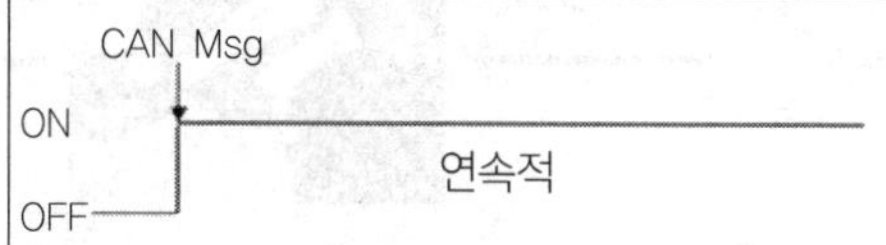	

4. 차선 이탈 경보장치(LDWS : lane departure warning system)

4.1. LDWS의 개요

차선 이탈 경보시스템(LDWS)은 전방 카메라 영상과 차량신호 정보를 이용하여 운전자의 부주의에 의하여 일정 이상인 상황에서 방향지시등 벗이 차선이탈 여부를 판단하여 차선이탈 위험이 예측되는 경우 경보를 울려 사고가 발생하는 것을 방지해주고 또한, 일정 속력 이상 주행 시 경고등이 울리도록 할 수 있고, T/S케이블이나 OBDⅡ를 연결한 상태에서 방향지시등을 켜면서 차선을 변경하면 신호가 울리므로 차선을 바꿀 때마다 무분별하게 신호가 울리는 일은 발생하지 않는다.

그림 58. 차선 이탈 경보장치

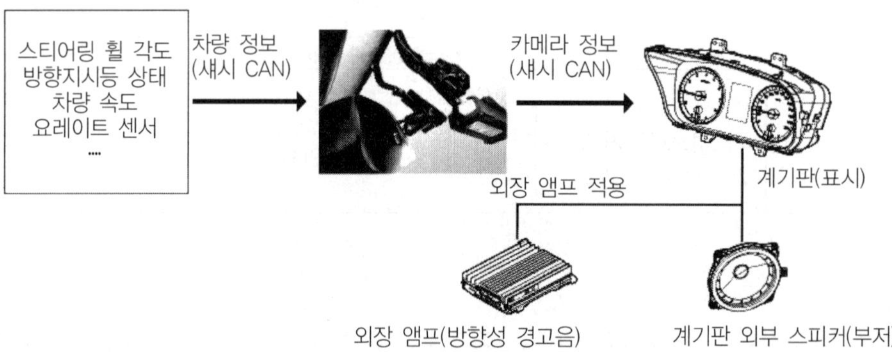

그림 59. 차선 이탈 경보장치 시스템

4. 2. LDWS의 기능

차선 이탈 경보장치는 카메라 영상과 차량 신호정보(CAN통신)를 이용하여 3가지의 기능을 지원한다.

① 차선 이탈 경보시스템(LDWS : lane departure warning system) : 전방의 차선을 인식하여 차선 이탈 위험이 예측되는 경우 경보기능을 수행한다.

② 차량 추돌 경보시스템(FCW : forward collision warning) : 주행 차량 전방의 상황을 판단하여 추돌 위험시 경보기능을 수행한다.

③ 상향등 자동제어(HBA : high beam assist) : 주행 차량 전방의 선행차량 및 대항차량의 램프 광원을 인지하여 상향등의 ON/OFF를 제어하는 시스템이다.

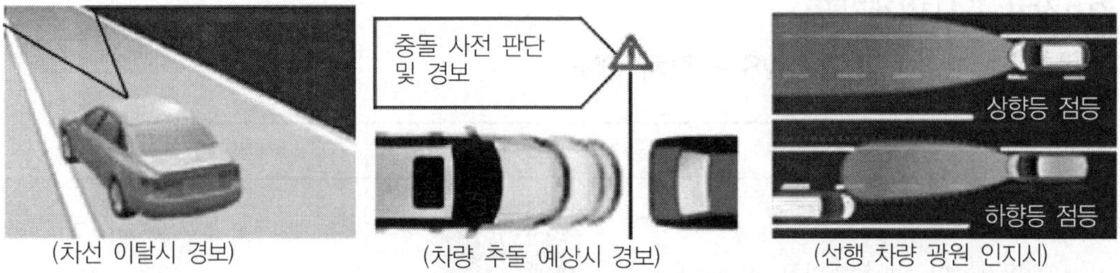

(a) LDWS (b) FCW (c) HBA

그림 60. 차선 이탈 경보장치의 기능

4.3. LDWS의 구성부품

차선 이탈 경보장치는 고속 CAN통신으로 정보를 전달하며 아래 유닛들로 구성된다.

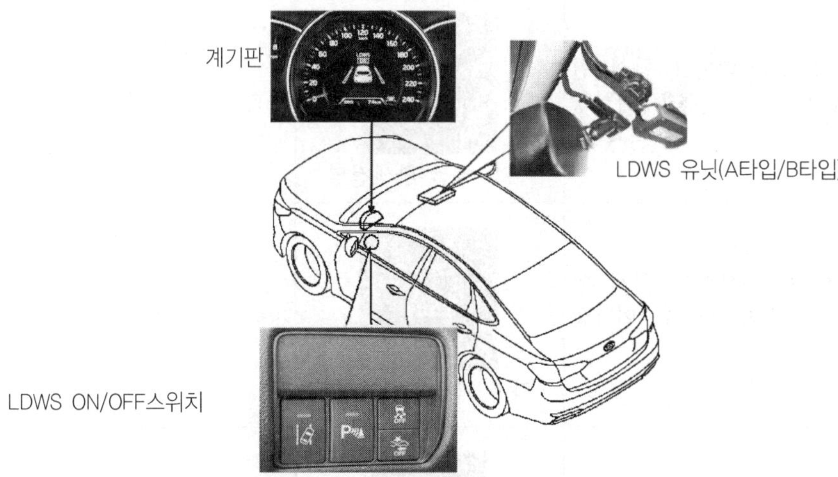

그림 61. 차선 이탈 경보장치의 구성부품

[1] 차선 이탈 경보장치 유닛

카메라 유닛이 포함되어 있으며 입력된 카메라 영상 신호를 연산해 차선인식 및 분석, 선행 차량의 광원 인지, 주행 차량 전방의 상황 인식 및 분석하여 경보한다. 아래 절차는 영상 처리를 통한 차선 인식 과정이다.

도로영상 입력 → 차선을 강조하는 필러링 연산 → 차선 candidate point(차선으로 예상되는 구성 포인트)추출 → candidate Point를 이용하여 차선 인식

[2] 경보장치 표시창(계기판)

(1) 차선이탈 경보시스템(LDWS 스위치 ON)

설 명	계기판의 표시 형태	비 고
LDWS기능이 ON상태이고 정상적으로 차선 인식 시 표시된다.	 채워진 차선 점등	차속 60km/h 이상
LDWS기능이 ON상태이고 차선 미인식 시 표시된다. 이때 경보기능은 일시 중지된다.	 안 채워진 차선 점등	차속 60km/h 이상
LDWS기능이 ON상태이고 차선 인식 시 차량이 우측 차선을 이탈할 때 표시된다.	 우측 차선 황색점멸	차속 60km/h 이상
LDWS기능이 ON상태이고 차선 인식 시 차량이 좌측 차선을 이탈할 때 표시된다.	 좌측 차선 황색점멸	차속 60km/h 이상
LDWS에 이상이 생겼을 때 표시된다. 이때는 차선이탈 경보를 수행할 수 없다.	 고장표시 점등	시스템 이상

(2) 차량 추돌 경보시스템(FCW ON)

설 명	계기판의 표시 형태	비 고
FCW기능이 ON상태이고 추돌 예상시 표시된다.	 추돌주의	차속 40km/h 이상, 180km/h 이하, 정지차 대상 85km/h, 이동차 대상 145km/h 이하
전방 추돌 경보시스템에 이상 발생시 표시된다.	 FCW 이상 발생시	시스템 이상

(3) 상향등 자동제어(다기능 스위치 Auto/상향등 위치)

설 명	계기판의 표시 형태	비 고
HBA ON시 계기판에 점등된다.	 Auto:녹색, 상향등:파랑색	차속 45km/h 이상
상향등 자동 제어시스템에 이상 발생시 표시된다.	 HBA 이상 발생시	시스템 이상

[3] 스위치

(1) 차선 이탈 경보 스위치

LDWS 스위치를 누르면 계기판의 LDWS 표시등이 점등되면서 ON상태가 된다. 다시 한 번 스위치를 누르면 LDWS가 OFF상태가 되고 표시등이 소등된다.

그림 62. 차선 이탈 경보 스위치

(2) 차량 추돌 예상 경보 스위치

계기판의 운전자 세팅 메뉴(USM)를 통하여 기능 ON/OFF설정이 가능하다.

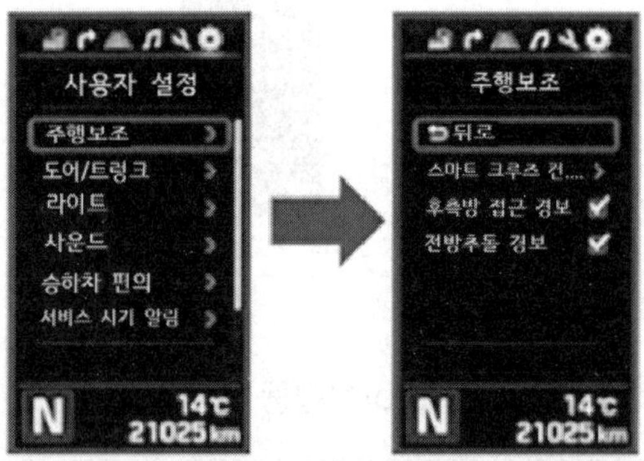

그림 63. 차량 추돌 예상 경보 스위치

(3) 상향등 자동 제어 스위치

다기능 스위치의 라이트 스위치 "AUTO" 에 위치하고 라이트 스위치 상향등 위치(push) 시 상향등 자동 제어시스템은 ON상태가 된다. 라이트 스위치 "AUTO" 위치가 아니거나, 상향등 위치가 아닐 경우 또는 야간이 아닐 경우 상향등 자동제어시스템은 OFF상태가 된다.

그림 64. 상향등 자동 제어 스위치

4.4. 경보방법

① 시각적 경보 : 클러스터

② 청각적 경보 : 클러스터 외부 스피커 또는 외장 AMP적용시 방향성 경고음은 외장 AMP로 출력

4.5. 작동조건

[1] LDWS의 동작조건

① 차선이탈 경보장치 스위치가 ON상태가 되어야 한다. ON상태에서 계기판에 LDWS표시등이 점등된다.

② LDWS 기능이 설정되어 있고 차속이 60km/h 이상일 때 동작한다.

③ 운전자가 차선변경을 알리기 위해 좌·우 방향지시등을 동작시킬 경우 경보하지 않는다. 좌·우 방향지시등을 OFF 후 이탈 경보기능을 재개한다. 비상등을 동작시킬 경우에도 경보하지 않는다.

④ 차선을 바꾸고자 할 때는 반드시 방향지시등 스위치를 작동하고 차선을 변경해야 한다. 방향지시등 스위치를 주행방향으로 작동하지 않고 임의로 차선을 바꾸면 경보가 발생한다.

⑤ 차량이 차폭의 30% 이상 차선을 넘어갈 경우 차선변경을 위해 차선을 이탈하는 것으로 판단하여 경보를 해제한다.

[2] FCW의 동작조건

① 운전자 세팅 메뉴(USM)에서 사용설정 시 동작조건이 된다.

② FCW 기능이 설정되어 있고 차속이 40km/h 이상일 때 동작하고 35km/h 이하일 때 자동 해제된다.

③ 주행차량 전방의 정차 차량, 감속 차량, 저속 차량에 대하여 추돌 위험시 경보기능을 수행한다.

④ FCW기능은 핸들 및 브레이크를 직접적으로 조작하여 추돌을 방지하지 않는다.

[3] HBA의 동작조건

① 라이트스위치가 "AUTO" 위치이고, 상향등 스위치(Push) ON시 동작조건이 된다.

② HBA기능이 설정되어 있고 차속이 45km/h 이상일 때 동작되고, 35km/h 이하일 때 자동 동작 해제된다.
③ 선행 차량의 램프 광원을 인지하여 자동으로 상향등을 점등 또는 소등한다.

4.6. 차선이탈 경보장치가 정상 작동되지 않는 경우

① 비, 눈, 먼지, 물웅덩이, 기타 이물질로 인하여 차선이 잘 보이지 않는 경우
② 안개·폭우·폭설 등의 악천후로 시계가 불량한 경우
③ 도로면의 물기로 인해 태양광, 가로등 또는 마주 오는 차의 불빛이 반사될 경우
④ 터널 진출 등으로 급격한 밝기 변화가 생길 경우
⑤ 차량의 진행방향으로 역광이 강하게 비추는 경우
⑥ 야간 또는 터널구간에서 차량의 전조등을 사용하지 않거나, 불빛이 약한 경우
⑦ 차선이 분명하지 않거나 훼손된 도로의 경우
⑧ 중앙 분리대 등의 그림자가 차선을 덮은 경우
⑨ 차선에 먼지가 쌓여 차선과 도로를 구분하기 어려운 경우
⑩ 버스 전용차로 등과 같이 좌측 또는 우측의 차선이 2개 이상 있는 경우
⑪ 급커브 구간이나 도로의 경사도가 심한 경우
⑫ 차선 근처에 차선 외의 흔적이 있거나 차선과 유사한 표시(예 : 화살표)가 있는 경우
⑬ 보도블록 등의 경계 구조물이 있을 경우
⑭ 차량의 앞 유리나 LDWS 카메라 렌즈가 습기나 이 물질로 오염된 경우
⑮ 앞차와의 거리가 극단적으로 짧거나 앞차가 차선을 가리고 주행하는 경우
⑯ 차량이 심하게 흔들릴 경우
⑰ 차선수가 증가, 감소하는 구간 또는 차선이 복잡하게 교차할 경우(예 : 인터체인지, 톨게이트 등)
⑱ 대시보드 위에 물체를 올려놓은 경우
⑲ 도로 표면에 화살표 등
⑳ 차선이 매우 좁거나 넓은 경우
㉑ 차선과 도로의 색상 구분이 충분치 못한 도로
㉒ 직사광선에 의해 룸미러 주위 온도가 매우 높은 경우
㉓ 주위 조명의 영향에 의해 LDWS시스템이 차선 색상을 구분하기 어려운 경우(예 : 터널 내부, 야간 나트륨 가로등 구간, 우천 시 등)

㉔ 기타의 차선을 인식하기 어려운 정도로 시계가 불량한 경우

5. 어라운드 뷰 모니터링(AVM : around view monitoring)

5.1. AVM의 개요

어라운드 뷰 모니터링(AVM)시스템은 차량 주변 360도 상황을 차량 위에서 내려다 본 듯한 화면을 실시간 영상으로 제공하는 주차 지원시스템이다. 차량의 전방, 양 측면, 후방에 각 1개씩(총 4개)의 초 광각 카메라로부터 입력된 영상을 왜곡 보정, 시점변환 및 영상 합성기술을 기반으로 차량 주변의 360도 조감도를 위에서 아래로 내려다 본 영상 및 다양한 뷰 모드를 제공한다. AVM시스템은 주차 및 저속 운행시 차량 주변 영상을 운전자에게 제공하여 차량 운행의 안전성과 편의성을 향상시키는 것을 목적으로 하며, 최종 화면이 표출되는 원리는 다음과 같다.

① 190도를 투영할 수 있는 초 광각 카메라를 통해서 4개의 영상을 AVM 유닛에 전송한다.

② AVM유닛은 카메라로부터 전송받은 4개의 영상을 굴곡현상이 없도록 보정작업 한다.

③ 보정 작업된 4개의 영상을 합성하여 차량의 모니터를 통해 운전자에게 전달한다.

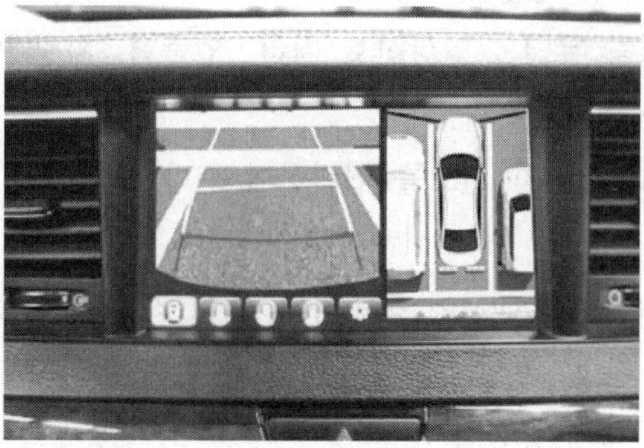

그림 65. 어라운드 뷰 모니터링

5.2. AVM의 구성부품

① 스티어링 휠 센서 : 후방영상 또는 어라운드 뷰 영상에 “조향연동 주차가이드 라인” 표시를 위하여, C-CAN통신 라인을 통해 AVM 유닛에 스티어링 휠 앵글 값을 전달한다.

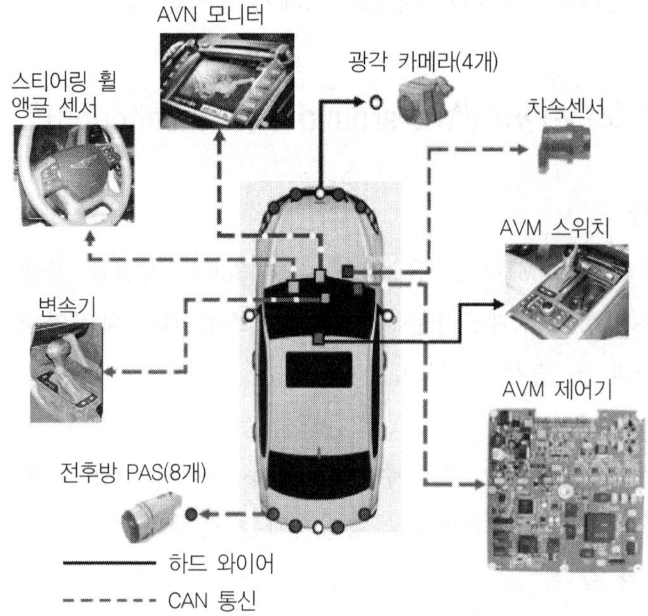

그림 66. 어라운드 뷰 모니터링의 구성부품

② 변속기 : 변속기 레버의 위치를 AVM에 전송하여 AVM 작동조건을 판단하도록 한다.

③ 전후방 PAS(8개) : 전·후방에 장착된 주차보조센서(PAS)를 통하여 장애물 위치의 경보화면을 어라운드 뷰 영상에 표시한다.

④ 어라운드 뷰 모니터링 유닛 : 영상신호 처리·입출력, 차량 통신(CAN) 및 AVM시스템의 전반적인 작동을 제어한다.

⑤ AVM 스위치 : AVM 스위치 신호를 입력하여 전방 모드에서 영상 제공 여부를 제어 입력한다.

⑥ 차속센서 : 차량의 속도를 AVM에 전송하여 AVM 작동 조건을 판단하도록 한다.

⑦ 광각 카메라(4개) : 전방, 후방 및 좌·우 도어 미러에 장착되며 차량 주변의 영상을 촬영하여 AVM 유닛에 전송한다.

⑧ AVN 또는 MTS모니터 : AVN(audio, video and navigation system) 헤드 유닛 또는 MTS(모젠) 헤드 유닛의 모니터를 이용하여 운전자에게 AVM 유닛의 출력 영상 정보를 제공한다.

5.3. AVM의 주요기능

[1] 차량 주변 영상 표시기능

차량 주변 영상 표시기능은 차량이 저속 전진 혹은 후진 시 4개의 카메라로부터 입력된 영상을 차량 주변 360도 조감 영상으로 합성하여 제어기(ECU)를 통해 운전자에게 제공한다. AVM시스템은 차량 운행조건 및 운전자 선택에 따라 총 8개의 차량 주변 영상을 제공한다.

[2] 가이드라인 조향 연동 표시기능

가이드라인 조향 연동 표시기능은 차량 후진 시 보여 지는 후방 영상 화면에 차량의 예상 주차 가이드라인을 표시하는 기능으로 운전자의 조향각 조작에 연동하여 차량의 예상 진행 궤적이 움직인다. 가이드라인 조향 연동 궤적과 함께 표시되는 중립 궤적선은 조향각이 중립 상태 일 때 차량의 예상 진행 궤적을 나타낸다. 중립 궤적선은 조향각 조작에 관계없이 표시되는 고정선이며 차량의 적용 지역에 따라 표시 여부가 결정된다.

[3] 전후방 근접 경고 표시기능

후방·전방에 장착된 PAS 또는 SPAS센서의 장애물 경보 신호를 어라운드 뷰 영상 내에 표시하여 주차 시 모니터를 보고 경보가 되고 있는 실제 위치를 확인 할 수 있도록 하는 기능을 제공한다.

[4] 공차 보정 기능

조립 공차로 발생되는 어라운드 뷰 영상의 어긋남을 차량 출고 전 또는 A/S에서 보정할 수 있도록 수동 공차 보정 S/W를 ECU내에 탑재한다. 올바른 공차 보정을 수행하기 위해서는 공차보정 절에 명시된 작업 환경을 준수하여 공차보정 환경을 구성해야 한다.

5.4. 뷰 모드

[1] 전방 4개 모드

모드	전방&어라운드 뷰	전방&좌측방 뷰	전방&우측방 뷰	전방 와이드 뷰
화면		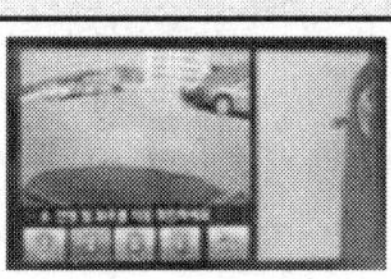	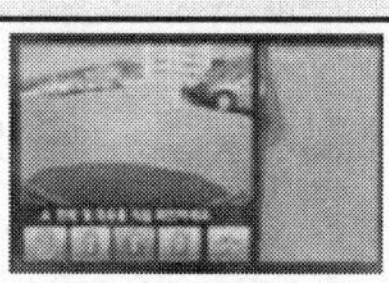	

[2] 후방 4개 모드

모드	후방&어라운드 뷰	후방&좌측방 뷰	후방&우측방 뷰	후방 와이드 뷰
화면	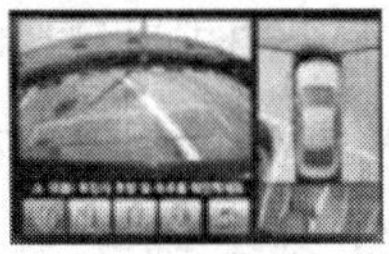		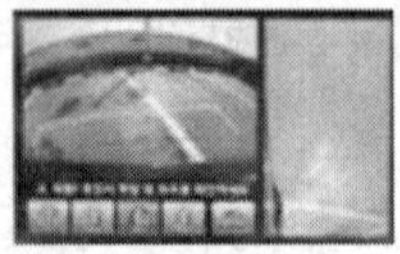	

① 전방 4개, 후방 4개의 총 8개 뷰 모드를 제공한다.

② 전방 지원 모드 선택 기능을 제공한다.

③ 조향 연동 주차 가이드라인 표시기능을 제공한다.

④ 전방, 후방 주차보조센서를 통해 PAS경보내용을 표시한다(계기판 표시내용과 동일).

⑤ 사용자 기능 선택기능을 제공한다.

5.5. AVM모드 진입조건

AVM모드 진입 후에도 주기적으로 차량 정보를 판단하여 조건이 만족한 경우 전방모드에서 후방 모드로 전환이 가능하며 역 전환도 가능하다. 모드 전환 시 조건에 따라 화면에 표시되는 뷰는 초기 뷰 또는 이전 단계의 뷰가 출력된다. 전환하려는 모드가 최초 진입의 경우 전·후방에 따라 설정된 초기 뷰를 출력하며, 주차 시 전·후진이 반복되어 연속적인 전·후방 모드 전환이 발생하는 경우(재 진입)를 위해 전 단계에 화면에 출력되고 있었던 뷰를 기억하여 출력한다.

① 최초 진입 : AVM모드에서 후방 및 전방모드의 뷰가 화면에 처음 표시되는 경우

② 재 진입 : AVM모드에서 해제(AVM OFF)없이 다른 모드를 경유하여 이전 모드로 복귀하는 경우(예, 후방 → 전방 → 후방 : 후방모드 재 진입 / 전방 → 후방 → 전방 : 전방모드 재 진입)

전환모드	차 속	기 어	AVM 스위치	출력부
후방→전방	40km/h 미만	R단, P단 제외	ON	최초진입 : 초기 뷰 모드 옵션에 설정된 전방 뷰 재 진입 : 이전 전방모드에서 출력된 마지막 뷰
전방→후방	상관없음	R단	상관없음	최초진입 : 초기 뷰 모드 옵션에 설정된 후방 뷰 재 진입 : 이전 후방모드에서 출력된 마지막 뷰

5.6. AVM모드 해제

AVM 모드 진입 후에도 차량 정보를 이용하여 아래 조건을 만족하는 경우 AVM은 OFF 상태로 영상을 출력하지 않는다.

OFF 모드	차 속	기 어	AVM 스위치	비 고
전방 모드	40kph 이상	R단, P단	OFF	세 조건 중 한 개 이상 조건 만족 시
후방 모드	상관없음	R단 제외	상관없음	두 조건 중 한 개 이상 조건 만족 시

5.7. AVM 옵션

AVM은 사용자의 편의성을 고려하여 사용자가 선택할 수 있는 3가지의 옵션을 제공한다. 옵션을 변경하기 위한 윈도우는(주차안내 설정) AVN에서 표시하며 옵션변경 사항만 M_CAN을 통해 AVM 유닛에 전달된다. 3가지 옵션은 사용자의 선택 직후 바로 적용되며, 조건에 따라 표시되는 초기 뷰는 아래 표와 같다.

옵 션	기 능	비 고
가이드라인 조향 연동 사용여부	스티어링과 연동하여 주차 시 차량의 진행방향 표시	사용
전후방 근접 경고 표시 사용여부	전 후방 장애물 감지 표시	사용
초기 뷰 모드 설정	AVM 모드 진입 시 디폴트로 표시되는 뷰	전방 + 어라운드 뷰
		후방 + 어라운드 뷰

5.8. 가이드라인 조향 연동표시 동작

가이드라인 조향 연동 궤적표시는 C-CAN을 통해 주기적으로 AVM 유닛에 수신된 차량의 스티어링 휠 앵글 값을 이용한다. 후방 모드의 130도 영상이 표시되는 후방 영역(2분할 모드)과 와이드 뷰에 차량 예상 진행 궤적을 합성하여 출력한다.

[1] 가이드라인 조향 연동표시 모드

모 드	뷰	적용영역	비 고
후방	어라운드 뷰+후방	후방 영상(2분할 모드)	
	좌측후방+후방	후방 영상(2분할 모드)	
	우측후방+후방	후방 영상(2분할 모드)	
	후방 와이드 뷰	와이드 뷰 영상	

[2] 가이드라인 조향 연동 궤적선 사양

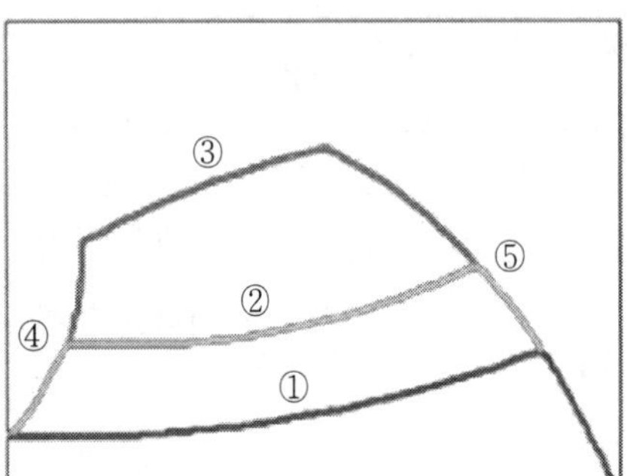

번 호	거 리	색 상
①	0.5m	붉은색
②	1m	노란색
③	3m	녹색
④	범퍼 좌 측면 끝 +0.3m	노란색
⑤	범퍼 우 측면 끝 +0.3m	노란색

그림 67. 가이드라인 조향 연동 궤적선

[3] 중립 궤적선 표시

조향각이 중립상태일 때 차량의 예상 진행 궤적을 나타내는 중립 궤적선은 청색으로 표시된다. 가이드라인 조향 연동 궤적선 출력 시 함께 표출되며 조향각 조작에 비 연동되는 고정선이다.

6. 후 측방 경보시스템(BSD : blind spot detection)

6.1. 후 측방 경보시스템의 개요

후 측방 경보시스템은 레이더에 물체가 감지되면 사이드 미러에 경보 인디케이터를 작동시키거나 부저를 울리는 것이다. 레이더로 작동하는 시스템은 24GHz 기반의 레이더를 채용하고 있으며 야간이나 우천시에도 제 성능을 낼 수 있기 때문에 리어 범퍼에 레이더 센서 2개가 장착되어 후행 차량과의 거리 및 속도를 측정하여 주행 중 후 측방 사각지역 장애물을 감지 및 경보(시각, 청각)를 제공한다.

주행 중에는 30~145km/h에서 작동하는 것이 일반적이며, 후진시에도 기능을 갖고 있다. 후측방 경보시스템은 사각지대 경보시스템 외에도 다음과 같은 3대 기능을 보유하고 있다.

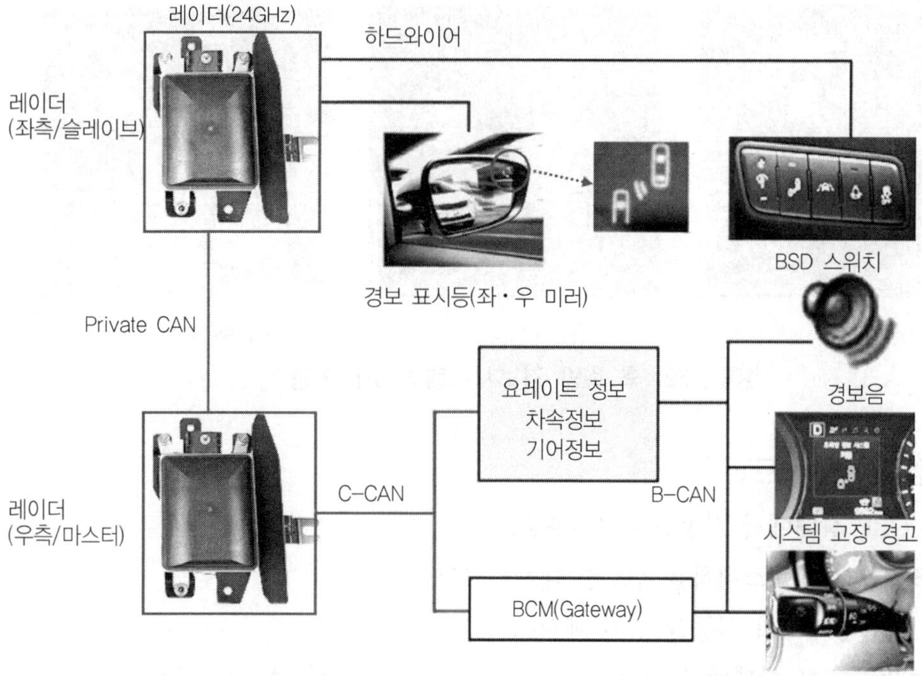

그림 68. 후 측방 경보시스템의 구성부품

[1] 사각 지대 차량 정보(BSD : blind spot detection)

후방 사각지역에 있는 다른 차량을 감지해 사이드 미러 경고 표시를 통해 운전자에게 경고를 한다.

만약 방향지시등을 작동하면 운전자가 차선을 변경하려는 것으로 판단하고 경고등 점멸과 동시에 부저를 울린다.

[2] 후방 고속 접근 차량 경보(LCA : lane change assist)

차량 양쪽의 후 측방에 고속으로 접근하는 차량을 감지하여 운전자에게 경보한다. 접근하는 차량이기 때문에 내차보다 속도가 높은 조건이며, 사이드 미러에 경고 표시만 한다. 마찬가지로 방향지시등을 작동하면 점멸과 동시에 부저가 울린다.

[3] 후진 시 측면 접근 차량 경보(RCTA : rear cross traffic alert)

자차를 후진 시 후방 측면에서 접근하는 대상 차량에 대해서 경보를 발생한다. 사이드 미러에 경고등이 점멸하며 부저도 함께 작동한다.

(a) BSD　(b) LCA　(c) RCTA

그림 69. 후 측방 경보시스템의 3대 기능

6.2. 시스템 동작 모드

① 스위치 OFF 상태에서 시동을 걸면 OFF모드

② OFF 모드에서 ON 스위치를 누르면 패시브 모드

③ 스위치 ON 상태에서 시동을 걸면 패시브 모드

④ BSD 스위치 ON 상태에서 시동을 걸거나, 또는 BSD 스위치 OFF상태에서 ON하면 도어 미러의 BSD 경고등이 약 2~3초간 점등된다. 이런 점등은 BSD시스템이 준비가 되었다는 것을 운전자에게 알려주기 위함이다(단, 시스템이 페일 모드이면 위의 점등 기능이 안 된다).

⑤ 주행 중, 활성화 조건(차속, 곡률 반경)을 만족하면 액티브 모드(경고 발생)

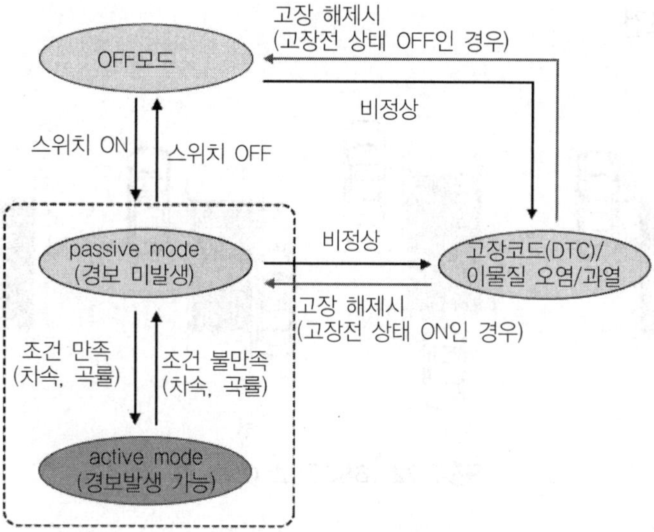

그림 70. 시스템의 동작모드

⑥ 주행 중, 할성화 조건(차속, 곡률반경)을 만족하지 못하는 경우 경고 패시브 모드(경고 해제)

⑦ 어떤 모드에서도 BSD & LCA 동작 이상 발생 시 페일 모드

⑧ 페일 모드에서 고장 해제시 고장 이전 상태로 복귀, 즉, 고장이전 상태가 OFF 면 OFF상태로 복귀, ON이었으면 ON 상태로 복귀한다.

⑨ BSD & LCA기능 동작(액티브/패시브 모드) 중, OFF스위치를 누르면 OFF모드로 이동

6.3. 경보조건

[1] 경보영역

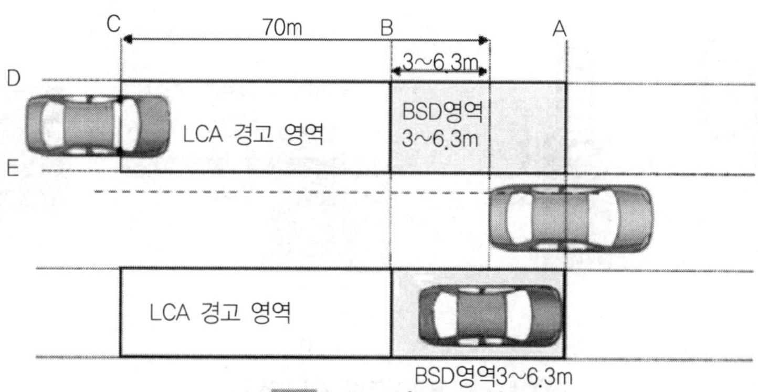

그림 71. 경보 조건

[2] BSD경보 ON조건

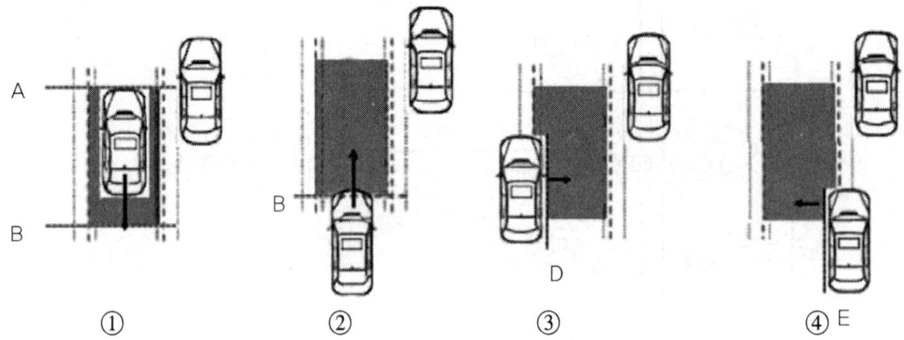

그림 72. BSD경보 ON조건

> 유 의
> A 본인 차량의 B필러(뒷문 시작 지점) 기준선
> B BSD 영역 끝단
> C 차량 후방 최대 70cm 이내
> D 바깥쪽(BSD 영역 안쪽 0.2m)
> E 안쪽(BSD 영역 안쪽 0.2m)

① target 차량 전체가 line A 후방에 위치한 경우
② target 차량 일부가 line B를 넘어선 경우
③ target 차량 일부가 line D를 넘어선 경우
④ target 차량 전체가 line E를 넘어선 경우

[3] BSD경보 OFF조건

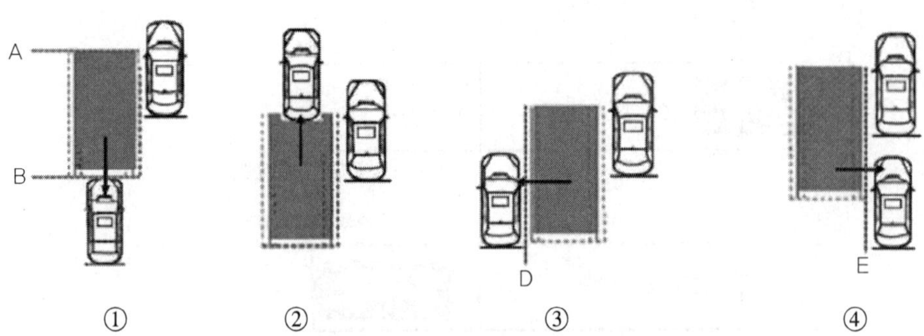

그림 73. BSD경보 OFF조건

유 의
A 본인 차량의 B필러(뒷문 시작 지점) 기준선
B BSD 영역 끝단+1m
D 바깥쪽(BSD 영역 바깥쪽 0.5m)
E 안쪽(BSD 영역 바깥쪽 0.5m)

① target 차량 전체가 line A 후방에 이동한 경우
② target 차량 전체가 line B 후방으로 이동한 경우
③ target 차량 전체가 line D를 넘어선 경우
④ target 차량 전체가 line E를 넘어선 경우

[4] LCA경보 ON조건

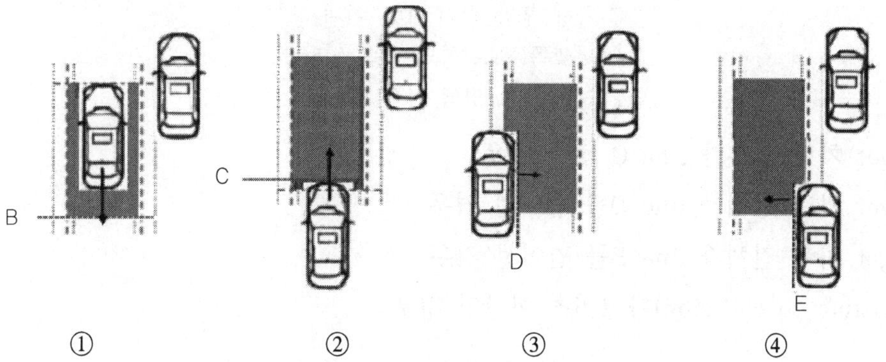

그림 74. LCA경보 ON조건

유의
B LCA 영역 끝단+1m
C 차량 후방 최대 70m 이내
D 바깥쪽(LCA 영역 안쪽 0.2m)
E 안쪽(LCA 영역 안쪽 0.2m)

① target 차량 전체가 line B 후방에 이동한 경우
② target 차량 전체가 line C를 넘어선 경우
③ target 차량 전체가 line D를 넘어선 경우
④ target 차량 전체가 line E를 넘어선 경우
⑤ 모든 상위 조건에 대하여 TTC(time to collision)가 4.5초 이내일 경우

[5] LCA경보 OFF조건

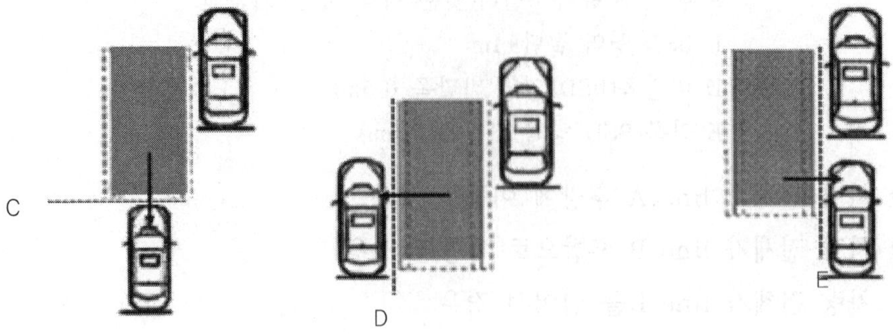

그림 75. LCA경보 OFF조건

유의
C 차량 후방 최대 70m 이내
D 바깥쪽(LCA 영역 안쪽 0.5m)
E 안쪽(LCA 영역 안쪽 0.5m)

① target 차량 일부가 line C 밖인 경우
② target 차량 전체가 line D를 넘어선 경우
③ target 차량 전체가 line E를 넘어선 경우
④ TTC(time to collision)가 4.5초 이상일 경우

[6] 센서 활성화 조건

① BSD & LCA 스위치 ON(스위치 LED를 통해 동작 표시)인 경우
② 차속 : 30km/h 이상일 경우
③ 곡률반경 : 125m 이상일 경우
④ 상대차속 : -10~250km/h 이내의 경우("-" 표시는 선행차량을 추월한 경우)

[7] 센서 비활성화 조건

① BSD & LCA 스위치 OFF(스위치 LED를 통해 미동작 표시)인 경우
② 차속 : 28km/h 이하일 경우
③ 곡률 반경 : 125m 이하일 경우
④ 상대 차속 : -10~250km/h 이외의 경우("-" 표시는 선행차량을 추월한 경우)

[8] 시스템 제어금지

① 레이더 전면이 이물질로 가려진 경우 : 시스템 상태-blockage 메시지 출력(뒷 범퍼 감지부가 눈, 진흙, 스티커 등의 이 물질로 오염될 경우 센서 감지 성능 저하가 발생할 수 있다)

② 외부충격으로 레이더가 장착이 뒤틀어진 경우 : 고장 코드 송부

③ BSD & LCA시스템 고장 시 : 고장 코드 송부

④ 레이더과열 : 시스템 상태 - over temperature 메시지 출력

⑤ 레이더를 간섭하는 이물질이 뒷 범퍼 주변이 오염되었을 경우 고장 메시지가 송출될 수 있으마 BSD시스템의 고장은 아니므로 주의한다.

⑥ 레이더가 순간적으로 과열되어 고장(과열) 메시지가 송출될 수 있으나 BSD시스템의 고장은 아니므로 주의한다.

[9] 후 측방 접근 경보시스템(RCTA : rear cross traffic alert)

항 목	제어값	비 고
작동속도	0~-10kph	후진기어 입력시 동작
상대속도	4~36kph	+ : closing
작동거리	0.5~20m	차량 : 20m 오토바이 : 15m

① 주차장에서 정면 주차 후 후진으로 출차시, 후방 측면에서 접근하는 차량을 운전자가 눈으로 확인할 수 없는 것을 도와주는 기능이다.

② 상대속도(TTC : time to collision) 기준으로 약 2초 이내의 대상 차량에 대해 경보 발생하며, 사람은 경보 대상에서 제외된다(미경보 할 수 있음).

③ 상대속도(TTC : time to collision) : 상대거리/상대속도를 계산하여 충돌 예상 시간이 2~3.5초 이내인 경우 경보 발생한다는 의미이다(접근 상대 속도에 따라 변함).

④ 경보 영역은 다음과 같다.

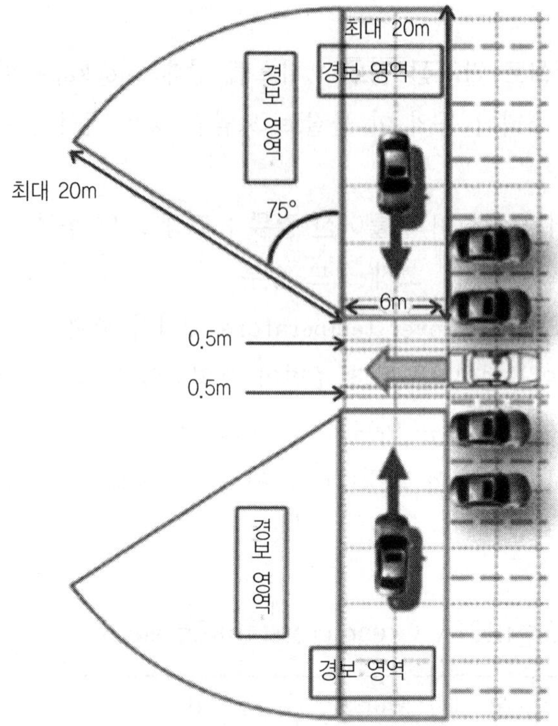

그림 76. 경보영역

7. 자동 긴급제동시스템(AEB : autonomous emergency braking)

7.1. AEB의 개요

AEB시스템은 레이더와 카메라를 이용하여 전방의 충돌 위험 물체를 감지하고 위험 상황시 경보와 자동제동 등을 통해 사고를 회피하는 시스템이다. 최초의 위험 상황이 감지되었을 때는 운전자가 대응하도록 운전자에게 경고 및 비상제동을 수행하여 전방 차량과 충돌을 방지하거나 충돌 속도를 낮추는 기능을 수행한다.

구성부품은 전방의 잠재적 장애물을 식별할 수 있는 감지장치(레이더, 카메라), 운전자 경고 및 설정변경을 위한 human-machine interface(HMI)장치, 제동력을 발생하기 위한 제동장치 등이 있다.

그림 77. 자동 긴급제동시스템

7.2. 시스템 제어순서

① 스마트 크루즈 컨트롤시스템의 레이더 센서와 주행 보조시스템의 카메라 센서를 이용하여 선행 차량(사람) 감지 및 데이터 분석(CAN 통신)

② 분석한 감지 데이터를 이용하여 AEB제어 대상(차량 및 보행자) 확인

③ 선행 차량 유무·속도·거리에 따라 적절한 감속도 계산

④ 계산된 "요구 감속도"를 차량 자세 제어유닛(VDC)로 전송(CAN 통신)

⑤ VDC는 "요구 감속도" 구현을 위한 필요토크 계산 후, 제동제어를 수행(CAN 통신)

7.3. AEB 경보단계

① 1단계 : 충돌 위험이 감지되면 충돌 전 약 2.4초 전 시각(Display) 경보 및 음성 경보를 수행한다.

② 2단계 : 충돌 위험이 높아지면 충돌 전 약 1.6초 전 엔진 토크 저감 및 자동 제동을 수행한다. PSB(Pre-Safe Seat Belt)기능이 적용되어 있다면 안전벨트가 진동한다.

③ 3단계 : 충돌 위험시 충돌 전 1초 전 긴급 제동을 수행한다. PSB 적용 차종은 안전벨트를 당겨주어 충격량을 줄여준다.

④ 자동제동 완료 후 : 일정시간 제동력을 유지한 후 제동제어를 해제한다.

그림 78. AEB 경보 단계

7.4. AEB 사용시 주의사항

① 가속페달을 30% 이상 조작시 시스템이 해제되어 작동하지 않는다.

② 운전자가 핸들을 조작하면 회피 기동으로 인식하고 AEB 작동이 중지된다. 회피할 수 있는 상황에서 풀 브레이크로 인한 차량 정지가 일어나지 않도록 위함이다.

③ 커브길이라던지 경사로, 전방 차량의 적재물로 인한 차량인식이 제대로 되지 않으면 AEB가 작동하지 않는다.

④ 눈이나 비가 많이 오거나 레이더가 오염되어 있을 경우에도 인식되지 않는다.

⑤ 80km/h 이상의 주행 중에는 3단계 긴급제동으로 넘어가지 않는다. 차가 완전히 멈추면 뒤차가 위험해질 수 있기 때문에 회피를 위한 부분 제동만 이루어진다.

⑥ 80km/h 이하의 직진 및 완만한 곡선로 주행 중에는 경보 후 3단계를 수행한다. 단, 노면 상태에 따라 약 30km/h 이상의 중고속에서 충돌이 발생할 수 있다.

⑦ 180km/h 이하의 직진 및 완만한 곡선로 주행 중에는 시각경보 및 음성경보 후 자동제동을 수행하여 차량의 속도를 저감한다.

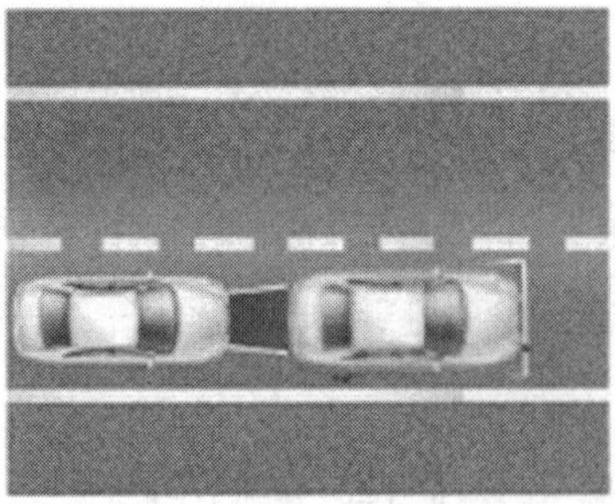

(a) 오프셋 0%

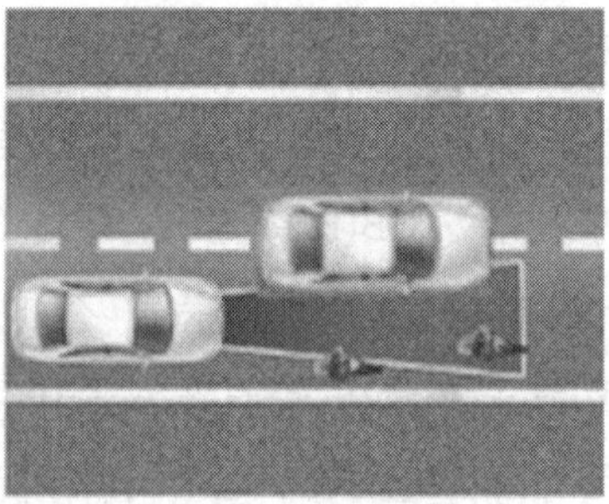

(b) 오프셋 100%

그림 79. 오프셋

⑧ 80km/h 이상에서는 충돌회피가 불가능하며, 오프셋(Offset)이 50% 미만이여야 한다. 오프셋은 선행차와 자차량과의 선상 불일치율을 말한다.

⑨ 후진차 및 대항 차량에 대해서는 반응하지 않는다.

⑩ 70km/h 이상의 주행에서 보행자에 대해 반응하지 않는다.

익힘문제

01. SRS에 대하여 기술하시오.

02. 에어백의에서 설치위치 및 역할에 따른 종류를 4가지 이상 기술하시오.

03. 운전석 에어백 및 승객석 에어백의 용량에 대해 설명하시오.

04. 측면 에어백이 완전히 펼쳐질 때 작동되는 센서에 대해 간략하게 설명하시오.

05. 자동차의 루프 레일부분에 설치되어 측면충돌이나 자동차가 전복될 때 팽창하여 승객의 머리를 보호하고 승객이 자동차 밖으로 튕겨나가지 않도록 고안된 에어백을 무엇이라고 하는가 기술하시오.

06. 에어백에서 점화제에 전류를 공급하면 가스 발생제가 연소하여 가스를 발생하는 형식으로 화약, 점화제, 가스발생제, 디퓨져 스크린 등을 알루미늄 용기에 넣은 것을 무엇이라 하는가 설명하시오.

07. 인플레이터 형식 중 하이브리드방식에 대해 기술하시오.

08. 에어백에 사용되는 충돌센서의 위치 및 종류를 설명하시오.

09. 에어백 배선에서 어떠한 조건에서도 커넥터 이탈을 방지하기 위해 설치한 장치는 무엇인가 설명하시오.

10. 에어백 배선에서 커넥터를 분리할 때 정전기에 의한 에어백의 폭발을 방지하기 위해 설치한 안전장치를 무엇이라 하는가 설명하시오.

11. 에어백에서 클럭 스프링의 역할을 간단하게 설명하시오.

12. 에어백의 작동과정을 단계별로 설명하시오.

13. 에어백에서 후방에서 다른 자동차가 추돌하거나 후진 중 뒤에 있는 물체와 충돌할 경우 에어백 작동여부에 대하여 설명하시오.

14. 에어백은 대개 자동차의 정면에서 좌우로 (　　)이내의 충돌사고로서 일정 주행속도 이상으로 고정된 벽면에 정면충돌했을 때의 충격이 차체에 전달된 경우 에어백이 작동한다. 괄호 안을 채우시오.

15. 전후방 주차 보조시스템에 대하여 기술하시오.

16. 주차 조향 보조시스템에 대하여 기술하시오.

17. 차선이탈 경보장치에 대하여 기술하시오.

18. 어라운드 뷰 모니터링(AVM)에 대하여 기술하시오.

19. 후측방 경보시스템에 대하여 기술하시오.

20. 자동 긴급 제동시스템(AEB)에 대하여 기술하시오.